烧结设计手册

冶金工业部长沙黑色冶金矿山设计研究院　编

北　京
冶 金 工 业 出 版 社
2008

图书在版编目(CIP)数据

烧结设计手册/冶金工业部长沙黑色冶金矿山设计研究院编.—北京:冶金工业出版社，1990.2(2008.1重印)
ISBN 978-7-5024-0527-4

Ⅰ.烧…　Ⅱ.冶…　Ⅲ.烧结—设计—手册
Ⅳ.TF046.4-62

中国版本图书馆 CIP 数据核字(2007)第 179600 号

出 版 人　曹胜利
地　　址　北京北河沿大街嵩祝院北巷 39 号,邮编 100009
电　　话　(010)64027926　电子信箱　postmaster@cnmip.com.cn
责任编辑　肖　放　美术编辑　李　心
责任校对　王贺兰　李文彦　责任印制　牛晓波
ISBN 978-7-5024-0527-4
北京百善印刷厂印刷；冶金工业出版社发行；各地新华书店经销
1990 年 2 月第 1 版，2008 年 1 月第 4 次印刷
787mm×1092mm　1/16；32.5 印张；785 千字；500 页；7501～9500 册
99.00 元
冶金工业出版社发行部　电话：(010)64044283　传真：(010)64027893
冶金书店　地址：北京东四西大街 46 号(100711)　电话：(010)65289081
(本书如有印装质量问题，本社发行部负责退换)

主　　编　张惠宁
副 主 编　郭莫球
编写人员　(以姓氏笔画为序):
孔德萱　冯　钊　甘汉清　叶匡吾　那崇岳
张作民　张惠宁　沈婧勋　陈　宁　陈长盛
郭莫球　常作夫　崔津生　曾名贞　廖三成
魏景禹

主　　审　张兰泉
审稿人员　(以姓氏笔画为序):
孔德萱　江芝瑞　佘若琦　张兰泉　李登涛
何燧生　赵则铭　顾　琦　黄怡忠

前　言

设计是工程建设中的首要环节，是整个工程的灵魂，设计是把科学技术转化为生产力的纽带，没有现代化的设计，就没有现代化的建设。

铁、锰矿粉烧结是冶金工业的一个重要组成部分。随着冶金工业的发展，烧结技术有了很大进步。在改革开放的进程中，我国烧结厂设计认真消化吸收国外先进技术，积累了丰富经验。

1973年冶金工业出版社出版的《烧结设计参考资料》一书，在深度及广度上，均已不能满足当前的要求，资料也已经陈旧。为了满足读者的需要，根据冶金工业部下达的任务，我们组织编写了《烧结设计手册》（以下简称《手册》）。

《手册》共分二十二章，内容有如下特点：

(1) 资料新，大部分是80年代的资料；

(2) 考虑了我国实际情况，既编入了大型化、现代化装备水平的工厂设计技术，也列入了建设中、小型烧结厂及旧厂技术改造的经验；

(3) 除包括含自动配料、烧结厂整粒、铺底料等完善的烧结工艺外，还包括余热利用、粉尘回收等综合利用工艺，并列入了安全、节能和环境保护的内容；

(4) 充分介绍了国内外先进的烧结工艺及有关设备和技术。

本《手册》可作为烧结厂工艺设计人员的工具书，也可供厂矿、科研单位、大专院校等有关人员参考。

使用本《手册》时，应注意符合国家颁布的各项规程、规范、标准和规定、并且要因地制宜，根据具体情况，合理选用《手册》中的有关数据。

《手册》初稿完成后，冶金工业部于1987年10月组织设计、生产单位的有关同志对书稿进行了审查，编写人员根据审查意见做了必要的补充和修改，1988年3月完成送审稿。冶金工业部于1988年3月又组织终审。终审参加人员有冶金工业部规划院张庆云、鞍山黑色冶金矿山设计研究院肖相才、马鞍山钢铁设计研究院许景利及长沙黑色冶金矿山设计研究院张惠宁等高级工程师。《手册》在编写、审核及出版过程中得到了冶金工业部基建局王洪才、冶金工业部钢铁司张志勋及冶金工业出版社的大力支持。

《手册》在编写过程中，得到鞍山黑色冶金矿山设计研究院、马鞍山钢铁设计研究院、鞍山钢铁公司设计院以及攀钢烧结厂、包钢烧结厂、本钢烧结厂、首钢设计院、宝钢烧结厂、水钢烧结厂、武钢烧结厂、湘乡铁合金厂、湘潭锰矿等二十多个单位和“烧结球团”情报网以及很多同行的大力支持和帮助，他们提供了许多宝贵资料和建议，谨致以衷心谢意。

《手册》在编写过程中得到我院唐先觉、李希超等同志的大力支持和热情帮助。

由于我们水平有限，书中欠妥和错误之处，希望读者给予批评指正。

冶金工业部长沙黑色冶金矿山设计研究院
1988年8月

目　录

1　烧结厂设计概述

1.1　设计阶段

1.1.1　总体规划

烧结厂建设规划，是冶金厂建设规划的组成部分之一，新建烧结厂总体规划内容有：

(1) 原料、燃料及主要辅助材料的需要量，供应基地及运输条件和方式；

(2) 建厂地区的交通状况，包括水运、铁路、公路等运输情况；

(3) 生产、生活水源供应情况及需要量；

(4) 电力供应情况及消耗量；

(5) 建厂地区的地形、地貌及地质构造，地下水文情况及历史上的洪水水位标高、地震烈度等；

(6) 烧结厂厂址选择；

(7) 烧结厂的建设规模；

(8) 主要设备选型；

(9) 投资粗略估算；

(10) 职工定员概数；

(11) 附图：烧结厂总平面图及工艺流程图。

如为改、扩建烧结厂时，除上述内容外，还应包括：

(1) 生产厂现状及改、扩建理由与依据；

(2) 生产厂生产指标；

(3) 已花投资，已有设备及数量，原有职工定员等主要经济指标。

1.1.2　厂址选择

厂址选择的基本原则：

(1) 烧结厂厂址多位于钢铁企业内，并尽可能与高炉、混匀料场相邻；熔剂破碎筛分车间一般放在烧结厂或原料场内；也可设在矿山，用铁路专用线运输；

(2) 厂址的地形应适合烧结厂建设，尽可能减少土石方工程量；

(3) 应节约用地，尽量不占良田，少占农田；

(4) 应有方便的供水、供电及交通条件；

(5) 厂址工程地质和水文地质条件较好，不宜在断层、流沙层、淤泥层、滑坡层及九度以上地震区或三级以上湿陷性黄土层建厂，不应置于洪水水位之下；

(6) 厂址尽可能远离居民区，如避不开居民区，则应置于其下风方向；

(7) 一般可根据1/1000或1/2000地形图进行厂址选择。

厂址方案比较可参照下列项目进行：

(1) 地理位置及与城乡关系；

(2) 地形、地貌、占地面积(良田、荒地或山地);
(3) 工程地质和水文地质条件;
(4) 土石方工程量;
(5) 拆迁村镇、民房、经济林等情况;
(6) 供排水条件;
(7) 供电条件;
(8) 原料、熔剂、燃料运输条件;
(9) 交通运输及施工条件;
(10) 机修、电修外协条件;
(11) 当地市政部门的意见;
(12) 对环境的影响;
(13) 对基建投资及经营费的影响;
(14) 其他条件。

1.1.3 可行性研究

可行性研究是基本建设前期工作的重要内容。其基本任务是:根据有关项目的国民经济规划要求,对建设项目的技术和经济进行调查研究、全面分析和多方案比较,从而对拟建工程项目是否应该建设以及如何建设作出论证和评价,为投资决策提供依据。

可行性研究由上级或建设单位委托设计单位完成。

可行性研究的内容和深度如下:

(1) 总论:

1) 项目提出的背景(对改、扩建项目要说明企业现有概况),投资的必要性和经济意义;

2) 研究工作的依据和范围。

(2) 拟建规模:

拟建项目的规模和产品方案的技术经济比较与分析。

(3) 资源、原材料、燃料及公用设施情况:

1) 根据经过矿产储量委员会正式批准的地质报告及有关资料,阐明原料、辅助原料及燃料的储量、品级、化学成分及开采利用条件;

2) 所需公用设施的项目和数量、供应方式和供应条件。

(4) 建厂条件和厂址方案:

1) 建厂的地理位置、气象、水文、地质、地形条件和社会经济现状;

2) 交通、运输、通讯及水、电、气的现状和发展趋势;

3) 厂址比较与选择意见。

(5) 设计方案:

1) 项目的构成范围(指包括的主要单项工程)、技术来源和生产方法,主要技术工艺和设备选型方案的比较,引进技术、设备的来源国别,设备的国内、外分交或外商合作制造的设想(改、扩建项目要说明原有固定资产的利用情况);

2) 全厂布置方案的初步选择和土建工程量估算;

3) 公用辅助设施和厂内外交通运输方式的比较和初步选择。

(6) 环境保护：

调查环境现状，预测项目对环境的影响，提出环境保护和废气、废水、废渣治理的初步方案。

(7) 企业组织、劳动定员和人员培训(估算数)。

(8) 实施进度的建议。

(9) 投资估算和资金筹措：

1) 主体工程和协作配套工程所需的投资；

2) 生产流动资金的估算；

3) 资金来源、筹措方式及贷款的偿付方式。

(10) 社会效益和经济效益评价。

(11) 可行性研究成果中应包括的附图：

1) 烧结厂总平面图；

2) 工艺流程图；

3) 全厂建筑物平面图；

4) 大型工程或改、扩建工程可附必要的车间配置图。

1.1.4 计划任务书

计划任务书(又称设计任务书)是国家领导机关对建设项目的决策结果，是确定基本建设项目、编制设计文件的主要依据，由主管部门组织计划、设计等单位编制。

计划任务书编制单位一般在可行性研究的基础上，推荐出最佳方案，作为编制计划任务书(草案)的依据，并把可行性研究作为附件呈报上级领导机关审批。对未进行可行性研究的项目，有时可在企业规划或项目建议书的基础上编制计划任务书(草案)上报审批。

未进行可行性研究的项目，所编计划任务书(草案)的内容和深度可参照 1.1.3 节可行性研究的内容和深度。

1.1.5 初步设计内容提要

初步设计内容及深度的原则要求如下：

1.1.5.1 含铁原料、熔剂和燃料

A 含铁原料

含铁原料品种及来源、年供给量、运距及运输方式。

含铁原料的平均化学成分、粒度组成、含水量、烧损及堆积密度。

B 熔剂

石灰石、白云石、蛇纹石及消石灰或生石灰等的来源、年供给量及运距、运输方式。

各项熔剂的平均化学成分、粒度、含水量、烧损及堆积密度。

C 烧结燃料

当使用碎焦或碎焦加无烟煤时，要说明其来源，年供给量、运距及运输方式。

燃料的粒度、含水量、堆积密度和固定碳、挥发分、灰分、发热值以及灰分的化学成分。

D 点火燃料

说明点火燃料种类及其来源、低发热值、含尘量、需要量、引入烧结车间接点处的压

力。

E　锰矿及其他

内容与熔剂部分相同。

1.1.5.2　烧结工艺

A　烧结试验的评述

各项含铁原料如进行了单项或综合烧结试验，则应作简单叙述后对试验指标进行综合评论分析，确定设计采用的指标。

对新工艺、新设备的试验，如成品烧结矿破碎、机头电除尘器、新型点火器等试验，应作评述后确定采用的指标或流程。

重大的试验鉴定意见及存在问题应予列出。

B　工厂规模、工作制度及产品方案

(1) 根据同类原料烧结厂生产实践或烧结试验确定烧结机利用系数；

(2) 根据炼铁需要计算烧结厂规模，根据烧结厂规模及利用系数等计算烧结机规格；

(3) 确定工作制度，全年生产工作天数，每天班数，每班工作小时数；

(4) 根据烧结原料条件及高炉对烧结矿的要求确定烧结矿碱度、品位及上、下限粒级。

C　工艺流程及物料平衡

(1) 工艺流程列入附表，一般工艺流程不必详述，仅就其特点进行叙述；

(2) 根据原料成分和供应量及烧结厂规模计算出烧结物料平衡表。

D　主要设备的选择与计算

对下列主要工艺设备进行选择计算：

翻车机、门型卸车机、堆取料机、抓斗起重机、各种风机、配料圆盘给矿机、混合机、各种破碎机、烧结机、冷却机、机头电除尘器或多管除尘器、各种筛子等。

E　检验

(1) 重量检查：进厂原料如系火车、汽车运来应设地磅称量或抽查，厂内称量通过电子皮带秤来计量；

(2) 质量检验：阐明取样方式和地点，质量检查的科目、数量和采用的标准，然后说明试样的制备及检验的地点，检验采用的主要设备，以及检验制度。

1.1.5.3　附图

初步设计应附有下列图纸：

(1) 建筑物平面布置图及剖面图：

1) 要标出各车间建筑轮廓尺寸；

2) 标出主要平台的标高；

3) 要注明各建筑物名称。

(2) 工艺流程图：

1) 作业的名称及其流程；

2) 标出混合料各组分及各组分之和、各工序产物数量及流向；

3) 最终产品的重量、粒度、分配量及其流向；

4) 标出添加水及煤气数量。

(3) 设备连接图：

1) 按生产流程形象示出各生产设备之间的连接关系；

2) 示出原料、成品、空气、废气流向；

3) 原料场(仓)、料堆、受料仓需标出原料的名称；

4) 应标出主要设备的名称、型号、规格及数量。

(4) 各车间配置图：

1) 标出该厂房的主要设备之间的连接关系、设备与厂房的配置关系，厂房柱距、跨距；

2) 各层平台的标高；

3) 各车间的主要设备、规格和数量；

4) 标出车间内外部地坪标高，起重机轨面标高(如为单轨则标出轨底标高)；

5) 矿仓剖面注明物料名称、粒度、堆积密度及矿仓有效容积。

1.1.5.4　附表

初步设计包括下列附表：

(1) 设备表；

(2) 定员表；

(3) 概算表；

(4) 原、燃料物化性质表；

(5) 物料平衡表；

(6) 配料仓贮存能力；

(7) 一吨烧结矿的配料组成；

(8) 烧结矿化学成分表；

(9) 主要技术经济指标。

1.2　烧结厂设计原则

1.2.1　烧结试验

对一般常用含铁原料不要求进行烧结试验，可参考类似条件的试验及生产数据。对较复杂或尚无生产实践的含铁原料以及特殊的工艺流程必须进行烧结试验。

1.2.1.1　烧结试验的规模

一般的烧结工艺流程采用烧结杯装置进行烧结试验。对特别复杂的流程，如氯化烧结、脱砷、脱氟等试验，应在烧结杯试验基础上，再进行半工业性试验，以取得可靠的设计和指导生产的数据。

1.2.1.2　烧结试验报告的主要内容

烧结试验报告的主要内容应包括下列各项：

(1) 试验规模及其装置；

(2) 试验方法及其步骤；

(3) 原料、熔剂、燃料的物理化学性质；

(4) 烧结试验的操作指标及烧结矿质量指标；

(5) 合适的配料比和烧结矿碱度，混合料的适宜水分及固定碳含量，添加生石灰或消石灰对烧结的影响；

(6) 有害杂质硫、砷、氟、铅、锡、锌等的除去率；

(7) 其他特殊内容。

1.2.2　原始资料的收集

设计开始前，设计人员需深入现场进行周密调查，收集必要的原始资料，以选择符合客观实际的设计方案，做出比较正确的设计。

应按照工程具体情况确定原始资料的收集范围。原始资料的收集一般应包括下列内容：

(1) 计划任务书(初步设计阶段)：通过计划任务书了解建设目的，烧结厂的规模及主机选型、产品方案、主要协作关系、建设进度和远景计划、计划投资估算及设计分工等。

(2) 厂区工程地质资料：厂区及其重要建筑物占地范围内的地质构造，各层土壤的物理性质及地耐力，水文地质情况及最高洪水水位。

(3) 地形图：收集建筑场地的地貌及地形现状，比例尺 1/1000 或 1/500 的地形图，对改、扩建工程，还应收集现有建筑物、构筑物的测绘图和地下管网的竣工图等资料。

(4) 气象、水源及地震资料：最冷最热月份的平均温度，最冷最热温度；冻结深度；导线结冰厚度；相对湿度；夏季通风、冬季采暖计算温度以及采暖期天数；主导风向、最大风速及风压值；年总降雨量，昼夜和小时最大降雨量；最大积雪深度和雪压值；年雾日数，地震的一般特征、地震等级、震中活动情况。

(5) 有关协议书(或合同、文件等)：协议书包括用地协议；铁路运输及接轨协议；蒸汽、煤气、压缩空气的供应及机修协议；供电及供排水协议；输电线、通讯线及地上地下管线与其他线路交叉协议；各种原料、燃料及烧结矿供销数量及运输方式协议；资金筹措协议和其他有关协议。

(6) 厂址选择报告及有关调查报告：主要包括厂址选择报告；建设地区的电力系统现状调查报告；建厂区域的综合调查报告；建厂地区的建筑材料及施工条件调查报告(包括地方建筑材料、国家调拨的主要建筑材料、施工部门的起重设备能力、预制或金属构件的制作和安装水平、预应力构件的制作施工能力，新技术的制作、施工能力等方面的调查内容)；如系改建、扩建工程，需有改建、扩建工程现状的全面调查报告。

(7) 烧结试验报告：包括全面的烧结试验或部分工艺流程的烧结试验报告，其内容见 1.2.1.2 节。

1.2.3　烧结厂设计原则

1.2.3.1　烧结厂规模的确定

烧结厂规模的确定应考虑下列原则：

(1) 上级主管部门批准的计划任务书；

(2) 贯彻高炉精料方针，确定合理的炉料结构；

(3) 在考虑烧结厂规模时，应根据原料的供应条件和数量，以及高炉炉料结构及对烧结矿的需要量，并适当留有富余；

(4) 设计的主要技术经济指标应采用平均先进的技术经济指标。

1.2.3.2 烧结厂规模的划分

烧结厂规模,按年产烧结矿量划分:

(1) 大型:年产烧结矿大于或等于200万t;

(2) 中型:年产烧结矿大于或等于50万t;

(3) 小型:年产烧结矿小于50万t;

1.2.3.3 烧结机机型的划分

烧结机机型按单机面积划分:

(1) 大型:单机面积大于或等于200 m^2 的烧结厂;

(2) 中型:单机面积大于或等于50 m^2 的烧结厂;

(3) 小型:单机面积小于50 m^2 的烧结厂。

1.2.3.4 烧结机利用系数的确定

烧结机利用系数是确定烧结机生产能力的重要技术经济指标,根据原料的物理、化学特性,通过烧结试验来确定,也可参照同类条件的试验或生产数据选定。

1.2.3.5 工作制度和作业率的确定

A 工作制度

烧结厂为连续工作制,每年365 d,每天三班,每班8 h。

B 作业率的确定

作业率以正常生产中设备实际的作业时间与日历时间的百分比来表示:

$$作业率=\frac{年实际作业时间}{年日历时间}$$

设计中,作业率应根据工艺流程、装备水平、检修条件,以及参照类似生产厂的实践,并适当留有余地来选取。一般为90%。考虑国内设备加工水平现状,个别厂可适当降低,但不得低于85%。表1-1为近年来部分烧结厂的实际作业率。

表1-1 烧结厂的实际作业率

企业名称	日历作业率/%		
	1985年	1986年	1987年
武钢一烧	83.57	87.99	90.65
武钢三烧	83.94	83.04	86.81
攀钢烧结厂	77.98	84.68	87.74
首钢一烧	83.31	62.02	84.86
首钢二烧	86.04	80.07	88.85
梅山烧结厂	83.20	88.67	90.59
包钢烧结厂	79.77	75.83	88.14
太钢烧结厂	83.95	79.55	84.25
新余烧结厂	81.39(铁)	81.39(铁)	74.81(锰)
莱芜烧结厂	89.39	89.39	
涟源烧结厂	80.01	80.01	
广钢烧结厂	72.83	72.83	
昆钢烧结分厂	87.58	87.58	
宝钢烧结厂		89.45	91.41

1.2.3.6　大型烧结设备的发展和采用

发展大型烧结设备是为了适应高炉大型化的需要。我国到1986年底，建成投产的烧结机共有150台，详见表1-2。

表1-2　我国现有烧结设备规格及台数（到1986年底止）

规格/m^2	台数	面积/m^2	台数合计	面积合计/m^2	占总面积比例/%	规格/m^2	台数	面积/m^2	台数合计	面积合计/m^2	占总面积比例/%
13	2	26				39	2	78			
18	26	468	74	1598	21.20	50	11	550			
24	46	1104				65	2	130			
26.5	4	106				75	29	2175			
27	3	81				90	14①	1260	52	4925	65.35
33	1	33				130	8	1040			
36	1	36	24	1014	13.45	450	1	450			
						总计	150	7537			100.00

① 其中有4台180 m^2 烧结机为机上冷却，本表按每台90 m^2 烧结面积统计。

国外自70年代以来，各种烧结设备发展的概况列于表1-3。

表1-3　国外各种烧结机概况

烧结机规格/m^2	台　数	总面积合计/m^2	占面积比例/%	备　　注
<100	345	22969.3	34.64	
100～200	129	17936	27.05	
200～300	33	7670.2	11.57	其中：日本有13台
300～400	22	6949	10.48	
>400	24	10780	16.26	其中：日本有12台
总　计	553	66304.5	100	

采用大型烧结设备可以降低单位烧结面积的基建投资和经营费用，节省能耗，提高劳动生产率，便于实现自动化控制，提高产品质量，减少污染源，有利于环境保护。据西德鲁尔基公司的资料介绍，如果100 m^2 烧结机平均每平方米的建设费用为1，则150 m^2 的为0.9，200 m^2 的为0.8，而300 m^2 的仅为0.75。国内设计方案的技术经济分析表明：2台130 m^2 烧结机与1台252 m^2 烧结机相比，前者单位投资多9.9%，加工费多4.7%，劳动生产率低9.1%，详见表1-4。

1.2.3.7　自动化水平

提高自动化装备水平，主要是为了保证产品质量和增加产量。

烧结厂自动化水平的高低，受多种条件的制约，必须因地制宜综合考虑，不宜盲目追求高自动化水平。根据生产过程的自动检测、控制与配备工况管理手段三个方面，按其不同规模区分考虑。

A　大型烧结厂的自动化水平

表 1-4 1 台 252 m² 与 2 台 130 m² 烧结机比较

序号	项目	单位	1 台 252 m² 烧结机	2 台 130 m² 烧结机	差值
1	烧结矿产量	万 t/a	240	247	
2	基建投资	万元	6819	7713	+894
3	单位投资	元/t	28.4	31.2	+9.9%
4	单位投资	万元/m²	27.0	29.67	+9.9%
5	烧结矿加工费	元/t	7.65	8.0	+4.7%
6	劳动生产率	t/(人·a)	3785.5	3440	-9.1%
7	投资还本期	a	5.6	6.5	+0.9%

注:上表为 1983 年指标。

(1) 具备必要的工艺过程参数的自动检测、显示;
(2) 具有充分满足生产要求的控制系统;
(3) 配有与生产操作要求相适应的工况管理手段。

B 中型烧结厂的自动化水平

(1) 具有主要工艺过程参数的自动检测、显示;
(2) 具有能基本适应生产要求的控制环节;
(3) 配有生产操作所必要的工况管理手段(如报表打印)。

C 小型烧结厂的自动化水平

(1) 具有主要工艺过程参数的自动检测、显示;
(2) 具有主要生产环节的简单调节系统。

2 烧结原、燃料及烧结矿

2.1 含铁原料

我国铁矿石中贫矿多,富矿少。烧结厂的含铁原料特征是以精矿为主。送入烧结的含铁原料,应经过混匀。

2.1.1 入厂条件

一般的含铁原料的入厂条件列于表2-1。

国外一些烧结厂用的混匀矿入厂条件举例见表2-2。

我国部分烧结厂含铁原料入厂条件见表2-3。

表2-1 含铁原料入厂条件

名称	品位及波动范围/%											水分/%	粒度/mm
	化学成分	磁铁矿为主的精矿				赤铁矿为主的精矿				攀西式钒钛磁铁矿	包头式多金属矿		
精矿	TFe	≥67	≥65	≥63	≥60	≥65	≥62	≥59	≥55	51.5 波动范围±0.5	≥57 波动范围±0.5	磁铁矿为主的精矿 Ⅰ≤10, Ⅱ≤11 赤铁矿为主的精矿 Ⅰ≤11, Ⅱ≤12 攀西式钒钛矿 ≤10 包头式多金属矿 ≤11	
		波动范围±0.5				波动范围±0.5							
	SiO_2												
	Ⅰ类	≤3	≤4	≤5	≤7	≤12	≤12	≤12	≤12				
	Ⅱ类	≤6	≤8	≤10	≤13	≤8	≤10	≤13	≤15				
	S	Ⅰ组≤0.10~0.19 Ⅱ组≤0.20~0.40				Ⅰ组≤0.10~0.19 Ⅱ组≤0.20~0.40				<0.60	<0.50		
	P	Ⅰ级≤0.05~0.09 Ⅱ级≤0.10~0.30				Ⅰ级≤0.08~0.19 Ⅱ级≤0.20~0.40					<0.30		
	Cu	≤0.10~0.20				≤0.10~0.20							
	Pb	≤0.10				≤0.10							
	Zn	≤0.10~0.20				≤0.10~0.20							
	Sn	≤0.08				≤0.08							
	As	≤0.04~0.07				≤0.04~0.07							
	TiO_2									<13			
	F										<2.50		
	K_2O+Na_2O	≤0.25				≤0.25					≤0.25		

续表 2-1

名称	品位及波动范围/%					水分/%	粒度/mm
	化学成分	磁铁矿为主的精矿	赤铁矿为主的精矿	攀西式钒钛磁铁矿	包头式多金属矿		
粉矿	一级	TFe≥54, SiO_2≤12, S≤0.2, P≤0.1					磁铁矿、赤铁矿≤10;其中>10 mm不超过10%;高硫矿≤8 mm,其中>8 mm不超过5%,褐铁矿≤10 mm
	二级	TFe≥50, SiO_2≤15, S≤0.3, P≤0.15					
	三级	TFe≥48, SiO_2≤18, S≤0.4, P≤0.2					
	四级	TFe≥45, SiO_2≤22, S≤0.5, P≤0.3					
	其他成分	Cu≤0.2, As≤0.07, Pb≤0.1, Zn≤0.1 Sn≤0.08, K_2O+Na_2O 待定 铁品位波动范围为±0.5*					
混匀矿	TFe≤±0.5*　SiO_2≤±0.2*						

注:该表(不包括*部分)摘自《冶金矿山标准化工作实用手册》(冶金部情报标准研究总所编,冶金工业出版社1985年9月出版)。

表 2-2　国外一些烧结厂用的混匀矿入厂条件

化学成分	允许波动范围/%			
	日本大分厂	西德曼内斯曼厂	苏　　联	英　　国
TFe	±0.5～0.2	±0.3	±0.2	±0.3～0.5
SiO_2	±0.12	±0.2	±0.2	
碱度	±0.03	±0.05	±0.03	±0.03～0.05

2.1.2　含铁原料物理化学性质要求

烧结用的精矿粒度不宜太细,一般小于0.074 mm的量应小于80%。

褐铁矿、菱铁矿的精矿或粉矿要考虑结晶水、二氧化碳的烧损。国内褐铁矿烧损为9%～15%,菱铁矿烧损为17%～36%。烧损大,烧结时体积收缩,褐铁矿收缩8%左右,菱铁矿收缩10%左右。

精矿水分大于12%时,影响配料准确性,混合不易均匀。

粉矿粒度要求控制在8 mm以下,便于烧结矿质量。

当含铁原料中二氧化硅含量不足时,可添加含硅熔剂或部分高硅含铁原料。硅砂是烧结使用的增硅熔剂。

国内部分烧结厂含铁原料的物理化学性质见表2-4。

2.1.3　铁矿石中可综合利用的伴生元素含量

铁矿石中可综合利用的伴生元素含量见表2-5。

2.1.4　烧结矿质量要求

表 2-3　我国部分烧结厂含铁原料入厂条件

厂　名	类　别	品 位 条 件	粒　度/mm	水　分/%	备　　注
梅山	富矿粉	TFe≥45%,波动范围 +2.5%～-1.5%,S<4%	-8 ≥87%	<5	
	澳矿粉	TFe60%,波动范围 +2.0%～-1.0%;SiO_2<6%	6～0		
	朝鲜精矿	TFe60%,波动范围 +2.0%～-1.0%;SiO_2<14%		<11	
本钢	南芬精矿	一等品:TFe67.0%～69% 二等品:TFe65.5%～66.99% 等外品:TFe<65.5%		≤9.5	堆积密度 2.28 t/m^3
	歪头山精矿	一等品:TFe66.0%～68.0% 二等品:TFe64.5%～65.99% 等外品:TFe<64.5%			
宝钢			<8		堆积密度 1.8 t/m^3
鞍钢	精　矿	TFe 波动+2%～-1%		磁精≤12 混精≤12.5	
	富粉矿	TFe≥45% SiO_2≤22% S≤0.4%	高硫矿 8～0 其他 10～0(大于上限的不超过 10%)		

铁烧结矿质量要求见表 2-6,高炉入炉中有害元素界限含量见表 2-7。

2.1.5　产品的含铁原料需要概量

各种产品的含铁原料需要或产生概量见表 2-8。

2.2　锰矿及富锰渣

2.2.1　入厂条件

冶金锰矿石标准见表 2-9。碳酸锰矿粉质量标准列于表 2-10。

冶炼富锰渣对锰矿的要求见表 2-11。

要求锰矿石在矿山洗后入厂,洗后锰矿石含泥量不大于 6%。

富锰渣质量标准列于表 2-12。

2.2.2　锰矿物理化学性质实例

冶炼锰合金及富锰渣用锰矿物化性质实例见表 2-13。

2.2.3　富锰渣特性及供应概量

当锰矿石铁和磷超过一定标准时,可用高炉冶炼富锰渣。富锰渣系电炉炼锰合金的原料,其物理化学性质见表 2-14。

根据湘潭锰矿实践,生产 1 t 富锰渣的矿石用量为 1.189 t。

表 2-4 国内部分烧结厂含铁原料物理化学性质实例

矿种	名称	化学成分/%							物理性质			备注
		TFe	FeO	SiO_2	CaO	S	P	其他	水分/%	堆积密度/$t \cdot m^{-3}$	粒度组成	
精矿	攀枝花精矿	51.72		5.2	2.1	0.46		$V_2O_5$0.55$TiO_2$12.27	9.2	2.5	−200 目的 22%	
	包钢精矿	58.40	18.9	4.20	4.0	0.320	0.245	F2.0				1986 年 4 月 12 日
	首钢迁安精矿	67.0		4.88	1.63							1985 年平均值
	首钢密云精矿	65.8		4.87	0.77							1985 年平均值
	鞍钢东鞍山浮选精矿	62.10	0.4	9.55	0.30		0.036	烧损 0.88				1987 年 4 月平均
	鞍钢大孤山磁选精矿	65.63	25.45	7.41	0.41	0.029	0.026	烧损 0.67	10	1.72	−200 目的 96.2%	
	鞍钢大孤山浮选精矿	62.89	27.73	10.83	0.46	0.037	0.029	烧损 0.93	11	1.62	−200 目的 88.64%	
	鞍钢弓长岭磁选精矿	65.14	24.9	8.06	0.33	0.041	0.025	烧损 0.63	9.3	1.845	−200 目的 86.15%	
	本钢歪头山精矿	67.29	28.36	4.79	0.27	0.066	0.007		9		−200 目的 71%	1982 年 12 月
	鞍钢齐大山混合精矿	61.21	17.77	12.83	0.2	0.019	0.043	烧损 0.7	10.4	1.64	−200 目的 87.94%	
	武钢程潮精矿	67.46	26.77	3.03	0.67	0.203	0.005	烧损 1.61				
	广钢云浮精矿	47.17	1.35	9.2	1.0	0.305		烧损 10.47	10.11			1986 年某月平均
	本钢南芬精矿	69.7	28.02	4.9	0.19	0.066	0.007		9		−200 目的 86%	1982 年测
	酒钢镜铁山精矿	51.80	15.8	10.85	0.84	0.362	0.015	烧损 7.09	16.2			1987 年平均
	马钢凹山精矿	62.36	22.18	5.56	0.78	0.13	0.189	TiO_2 1.35	9.9			1984 年 12 月测
	马钢东山精矿	57.81	20.96	8.66	1.57	0.26	0.258	TiO_2 1.45	9.8			1984 年 12 月测
粉矿	宝钢烧结粉矿	62.47		5.77	0.16	0.099	0.046			2.3		
	武钢鄂东粉矿	50.58	8.8	12.19	2.12	0.492	0.106					
	武钢用澳粉矿	61.85	1.05	5.22	0.35	0.043	0.065					
	攀钢用大宝山矿	51.38		14.09	1.12	0.26		烧损 10	12.4		+10 mm 的 1.17% 10～3 mm 的 33.9%	
	首钢用宣化富矿	51.03		16.99								

续表 2-4

矿种	名称	化学成分/%							物理性质			备注
		TFe	FeO	SiO_2	CaO	S	P	其他	水分/%	堆积密度/$t \cdot m^{-3}$	粒度组成	
粉矿	首钢用海南矿	53.63		17.07	0.22							
	鞍钢用宣化矿	50.32	2.75	18.86	1.36	0.017	0.059	烧损 3.37				
	鞍钢用海南矿	51.72	3.25	20.25	0.78	0.15	0.04	烧损 1.2				
	鞍钢用巴西矿	64.43	1.5	5.18	0.25	0.015	0.052	烧损 1.18				
	广钢杨山矿	64.21	14.2	5.02	0.8	0.032		烧损 3.14	3.75			1986 年 4 月测
	水城观音山矿	44.27	0.24	14.8	4.49	0.041	0.042	烧损 12.04				
其他	首钢高炉灰	40.81		6.19	5.05			$C_{19.22}$				1985 年测
	包钢高炉灰	34.60	13.30	9.85	9.10	0.41	0.255	$C_{16.87}$，烧损 21.18，F2.71				1986 年 4 月测
	鞍钢高炉灰	46.06	13.73	11.60	8.03	0.197	0.026	烧损 10.44				
	武钢高炉灰	31.17	6.44	8.92	3.51		0.042	$C_{22.77}$，烧损 37.11				1985 年测
	攀钢轧钢皮	72.61		5.35	6.87	0.10				2～2.2		
	首钢轧钢皮	79.86		2.17	0.33							1985 年测
	武钢轧钢皮	68.51	53.25	3.75	0.94	0.022	0.029	烧损 2.51				
	宝钢轧钢皮	75.40		1.76	1.85					2.5		设计值
	宝钢高炉灰	32.45		6.45	2.97		0.058			1.3		设计值
	宝钢转炉粗渣	80.56		1.79	4.03	0.017	0.133			2.0		设计值
	马钢高炉灰	44.00	15.50	10.00	9.00	0.40	0.30	$C_{10\sim11}$，烧损 10		1.44		
	昆山高炉灰	41.70		8.68	6.09			$C_{16.24}$				1980 年测
	梅钢用硫酸渣	58.56		4.66	4.76	1.95		烧损 6.17				

表 2-5 铁矿石中可综合利用的伴生元素含量

元素	Cu	Zn	Mo	Pb	硫化镍含 Ni	Sn	TiO_2	V_2O_5
含量/%	>0.2	>0.5	>0.02	>0.2	>0.2	>0.1	>5	>0.2

表 2-6(Ⅰ) 铁烧结矿质量要求

化学成分						物理性质	
铁/%			碱度波动范围	硫/%	残碳/%	转鼓指数(≥5 mm)/%	筛分指数(≤5 mm)/%
一等	二等	三等					
>60	57~60	<57					
波动范围≤±0.5			≤±0.05	≤0.08	≤0.40	≥78	≤10.00

注:该表摘自(YB421—77)《烧结矿质量标准》。

表 2-6(Ⅱ) 宝钢烧结矿质量现行考核标准

指标		化学成分				机械强度	
		TFe 波动/%	FeO 波动/%	S/%	碱度波动/%	转鼓指数(>10 mm 的含量)/%	筛分指数(5~0 mm 的含量)/%
合格品	一级品	±0.5	±1.0	0.08	±0.05	>68	<5
	二级品	±1.0	>±1.0	0.1	±0.10		
次品		>±1.0	>±3.0		≥±0.1		

注:1. 转鼓为 JIS 标准。

2. FeO 基数为 6%~7%。

表 2-7 高炉入炉矿中有害元素界限含量

元素	符号	允许含量/%	说明
硫	S	≤0.1	硫使钢产生“热脆”,每炼 1 t 生铁的原、燃料总含硫量一般在 8~10 kg 以下
磷	P	≤0.2	对于一般炼钢生铁,磷使钢产生“冷脆”,炼铁、烧结过程均不能去磷
锌	Zn	≤0.1	锌在 900 ℃挥发,沉积在炉墙,使炉墙膨胀,破坏炉壳,与炉尘混合易形成炉瘤,烧结过程能除去 50%~60%,>0.3%时不允许其直接入炉
铅	Pb	≤0.1	铅易还原,但沉积、破坏炉底。
铜	Cu	≤0.2	少量铜能改善钢的耐蚀性,量多使钢材“热脆”,不易轧制和焊接,在高炉中铜全部还原进入生铁中
砷	As	≤0.07(生产优质钢、线材要求≤0.04)	砷使钢冷脆和焊接性变坏,生铁含砷应小于 1%,优质生铁要求不含砷。砷在高炉中 100%还原进入生铁
锡	Sn	≤0.08	锡熔解后进入铁和钢中,使钢具有脆性,在高炉中易使炉壁结瘤
钛	Ti	TiO_2≤13	钛能改善钢的耐磨性和耐蚀性,但使炉渣性质变坏,在冶炼时有 90%进入炉渣。含量不超过 1%时,对炉渣及冶炼过程影响不大,超过 4%~5%时,使炉渣性质变坏,易结炉瘤
氟	F	<2.50	烧结过程可脱除一部分氟
碱金属	K_2O+Na_2O	≤0.2~0.5	碱金属含量高会使炉身部位结瘤,风口烧坏,焦炭粉化,经常悬料,焦比增高,产量降低

表 2-8　含铁原料需要或产生概量

产品名称	供应概量
精　矿	1. 生产 1 t 含铁 62%左右的精矿约需 2～2.5 t 含铁 36%左右的原矿(磁选)
	2. 生产 1 t 含铁 52%左右的精矿约需 2.7 t 含铁 36%左右的钒钛磁铁矿原矿
烧结矿	生产 1 t 碱度 1.3TFe53%左右的烧结矿需含铁原料 0.8～0.9 t
生　铁	生产 1 t 生铁需碱度 1.7 含铁 48%的烧结矿 1.67 t 左右(烧结矿比为 0.82)
高炉灰	生产 1 t 生铁可产生 15～50 kg 高炉灰
钢	生产 1 t 钢约需生铁 0.8～0.95 t
轧钢皮	轧钢皮占钢材总量的 2%左右
转炉尘	生产 1 t 钢产生 20 kg 左右转炉尘

表 2-9　冶金锰矿石标准(YB319—65)

品　级	Mn/%	Mn/Fe	P/Mn
	不小于		
一级品	40	7	0.004
二级品	35	5	0.005
三级品	30	3	0.006
四级品	25	2	0.006
五级品	18	不限	不限

表 2-10　碳酸锰矿粉质量标准(GB3714—83)

品　级	Mn/% 不小于	Fe/% 不大于	品　级	Mn/% 不小于	Fe/% 不大于
一级品	24	2.5	三级品	20	3.5
二级品	22	3.0	四级品	18	4.0

表 2-11　冶炼富锰渣对锰矿的要求

Mn/%	Mn + Fe/%	$SiO_2 + Al_2O_3$/%	SiO_2/Al_2O_3/%	RO/SiO_2	Mn/Fe
>26	>38	<35	>1.5	<0.3	0.9～3.0

表 2-12　富锰渣的质量标准(YB2406—80)

项　　目	Mn/%	Fe/%	P/%
富锰渣 1	⩾44	⩽1.5	⩽0.02
富锰渣 2	⩾42	⩽1.5	⩽0.02
富锰渣 3	⩾40	⩽1.5	⩽0.02
富锰渣 4	⩾38	⩽2.0	⩽0.03
富锰渣 5	⩾36	⩽2.0	⩽0.03
富锰渣 6	⩾34	⩽2.0	⩽0.03

表 2-13 冶炼锰合金及富锰渣用锰矿物化性质实例

厂 名	Mn/%	Fe/%	P/%	CaO/%	MgO/%	SiO_2/%	Al_2O_3/%	Mn/Fe	P/Mn	粒度/mm	备 注
新余高炉锰铁用烧结矿	22.16	8.19	0.12	20.45	10.52	14.03					1987 年实际值
湘锰高炉锰铁用块矿	27.18	8.68	0.122	11.74	6.0	16.86	4.92				
湘锰炼富锰渣用块矿	27.4	17.89	0.146	1.54	0.65	16.54	5.41				
湘乡炼硅锰合金用	≥29							>4.5	<0.0035	<150	要求值
湘乡炼电炉锰铁用	≥29					≤20		≥4.5	≤0.004	<120	要求值

表 2-14 湘潭锰矿富锰渣物理化学性质

富锰渣化学成分/%								生铁化学成分/%		
Mn	Fe	P	MgO	CaO	SiO_2	Al_2O_3	$\frac{CaO}{SiO_2}$	SiO_2	Mn	P
37.98	1.55	0.0137	1.2	3.46	32.41	10.58	0.107	0.74	9.32	0.75

2.3 熔剂及粘结剂

2.3.1 熔剂入厂条件

各种熔剂入厂条件见表 2-15。我国熔剂入厂条件实例见表 2-16。我国烧结用熔剂物理化学性质实例见表 2-17。

表 2-15 各种熔剂入厂条件

名 称	品位/%	粒度/%	水分/%	备 注
石灰石	CaO≥52，SiO_2≤3，MgO≤3	80～0 及 40～0	<2	粒度 40～0 mm 适用于小厂
白云石	MgO≥19，SiO_2≤4	80～0，40～0	<2	粒度 40～0 mm 适用于小厂
生石灰	CaO≥85，MgO≤5，SiO_2≤3.5 P≤0.05，S≤0.15	≤4		生烧率+过烧率≤12， 活性度≥210 mL①
消化石灰	CaO>60，SiO_2<3	3～0	<15	

① 指在 40±1℃水中，50 g 石灰 10 min 耗 4*N*HCl 的量。

表 2-16 我国熔剂入厂条件实例

名 称	化学成分/%	粒度/mm	水分/%	其 他
本钢大明山石灰石	一等品 CaO+MgO52～55，MgO≤3，SiO_2≤3 二等品 CaO+MgO≥51，MgO≤4，SiO_2≤4	0～100 0～100		堆积密度 1.63 t/m³
本钢南山石灰石	一等品 CaO+MgO 为 52～54，MgO≤3，SiO_2≤4 合格品 CaO+MgO 为 51～52 MgO≤4，SiO_2≤6	0～100 0～100		
梅山用石灰石	CaO>52，SiO_2<2.5	25～80	<2	>25 mm 小于 10%

续表 2-16

名　称	化学成分/%	粒度/mm	水分/%	其　他
本钢用生石灰	一级品 CaO>75 SiO_2≤6 二级品 CaO70～75，$SiO_2$6.01～7.5			生烧率≤10 生烧率≤16
本钢大石桥白云石	SiO_2≤4，MgO≥33			堆积密度 1.75 t/m³
本钢凤城白云石	SiO_2≤3，MgO≥40			
梅山用白云石块矿	SiO_2<4，MgO>19	25～60	<2	最大粒度 80 mm，大于 25 mm 部分小于 10%
梅山用白云石粉矿	SiO_2<7，MgO>17	0～5		大于 5 mm 应小于 10%
鞍钢石灰石	CaO≥50，SiO_2≤3	0～60		
鞍钢生石灰	CaO≥80	4～0 mm ≥76%		烧损<6%
鞍钢菱镁石	MgO≥40	0～25		

2.3.2　特性与要求

2.3.2.1　蛇纹石和白云石

当含铁原料为低硅精矿时，以蛇纹石为熔剂，比用白云石加硅砂好，对烧结矿质量及烧结工艺均有利，宝钢烧结配用蛇纹石量为 3%左右。

蛇纹石为高镁、高硅、低钙熔剂。我国东海及弋阳蛇纹石的化学成分见表 2-18。

当含铁原料含硅低时，蛇纹石作熔剂和白云石加硅砂对烧结生产的影响列于表 2-19。

2.3.2.2　石灰

烧结用的石灰有生石灰和消石灰两种。石灰含钙高，不含二氧化碳，生石灰在消化时放热，有助于提高料温，用作烧结过程的熔剂，性能优于石灰石。

设计中多采用生石灰，生石灰用密封罐车运输，并用气力送入密闭矿仓，以改善环境条件。

由于受生石灰的制备和运输条件限制，部分烧结厂采用消石灰。

2.3.2.3　钢渣

钢渣有平炉钢渣与转炉钢渣两种，钢渣因 CaO 含量高，且含一定量铁，可代替部分熔剂。钢渣物理化学性质实例见表 2-20。

2.3.2.4　膨润土

烧结厂处理钢铁厂粉尘的办法之一是造小球，此种小球作为烧结原料进入二次混合，造小球时常用膨润土作为粘结剂。

宝钢膨润土的物理化学性质要求见表 2-21。

膨润土分钙质和钠质两种。用钙质膨润土时，须先经活化，即加入苏打粉的水溶液，其添加量为膨润土重量的 2%～4%。

钙质与钠质膨润土按下式区分：

$$\frac{Na^{+}+K^{+}}{Ca^{2+}+Mg^{2+}}>1\text{ 为钠质} \tag{2-1}$$

表 2-17 国内烧结用熔剂物理化学性质实例

品种	厂矿名称	化学成分/%							物理性质			测定年限
		CaO	MgO	SiO_2	Al_2O_3	S	其他	烧损	水分/%	堆积密度/$t\cdot m^{-3}$	粒度/mm	
石灰石	本钢大明山	49.37	2.55	3.9	0.77			41.89				1986年
	本钢南山	48.96	2.81	3.95	1.07			42				1986年
	广钢石灰石	50.36	2.79	1.8		0.047		42.18	0.41			1986年4月
	宝钢石灰石	52.5~54	0.4	1.1~1.5		0.02				1.6		设计值
	攀矿石灰石	50.93	4.19	4.2	0.61			40	4.6			
	武钢石灰石	43.15	9.52	1.29	0.35			41.61				1985年
	包钢石灰石	49.9	2.88	3.04				40.95				1986年
	首钢密云石灰石	49.52		1.14								1985年
	马钢石灰石	52.34	1.0	1.66				42.13	1.9			1984年12月
	鞍钢甘井子石灰石	50.44	2.0	1.49	0.36	0.014		42.43	4~6	1.3~1.35		
	水钢石灰石	53.17		1.92				41.92	1.9			
白云石	鞍钢海城菱镁石	2.29	42.65	1.45	0.19	0.006	P0.042	48.85	4~6	1.5~1.54		
	水钢白云石	31.6	42.15	2.19					3.6			
	马钢白云石	29.96	19.75	1.79				43.55	3.5			1984年12月
	包钢白云石	30.3	21.1	3.71				41.5				1986年4月
	广钢白云石	33.58	17.28	1.05		0.052		44.33	0.46			1986年4月
	本钢白云石	9.28	40.73	1.28	0.31			49.74				1986年
生石灰、消石灰	宝钢生石灰	91.3	<0.7	<2.8		<0.025	P0.005			1.0		设计值
	本钢南山生石灰	60.73	3.51	6.37	2.04			24.1			3~0	1986年
	包钢生石灰	60.0	4.1	5.29				24.2				1986年4月
	鞍钢生石灰	71.92	5.38	2.78	0.73	0.087	P0.029	16.6	20	1.1~1.3		
	鞍钢消石灰	60.44	4.36	4.45	1.18	0.18	P0.03	25.73	20	0.8		
其他	宝钢蛇纹石	0.56	38.66	39.1	0.83	0.26	P0.011			1.4	8~0	设计值
	宝钢硅砂	0.71	0.12	91.1	4.25	0.006	P0.011			1.2	3~0	设计值

表 2-18　蛇纹石化学成分实例

品　名	化学成分/%									烧损
	Fe_2O_3	CaO	MgO	SiO_2	Al_2O_3	S	P	Ni	Cr	
东海蛇纹石	6.39	0.477	39.1	37.18	0.51	0.083	0.024	0.224	0.22	14.59
弋阳蛇纹石	8.92	0.95	36.27	36.4	0.638	0.024	0.024	0.225	0.52	13.6

注:摘自宝钢烧结试验研究组在湘钢做的试验报告。

表 2-19　烧结配用蛇纹石与白云石结果比较

名　称	配加蛇纹石	配加白云石和硅砂
烧成率/%	83.50	84.10
成品率/%	80.10	77.47
返矿率/%	19.90	22.53
利用系数/$t\cdot(m^2\cdot h)^{-1}$	1.73	1.54
垂直烧结速度/$mm\cdot min^{-1}$	19.50	17.77
转鼓指数(大于 10 mm)/%	66.00	62.70
转鼓指数(小于 5 mm)/%	17.70	22.60

注:摘自宝钢烧结试验研究组在湘钢做的试验报告。

表 2-20　钢渣物理化学性质实例

名　称	化学成分/%								物理性质	
	TFe	FeO	SiO_2	CaO	MgO	P	V_2O_5	其他	粒度/mm	堆积密度/$t\cdot m^{-3}$
攀钢转炉渣	13.13	16.2	5.91	45.53	7.05	0.197	2.53	$S_{0.204}$		
鞍钢二烧用转炉渣			14.86	58.0					50～80	
首钢钢渣			12.45	34.3						
马钢平炉风化渣	14.01	9.34	14.52	34.87	13.02	1.25	0.54	$S_{0.1}$	50～80	1.4
鞍钢平炉渣	10～21	11～24	10～20	23～38	11～25					

表 2-21　宝钢膨润土的物理化学性质要求

化学成分/%								物理性质				
SiO_2	Al_2O_3	Fe_2O_3	CaO	MgO	Na_2O	K_2O	烧损	pH	膨润度	粒　度	堆积密度/$t\cdot m^{-3}$	水分/%
69	14.4	2.3	3.3	2.1	1.6	0.9	6.4	9.4	>2.5	-300 目 95%	0.5	0

注:摘自宝钢烧结厂设计资料,其配料量为 2%。

$$\frac{Na^{+}+K^{+}}{Ca^{2+}+Mg^{2+}}<1 \text{ 为钙质} \tag{2-2}$$

式中　Na^{+}、K^{+}、Ca^{2+}、Mg^{2+}——分别为钠、钾、钙、镁离子。

用作粘结剂的膨润土质量要求如下:

(1) 最适当的水分含量为 7%～8%(干燥在不超过 149℃的温度下进行);

(2) 小于 0.043 mm 粒级含量大于 70%，小于 0.074 mm 粒级含量大于 90%，以及小于 0.15 mm 粒级含量不小于 97%；

(3) 膨润土应具如下形态，当 3 g 膨润土与 0.15 g 化学纯的氧化镁及 100 mL 蒸馏水混合后，静置 24 h，应无沉淀产生。胶体量不少于 90 mL，上层溶液不超过 10%。

浙江省冶金研究所于 1983 年提出膨润土的质量参考指标列于表 2-22。

国内外膨润土物理化学性质实例见表 2-23。

表 2-22 膨润土质量参考指标

指 标	级别：一 级	级别：二 级
蒙脱石含量/%	>60	60～45
2 h 吸水率	>120	120～100
膨胀倍数	>12	12～8
粒度	小于 0.074 mm 占 99% 以上	
水分/%	小于 10%	

表 2-23 膨润土物理化学性质实例

名 称	化学成分/%								物理性质				
	Fe_2O_3	SiO_2	Al_2O_3	CaO	MgO	Na_2O	K_2O	烧损	胶质介/%	膨胀倍数	堆积密度 /$t \cdot m^{-3}$	水分 /%	粒度 -200 目/%
辽宁黑山(钙质)	2.07	66.4	13.0	2.28	2.5	0.48	0.55	6.59	75		0.72	10.8	88.6
四川三台(钙质)	2.4	59.4	13.68	1.73	9.78	0.12	0.73				0.75	12	97.2
浙江平山(钠质)	1.75	71.29	14.17	1.62	2.22	1.92	1.78	4.24	100	29			88.49
吉林长春石碑岭(钠质)		72.65	12.78	1.63	0.82	1.76	0.68	6.3	100		pH=9		
内蒙古包头(钠质)		52.43	27.16	1.15		0.13	2.02						
美国怀俄明(钠质)	3.5	56.5	19.3	1.01	2.4	Na_2O+ K_2O2.3							

2.4 燃料

2.4.1 固体燃料入厂条件及实例

推荐的固体燃料入厂条件见表 2-24。

表 2-24 推荐固体燃料入厂条件

品 名	成分/%	粒度/mm	水分/%	其 他
焦 粉	灰分<15%，硫≤1%	80～0，25～0	<10	80～0 mm 需考虑粗破碎
无烟煤	灰分≤15%，挥发分<8%，硫≤1%	80～0，25～0	<10	硫应尽量低 80～0 mm 需经粗破碎

燃料入厂条件实例见表 2-25。

固体燃料入厂实际条件见表 2-26。

2.4.2 碎焦供应概量

焦化厂的 25～0 mm 碎焦约占全焦总量 7%，其中 10～0 mm 约占 4%。高炉槽下筛下焦 25～0 mm 占高炉用焦炭量的 2%以下。

表 2-25　燃料入厂条件实例

燃料名称	水分/%	硫/%	固定碳/%	水分/%	粒度/mm
鞍钢用焦粉	<15		>80	<10	0～25
梅山用无烟煤	<21	<1	>70	<8	0～20
鞍钢用无烟煤	<15	<2.5			0～40
梅山用焦粉	<15	<1	>15	<12	0～25
宝钢用焦粉	≤13	<0.6		干熄焦 4%	
本钢用无烟煤	<20	<0.7			0～30
武钢用无烟煤	≤15	≤2	挥发分≤5%	≤8	

表 2-26　固体燃料入厂实际条件

厂矿及燃料名称	固定碳/%	挥发分/%	硫分/%	灰分/%	水分/%	粒度/mm
鞍钢用阳泉无烟煤	65.49	7.96	0.78	22.33	7.85	0～40
鞍钢焦炭	≥80	≤10	≤1.5	≤15	≤8	0～25
首钢焦炭	82.59	1.82		15.88		
首钢用无烟煤	76.96	6.49		16.57		
水钢用无烟煤		12.11		18.18		<25
水钢用焦粉		0.71		30.62		<25
马钢用无烟煤	69.74	8.74	0.32	20.62		
广钢焦粉	78.09	3.08	0.82	18.83	13.98	
本钢用阳泉无烟煤		9.49	1.31	23.7		

2.4.3　气体燃料

焦炉煤气焦油含量应尽可能低。一般不得超过 0.02 g/m³，焦炉煤气供应概量见表 2-27，焦炉煤气成分及发热量见表2-28。

表 2-27　焦炉煤气供应概量

焦化厂产焦能力/万 $t \cdot a^{-1}$	60	20～40	20	10	4	2
焦炉煤气产量/$m^3 \cdot h^{-1}$	26000	10080～20160	10080	5300	2370	1000
扣除焦炉本身使用后剩余煤气/$m^3 \cdot h^{-1}$	12480	4219～8639	3879	2194	653	180

表 2-28　焦炉煤气成分及发热值

煤气成分/%							干煤气低发热值
H_2	O_2	CH_4	C_mH_n	CO	CO_2	N_2	/$kJ \cdot m^{-3}$
55～60	0.4～0.6	22～26	2.2～2.6	6～9	2～3	2～4	17166～18003

冶炼不同铁种的高炉煤气成分与发热值见表 2-29。

高炉煤气允许含尘量为 10 mg/m³ 以下。

天然气发热值可达 25000 kJ/m³ 左右。我国几种天然气的成分见表 2-30。

表 2-29 冶炼不同铁种的高炉煤气成分与发热值

铁 种	焦比/$kg \cdot t^{-1}$	高炉炉顶煤气成分/%					发热值/$kJ \cdot m^{-3}$
		CO_2	CO	H_2	CH_4	N_2	
炼钢铁	550～750	14～16	24～26	1.0～2.0	0.3～0.8	57～59	3349～3768
	751～950	10～13	27～30	1.0～2.0	0.3～0.8	57～59	3768～4187
铸造铁	630～750	11～14	26～30	1.0～2.0	0.3～0.8	58～60	3559～4187
	751～950	9～12	28～31	1.0～2.0	0.3～0.8	58～59	3977～4229
硅 铁	1720～2160	2～5	33～36	2.0～3.0	0.2～0.4	57～59	4605～5024
锰 铁	1620～1760	4～6	33～36	2.0～3.0	0.2～0.5	57～60	4605～5024
铬镍生铁		9.1	28	1.1	0.4	61.4	3797
钒 铁		5.6	33.6	1.5	0.6	58.7	4605
镜 铁	1320	7.0	32.4	2.4	0.4	57.8	4543

注:煤气成分与发热值还应考虑富氧、喷吹燃料、湿分等因素变化。

表 2-30 几种天然气的成分(体积)/%

成 分	类 别			
	天然气(Ⅰ)	天然气(Ⅱ)	天然气(Ⅲ)	石油伴生气
甲 烷	97.31	91.28	84.98	83.01
乙 烷	0.48	5.69	9.57	6.74
丙 烷	0.06	1.54	3.10	3.25
丁 烷		0.57	1.30	2.79
戊 烷		0.05	0.37	
硫化氢+二氧化碳	0.31	0.02①	0.68②	0.825
氢	0.09			
一氧化碳	0.01			
氮	1.96			3.385
分析误差	+0.22	-0.85		

① 指硫化氢。② 指二氧化碳。

3 烧结原料、熔剂和燃料的接受、贮存及准备

3.1 原料的接受

钢铁厂未设置混匀料场时，烧结厂内应考虑原料的接受。

3.1.1 翻车机卸料

翻车机是一种大型卸车设备，机械化程度高，有利于实现卸车作业自动化或半自动化，具有卸车效率高，生产能力大，适用于翻卸各种散状物料，在大、中型钢铁企业得到广泛应用。

翻车机分侧翻式及转子式两种，两种翻车机的性能比较见表3-1。

表 3-1 翻车机性能比较

翻车机类型	侧 翻 式	三支座转子式
回转周期/s	105	42～48
最大翻转角度/(°)	160	175
卸料情况	翻转角小，有压车板障碍，故卸不干净	卸车干净

两支座转子式翻车机与三支座转子式翻车机相比，由于取消了中间支座，挡料积料状况有所改善。

3.1.1.1 翻车机的辅助装置

为保证翻车机翻卸作业，改善操作，减少卸车作业时间，根据现场卸车线具体情况，可配置一定数量的辅助装置：

(1) 重车铁牛(又称重车推送器)重车铁牛分前牵式和后推式两种，根据地面配置的不同又分为地面式和地沟式，用来牵引或推送重车进入翻车机或摘钩平台。采用重车铁牛推送重车时，应考虑在铁牛出故障时有机车推送的可能性。

(2) 摘钩平台 摘钩平台用于重车自动脱钩。平台使重车挂钩端升起脱钩后，重车自行沿斜坡进入翻车机内。

(3) 推车器 推车器是将重车推入翻车机的辅助设备，当使用摘钩平台时，可不使用推车器。

(4) 空车铁牛 该设备将推出翻车机或迁车台的空车推送到空车集结线。

(5) 迁车台 可将单辆空车由一条线路平行移动至相邻线路。

以上设备与翻车机共同组成一个机械化的卸车系统。

3.1.1.2 翻车机室的配置要求

(1) 翻车机室的排料设备及带式输送机系统的能力均应大于翻车机最大翻卸能力，排料设备采用板式给料机、圆盘给料机和胶带给料机。板式给料机对各种物料适应性较好，应

用较为普遍。

(2) 翻车机操作室的位置根据调车方式确定，当车辆由机车推送时，一般配置在翻车机车辆出口端上方，当车辆由推车器推入或从摘钩平台溜入时应设置在车辆进口端上方。操作室面对车辆进出口处，靠近车厢一侧设置大玻璃窗，玻璃窗下端离操作室平台约 500 mm，操作室一般应高出轨面 6.5 m 左右，以利于观察。

(3) 为保证翻车机正常工作、检修和处理车辆掉道，应设置检修起重机。

(4) 翻车机室下部给料平台上设置检修用的单轨起重机。

(5) 为保证下料通畅，翻车机下部应设金属矿仓，仓壁倾角一般为 70°。

(6) 翻车机室各层平台应设置冲洗地坪设施。

(7) 翻车机室下部各层平台设防水及排水设施，最下层平台有集水泵坑。

(8) 翻车机室车辆进出大门的宽度及高度应符合机车车辆建筑界限的规定。

(9) 翻车机端部至进出口大门的距离一般不小于 4.5 m，以保证一定的检修场地。

(10) 严寒地区的翻车机室大门根据具体情况设置挡风、加热保温设施。

(11) 翻车机室各层平台应设有通向底层的安装孔，在安装孔处设盖板及活动栏杆。

烧结厂 KFJ-3A 型三支座转子式翻车机室配置情况示于图 3-1。翻车机卸车自动线布置(横列式)示于图 3-2。

3.1.2 受料仓

受料仓用来接受钢铁厂杂料(如高炉灰、轧钢皮、转炉吹出物、硫酸渣、锰矿粉及某些辅助原料)，对于中、小钢铁厂，受料仓也接受铁矿石和熔剂。

3.1.2.1 受料仓的卸车设备

受料仓设计应尽量考虑机械化卸车，常用卸车设备有螺旋卸车机和链斗卸车机，螺旋卸车机的适应性较广。受料仓一般选用悬挂桥式螺旋卸车机，检修比较方便。

3.1.2.2 受料仓的结构形式及排料设备

对于块状物料，如高炉块矿、石灰石块、白云石块等，受料仓采用带衬板的钢筋混凝土结构，仓壁倾角为 60°左右。排矿装置采用扇形阀门或电振给料机。对于粉状物料，如富矿粉、精矿、煤粉等，采用圆锥形金属仓斗，仓壁倾角 70°，用圆盘给料机排料。对于水分大、粒度细、易粘结的物料，为防止堵料，可采用指数曲线形式的料仓(见图 3-3)指数曲线公式如下：

$$x = \pm \frac{d_0}{2} e^{kcy/2} \tag{3-1}$$

$$c = \frac{2}{kh} \cdot \ln \frac{D}{d_0}$$

式中 d_0——料仓排料口直径，m；

e——自然对数的底；

x、y——变量，见图 3-3；

k——截面形状系数，对于圆形截面 $k = 1.0$，方形截面 $k = 0.75 \sim 1.0$；

c——常数(截面收缩率)；

h——料仓高度，m；

D——料仓口直径，m。

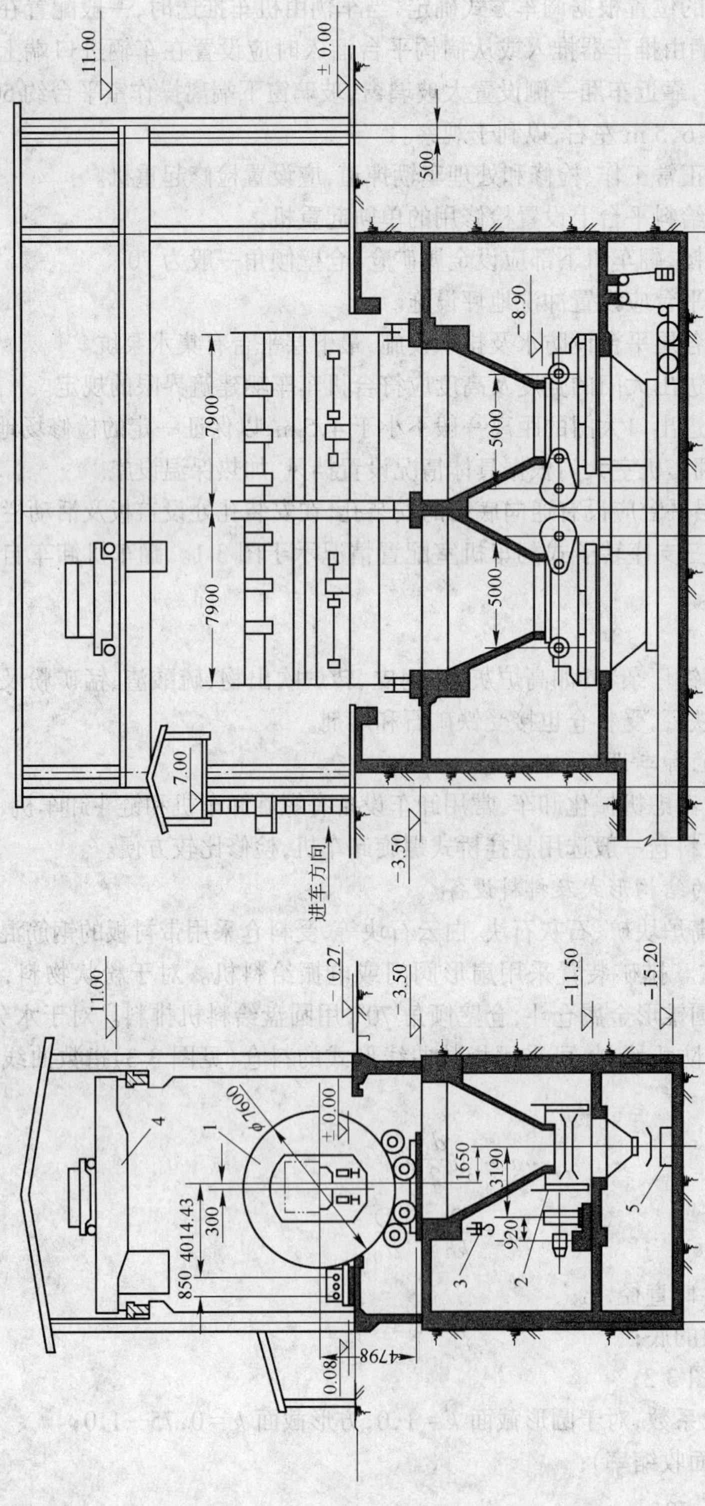

图 3-1　烧结厂 KFJ-3A 型三支座转子式翻车机室配置图

1—翻车机；2—板式给料机；3—手动单轨小车；4—桥式起重机；5—带式输送机

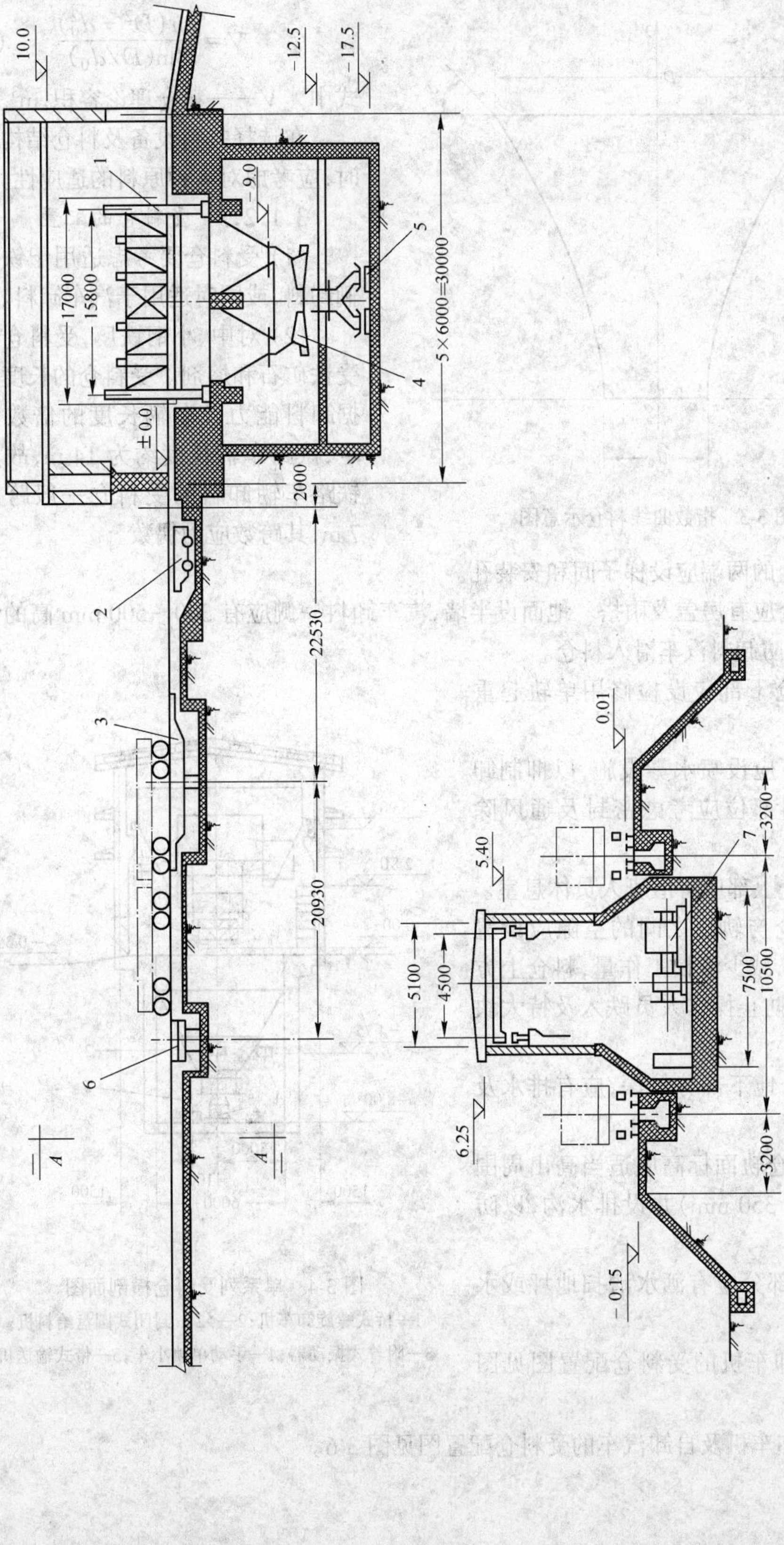

图 3-2 转子式翻车机卸车自动线布置（横列式）图

1—翻车机；2—重车铁牛；3—摘钩平台；4—电振给料机；5—带式输送机；6—电子秤；7—卷扬机

在设计计算中要考虑保障料仓最上一段仓壁的倾角(初始角)大于物料的动安息角。

指数曲线形料仓容积由下式求得：

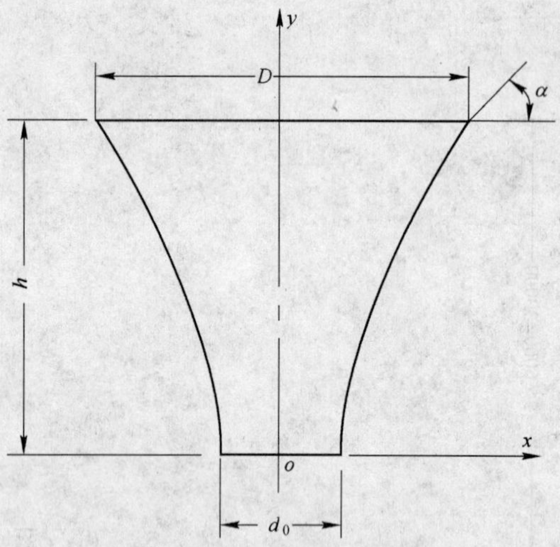

图 3-3　指数曲线料仓示意图

$$V=\frac{\pi h(D^2-d_0^2)}{8\ln(D/d_0)} \qquad (3\text{-}2)$$

式中　V——料仓理论容积，m^3。

在选择排料设备及料仓结构形式时，应考虑对多种原料的适应性。

3.1.2.3　受料仓的配置

(1) 受料仓要考虑适用于铁路车辆卸料，或同时适用于汽车卸料。

(2) 对中、小钢铁厂，受料仓也接受铁矿石和熔剂。受料仓的长度应根据卸料能力及车辆长度的倍数来决定，铁路车辆长度约为 14 m，故用于铁路车辆卸料的受料仓一般跨度为 7 m，其跨数应为偶数。

(3) 受料仓的两端应设梯子间和安装孔。

(4) 受料仓应有房盖及雨搭。地面设半墙，汽车卸料一侧应有 300～500 mm 高的钢筋混凝土挡墙，以防卸料汽车滑入料仓。

(5) 受料仓下部应设检修用单轨起重机。

(6) 房盖下应设喷水雾设施，以抑制卸料时扬尘，排料部位应考虑密封及通风除尘。

(7) 受料仓上部应有值班人员休息室。

(8) 受料仓与轨道之间的空隙应设置栅条，以免积料，减少清扫工作量，料仓上方都应设格栅，以防止操作人员跌入及特大块物料落进料仓。

(9) 受料仓地下部分较深，应有排水及通风设施。

(10) 受料仓轨面标高应适当高出周围地面(一般高出 350 mm)并设排水沟，以防止雨水灌入。

(11) 地下部分应有洒水清扫地坪或水冲地坪设施。

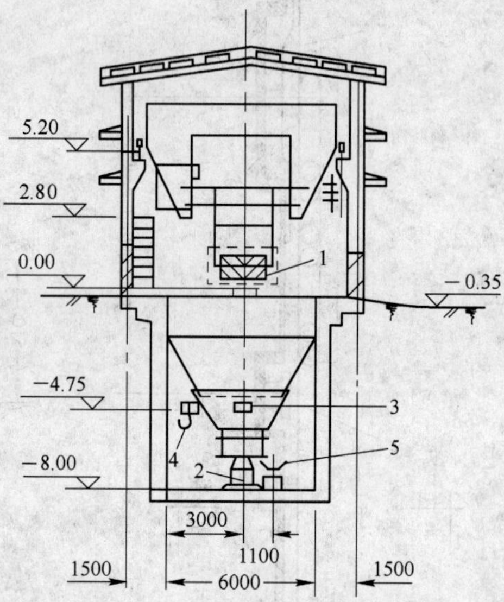

图 3-4　单系列受料仓横剖面图

1—桥式螺旋卸车机；2—$\phi 2$ m 封闭式圆盘给料机；3—附着式振动器；4—手动单轨小车；5—带式输送机

采用螺旋卸车机的受料仓配置图见图 3-4 和图 3-5。

采用链斗卸车机及自卸汽车的受料仓配置图见图 3-6。

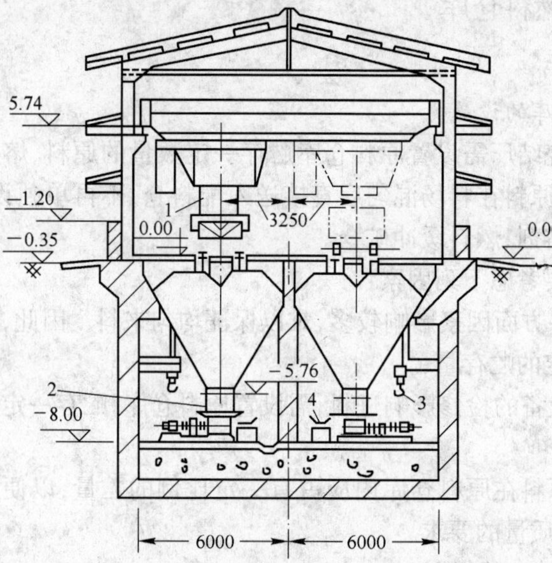

图 3-5 双系列受料仓横剖面图

1—螺旋卸车机；2—ϕ2000 封闭式圆盘给料机；
3—手动单轨小车；4—带式输送机

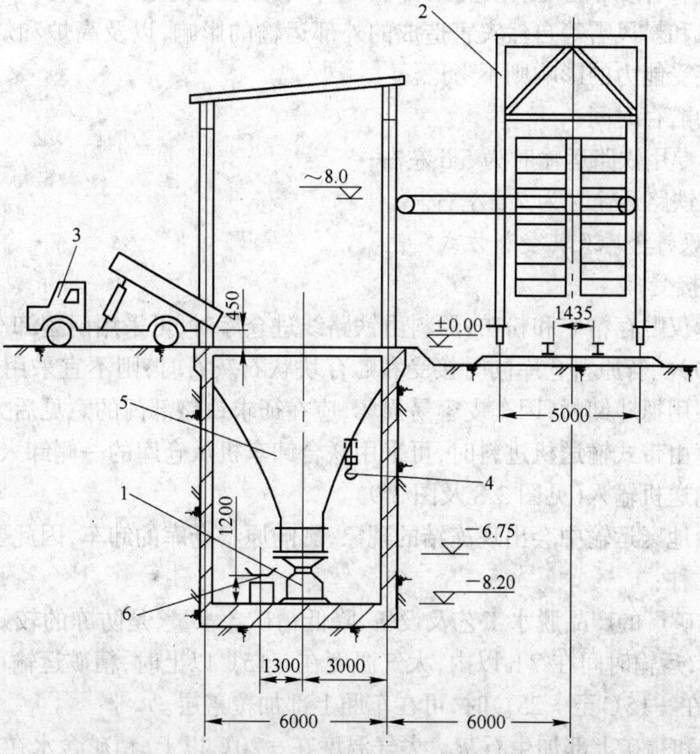

图 3-6 采用链斗卸车机及自卸汽车的受料仓配置图

1—ϕ2000 圆盘给料机；2—链斗卸车机；3—自卸汽车；
4—单轨小车；5—指数曲线钢料仓；6—带式输送机

3.2　原料、熔剂及燃料仓库

3.2.1　原料仓库

3.2.1.1　原料仓库的设置

设有混匀料场的烧结厂需设置原料仓库贮存一定数量的原料、熔剂和燃料以稳定烧结生产。有混匀料场时,原料在料场混匀后直接送入配料仓,不再单独设置原料仓库,但根据需要可在烧结厂设置熔剂、燃料缓冲矿仓。

设置原料仓库主要考虑下列因素:

(1) 铁路运输受各方面因素影响较多,难以保证均匀来料。因此,在无原料场的情况下应设原料仓库保证一定的贮存量;

(2) 烧结厂卸车设备的检修影响进料,需设置原料仓库,贮存一定数量的原料以保证烧结机的连续生产;

(3) 不同种类的原料在原料仓库内应占有一定比例的贮量,以便对烧结料的化学成分进行调整,满足烧结矿质量的要求。

3.2.1.2　原料仓库贮存时间

确定原料仓库贮存时间要考虑的主要因素是:

(1) 一般自然灾害影响外部运输,3～5 d 不能来料;

(2) 翻车机中小修及一般事故的影响;

(3) 烧结机中小修时能继续接受原料,不影响原料基地的生产。

对特大洪水和暴风雪等自然灾害造成的外部运输的影响,以及高炉和烧结厂大修对烧结厂原料仓库接受能力的影响则不考虑。

原料仓库的贮存时间:

(1) 原料由专用铁路运输时为 5 d 左右;

(2) 非专用铁路运输时为 7 d 左右。

3.2.1.3　原料仓库及其受料方式

A　原料的接受

当原料仓库仅贮存精矿和粉矿,原料由铁路线进仓库时,可采用门型卸车机或螺旋卸车机卸料(见图 3-7)。若原料仓库同时接受和贮存块状石灰石时,则不宜采用上述设备,车皮直接进入仓内。用抓斗卸料,因车皮容易损坏,应在征求铁路部门的意见后方可采用。

当原料仓库由带式输送机进料时,可采用联合卸车机从仓库的一侧卸入,或从安装在仓库上部的带式输送机输入(见图 3-8 及图 3-9)。

精矿在寒冷地区运输中会出现冻结的现象,影响原料仓库的卸车,因此要考虑防冻。防冻方法有下列几种:

(1) 改造选矿厂的产品脱水工艺及设备,降低精矿含水量,是防冻的较好措施。精矿水分降到 9% 以下,运输时间在 7 h 以内,大气温度在 −15℃ 以上时,精矿运输可不加任何防冻措施;大气温度在 −15℃ 至 −25℃ 时,可在车厢上部加覆盖层。

(2) 在车底和精矿上部加生石灰。大气温度在 −20℃ 以上,精矿含水在 12% 左右,精矿运输时间在 48 h 以内时,可采用生石灰作为防冻措施,但此法增加了投资和经营费,且劳动条件差。

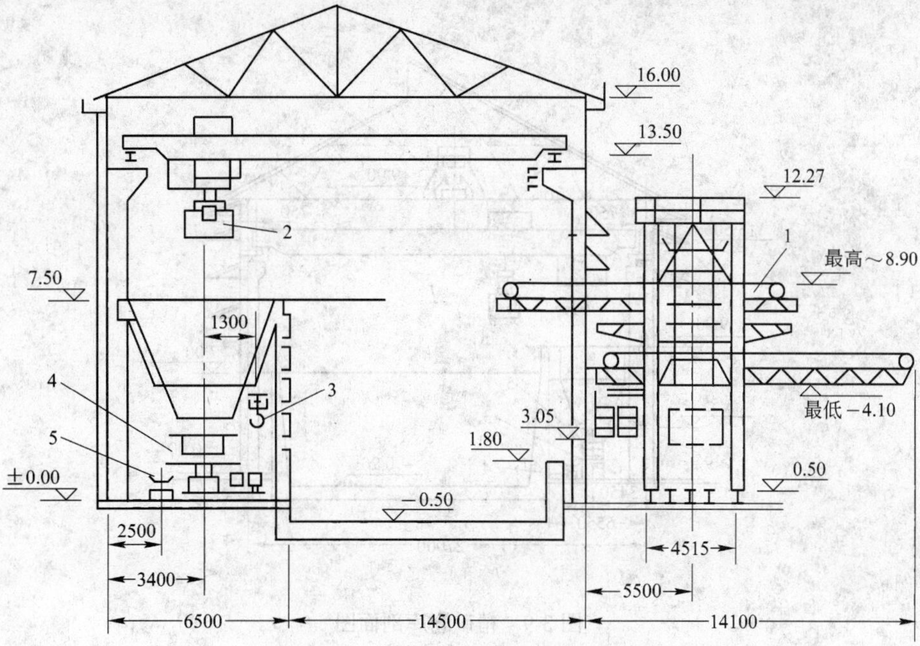

图 3-7　门型卸车机受料的原料仓库
1—门型斗式卸料机；2—桥式抓斗起重机；3—手动单轨起重机；
4—ϕ1500 圆盘给料机；5—带式输送机

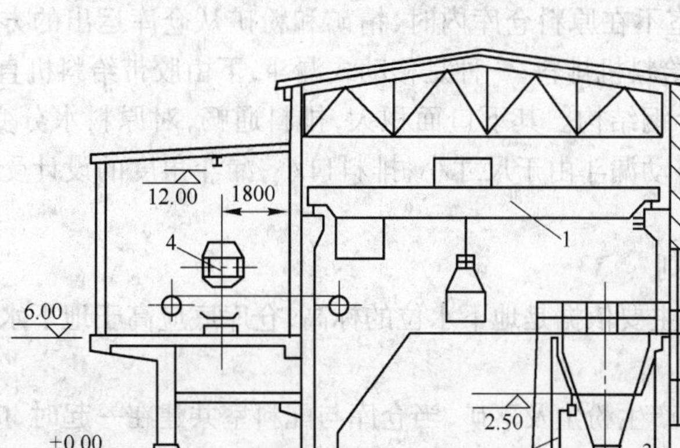

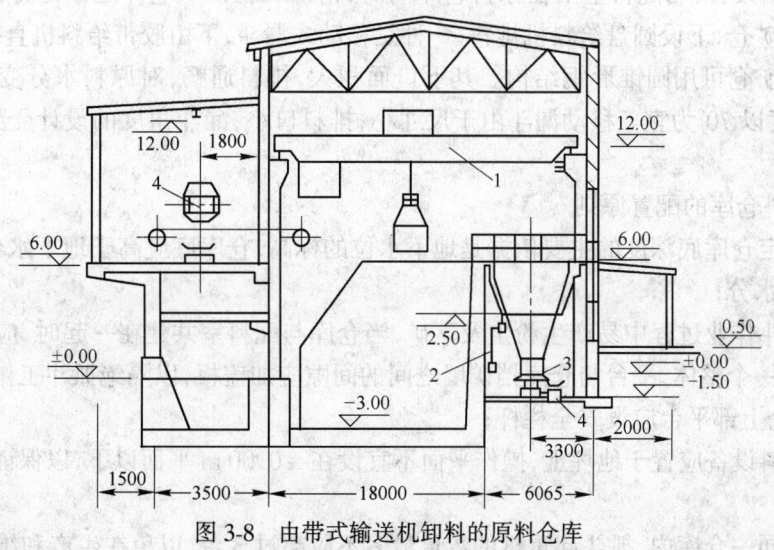

图 3-8　由带式输送机卸料的原料仓库
1—桥式抓斗起重机；2—TV-2 电动单轨起重机；
3—ϕ1500 圆盘给料机；4—带式输送机

B　原料仓库的主要设备

(1) 抓斗桥式起重机：抓斗起重机是仓库的主要生产设备，在选择设备时应考虑抓斗在抓取原料时由于挤压而引起物料堆积密度增大的因素，在同容积的抓斗中选取起重量大、能满足生产需要的设备。同时考虑到抓斗操作频繁，应选用重级工作制抓斗起重机。

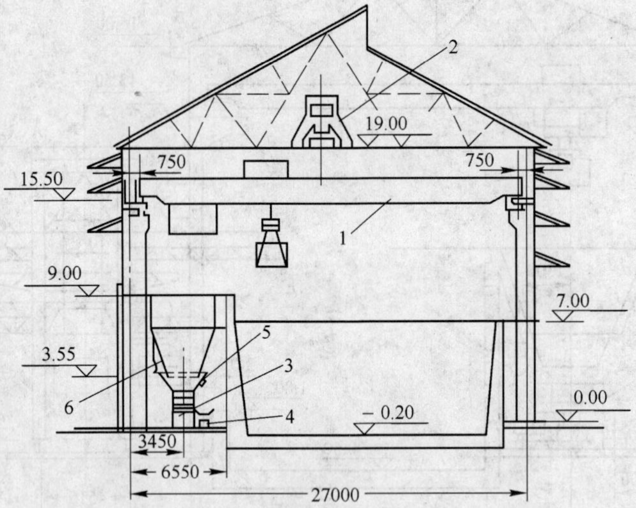

图 3-9　精矿仓库剖面图

1—桥式抓斗起重机；2，4—带式输送机；3—ϕ2 m 封闭式圆盘给料机；5—附着式振动器；6—手动单轨小车梁

(2) 排料设备：当配料室不在原料仓库内时，精矿和粉矿从仓库运出的方式有两种：一种是固定式矿仓，下设圆盘给料机排料；一种是移动式漏斗，下由胶带给料机直接排料。

固定式矿仓可用圆锥形钢结构。其下口面积大，排料通畅，对原料水分变化的适应性强，矿仓角度以 70°为宜。移动漏斗由于尺寸小，排料口小，漏斗角度的设计受到限制，容易堵料。

C　原料仓库的配置原则

(1) 决定仓库底深度的主要依据是地下水位的标高，仓库底应高于地下水位，以防止渗水影响原料水分；

(2) 抓斗作业过程中易产生粉尘及落矿，当仓库与配料室共建在一起时，应将配料仓上部平台建成一个整体，平台与仓库挡矿墙之间的间隙应加盖板，以隔绝抓斗工作区对配料区的污染，矿仓上部平台应设安全栏杆；

(3) 排料设备应置于地坪上，操作平面不宜设在 ±0.00 m 平面以下，以保证良好的操作条件；

(4) 在同一仓库内，抓斗起重机的数量最多不应超过 3 台，以免在生产和维修时互相干扰；

(5) 应在仓库内的两端留有检修抓斗的场地。同时还应设有起吊抓斗提升卷扬机构的起重设备；

(6) 为满足抓斗起重机的轨道及车辆定期检修的需要，在轨道的外侧整个长度铺设走台以利检修；

(7) 较长的仓库一般应沿长度方向在两端和中间设三个以上起重机操作室的梯子；两

端的梯子与起重机车挡间的距离保持 10 m 左右，以免起重机停车时发生碰撞车挡的现象；

(8) 仓库内应设隔墙，分类贮存原料，以便有效利用容积和避免原料互相混杂；

(9) 当原料从仓库上部运入或由联合卸料机卸入仓库堆存时，仓库的挡墙不应低于 6 m，以免矿粉外溢挤垮仓库的墙皮；

(10) 当配料室设在仓库内时，配料仓用抓斗上料。为了避免抓斗卸料对料仓的冲击，防止对配料准确性的影响和保障人身安全，设计时须在矿仓口上设置箅板。

烧结厂原料仓库的配置参见图 3-7、图 3-8、图 3-9。

3.2.1.4 利用原料仓库进行混匀

我国包钢烧结厂利用仓库混匀，采用梭式卸料小车铺料和抓斗起重机取料的混匀方式，对细精矿进行混匀作业。因该厂原按 12 台 75 m^2 烧结机设计，已建成三个精矿仓库，每个仓库宽 33 m、长 150 m，能力较大。作业过程是，一仓在上部用梭式卸料车铺料达 1500～2000 层，二仓用抓斗倒料，三仓出料，三个仓库轮换使用，混匀效果显著，使精矿全铁波动值由混匀前波动 ±0.5% 的合格率 47.75%，混匀后提高到 80%（如表 3-2 所示），铁品位混匀效率为 47.32%。

3.2.2 熔剂、燃料仓库

没有设混匀料场时，中、小型烧结厂一般不单独设熔剂燃料仓，而与含铁原料共用一个仓库。大型烧结厂可以与含铁原料共用仓库，也可以单独设置熔剂燃料仓。圆筒式熔剂、燃料仓库配置图见图 3-10。

如有混匀料场时，烧结厂是否设置熔剂燃料仓库，视料场和烧结厂具体情况确定。

圆筒仓的排料设备根据物料的流动性决定。例如：燃料采用圆盘给料机，块状石灰石，采用带电动阀门的溜槽式电振给料机。

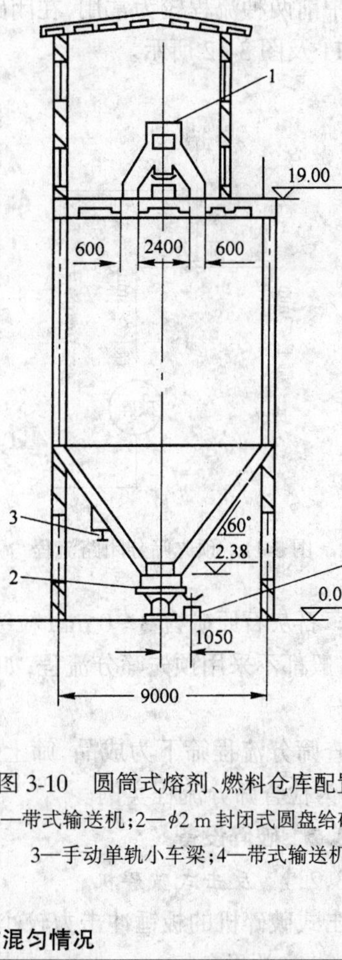

图 3-10 圆筒式熔剂、燃料仓库配置图

1—带式输送机；2—ϕ2 m 封闭式圆盘给矿机；3—手动单轨小车梁；4—带式输送机

表 3-2 1987 年 5 月包钢精矿混匀情况

精矿进仓		精矿出仓	
全铁品位波动范围/%	二氧化硅波动范围/%	全铁品位波动范围/%	二氧化硅品位波动范围/%
54.7～61.25	2.88～6.71	56.25～58.95	3.28～4.98

3.3　熔剂准备

3.3.1　破碎、筛分流程

一般要求运入烧结厂的熔剂粒度为 80～0 或 40～0 mm，应破碎到 3～0 mm，采用的破碎流程有：

(1) 锤式破碎机闭路破碎流程；

(2) 反击式破碎机闭路破碎流程；

(3) 棒磨机磨碎开路流程。

其中前两种流程较为常用，在闭路破碎流程中，又可分预先筛分及检查筛分两种流程，如图 3-11 及图 3-12 所示。

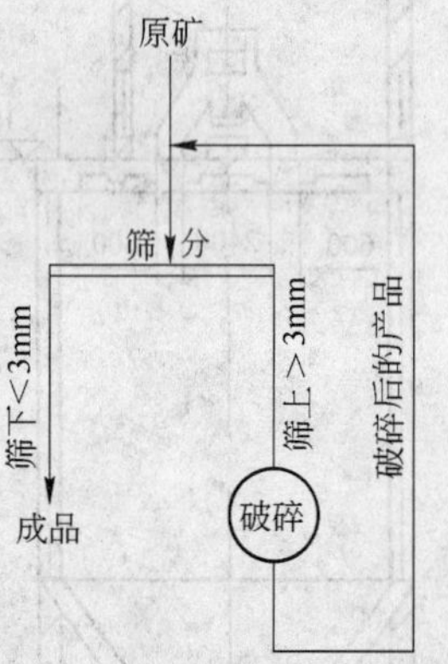

图 3-11　预先筛分闭路流程

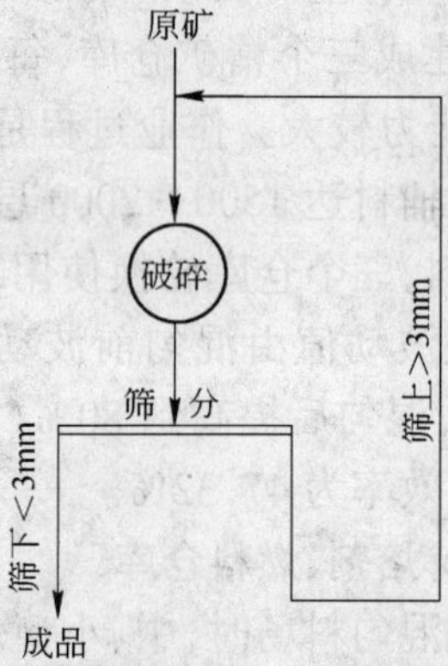

图 3-12　检查筛分闭路流程

进厂石灰石原矿含 3～0 mm 粒级的数量较少，一般在 20％以下，故设置预先筛分作用不大，一般都不采用预先筛分流程，如原矿中 3～0 mm 级别含量大于 40％时，则应考虑采用预先筛分。

检查筛分流程筛下为成品，筛上矿返回重新破碎，一般烧结厂采用这种流程，图 3-13、图 3-14 为检查筛分流程实例。

3.3.2　破碎设备

3.3.2.1　反击式破碎机

反击式破碎机的板锤冲击力较小，比较适合于石灰石的细破碎，当转子线速度达到 50～60 m/s 时，效果良好。

ϕ1000×700 mm 单转子反击式破碎机破碎石灰石的试验数据列于表 3-3。

宝钢原料场破碎石灰石和蛇纹石用反击式破碎机的主要参数见表 3-4。

梅山冶金公司烧结厂破碎石灰石用反击式破碎机的生产测定数据见表 3-5。

3.3.2.2　锤式破碎机

我国多数烧结厂用锤式破碎机破碎石灰石和白云石。锤式破碎机破碎比大，单位产品电耗小，容易维护。

锤式破碎机有可逆式与不可逆式两种，可逆式锤式破碎机锤头使用较为合理。图 3-15

为鞍钢二烧锤式破碎机破碎石灰石更换锤头前后的产品粒度曲线(鞍钢二烧为 $\phi1430\times1300$ mm 可逆锤式破碎机,270 个锤头,箅条间隙平均为 18 mm,给矿粒度 40～0 mm)

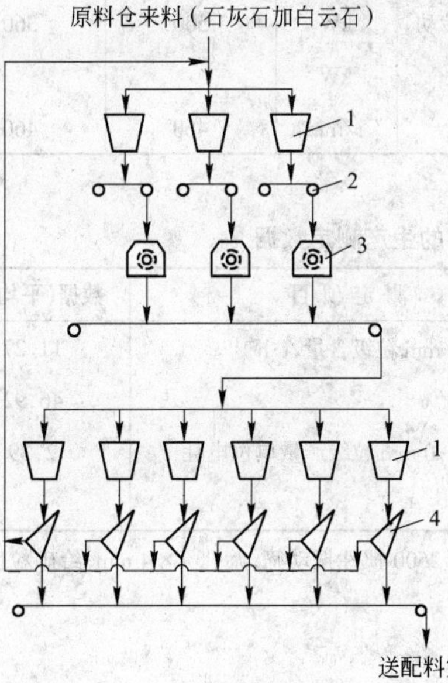

图 3-13 武钢三烧熔剂破碎筛分流程
1—缓冲矿仓;2—胶带给料机;
3—锤式破碎机;4—振动筛

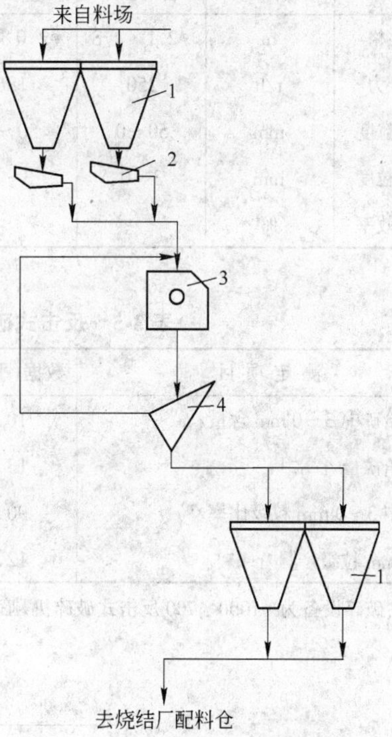

图 3-14 宝钢石灰石(蛇纹石)破碎筛分流程
1—石灰石(或蛇纹石)矿仓;2—电磁振动给料机;
3—反击式破碎机;4—自定中心振动筛

表 3-3 $\phi1000\times700$ mm 单转子反击式破碎机破碎石灰石的试验数据

破碎机转速 /r·min^{-1}	给矿量 /t·h^{-1}	单位电耗/(kW·h)·t^{-1}		给矿粒度 /mm	排矿粒度组成/%				
		按给矿量	按新生 3～0 mm		0～3 mm	3～5 mm	5～8 mm	8～12 mm	>12 mm
680	15	1.9	4.1	50～250	46.4	14	9.2	18.7	11.7
680	16.4	1.78	3.8	50～250	46.9	11.6	10.1	18.2	13.2
1020	14.8	1.9	2.88	50～150	65.9	20	3.3	8.3	2.5
1020	16.8	1.85	2.46	50～150	75.2	10.9	3	7.9	3
1020	16.8	1.33	1.93	20～40	68.8	12.3	5.7	10.4	2.8
1020	29.6	0.95	1.33	20～40	71.6	11	4.6	10.1	2.7

锤式破碎机破碎石灰石的测定数据见表 3-6。

对于锤式破碎机的破碎效率(%),可用产品中 3～0 mm 的比率来表示:

$$\text{破碎效率}=\frac{\text{破碎产品中新生 3～0 mm 粒级比率}}{1-\text{给料中 3～0mm 粒级比率}} \tag{3-3}$$

影响锤式破碎机效率的主要因素:

表 3-4　反击式破碎机主要参数

项　目	单　位	参　数		项　目	单　位	参　数	
		石灰石	蛇纹石			石灰石	蛇纹石
规　格	m	ϕ2.1×1.8	ϕ2.0×1.5	水分(给料)	%	2.0	5.0
能　力	t/h	250	186	驱动方式		三角带传动	三角带传动
给矿粒度	mm	50～0	50～0	电动机:主传动	kW	500	360
排矿粒度	mm	3～0	3～0	液压装置	kW		
破碎效率	%			转子转速	r/min	460	460

表 3-5　反击式破碎机破碎石灰石的生产测定数据

测定项目	数据(平均值)	测定项目	数据(平均值)
原矿给矿中 3～0 mm 含量/%	10.06	新生 3～0 mm 粒级含量/$t\cdot h^{-1}$	11.27
原矿给矿量/$t\cdot h^{-1}$	13.57	破碎效率/%	46.92
成品中 3～0 mm 粒级比率/%	90.47	按新生 3～0 mm 粒级产量单位电耗/$kW\cdot h\cdot t^{-1}$	2.39
3～0 mm 粒级产量/$t\cdot h^{-1}$	12.46		

注:破碎设备为 ϕ1000×700 反击式破碎机,筛分设备为 SZ1250×2500 惯性振动筛,筛孔 4×4 mm,给矿粒度 60～0 mm。

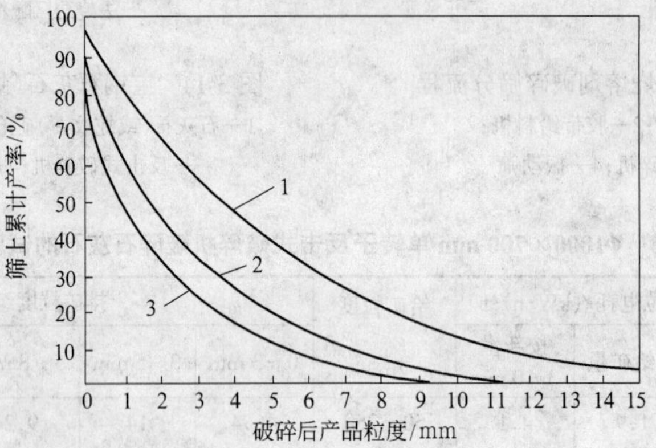

图 3-15　锤式破碎机破碎石灰石产品粒度曲线
1—锤头更换前;2—锤头半新;3—新锤头

(1) 破碎机给料中细粒级原始比率的影响:首钢一烧和鞍钢东烧测定的破碎机给料中细粒级原始比率对破碎效率的影响见图 3-16。测定结果表明,随着给料中 3～0 mm 比率的增加,破碎产品中新生 3～0 mm 的比率急剧减少,破碎效率显著降低,电耗急剧上升。因此,选择筛分设备时,应适当留有余地,以免残存的细粒影响破碎效率。从图 3-16 可知,石灰石给料中 3～0 mm 比率在 5%以下较好。

(2) 破碎机锤头与箅条之间间隙的影响:图 3-17 是首钢一烧与鞍钢二烧的测定结果。从曲线可以看出,随着间隙的增大,破碎产品中新生 3～0 mm 粒级的比率与破碎效率急剧下降，而新生 3～0 mm 粒级的单位电耗略有增加。这是由于间隙增大后，有些粗粒石灰石未受锤头的冲击就从箅缝中逸出的缘故。所以，当间隙大时，给料量也可稍大一些，但给料量增加，并不增加 3～0 mm 级别量，反而使返料量增大。如间隙适当减小，则产生相同 3～0 mm粒级量的给料量小得多，返料量也大为减少，对筛分和输送设备有利。

(3) 原料含水量的影响：原料含水量的影响示于图 3-18。从图中可知，原料含水量增大，破碎产品中 3～0 mm 粒级的比率和破碎效率都下降，新生 3～0 mm 粒级的单位电耗也增加。一般石灰石含水量不超过 3%，但不应低于 1.5%，含水量高则须增加干燥作业，过低则在破碎筛分时粉尘飞扬，影响环境。

表 3-6 锤式破碎机破碎石灰石测定数据

厂　名	广钢烧结厂	太钢烧结厂	太钢烧结厂
破碎机规格	ϕ1000×1000 可逆式	ϕ1430×1300 可逆式	ϕ1430×1300 可逆式
给矿量/$t\cdot h^{-1}$	74.2	130	185
给矿粒度/mm	40～0	50～0	50～0
破碎前＜3 mm/%	5.0	7.48	23.14
破碎后＜3 mm/%	44.66	45.49	46.13
按＜3 mm 计算产量/$t\cdot h^{-1}$	33.14	59.13	85.34
耗电(按新生 3～0 mm 计)/$kW\cdot h\cdot t^{-1}$	1.69～2.05	2.77	3.06
原料含水量/%	0.2	0.71	0.71
测定时间	1985 年	1979 年 10 月	1979 年 10 月

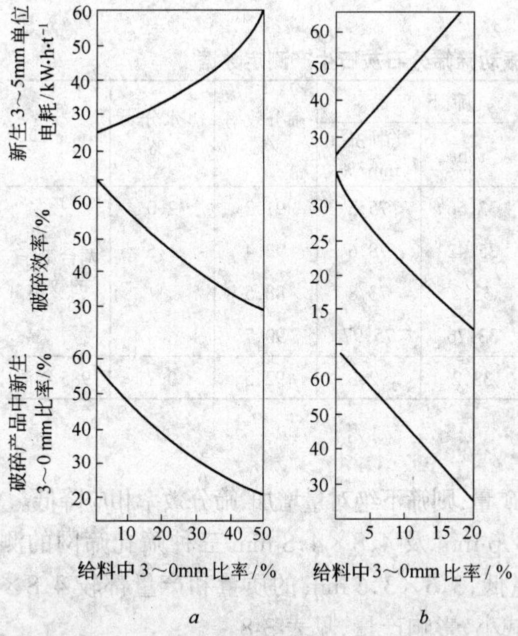

图 3-16 破碎机给料中细粒级原始比率对破碎效率的影响
a—首钢一烧；*b*—鞍钢东烧

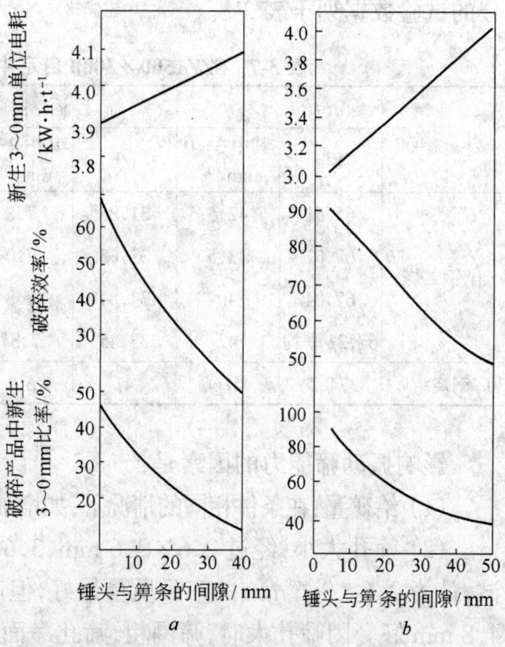

图 3-17 破碎机锤头与箅条之间间隙的影响
a—首钢一烧；*b*—鞍钢二烧

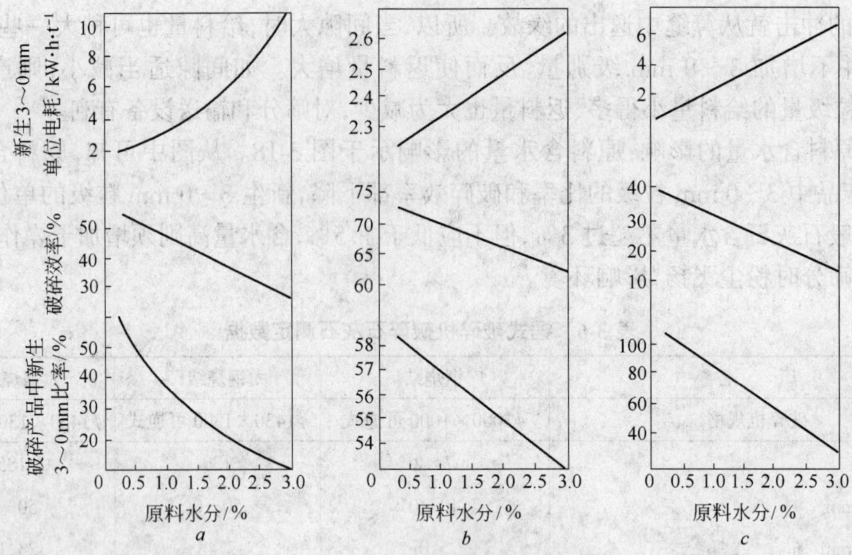

图 3-18　原料含水量的影响

a—首钢一烧；*b*—鞍钢二烧；*c*—鞍钢东烧

3.3.3　筛分设备

振动筛是最常用的熔剂筛分设备。

SZZ1500×3000 自定中心振动筛筛分石灰石生产测定数据见表 3-7。对石灰石进行筛分的试验数据列于表 3-8。

表 3-7　SZZ1500×3000 自定中心振动筛筛分石灰石生产测定数据

厂　名	给　料		筛上返料		筛下产品		筛分效率/%	水分/%	备　注
	t/h	其中 3～0 mm/%	t/h	其中 3～0 mm/%	t/h	其中 3～0 mm/%			
昆钢二烧	65.51	42.5	31.85	7.8	33.66	75.5	91.2	2.0	两台筛子的数据
	69.07	43.5	33.65	7.0	35.42	78.6	92.4	1.5	
	67.04	40	34.84	8.8	32.2	73.8	88.5		
	67.21 平均	42	33.45	7.87	33.76	75.97	90.7		
广钢烧结厂	74.2	44.66	41	6.1	33.2	92.3	92.5	0.2	1985 年测

影响振动筛能力的因素是：

(1) 给矿量：在条件相同的情况下，如增加给矿量，则筛下绝对量增加，筛分效率相应降低。

(2) 筛孔大小：经过 2.6×2.6 mm、3.6×3.6 mm 及 4.8×4.8 mm 三种筛孔筛网的测试，认为 2.6×2.6 mm 的产品质量最好，但产量低，3.6×3.6 mm 的质量和产量都较 4.8×4.8 mm 好。因筛孔大时，筛网粗，筛孔净面积减小，影响产量，见表 3-8。

(3) 原料含水量：当筛孔小时，原料含水量高会堵筛孔，筛孔 3.6×3.6 mm、水分 1.5% 左右时有较好的筛分效率和较高的产量，见表 3-8。

(4) 筛子宽度：筛子宽度过大，物料不易布满筛网，影响效率和产量。

表 3-8 振动筛筛分石灰石时的试验数据

厂名及筛子类型	试验内容	原料含水量/%	给料		筛下产品		筛上返矿		筛分效率/%	备注
			t/h	其中3~0 mm/%	t/h	其中3~0 mm/%	t/h	其中3~0 mm/%		
鞍钢二烧自定中心双层振动筛	给矿粒度的影响	2.0	103.4	76.93	77.5	88.5	25.9	42.4	86.3	1. 上层筛孔 10×10 mm 下层筛孔 5×5 mm 2. 破碎机锤头由新安装到报废这一时期内筛分能力相应变化，表中所列数据为一周期约 5 d
		1.0	104.3	69.5	72.9	88.28	31.4	25.8	88.28	
		4.0	106.6	65.62	69	87.62	37.6	25.3	86.5	
		2.4	121.9	64.98	64.3	88.37	57.6	39.1	71.75	
		0.8	130.3	57.98	64.3	86.02	66	30.5	73.15	
		1.8	110.5	43.03	53.8	84.1	56.7	3.71	95.1	
首钢烧结厂胶辊双层振动筛	给矿量及筛孔大小的影响	1.12	109	76.8	31.7	100	77.3	70.2	36.9	单层筛孔 2.6×2.6 mm 筛网丝直径 0.6 mm 筛孔净面积 66.2%
		0.7	85	70.32	31.4	100	53.6	53	52.4	
		0.4	51.4	68.26	27.4	100	24	32.5	78.1	
		0.4	32.3	71.93	20.2	100	12.1	24.8	87.2	
		0.9	166	63	47.5	97.5	118.5	49.3	44.3	上筛孔 9×9 mm，下筛孔 3.6×3.6 mm，筛网丝直径 0.74 mm，筛孔净面积 67.6%
		0.9	135	53.95	46	96.6	89	32	61.1	
		0.9	69	57	36.5	96.4	32.5	12.6	92.2	
		0.8	185	56.72	44	88.2	141	46.9	37	上筛孔 9×9 mm，下筛孔 4.8×4.8 mm，筛网丝直径 1.67 mm，筛孔净面积 53.6%
		0.8	101	68.16	41	92.5	60	51.5	55	
		0.81	75	65.83	39	91.6	36	37.9	72.2	
	原料水分的影响	0.8	69	72.5	34	93.98	35	51.6	64	上层筛孔 9×9 mm 下层筛孔 3.6×3.6 mm
		1.7	69.5	62.5	28.5	97.55	41	38.2	64.1	
		1.9	76.2	70.6	24.2	97.42	52	58.1	43.8	
		2.1	80	66.2	23	96.42	57	54.1	41.9	
		2.5	66.6	68.8	22.1	98	44.5	54.3	47.2	

3.3.4 熔剂破碎、筛分室的配置

破碎与筛分设备一般分设在两个厂房内，并在破碎设备和筛分设备之前均设矿仓，两厂房间用带式输送机传送物料。这种配置方式灵活、破碎设备与筛分设备互不影响，作业率高生产容易控制。

筛分设备的给料可通过手动闸板给到带式输送机上，再传送给筛子；也可用电振给料机或圆辊给料机直接给到筛子上。破碎室配置见图 3-19，筛分室配置见图 3-20 和图 3-21。

考虑破碎筛分室配置时，应注意以下几点：

(1) 用于破碎机给料的带式输送机应配设除铁器；

(2) 破碎室的料仓的贮存时间大致为 30～60 min，料仓壁倾角不小于 60°；

(3) 在满足给料量的前提下，给料带式输送机速度宜在 1 m/s 以下。

3.4 固体燃料的准备

3.4.1 烧结生产对固体燃料的要求

每吨烧结矿所耗热能中，80％来自混合料中的固体燃料，节约能耗，必须提高固体燃料的利用率，改善燃料在混合料中的分布状况，采用适宜的燃料粒度组成。

烧结生产要求适宜的固体燃料粒度一般为 3～0.25 mm。宝钢烧结的焦粉粒度小于 3 mm的占 80％，小于 0.125 mm 的不超过 20％，平均粒度 1.5 mm。

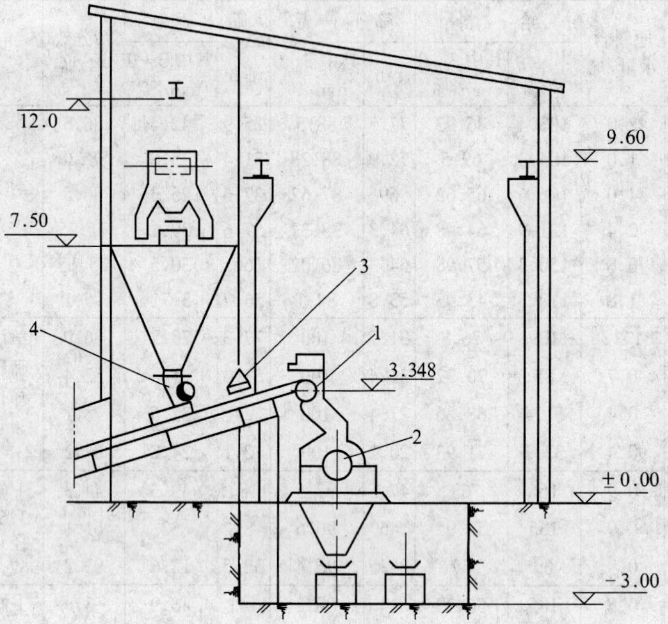

图 3-19　熔剂破碎室配置图

1—带式输送机；2—ϕ1000×800 单转子不可逆锤式破碎机；3—除铁器；4—手动闸板阀

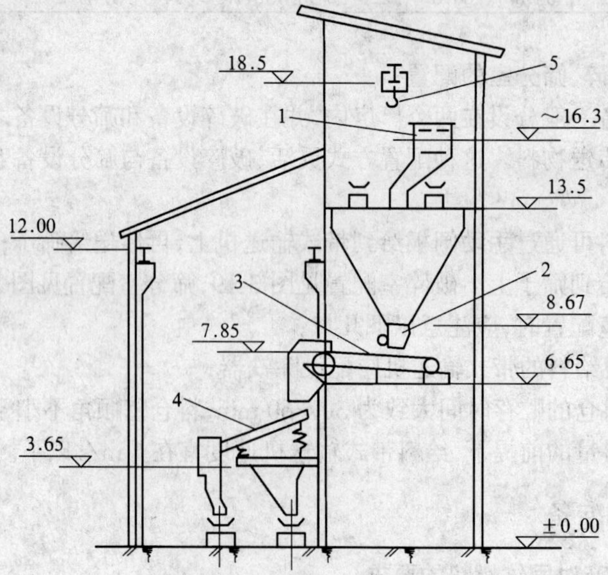

图 3-20　熔剂筛分室配置之一

1—带移动卸料车的带式输送机；2—带闸板漏斗；3—胶带给料机；4—YA1542 圆振动筛；5—SDX-3 型手动单轨起重机

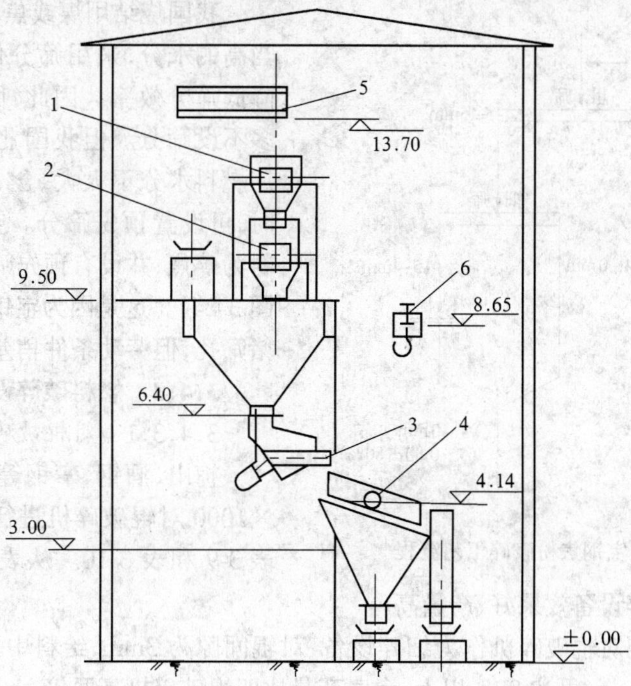

图 3-21 熔剂筛分室配置之二

1、2—带式输送机；3—GZ_5 电磁振动给料机；4—YA1530 单层圆振动筛；5—SDX-3 型手动单轨起重机；6—$MD_1$5-9D 电动单轨起重机梁

3.4.2 燃料破碎筛分流程

燃料的破碎筛分流程是根据其进厂粒度和性质来确定的。当进厂粒度小于 25 mm 时，可采用一段四辊破碎机开路破碎流程(图 3-22)。如来料粒度大于 25 mm,应考虑两段开路破碎流程(图 3-23)。

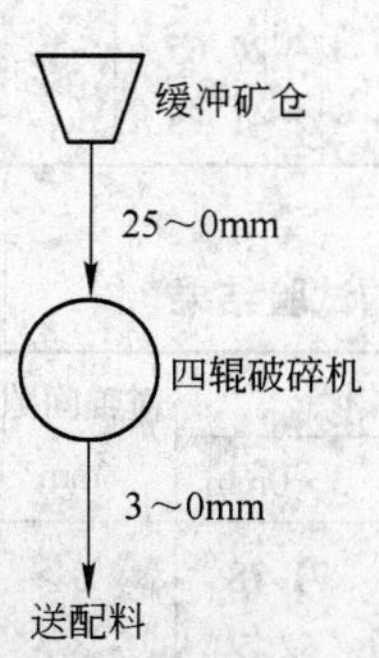

图 3-22 燃料一段开路破碎流程

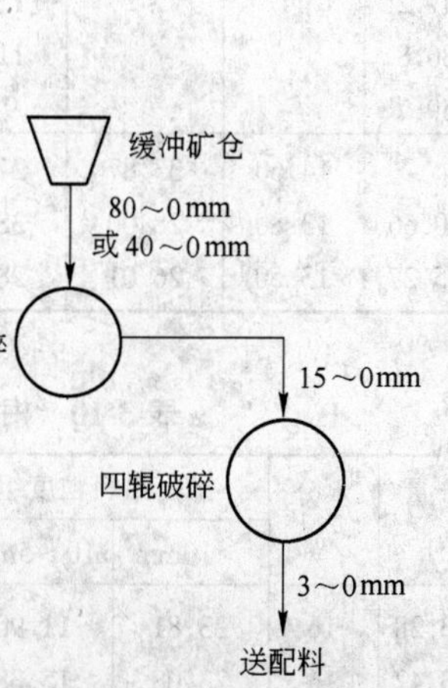

图 3-23 燃料两段开路破碎流程

给料粒度一般很难保证在25mm以下，因此多采用两段破碎流程。

我国烧结用煤或焦粉的来料都含有相当高的水分，采用筛分作业时，筛孔易堵，降低筛分效率。因此，固体燃料破碎流程多不设筛分。但我国北方气候干燥，如进厂燃料水分不太大，含3～0mm粒级较多时，可设置预先筛分。宝钢烧结用固体燃料为碎焦，并设有预先筛分及检查筛分（见图3-24）。这是因为宝钢碎焦是干熄焦，不堵筛孔，但劳动条件稍差。

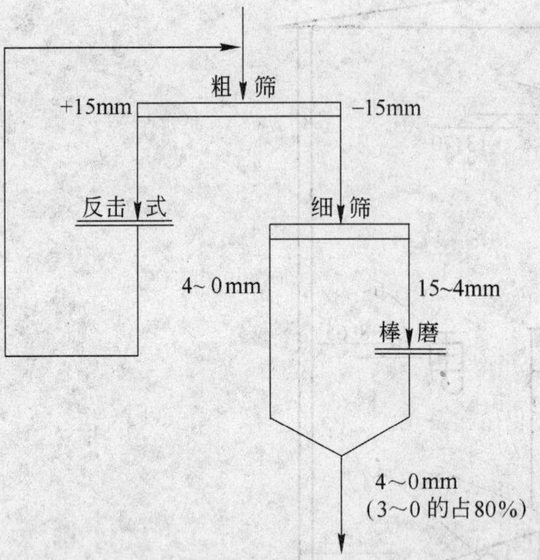

图3-24　宝钢焦粉破碎工艺流程

3.4.3　燃料破碎设备

3.4.3.1　对辊破碎机

梅山、酒钢、攀钢等烧结厂曾对ϕ1200×1000对辊破碎机进行过测定，结果列于表3-9和表3-10。从表中可以看出，用对辊破碎机作预破碎设备效果好、产量高。

酒钢烧结厂用对辊破碎机作为细碎设备，对辊间隙为3mm，给料中3～0mm占半数以上时，产品中3～0mm可达88%以上，台时产量比四辊破碎机高两倍。

表3-9　ϕ1200×1000对辊破碎机碎焦效率

厂名	产量 /t·h^{-1}	物料水分 /%	给料粒度组成/%			产品，粒度组成/%			对辊间隙 /mm	辊子电流 /A
			>25mm	10～25mm	10～0mm	>10mm	5～10mm	5～0mm		
梅山	129.04	16	17.34	24.76	57.9	25.38	21	53.62	8	30/70
	155.49	16	13.78	22.74	63.48	20.56	18.07	61.37	8	
	113.50	18.33	39.58	26.30	34.12	36.15	22.04	41.81	8	60/60～70
酒钢	36.30	11		15.1	84.9		1.79	98.21	3	80/67.5
	47.2	11		13.69	86.31		1.85	98.15	3	90/77.5
	80.8			11.25	88.75		6.2	93.80	3	
	59.7			9.18	90.82		2.54	97.46	3	100/90
攀钢		14.60	33.87	27.02	39.11	60.38	9.64	29.98		
	60.66	13.80	28.00	38.00	34.00	60.65	11.70	27.65		
	65.27	13.50	26.01	28.54	45.45	40.95	17.36	41.75		

表3-10　梅山烧结厂用对辊破碎机破碎焦炭的试验结果

编号	产量 /t·h^{-1}	水分 /%	给料粒度组成/%			产品粒度组成/%			对辊间隙 /mm	辊子电流 /A
			>10mm	10～5mm	5～0mm	>5mm	3～5mm	3～0mm		
1	23.28	16	23.81	11.90	64.29	14.11	14.11	71.78	3	50/100
2	23.42	16	23.08	15.38	61.54	18.75	18.75	62.5	3	50/100
3	29.10	18.33	26.19	23.33	50.48	16.70	16.70	60.16	3	30～40/70～80
4	28.33	18.33	27.40	22.01	50.50	16.86	16.86	57.12	3	30～40/70～80

昆钢用 $\phi 600 \times 400$mm 光面对辊机作为燃料(焦粉:无烟煤＝1:1)粗破碎设备,将给料从 40～0mm 破碎到 25～0mm,其生产测定数据见表 3-11。

表 3-11 昆钢对辊破碎机破碎燃料测定数据

编号	给料量 /t·h^{-1}	给料粒度组成/%			破碎后粒度组成/%			备注
		>25mm	25～3mm	3～0mm	>25mm	25～3mm	3～0mm	
1	21.02	19.3	64.2	10.5	0	78.5	21.5	对辊间隙 10～15mm
2	23.22	23.5	60.5	16	0	76.7	23.3	
平均	22.12	21.4	62.35	16.25	0	77.5	22.4	

辊式破碎机开路破碎产品粒度特性曲线见图 3-25。

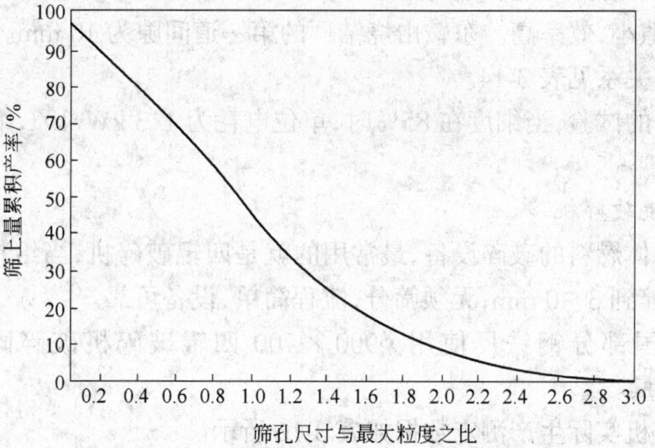

图 3-25 辊式破碎机开路破碎产品粒度特性曲线

3.4.3.2 反击式破碎机

反击式破碎机与四辊、锤式、对辊破碎机相比,具有破碎比大、破碎效率高、生产能力大、设备重量轻、金属消耗低、电耗较低的优点,是较好的粗碎设备。但反击式破碎机破碎无烟煤时,有过粉碎现象。

宝钢烧结采用 $\phi 1300 \times 2000$ 反击式破碎机作为碎焦粗碎,由给矿粒度 40～0mm 破碎到 15～0mm,筛除 3～0mm 后,进入棒磨机细碎到 3～0mm,破碎效率 70%。

东鞍山烧结厂采用 MFD-100 单转子反击式破碎机破碎无烟煤,一次破碎到 3～0mm。根据该厂试验及生产实践,给料中 3～0mm 为 35%时,产品中 3～0mm 达 85%左右。试验测定结果列于表 3-12、表 3-13 和表 3-14。由表可知:

表 3-12 线速度与细度的关系

线速度/m·s^{-1}	30～32	40～48	53～55
细度(3～0mm)/%	70	88	90

(1) 线速度与产品细度的关系(见表 3-12)。当线速度低于 40m/s 时,适用于粗、中碎,对于细碎无烟煤,试验推荐采用 53m/s 以上的线速度,以保证燃料产品粒度。

表 3-13　板锤与反击板的间隙和产品细度的关系

排矿粒度组成(3～0mm)/%	前道间隙/mm	后道间隙/mm
92.5	13	19
88.75	15	20
83.75	18	23
73.30	21	23

表 3-14　反击式破碎机破碎煤时电耗与产量的关系

产量/$t \cdot h^{-1}$	85	75	72	69
电耗/$kW \cdot h \cdot t^{-1}$	1.12	1.32	1.39	1.22

(2) 间隙与产品细度的关系(见表 3-13)。影响破碎机破碎效率的主要是第一道反击板与板锤的间隙,间隙小,效率高。东鞍山烧结厂的第一道间隙为 10 mm。

电耗与产量的关系见表 3-14。

鞍钢化工总厂的试验,当细度在 85%时,单位电耗为 1.3 kW·h/t,细度在 90%时,电耗为 1.6 kW·h/t。

3.4.3.3　四辊破碎机

我国烧结厂固体燃料的破碎设备,最常用的就是四辊破碎机,当给料粒度为 25～0 mm 时,可一次开路破碎到 3～0 mm,无须筛分,流程简单,设备可靠。

表 3-15 是我国部分钢铁厂使用 $\phi900\times700$ 四辊破碎机破碎固体燃料的产品中 3～0 mm的平均含量。

昆钢四辊破碎机实际生产测定数据如表 3-16 所示。

影响成品中 3～0 mm 粒级含量的因素,主要有以下三方面:

(1) 燃料的给料量与下辊间隙有关,当机型、转速确定后,给料量越大,要求排矿口宽度(即间隙)越大,从而排矿粒度越粗,其关系为:

$$d = 2e \tag{3-4}$$

式中　d——燃料成品粒度,mm;

e——下辊之间排矿口宽度,mm。

涟钢测试 $\phi900\times700$ 四辊破碎机生产时,认为为保证焦粉 3～0 mm 含量在 90%左右,要求下辊排矿口宽度为 1.2～2 mm,焦粉给料量应为 10～16 t/h。

(2) 对辊定期堆焊,四辊定期削辊。四辊破碎机生产一段时间后,辊皮磨损,影响排矿粒度的合格率。攀钢在辊子使用两个月之后曾进行过测量,原来间隙为 2～3 mm,磨损后局部间隙达 20～25 mm,磨损后的对辊破碎效果见表 3-17。小于 5 mm 部分从 41.75%下降到 29.05%。

首钢烧结厂对四辊破碎机辊子定期削辊,削辊周期 7 天,可保证产品的合格率在 99%以上。

(3) 燃料含水量过高,则粘辊严重,设备工作电流升高,不得不加宽排矿口间隙,影响成品合格率,要求燃料水分不大于 10%。

攀钢烧结厂用液压 $\phi1200\times1000$ 四辊破碎机代替 $\phi1200\times1000$ 对辊破碎机进行粗碎,

焦炭破碎及无烟煤破碎的效果分别见表 3-18 和表 3-19。由表可见,用液压四辊破碎机代替对辊破碎机,减少了过粉碎,燃料单耗略有降低。

表 3-15 我国部分钢铁厂使用四辊破碎机破碎燃料的产品粒度

厂　名	设备名称	成品中 3～0 mm 含量/%					水分/%
		1981 年	1982 年	1983 年	1984 年	1985 年	
鞍钢一烧	破碎焦粉 ϕ900×700 四辊	91.6	90.6	88.7	86.8	89.0	
鞍钢三烧	破碎焦粉 ϕ900×700 四辊	87	87	88	87	84	
首钢一烧	破碎焦粉 ϕ900×700 四辊	82.85	80.99	84.61	76.23	73.97	
马钢一烧	粗破 ϕ610×400 对辊 细破 ϕ900×700 四辊	83.2	79.4	82.3	81.3	80.9	17.5
太钢烧结厂	破碎无烟煤 粗破 ϕ1250×1000 反击式 细破 ϕ900×700 四辊		89.69	88.96	87.37	85.79	5.5
首钢二烧	ϕ900×700 四辊 破矿焦、煤混合燃料	92.86	92.77	92.13	92.14	93.07	
本钢烧结厂	ϕ900×700 四辊	87	86	87	87	80	
天津铁厂烧结厂	ϕ900×700 四辊	76.3	70.56	77.35	75.85	78.89	焦 8.5,煤 3.2
包钢烧结厂	ϕ900×700 四辊	87.45	80.9	80.1	80.75	84.15	
武钢三烧	粗碎 ϕ1200×1000 对辊 细碎 ϕ900×700 四辊			74.03	80.21	80.7	
梅山烧结厂	粗碎 ϕ1200×1000 对辊 ϕ1100×850 反击式 细碎 ϕ900×700 四辊			99.66	98.46	99.14	13.64
水钢烧结厂	ϕ900×700 四辊	85.56	79.99	82.31	83.76	82.71	
湘钢烧结厂	ϕ900×700 四辊		78.9	73.95	75.04	79.86	
重钢烧结厂	粗破 ϕ900×700 对辊 细破 ϕ900×700 四辊			77.95	84.8	80.84	焦 11.68,煤 10

表 3-16 昆钢四辊破碎机实际生产测定数据

编　号	产量 /t·h^{-1}	破前粒度组成/%		破后粒度组成/%		破碎效率 /%	水 分 /%	下辊电机 电流/A	备　注
		8～3 mm	3～0 mm	8～3 mm	3～0 mm				
1	18.0	73.8	26.2	17.18	82.82	76.72			上辊间隙 10～15 mm
2	19.8	75.01	24.99	17.16	82.84	77.12	15～18	40～45	
平均	18.9	74.41	25.09	17.17	82.83	76.92			下辊间隙 1～2 mm

3.4.4 燃料破碎室配置

对辊破碎机室、四辊破碎机室配置图分别示于图 3-26、图 3-27 和图 3-28。

对辊破碎机室、四辊破碎机室的配置应考虑的事项:

(1) 当设置多台辊式破碎机,用一条带式输送机进料时,辊式破碎机前应设分配矿仓,其贮存时间以1 h左右为宜,仓壁倾角不小于60°,必要时仓壁上设置振动器。

(2) 辊式破碎机给料用的带式输送机应与辊轴中心线垂直布置。

(3) 为使辊面在长度方向的磨损尽可能均匀一致,给料带式输送机宽度应大于辊子长度,使给料宽度与辊子长度相近。带速应不大于0.8 m/s,并采用平形上托辊。

(4) 给料带式输送机应设除铁器。

(5) 为便于检修,辊式破碎机应尽可能布置于标高±0.00 m平面。当所在地区地下水位较高时,尚需将辊式破碎机下的排料带式输送机布置在地面上,而将辊式破碎机布置在较高的平台上。

表 3-17 攀钢对辊破碎机辊皮磨损前后的产品粒度组成

测定日期	产量 /t·h⁻¹	水分 /%	给料粒度组成/%			产品粒度组成/%			辊子电流 /A
			>25 mm	10~25 mm	<10 mm	>10 mm	5~10 mm	5~0 mm	
1974年10月	65.27	13.5	26.33	28.86	45.81	40.95	17.3	41.75	
1975年1月	56	12	46.1	20.2	33.7	55.15	15.8	29.05	37/30

表 3-18 两种设备破碎焦炭的效果比较

项目		粒度组成/%						
		>40 mm	40~25 mm	25~10 mm	10~5 mm	5~3 mm	3~0 mm	0.5~0 mm
对辊流程	对辊前		9.2	31.1	15.1	9.0	35.6	11.3
	小四辊(细破)后				6.9	15.2	77.9	29.0
大四辊流程	大四辊前	0.58	8.96	39.75	8.63	10.46	31.63	7.25
	小四辊(细破)后				9.65	20.81	69.53	22.66

表 3-19 两种设备破碎无烟煤的效果比较

项目		粒度组成/%						
		>40 mm	40~25 mm	25~10 mm	10~5 mm	5~3 mm	3~0 mm	0.5~0 mm
对辊流程	对辊前	15.6	4.43	11.25	10.0	8.22	50.47	21.67
	小四辊(细破)后		6.64	14.41	10.54	8.86	59.35	24.09
大四辊流程	大四辊前	9.57	6.35	12.96	10.22	8.53	52.37	40.70
	小四辊(细破)后			13.40	16.24	9.57	60.91	42.13

3.5 生石灰气力输送

3.5.1 马钢生石灰输送系统

马钢二烧气力输送生石灰的流程示意于图3-29。各项技术指标见表3-20。

3.5.2 宝钢烧结用生石灰气力输送系统

宝钢烧结生石灰输送为高浓度、高压气力输送方式。

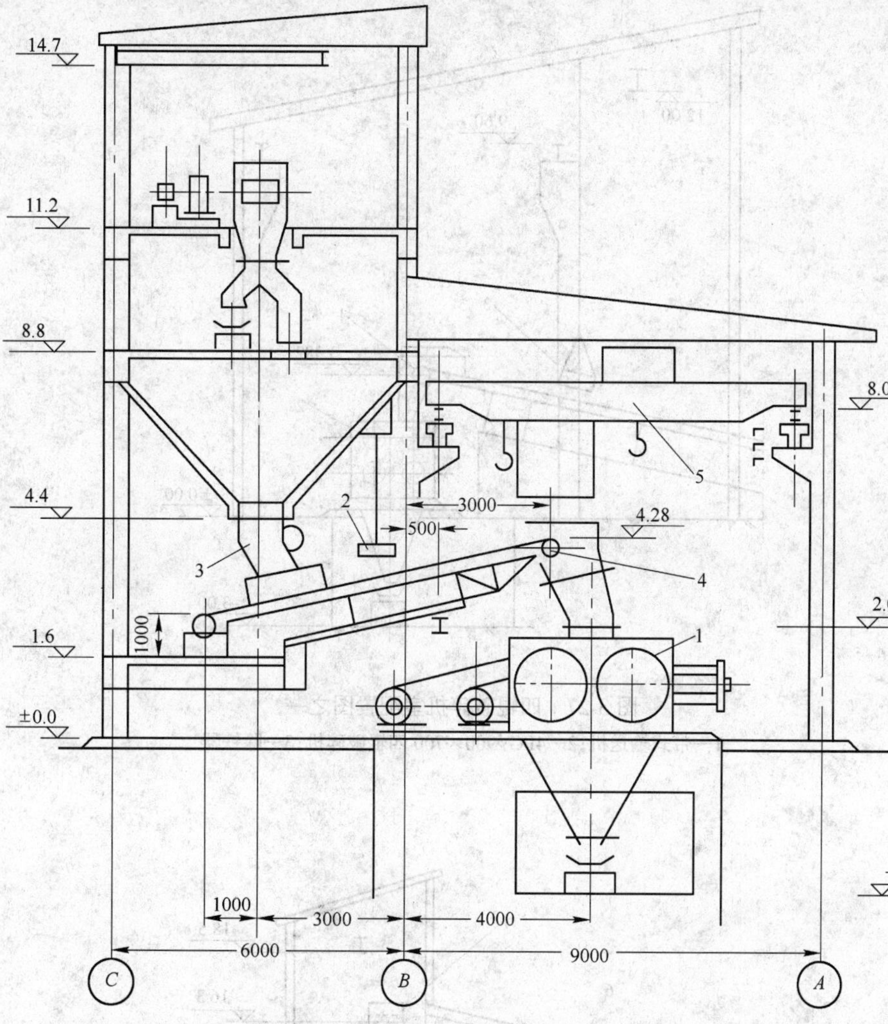

图 3-26 对辊破碎机室配置图

1—ZPG1200×1000 双光辊破碎机；2—CF60 电磁分离器；3—750×800 手动闸板阀；4—带式输送机；5—电动桥式起重机，$Q=10$ t，$L_k=8$ m

生石灰接受贮存系统示于图 3-30。除了空气压缩机、袋式收尘器和接受仓以外，主要设备是带有仓式泵的密封罐车。H 型仓式泵的结构如图 3-31 所示，仓式泵在输送过程中压力、空气流量及物料量的变化示于图 3-32。由图可看出，在正常输送时间内，压力和空气量基本上是稳定的。此时压力应略高于输送系统总压力损失，一般为$(14.7\sim19.6)\times10^4$ Pa，风量一般为 8～15 m^3/min。输送后期，压力降至高于输送系统总压力损失$(3.92\sim5.88)\times10^4$ Pa，进气阀门即行关闭。

高压气力输送系统的特点是：

(1) 需要空气量少，低压输送时$(2.9\sim6.9)\times10^4$ Pa 混合比为 2～10，高压输送时，混合比为 20～200。

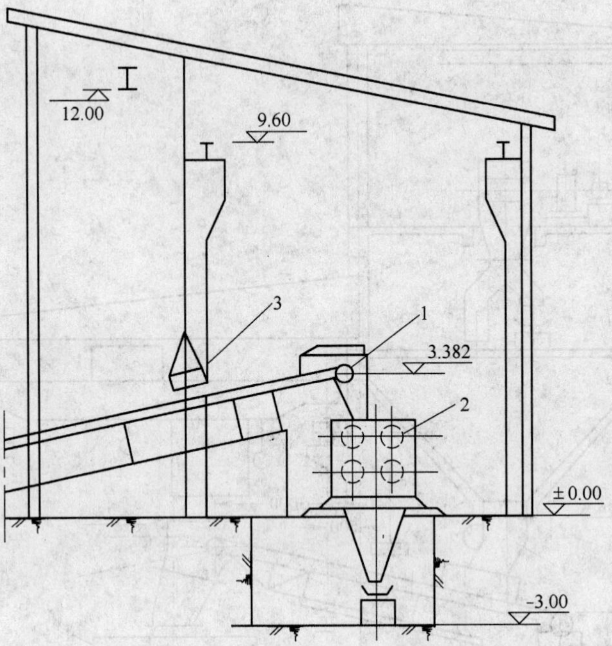

图 3-27 四辊破碎机室配置图之一

1—带式输送机；2—4PGϕ900×700 四辊破碎机；3—除铁器

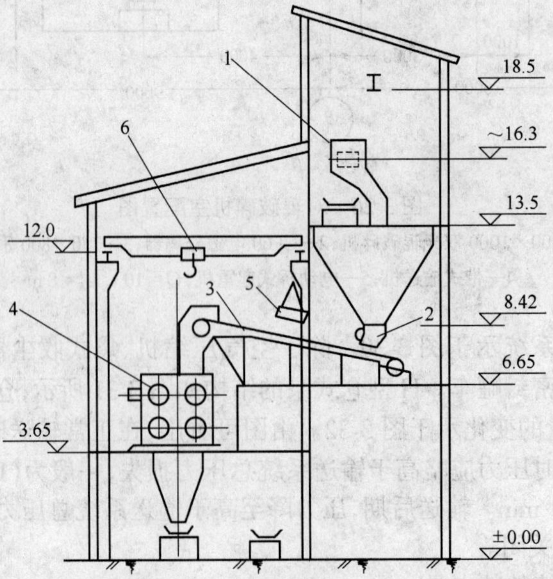

图 3-28 四辊破碎机室配置图之二

1—带移动卸料车带式输送机；2—带闸板漏斗；3—胶带给料机；

4—4PGϕ900×700 四辊破碎机；5—悬挂式除铁器；6—LH 型电动双梁桥式起重机

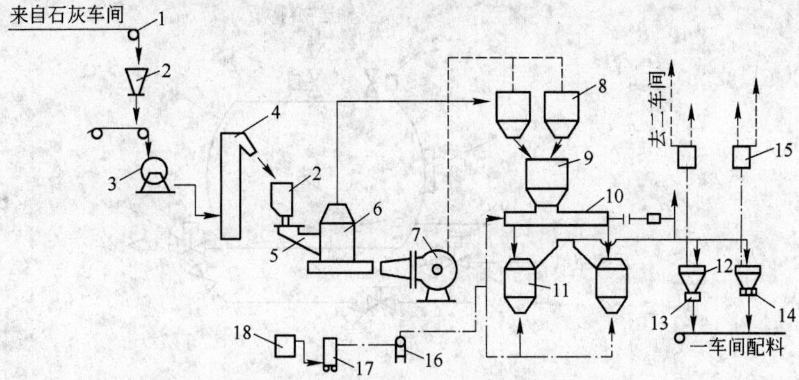

图 3-29 马钢二烧气力输送生石灰流程示意图

1—带式输送机；2—生石灰矿仓；3—250×400 复摆式破碎机；4—斗式提升机；5—板式给矿机；6—5R-401B 悬辊式磨粉机；7—鼓风机；8—收尘器；9—缓冲罐；10—给料机；11—上卸式仓式泵；12—配料仓；13—星形给料机；14—双螺旋给料机；15—布袋收尘器；16—空气过滤器；17—1.2 m^3 贮气罐；18—3L-16/8 空压机

表 3-20 马钢气力输送生石灰技术经济指标

编号	输送距离 /m	风量 /$m^3\cdot min^{-1}$	输送能力 /$t\cdot h^{-1}$	风料比 /$m^3\cdot kg^{-1}$	空气流速 /$m\cdot s^{-1}$	阻力损失 /Pa	输送时间 /min	装料量 /t
1	120	20.3	39.3	0.0300	17.4	11×10^5	7.5	4.9
2	120	17.6	38.0	0.0278	16.5	9×10^5	7.5	4.76
3	120	15.7	36.0	0.0261	15.0	8×10^5	7.5	4.5
4	120	12.1	22.2	0.0327	13.4	6×10^5	10.5	3.89

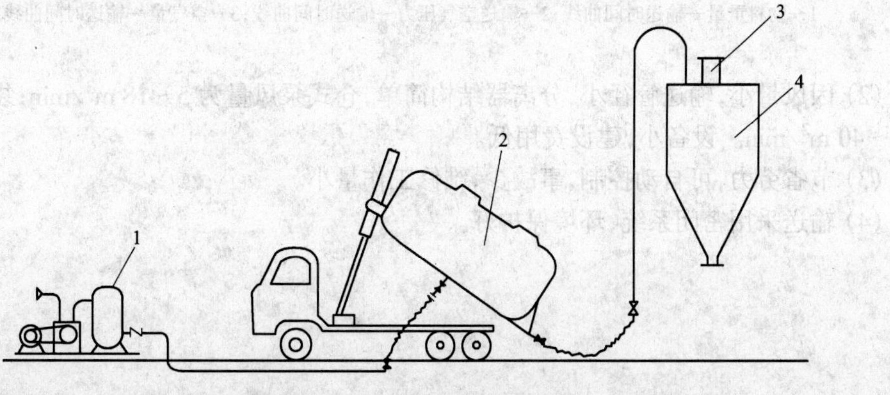

图 3-30 生石灰接受系统图

1—压力机；2—密封罐车(带仓式泵)；3—袋滤器；4—生石灰仓

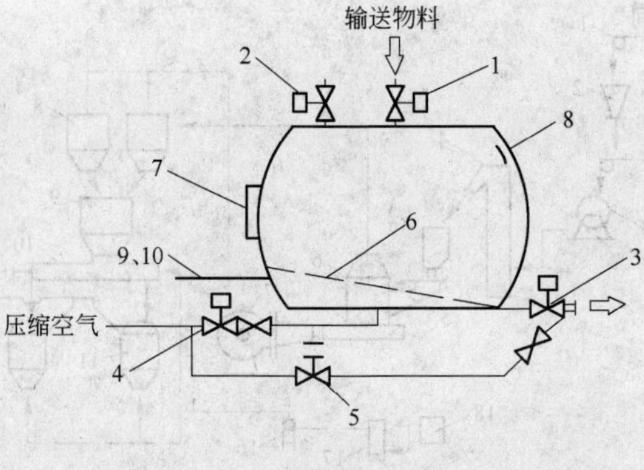

图 3-31　H 型仓式泵(高压气力型)结构示意图

1—给料阀；2—排气阀；3—排出阀；4—进气阀；5—加压阀；6—空气分布板；7—人孔；8—料位计；9—压力开关；10—压力指示计

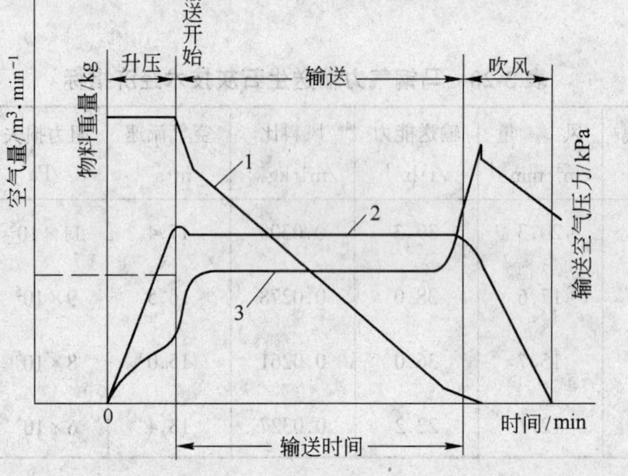

图 3-32　H 型仓式泵工作特性曲线

1—物料重量—输送时间曲线；2—输送空气压力—输送时间曲线；3—空气量—输送时间曲线

(2) 因风量小，输送管径小，分离器结构简单，仓式泵风量为 5～18 m^3/min；袋式收尘器为 8～40 m^2/min。设备小，建设费用低。

(3) 节省劳力，可自动控制，事故少，维修工作量小。

(4) 输送采用密闭系统，环境保护好。

4 烧结工艺流程及工艺建筑物布置

4.1 工艺流程及确定原则

4.1.1 工艺流程

现行的工艺流程,当无混匀料场时,一般包括:原、燃料的接受、贮存及熔剂、燃料的准备,配料,混合,点火烧结,热矿破碎,热矿筛分,冷却,冷矿筛分及冷矿破碎,铺底料,成品的贮存及输出,返矿贮存、配料等工艺环节。当有混匀料场时,原、燃料的接受、贮存放在料场,有时部分熔剂、燃料的准备也放在料场。

其中热矿筛分是否设置,应根据具体情况或试验结果,经技术经济比较后确定。

机上冷却工艺不包括热矿破碎和热矿筛分。

烧结工艺流程不再使用热矿工艺,应使用冷矿工艺,在冷矿工艺中,宜推广具有整粒、铺底料系统的流程。

4.1.2 确定工艺流程的原则

确定烧结工艺流程的原则有:

(1) 生产规模的大小;

(2) 入厂原料、熔剂、燃料的品种及其与物理、化学性质以及入厂的原料是精矿还是粉矿;

(3) 入厂的原料、熔剂、燃料的运输方式和接受方式;

(4) 符合现行的装备政策要求;

(5) 严格执行环保法有关对建厂地区环境保护的要求;

(6) 考虑建设单位对产品或烧结工艺的特殊要求;

(7) 考虑冶炼部门对产品的物理、化学性质及产品运输方式的要求;

(8) 考虑锰矿烧结的特点及产品方案要求的特殊性;

(9) 要保证生产稳定和提高产量、质量,贯彻综合利用、节约能源方针并保证安全生产得以实现。

4.2 物料流程平衡编制举例

宝钢烧结厂一台 450 m^2 烧结机的工艺流程及物料流程平衡示于图 4-1。

4.3 烧结厂实际流程举例

烧结厂实际流程举例见图 4-2 至图 4-10。

4.4 烧结厂工艺建筑物布置原则

(1) 应考虑工艺流程的合理性;

(2) 要布置紧凑,因地制宜,充分利用地形,最大限度地减少占地面积,减少厂区平整土石方量及缩短运输通廊;

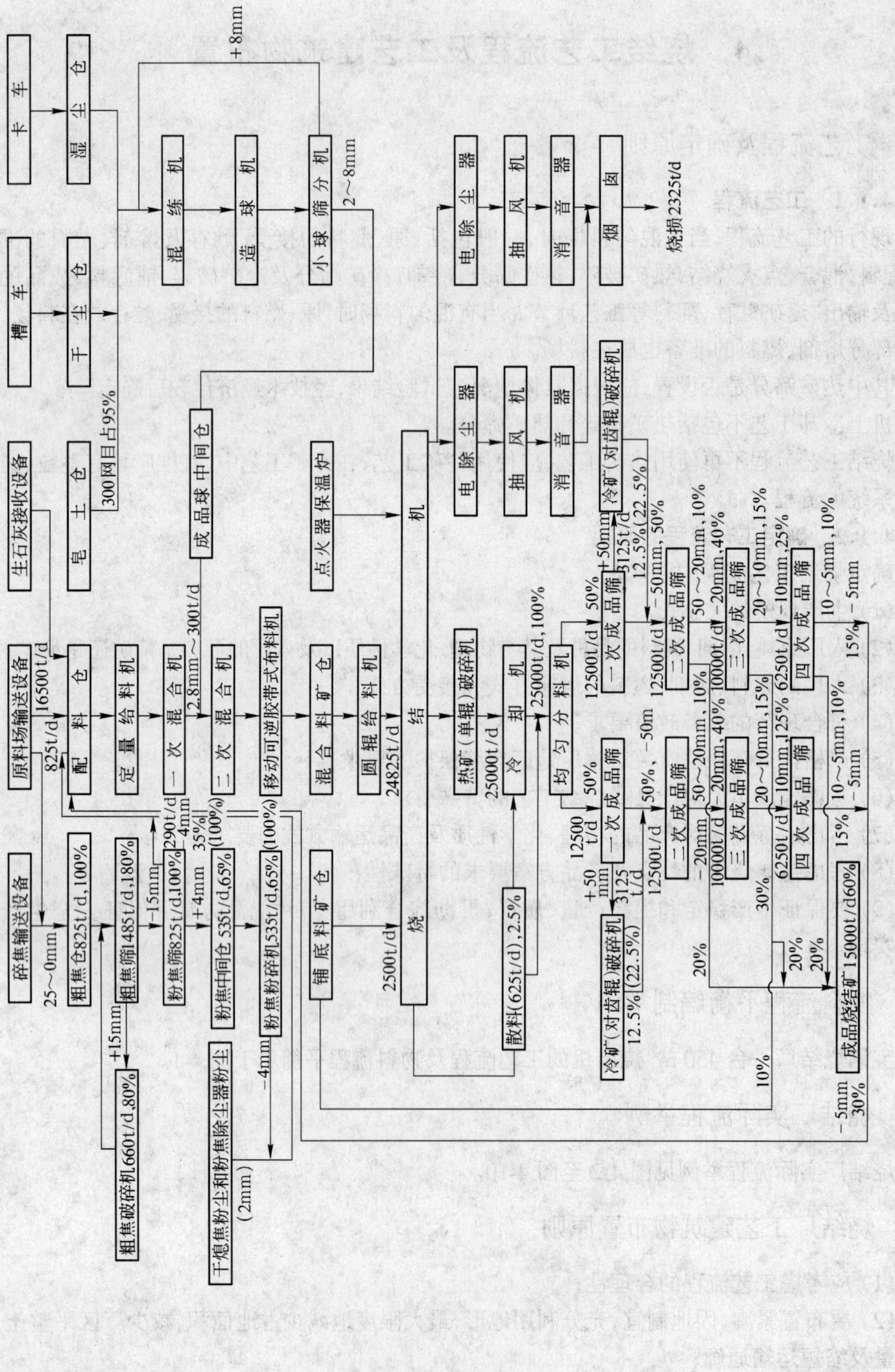

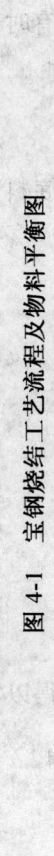

图 4-1　宝钢烧结工艺流程及物料平衡图

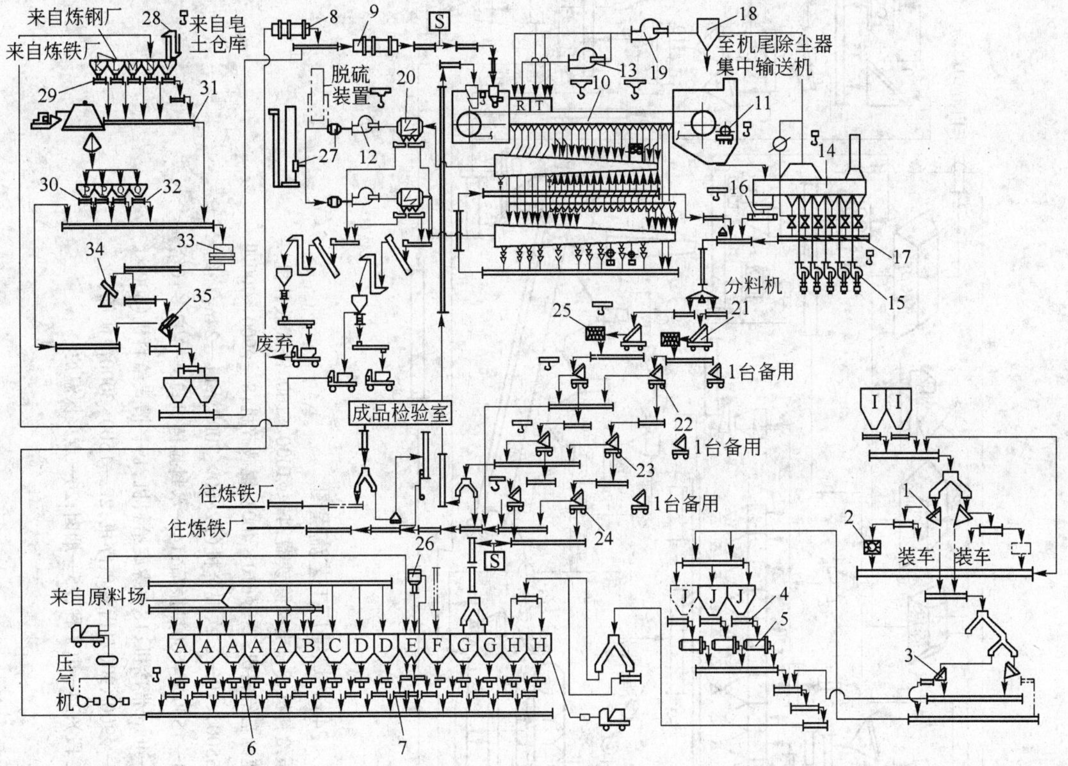

图 4-2　2×450 m^2 烧结厂工艺流程图

1—1.8×6m自定中心振动筛，筛孔15mm；2—ϕ1300×2000反击式破碎机；3—2.1×6.6m自定中心振动筛，筛孔5mm；4—ϕ600螺旋给料机；5—ϕ3300×4800棒磨机；6—定量给料机附ϕ3600圆盘给料机；7—定量给料机附ϕ250×2000螺旋给料机；8—ϕ4400×17000圆筒混合机；9—ϕ5100×24500圆筒混合机；10—450m^2DL型带式烧结机；11—ϕ2400单辊破碎机；12—主抽风机，$Q=21000m^3$（工况）/min，$H=19613Pa$；13—一次点火风机，$Q=100m^3$（工况）/min；14—460m^2鼓风环式冷却机；15—冷却用鼓风机，$Q=9200m^3$（工况）/min；16—板式给料机，$B=2000$；17—ϕ48000环形拉链输送机；18—多管除尘器；19—余热风机，$Q=2140$标m^3/min；20—主电除尘器系统ESCS-ST600型，入口面积250m^2；21—3.0×5.5m固定筛，筛箅间隙50mm；22—2.7×6.6m自定中心振动筛；筛孔25mm（其中一台备用）；23—3.0×9.0低头式振动筛，筛孔10mm（其中一台备用）；24—3.0×9.0m低头式振动筛，筛孔5mm（其中一台备用）；25—ϕ1200×1800双齿辊破碎机；26—小型脉冲式布袋除尘器，24m^3（工况）/min；27—消音器，$Q=21000m^3$（工况）/min，消音量32dB；28—斗式提升机，$Q=15t/h$；29—螺旋给料机（带回转阀）；30—ϕ300×4500×4排螺旋给料机，7.85～1.57t/h；31—埋刮板运输机，$Q=12t/h$，$B=350mm$；32—刮板运输机1200×5200；$Q=18.15～3.63t/h$；33—混练机，$Q=33t/h$；34—ϕ5m圆盘造球机，$Q=33t/h$，倾角45°～60°；35—0.9×1.2 m低头式筛分机，筛孔8 mm，$Q=33$ t/h

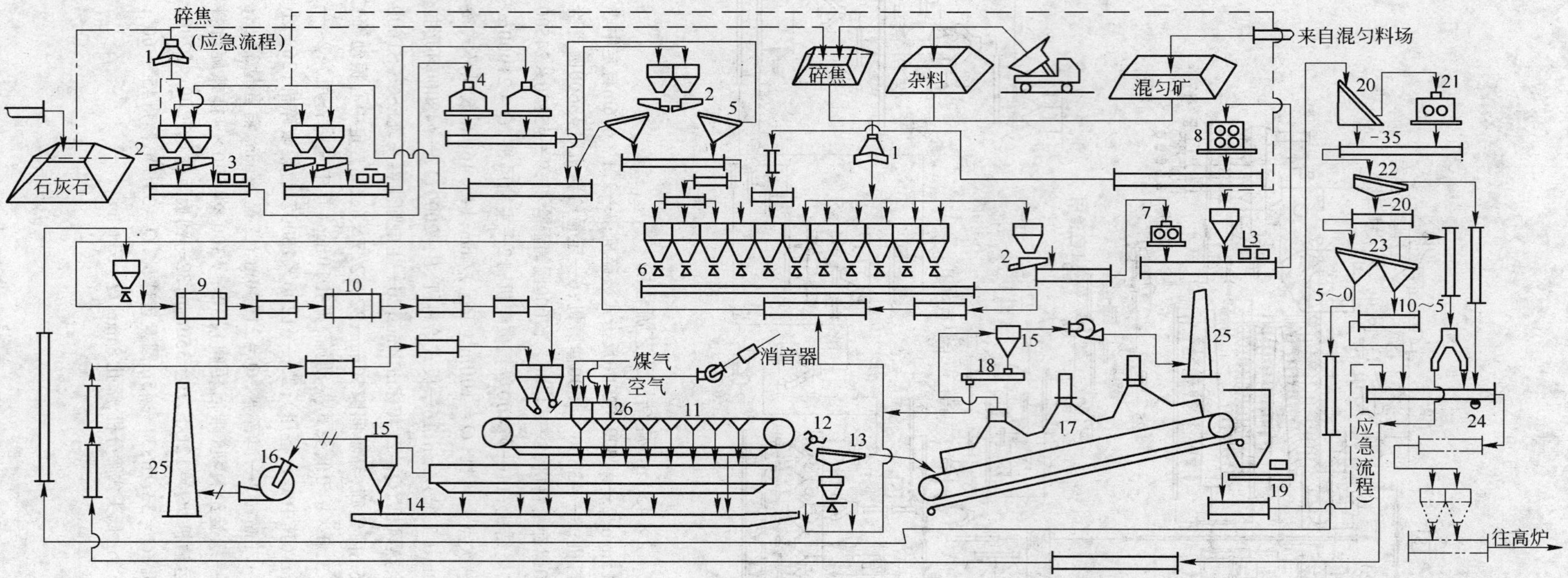

图 4-3 2×24 m^2 烧结厂工艺流程图

1—桥式抓斗吊车（$Q=10t$）；2—电振给料机；3—电磁除铁器；4—ϕ1000×1000锤式破碎机；5—1500×3000振动筛；6—ϕ1700调速圆盘给料机；7—ϕ610×400双辊破碎机；8—ϕ900×700四辊破碎机；9—一次混合机（ϕ2800×6500）；10—二次混合机（ϕ2800×7000）；11—24m^{2}烧结机；12—ϕ1100×1680单辊破碎机；13—1500×4500热振筛；14—水封拉链机；15—192多管除尘器；16—D2300—11主抽风机；17—40m^{2}带冷机；18—螺旋给料机；19—槽式给料机（600×500）；20—1500×3000固定筛；21—ϕ900×900双齿辊破碎机；22—1500×3000冷矿筛；23—1500×6000 直线筛（2 段）；24—电子秤；25—烟囱；26—点火保温炉

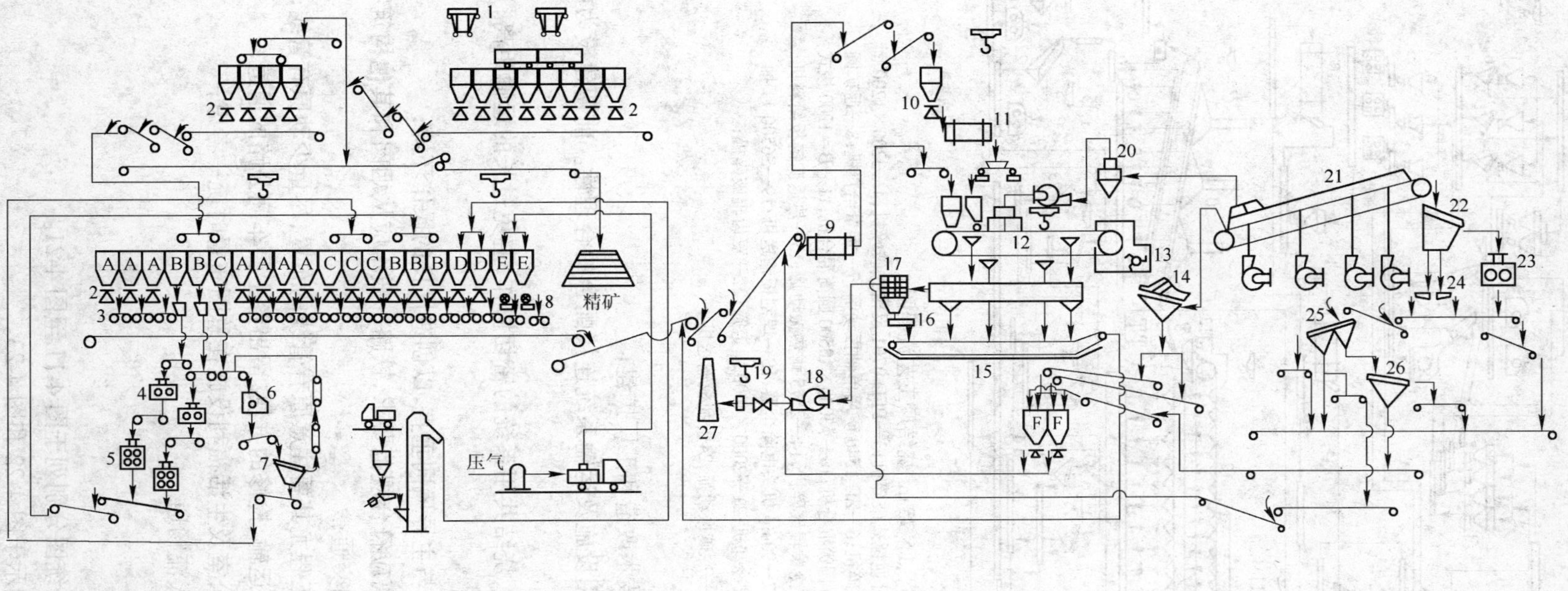

图 4-4　1×50 m^2 烧结厂工艺流程图

1—螺旋桥式卸车机；2—ϕ2000 封闭式圆盘给矿机；3—$B=800$ 皮带称量给料机；4—$\phi750\times500$ 双辊破碎机；5—$\phi900\times700$ 四辊破碎机；6—锤式破碎机；7—振动筛；8—螺旋给料机；9—圆筒混合机；10—ϕ2500 封闭式圆盘给矿机；11—$\phi2500\times7000$ 圆筒混合机；12—50 m^2 烧结机；13—$\phi1500\times2500$ 单辊破碎机；14—2500×7500 耐热振动筛；15—水封拉链机；16—ϕ150 螺旋输送机；17—374 管多管除尘器；18—S4500-11抽风机；19—ϕ1800电动调节蝶阀；20—旋风除尘器；21—69m^{2}鼓风带式冷却机；22—固定筛；23—$\phi750\times750$ 双齿辊破碎机；24—D26 电磁振动给料机；25—LZS2575 冷矿振动筛；26—SZL1560 直线振动筛；27—烟囱；A—精矿；B—焦粉；C—白云石；D—杂料；E—生石灰；F—返矿

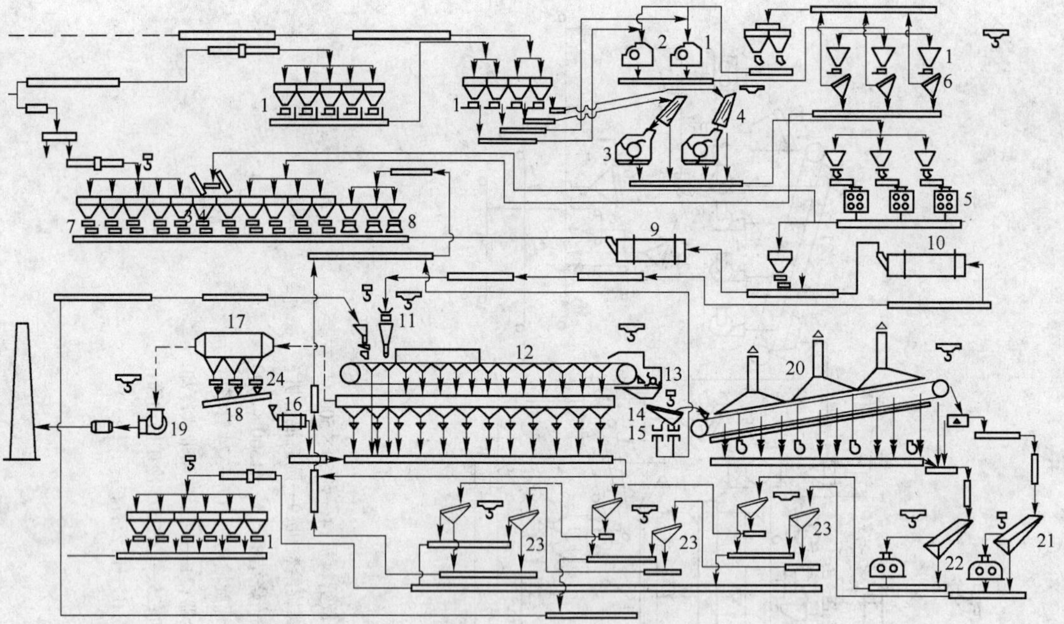

图 4-5　1×75 m² 烧结厂工艺流程图

1—电振给料机；2—ϕ1430×1300 可逆锤式破碎机；3—PFD-0701 反击式破碎机；4—3200×1200 固定筛； 5—4PGϕ900×700 四辊破碎机；6—ZD-1540 矿用单轴振动筛；7—定量给料机；8—返矿圆盘给料机(ϕ2500)；9—ϕ2800×9300 圆筒混合机；10—ϕ3000×10500 圆筒混合机；11—B=1200 梭式布料器；12—75 m² 烧结机；13—水冷单辊破碎机；14—2575 耐热振动筛；15—热返矿链板给料机；16—ϕ1200×2500 圆筒混合机；17—90 m² 机头电除尘器；18—埋刮板输送机；19—S6500-11 抽风机；20—90 m² 鼓风带式冷却机；21—2000×4000 固定筛；22—双齿辊破碎机；23—冷矿振动筛；24—刮板输送机

(3) 适当留有余地，便于将来技术改造和工厂扩建；

(4) 当分期建设时，应考虑公用设施及运输系统连接配合的合理性。前期建设为配合后期建设所花的投资不宜过多；

(5) 应考虑原料场、炼铁、焦化、烧结共用系统的密切协作，避免过长的运输距离，造成浪费；

(6) 烧结室纵向布置应尽可能与主导风向垂直，以创造优良的操作环境；

(7) 铁路、公路与建筑物的距离应符合规范要求，铁路一般不应从烟囱和其他构筑物基础上通过，避免铁路横贯厂区，影响交通；

(8) 合理布置管线走向，扩建工程尤其要注意原有管线的布置，尽量少动原有管线；

(9) 各车间配置应考虑到设备运输、检修的方便，留出各主要车间公路的通道；

(10) 生产车间、辅助车间、办公室及生活福利设施在总图布置时统一考虑；

(11) 保证生产流程中料流和人流畅通。

4.5　建筑物平面系统图例

国内各种规模烧结厂建筑物系统图分别列于图 4-11 至图 4-21。

国外烧结厂建筑物系统图分别示于图 4-22 和图 4-23。

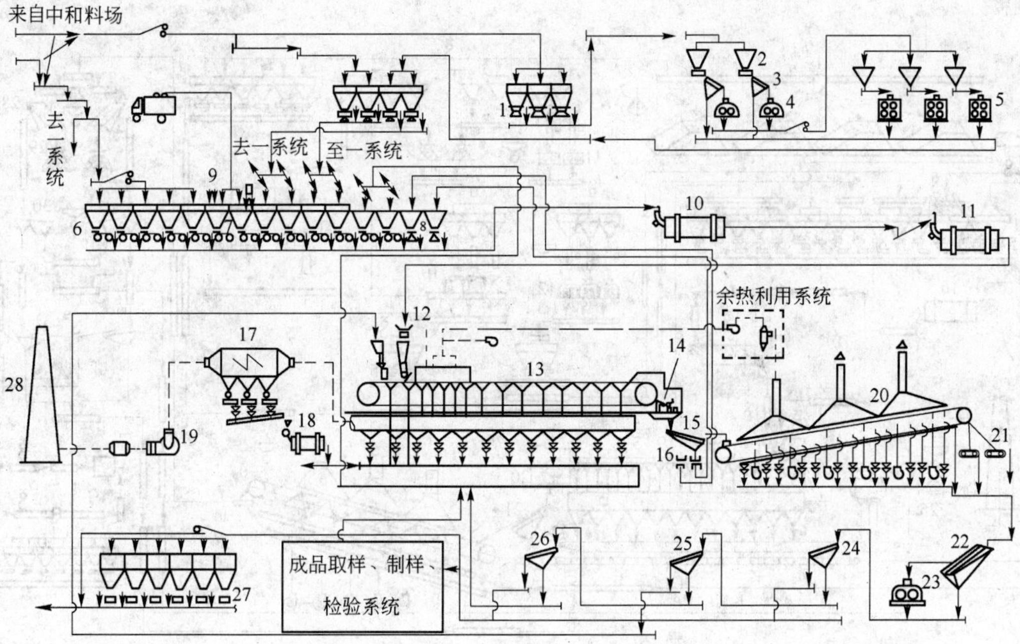

图 4-6 $2\times90\ m^2$ 烧结厂工艺流程图

(本图从配料起至带冷机系统均按一台烧结机系列绘制)

1—φ2500 封闭式圆盘给矿机;2—GZ3 电磁振动给料机;3—1500×4000 单轴振动筛;4—双辊破碎机;5—4PG900×700四辊破碎机;6—φ2500圆盘定量给料机;7—φ200螺旋定量给料机;8—φ2500高温圆盘定量给料机;9—144袋反吹风布袋除尘器;10—φ2800×9000圆筒混合机;11—φ3000×12000圆筒混合机;12—B=1000梭式布料器;13—$90m^2$烧结机;14—φ1500×2520单辊破碎机;15—3000×7500热矿振动筛;16—B=1000热返矿链板输送机;17—$110m^2$电除尘器;18—φ1200×2500圆筒混合机;19—SJ8000抽风机;20—$108m^2$鼓风带式冷却机;21—HBG1000×1600中型板式给矿机;22—2×4m冷矿固定筛;23—SPL120×160双齿辊破碎机;24—SZL3070冷矿振动筛(筛孔20mm);25—SZL3070冷矿振动筛(筛孔10mm);26—SLZS2565冷矿振动筛(筛孔5mm);27—往复式给矿机;28—烟囱

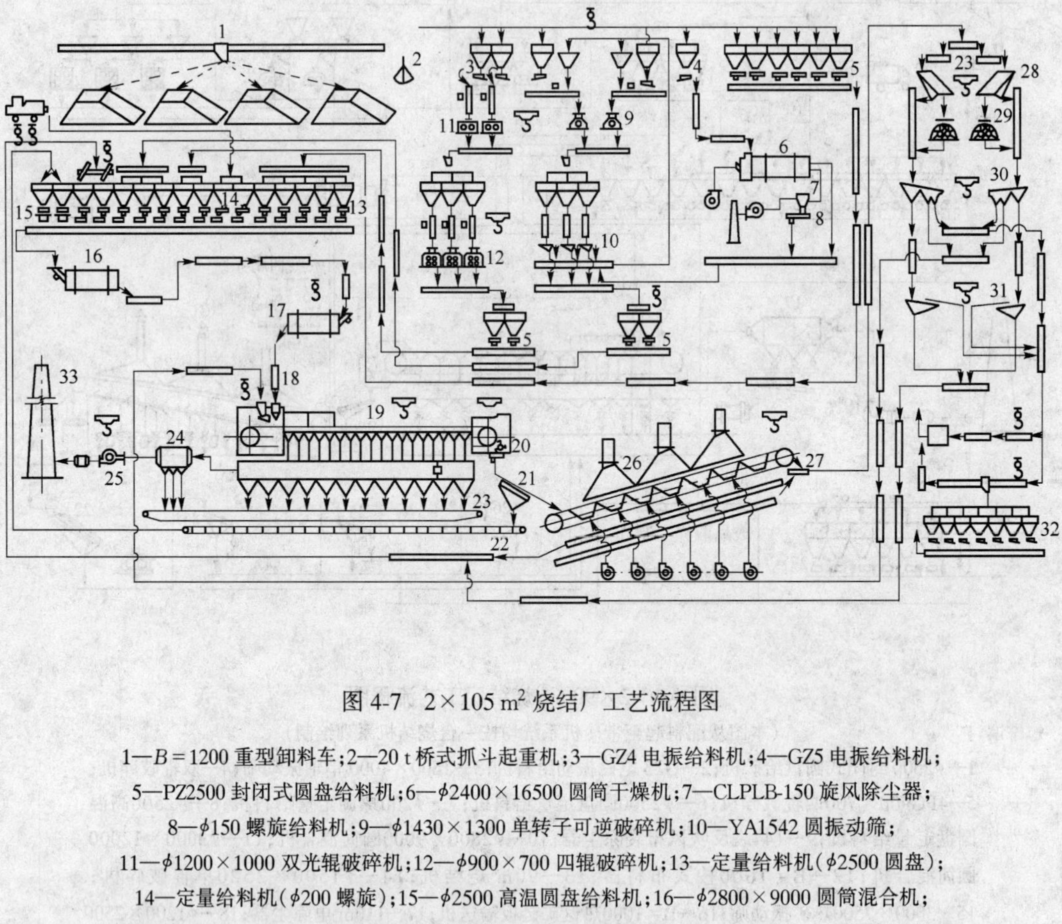

图 4-7　2×105 m² 烧结厂工艺流程图

1—B=1200 重型卸料车；2—20 t 桥式抓斗起重机；3—GZ4 电振给料机；4—GZ5 电振给料机；
5—PZ2500 封闭式圆盘给料机；6—ϕ2400×16500 圆筒干燥机；7—CLPLB-150 旋风除尘器；
8—ϕ150 螺旋给料机；9—ϕ1430×1300 单转子可逆破碎机；10—YA1542 圆振动筛；
11—ϕ1200×1000 双光辊破碎机；12—ϕ900×700 四辊破碎机；13—定量给料机（ϕ2500 圆盘）；
14—定量给料机（ϕ200 螺旋）；15—ϕ2500 高温圆盘给料机；16—ϕ2800×9000 圆筒混合机；
17—ϕ3000×12000 圆筒混合机；18—梭式布料器；19—105 m² 烧结机；20—ϕ1500×2520 单辊破碎机；
21—3×7.5 m 热矿振动筛；22—B=800 链板输送机；23—水封拉链机；24—电除尘器；
25—主抽风机；26—125 m² 鼓风带式冷却机；27—HBG1000×1650 中型板式给矿机；
28—2×4 m 固定筛；29—SPL120×160 齿辊破碎机；
30—SZS3090 冷矿振动筛；31—SLZS2565 冷矿振动筛；
32—GZ5S 电振给料机；33—烟囱

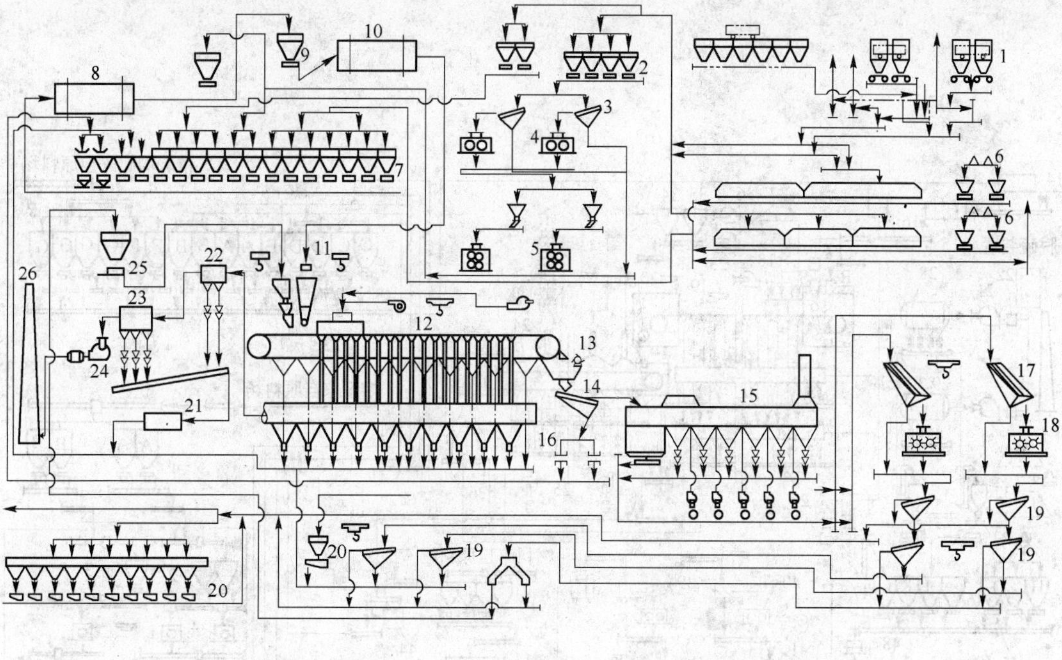

图 4-8　2×130 m² 烧结厂工艺流程图

1—KFJ-2 型三支座转子式翻车机；2—ϕ3000 封闭式圆盘给矿机；3—GDS3617 型概率等厚筛；4 —2PG1200×1000 双光辊破碎机；5—ϕ1200×1000 四辊破碎机；6—抓斗桥式起重机，$Q=20$ t；7—电子皮带秤定量圆盘给料机(圆盘 ϕ2500，皮带宽 1 m)；8—ϕ3000×12000 圆筒混合机；9—圆辊给料机；10—ϕ3000×12000 圆筒混合机；11—$B=1200$ 梭式布料机；12—130 m² 烧结机；13—ϕ1700×2520水冷单辊破碎机；14—热矿振动筛；15—145 m² 鼓风环式冷却机；16—热返矿链板运输机；17—B 2.5×6 m 冷矿固定筛；18—ϕ1200×1800 双齿辊破碎机；19—B2.5×7 m 冷矿振动筛；20—900×2000槽式给矿机；21—ϕ1200×2500 圆筒混合机；22—沉降室；23—164 m² 电除尘器；24—SJ12000 烧结抽风机；25—电振给料机；26—烟囱

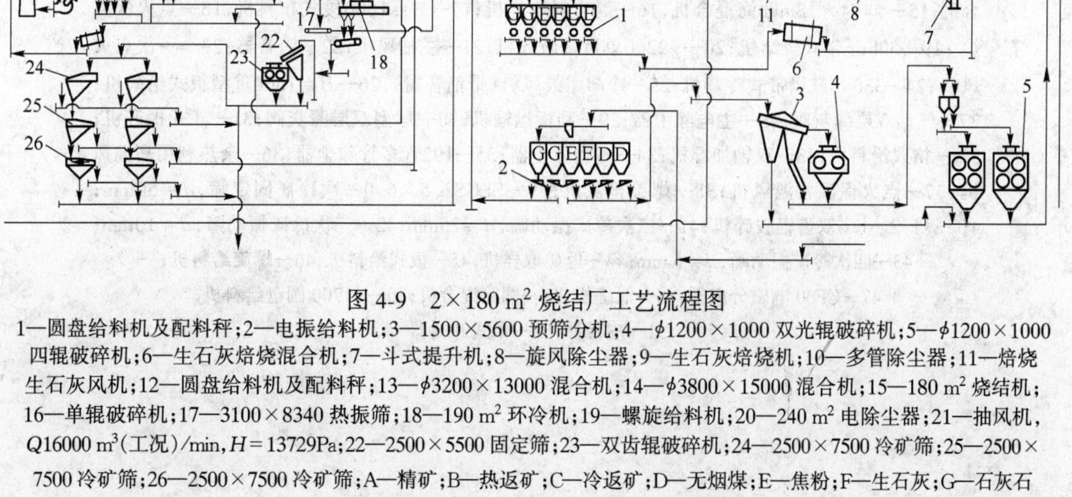

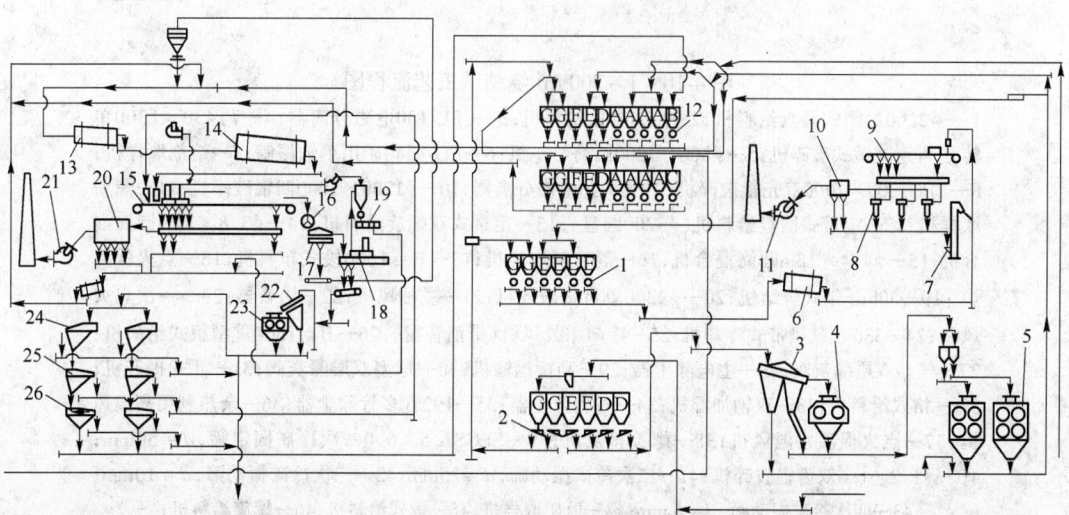

图 4-9　2×180 m² 烧结厂工艺流程图

1—圆盘给料机及配料秤；2—电振给料机；3—1500×5600 预筛分机；4—ϕ1200×1000 双光辊破碎机；5—ϕ1200×1000 四辊破碎机；6—生石灰焙烧混合机；7—斗式提升机；8—旋风除尘器；9—生石灰焙烧机；10—多管除尘器；11—焙烧生石灰风机；12—圆盘给料机及配料秤；13—ϕ3200×13000 混合机；14—ϕ3800×15000 混合机；15—180 m² 烧结机；16—单辊破碎机；17—3100×8340 热振筛；18—190 m² 环冷机；19—螺旋给料机；20—240 m² 电除尘器；21—抽风机，Q16000 m³(工况)/min，$H=13729$Pa；22—2500×5500 固定筛；23—双齿辊破碎机；24—2500×7500 冷矿筛；25—2500×7500 冷矿筛；26—2500×7500 冷矿筛；A—精矿；B—热返矿；C—冷返矿；D—无烟煤；E—焦粉；F—生石灰；G—石灰石

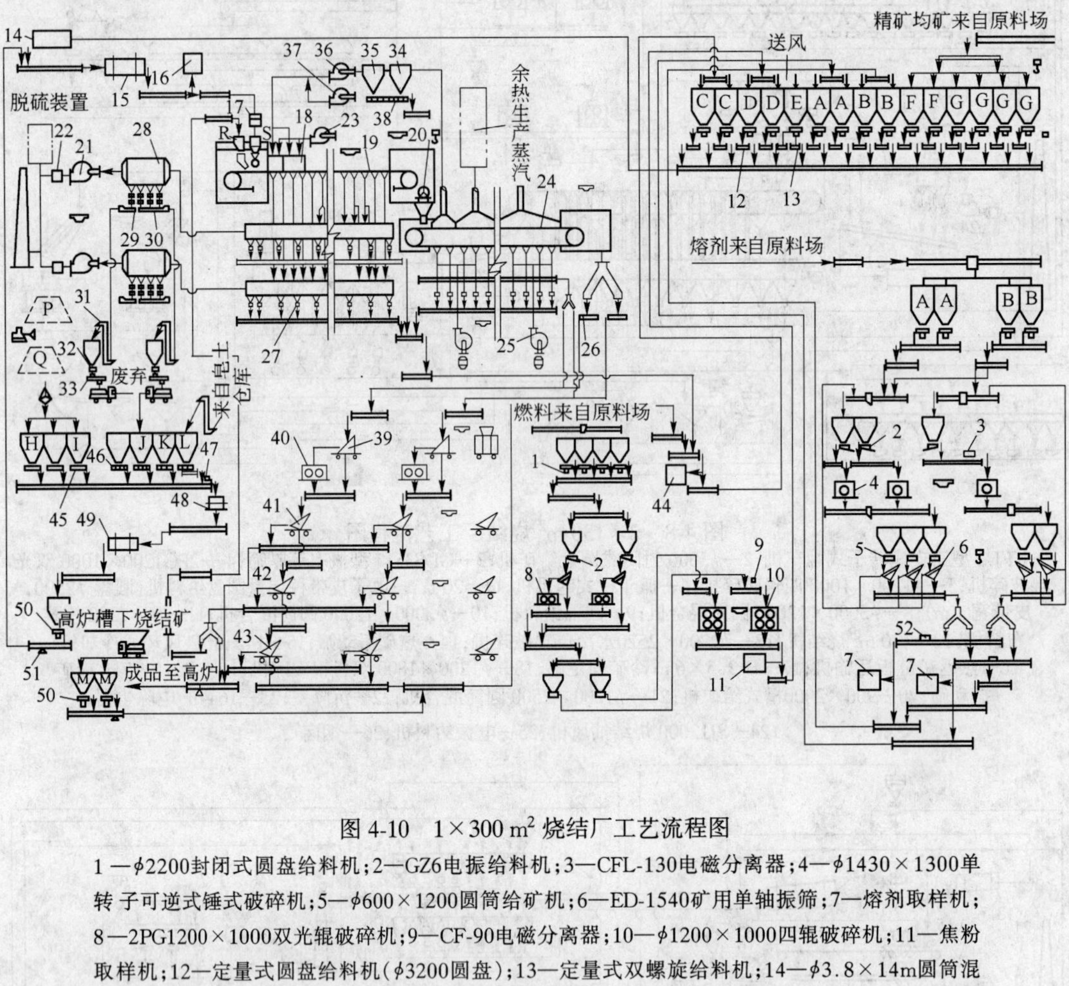

图 4-10　1×300 m² 烧结厂工艺流程图

1—ϕ2200封闭式圆盘给料机；2—GZ6电振给料机；3—CFL-130电磁分离器；4—ϕ1430×1300单转子可逆式锤式破碎机；5—ϕ600×1200圆筒给矿机；6—ED-1540矿用单轴振筛；7—熔剂取样机；8—2PG1200×1000双光辊破碎机；9—CF-90电磁分离器；10—ϕ1200×1000四辊破碎机；11—焦粉取样机；12—定量式圆盘给料料（ϕ3200圆盘）；13—定量式双螺旋给料机；14—ϕ3.8×14m圆筒混合机；15—ϕ4.4×18m圆筒混合机；16—混合料取样机；17—$B=1600$梭式布料机；18—点火保温炉；19—300m²带式烧结机；20—ϕ2200单齿辊破碎机；21—主抽风机；22—消音器；23——次点火风机；24—336m²鼓风带式冷却机；25—冷却用鼓风机（带消音器）；26—$B=1600$重型板式给矿机；27—气动双层漏灰阀；28—主电除尘器；29—刮板运输机；30—球型双层漏灰阀；31—斗式提升机；32—格式给料机；33—双轴加湿机；34—重力除尘器；35—192管多管除尘器；36—余热利用高温风机；37—点火保温常温风机；38—螺旋排灰机；39—SLGS2.5×6.0一次冷矿固定筛，$d=50$mm；40—ϕ1.2×1.6双齿辊破碎机；41—二次冷矿振动筛，$d=25$mm；42—三次冷矿振动筛，$d=10$mm；43—四次冷矿振动筛，$d=5$ mm；44—返矿取样机；45—板式给料机；46—螺旋给料机；47—CF60 电磁分离器；48—混练机；49—圆筒混合机；50—ϕ1700 圆盘给料机；51—皮带秤；52—犁式卸料器

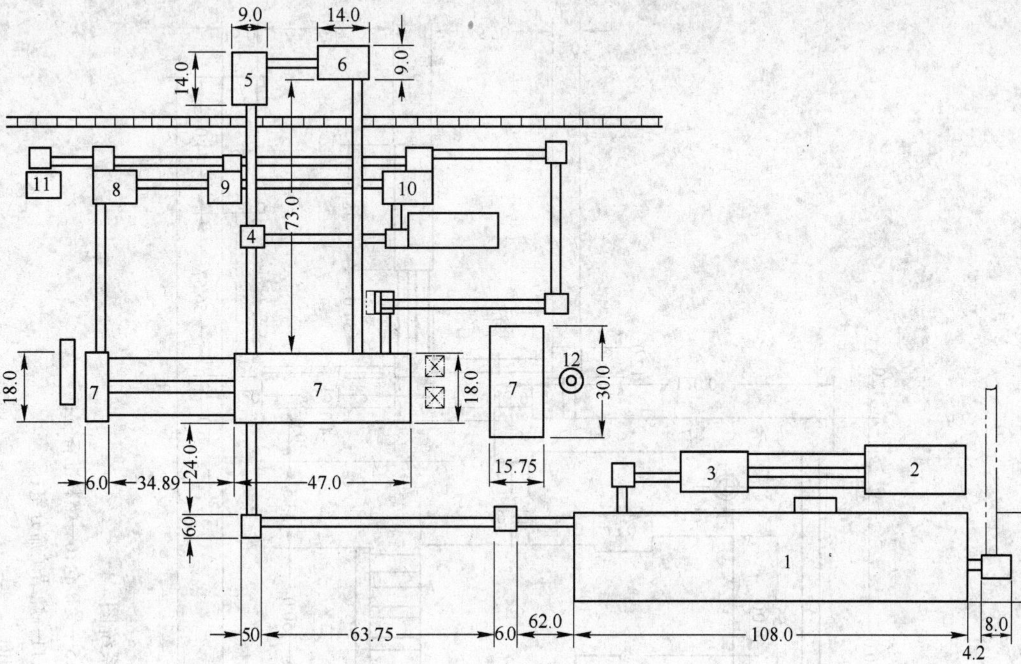

图 4-11　2×24 m² 烧结厂建筑物系统图

1—原料仓及配料室；2—熔剂燃料破碎室；3—熔剂筛分室；4—冷返矿仓；5——次混合室；6—二次混合室；7—烧结室（包括烧结、冷却及抽风机室）；8—成品一次筛分室及破碎室；9—成品二次筛分室；10—成品三次筛分室；11—成品检验室；12—烟囱

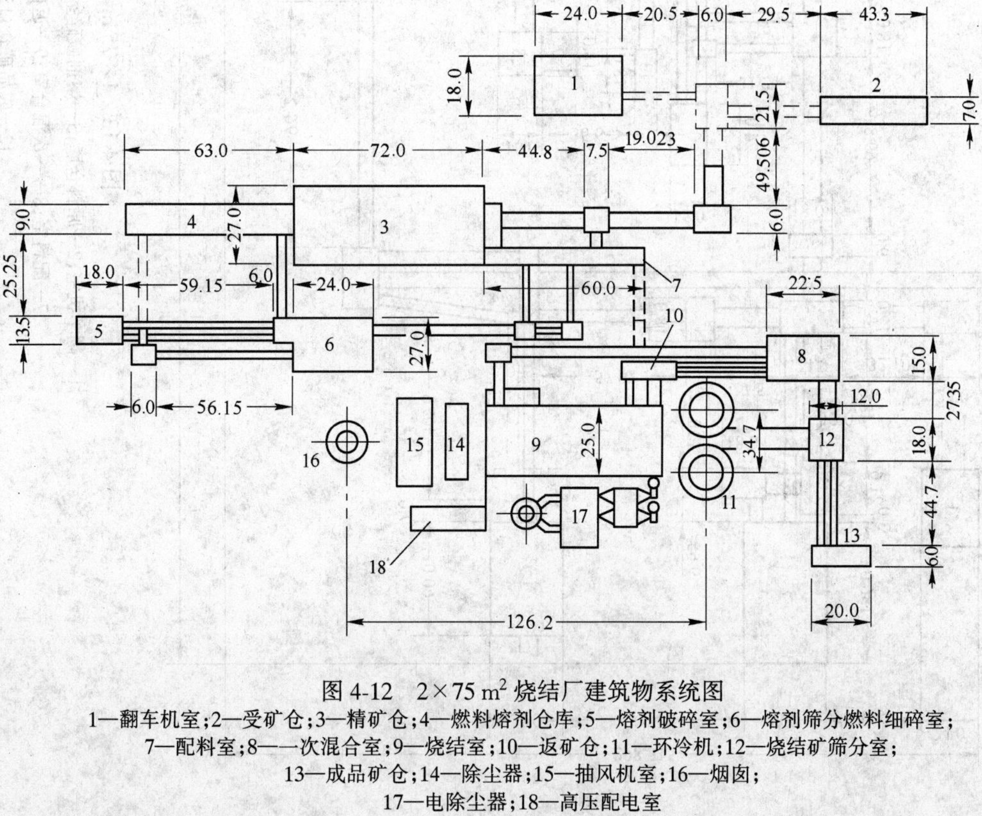

图 4-12　2×75 m² 烧结厂建筑物系统图

1—翻车机室；2—受矿仓；3—精矿仓；4—燃料熔剂仓库；5—熔剂破碎室；6—熔剂筛分燃料细碎室；7—配料室；8——次混合室；9—烧结室；10—返矿仓；11—环冷机；12—烧结矿筛分室；13—成品矿仓；14—除尘器；15—抽风机室；16—烟囱；17—电除尘器；18—高压配电室

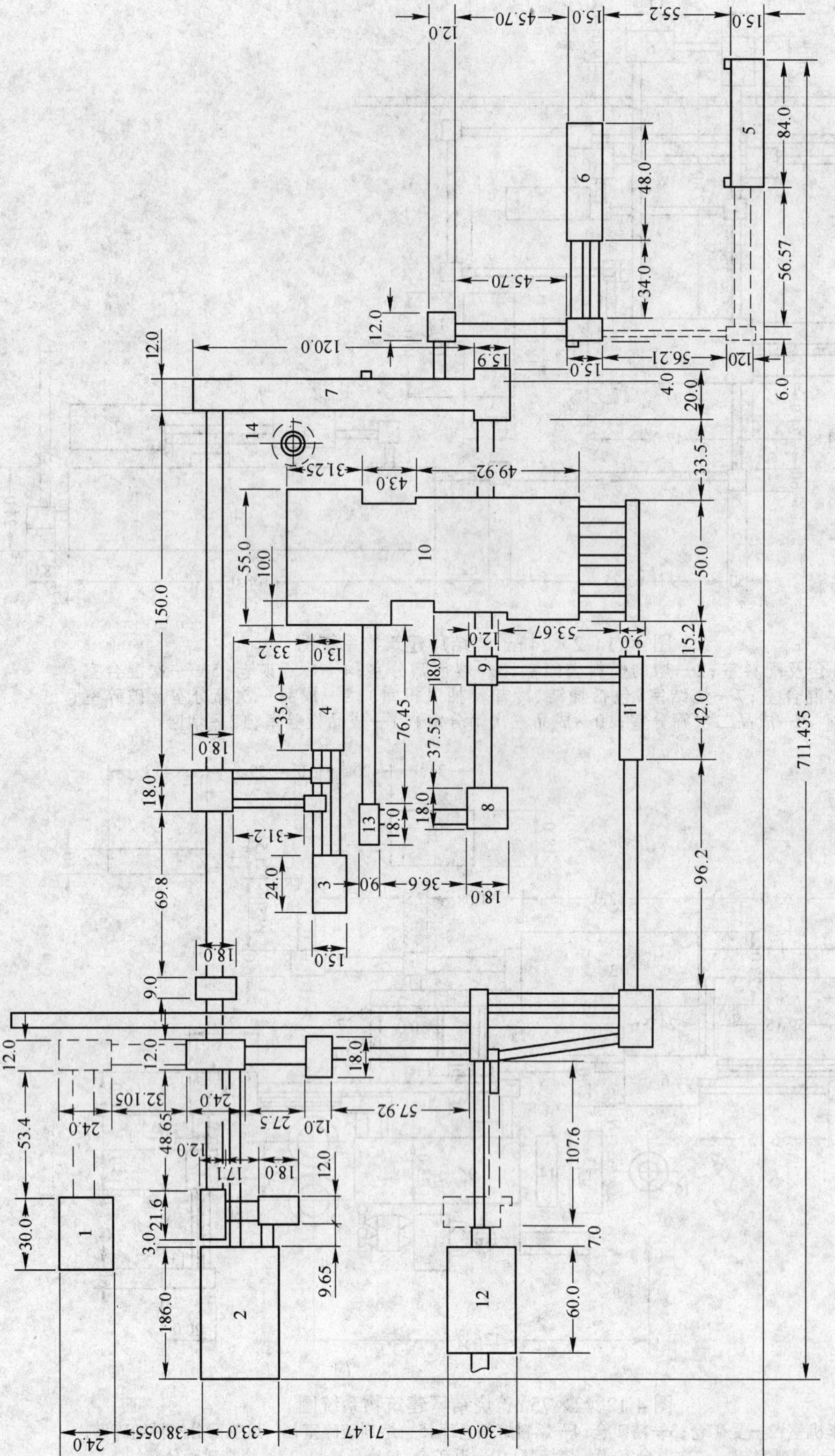

图 4-13　4×75 m² 烧结厂建筑物系统图

1—翻车机室；2—原料仓库；3—熔剂破碎室；4—熔剂筛分室；5—受矿仓；6—燃料准备室；
7—配料室；8—一次混合室；9—返矿仓；10—烧结室；11—烧结矿筛分室；
12—成品矿仓；13—转运站；14—烟囱

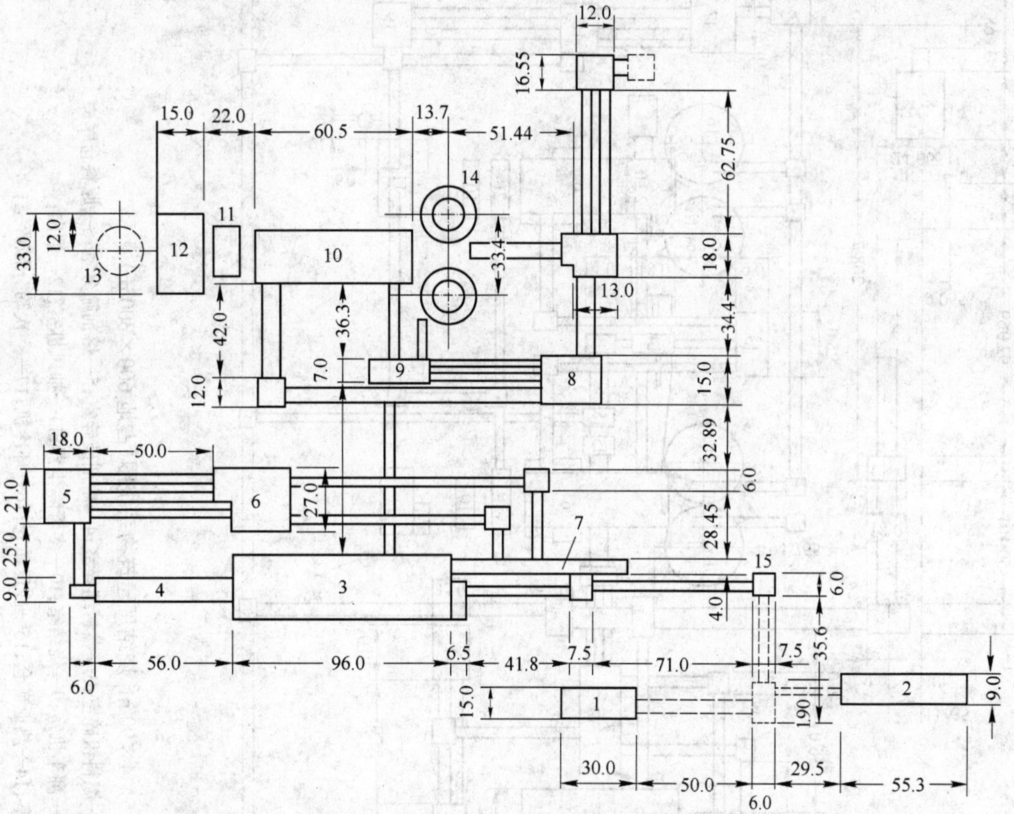

图 4-14 2×90 m² 烧结厂建筑物系统图

1—翻车机室；2—受矿仓；3—精矿仓库；4—熔剂燃料仓库；5—熔剂破碎及燃料粗碎室；6—熔剂筛分及燃料细碎室；7—配料室；8—一次混合室；9—返矿仓；10—烧结室；11—除尘器；12—抽风机室；13—烟囱；14—环冷机；15—转运站

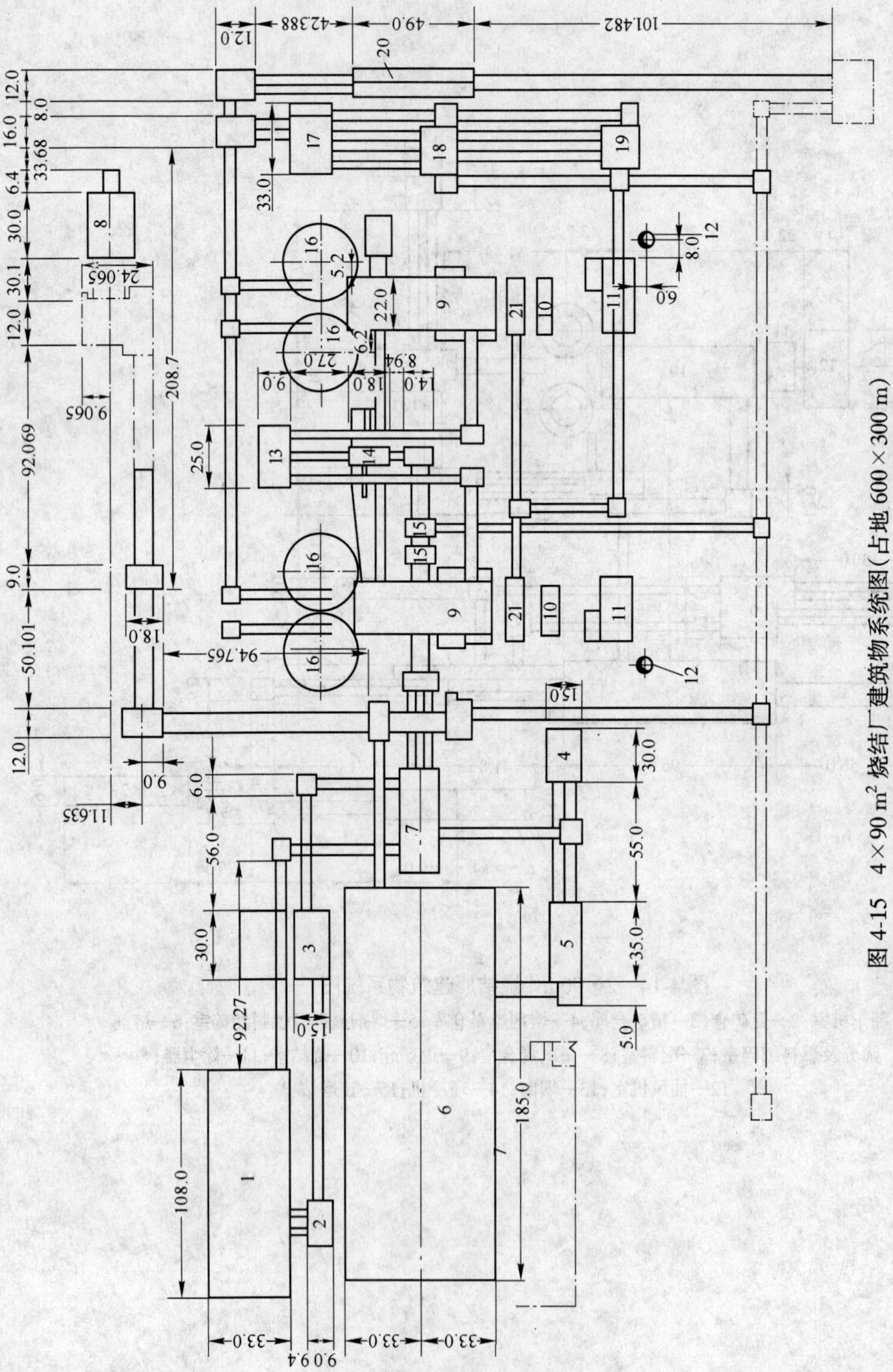

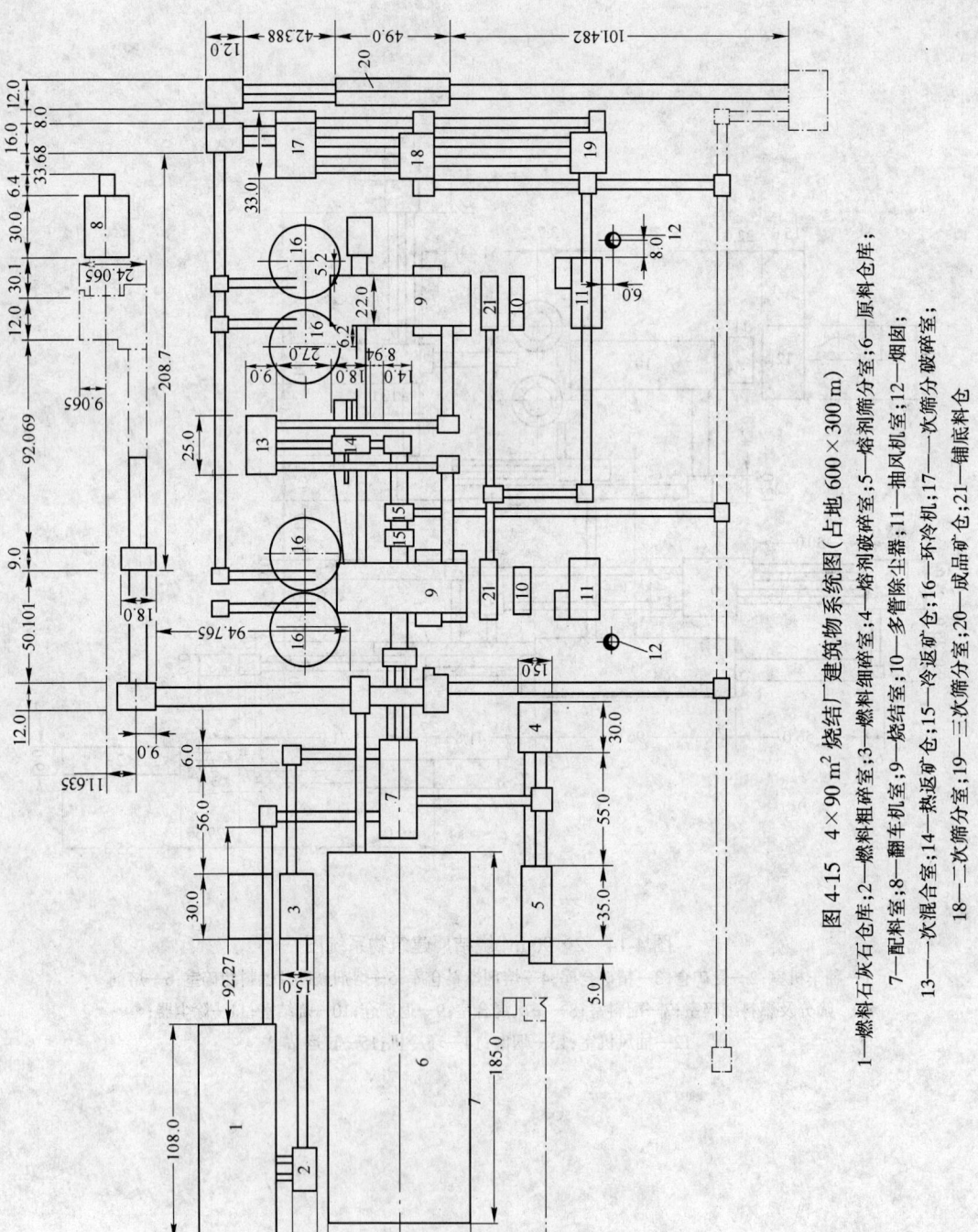

图 4-15　4×90 m² 烧结厂建筑物系统图(占地 600×300 m)

1—燃料石灰石仓库;2—燃料粗碎室;3—燃料细碎室;4—熔剂破碎室;5—熔剂筛分室;6—原料仓库;
7—配料室;8—翻车机室;9—烧结室;10—多管除尘器;11—抽风机室;12—烟囱;
13—一次混合室;14—热返矿仓;15—冷返矿仓;16—环冷机;17—一次筛分破碎室;
18—二次筛分室;19—三次筛分室;20—成品矿仓;21—铺底料仓

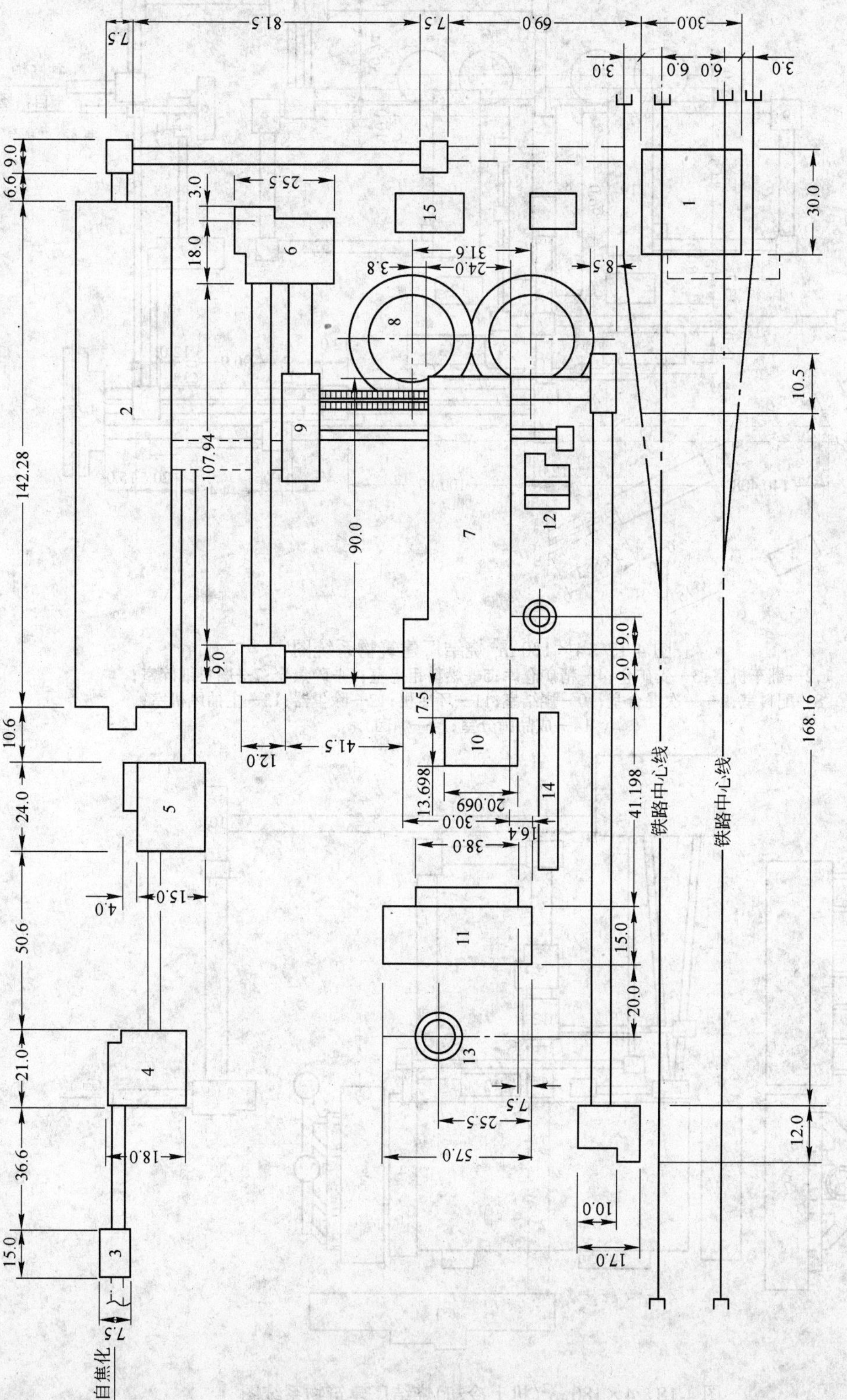

图 4-16 2×130 m² 烧结厂建筑物系统图

1—翻车机室;2—原料仓库;3—焦仓;4—燃料粗碎室;5—燃料细碎室;6—一次混合室;
7—烧结室;8—环冷机;9—返矿仓;10—多管除尘器;11—抽风机室;12—电除尘器;
13—烟囱;14—高压配电室;15—污水处理设施

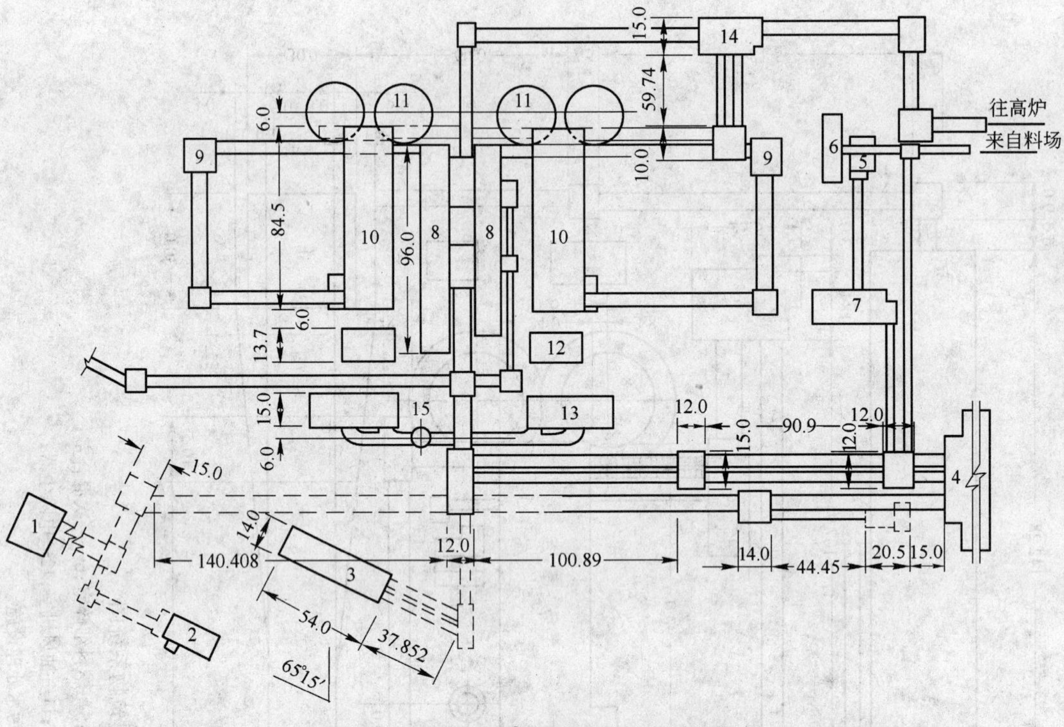

图 4-17　4×130 m² 烧结厂建筑物系统图

1,2—翻车机室；3—受矿仓；4—精矿仓库；5—燃料粗碎室；6—碎焦仓；7—燃料细碎室；8—配料室；9—一次混合室；10—烧结室；11—环冷机；12—除尘器；13—主抽风机室；14—成品筛分室；15—烟囱

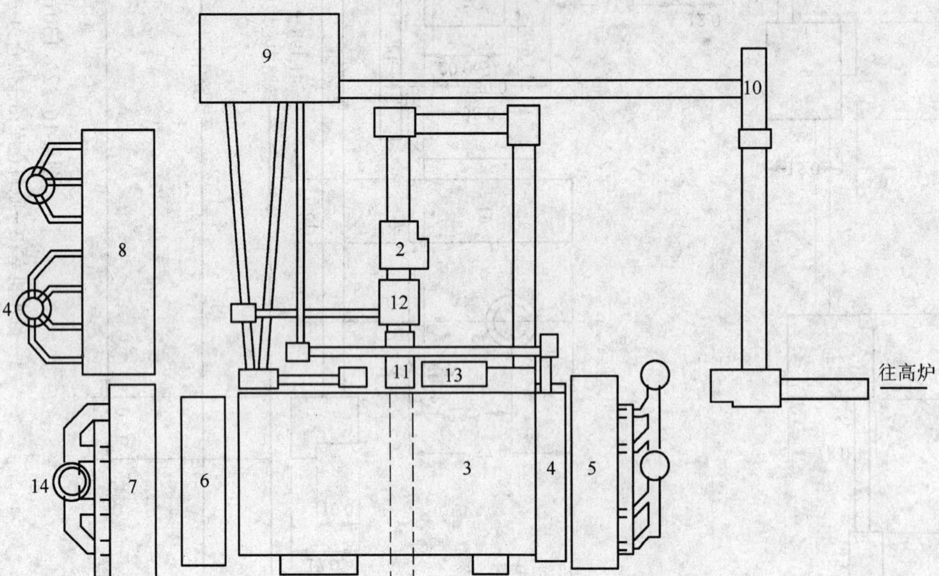

图 4-18　4×180 m²（机上冷却）烧结厂建筑物系统图

1—配料室；2—一次混合室；3—烧结室；4—铺底料仓及除尘器；5—烧结风机室；6—除尘器；7—冷风机室；8—电除尘器；9—成品筛分室；10—成品中间矿仓；11—返矿仓；12—灰仓；13—变电室；14—烟囱

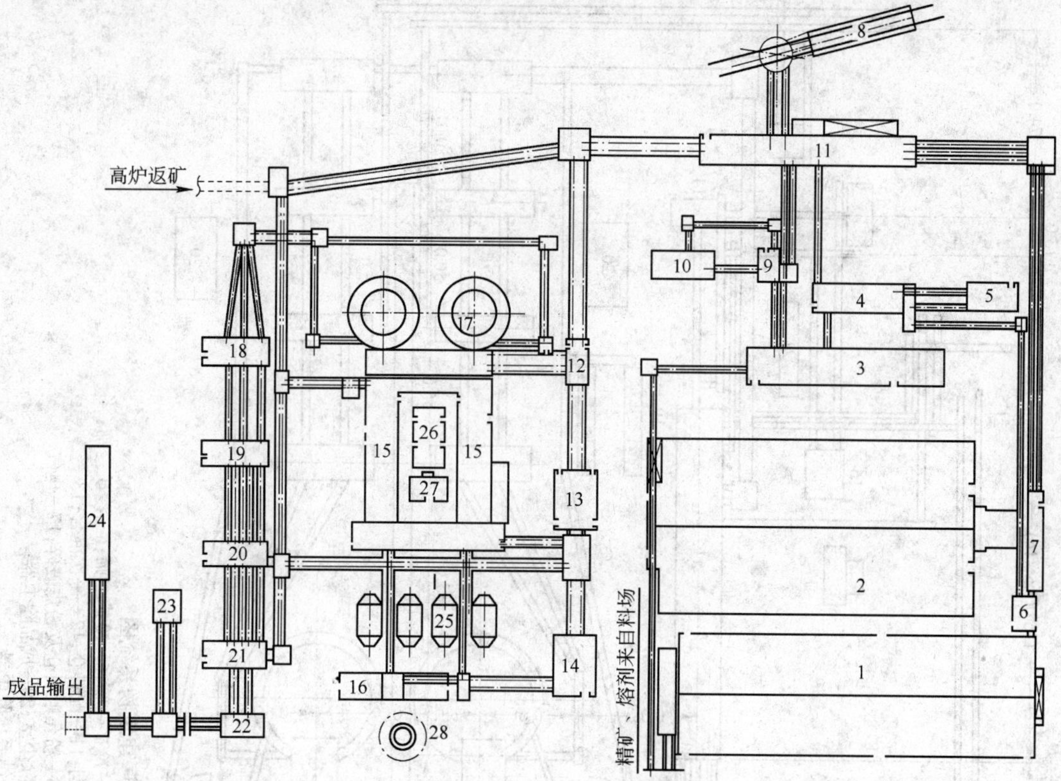

图 4-19 2×265 m² 工艺建筑物系统图

1—精矿仓库；2—中和仓库；3—熔剂燃料仓库；4—熔剂筛分室；5—熔剂破碎室；6—熔剂矿仓；7—原料中和仓；8—受矿仓；9—燃料筛分及粗碎室；10—燃料细破碎；11—配料室；12—热返矿仓；13—一次混合室；14—二次混合室；15—烧结室；16—抽风机室；17—环式冷却机；18—一次冷筛破碎室；19—二次冷筛破碎室；20—三次冷筛破碎室；21—四次冷筛破碎室；22—成品取样室；23—检验室；24—烧结矿仓；25—机头电除尘；26—机尾电除尘；27—通风机室；28—烟囱

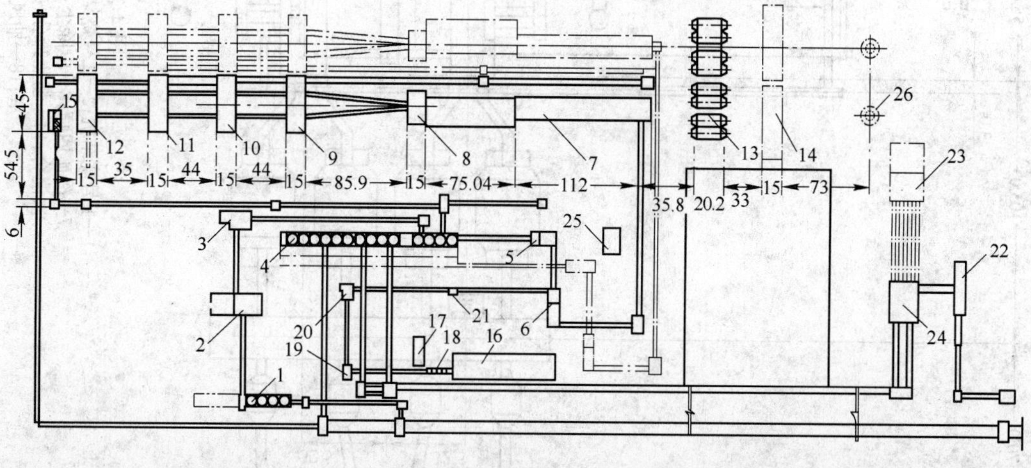

图 4-20 1×300 m²(预留第 2 台 300 m²)烧结厂建筑物系统图

1—燃料仓库；2—燃料粗碎室；3—燃料细碎室；4—配料室；5—一次混合室；6—二次混合室；7—烧结室；8—带冷机室；9—一次成品筛分及冷破碎室；10—二次成品筛分室；11—三次成品筛分室；12—四次成品筛分室；13—机头电除尘室；14—抽风机室；15—受料仓；16—湿粉尘干燥仓库；17—干粉尘配料室；18—膨润土仓库；19—小球混合室；20—小球造球室；21—小球成品矿仓；22—熔剂仓库；23—熔剂破碎室；24—熔剂筛分室；25—烧结试验室；26—烟囱

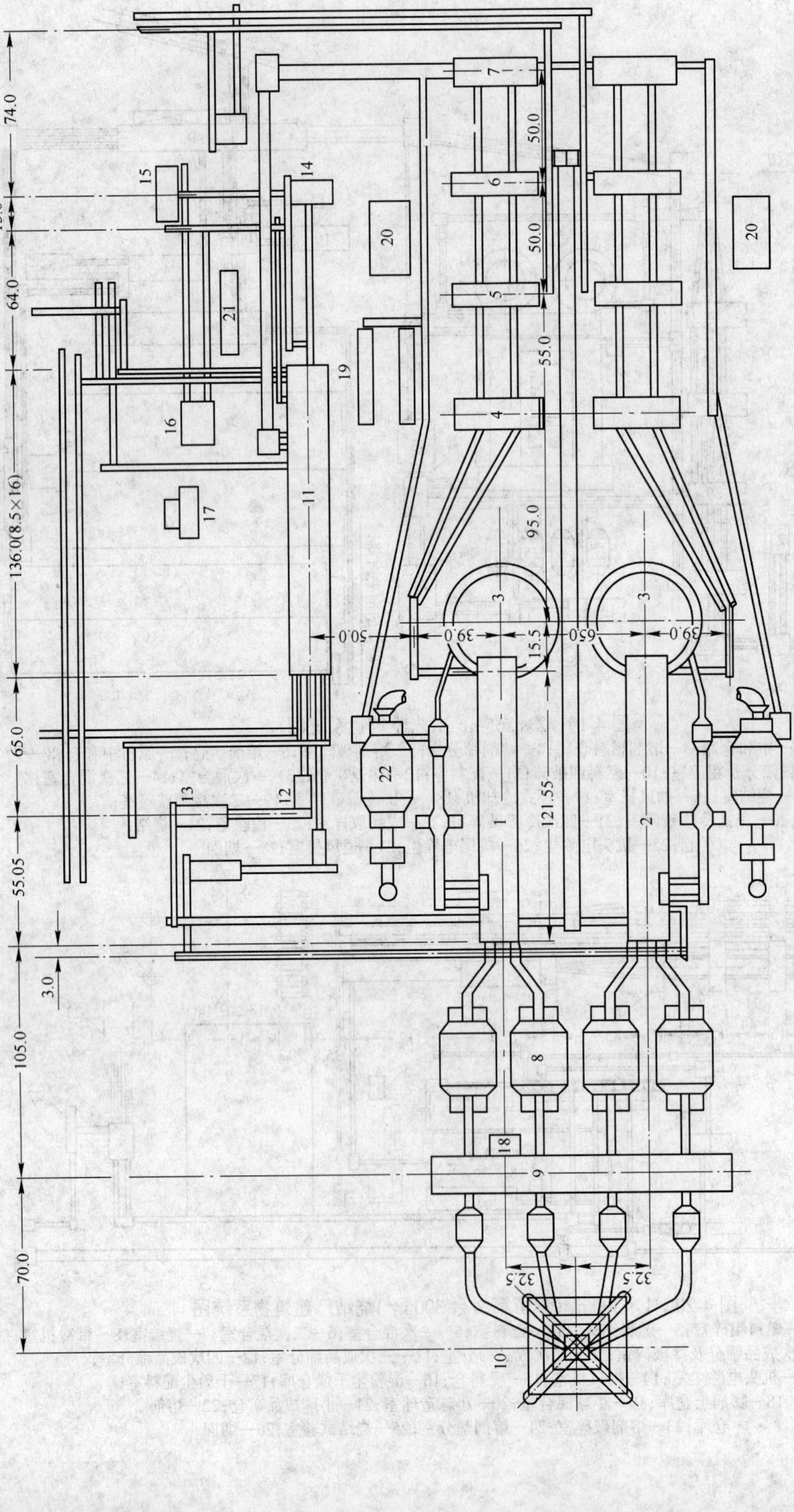

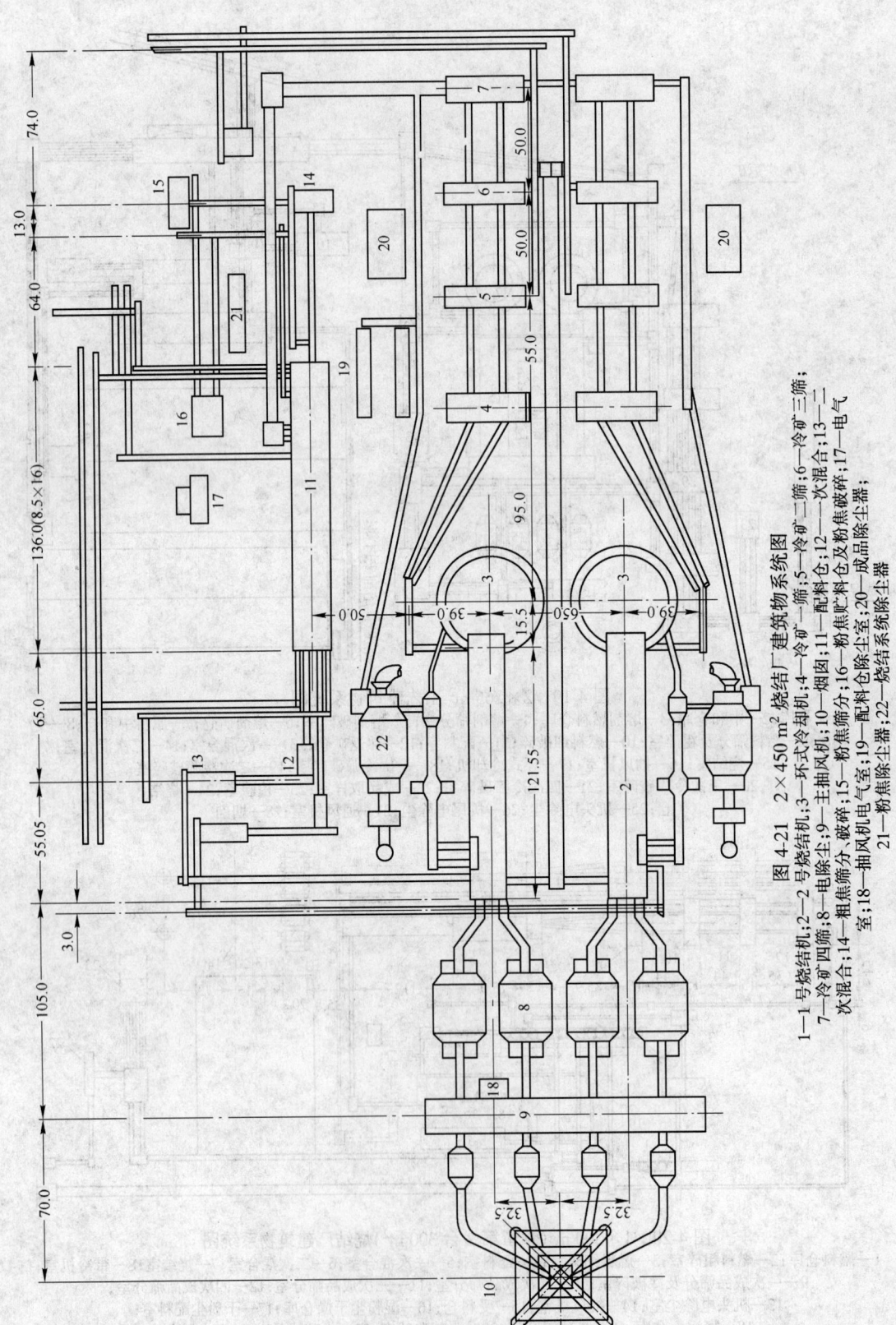

图 4-21 2×450 m² 烧结厂建筑物系统图

1—1号烧结机;2—2号烧结机;3—环式冷却机;4—冷矿一筛;5—冷矿二筛;6—冷矿三筛;7—冷矿四筛;8—电除尘;9—主抽风机;10—烟囱;11—配料仓;12—一次混合;13—二次混合;14—粗焦筛分、破碎;15—粉焦筛分;16—粉焦贮料仓及粉焦破碎;17—电气室;18—抽风机电气室;19—配料仓除尘室;20—成品除尘器;21—粉焦除尘器;22—烧结系统除尘器

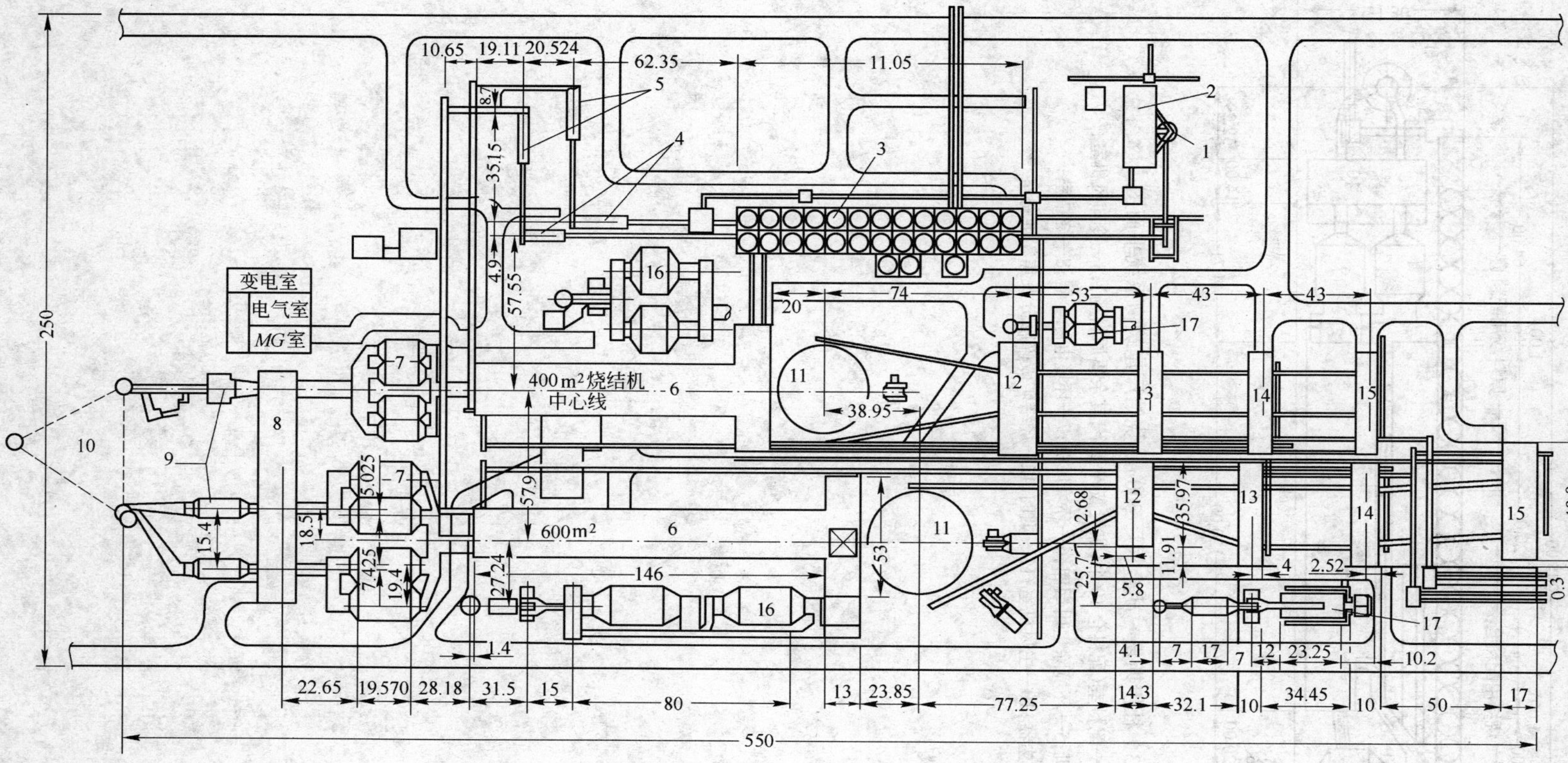

图 4-22 大分烧结厂总平面布置图(占地 550 m×250 m)

1—燃料中间贮仓;2—燃料破碎室;3—配料室;4—一次混合机;5—二次混合机;6—烧结室(400 m²,600 m²烧结机各一台);7—机头电除尘器;8—主抽风机房;9—主抽风机消声器;10—集合烟囱;11—环式冷却机;12—成品一次筛分、破碎室;13—成品二次筛分室;14—成品三次筛分室;15—成品四次筛分室;16—机尾除尘系统;17—整粒除尘系统

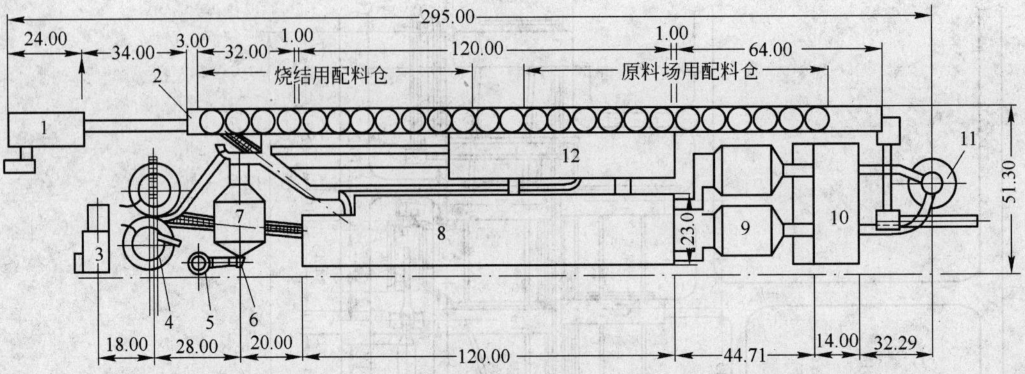

图 4-23　杜伊斯堡－胡金根厂 300 m² 烧结厂建筑物系统平面图

1—混合室；2—配料室(配料仓 10 个，焦炭破碎 2 个，其余属原料场)；3—冷却风机室；4—冷却机；5—环境除尘用烟囱；6—环境风机；7—环境电除尘器；8—烧结室；9—主除尘器；10—主风机室；11—烟囱；12—烧结矿破碎筛分及焦粉准备室

5　配料与混合

5.1　配料

烧结的含铁原料、熔剂和燃料的品种甚多,必须根据炼铁对烧结矿化学成分的要求以及原料的供应情况把各种原料按一定的比例进行配料。

5.1.1　容积配料与重量配料

容积配料和重量配料是两种基本的配料方法。

容积配料法配料量由于原料堆积密度随其水分以及料仓料位的不同而有变化,配料比易产生较大误差。表 5-1 为广钢跑盘法称量数据,配合料重量波动每秒内高达 ±15.2%。重量配料法配料准确。对添加量少的物料(如燃料、生石灰等)采用重量配料法更有必要。

表 5-1　广钢容积配料法的实测数据

物料名称	矿仓容积/m^3	跑盘法称量实测 kg/0.5 m		实测水分/%	下料量(干基)/$t\cdot h^{-1}$	堆积密度/$t\cdot m^{-3}$
		$\bar{X}$①	σ②			
石灰石	36×2	1.05	0.02	0.2	7.7	1.638
白云石	36×1	0.54	0.06	0.2	3.96	1.635
焦　粉	36×2	0.4	0.06	18.7	2.44	0.73
粉矿甲	45×2	2.76	0.08	4.8	19.68	2.04
粉矿乙	45×2	0.78	0.46	13.7	5.04	1.59
精　矿	45×2	0.93	0.14	17.5	5.74	1.38
总配合料		6.57	0.48	7.4	45.04	

注:测定时带式输送机速度为 1.04 m/s。

① $\bar{X}$ 为 0.5 m 称量盘测 5 次的平均重量。

② σ 为均方差。

经过混匀的原料,品位波动范围很小,尤应采用重量配料法。

5.1.2　集中配料与分散配料

集中配料系把准备好的各种烧结原料全部集中到配料室配料,分散配料则是把烧结原料分为若干类,各类原料在不同的地方配料。

5.1.2.1　集中配料与分散配料的比较

与分散配料相比,集中配料有如下优点:

(1) 配料准确。在系统起动和停机时或改变配比时不会发生配比紊乱,各种原料集中在配料室配料时,配料仓位置差异对配料的影响,可以借助计算机通过延迟处理使各矿仓的排料量设定值能按矿仓位置的先后顺序给出(见图 5-1),从而使配料系统在顺序起动、停机或改变配比时不发生紊乱。

(2) 便于操作管理,利于实现配料自动化。

(3) 配合料的输送设备少,有利于提高作业率。

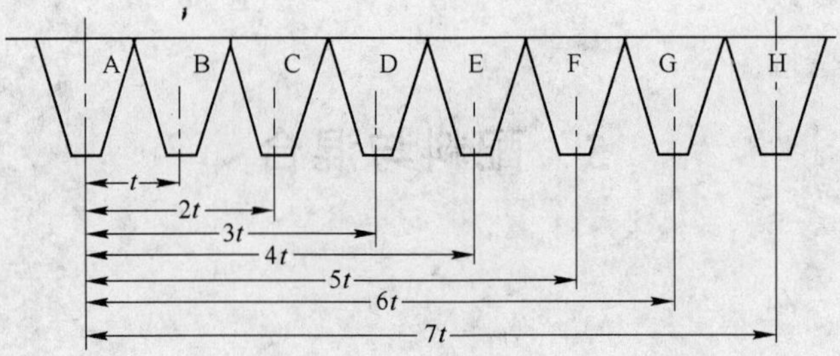

图 5-1 配料延时处理示意图

A,B……H—配料仓

分散配料时,矿仓位置的差异对配料带来的影响不易消除,当配料系统与烧结系统的生产不平衡时往往引起配比紊乱。新建烧结厂一般采用集中配料方式。

5.1.2.2 返矿的贮运和配料

集中配料时,冷返矿采用带式输送机,热返矿一般采用链板运输机输送。冷、热返矿均运送到配料室的返矿仓中贮存。

分散配料时,热返矿仓一般设在烧结机尾的热矿振动筛下。从整粒系统分出的冷返矿由带式输送机运送至冷返矿仓。

5.1.2.3 高炉槽下粉及其贮运与配料

A 高炉槽下粉量的确定

对采用整粒流程的烧结厂,高炉槽下粉量可按出厂烧结矿量的10%左右考虑。

B 高炉槽下粉的贮运与配料

中小型钢铁厂的高炉槽下粉通常采用汽车,直接运返烧结厂的原料仓库或原料场,然后送往配料室参加集中配料。大型钢铁厂的高炉槽下粉一般采用带式输送机运输,直接进原料场(或配料室)。

5.1.3 配料计算

配料计算是为了选择设备,为了掌握烧结矿含铁品位及化学成分提供需要处理的物料量,计算矿仓容积及确定运输系统能力。

5.1.3.1 配料计算的一般项目及公式

A 烧结矿碱度

烧结矿碱度一般只计算二元碱度,即:

$$R=\frac{CaO}{SiO_2} \tag{5-1}$$

式中 R——烧结矿碱度,可由炼铁厂与烧结厂商定;

CaO,SiO_2——烧结矿中氧化钙,二氧化硅含量,%。

碱度设定后,通过下式计算原、燃料的配用量:

$$R=\frac{CaO_{矿}\cdot x+CaO_{熔}\cdot y+CaO_{燃}\cdot z}{SiO_{2矿}\cdot x+SiO_{2熔}\cdot y+SiO_{2燃}\cdot z} \tag{5-1a}$$

$$x+y+z=1000,\text{kg} \tag{5-1b}$$

式中 x——1 t 混合料中铁精矿(粉矿)的用量,kg;

y——1 t 混合料中熔剂的用量,kg;

z——1 t 混合料中燃料的用量,kg;

$CaO_{矿}$——铁精矿(粉矿)中的 CaO 含量;%;

$CaO_{熔}$——熔剂中的 CaO 含量,%;

$CaO_{燃}$——燃料中的 CaO 含量,%;

$SiO_{2矿}$——铁精矿(粉矿)中的 SiO_2 含量,%;

$SiO_{2熔}$——熔剂中 SiO_2 含量,%;

$SiO_{2燃}$——燃料中 SiO_2 含量,%。

将已知值代入(5-1a)及(5-1b)即可解出原、燃料用量。

B 燃料用量

燃料用量可用三种不同基准进行计算。

(1) 以单位铁原料为计算基准:

$$Q_{燃} = q_{燃} \sum Q_{铁} \tag{5-2}$$

式中 $Q_{燃}$——燃料用量,t;

$q_{燃}$——每吨铁原料(干重)的燃料用量,可按 7%~9%或通过试验确定;

$\sum Q_{铁}$——各种含铁原料的用量之和,t。

(2) 以单位混合料为计算基准:

$$Q_{燃} = q'_{燃} Q_{混} \tag{5-3}$$

$$q'_{燃} = C \times \frac{1}{C_1}$$

式中 $q'_{燃}$——每吨混合料中燃料的含量,%;

$Q_{燃}$——燃料用量,t;

$Q_{混}$——混合料量,t;

C——混合料中固定碳的含量,一般 C=3%~5%;

C_1——燃料中固定碳的含量,%。

(3) 以单位烧结矿为计算基准:

$$Q_{燃} = q''_{燃} \cdot Q_{烧} \tag{5-4}$$

式中 $Q_{燃}$——燃料用量,t;

$q''_{燃}$——每吨烧结矿燃料用量,一般为烧结矿的 5.5%~8%;

$Q_{烧}$——烧结矿的产量,t。

以上三种方法可根据实际情况任选一种,其中 $q_{燃}$、$q'_{燃}$、$q''_{燃}$ 都需通过烧结试验或参照类似烧结厂的实际数据来确定,一般厚料层烧结时其值较低。

C 熔剂用量

熔剂用量按下式计算:

$$Q_{熔} = \frac{\sum Q_{原} CaO'_{原}}{CaO'_{熔}} \tag{5-5}$$

$$CaO'_{熔} = CaO_{熔} - R SiO_{2熔}$$

$$CaO'_{原} = R SiO_{2原} - CaO_{原}$$

式中　$Q_{熔}$——熔剂用量，t；

$Q_{原}$——某种原料的用量，t；

$SiO_{2原}$、$CaO_{原}$——某种原料中二氧化硅和氧化钙的含量，%；

$CaO'_{原}$——为获得烧结矿碱度为 R，某种原料的单位原料量所需氧化钙含量，%；

$CaO'_{熔}$——熔剂中氧化钙的有效含量，%。

D　混合料量

混合料用量按下式计算：

$$Q_{混} = \frac{\sum Q}{1 - q_{水} - q_{返}} \tag{5-6}$$

式中　$Q_{混}$——混合料用量，t；

$q_{水}$——混合料的含水量，%；

$q_{返}$——混合料中返矿量比例，%；

Q——各种铁原料、熔剂和燃料的用量，t。

$q_{水}$、$q_{返}$ 一般根据试验或类似烧结厂的经验数据预先确定。

E　返矿量

返矿用量按下式计算：

$$Q_{返} = Q_{混} q_{返} \tag{5-7}$$

式中　$Q_{返}$——循环量，t。

根据实际生产测定，每吨烧结矿产生返矿量 400～600 kg，一般取 500 kg。冷热返矿的比例，在有热振筛的情况下随烧结机有效面积而异(见表 5-2)。

表 5-2　冷、热返矿比例

烧结机有效面积 A /m^2	热返矿:冷返矿 /%
$A \leqslant 50$	≈50:50
$50 < A < 400$	≈40:60
$A \geqslant 400$	≈30:70

F　混合料用水量

混合料用水量按下式计算：

$$Q_{水} = Q_{混} q_{水} - \sum \frac{Qq}{1-q} \tag{5-8}$$

式中　Q——各种含铁原料、熔剂和燃料的用量，t；

q——相应的某种原料的含水量，%；

$Q_{水}$——混合料的用水量(未考虑水分的蒸发量)，t；

$Q_{混}$——混合料量，t；

$q_{水}$——每吨混合料的用水量，t。

G　烧结矿产量

烧结矿产量计算方法有两种：一种简易法，不考虑在烧结过程中氧化亚铁的变化；另一种是考虑烧结过程中氧化亚铁引起的变化。计算方法如下：

不考虑烧结过程中氧化亚铁的变化引起氧的增减时，按下式计算：

$$Q_{烧} = \sum Q(1 - I_g - 0.9S) \tag{5-9}$$

式中　$Q_{烧}$——烧结矿产量，t；

Q——各种含铁原料、熔剂及燃料的用量，t；

I_g——相应的各种含铁原料、熔剂及燃料的烧损率，%；

S——相应的各种含铁原料、熔剂及燃料的含硫量，%；

0.9——烧结脱硫率（一般按85%～90%计，指硫化物）。

考虑烧结过程中氧化亚铁数量的变化引起氧的增减时，按下式计算：

$$Q_{烧}=\frac{\sum Q[9(1-I_g-0.9\mathrm{S})+\mathrm{FeO}]}{9+\mathrm{FeO}_{烧}} \tag{5-10}$$

式中　FeO——相应的各种铁原料、熔剂以及燃料中氧化亚铁的含量，%；

$FeO_{烧}$——烧结矿中（根据试验或假定）氧化亚铁的平均含量，%。

H　烧结矿成分（仅列出部分成分的计算式）

(1) 全铁量按下式计算：

$$\mathrm{TFe}_{烧}=\frac{\sum Q\times\mathrm{Fe}}{Q_{烧}}\times 100\% \tag{5-11}$$

式中　$TFe_{烧}$——烧结矿全铁含量，%；

Fe——相应的某种原料的含铁量，%。

(2) 三氧化二铁含量按下式计算：

$$\mathrm{Fe_2O_3}_{烧}=\left(\mathrm{TFe}_{烧}-\frac{56}{72}\mathrm{FeO}_{烧}\right)\frac{160}{112} \tag{5-12}$$

式中　$Fe_2O_{3烧}$——烧结矿中三氧化二铁含量，%。

(3) 烧结矿平均含硫量按下式计算：

$$\mathrm{S}_{烧}=\frac{\sum 0.1Q\mathrm{S}}{Q_{烧}} \tag{5-13}$$

式中　0.1——在烧结过程中残硫量按10%计；

$S_{烧}$——烧结矿平均含硫量，%。

这里需要说明的是，以上烧结矿产量和成分计算是在下列条件下进行的：

(1) 所有含铁原料以及熔剂，去掉烧损量和脱硫率90%，其余成分均进入烧结矿；

(2) 燃料的灰分进入烧结矿；

(3) 未考虑机械损失；

(4) 烧结过程中，Fe、CaO、MgO、SiO_2 和 Al_2O_3 等均没有增减。

5.1.3.2　配料计算举例

A　已知原料条件及供应量如表5-3所示。

表5-3　原料成分及其供应量

原料种类	化学成分/%											水分/%	供应量（干重）/万 $t\cdot a^{-1}$
	TFe	Fe_2O_3	FeO	SiO_2	CaO	MgO	Al_2O_3	Mn	P	S	I_g		
甲精矿	60.84	58.36	25.7	12.66	1.12	0.40	0.62	0.04	0.024	0.036	1.04	10	150
乙精矿	61.94	58.42	25.35	12.80	0.45	1.40	0.87	0.044	0.016	0.04	0.61	12	100
丙精矿	61.82	59.68	25.77	4.10	2.30	2.94	1.52	0.32		0.37	3.0	9	80
高炉灰	38.10	43.10	10.2	13.3	10.63	1.65	1.32		0.02	0.30	19.48	5	14
石灰石				1.70	46.30	9.00	0.82				42.18	3.5	147.725(需求)
无烟煤	2.165	1.36	1.56	7.80	2.11	0.69	2.9	0.03	0.01	0.7	82.84	6	24.08(需求)

注：无烟煤中固定碳74.04%，挥发分8.8%，灰分17.16%。

确定烧结矿碱度为1.8。要求计算燃料、熔剂、混合料、返矿以及混合料加水的年用量，并计算烧结矿年产量及其成分。

B 计算

(1) 燃料年用量，按 $q_{燃}$ 为含铁料的7%计：

$$Q_{燃}=\sum Q_{铁}q_{燃}=(150+100+80+14)\times0.07=24.08\text{ 万 t/a}$$

(2) 熔剂年用量：

$$CaO'_{熔}=CaO_{熔}-RSiO_{2熔}=46.3-1.8\times1.7=43.24\%$$

甲精矿：$CaO'_{甲}=RSiO_{2甲}-CaO_{甲}=1.8\times12.66-1.12=21.668\%$

乙精矿：$CaO'_{乙}=1.8\times12.8-0.45=22.59\%$

丙精矿：$CaO'_{丙}=1.8\times4.1-2.3=5.06\%$

高炉灰：$CaO'_{高}=1.8\times13.3-10.63=13.31\%$

无烟煤：$CaO'_{煤}=1.8\times7.8-2.11=11.93\%$

则

$$Q_{熔}=\frac{\sum QCaO'}{CaO'_{熔}}$$

$$=\frac{150\times21.668+100\times22.59+80\times5.06+14\times13.31+24.08\times11.93}{43.24}$$

$=147.725$ 万 t(干重)/a

(3) 混合料量，按 $q_{水}=8\%$，$q_{返}=25\%$ 计算：

$$Q_{混}=\frac{\sum Q}{1-q_{水}-q_{返}}=\frac{150+100+80+14+24.08+147.725}{1-0.08-0.25}$$

$=769.86$ 万 t/a

(4) 返矿量：

$$Q_{返}=Q_{混}q_{返}=769.86\times0.25=192.46\text{ 万 t/a}$$

(5) 混合料用水量：

混合料含水 $=769.86\times0.08=61.59$ 万 t/a

$$甲精矿含水=\frac{Q_{甲}q_{甲}}{1-q_{甲}}=\frac{150\times0.1}{1-0.1}=16.67\text{ 万 t/a}$$

$$乙精矿含水=\frac{100\times0.12}{1-0.12}=13.64\text{ 万 t/a}$$

$$丙精矿含水=\frac{80\times0.09}{1-0.09}=7.91\text{ 万 t/a}$$

$$高炉灰含水=\frac{14\times0.05}{1-0.05}=0.74\text{ 万 t/a}$$

$$石灰石含水=\frac{147.725\times0.035}{1-0.035}=5.36\text{ 万 t/a}$$

$$无烟煤含水=\frac{24.08\times0.06}{1-0.06}=1.54\text{ 万 t/a}$$

$$Q_{水}=61.59-(16.67+13.64+7.91+0.74+5.36+1.54)=15.73\text{ 万 t/a}$$

(6) 烧结矿产量

设烧结矿 FeO 含量为 8%,则

$$Q_{烧}=\frac{\sum Q[9(1-I_g-0.98)+\mathrm{FeO}]}{9+\mathrm{FeO}_{烧}}$$

分母:9+0.08=9.08

分子各项:

甲精矿:150[9(1-1.04%-0.9×0.036%)+25.7%]=1374.07

乙精矿:100[9(1-0.61%-0.9×0.04%)+25.23%]=919.54

丙精矿:80[9(1-3%-0.9×0.37%)+25.77%]=716.62

高炉灰:14[9(1-19.48%-0.9×0.3%)+10.2%]=102.54

石灰石:147.725[9(1-42.18%-0.9×0)+0]=768.73

无烟煤:24.08[9(1-82.84%-0.9×0.7%)+1.56%]=36.20

代入上式得:

$$Q_{烧}=\frac{1374.07+919.54+716.62+102.54+768.73+36.2}{9.08}$$

$$=431.46\text{ 万 t/a}$$

(7) 烧结矿成分(这里只以全铁量为例):

$$\mathrm{TFe}_{烧}=\frac{\sum Q\mathrm{Fe}}{Q_{烧}}\times 100\%$$

分子各项:

甲精矿:150×60.84%=91.26 万 t/a

乙精矿:100×61.94%=61.94 万 t/a

丙精矿:80×61.82%=49.456 万 t/a

高炉灰:14×38.1%=5.334 万 t/a

石灰石:147.725×0=0

无烟煤:24.08×2.165%=0.52 万 t/a

代入上式:

$$\mathrm{TFe}=\frac{91.26+61.94+49.456+5.334+0.52}{431.46}\times 100\%=48.33\%$$

同样可算出其它各元素含量。

(8) 烧结矿碱度计算($CaO_{烧}$、$SiO_{2烧}$计算从略):

$$R=\frac{\mathrm{CaO}_{烧}}{\mathrm{SiO}_{2烧}}=1.8$$

与设定的 $R=1.8$ 相符。

根据上述计算结果可列出物料平衡表。

5.1.4 配料室与混匀料场的关系

5.1.4.1 混匀料的接受

设有混匀料场的烧结厂,混匀后的原料一般用带式输送机直接装入配料仓内。尽量避免在配料前二次落地中转而引起偏析。

5.1.4.2　熔剂的两种配加方式

经破碎筛分准备好的熔剂一般运至配料室配料；也有在混匀料场预先配入大部分熔剂料参与含铁原料混匀，但在配料室仍配入部分熔剂，作为碱度的调节手段。

5.1.5　配料仓

5.1.5.1　贮存量

为保证向烧结机连续供料，各种原料在配料仓内都有一定的贮存时间，其贮存时间根据原料处理设备的运行和检修情况决定。一般各种物料均不小于 8 h。各种原料的贮存时间可参照表 5-4 确定。

表 5-4　各种原料贮存时间

原料名称	考虑因素	贮存时间/h
混匀矿	考虑混匀矿取料机、带式输送机发生故障及换料时间	6～8
粉矿	配料室设在原料仓内时，考虑抓斗能力及检修	4～6
精矿	配料室不在原料仓内时，应考虑原料仓设备检修及原料仓至配料室带式输送机的检修	8
熔剂	熔剂在料场加工时，考虑料场加工设备定期检修	10
	熔剂在烧结厂加工时，考虑破碎筛分系统与烧结机作业率的差异与破碎筛分设备的检修	>8
燃料	破碎筛分设备检修及与烧结机作业率的差异	>8
生石灰、烧结冷返矿及冶金厂杂料	考虑配料仓的配置要求以及来料情况	视具体情况决定
高炉返矿	带式输送机运输时考虑烧结与炼铁作业率的差异	10～12
烧结热返矿	1. 大型烧结机热矿筛下矿仓一般不存热返矿，以保护热矿筛，由链板输送机运至专门的返矿仓，其贮存时间约为 3 h 2. 中小型烧结机一般热返矿仓配置在热矿筛下，热返矿仓容量视配置情况而定，贮存时间不应少于 30 min	～3

决定混匀料配料仓的贮存时间，应考虑混匀料场向配料室供矿的条件及混匀取料机突然发生故障时造成的影响，对混匀料场设备计划检修或故障时间较长造成的影响可不考虑，出现该情况时由贮料场的直拨运输系统临时向配料室供料。

5.1.5.2　料仓格数

根据如下原则考虑料仓的格数：

(1) 配料设备发生故障时不致使配料作业中断。当某一物料配料仓为单格时，应设有备用料仓。

(2) 考虑混匀料的料仓格数时，除考虑混匀料给料系统的作业率外，并应考虑贮料场直拨供应单品种矿的贮存。

(3) 无混匀料场时，料仓格数应考虑原、燃料的品种。

(4) 大宗原料的料仓格数应与排矿和称量设备的能力相适应。

(5) 尽量减少矿仓料位波动对配料带来的影响。

一般含铁原料的料仓不应少于 3 格，熔剂燃料仓各不少于 2 格；生石灰仓可设 1 格。或 1 格料仓设 2 台排料设备；返矿仓可设 1～2 格。

5.1.5.3 料仓结构形式

贮存粉矿、精矿、消石灰以及燃料等湿度较高的物料，应采用倾角 70°的圆锥形金属结构矿仓；贮存石灰石粉、生石灰、干熄焦粉、返矿和高炉灰等较干燥的物料，可采用槽角不小于 60°的圆锥形金属结构或半金属结构料仓，如图 5-2 所示。

按照支承方式的不同，料仓有座式与吊挂式两种，座式矿仓如图 5-3 所示，吊挂式料仓如图 5-4 所示。装有测力传感器的料仓须采用座式料仓，大容积料仓可考虑采用座式料仓。

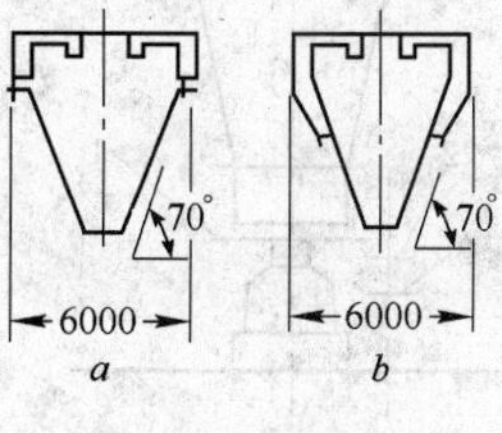

图 5-2 圆锥形料仓结构示意图

a—圆锥形金属结构料仓；*b*—圆锥形半金属结构料仓

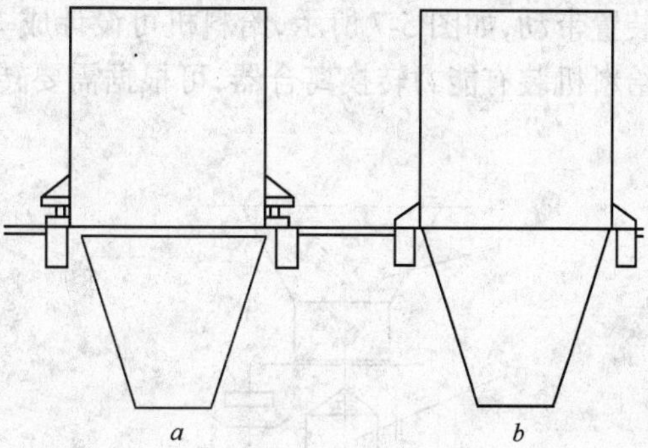

图 5-3 座式料仓示意图

a—带测力传感器；*b*—不带测力传感器

5.1.5.4 料仓防堵措施

潮湿物料容易堵塞料仓，必须采取防堵塞措施。根据物料黏性大小，料仓下部采用不同的结构形式以防止堵塞。对黏性大的物料，如精矿、黏性大的粉矿等，料仓可设计成三段式活动料仓，并在活动部分装设振动器，如图 5-5*a* 所示。

对黏性较小的粉矿，料仓上部可设计成带突然扩散形的两段式结构，并在仓壁设置振动器，如图 5-5*b* 所示。对于消石灰、燃料等物料，可以直接在一般的金属矿仓壁上设置振动器，如图 5-5*c* 所示。如矿仓容积较大，可设计成指数曲线形料仓防止堵塞。

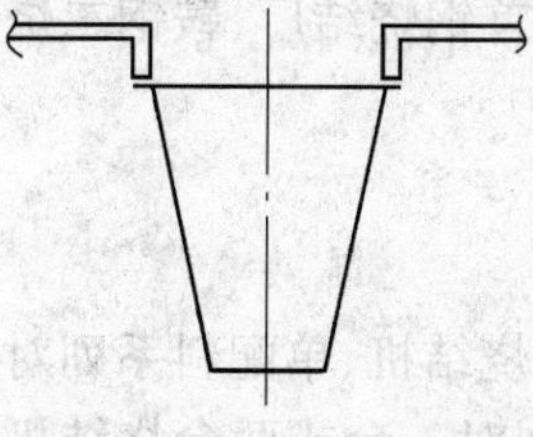

图 5-4 吊挂式料仓示意图

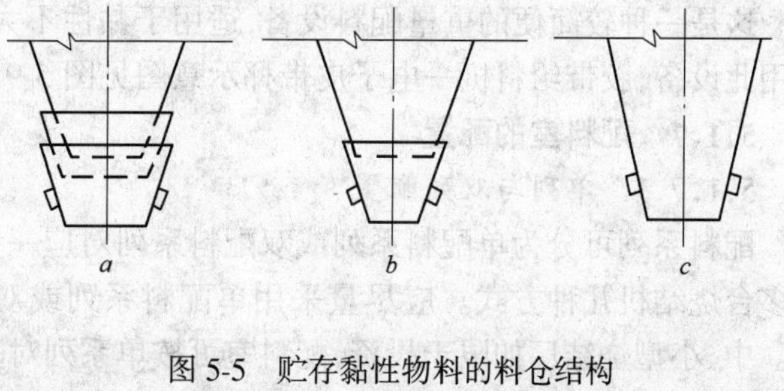

图 5-5 贮存黏性物料的料仓结构

a—三段式仓；*b*—两段式仓；*c*—普通料仓

5.1.6 配料设备

5.1.6.1 圆盘给料机

圆盘给料机是烧结厂最常用的配料设备，适用于各种含铁原料、石灰石、蛇纹石、硅砂、燃料和返矿等物料的配料,其排料量由套筒闸门调节。排料量大时,料流对套筒闸门的挤压力大,宜采用蜗牛式套筒。对于熔剂、燃料等用量较少的物料也可用闸门式套筒。

5.1.6.2　调速圆盘—电子皮带秤

调速圆盘—电子皮带秤是一种比较简易的重量配料设备,它由一台带调速电机的圆盘给料机和一台电子皮带秤组成,如图 5-6 所示。

5.1.6.3　定量圆盘给料机

定量圆盘给料机是由圆盘与电子皮带秤构成一个整体的重量配料设备,两者由同一驱动装置带动,如图 5-7 所示,给料机可设计成一种给料能力和两种给料能力。两种给料能力的给料机装有能力转换离合器,可根据需要转换给料能力。

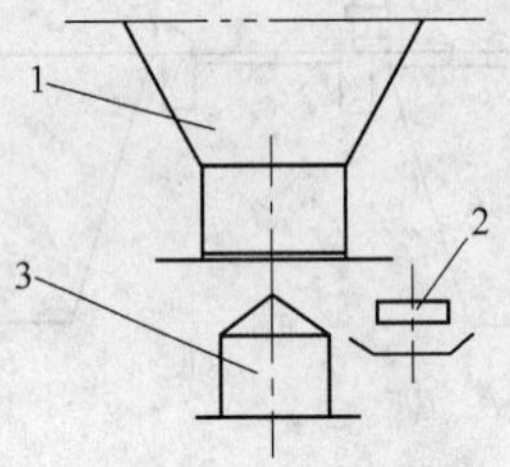

图 5-6　调速圆盘—电子皮带秤示意图

1—料仓;2—电子皮带秤;3—调速圆盘

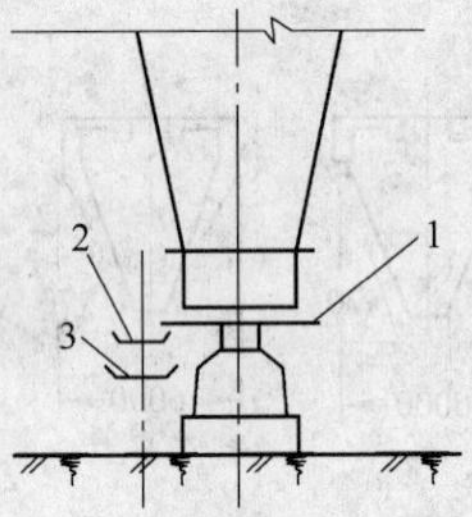

图 5-7　定量圆盘给料机示意图

1—圆盘给料机;2—电子皮带秤;3—带式输送机

目前,还可生产可控硅调速的直流电机(SCR-DCM)或交流电机变频调速(VVVF),采用这类电机可使大小能力切换的设备的投资降低。

5.1.6.4　定量螺旋给料机

定量螺旋给料机示于图 5-8,该机用于配料量少的粉状细粒物料,如生石灰、膨润土等添加剂。当物料的配料量变动幅度大时,给料机也可设计成具有两种给料能力的结构形式,用能力转换离合器变换给料能力。

5.1.6.5　胶带给料机—电子皮带秤

这是一种较简便的重量配料设备,适用于黏性不大的物料,首钢烧结厂、鞍钢二烧等均采用此设备,胶带给料机—电子皮带秤示意图见图 5-9。

5.1.7　配料室的配置

5.1.7.1　单列与双列配置

配料系列可分为单配料系列或双配料系列对应一台或两台烧结机、单配料系列对两台或多台烧结机几种方式。应尽量采用单配料系列或双配料系列对一台或两台烧结机的方式。中、小型烧结厂如限于投资,配料室可按单系列对多台烧结机。

按配料方法的不同,配料室的配置也不同。图 5-10 为采用容积配料法的双列式配料室,其特点是配料设备不经称量与配合料带式输送机直接交料。图 5-11 为采用重量配料法的双列式配料室,其特点是矿仓排料先经称量装置称重后方汇入配合料带式输送机。

对于未设混匀料场的中、小型烧结厂,单列式配料室应尽可能与原料仓库配置在一起,其配置图见图 3-7 至图 3-9。熔剂、燃料的破碎筛分设在靠配料室的一侧,以充分发挥原料仓库抓斗的能力,简化总体布置,减少基建投资。

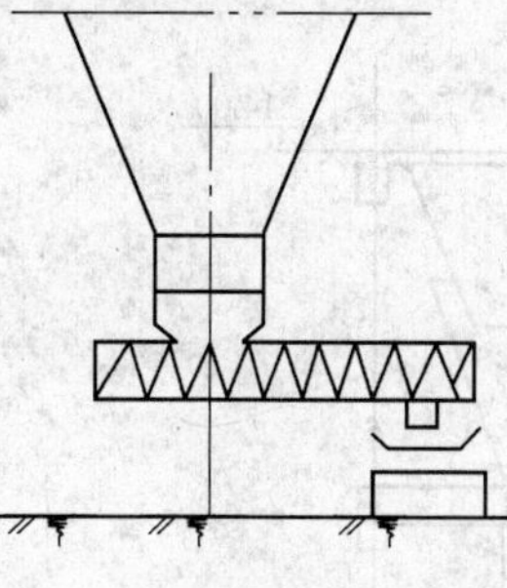

图 5-8　定量螺旋给料机示意图

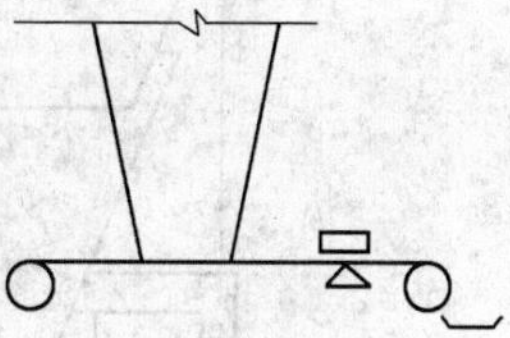

图 5-9　电子皮带秤示意图

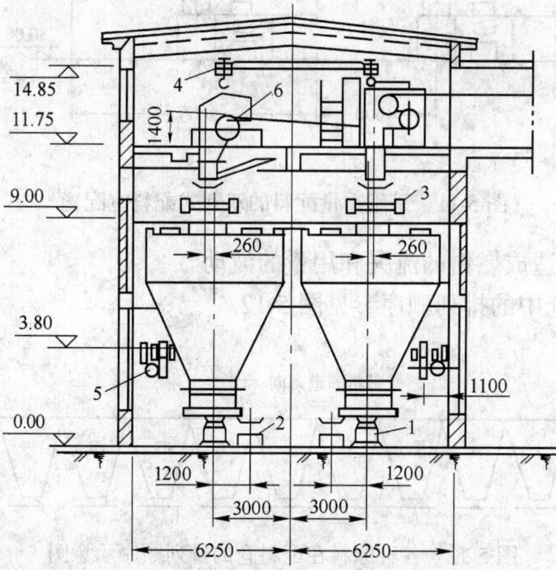

图 5-10　采用容积配料法的双列式配料室配置

1—ϕ2.0 封闭式圆盘给料机;2—带式输送机;3—可逆移动带式输送机;4—电动葫芦;5—手动单轨小车;6—固定漏矿车

5.1.7.2　配料仓配置顺序的一般原则

(1) 主要含铁原料的配料仓设在配合料带式输送机前进方向的后面。为减少物料粘胶带,最后面的应是黏性最小的原料。

(2) 从混匀料场以带式输送机送进的各种原料应配置在配料室的同一端以免运输设备相互干扰。

(3) 干燥的粉状物料及返矿,其矿仓应集中在配料室的同一侧,并位于配合料带式输送机前进方向的最前方以便集中除尘,而且矿仓上部的运输设备也不会与主原料运输设备发生干扰。

(4) 燃料仓不应设在配合料带式输送机前进方向的最末端,以免在转运给下一条胶带

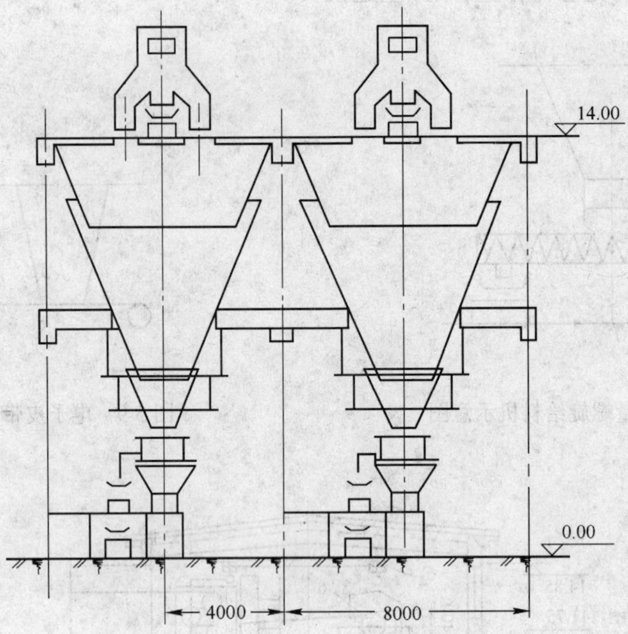

图 5-11　采用重量配料的双列式配料室配置

机时燃料粘在胶带上，造成燃料的流失和用量的波动。

各种原料在配料仓中的排列顺序参见图 5-12。

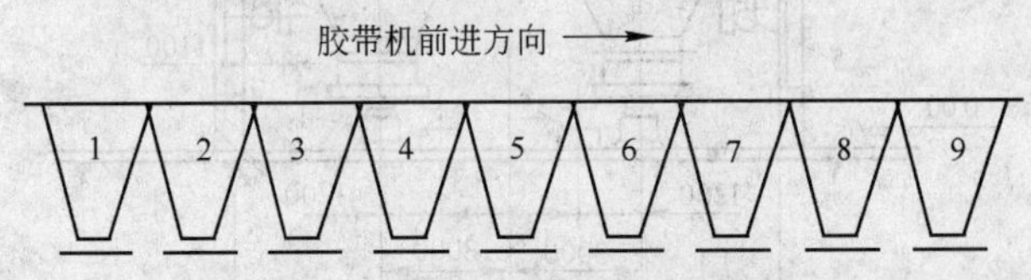

图 5-12　各种原料在配料仓的排列顺序示意图

无热返矿时的顺序：1、2—混匀矿或粉矿；3—精矿；4—石灰石；5—蛇纹石或白云石；6—燃料；7—生石灰；8—返矿；9—杂料

有热返矿时的顺序：1、2—混匀矿或粉矿；3—精矿；4—杂料；5—燃料；6—石灰石；7—蛇纹石或白云石；8—生石灰；9—返矿

5.2　混合

为使烧结的物料物化性质充分均匀，使烧结料内微粒物料造成适宜的小球，须在配料后设置混合工序。

5.2.1　影响混合造球的因素

影响混合造球的效果主要有原料性质、添加剂的种类、添加水量以及混合设备的工艺参数等。

5.2.1.1　原料性质的影响

混合过程中，添加水量直接影响混合效果，而添加水量又与矿种有密切关系，表 5-5 列出我国部分烧结厂不同矿种的混合料实际含水量。由表看出，以褐铁矿、镜铁矿为主的原料的混合料水分较高。

表 5-5 部分厂混合料水分

厂 名	混合料含水量 /%	主要矿种	备 注
鞍钢二烧	8.0	磁铁矿、赤铁矿	1985 年数据
首钢二烧	7.0	磁铁矿	1985 年数据
本钢二烧	8.0	磁铁矿	1985 年数据
包钢二烧	7.4	赤铁矿	1985 年数据
太钢烧结厂	7.0	赤铁矿	1985 年数据
武钢三烧	7.1	磁铁矿	1985 年数据
马钢一烧	7.61	假象赤铁矿	1985 年数据
梅山烧结厂	6.7	赤铁矿	1985 年数据
攀钢烧结厂	7	钒钛磁铁矿	1985 年数据
三明烧结厂	8.1	褐铁矿为主	1984 年数据
韶钢烧结厂	10.41	褐铁矿为主	1983 年数据
昆钢一烧	10.41	褐铁矿、赤铁矿	1983 年数据
酒钢烧结厂	9.3	镜铁矿	1985 年数据

5.2.1.2 添加剂的影响

添加少量消石灰或生石灰可改善混合制粒过程，提高小球强度，添加生石灰后小于0.25 mm粒级的含量下降(见表 5-6)。徐州钢铁厂试验表明，全精矿配加生石灰的混合料成球指数比不加生石灰时提高 126.49%。日本大分烧结厂生产测定，未加生石灰的混合料，附着粉的比例为 27%，转运中破坏率 12%～20%，加生石灰 2%，附着粉比例为 30%，转运中破坏率 5%左右。

表 5-6 添加生石灰后的粒度组成

生石灰用量	产 品	粒度组成 / %					
		>5 mm	5～2 mm	2～1 mm	1～0.5 mm	0.5～0.25 mm	0.25～0 mm
0%	成球	29.2	34.2	17.1	10.3	5.6	3.6
	原料	22.3	23.9	11.2	7.4	4.3	30.9
1%	成球	29.9	39.4	16.6	8.2	4.2	1.7
	原料	21.7	26.6	10.1	5.6	3.1	32.9

添加生石灰的粒度要求因生石灰性质不同而异，一般要求生石灰粒度 3～0 mm，以便造球前全部消化。

5.2.1.3 添加水量的影响

烧结料的水分必须严格控制，图 5-13 示出了某种铁精矿烧结料含水量与成球率的关系。从图中看出，这种烧结料的适宜水量为 7%，当水分波动范围超过 ±0.5%时成球率显著降低。

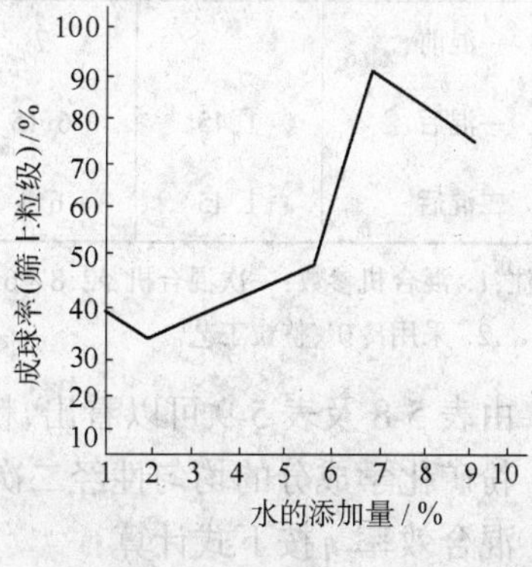

图 5-13 烧结料含水量与成球率的关系

一次混合的目的在于混匀，应在沿混合机的长度方向均匀加水，二次混合主要作用是造球，给水位置应设在混合机的给料端，混合时加水量分配：一次混合的加水量一般要占总量的 80%～90%；二次混合加水量仅为 10%～20%。

5.2.2　混合段数及混合设备

5.2.2.1　混合段数

烧结厂设计中，一般均应采用两段混合。

首钢烧结厂使用的铁原料为全精矿，采用两段混合，二次混合的效果显著。表 5-7 是首钢 1983 年测定的数据。

表 5-7　首钢一烧混合料粒度组成的变化/%

取样地点	粒级/mm	一烧改造前	一烧改造后	
		不加石灰	不加石灰	加石灰
二混前粒度组成	1～0	55.58	28.25	41
	1～3	11.02	23.09	14.63
	>3	33.40	48.66	44.37
二混后粒度组成	1～0	46.80	8.13	6.1
	1～3	12.92	13.87	12.2
	>3	40.28	78.00	81.8

注：一次混合机改造前后均为 $\phi 2.8\times 6$ m，二次混合机改造前为 $\phi 2.5\times 6$ m，改造后为 $\phi 3\times 10$ m，二次混合时间改造前为 1 min，改造后 3 min10 s。

由表看出，烧结精矿采用两段混合是完全必要的，首钢烧结厂二次混合机加长后，在未配石灰的情况下，大于 1 mm 的含量由原来 53.2% 提高到 91.89%，小于 1 mm 粒级含量显著减少，由 28.25% 降到 8.13%。

粉矿也宜采用二次混合，其造球效果列于表 5-8 及表 5-9。

表 5-8　广钢烧结厂以粉矿为主的烧结料造球效果

烧结料	粒度组成/%						
	>15 mm	15～10 mm	10～5 mm	5～4 mm	4～2.5 mm	2.5～1.2 mm	1.2～0 mm
一混前		7	20	7.4	23.5	13.7	28.4
一混后	1.45	6.15	18.90	4.45	20.55	15.10	33.40
二混后	1.45	6.4	22	6.4	35.35	16.2	12.2

注：1. 混合机参数：一次混合机 $\phi 2.8\times 6.5$ m，6.5r/min；二次混合机 $\phi 2.8\times 7$ m，6r/min。

2. 采用冷矿、整粒工艺。

由表 5-8 及表 5-9 可以看出，粉矿采用两段混合，造球效果良好。

粉矿化学成分的均匀性经二次混合后也有改善，见表 5-10。

混合效率 η 按下式计算：

$$\eta=\frac{m_{最小}}{m_{最大}} \tag{5-14}$$

式中 $m_{最小}$、$m_{最大}$——分别为混合料均匀系数的最小值和最大值。

表 5-9 昆钢烧结厂二次混合粒度组成测定

取样编号	二混前粒度组成/%				二混后粒度组成/%			
	>8 mm	8~5 mm	5~3 mm	3~0 mm	>8 mm	8~5 mm	5~3 mm	3~0 mm
1	20	20	30.3	29.7	24.8	20.8	27.2	27.2
2	18.9	20	19.4	41.7	25.2	24.4	26	24.4
平 均	19.45	20	24.9	35.7	25	22.6	26.6	25.8

注:1. 一、二次混合机均为 $\phi2.5\times5.0$ m,转速 8r/min。
2. 采用冷矿无整粒工艺。

表 5-10 昆钢烧结厂一、二次混合效率

名 称	效率代号	测定项目				备 注
		TFe	CaO	SiO_2	C	
一 混	η m	0.895 0.035	0.87 0.04	0.764 0.056	0.78 0.082	水分 7%~9%
二 混	η m	0.936 0.024	0.926 0.02	0.916 0.031	0.761 0.082	水分 5%~10%

注:η 为混合效率,其值愈接近 1 愈好。m 为平均均匀系数,其值愈接近 0 愈好。

混合料均匀系数按下式计算:

$$m_1=\frac{C_1}{C},\cdots,m_n=\frac{C_n}{C}$$

$C_1,\cdots,C_n$——某一测定项目在所取各试样中的含量;

C——某一测定项目在此组试样中的平均含量。

平均均匀系数 m 按下式计算:

$$m=\frac{\sum(m_d-1)+\sum(1-m_s)}{n} \tag{5-15}$$

式中 m_d——大于 1 的各试样的均匀系数;

m_s——小于 1 的各试样的均匀系数;

n——试样数。

5.2.2.2 *混合设备*

烧结厂多用圆筒混合机作混合设备,圆筒混合机结构简单、运行可靠,混匀和造球效率高。为了延长混合时间,圆筒的长径比可适当加大。

圆筒混合机倾角应根据混合时间及混合机的作用确定,一般一次混合机不大于 3°,二次混合机约为 1°30′。

圆筒混合机的传动装置有胶轮传动与齿轮传动两种。

胶轮传动的混合机适宜配置在高层平台上,具有振动小、噪声低的优点。目前我国使用的胶轮传动圆筒混合机直径达 3 m 左右,比利时西德玛厂 $\phi4\times14$ m 混合机也使用胶轮摩擦传动。

齿轮传动的混合机如图5-14所示。由于振动较大,应尽量避免配置在高层平台上。

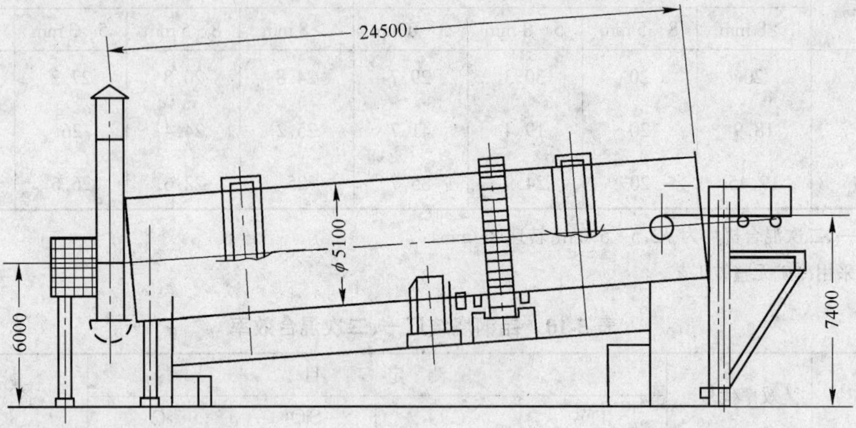

图5-14　齿轮传动混合机

5.2.3　混合时间

混合时间与原料的种类有关。成球性好的烧结料混合时间较短,成球性很差的即使延长了混合时间效果也不显著。

成球率按下式计算:

$$GI=[(A_1-B_1)A_1+(A_2-B_2)/A_2]\times 100$$

式中　GI——成球率,%;

A_1——原料中0.5～0.25 mm粒级的含量,%;

A_2——原料中小于0.25 mm粒级的含量,%;

B_1——造球后混合料中0.5～0.25 mm粒级含量,%;

B_2——造球后混合料中小于0.25 mm粒级的含量,%。

武钢烧结厂的含铁原料以精矿为主,经试验得出不同混合时间对混合料粒度组成的影响,见表5-11。

表5-11　混合时间对混合料粒度组成的影响

混合时间 /min	混合料水分 /%	粒级含量/%	
		3～1 mm	1～0 mm
1.5	7.4	21.1	41.5
3.0	7.4	24.7	35.1
4.0	7.3	27.3	32.1
5.0	7.2	30.2	24.8

注:试验用原料配比:精矿:粉矿:熔剂:消石灰:燃料=50:30:12:2:6。

国外某些厂的混合时间较长，如君津厂混合时间为 8.1 min，釜石厂混合时间为 9 min。

加长混合时间，将增加投资，因此适宜的混合时间应通过试验确定。根据近年的生产实践，混合时间一般可定为不少于 5 min，其中一次混合约 2 min，二次混合约 3 min。

5.2.4　水分控制及给水装置

混合料的适宜湿度，应根据不同原料通过试验确定，目前推广低碳、低水、厚料层操作，磁铁矿和赤铁矿为主的混合料水分参考值可控制在 6%～7.5%之间，以褐铁矿为主的混合料水分可控制在 8%～9%之间(参见表 5-5)。

水分控制方法有自动控制与人工控制两种。人工控制时，波动范围应尽量控制在 ±0.5%以内。当采用自动控制时，可参阅第 12 章。美国内陆钢铁公司测定，其自动控制的水分波动范围可达 ±0.25%。人工控制是在二次混合机排料口由值班工人取样鉴别，并辅之以抽样测定水分，该法受人为因素影响大。有条件时应尽量采用自动控制。

混合料的给水装置常用的有两种：一是在沿混合机圆筒长度方向配置洒水管，管上钻孔，给水呈注流状加至混合料中。水管开孔一般为 2 mm 左右，另一种是由一根安装在筒体内部的水管和若干不锈钢喷嘴组成的给水装置。

一次混合机给水装置是一根通长的洒水管，洒水管上按一定的距离安装一排喷嘴，喷嘴的间距要使在圆筒长度方向给水均匀。喷嘴的喷射方向应与筒内运动物料的料面相垂直，整根洒水管与一根沿筒体轴向安装的钢丝绳连接，钢丝绳的一端固定在给料漏斗支架或给料带式输送机支架上，另一端固定在圆筒排料漏斗或排料操作平台上，钢丝绳上设有螺旋拉紧机构，以调节钢丝绳的紧张程度。水管上部应设置挡板，以避免物料堵塞喷嘴。钢丝绳的外部套上胶管，以减少腐蚀和磨损，给水装置详见图 5-15。

二次混合的给水装置仅设在圆筒的给料端，为了方便调节，喷嘴可分别装在不同的水管上，由单独的阀门控制给水，如图 5-16 所示。

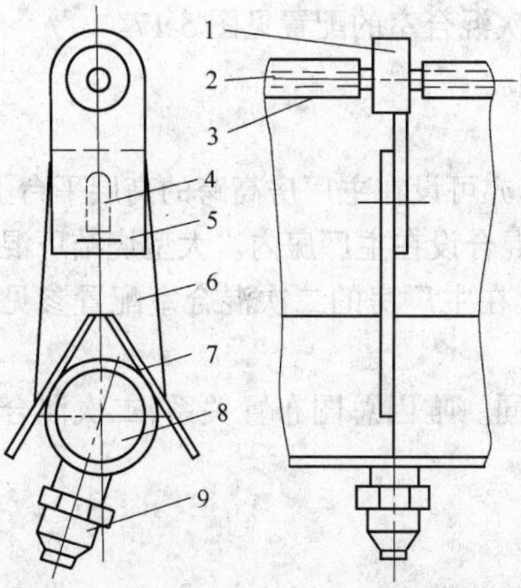

图 5-15　给水装置

1—卡绳环；2—橡胶套管；3—钢丝绳；4—螺栓；
5—上连接板；6—下连接板；7—保护板；
8—水管；9—喷嘴

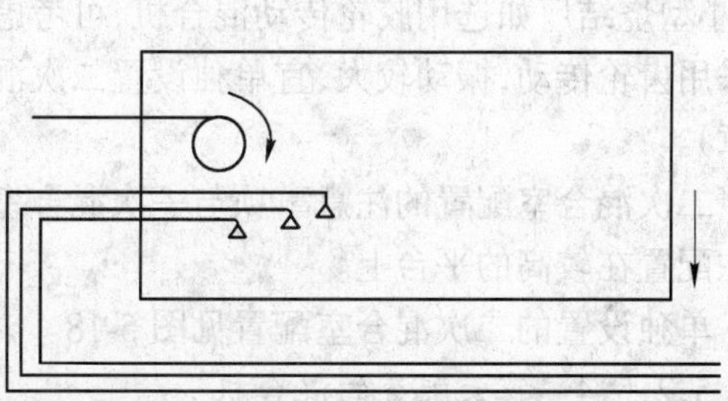

图 5-16　二次混合给水装置示意图

5.2.5 混合室的配置

5.2.5.1 混合料系统的选择

为了实现自动控制和保证烧结机作业率,应选择1个混合料系统与1台烧结机相对应的方式。对于中、小型烧结机、投资有限,也可考虑选择1个混合料系统对2台烧结机的配置。但混合料矿仓要适当增大。

5.2.5.2 一次混合室的配置

一次混合室配置时,应注意的事项:

(1) 一次混合室一般应配置在±0.00 m平面,如因总图布置的限制,亦可布置在高层厂房内。

(2) 混合机的给料带式输送机有两种配置形式:与混合机筒体中心线呈同轴布置和呈垂直布置。同轴布置时料流畅通,漏斗不易堵。垂直布置时漏斗易堵,应尽量避免采用。

(3) 混合机配置在±0.00 m平面时,排料带式输送机应尽量布置在±0.00 m平面上,以保证操作方便并提供良好的劳动环境。排料带式输送机的受料点应尽量设计成水平配置的形式,以免漏料散料。混合机的排料与带式输送机亦有同轴和垂直两种配置形式。同轴配置将出现地下建筑物或使厂房平台增加,应尽量避免。垂直布置可与混合机同置于一层平台上,布置简单,方便操作。

(4) 混合机给料及排料漏斗角度一般应为70°,必要时可在给料漏斗上设置振动器。

(5) 混合机给料带式输送机头部、混合机排料漏斗顶部须设置竖式风道,必要时还需设置除尘设备。

(6) 供润湿混合料的水在进入洒水管前必须过滤净化,以免杂物堵塞喷嘴。

(7) 混合室一侧的墙上应设置过梁,方便混合机筒体进出厂房,过梁位置视总图布置的条件而定,以方便设备搬运为原则。配置胶轮传动混合机的混合室,确定检修设备时应考虑能方便整体吊装胶轮组。

设置一台$\phi 2.8\times 6.5$ m胶轮传动圆筒混合机的一次混合室的配置见图5-17。

当采用一段混合时,混合室的配置与一次混合相同。

5.2.5.3 二次混合室的配置

二次混合可单独配置在主厂房外的二次混合室内,亦可设在主厂房高跨的高层平台上。中、小型烧结厂如选用胶轮传动混合机,可考虑把二次混合设在主厂房内。大型烧结厂混合机采用齿轮传动,振动较大,宜单独设置二次混合室(设在主厂房的二次混合室配置参见第六章)。

二次混合室配置的注意事项与一次混合室基本相同。唯因总图布置关系,二次混合室往往配置在较高的平台上。

单独设置的二次混合室配置见图5-18。

5.2.5.4 露天配置的混合机

大型圆筒混合机可考虑露天配置在地面上。这种配置使设备检修比较灵活。在严寒地区,如采用这种配置应有防止物料冻结的设施。

露天配置的混合机见图5-19。

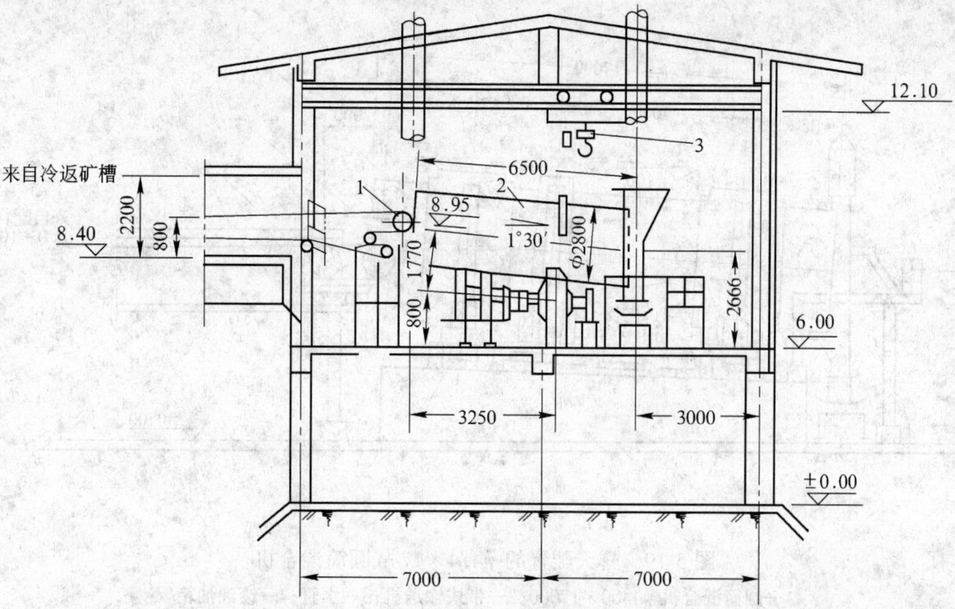

图 5-17 一次混合室配置图

1—带式输送机；2—ϕ2800×6500 圆筒混合机；3—SDXQ 型 3 t 手动单梁悬挂起重机

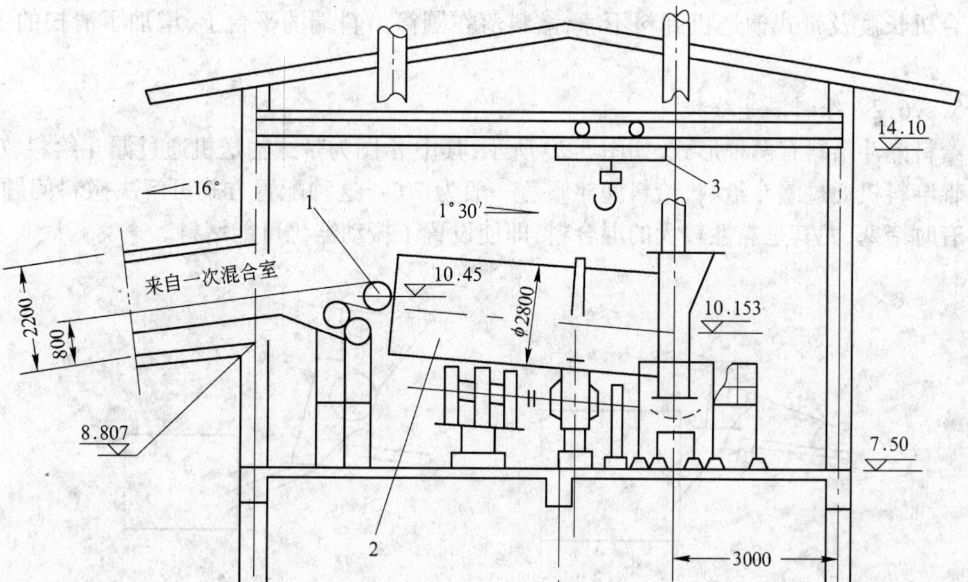

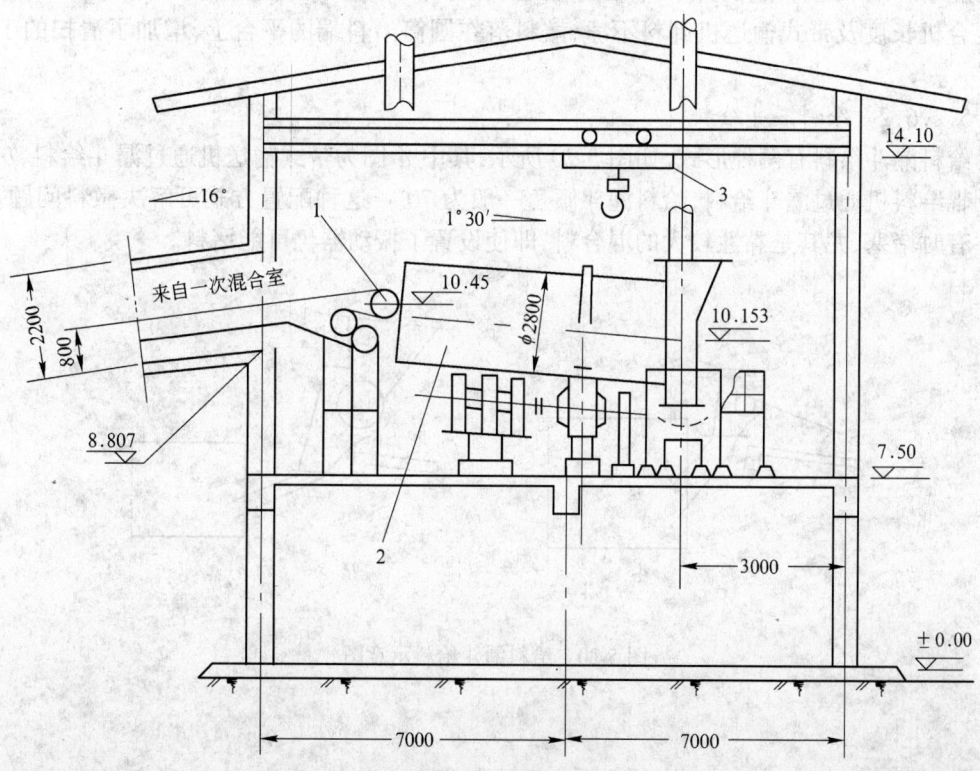

图 5-18 二次混合室配置图

1—带式输送机；2—ϕ2800×7000 圆筒混合机；3—SDXQ 型 3 t 手动单梁悬挂起重机

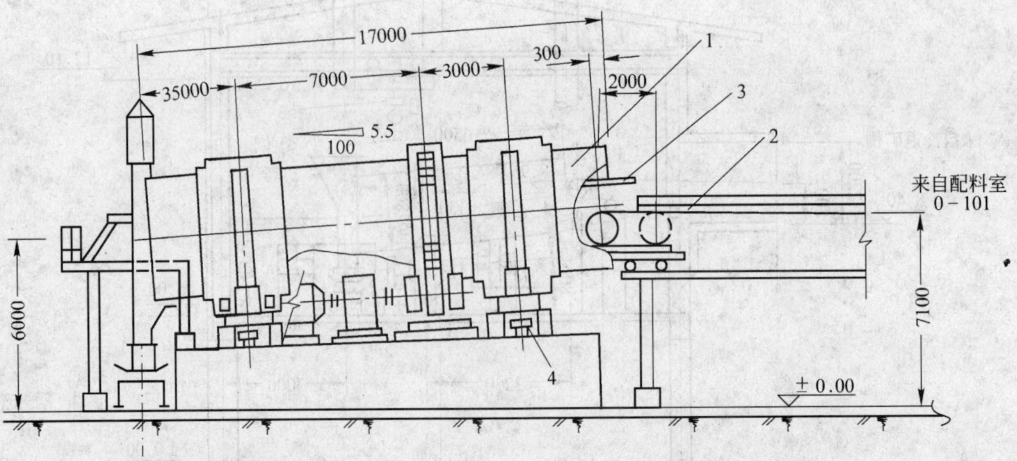

图 5-19 露天配置的 $\phi 4.4 \times 17$ m 圆筒混合机

1—圆筒混合机 $\phi 4400 \times 17000$；2—带式输送机；3—水管；4—废油油箱

5.2.6 混合机的给料

5.2.6.1 带式输送机给料

带式输送机直接伸入混合机内给料，给料顺畅，不会引起堵料停机事故。在自动化水平高的烧结厂采取这种给料方式可保证系统连续生产，不足之处是带式输送机头部占去了部分混合机长度及带式输送机卸料不净，散料落在圆筒给料端的平台上，增加了清扫的工作量。

5.2.6.2 给料漏斗给料

给料漏斗给料有两种形式，如图 5-20 所示，其中 *a* 图为带式输送机通过漏斗给料，*b* 图为圆辊给料机通过漏斗给料，给料漏斗倾角一般为 70°。这种配置方式可解决撒料问题，但漏斗有时堵塞，尤其是黏性较大的混合料，即使设置了振动器仍可能堵料。

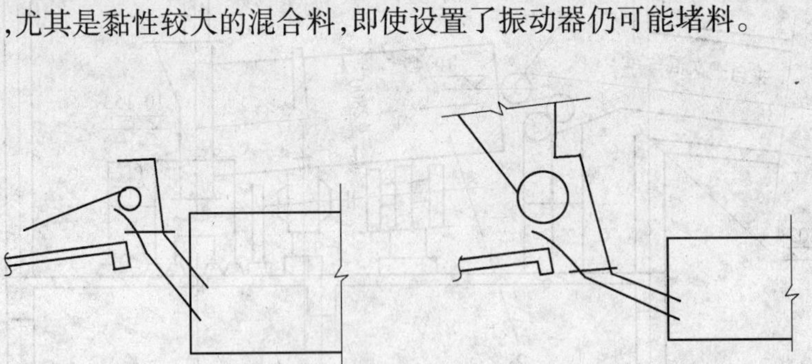

图 5-20 给料漏斗给料示意图

6 烧 结

6.1 布料

6.1.1 铺底料布料

6.1.1.1 铺底料

采用铺底料可以保护台车、保证料层烧透、减少烧结烟气含尘量。对铺底料的要求是粒度适中，厚度均匀，根据试验结果和生产实践，铺底料粒度以10～20 mm为宜，铺底料层的适宜厚度为30～40 mm，铺底料从烧结矿整粒系统分出。

6.1.1.2 铺底料矿仓

A 贮存时间

铺底料仓的贮存时间原则上应等于烧结时间、冷却时间、烧结矿整粒系统分出铺底料的时间以及输送时间之和，但烧结主厂房配置中，铺底料矿仓上下口标高与混合料矿仓占有的标高及烧结机头部给料装置的配置有关，铺底料贮存时间往往不能与上述计算时间之和相等。此外，当采用鼓风冷却时，冷却时间长，按上述计算，则铺底料仓贮存时间过长，故应综合比较确定。一般情况下铺底料仓贮存时间可考虑为40～80 min。

B 矿仓结构

铺底料仓由上、下两部分组成，为焊接钢结构，矿仓内应设置衬板或焊有角钢形成料衬以防磨损。

上部矿仓用两个测力传感器和两个销轴支承在厂房的梁上，或通过法兰直接固定在梁上，前者应装限位装置，以防矿仓平移。

下部矿仓支承在烧结机骨架上，底部有扇形闸门调节排料量。

C 排料设施

扇形闸门开闭度由手动式蜗轮减速器及其传动机构调节。扇形闸门排出的铺底料通过其下的摆动漏斗布于烧结机台车上。

摆动漏斗由轴承支承在烧结机骨架上，漏斗的前端装有衬板以防磨损，漏斗系偏心支承，略偏向圆辊给矿机一侧，可前后摆动，当台车粘矿或箅条翘起时，漏斗向台车前进方向摆动，待异物通过后由设在漏斗后面的平衡锤使其复位。

铺底料的厚度由设在漏斗排料口的平板闸门调节。

6.1.2 混合料布料

6.1.2.1 对混合料布料的基本要求

对混合料布料的基本要求是：

(1) 沿台车宽度方向上布料量应均匀一致；

(2) 沿台车宽度方向同一高度的混合料粒度和水分应均匀分布；

(3) 从料面垂直向下方向混合料粒度分布逐渐变粗，燃料分布逐渐减少；

(4) 料面要求平整；

(5) 料层有良好的透气性。

达到上述要求，料层即具有均匀的透气性，且能有效地利用固体燃料。

6.1.2.2 混合料矿仓给料

往混合料矿仓给料有带式输送机或二次圆筒混合机直接给料和梭式布料器给料两种。

A 带式输送机或圆筒混合机给料

这种给料方式是固定点给料，矿仓内料面呈锥形，混合料粒度在仓内会发生偏析，且料柱压力也不均匀。直接给料再经圆辊给料机布料的效果见表6-1、表6-2。

表6-1 直接给料圆辊给料机布料效果(一)

台车上取样位置	粒度组成/%						C/%	TFe/%
	>10 mm	10~7 mm	7~5 mm	5~3 mm	3~2 mm	2~0 mm		
左	13.15	23.52	15.67	21.94	12.03	13.69	3.59	42.35
中	14.18	17.67	14.71	22.16	14.04	17.24	3.99	42.09
右	34.20	26.11	10.83	10.89	6.83	11.14	3.01	43.65

表6-2 直接给料圆辊给料机布料效果(二)

台车上取样位置	粒度组成/%						C/%	TFe/%
	>10 mm	10~7 mm	7~5 mm	5~3 mm	3~2 mm	2~0 mm		
上	4.23	10.31	16.26	24.25	14.88	30.07	5.488	39.685
中	4.46	12.46	16.01	23.43	14.84	28.94	5.406	39.948
下	18.01	18.6	16.8	18.31	9.93	18.35	4.682	41.291
C/%	2.41	1.95	2.17	3.79	4.7	5.82		
TFe/%	47.92	45.45	45.57	40.75	37.46	39.26		

表中数据表明，混合料沿台车宽度方向的粒度和成分分布是不均匀的。

B 梭式布料器给料

采用梭式布料器往混合料矿仓给料，矿仓料面较平，料柱压力均匀，可防止混合料粒度在仓内的偏析。

表6-3列出了用梭式布料器给料、圆辊给矿机布料的效果。

从表6-3可看出，采用梭式布料器给料能满足布料均匀、粒度分布合理的要求，设计中应尽量采用这种给料方式。

梭式布料器。过去因换向机构工作不可靠而经常出现故障，目前已把换向电磁离合器改为滑块式电动换向机构。攀钢烧结厂梭式布料器改用这种机构后运行正常。梭式布料器示意于图6-1。梭式布料器技术参数见表6-4。

6.1.2.3 混合料矿仓

A 贮存时间

表 6-3 梭式布料器给料、圆辊给矿机布料效果

料布到台车上的部位	粒度组成/%				料布到台车上的部位	粒度组成/%			
	>10 mm	10~3 mm	3~1 mm	1~0 mm		>10 mm	10~3 mm	3~1 mm	1~0 mm
左	9.29	33.20	30.87	26.64	上	3.48	31.71	33.67	31.14
中	10.25	34.73	28.93	26.09	中	8.62	34.75	29.3	27.33
右	9.69	36.67	28.08	27.56	下	17.03	36.46	24.91	21.6

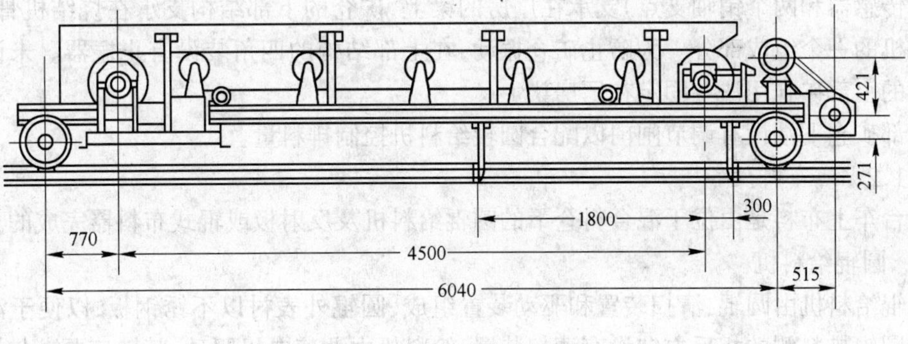

图 6-1 梭式布料器示意图

表 6-4 梭式布料器的技术参数

序 号	项 目	单 位	参数 1	参数 2	参数 3
1	运输量	t/h	210	350	1220
2	带宽	mm	1000	1200	2000
3	头尾轮中心距	mm	5000	8700	10000
4	带速	m/s	1.0	1.0	1.333
5	布料机走行速度	m/s	≈0.142	~0.1	0.1
6	布料机移动距离	mm	2800	2800	6400
7	走行电机 型 号		JDCX160L-6/12	JDCX160L-6/12	
	走行电机 功 率	kW	5/3	3	5.5
	走行电机 转 速	r/min	900/450	450	
8	传动电机 油冷式电动滚筒	台	2	2	
	传动电机 滚筒直径	mm	630	630	22
	传动电机 功 率	kW	5.5	5.5	

对混合料矿仓无料位自动控制功能的烧结厂，矿仓容积的确定应保证在烧结机突然停机时混合料系统带式输送机上的料能全部装入矿仓，同时也能保证混合料系统带式输送机短时断料时不影响烧结机生产。一般情况下混合料矿仓贮量为烧结机最大产量时 8~15 min 的用料量，但矿仓容积不宜过大，以免损坏小球，降低混合料透气性。

对混合料矿仓具有料位自动控制功能的烧结厂，矿仓贮存时间可适当缩短，如矿仓装有

中子水分计,贮存时间 t 可按下式确定:

$$t = 0.6\, t_1, \text{min} \tag{6-1}$$

式中　t_1——包括混合时间在内的混合料从配料室至混合料矿仓的输送时间,可按 9 min 左右考虑。

B　矿仓结构

混合料矿仓为焊接钢结构,其仓壁倾角一般不小于 70°。小型烧结机矿仓排料口较小,容易堵料,仓壁宜作成指数曲线形状。

混合料矿仓分为上、下两部分,设有测力传感器的上部矿仓通过四个测力传感器(或两个测力传感器和两个销轴支点)支承在厂房的梁上,矿仓的下部结构支承在烧结机骨架上,为烧结机的一个组成部分。为防止矿仓振动,在上部结构的四角装设有止振器。未设测力传感器的上部矿仓用法兰固定在厂房梁上。

下部矿仓下端设有调节闸门以配合圆辊给料机控制排料量。

6.1.2.4　布料设备

往台车上布料是由位于混合料仓下的圆辊给料机及反射板或辊式布料器完成的。

A　圆辊给料机

圆辊给料机由圆辊、清扫装置和驱动装置组成,圆辊外表衬以不锈钢板,以便于清除粘料。在圆辊排料侧的相反方向设有清扫装置,给料机由调速电机驱动,其转速要求与烧结机和冷却机同步,一般调速范围为 1:3。

给料量的调节是通过调节圆辊给料机转速和位于给料机上方的扇形闸门开闭度来实现的。当要求调节量大时,调节扇形闸门开闭度;要求调节量较小时,调节圆辊给料机转速。

为了防止停机时自然落料,圆辊给料机中心线与混合料矿仓中心线要向台车前进方向错开少量距离。

圆辊给料机的技术参数列于表 6-5。

表 6-5　圆辊给料机技术参数

序号	项　目	单位	参			数			
1	圆辊直径	mm	800	1032	1032	1132	1282	1282	1282	1282
2	圆辊长度	mm	1530	2546	2546	3040	3046	3546	4046	5046
3	给料口最大高度	mm	100	100	160	100			200	200
4	给料量	t/h	110	220	400	220			820	1220
5	最大转速	r/min	11.94	6.331	7.107	6.273	6.34	9.5	8.4	7.5
6	最小转速	r/min	3.98	2.091	2.369	2.091	2.1	3.17	2.8	2.5
7	电动机功率	kW	5.5	5.5	7.5	5.5	7.5	10	18.5	15
8	台车宽度	m	1.5	2.5	2.5	3.0	3.0	3.5	4	5.0
9	适用烧结机规格	m^2	24,36	75,90,105	130	90(机冷)	180	265	300	450

B　反射板

合理设计反射板的倾角可以使燃料和混合料的粒度沿料层高度方向作有益偏析。表 6-6列出了一反射板在不同倾角时混合料沿料层高度的粒度分布与含碳量变化的实测数

表 6-6　反射板在不同倾角时混合料沿料层高度的粒度分布及含碳量的变化

料层高度/mm	倾　角/(°)	台车上取样点	粒度分布/%						平均粒径/mm	C/%
			>10 mm	10～7 mm	7～5 mm	5～3 mm	3～1 mm	1～0 mm		
330	40	上	2.6	4.4	15.7	13.2	45.6	18.5	3.14	5.03
		中	5.1	6.8	19.7	14.9	38.8	14.7	3.80	4.28
		下	1.63	13.7	21.0	10.8	28.2	10.0	5.77	3.55
		平均	8.0	8.3	18.8	13.0	37.5	14.4	4.18	4.18
330	45	上	1.4	2.4	8.4	12.6	58.4	16.8	2.74	5.66
		中	3.6	5.8	16.9	17.2	43.0	13.5	3.59	4.44
		下	14.0	11.0	18.8	16.4	32.7	7.1	5.15	3.79
		平均	6.3	6.4	14.7	15.4	44.7	12.5	3.81	4.41
350	50	上	1.7	3.0	12.1	14.8	55.2	13.2	3.06	4.82
		中	4.3	5.8	16.8	17.5	46.2	9.4	3.76	4.41
		下	12.5	10.5	19.3	14.2	36.7	6.8	4.94	3.89
		平均	6.2	6.4	16.1	15.5	46.0	9.8	3.91	4.37
320	55	上	2.6	2.3	11.9	20.3	54.8	8.1	3.40	4.72
		中	3.8	5.7	17.9	17.5	40.7	14.4	3.58	4.44
		下	15.3	10.0	14.8	12.0	37.1	10.8	5.02	3.94
		平均	7.3	6.0	14.9	16.6	44.2	11.1	3.94	4.35
350	45	0～50	1.7	1.3	7.3	11.0	59.4	19.3	2.57	6.51
		50～100	1.9	2.8	8.0	16.6	54.4	15.3	2.96	5.50
		100～150	2.4	4.9	12.6	18.4	49.1	12.6	3.29	4.73
		150～200	3.7	6.0	20.6	22.6	40.7	6.4	3.99	4.17
		200～250	11.5	9.2	19.6	19.1	34.1	6.5	4.86	3.75
		250～300	16.4	12.1	19.0	16.3	28.2	8.0	5.56	3.46
		300～350	25.4	9.7	18.5	11.0	30.8	4.6	6.25	3.63
		平均	9.0	6.7	15.1	16.4	42.4	10.4	4.18	4.54

据。

实测数据表明,采用反射板布料时,尽管其安装角度不同,但混合料的颗粒直径自上而下增大,这一规律始终不变,说明用反射板布料是实现混合料有益偏析的好方法。但从表中可看出,反射板的安装角度有一最佳值,在上表的试验条件下,45°时粒度分布最合理。

为了适应各厂具体情况和便于调节,有的将反射板倾角设计为可调的。

欲保持反射板的布料效果,须使其表面不粘料,现在设计的大、中型烧结机的反射板多带有自动清扫器,在运行过程中可定期清扫反射板。

C　辊式布料器

某些烧结厂采用辊式布料器代替反射板布料,辊式布料器是由 5～9 个辊子组成的布料设备,如图 6-2 所示,设计圆辊给料机时应注意选择适宜的辊子转速和安装角度,否则会影响布料效果。黏性大的物料不宜选用辊式布料器。九辊布料器的布料效果参见表 6-7。

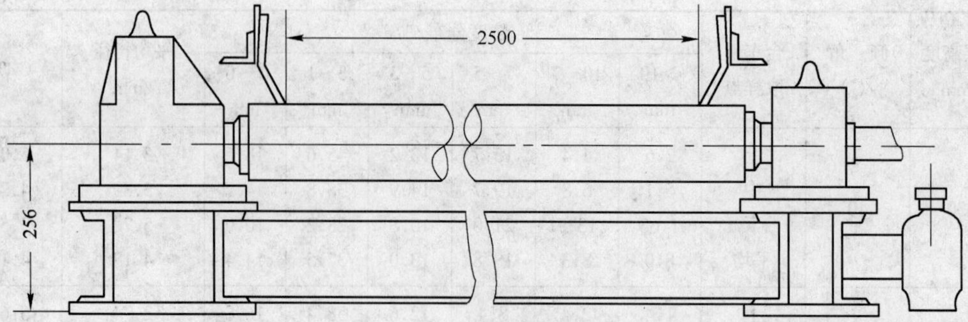

图 6-2　辊式布料器示意图

表 6-7　九辊布料器布料效果

台车上取样点		左				中				右			
		上	中	下	平均	上	中	下	平均	上	中	下	平均
粒度分布 /%	0~3 mm	57.1	47.8	45.1	50	62.5	51.0	52.5	55.3	61.3	50.6	44.4	52.1
	3~5 mm	25.4	24.0	23.2	24.2	23.8	25.5	20.2	23.2	24.0	24.6	22.2	23.5
	>5 mm	17.5	28.3	31.8	25.8	13.8	23.0	27.3	21.8	14.6	24.7	33.3	24.0

6.1.3　布料系统的配置

24 m^2 烧结机布料系统配置实例参见图 6-3。

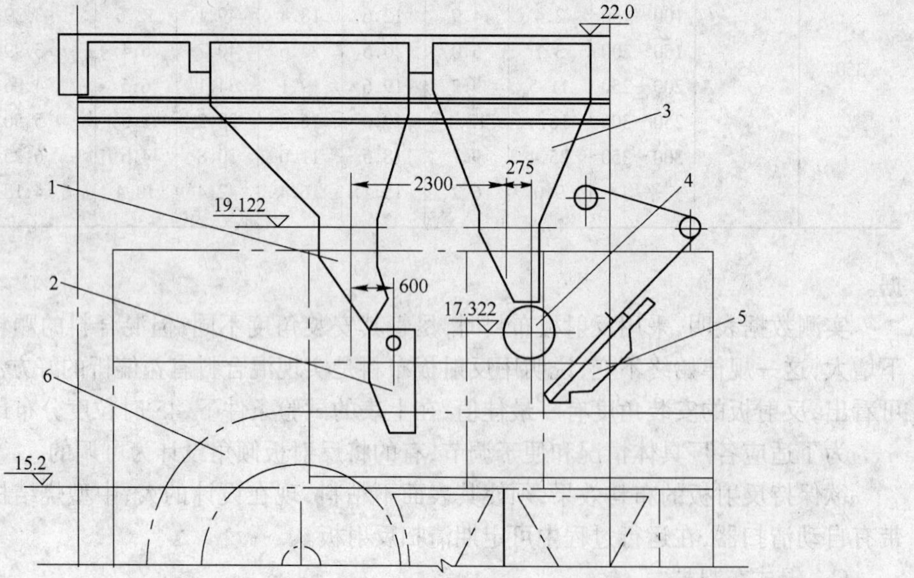

图 6-3　24 m^2 烧结机的布料系统配置实例

1—铺底料溜槽；2—摆动溜槽；3—混合料矿仓；4—圆辊给料机；5—反射板；6—烧结机

6.2 点火

6.2.1 点火参数

点火参数主要包括点火温度和点火时间。

6.2.1.1 点火温度

点火温度的高低,主要取决于烧结生成物的熔融温度。虽然烧结混合料的化学组成不同,烧结生成物的种类和数量也各异。但由于烧结过程总是形成多种生成物,因而烧结生产中点火温度一般都差别不大。铁矿粉烧结时,各种易熔混合物的熔化温度见表 6-8。

表 6-8 各种易熔混合物的熔化温度

体系组成	反应生成物	熔化温度/℃
$FeO\text{-}SiO_2$	铁橄榄石	1205
$FeO\text{-}Fe_3O_4$	浮氏体固熔体	1200
$Fe_2SiO_4\text{-}FeO\text{-}SiO_2$	低熔点共晶混合物	1178
$CaO\text{-}Fe_2O_3$	铁酸钙	1205～1216
$FeO\text{-}SiO_2\text{-}CaO$	钙铁橄榄石	1080～1150
$FeO\text{-}SiO_2\text{-}CaO\text{-}Al_2O_3$	铁钙铝硅酸盐	1030～1050

在厚料层操作条件下,点火温度在 1050～1200℃之间。

点火装置设置保温段时,可以减少因表层烧结矿温度急剧下降而对其质量的不利影响,表 6-9 为武钢第三烧结厂实测的保温温度与台车表层烧结矿质量的关系。

表 6-9 保温温度与台车表层烧结矿质量的关系

项目		单位	不保温	保温	保温	不保温	保温	保温
点火	时间	min	1	1	1	2	2	2
	供热量	MJ/t	114	116	112	203	203	201
保温	温度	℃	20	635	850	20	700	870
	时间比			0.418	0.402		0.136	0.131
	供热量	MJ/t		280	345		97	119
生产率		$t/(m^2 \cdot d)$	32.0	29.5	29.5	31.0	30.0	29.5
烧结矿质量	平均粒度	mm	16	25	29	19	23	25
	转鼓指数(>6.3 mm)	%	64.6	68.0	70.7	67.8	67.8	67.7
	还原率	%	47.0	50.8	51.6			
	还原后强度	%	2.2	3.5	4.8	4.4		
	FeO	%	9.7	7.1	5.9	5.8		

6.2.1.2 点火时间

点火时间与点火温度有关,即与点火时供给的总热量有关,点火时间以 1 min 左右为宜。

保温时间可按 1～2 min 选取。

但随着烧结料层厚度的提高,机速减慢,为节省燃料消耗,有的烧结机已停用保温段。

6.2.2 点火燃料

烧结生产多用气体燃料点火,常用的气体燃料有焦炉煤气及高炉煤气与焦炉煤气的混合煤气。高炉煤气由于发热值较低,一般不单独使用,天然气也可用作点火燃料,极个别厂无气体燃料采用重油或煤粉作点火燃料。

焦炉煤气成分及发热值与配煤成分有关，一般可参考表 6-10 的数据。

表 6-10 焦炉煤气成分及发热值

煤气成分/%							干煤气低发热值 /kJ·标 m^{-3}
H_2	O_2	CH_4	C_mH_n	CO	CO_2	N_2	
56～60	0.4～0.6	22～26	2.2～2.6	6～9	2～3	2～4	17166～18003

注：本表摘自冶金工业出版社出版的《钢铁企业燃气设计参考资料(煤气部分)》。

高炉煤气成分及发热值与高炉焦比有关，可参考第二章所列的数据。

不同比例的高炉、焦炉煤气组成不同发热值的混合煤气，钢铁企业一般采用的混合煤气发热值为 5862～9211 kJ/标 m^3。

为适应烧结点火燃烧自动控制技术的要求，供烧结点火用的煤气热值和压力要尽可能稳定。

6.2.3 点火燃料需要量

烧结点火所需消耗的燃料与烧结混合料性质、烧结机设备状况以及点火炉热效率等有关。点火燃料需要量一般用下式计算：

$$Q = A_{效} q_{利} q \tag{6-2}$$

式中 Q——点火燃料需要量，kJ/h；

$A_{效}$——有效烧结面积，m^2；

$q_{利}$——烧结机利用系数，t/(m^2·h)；

q——每吨烧结矿的点火热耗，kJ/t。

目前，设计中每吨烧结矿的点火热耗一般为 125604～167472kJ/t。

此外，还可用混合料点火强度的经验值来计算点火燃料需要量。混合料的点火强度是指烧结机单位面积的混合料在点火过程中所供给的热量。当选定点火强度后，即可按下式计算点火燃料需要量 Q：

$$Q = 60\, J v b_{顶} \tag{6-3}$$

式中 J——点火强度，kJ/m^2；

v——烧结机台车正常机速，m/min；

$b_{顶}$——台车顶部宽度，m。

计算得出点火所需热量 $Q_{热}$ 值后，用下式计算点火燃料需要量 Q：

$$Q = \frac{Q_{热}}{H_{低}}, 标\ m^3/h \tag{6-4}$$

式中 $H_{低}$——点火燃料低发热量 kJ/标 m^3。

6.2.4 空气需要量

点火燃料燃烧的空气需要量可用燃烧计算图表进行计算。

根据确定的实际点火温度 t 按下式求出理论燃烧温度 t_0：

$$t_0 = \frac{t}{\eta} \tag{6-5}$$

式中　η ——高温系数,按 0.75～0.8 选取。

由点火燃料发热量 $H_{低}$和上式求得的理论燃烧温度 t_0,用燃烧计算图表查得对应的过剩空气系数 α,再根据 α 查出单位燃料燃烧的空气需要量 q_a,然后按下式计算出每小时空气需要量 Q_a:

$$Q_a = Qq_a, 标\ m^3/h \tag{6-6}$$

6.2.5 点火装置

点火装置的作用是使台车表层一定厚度的混合料被干燥,预热,点火和保温,一般点火装置可分为点火炉、点火保温炉及预热点火炉三种。

6.2.5.1　点火保温炉

点火保温炉按烧嘴安装部位的不同,可以分为顶燃式和侧燃式两种结构形式。国内烧结厂一般不采用侧燃式点火保温炉。图 6-4 是顶燃式点火保温炉的典型结构图。

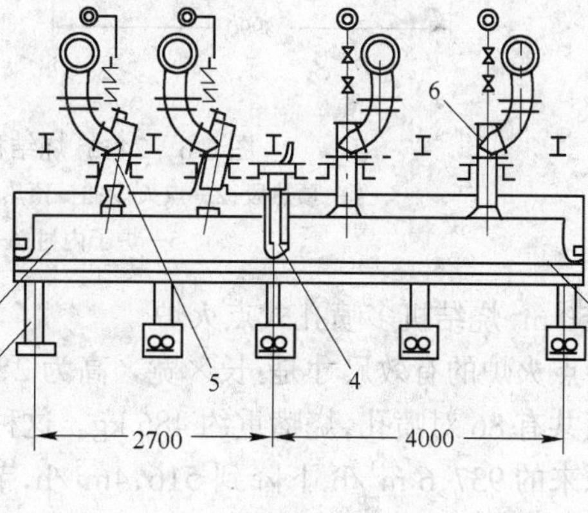

图 6-4　顶燃式点火保温炉(90 m² 烧结机用)

1—点火段;2—保温段;3—钢结构;4—中间隔墙;
5—点火段烧嘴;6—保温段烧嘴

6.2.5.2　预热点火炉

预热点火炉由预热段和点火段组成,它在下列两种情况下采用:一种是对高温点火爆裂严重的混合料,例如褐铁矿、氧化锰矿等;另一种是缺少高发热值煤气而只有低发热量煤气的烧结厂。预热点火炉也有顶燃式和侧燃式两种结构形式,分别示于图 6-5 和图 6-6。

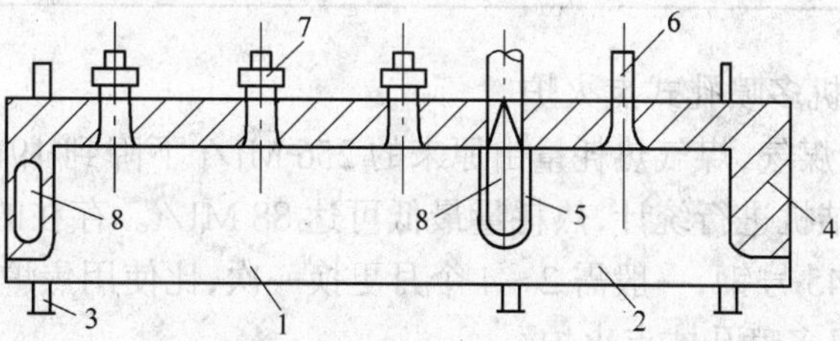

图 6-5　27 m² 烧结机预热点火炉

1—预热段;2—点火段;3—钢结构;4—炉子内衬;
5—中间隔墙;6—点火段烧嘴;7—预热段烧嘴;8—预热器

6.2.5.3　新型点火炉

我国烧结厂使用的旧式点火炉一般为顶部布置的涡流式烧嘴,点火效果差,燃料消耗大,大部分已进行或正在进行技术改造。不少厂已改成顶部布置式喷头混合型烧嘴,这种点火炉能耗低,寿命长。近期发展的新型点火炉特点是点火热量集中,要求烧嘴的火焰短,因此炉膛高度较低,沿点火装置横剖面在混合料表面形成一个带状的高温区,使混合料在很短的时间内被点燃并进行烧结。这种新的点火装置节省气体燃料比较显著,重量也比原来的点火装置要轻得多。

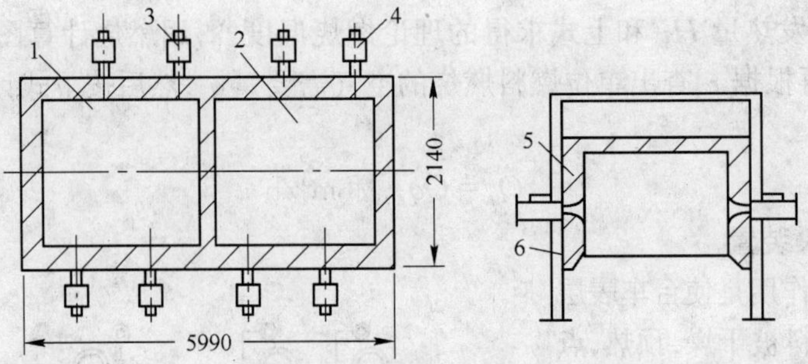

图 6-6　24 m^2 烧结机预热点火炉

1—预热段；2—点火段；3—预热段烧嘴；4—点火段烧嘴；5—炉子内衬；6—钢结构

A　50 m^2 烧结机多喷孔式点火炉

这种点火炉的有效尺寸是：长×宽×高为 2.6×2×(0.3～0.6) m。

烧嘴共有 86 对喷孔，烧嘴重约 486 kg。这种烧嘴的点火炉使用焦炉煤气，点火煤气消耗量由原来的 937.6 m^3/h 下降到 516.4m^3/h，节省能耗 45%左右，煤气热耗为 132MJ/t。存在的主要问题是烧嘴寿命短，表 6-11 列出了各种材质烧嘴的使用情况。

表 6-11　不同材质烧嘴的使用情况

烧　嘴	第一个烧嘴	第二个烧嘴	第三个烧嘴	第四个烧嘴
材　质	A3	CrMnN	1Cr18Ni9Ti	铸　铁
寿命/d	50	40	60	10

B　130 m^2 烧结机多喷孔式点火炉

点火炉使用混合煤气，煤气热耗量由原来的 256 MJ/t 下降到 191.7 MJ/t，节减 25%左右，按小时对一台烧结机进行统计，热耗量最低可达 88 MJ/t。存在的主要问题也是烧嘴寿命短，使用的材质为 45 号钢，一般需 2～4 个月更换一次，比使用焦炉煤气的烧嘴寿命略长。

C　90 m^2 烧结机多喷孔式点火炉

点火炉使用焦炉煤气，点火炉有效尺寸：长×宽×高为 1.7×3.0×(0.2～0.4) m。烧嘴共 154 对喷孔，烧嘴重约 0.5 t。

点火炉烧嘴由烧嘴本体和喷嘴构成，烧嘴本体采用球墨铸铁材质，喷嘴采用合金铸钢。与前面 50 m^2 烧结机多喷孔式点火炉相比，喷嘴的最高温度低 200～300℃。煤气热耗量降低的幅度约为 50%。

D　旋风筒组合式点火炉

旋风筒组合式点火炉的特点与多喷孔式相近，但由于采用二次空气对其喷嘴进行冷却，烧嘴温度比多喷孔式低得多。

6.2.5.4　烧嘴

点火保温炉和预热点火炉可采用喷头混合型烧嘴和煤气平焰型烧嘴。

A 喷头混合型烧嘴

这种烧嘴(图 6-7、6-8)的特点是在烧嘴的煤气喷口处,空气和煤气开始部分预混。将其煤气管径增大,可燃烧混合煤气,空气冷热均可。如使用热空气,烧嘴外面须包裹一层隔热材料。

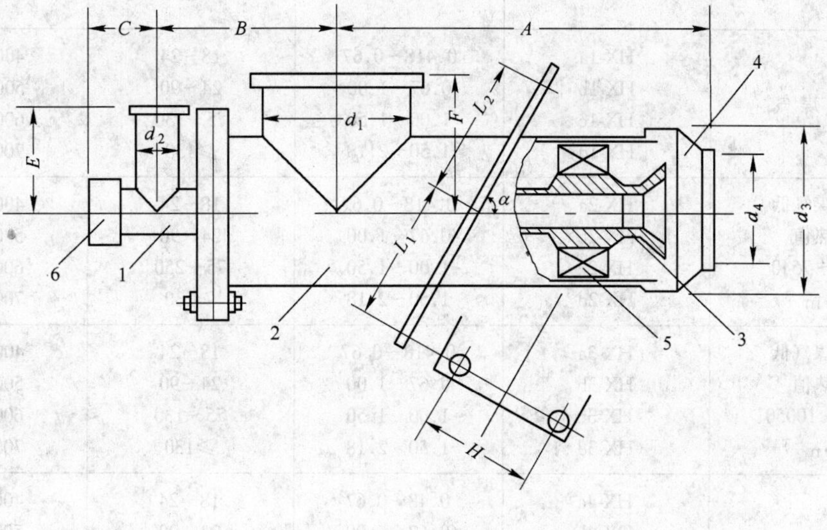

图 6-7 混合型烧嘴(混合煤气)

1—煤气管;2—空气管;3—煤气喷口;4—烧嘴喷头;5—空气旋流片;6—观察孔

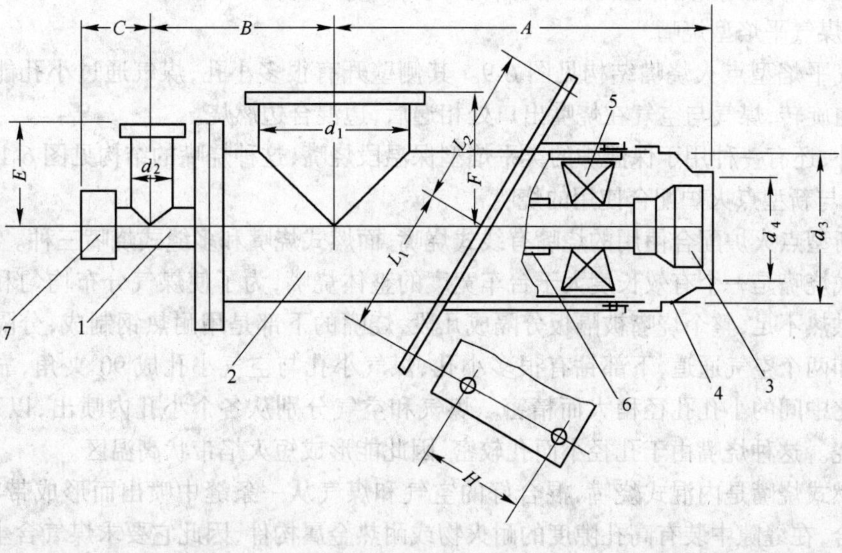

图 6-8 混合型烧嘴(焦炉煤气)

1—煤气管;2—空气管;3—煤气喷口;4—烧嘴喷头;5—空气旋流叶片;6—套护管;7—观察孔

燃烧焦炉煤气时,空气与煤气的体积比大,可达(8~9)∶1。燃烧混合煤气时,空气与煤气的体积比一般为(2~3)∶1。

HX 系列混合型烧嘴的主要技术性能见表 6-12。

表 6-12　HX 系列混合型烧嘴性能

适用煤气种类	烧嘴规格型号	最佳燃烧能力 /MJ·h⁻¹	适用的烧结机面积 /m²	炉膛有效高度 /mm
高炉煤气	HX-1a	0.418～0.67	18～24	400～500
	HX-1b	0.67～1.00	24～90	500～600
	HX-1c	1.00～1.50	75～130	600～700
	HX-1d	1.50～2.18	≥130	700～800
混合煤气低发热值 5020～7540 /kJ·m⁻³	HX-2a	0.418～0.67	18～24	400～500
	HX-2b	0.67～1.00	24～90	500～600
	HX-2c	1.00～1.50	75～250	600～700
	HX-2d	1.50～2.18	≥130	700～800
混合煤气低发热值 7540～10050 /kJ·m⁻³	HX-3a	0.418～0.67	18～24	400～500
	HX-3b	0.67～1.00	24～90	500～600
	HX-3c	1.00～1.50	75～130	600～700
	HX-3d	1.50～2.18	≥130	700～800
焦炉煤气	HX-4a	0.48～0.67	18～24	400～500
	HX-4b	0.67～1.00	24～90	500～600
	HX-4c	1.00～1.50	75～130	600～700
	HX-4d	1.50～2.18	≥130	700～800

大型烧结机的点火保温炉还设有启动烧嘴和引火烧嘴。

B　煤气平焰型烧嘴

煤气平焰型点火烧嘴结构见图 6-9。其侧壁开有很多小孔，煤气通过小孔能造成与空气同方向旋转，煤气与空气在烧嘴出口处相遇后，边混合边燃烧。

此外，还有一种用于保温炉的类平焰型保温段烧嘴，这种烧嘴的结构见图 6-10。

C　与新型点火炉配合使用的烧嘴

与新型点火炉配合使用的烧嘴有线式烧嘴、面燃式烧嘴和多缝式烧嘴三种。

线式烧嘴是一个有效长度大于台车宽度的整体烧嘴，为了使煤气分布均匀和防止台车侧板处供热不足，整个烧嘴被隔板分隔成几段，烧嘴的下部是用耐热钢制成，分隔成一个煤气通道和两个空气通道，下部钻有很多小孔，煤气小孔与空气小孔成 90°夹角，靠边部的小孔孔径比中间的小孔孔径稍大而精密。煤气和空气分别从各个小孔内喷出，以 90°夹角相混而燃烧。这种烧嘴由于孔径小而孔较密，因此能形成短火焰带状高温区。

面燃式烧嘴是内混式烧嘴，混合好的空气和煤气从一条缝中喷出而形成带状高温区。为了混合，在缝隙中装有高孔隙度的耐火物或耐热金属构件，因此它要求煤气含尘量要小于 50 mg/m³，粒径小于 0.15 mm。

多缝式烧嘴是几个旋风筒组合在一起形成一个烧嘴块，再由几个烧嘴块组成整个烧嘴。煤气从中心管流出与周围的强旋流的空气混合在耐热钢的长槽中燃烧，在较窄的长形槽中，形成带状高温区。

三种烧嘴的比较见表 6-13。

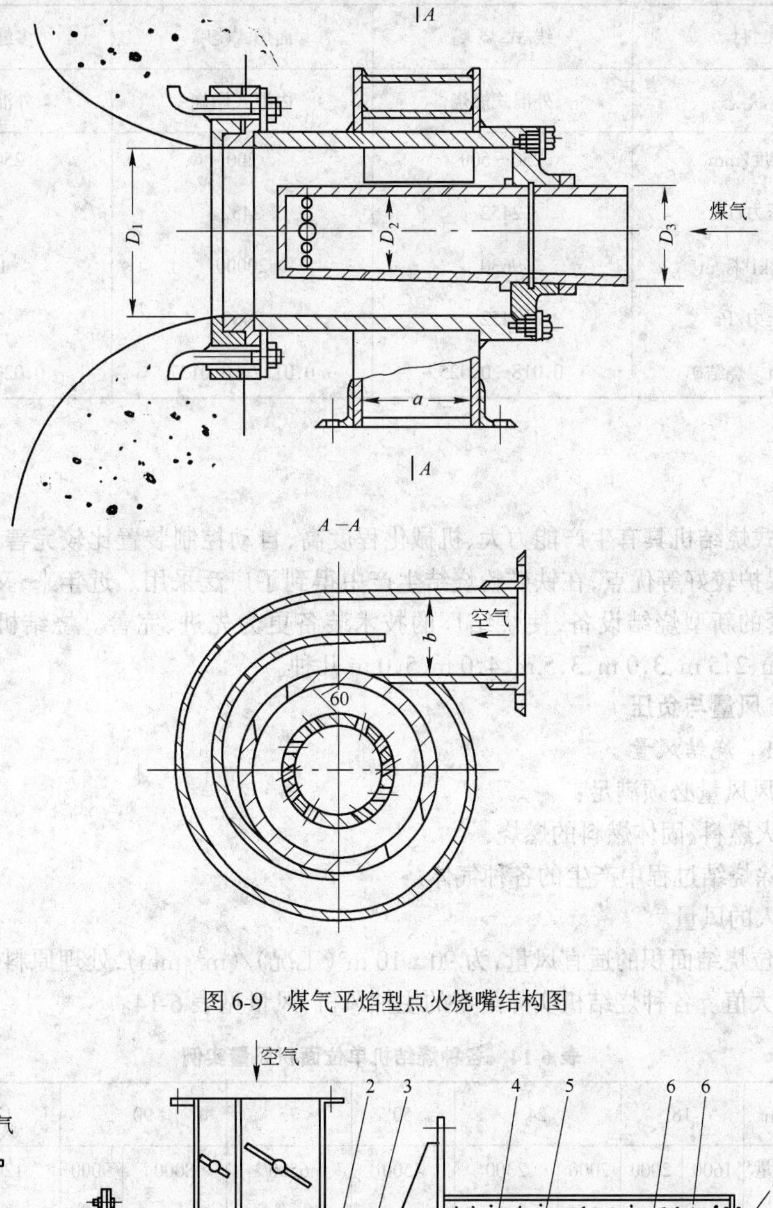

图 6-9　煤气平焰型点火烧嘴结构图

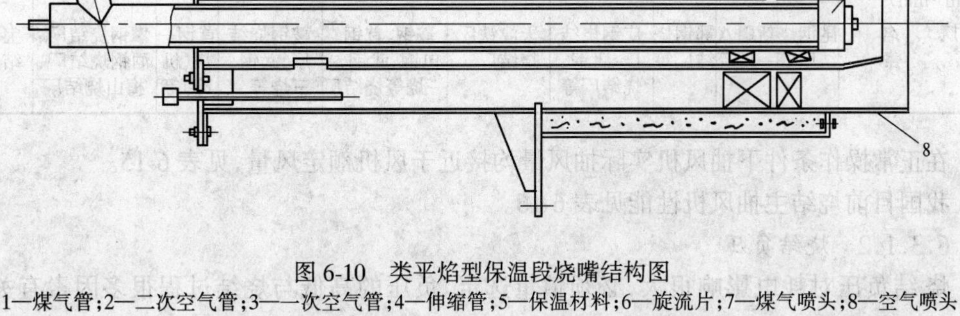

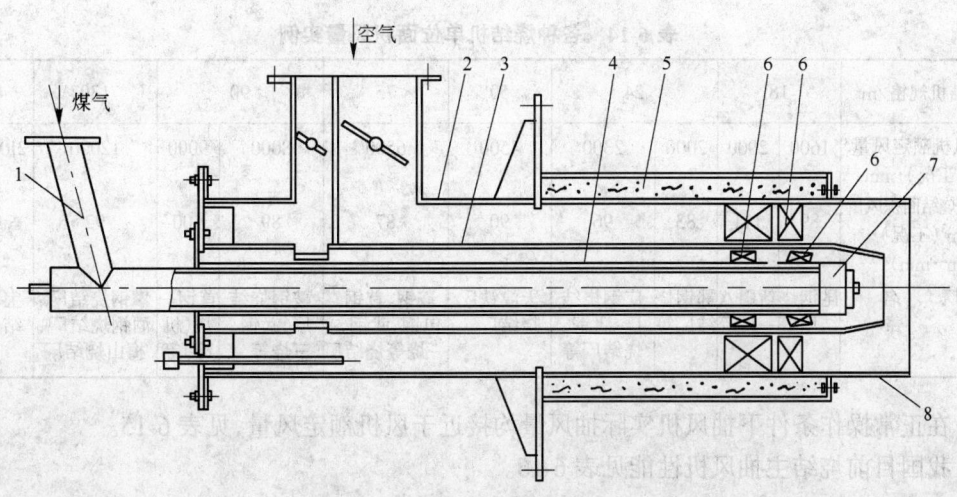

图 6-10　类平焰型保温段烧嘴结构图

1—煤气管；2—二次空气管；3—一次空气管；4—伸缩管；5—保温材料；6—旋流片；7—煤气喷头；8—空气喷头

表 6-13 三种烧嘴比较表

项 目	线式烧嘴	面燃式烧嘴	多缝式烧嘴
燃烧状态	外混式燃烧	内混式燃烧	外混式燃烧
炉膛高度/mm	250～500	200	250～300
煤气压力/Pa	2452	2452	2452
煤气热值/kJ·标 m^{-3}	9630	20000	19200
空气压力/Pa	2452	2452	2452
热耗/CJ·t^{-1}烧结矿	0.018～0.025	0.0127～0.0137	0.020～0.026

6.3 烧结

抽风带式烧结机具有生产能力大、机械化程度高、自动控制装置比较完善、劳动生产率较高、环境保护较好等优点，在铁矿粉烧结生产中得到了广泛采用。近年来，又设计了不同规格的、成套的新型烧结设备，使烧结厂的技术装备更为先进、完善。烧结机台车宽度有1.5 m、2.0 m、2.5 m、3.0 m、3.5 m、4.0 m、5.0 m几种。

6.3.1 风量与负压

6.3.1.1 烧结风量

烧结抽风风量必须满足：

(1) 点火燃料、固体燃料的燃烧；

(2) 排除烧结过程中产生的各种气体；

(3) 漏入的风量。

一般单位烧结面积的适宜风量，为 90±10 m^3(工况)/(m^2·min)，处理原料为褐铁矿、菱铁矿时取较大值。各种烧结机实际配备的主抽风机，风量见表 6-14。

表 6-14 各种烧结机单位面积风量实例

烧结机规格/m^2	18		24		50	75	90		130	450
抽风机额定风量/m^3(工况)·min^{-1}	1600	2000	2000	2300	4500	6500	8000	9000	12000	21000×2
单位烧结面积风量/m^3(工况)·(m^2·min)$^{-1}$	89	111	83	96	90	87	89	100	92	93
厂 名	昆钢烧结厂等	新疆八一厂等	鄂钢烧结厂等	广钢烧结厂、唐钢烧结厂等	天津铁厂烧结厂	鞍钢、首钢、包钢、武钢一烧等烧结厂	鞍钢烧结厂、武钢三烧等	首钢一烧(机冷)等	攀钢烧结厂、酒钢烧结厂、梅山烧结厂	宝钢烧结厂

在正常操作条件下抽风机实际抽风量均接近于风机额定风量，见表 6-15。

我国目前烧结主抽风机性能见表 6-16。

6.3.1.2 烧结负压

烧结负压对耗电影响很大，必须慎重选定。负压的高低与烧结过程很多因素有关，根

表 6-15　风机风量测定结果

烧结厂名称	风机规格	额定风量 /m^3(工况)·min^{-1}	实测风量/m^3(工况)·min^{-1}		烟气温度/℃
湘潭钢铁公司烧结厂	D2000-11	2000	1. 风箱阀门全开	2083	120
			2. 关三个风箱阀门	1935	
			3. 关六个风箱阀门	1923	
			4. 九个风箱阀门全关	1621	
			5. 一般生产条件	2010	
广州钢铁厂烧结车间	D2300-11	2300	料层厚 380 mm 时	2020～2591	107～123
昆明钢铁公司烧结厂	D1600-11	1600	1. 料层厚 200 mm 时	1611	90～110
			2. 料层厚 220 mm 时	1654	

表 6-16　我国烧结主抽风机系列及性能

序号	抽风机型号	进口流量 /m^3(工况)·min^{-1}	进口烟气温度/℃	负　压 /Pa	轴 功 率 /kW	电机功率 /kW	用于烧结机的面积 /m^2
1	SJ1600	1600	120	8826	334	500	18
2	SJ2000	2000	150	9807	480	680	24
3	SJ2000	2300	120	11768	668	680	24
4	SJ2500	2500	150	11768	716	850	24
5	SJ6500	6500	150	12258	1640	2000	75
6	SJ6500	7150	150	13484	1950	2000	75
7	SJ8000	8000	150	13729	2520	3200	90
8	SJ9000	9000	150	13729	2670	3200	90、100
9	SJ12000	12000	150	13729	3430	4000	130

据原料和操作条件，在保证产量、质量的前提下，选取适宜的负压值。

设计选用的负压一般在 10780～15680 Pa 之间。

6.3.1.3　风量、负压、生产率及电耗的关系

料层厚度接近 300 mm 时烧结的风量、负压、生产率及电耗之间的关系，首钢烧结厂根据试验测定，总结出如下经验公式：

$$P = k_1 q^{1.8} \tag{6-7}$$

$$v_{\perp} = k_2 q^{0.9} \tag{6-8}$$

$$q_{电} = k_3 q^{1.9} \tag{6-9}$$

式中　k_1, k_2, k_3——与原料性质及操作条件有关的系数；

P——风箱的负压，Pa；

$v_{\perp}$——垂直烧结速度，m/min；

q——单位面积风量，m^3(工况)/(m^2·min)；

$q_{电}$——单位烧结矿的电耗，(kW·h)/t。

上述关系式说明，风量增加，垂直烧结速度也增加，但风量增加采用提高负压的办法是不经济的。以攀钢烧结厂 1983 年的操作生产指标为例，提高负压后产量增加与电力消耗的经济分析见表 6-17。

按照攀钢烧结厂生产操作条件，中南工业大学推导出利用系数、负压和风机功率之间

表 6-17　提高负压后增产与电耗的经济分析

抽风机负压/Pa	11153	11432	11711	11989	12269	12547	12826
产量增加百分比/%	0	1.79	3.56	5.32	7.07	8.81	10.54
主风机电耗增加百分比/%	0	3.63	7.30	11.02	14.77	18.55	22.38
产量增量/t·(h·台)$^{-1}$	0	2.51	5.01	7.49	9.96	12.41	14.84
电耗增量/度·(h·台)$^{-1}$	0	115.99	233.25	351.75	471.49	592.44	714.60
增产与电耗对比/元·(h·台)$^{-1}$	0	−0.47	−1.63	−1.94	−2.93	−4.13	−5.53

注：表中电力价格按 0.096 元/(kW·h)计，烧结矿生产利润 4.25 元/t 烧结矿。

的关系如下：

$$q_{利} = K_1 p^{0.717} \tag{6-10}$$

$$N = K_2 p^{1.445} \tag{6-11}$$

式中　$q_{利}$——烧结机利用系数，t/(m^2·h)；

p——降尘管负压，Pa；

N——风机轴功率，kW；

K_1、K_2——常数。

6.3.2　厚料层烧结

厚料层烧结可以提高烧结矿的冷、热态强度，改善烧结矿的质量，降低烧结矿的氧化亚铁含量和提高烧结矿的还原性能。同时还能降低烧结燃料的消耗量，改善烧结厂的劳动条件，在采取改善料层透气性的措施后，可使烧结机产量不受或少受影响。

6.3.2.1　国内厚料层烧结实例

国内重点企业烧结厂料层厚度见表 6-18。

6.3.2.2　厚料层烧结与烧结矿产、质量

A　产量

我国烧结原料以精矿为主，提高料层厚度后，要使烧结机产量不受影响，必须改善料层的透气性，加强烧结料层的上部供热，提高烧结矿成品率，使烧结机的产量变化不受或少受影响。如武钢三烧的料层厚度由 1984 年的 300 mm 提高到 1985 年的 430 mm 以后，利用系数提高了 0.216 t/(m^2·h)，本钢一铁料层厚度由 280 mm 提高到 350 mm 以后，利用系数由 1.52 t/(m^2·h)上升到 1.56 t/(m^2·h)。有的厂提高料层厚度后，利用系数略有下降。

B　还原性及表层烧结矿强度

料层厚度提高后，烧结矿中的 FeO 含量降低，还原性改善。料层厚度对还原性影响实例见表 6-19。

在垂直烧结速度基本不变的情况下，料层厚度提高后，提高了表层烧结矿的强度。

6.3.2.3　厚料层烧结与节能

A　加强自动蓄热作用

在料层厚度为 180～220 mm 时，蓄热只占燃烧带入总热量的 35%～45%，当料层厚度为 400 mm 时可达 55%～60%。因此，提高料层厚度就可以降低烧结料中的燃料用量。

B　燃烧条件得到改善

表 6-18 国内部分烧结厂 1984 年至 1987 年料层厚度

厂 名	烧结机面积 /m^2	风机风量 /m^3(工况)·min^{-1}	风机负压 /Pa	1984 年 料层厚/mm	1985 年 料层厚/mm	1986 年 料层厚/mm	1987 年 料层厚/mm
重点企业平均	—	—	—	339	354	380	379
鞍钢二烧	75	6500	12258	329	346	358	361
鞍钢三烧	90	8000	13729	325	343	374	356
东鞍山烧结厂	75	6500	12258	319	331	335	
首钢一烧(机冷)	90(烧结)	9000	13729	450	454	470	468
首钢二烧(机冷)	75(烧结)	6500	12258	430	430	424	462
本钢一铁	75	6500	12258	345	332	328	336
本钢二铁	75	6500	12258	325	325	340	351
包钢烧结厂	75	6500	12258	361	400	400	396
太钢烧结厂	85	6500	12258	390	399	393	405
酒钢烧结厂	130	12000	14210	280	323	379	387
宣钢烧结厂	50、64			305	350	366	365
宝钢烧结厂	450	21000×2	19600			454	495
武钢一烧	75	6500	12258	318	372	394	409
武钢三烧	90	6500	11270	390	430	455	457
马钢一烧	26.5	2500	11768	337	356	397	400
马钢二烧	75	6500	12258	360	363	371	369
梅山烧结厂	130	7150×2	13484	355	352	349	354
攀钢烧结厂	130	12000	14210	294	329	375	373
天津铁厂烧结厂	50	4500		290	291	336	343
水钢烧结(机冷)厂	65(烧结)	7150	13484	327	345	403	418
重钢烧结厂	18	2000		344	340	342	350
湘钢烧结厂	24	2000		335	332	336	371

表 6-19 料层厚度对还原性影响实例

项 目	单 位	首钢烧结厂	太钢烧结厂
原烧结料层厚度	mm	352	290
提高后烧结料层厚度	mm	443	399
固体燃料消耗变化	kg/t	由 52 降到 49	由 76 降到 58
烧结矿中 FeO 含量变化	%	由 13.61 降到 10.82	由 11.81 降到 9.43

实行低碳厚料层操作时，供给燃料燃烧用的空气量相对增加，有利于完全燃烧反应($C+O_2=CO_2+3.4\times10^7$ J/kg)的进行，而不完全燃烧反应($2C+O_2=2CO+1.04\times10^7$ J/kg)受到抑制，减少了由于不完全燃烧造成的热量损失。表6-20是不同料层烧结时

表 6-20 不同料层烧结时的烟气成分

料 层	烟气成分/%			$\frac{CO}{CO+CO_2}$	空气过剩系数
	CO_2	CO	O_2		
高碳薄料层	17.3	3.5	4.1	0.166	1.24
低碳厚料层	18.8	1.3	4.3	0.065	1.26

的烟气成分。

C 氧化放热反应加强

低碳操作,加强了烧结料中低价铁氧化物氧化放热反应($2Fe_3O_4 + \frac{1}{2}O_2 = 3Fe_2O_3 + 2.3\times10^5$ J)的进行,减少了高价铁氧化物分解所消耗的热量,使燃料用量降低。

我国一些烧结厂采用厚料层烧结的生产实践表明,料层由 220 mm 提高到 300 mm 以上时,料层每提高 10 mm,燃耗可降低 1～3 kg/t。

6.3.2.4 改善料层透气性的措施

实行厚料层烧结必须提高料层的透气性。改善透气性的措施有:

(1) 加强原料混匀作业,稳定配料系统;

(2) 添加生石灰;

(3) 延长混合造球时间,强化混合造球作业;

(4) 预热混合料;

(5) 改进烧结机布料系统;

(6) 改进点火工艺及其设备;

(7) 采用松料器;

(8) 采用铺底料工艺等。

上述措施在有关章节中叙述。松料器的使用情况及结构如下:

梅山烧结厂 1 号和 2 号烧结机安装了松料器以后,利用系数提高,1 号机提高了 19.58%,2 号机提高了 12.13%～16.78%,料层厚度由 280 mm 提高到 350～360 mm,能耗进一步降低。

西林钢铁厂烧结车间松料器结构见图 6-11。首钢烧结厂松料器结构见图 6-12。

6.3.3 台车运行速度

6.3.3.1 台车运行速度计算

烧结混合料的垂直烧结速度与原料烧结特性及料层透气性有关,应由试验确定。根据烧结机的面积,选择合适的长宽比例,确定烧结机的长度。根据下式即可确定烧结机的运行速度。

$$v = L_{效} v_{\perp} / h \tag{6-11}$$

式中 v——烧结机台车运行速度,m/min;

$L_{效}$——烧结机有效长度,m;

$v_{\perp}$——混合料垂直烧结速度,根据试验确定,m/min;

h——料层厚度,一般为 400±100 mm。

6.3.3.2 台车运行速度的调节

台车运行速度是可调的,其调节范围一般按最大机速为最小机速的三倍考虑。即

$$v_{最大} : v_{最小} = 3:1$$

表 6-21 示出了不同烧结机的设计调速范围。

6.3.4 烧结终点

6.3.4.1 风箱烟气温度及烧结终点

在烧结过程中,烟气温度的变化曲线如图 6-13 所示,通常以烟气温度开始下降的瞬间的

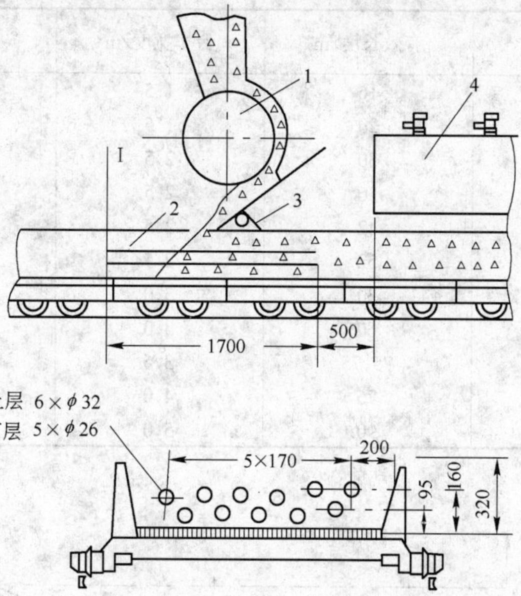

图 6-11　西林钢铁厂烧结车间松料器结构

1—圆辊给料器；2—松料器；3—平料板；4—点火器

位置判为烧结终点。

6.3.4.2　烧结终点的判断和计算

生产上，烧结过程的终点通过机尾风箱烟气温度来判断，一般烧结终点控制在倒数第二个风箱，即在此风箱的烟气温度达到最高点。例如对 75 m^2 烧结机而言，倒数第二个风箱的烟气温度为 300～350℃，最末一个风箱的烟气温度为 250～300℃，当此风箱烟气温度超出上述范围时，说明烧结终点发生了变化，必须调整机速到正常状态。

烧结终点的判断和控制还有双参数终点控制法，该法除风箱烟气温度外，还选用风箱的负压或降尘管的负压作为控制烧结终点的第二个参数。

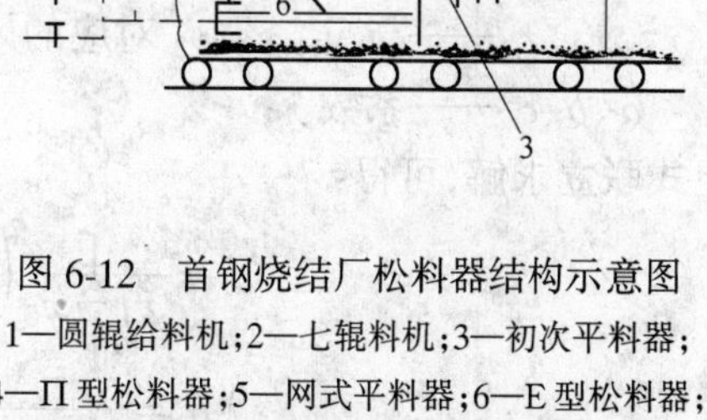

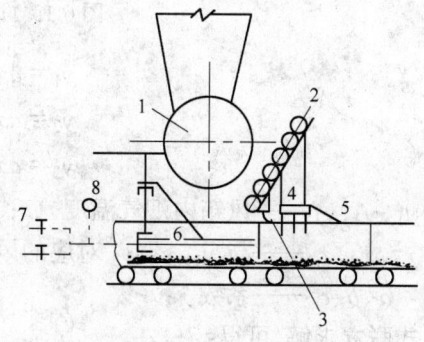

图 6-12　首钢烧结厂松料器结构示意图

1—圆辊给料机；2—七辊料机；3—初次平料器；

4—Π 型松料器；5—网式平料器；6—E 型松料器；

7—通气(汽)管；8—气(汽)压表

宝钢烧结机烧结终点的位置和温度由仪表检测，计算机进行运算处理，在 CRT 画面上显示，起监视作用。

由图 6-13 可见，风箱－温度曲线的后段近似二次函数曲线，由曲线的最高三点的温度可以计算出烧结终点的位置和温度。

表 6-21　烧结机设计调速范围

烧结机有效面积/m^2	有效长度/m	台车宽度/m	设计调速范围/$m\cdot min^{-1}$
24	16	1.5	0.6386~1.935
30	20	1.5	0.6386~1.935
75	30	2.5	0.84~2.52
90	36	2.5	0.84~2.52
105	42	2.5	0.84~2.52
130	52	2.5	1.3~3.9
90(机冷)	30	3.0	0.7~2.1
180	60	3.0	1.5~4.5
265	75.75	3.5	2.06~6.18
300	75	4.0	1.7~5.1
450	90	5.0	2.4~7.2

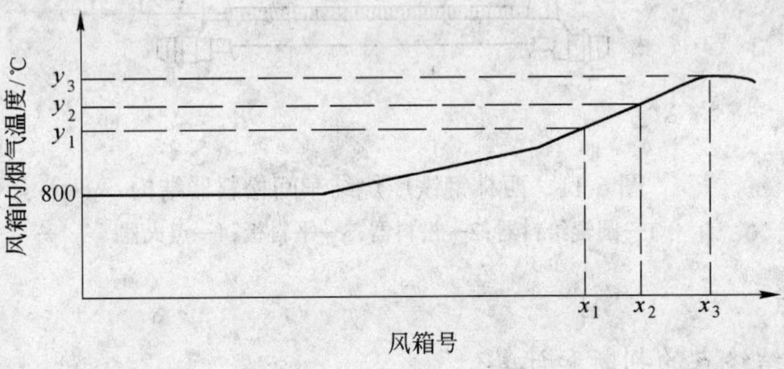

图 6-13　风箱－温度曲线

$$y_1 = ax_1^2 + bx_1 + c \tag{6-12}$$

$$y_2 = ax_2^2 + bx_2 + c \tag{6-13}$$

$$y_3 = ax_3^2 + bx_3 + c \tag{6-14}$$

式中　y_1、y_2、y_3——风箱内烟气温度,℃;

x_1、x_2、x_3——与 y_1、y_2、y_3 对应的风箱号;

a、b、c——系数。

上式联立求解,可得:

$$a = \frac{1}{x_1 - x_3}\left(\frac{y_1 - y_2}{x_1 - x_2} - \frac{y_2 - y_3}{x_2 - x_3}\right)$$

$$b = \frac{y_1 - y_2}{x_1 - x_2} - a(x_1 + x_2)$$

$$c = y_1 - ax_1^2 - bx_1$$

设烧结终点的位置为 x_{max},由于 $y = ax^2 + bx + c$ 的微分值为零,因此:

$$\frac{dy}{dt} = 2ax_{max} + b = 0$$

$$x_{\max}=-\frac{b}{2a} \tag{6-15}$$

$x_{\max}$即为最高温度($y_{\max}$)所对应的风箱位置,即烧结终点的位置,把 $x_{\max}$的值代入式(6-12)、式(6-13)和式(6-14)中的任一式,则:

$$y_{\max}=ax_{\max}^2+bx_{\max}+c \tag{6-16}$$

即可求出烧结终点的温度 $y_{\max}$。

6.3.5　有关参数及指标的计算

6.3.5.1　透气性

计算透气性的 E.W. 沃伊斯(Voice)基本公式是:

$$M=\frac{Q}{A_{效}}\times\frac{h^m}{P^n} \tag{6-17}$$

式中　M ——透气性,JPU(单位见下面说明);

Q ——通过料层的风量,m^3(工况)/min;

$A_{效}$——有效烧结面积,m^2;

h ——烧结料层厚度,mm;

P ——抽风负压,Pa;

m、n ——系数。

透气性的单位有英国的 BPU、日本的 JPU 及一般 t·m·min 单位,其换算关系如表 6-22 所示。

表 6-22　不同透气性单位的换算关系

单　位	BPU	JPU	t·m·min
BPU	1	0.3047	4.829×10^{-3}
JPU	3.282	1	0.01585
t·m·min	207.1	63.1	1

m、n 值应根据具体原料条件和操作制度通过实验确定。过去一般按 $m=n=0.6$ 来计算。

中南工业大学研究认为,料层、负压提高后,m、n 值均有变化。该大学根据攀钢烧结厂原料情况及操作条件得出 $m=0.562$,$n=0.717$。

6.3.5.2　垂直烧结速度

垂直烧结速度可用下式计算:

$$v_{\perp}=\frac{h-h_{铺}}{t} \tag{6-18}$$

式中　$v_{\perp}$——垂直烧结速度,mm/min;

h ——料层厚度,mm;

$h_{铺}$——铺底料层厚度,mm;

t ——烧结时间,min。

垂直烧结速度一般通过试验确定,也可参照类似企业生产经验选取,处理富矿粉的大型烧结机垂直烧结速度可按 23±5 mm/min 考虑。

垂直烧结速度必须指明在一定的真空度和一定的料层厚度下才有比较意义。

6.3.5.3 烧损率

烧损率按下式计算：

$$I_g=\frac{g_1-g_2}{g_1}\times100\% \tag{6-19}$$

式中 I_g——烧损率，%；

g_1——加热前的试样重量；

g_2——加热后的试样重量。

测定方法是将干试样在一定的温度下，加热一定时间。

6.3.5.4 烧成率

烧成率（%）按下式计算：

$$烧成率=\frac{烧结饼}{混合料+铺底料}\times100\% \tag{6-20}$$

式中烧结饼为烧结机尾卸下的物料重量，混合料为含铁原料（锰矿烧结为含锰原料）、熔剂、返矿、燃料的重量之和，铺底料为烧结机上铺底料的重量。

6.3.5.5 成品率

成品率按下式计算：

$$成品率=\frac{成品烧结矿}{混合料}\times100\% \tag{6-21}$$

式中成品烧结矿为烧结厂向外输送的筛上成品烧结矿，混合料同上。

6.3.5.6 返矿率

返矿系机尾筛分筛下物料及整粒系统小于 5 mm 的筛下物料之和。

$$返矿率=\frac{返矿}{混合料}\times100\% \tag{6-22}$$

6.3.5.7 脱硫率

脱硫率按下式计算：

$$脱硫率=\frac{s_1-s_2}{s_1}\times100\% \tag{6-23}$$

式中 s_1——干混合料的平均含硫量，%；

s_2——烧结矿的平均含硫量，%。

6.3.5.8 孔隙率

孔隙率计算可按照料块或是按料层断面来计算。

按料块计算：

$$\varphi=\left(1-\frac{\gamma_{块}}{\gamma}\right)\times100\% \tag{6-24}$$

按料层断面计算：

$$\varphi=\left(1-\frac{\gamma_{层}}{\gamma_{块}}\right)\times100\% \tag{6-25}$$

式中 φ——孔隙率，%；

γ——料块密度，t/m^3；

$\gamma_{层}$——料层堆积密度，t/m^3；

$\gamma_{块}$——料块的堆积密度，t/m^3。

6.3.6 烧结机密封

减少烧结机抽风系统的漏风，对节省主抽风机电能消耗和提高烧结矿的产质量都有重要的作用。因此，必须加强烧结机的密封。

6.3.6.1 机头机尾两端的密封

国内有些烧结厂由于烧结机结构陈旧，漏风率较大，一般为50%～60%。对于这样的老烧结机，可将两端的密封板装在金属弹簧上，密封板靠弹簧弹力顶住，与台车底面紧密接触，达到密封的目的。

新型烧结机多采用重锤连杆式端部密封装置（图6-14），机头设1组，机尾设1～2组。密封板由于重锤作用向上抬起与台车本体梁下部接触，为防止台车梁磨损，密封板与台车梁之间一般留有1～3 mm的间隙。密封装置与风箱之间采用挠性石棉板等密封，可以进一步提高密封效果。

6.3.6.2 滑道密封

过去烧结机采用水压式密封装置、弹簧式密封装置等，漏风都很严重。图6-15为台车滑板新式弹簧式密封装置。密封板装在台车的两侧，由密封滑板、弹簧、销轴、销和门形框架等组成。密封板装在门形框体内，由弹簧施加必要的压力。销轴用来防止密封板纵向或横向移动。销轴在台车体的孔中有较大活动位置，才能使密封板紧紧地压到滑道上。弹簧放在密封板凹槽内。门形框体用螺栓固定在台车体上，要保证小于台车体1～1.5 mm，以防止台车相互接触时把门形框体撞掉，但间隙不能过大，以免加重漏风。

6.3.7 漏风及测定

6.3.7.1 产生漏风的主要部位

从抽风机到风箱与台车之间，影响烧结机漏风的主要部位是：

(1) 烧结机风箱头部及尾部；

(2) 台车两侧的滑板和滑道之间；

(3) 主抽风系统各个连接法兰和降尘管下部双层漏灰阀处。

昆钢二烧1980年实测各段漏风率见表6-23。

广钢烧结厂1985年实测抽风系统漏风率见表6-24。

攀钢烧结厂1980年对3号烧结机抽风系统的漏风率进行了测定，总漏风率为58.8%，其中台车至风箱弯管的漏风率为51.29%。

上述三个厂中，昆钢二烧和攀钢为老式密封装置的烧结机，广钢为新式密封装置形式的烧结机。主要漏风部位为烧结机到风箱弯管这一段。

6.3.7.2 漏风率测定方法

测定漏风率的方法有：流量法、断面风速法、密封法、热平衡法、烟气分析法五种，前四种由于受到各自测定方法的局限未能得到普遍采用，而烟气分析法由于测定结果比较准确、可靠，在实践中得到了广泛的应用。

烟气分析法的测定方法是，取所测部位前后测点烟气成分分析结果，按物质平衡进行漏风率计算时，根据烟气中不同成分浓度的变化列出平衡方程，找出前后风量的比值和成

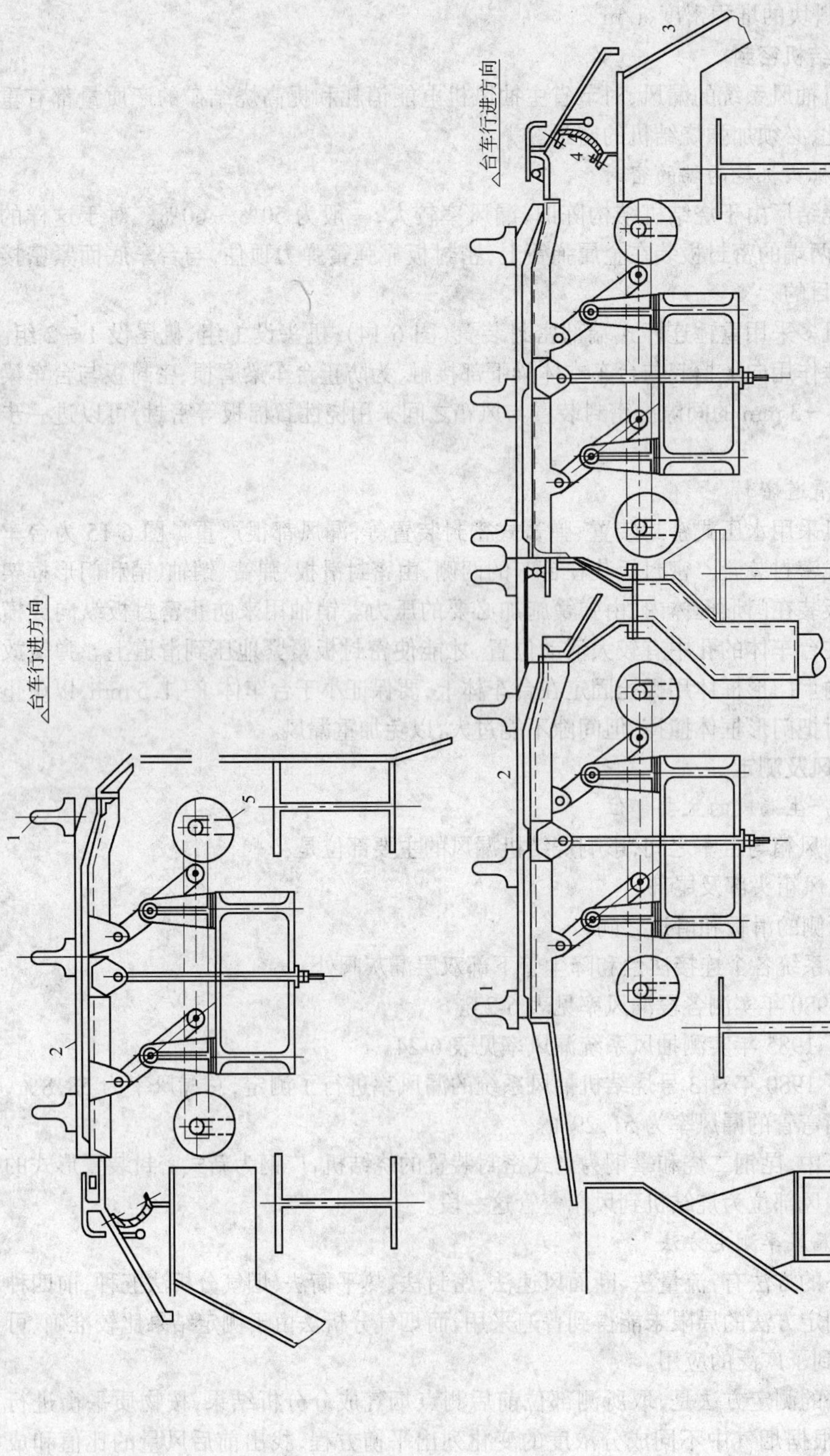

图 6-14　重锤连杆式机头机尾密封装置

1—台车；2—密封板；3—风箱；4—挠性石棉密封板；5—重锤

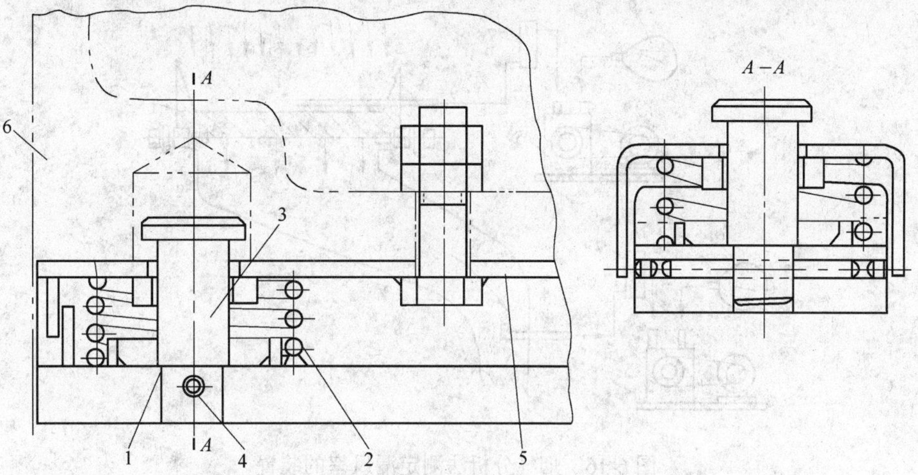

图 6-15 弹簧密封装置

1—密封滑板;2—弹簧;3—销轴;4—销;5—门形框体;6—台车车体

表 6-23 昆钢二烧各段漏风率/%

烧结机号	台车箅条—弯管	弯管—多管前	多管前—多管后	多管后—抽风机后
1号	55.39	7.76	2.6	1.35
2号	55.68	0.56	6.48	1.62

表 6-24 广钢烧结厂抽风系统漏风率/%

烧结机号	烧结机	管 网	除尘器	整个系统
1号	33.2	10.7	6.2	50.1

分浓度变化之间的关系,从而间接算出漏风率。

烟气分析法的测定过程:当烧结机处在正常生产状态,料面平整,操作稳定时,在布料之前把取样管放在台车箅条上面,随台车移动,或把取样管固定在每一个风箱的最上部,当测定整个烧结机抽风系统的漏风率时,台车上的烟气样应按风箱位置从机头连续地取到机尾。当取样管相继经过各个风箱时,同时从台车上、风箱立管里和除尘器的前后用真空泵和球胆抽出烟气试样(见图 6-16),并用皮托管、压差计和温度计测出各个风箱和除尘器前后的动压、静压和烟气温度,再用气体分析仪分析烟气试样中的 O_2、CO_2、CO 的百分含量,以便进行漏风率的计算。

烧结机抽风系统漏风的测定一般是分为两段进行的。第一段是从烧结机台车至各风箱闸门后的风箱立管之间,第二段是从降尘管至主抽风机入口之间。因此,漏风率的计算也可按以上两段分段进行。

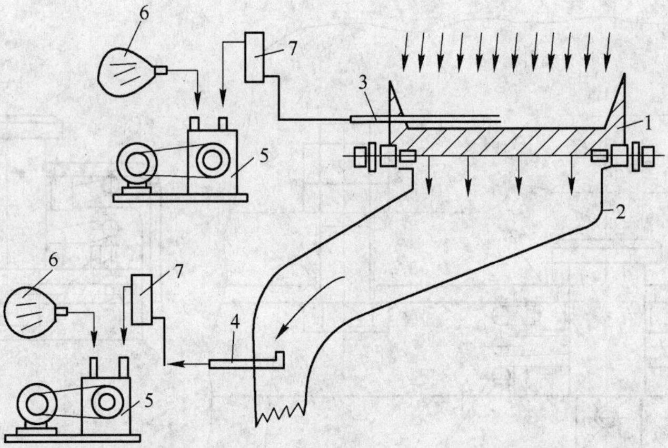

图 6-16　烟气分析法测定漏风率的装置

1—台车；2—风箱；3—炉箅处烟气取样管；4—风箱弯管处烟气取样管；5—真空泵；6—装气球胎；7—干式除尘器

6.3.7.3　漏风率的计算

根据得到的各个不同测定部位的烟气成分、风箱立管及抽风系统管道的动压、静压和烟气温度数据即可进行分段或总漏风率的计算。一般有下面两种计算式：

(1) 氧平衡计算式：

$$K_{O_2}=\frac{O_2(\text{后})-O_2(\text{前})}{O_2(\text{大气})-O_2(\text{前})}\times 100\% \tag{6-26}$$

式中　K_{O_2}——以测点前后氧含量变化求得的漏风率，%；

O_2(前)、O_2(后)、O_2(大气)——所测部位前测点、后测点和大气中氧含量的体积百分数，%。

氧平衡计算式是目前用得最多的计算式。因为氧是烟气中三种主要成分中的主要成分，在烧结过程中各风箱烟气的氧含量呈规律性变大，所取烟气试样中的氧含量比较稳定，可以放置较长时间再分析成分。但是，由于烧结烟气温度较高，特别是在最后几个风箱的炉箅条上取样时，取样管易氧化，影响气体分析结果。应予注意的是，当抽取的烟气中氧含量浓度接近大气氧含量浓度时，气体分析中只要有百分之零点一的误差，就可能导致分析结果较大的误差，这是用氧平衡计算式计算漏风率的不足之处。

(2) 碳平衡计算式

$$K_C=\frac{\left[\frac{3}{11}\times CO_2(\text{前})+\frac{3}{7}CO(\text{前})\right]-\left[\frac{3}{11}\times CO_2(\text{后})+\frac{3}{7}CO(\text{后})\right]}{\frac{3}{11}\times CO_2(\text{前})+\frac{3}{7}CO(\text{前})}\times 100\% \tag{6-27}$$

式中　K_C——以测点前后碳含量变化求得的漏风率，%；

CO_2(前)、CO(前)——所测部位前测点烟气中二氧化碳和一氧化碳的体积百分数，%；

CO_2(后)、CO(后)——所测部位后测点烟气中二氧化碳和一氧化碳的体积百分数，%。

烧结机各风箱所测部位的漏风率取上述二种计算结果的算术平均值：

$$K_i=(K_{O_2}+K_C)/2 \tag{6-28}$$

式中　K_i——烧结机各风箱所测部位的漏风率,%。

各风箱所测部位的漏风率以立管中流量大小进行加权平均可得烧结机的漏风率:

$$K_{机} = \frac{\sum_{i=1}^{n}(Q_i K_i)}{\sum_{i=1}^{n} Q_i} \tag{6-29}$$

$$Q_i = 60Ak_p\sqrt{\frac{2gP_d}{\gamma} \times \frac{273\ P}{760(273 + t_c)}} \tag{6-30}$$

式中　$K_{机}$——烧结机的漏风率,%;

n——风箱编号;

Q_i——第 i 个风箱立管中烟气的流量,标 m^3/min;

A——烟气管道截面积,m^2;

k_p——皮托管修正系数;

g——重力加速度,9.81 m/s^2;

P——管道内烟气绝对压力,Pa;

t_c——管道内烟气干球温度,℃;

P_d——管道内烟气动压平均值,Pa;

γ——烟气在标态下的重度,约为 1.28 kg/标 m^3。

γ 也可按下式计算:

$$\gamma = 1.77CO_2 + 0.804H_2O + 1.251N_2 + 1.429O_2 + 1.250CO$$

式中各成分在进行气体成分分析时为湿基百分含量,二氧化碳、氮、氧和一氧化碳为分析值,水蒸气为实测值,各成分之和为 100%。

将所测部位前后测点烟气所含 CO_2 和 CO 的体积百分数代入式(6-27)碳平衡方程式计算得出的结果与用式(6-26)氧平衡计算式计算的结果很接近。

单独使用任一计算式计算漏风率,都有其不足之处,而用以上两式的平均值,可互相弥补不足。

在以上漏风率的分段计算中,第一段是以风箱弯管中的烟气流量为 100%计算的,第二段是以主抽风机入口处的烟气流量为 100%计算的,如果要计算烧结机抽风系统的总漏风率,则要把第一段计算的漏风率折算成以主抽风机入口处烟气流量为 100%的漏风率,再加上第二段的漏风率,即为总漏风率。

6.3.8 烧结室的配置

6.3.8.1 一般原则

(1) 烧结室的厂房配置,应全面考虑工艺操作要求及满足有关专业的需要。当车间分期建设时,应考虑扩建的可能性。

(2) 在一个烧结室内烧结机的台数,最多不宜超过 2 台。对于大型烧结机,一般一个烧结室内只配置一台。

(3) 烧结机中心距,应根据烧结机传动装置外形尺寸、冷却形式以及检修条件而定。

(4) 在保证工艺合理,操作和检修都安全方便的前提下,应尽可能降低厂房标高。但是,在确定烧结机操作平台的标高时,应考虑以下因素:

1) 机尾采用热矿筛时,热矿筛的倾角一般为5°左右,筛分面积一般为烧结机面积的8%~10%。

2) 机尾返矿仓一般需设在地面以上,避免置于地下,有条件时应将部分做成敞开式的,以改善操作环境。

3) 通过机尾的双混合料带式输送机系统,两条带式输送机的中心距应比同规格的一般双胶带系统宽1.0~1.5 m。

4) 机尾热返矿用链板运输机运输时,应考虑双系统,为了便于链板的检修和改善操作环境,两条链板之间应留有足够的净空。

5) 烧结机基础平面和机尾散料处理方式,是影响标高的因素之一。如何处理应结合具体情况决定,这两部分散料不应作为返矿,应尽可能送至机尾热矿筛,筛出成品烧结矿,无热矿筛时直接送整粒系统。

(5) 计器室、润滑站及助燃风机的设置:

1) 中小型烧结机计器室应设在机头的操作平台上,面向机头的一侧与机头平台孔边的距离一般不小于2.5 m,大型烧结机应在主厂房之外单独设置电气控制室,把全厂的自控和检测集中起来,以适应全厂自动化水平的要求。

2) 烧结机润滑站一般应设在机头操作平台上,因润滑设备较精密,混入灰尘容易损坏。当油泵的压力不能满足尾部润滑点的要求时,润滑站可按具体情况另行配置。大型烧结机,一般应在主厂房外单独设置主机润滑站,分系统集中自动润滑。

3) 点火器的助燃风机工作时振动大、噪声强,不宜设在二次混合平台或计器室的房顶上,一般设置在±0.00 m平面或小格平台为宜。

(6) 烧结室为多层配置的厂房,并且设备较多,各层平台的安装孔和其他检修条件在布置时应考虑下列因素:

1) 台车的安装孔,一般设置在室内的一侧,并在同侧的±0.00 m平面设台车修理间。

2) 当二次混合机设在烧结室高跨时,应考虑烧结机的传动装置与混合机可共用一个检修吊车。混合机操作平台需设通至±0.00 m平面及烧结机传动装置的安装孔。

不论二次混合机是否设在烧结室,烧结机传动装置上面的平台应留安装孔,并设活动盖板,孔内如有过梁应做成可拆卸的,便于传动装置的检修。

3) 烧结室上面给料的带式输送机平台需有吊装带式输送机头轮及其传动装置的安装孔和其他设施。

4) 在烧结机操作平台的两台烧结机之间应铺设一段轨道,以备检修时堆放台车,台车检修间可设在±0.00 m平面。

5) 烧结机尾部各层平台应考虑设备吊装的可能。

6) 当二次混合机设在烧结室时,因厂房较高,可设客货电梯,最高层通到二次混合给料平台。大型烧结机烧结室应设电梯。其他根据具体情况确定。

(7) 劳动保护及安全设施:

1) 烧结机操作平台除中部台车外,烧结机的头部和尾部均应设密封罩及排烟气罩;混合料带式输送机及二次混合机排料口,一般需设排气罩及排气管;混合料矿仓上面的进料口应设箅板,返矿运输系统应有密封排气罩。受料点应考虑除尘;除尘器和降尘管的灰尘运输设备应该密闭,除尘器的灰尘应经湿润后方能进入下一工序。

2) 各层平台之间及局部操作平台应设置楼梯,其数量及位置应按具体情况合理布置;平台上一般只设过人的走道,在不靠近设备运转部分,宽度应不小于 0.8 m,靠近设备运转部分应不小于 1.0 m;过道上净空高度,在局部最低点应不小于 1.9 m;平台上所有安装孔,应根据需要设保护栏杆和金属盖板。

3) 室内地坪、平台、墙及楼梯上的灰尘,一般应考虑用水冲洗。

(8) 烧结室的房盖和墙:

1) 对于中、小型烧结机,在北方地区,烧结室一般需有房盖及墙(机尾局部可以不设墙);在南方地区,一般需有房盖,半墙及雨搭;不论南北方地区,烧结机上面的房盖需设天窗,混合机操作平台靠点火器的一侧需设隔墙,以防止烧结过程产生的烟气、灰尘进入,恶化操作环境;

2) 对于大型烧结机,因为烧结机较长,两边的温度差容易使烧结机跑偏。因此,从小格平台以上应考虑全墙封闭,小格平台的墙上开百叶窗,操作平台的墙上设采光玻璃窗,小格平台和操作平台墙边,从机头至机尾应设置箅条状的通风道,使这两层平台的热量以对流的方式,由下向上从烧结室顶部排出,降低环境温度,并防止烧结机因两侧空气流动引起的温差而跑偏。烧结机上面的房盖需设天窗。

6.3.8.2　烧结厂烧结室配置实例

烧结厂烧结室配置实例见图 6-17(a~i)。

6.3.9　强化烧结过程的措施

强化烧结过程是提高产量、改善质量和降低成本的需要,其途径是多方面的,包括工艺、设备、操作制度等。

6.3.9.1　提高混合料温度

烧结厂提高混合料温度的主要措施是:采用热返矿或在二次圆筒混合机内加蒸汽,对于以烧精矿为主的烧结厂,为了减少过湿现象,改善料层透气性,提高料温更有必要。

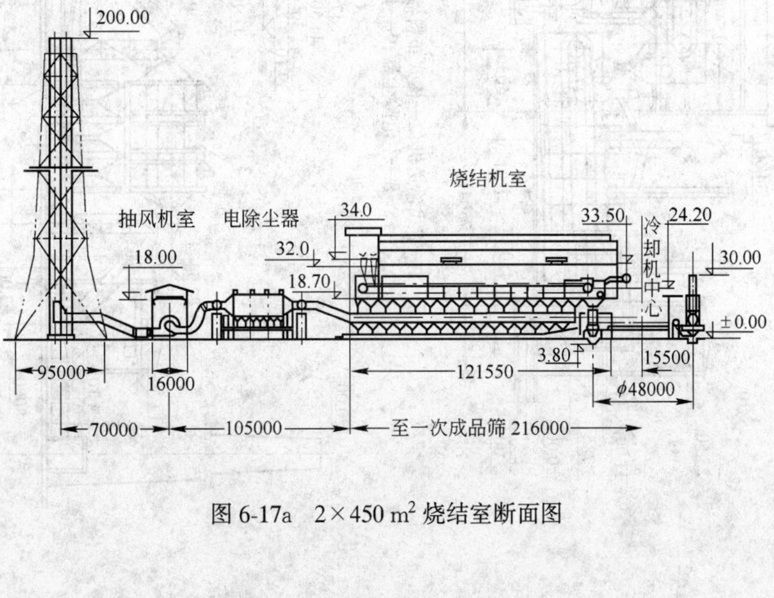

图 6-17a　2×450 m² 烧结室断面图

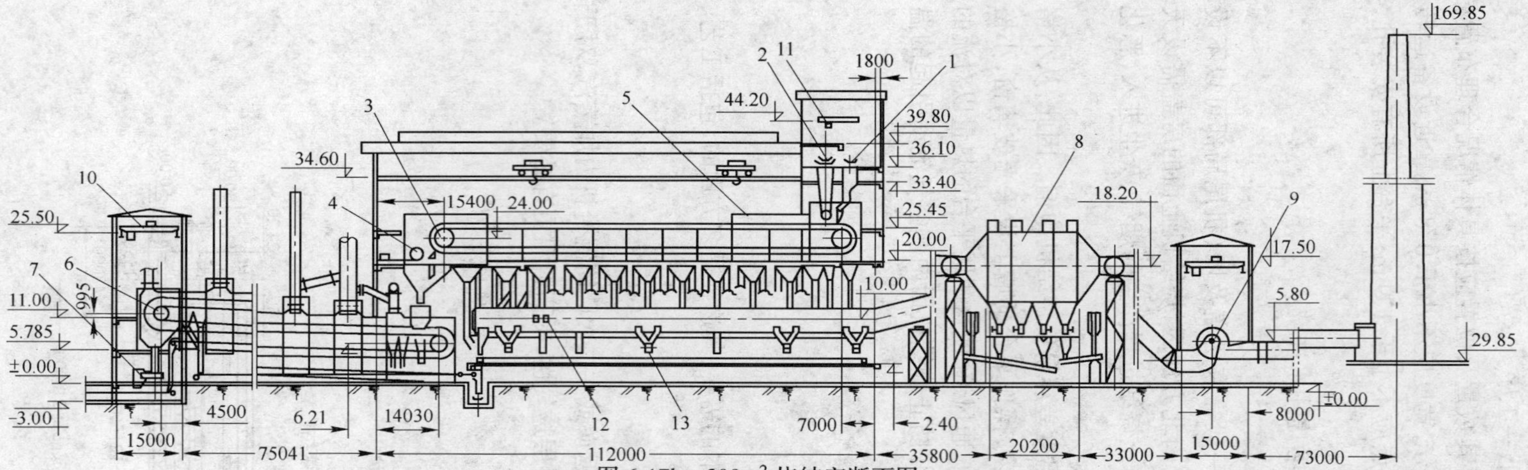

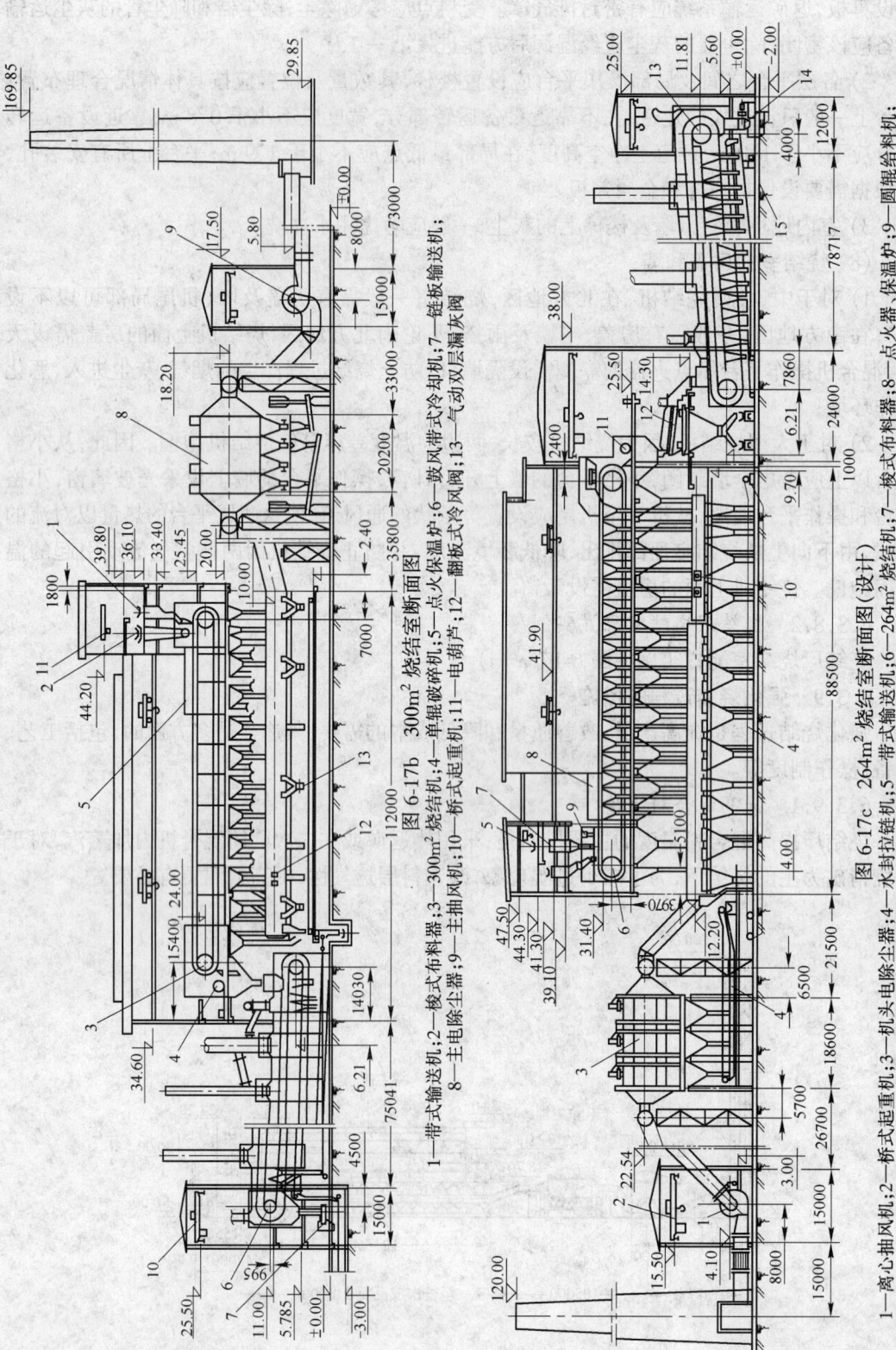

图 6-17b 300m² 烧结室断面图

1—带式输送机；2—梭式布料器；3—300m² 烧结机；4—单辊破碎机；5—点火保温炉；6—鼓风带式冷却机；7—链板输送机；8—主电除尘器；9—主抽风机；10—桥式起重机；11—电葫芦；12—翻板式冷风阀；13—气动双层漏灰阀

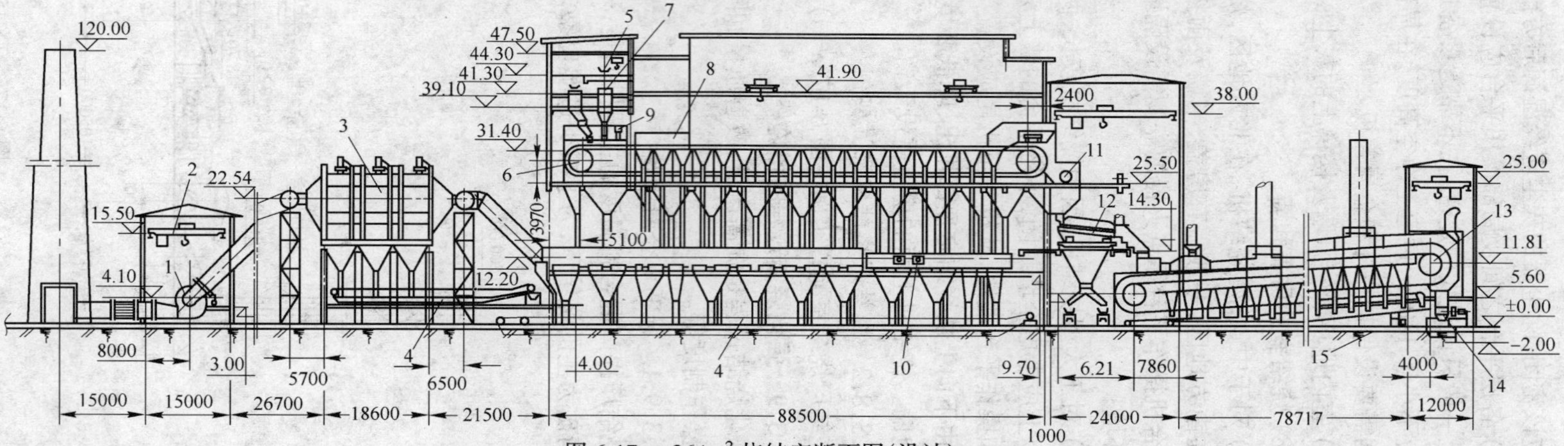

图 6-17c 264m² 烧结室断面图(设计)

1—离心抽风机；2—桥式起重机；3—机头电除尘器；4—水封拉链机；5—带式输送机；6—264m² 烧结机；7—梭式布料器；8—点火器、保温炉；9—圆辊给料机；10—冷风吸入阀；11—单辊破碎机；12—热矿振动筛；13—鼓风带式冷却机；14—板式给矿机；15—冷却鼓风机

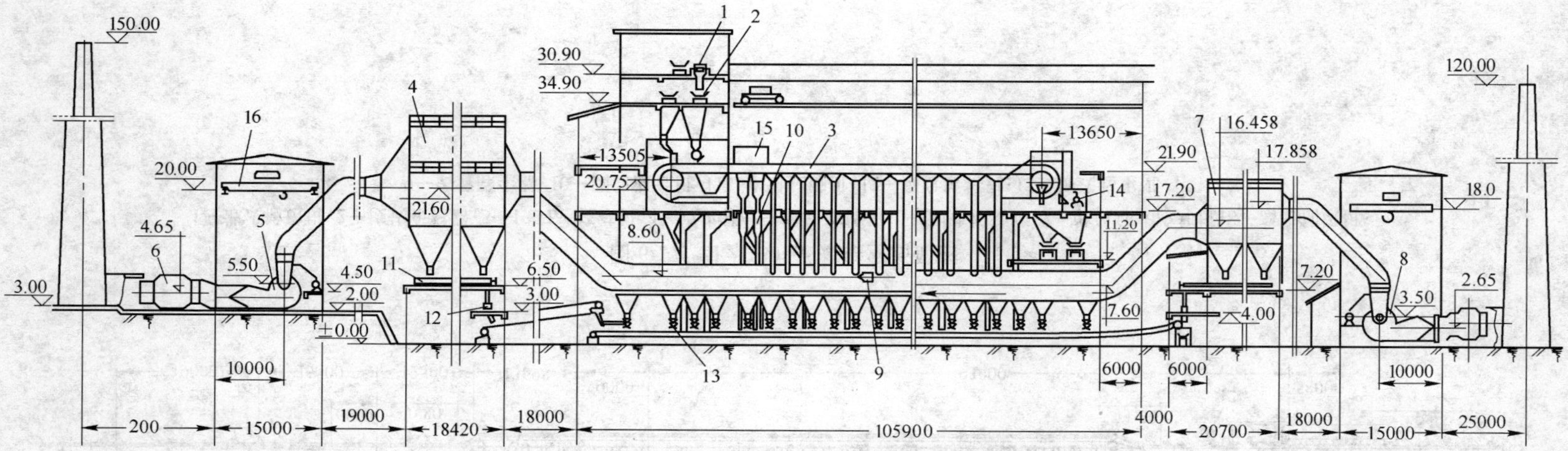

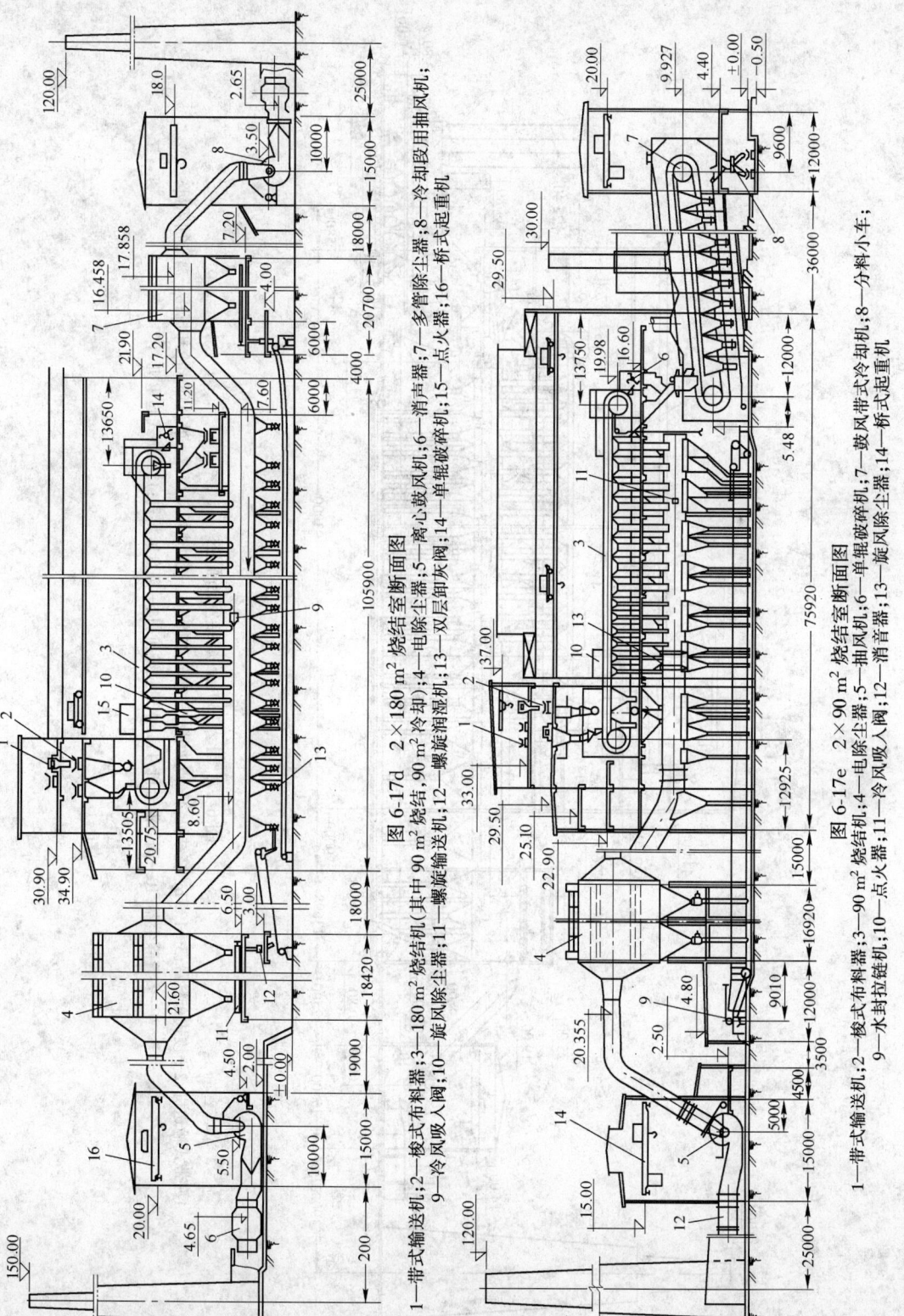

图 6-17d 2×180 m² 烧结室断面图

1—带式输送机；2—梭式布料器；3—180 m² 烧结机（其中 90 m² 烧结，90 m² 冷却）；4—电除尘器；5—离心鼓风机；6—消声器；7—多管除尘器；8—冷却段用抽风机；9—冷风吸入阀；10—旋风除尘器；11—螺旋输送机；12—螺旋润湿机；13—双层卸灰阀；14—单辊破碎机；15—点火器；16—桥式起重机

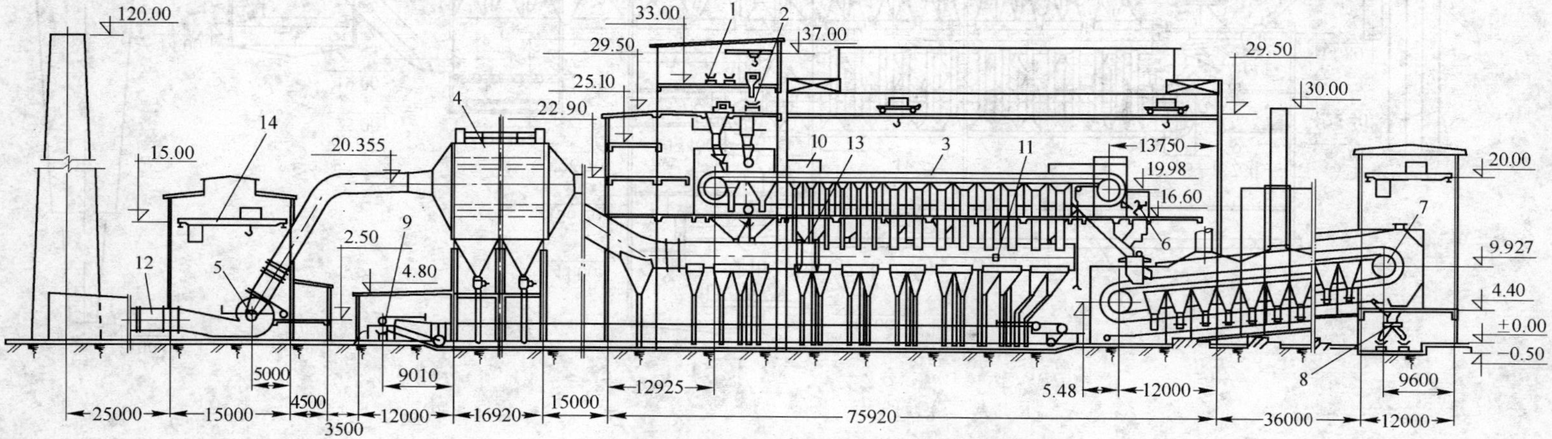

图 6-17e 2×90 m² 烧结室断面图

1—带式输送机；2—梭式布料器；3—90 m² 烧结机；4—电除尘器；5—抽风机；6—单辊破碎机；7—鼓风带式冷却机；8—分料小车；9—水封拉链机；10—点火器；11—冷风吸入阀；12—消音器；13—旋风除尘器；14—桥式起重机

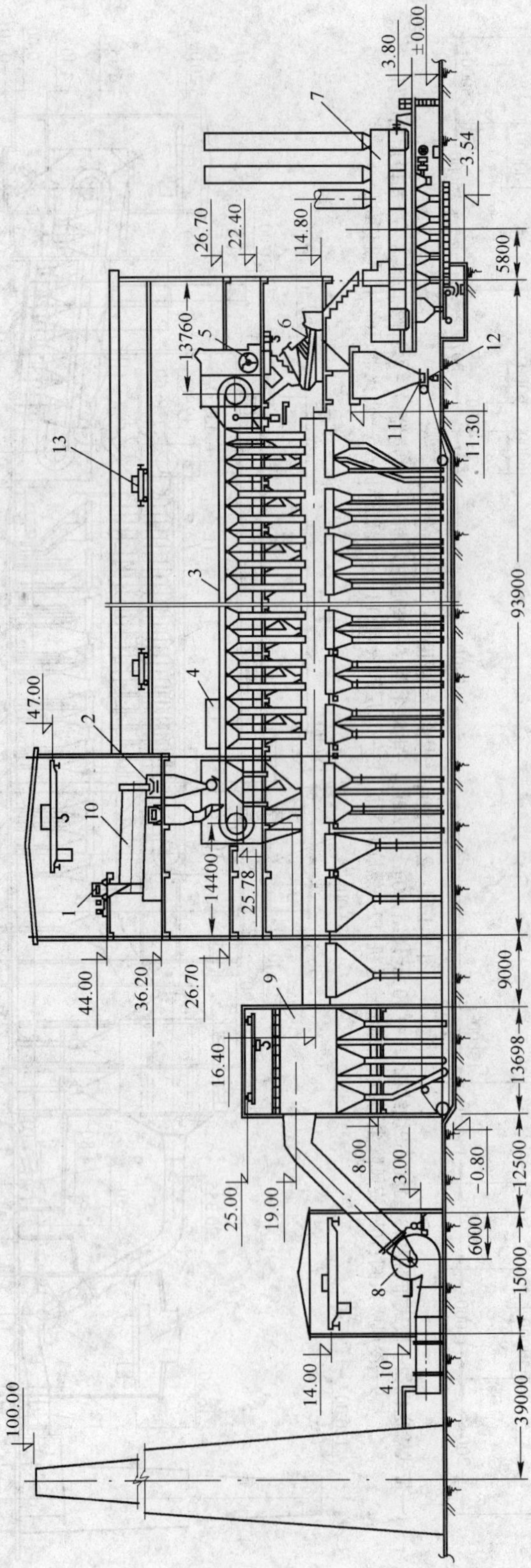

图 6-17f　1×130 m² 烧结室断面图

1—带式输送机；2—梭式布料器；3—130 m² 烧结机；4—点火器；5—单辊破碎机；6—耐热振动筛；7—鼓风环式冷却机；8—离心抽风机；
9—多管除尘器；10—圆筒混合机；11—水封拉链机；12—圆盘给料机；13—桥式起重机

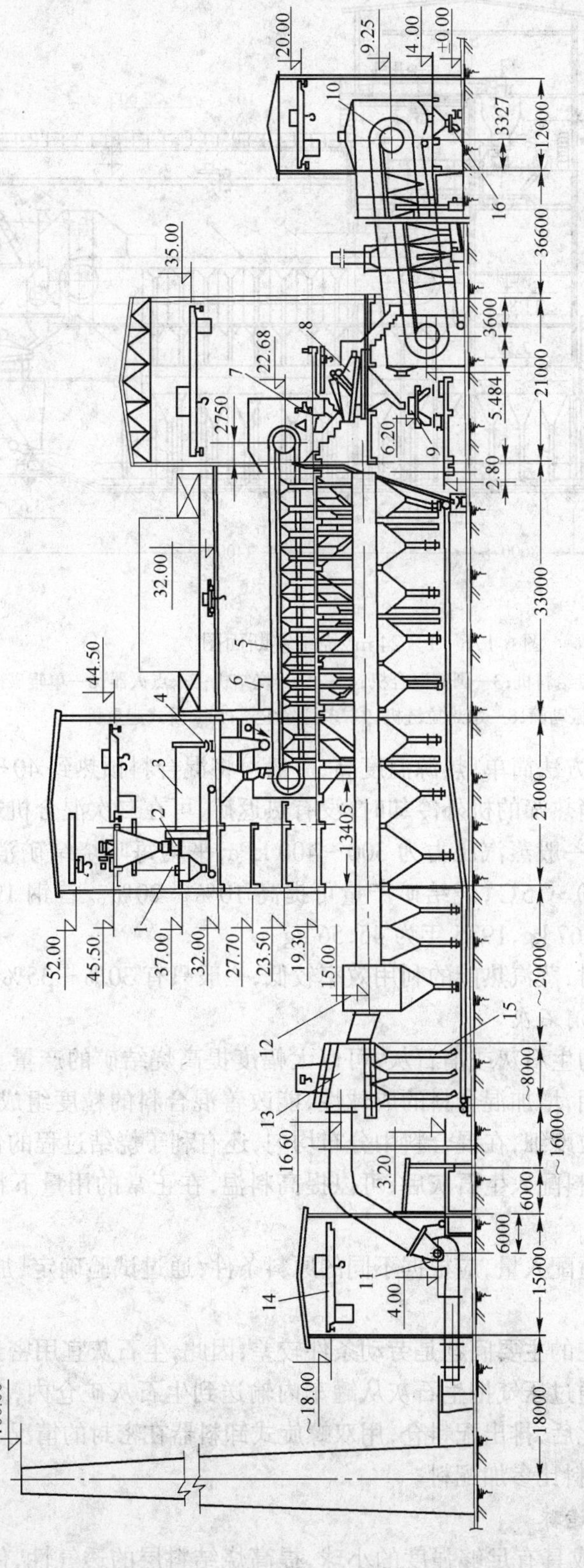

图 6-17g 2×75 m² 烧结室断面图

1—带式输送机;2—圆盘给料机;3—二次圆筒混合机;4—梭式布料器;5—75 m² 烧结机;6—点火器;7—单辊破碎机;8—耐热振动筛;9—分料器;
10—鼓风带式冷却机;11—抽风机;12—降尘室;13—多管除尘器;14—桥式起重机;15—双层卸灰阀;16—电振给料机

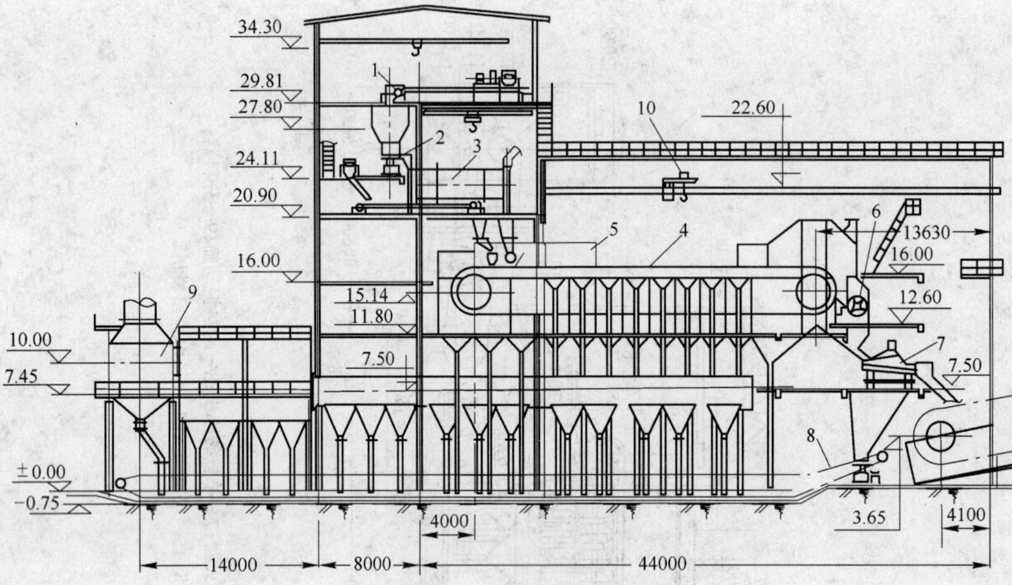

图 6-17h　1×24 m² 烧结室断面图

1—带式输送机；2—圆盘给料机；3—圆筒混合机；4—24 m² 烧结机；5—点火器；6—单辊破碎机；
7—热矿振动筛；8—水封拉链机；9—多管除尘器；10—桥式起重机

用热返矿预热混合料，方法简单，热源温度高，一般可将混合料预热到 40～50℃。

当采用机上冷却或取消热筛的机外冷却时，没有热返矿，可在二次混合机通入过热蒸汽预热混合料，以提高料温。一般蒸汽压力为 300～400 kPa，平均每吨烧结矿消耗蒸汽 20～40 kg，料温一般可以提高 10～15℃，烧结矿产量可提高 10%～20%。首钢 1984 年平均每吨烧结矿蒸汽消耗量为 44.67 kg，1985 年为 45.56 kg。

采用蒸汽预热混合料时，蒸汽热能的利用效率较低，一般只有 30%～35%。

6.3.9.2　加生石灰或消石灰

在混合料中配入适量的生石灰或消石灰，可以大幅度提高烧结矿的产量。生石灰或消石灰在混合中起粘合剂作用，增加混合料的成球性，能改善混合料的粒度组成，提高烧结料层的透气性。由于生石灰粒度细，在混合料中分布均匀，还有利于烧结过程的化学反应。

在热能利用上看，混合料配入生石灰后，可以提高料温，在正常的用量下料温一般可提高 10～15℃。

生石灰或消石灰的合适配入量，应根据不同的原料条件，通过试验确定，加生石灰 1%，产量约增加 1%～5%。

烧结厂使用生石灰存在的主要问题是劳动条件较差，因此，生石灰宜用密封罐车运到配料室。利用输送管道系统通过压气把生石灰从罐车内输送到生石灰矿仓内，含灰余气经过矿仓顶上的袋式除尘器净化后，排出配料仓，用双螺旋式卸料器在密封的情况下把生石灰从矿仓内排到皮带秤上，按配料比参加配料。

6.3.9.3　加强混合和造球

为了使混合料能够制成具有足够强度的小球，提高烧结料层的透气性，使固体燃料能

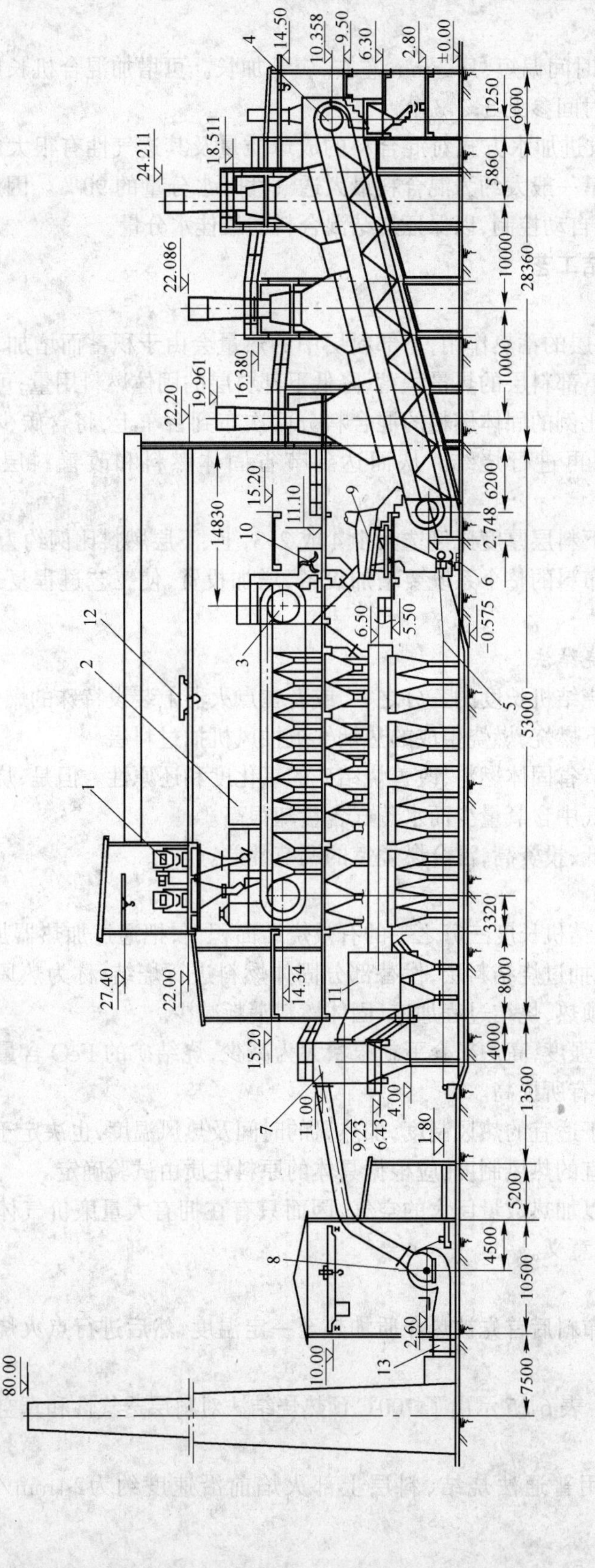

图 6-171 2×24 m² 烧结室断面图

1—带式输送机；2—点火、保温炉；3—24 m² 烧结机；4—抽风带式冷却机；5—水封拉链机；6—返矿圆盘给料机；7—多管除尘器；8—抽风机；9—热矿振动筛；10—单辊破碎机；11—除尘器；12—桥式起重机；13—消音器

充分燃烧,促进烧结反应的进行,应考虑强化混合造球的工艺过程。常用的强化措施如下:

(1) 目前,不少厂混合时间偏短,只 3 min 左右,应予加长。可增加混合机长度,延长混合造球时间。混合制粒的时间参见 5.2.3 节。

(2) 控制添加水量。改进加水方式对混合料的成球质量及其透气性有很大的影响,铁矿粉烧结混合料最佳水分量一般大约为混合料最大透气性时水分量的 90%。因此,尽可能对一、二次混合的水量进行自动控制,以保证烧结混合料的最佳水分量。

6.3.10　其他几种烧结工艺

6.3.10.1　双层烧结

在烧结过程中,由于料层的蓄热作用,下部料层中的热量会由于积蓄而增加,以至超过实际的需要量。为了减少下部料层的热量积蓄,降低下部料层的固体燃料用量,可以采用双层料的方法。把配有不同比例的固体燃料的混合料分两次布到台车上,将含碳少的混合料先布料,含碳多的后布料,再进行烧结。从而达到节省固体燃料和改善料层透气性的目的。

一般双层烧结时,上、下料层厚度比例选为 1:4 或 2:3,上、下层燃料比例约为 1.5:1。

双层烧结法从配料至布料的整个系统要增加设备,增加投资,使工艺过程复杂化,而经济效益并不很显著。

6.3.10.2　混合燃烧烧结法

该法即延长点火器到烧结机长度的三分之一,或者在点火器上装设特殊的燃烧室,用气体或液体燃料在过剩空气下燃烧,燃烧生成的热烟气被抽风机抽过料层。

混合燃烧烧结法可以节省固体燃料,改善烧结矿的氧化度和还原性。但是,烧结矿产量下降。因为燃烧生成的烟气中含氧量少而水蒸气含量却很高。

混合燃烧烧结法产量低,投资高,混合燃烧室的调节性差。

6.3.10.3　热风烧结

在烧结机头部,约占烧结机长度三分之一的有效烧结面积上,把通过加热器加热到 300～1000℃的热风,由抽风机抽过烧结料层,代替部分固体燃料进行烧结,称为热风烧结。采用热风烧结由于空气经过预热,烧结过程加速,固体燃料消耗减少。

同时,改善了烧结矿的强度,高炉矿仓下粉末量大为减少,烧结矿的 FeO 含量也有所下降。在一定的条件下,产量有所提高。

热风烧结的效果取决于适宜的热风制度,加热风的时间及热风温度,也决定于气体和固体燃料的合理使用。最适宜的热风制度,应根据具体的原料性质由试验确定。

热风烧结须消耗燃料以加热数量巨大的空气,因而只有在拥有大量廉价气体燃料的地方,采用热风烧结才有经济意义。

6.3.10.4　预热烧结

预热烧结是混合料在布料后首先被热介质加热至一定温度,然后进行点火烧结。预热烧结法的优点是:

(1) 改善料层透气性。表 6-25 示出了 700℃预热烧结法对料层透气性和真空度负压的影响。

(2)缩短烧结时间。用普通法烧结,料层上部火焰前沿速度约为24mm/s,下部约

表 6-25 700℃预热烧结法对料层透气性和真空度负压的影响

名称	单位	普通烧结法	预热烧结法
磁铁精矿含量	%	66.7	67.3
返矿含量	%	19.2	19.4
消石灰	%	2.3	2.3
焦粉	%	4.2	3.3
料层高度	mm	300	300
原始透气性	m^3(工况)/(m^2·s)	1.27	1.27
预热后透气性	m^3(工况)/(m^2·s)		1.18
点火后透气性	m^3(工况)/(m^2·s)	0.95	1.12
烧结前 8 min 透气性	m^3(工况)/(m^2·s)	1.10	1.80
烧结终点透气性	m^3(工况)/(m^2·s)	2.86	2.46
点火真空度	Pa	5880	5880
点火后真空度	Pa	8036	5880
烧结前 8 min 真空度	Pa	9733	8556
烧结后期真空度	Pa	5001	5786
烧结速度	mm/s	20.7	26
返矿平衡		140	103

10.7 mm/s;300℃预热烧结,上部约 26 mm/s,下部约 10.5 mm/s,故预热法在烧结过程前期缩短烧结时间。

(3) 提高焦粉燃烧率,节省燃料。

(4) 锰矿烧结时,可防止因锰矿粉爆裂造成的点火器结瘤。

缺点是要占用一定量的烧结机面积。

目前,新余一烧等采用了预热烧结法。

预热时间,国内各厂不到 1 min,国外有的认为 2～3 min 效果较好。

6.3.10.5 富氧烧结

该法即往烧结料层内供给富氧,其效果是,加快固体燃料燃烧过程,提高烧结机利用系数,改善烧结矿质量。

苏联顿涅茨克黑色冶金研究所对富氧烧结法的研究认为,在烧结由 65%细粒精矿和 35%粉矿组成的混合料,将含氧量提高 30%时,烧结机利用系数由 1.5 提高到 1.87 t/(m^2·h),含氧量加大到 40%,利用系数提高到 2.22 t/(m^2·h)。

苏联已有西西伯利亚、克里沃罗格等四个厂在混合料点火阶段用氧气作强化剂,氧气用量,西西伯利亚厂为 5.3 m^3/t 烧结矿,其效果是,利用系数提高 2.2%,固体燃料消耗下降 1.8 kg/t 烧结矿,成品烧结矿粉末率(5～0 mm)减少 0.8%(绝对值)。

6.4 抽风系统及除尘

烧结生产过程中,特别是烧细磨精矿时,经主抽风机排走的烟气中含有很多粉尘,增设铺底料后,含尘量虽大大降低,但仍含有 0.5～3 g/标 m^3,这些粉尘必须有效地捕集和处理,防止污染环境,降低设备的使用寿命,特别是主抽风机叶片的使用寿命,同时也避免原料的浪费。

6.4.1 烟气特性

6.4.1.1 烟气温度

烧结机头烟气的温度在正常生产的情况下小于150℃，机头除尘器和主抽风机的正常工作温度也按小于150℃考虑。但是，烧结生产过程是波动的。因而机头烟气的温度也是波动的。

当机头除尘采用电除尘时，为了保护机头电除尘器及主抽风机，使之在正常温度下工作，在降尘管上设有冷风吸入阀，由机头除尘器进口烟气温度的检测值信号控制冷风吸入阀的开闭。当烟气温度超过180℃、低于190℃时，阀自动打开，吸入冷风，烟气温度降到150℃以下时，阀又自动关闭。为消除冷风吸入阀的吸风噪声，在冷风吸入阀吸风口设置消音器。

6.4.1.2 烟气湿度

混合料经点火后，随着烧结带的下移，混合料中的水分迅速蒸发。因此，烧结机头烟气中含有一定量的水分，按体积比计算，水分含量为10%左右。

如果烟气中水分含量较高，湿度较大，烟气的温度在酸露点以下，则会对机头除尘设备和主抽风机产生酸腐蚀。

6.4.1.3 烟气重度

烧结烟气的重度与烟气成分有关，确定烟气重度的大小，对风机设计负压的高低有影响。烧结烟气重度见表6-26。

表6-26 烧结烟气（干）成分及重度

烧结烟气成分	N_2	O_2	CO_2	CO	烧结废气
体积含量/%	79	13.5	7	0.5	100
1标 m^3 烟气中各种气体含量/kg·标 m^{-3}	0.995	0.193	0.138	0.006	左四种气体合计1.322
各种气体重度/kg·标 m^{-3}	1.26	1.43	1.97	1.25	1.33

注：1. 烧结料层过剩空气系数按1.4，烧结抽风系统漏风率按50%考虑。
2. 少量 SO_2 气体略而不计，不包括水蒸气。

由上表可知，不包括水蒸气的干烧结烟气重度为1.33 kg/标 m^3，烟气重度随烧结抽风系统漏风率及料层过剩空气系数而变化；当漏风率及过剩空气系数减小时，烟气重度增大，反之则减小，但变化均不大。

烧结烟气有水蒸气，应考虑水蒸气对烟气重度的影响。

当烧结混合料含水为8%时，按2吨混合料烧成1吨烧结矿，每吨烧结矿的烟气量按3200 m^3（工作状态）考虑，则烟气中水蒸气含量为0.087 kg/标 m^3 体积含量为10.8%。湿烧结烟气成分及重度见表6-27。

表6-27 湿烧结烟气成分及重度

废气成分	N_2	O_2	CO_2	CO	H_2O	烧结废气
体积含量/%	70.5	12	6.2	0.5	10.8	100
1标 m^3 烟气中各种气体含量/kg·标 m^{-3}	0.881	0.171	0.122	0.006	0.087	左五种气体合计1.267
各种气体重度/kg·标 m^{-3}	1.26	1.43	1.97	1.25	0.805	1.267

烧结抽风机的设计参数,应采用湿烧结烟气重度,即 1.27 kg/标 m^3。日本大多采用 1.329 kg/标 m^3(不包括水蒸气的干气体),英国的戴维公司为 1.25 kg/标 m^3。

6.4.1.4 烟气化学成分

烟气化学成分见表 6-28。

表 6-28 烧结机头烟气化学成分

厂 名	CO_2/%	CO/%	O_2/%	N_2/%	SO_2/ppm	备 注
宝钢一号机	5	0.2	15.8	79	脱硫 500~1032 非脱硫 100~310	日方提供数据
鞍钢一烧 4 号机	4.8	1.13	15.33	78.73		试验数据,碱度 1.8
	5.45	2.3	14.05	78.20		试验数据,碱度 2.0
武钢三烧	5~6	0.4~0.6	18.5	76.1	157.2~686 mg/标 m^3 (SO_2) 100.8~138.6 mg/标 m^3 (NO_x)	
唐钢烧结厂	5.1	0.63	17.1	77.17		

机头采用电除尘器时,烟气化学成分对电除尘器有影响。如 CO 含量超过 2%,就可能在除尘器内燃烧,引起爆炸。烧结配料中配入一定量的含油轧钢皮等,也可能引起燃烧和爆炸。

当烟气温度低于露点时,烟气中的二氧化硫与烟气中冷凝的水分结合会腐蚀设备。

烧结时大部分砷进入烟气,烟气中的砷危害环境。采取措施,可抑制砷的脱除,但砷进入烧结矿要危害钢铁产品质量。因此,要充分注意烟气中的砷。

涟钢、湘钢对大宝山矿烧结脱砷进行试验,试验采用了两个方案。第一方案是 100% 大宝山矿,第二方案是大宝山矿、海南矿各 50%,试验在涟钢 18 m^2 烧结机及 24 m^2 烧结机上进行。烧结自然碱度时,脱砷效果见表 6-29。

表 6-29 烧结脱砷效果(试验值)

方 案		原矿含砷/%	烧结矿残砷/%	脱砷率/%
一	平均值	0.115	0.0183	85.8
	波动区间	0.081~0.141	0.010~0.03	75.5~93.2
二	平均值	0.075	0.017	78.1
	波动区间	0.050~0.110	0.007~0.028	70.5~93.2

注:试验条件:焦粉 8%,料层厚 250 mm,机速 1.41 m/s,点火温度 1070℃,自然碱度。

湘钢烧结厂试验室对玛瑙山锰矿做了烟气脱砷试验,试验在 1.05 m^2 烧结机上进行,烟气进入 1.3 m^2 电除尘器或旋风除尘器进行脱砷,脱砷效果见表 6-30。

由表看出,烟气脱砷时,电除尘器的效果优于旋风除尘器。

6.4.1.5 烟气含尘浓度

烧结机头烟气的含尘浓度与烧结原料的特性和工艺过程有关。如果烧结原料是富矿

表 6-30　烟气脱砷效果(试验值)

名　称	单　位	电除尘器	旋风除尘器
烟气入口含砷	mg/m^3(工况)	12.57	15
烟气出口含砷	mg/m^3(工况)	4.96	12.57
脱砷率	%	60.96	16.37

粉,有铺底料,强化混合与造球过程,台车箅条完好,则烟气的含尘浓度就较低,见表 6-31。

表 6-31　烧结厂机头烟气含尘浓度

厂　名	含尘浓度/g·标 m^{-3}	备　注
宝钢烧结	0.5～3	进口粉矿,有铺底料,台车箅条完好,强化混合与造球,混合粒度均匀,粉末少,烧结矿质量好,含尘浓度小。
首钢二烧	1.7～3.0	烧结原料以精矿为主,有铺底料
鞍钢一烧 4 号机	3.1	1980 年在鞍钢一烧 4 号烧结机上进行的机头电除尘器半工业性试验测定数据,烧结原料以精矿为主,无铺底料
武钢三烧	1.0～3.0	有铺底料
水钢烧结厂	4.84	无铺底料,1984 年大修前测定值
唐钢烧结厂	1.242～1.570	24 m^2 烧结机、36 m^2 机头电除尘器入口取样

6.4.2　粉尘特性

6.4.2.1　粉尘粒度分布

在选用机头除尘器时,应该了解粉尘粒度分布的特性,以便选择合适的除尘器,并可确定在除尘器前是否要增设降尘室。

一般粉尘中粒度小于 10～20 μm 的含量占 50%以上,如果粒度大于 10～20 μm 的含量占 50%以上,可先利用惯性收尘方法把粗颗粒粉尘沉降下来,使剩下的细粉尘再进入除尘器。

如果小于 20 μm 的粉尘含量在 50%以上,且其中小于 1 μm 的粉尘含量占 30%以上,则说明粉尘极细,当采用电除尘器时应选取较低的烟气流速,增加电场长度,延长烟气在电场内的停留时间,以提高除尘效率。

表 6-32 列出了鞍钢及武钢烧结厂机头电除尘器的试验结果和唐钢烧结厂生产中烟气粉尘的粒度分布特性。

6.4.2.2　粉尘的堆积密度

烧结烟气中经机头除尘器收下的粉尘,其堆积密度为 1.7～1.8 t/m^3。

6.4.2.3　粉尘的比电阻

粉尘的比电阻(单位为 Ω·cm)是设计和选用电除尘器的重要参数之一。设计和选用电除尘器时,应该对机头粉尘的比电阻进行测定。国内外的研究表明,粉尘比电阻小于 10^4 Ω·cm 或大于 10^{10} Ω·cm 时,会降低电除尘器的效率。

比电阻在 10^4 Ω·cm 以下的粉尘称为低比电阻粉尘,这种类型的粉尘导电能力强,与收尘极板接触时,失去本身所带的负电荷离开收尘极板,重新进入电场,引起粉尘的再次

表 6-32 机头粉尘粒度分布特性

鞍钢试验	粉尘粒度组成/%									
	3~0 μm	3~5 μm	5~7 μm	7~10 μm	10~20 μm	20~30 μm	30~40 μm	>40 μm		
三个电场平均值	24.04	1.17	1.44	2.54	5.31	32.71	19.07	13.72		碱度 1.3
三个电场平均值	19.43	3.61	5.33	4.43	24.63	24.77	13.03	4.77		碱度 2.0
武钢试验	粉尘粒度组成/%									
	5~0 μm	5~10 μm	10~20 μm	20~30 μm	30~40 μm	40~50 μm	>50 μm			
管道中取样	14	16	24.1	12.9	6	7	20			
一电场灰斗中取样	7	8	12.9	8.6	7.5	4.1	51.9			
二电场灰斗中取样	3.6	8.4	19	14	14	6.1	37.9			
唐钢生产	粉尘粒度组成/%									
	0~1.9 μm	1.9~3.5 μm	3.5~6.3 μm	6.3~10.6 μm	10.6~14.9 μm	14.9~21.3 μm	21.3~25.6 μm	25.6~29.3 μm	>29.3 μm	
1 号电除尘器电场粉尘	1.8	2.2	4.4	6.0	6.5	8.4	4.3	2.4	64.0	

飞扬，使除尘效率降低。

比电阻为 10^4 Ω·cm～10^{10} Ω·cm 的粉尘，称为正常比电阻粉尘。这种类型的粉尘最容易被收尘极板捕集，烧结厂的机头粉尘大部分是属于这一类型的。

比电阻在 10^{10} Ω·cm 以上的粉尘称为高比电阻粉尘，这种类型的粉尘导电性很差，很难被电除尘器的收尘极板捕集。

武钢三烧、唐钢烧结厂机头除尘器捕集烟气粉尘的比电阻分别列于表 6-33 和 6-34。

烧结矿碱度与粉尘中 CaO 含量对比电阻有一定影响，鞍钢烧结机机头电除尘试验见表 6-35。

表 6-33 武钢三烧机头粉尘比电阻

取样点	不同温度下的比电阻/Ω·cm								
	温度/℃	50	70	80	90	100	110	130	150	170
管道中取样	2.8×10^{6} (18.5℃)	5.5×10^{6}	5.6×10^{6}	1.97×10^{7}	2.1×10^{9}	5.3×10^{10}	1.5×10^{11}	2.5×10^{11}	2.4×10^{11}	2.0×10^{11}
一电场灰斗中取样	1×10^{7} (23℃)	1.1×10^{7}	1.2×10^{7}	3.3×10^{7}	4.2×10^{8}	8.3×10^{9}	7.1×10^{10}	1.5×10^{11}	2.0×10^{11}	1.4×10^{11}
二电场灰斗中取样	3.0×10^{7} (22℃)	4.0×10^{7}	9.1×10^{7}	6.7×10^{8}	3.7×10^{9}	2.0×10^{10}	1.0×10^{11}	2.5×10^{11}	1.8×10^{11}	1.1×10^{11}

6.4.2.4 粉尘的化学成分

烧结机头粉尘的化学成分与烧结原料的化学成分有关。

粉尘中钾、钠等碱金属对高炉冶炼有影响，如返回烧结配入混合料，在烧结过程中循

表 6-34　唐钢烧结厂机头除尘粉尘的比电阻

温度/℃	20	50	75	100	125	150
比电阻/Ω·cm	5.6×10^{8}	4.5×10^{11}	3.2×10^{12}	4.1×10^{12}	3.4×10^{12}	1.57×10^{12}
温度/℃	175	200	225	250	275	300
比电阻/Ω·cm	5.5×10^{11}	1.57×10^{11}	6.1×10^{10}	2.4×10^{10}	8.0×10^{9}	3.6×10^{9}

注:粉尘湿度为56%。

表 6-35　烧结矿碱度和粉尘中 CaO 含量与比电阻的关系

烧结矿碱度	粉尘中 CaO 含量/%	粉尘 150℃时比电阻/Ω·cm	备　注
1.3	7.64	2.77×10^{12}	一、二、三电场平均值
1.8	8.20	1.93×10^{13}	一、三电场平均值
2.0	10.13	3.48×10^{13}	一、二、三电场平均值

环富集,不利于高炉冶炼。另外,机头采用电除尘器,则钾、钠会使粉尘比电阻升高,降低除尘效率。武钢三烧机头烟气中粉尘化学成分见表 6-36。唐钢 24 m^2 烧结机机头烟气粉尘化学成分见表 6-37。

6.4.2.5　粉尘黏度

表 6-36　武钢三烧机头烟气中粉尘化学成分

取　样　点	化学成分/%				
	TFe	SiO_2	CaO	Al_2O_3	MgO
管道中取样	44.4	0.32	10.99	2.14	2.92
一电场灰斗中取样	47.05	5.92	8.40	1.68	2.78
二电场灰斗中取样	46.36	5.52	8.93	1.68	3.13
取 样 地 点	化学成分/%				
	MnO	Na_2O	S	P	C
管道中取样	0.125	0.141	1.30	0.05	3.54
一电场灰斗中取样	0.119	0.118	1.302	0.05	3.11
二电场灰斗中取样	0.112	0.116	1.437	0.05	3.78

表 6-37　唐钢 24 m^2 烧结机机头烟尘化学成分

取 样 地 点	化学成分/%						
	Fe_2O_3	CaO	SiO_2	FeO	MgO	Al_2O_3	MnO
1 号电除尘灰斗	49.69	10.88	7.02	9.65	3.45	1.83	0.12

粉尘黏度大，易粘附于多管除尘器管壁或电除尘器的收尘极板上，影响收尘效率。

粉尘黏度与粉尘化学成分有关，粉尘中 CaO 含量增高，则黏度增大，因此，生产高碱度烧结矿时，应注意此问题。

粉尘中钾钠含量增高，黏度随之增大。

6.4.3 风箱及降尘管

6.4.3.1 风箱长度及布置

风箱长度根据台车宽度，并结合厂房柱距而定，一般为 2 m、3 m 及 4 m。台车宽 1.5 m 的，风箱长度为 2 m，台车宽 2.5 m 及 3 m 的风箱长选 3 m。台车宽 4 m 及 5 m 的，风箱长度按 4 m 考虑。由于头部点火器或尾部配置需要，有时头尾的风箱长度与中部的不同。例如攀钢 130 m^2 烧结机共 20 个风箱，台车宽 2.5 m，风箱的布置是：头部 3 个风箱每个长 2 m，中部 12 个风箱，每个长 3 m，尾部 5 个风箱，每个长 2 m。宝钢 450 m^2 烧结机共 23 个风箱，台车宽 5 m，风箱的布置是头部 2 个，每个长 3 m，其他 21 个每个长 4 m。

6.4.3.2 风箱结构

风箱结构分两种形式，一种是从台车一侧抽出烧结烟气的风箱，另一种是从台车两侧抽出烧结烟气的风箱。

台车宽度 3 m 及 3 m 以上时，可考虑从台车两侧抽出烧结烟气的风箱。台车宽度小于 3 m，一般从台车一侧抽出烧结烟气。

当风机负压较高时，应考虑风箱承受浮力的结构，另外，部分风箱温度较高，有的达 400℃左右，风箱必须考虑承受热膨胀。宝钢烧结厂为防止风箱受膨胀及浮力，采用的结构示于图 6-18。

6.4.3.3 单、双降尘管

选择单、双降尘管一般应遵循的原则：

(1) 如果烧结原料含硫较高，烧结烟气经过高烟囱稀释后，仍不能达到国家的规定，则应选择双降尘管。一根降尘管抽取非脱硫段的烟气，另一根降尘管抽取脱硫段的烟气，经脱硫装置后，再从烟囱排放。

(2) 虽然烧结原料含硫不高，烧结烟气不需脱硫，但对于大型烧结机，台车宽度在 3.5 m 或 3.5 m 以上，亦可设两根降尘管。

6.4.3.4 降尘管结构

降尘管的结构，要考虑承受热膨胀和最大负压，为保持烟气温度在露点以上，需要保温。

大型烧结机降尘管沿长度方向分成三段，中段用螺栓固定，其余则设辊子支承，受热膨胀时可向两端伸缩。各段连接处设一膨胀圈，膨胀圈用 6 mm 的挠性石棉板制成管状的结构。

6.4.3.5 烟气流速及降尘管直径

降尘管内烟气流动所允许的最大速度为：

$$v \leqslant \sqrt{\frac{4gd\gamma_1}{3k\gamma_2}} \tag{6-31}$$

式中 v ——烟气流速，m/s；

d ——灰尘质点的直径，m；

γ_1 ——灰尘质点的密度,kg/m^3;

γ_2 ——烟气的密度,kg/m^3;

k ——阻力系数;

g ——重力加速度,9.81 m/s^2。

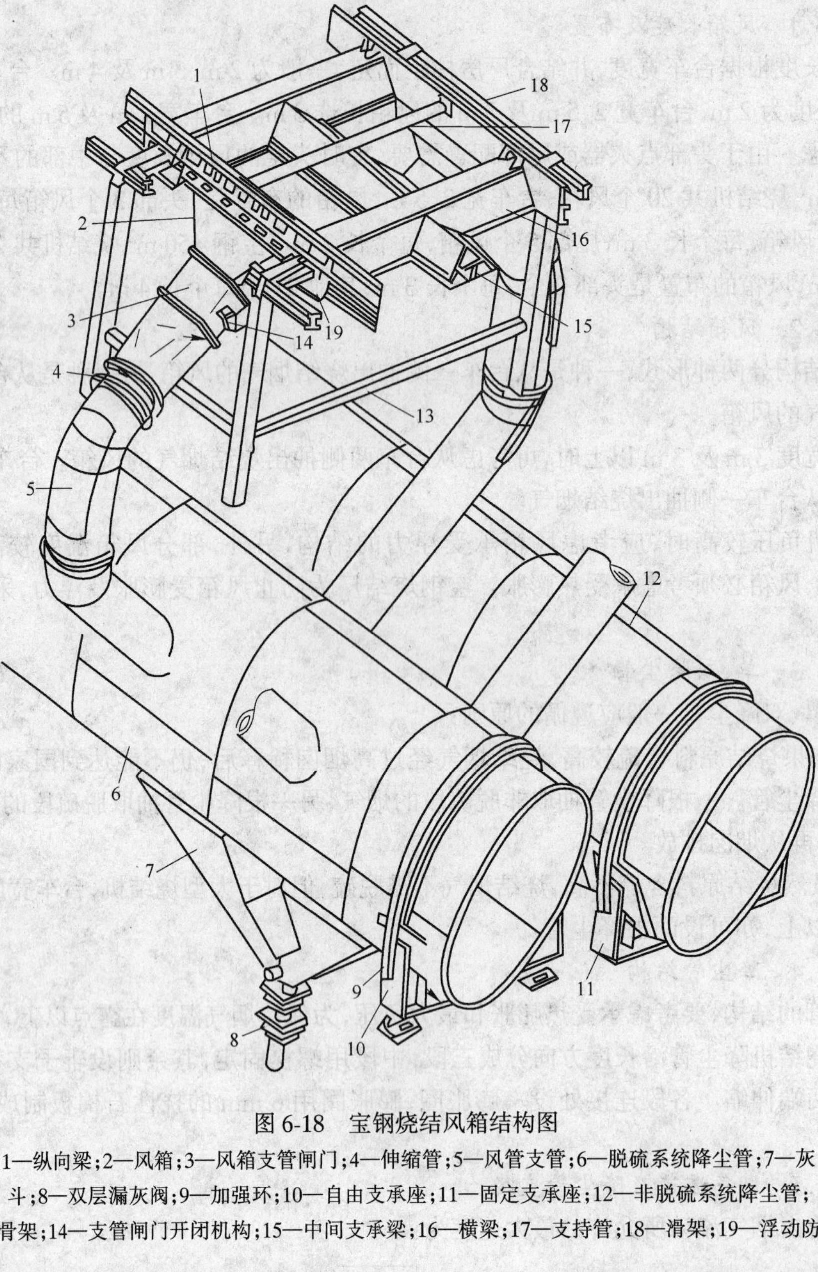

图 6-18 宝钢烧结风箱结构图

1—纵向梁;2—风箱;3—风箱支管闸门;4—伸缩管;5—风管支管;6—脱硫系统降尘管;7—灰斗;8—双层漏灰阀;9—加强环;10—自由支承座;11—固定支承座;12—非脱硫系统降尘管;13—骨架;14—支管闸门开闭机构;15—中间支承梁;16—横梁;17—支持管;18—滑架;19—浮动防止梁

由上式可以看出,降尘管内烟气的流速决定于灰尘的粒度和重度,而降尘管的除尘效果则与其直径和烟气流速有关。直径大,流速小,除尘效率高。但直径过大,配置困难,造价也高。

我国一些烧结厂降尘管直径及烟气流速的情况列于表 6-38。

表 6-38 降尘管直径及烟气流速

烧结机规格/m^2	24	90		130	450
降尘管直径/mm	2200	3450	3800	4200	4300,4600,4900,5200
烟气量/m^3(工况)·min^{-1}	2300	8000	9000	12000	21000
烟气流速/$m·s^{-1}$	9～10	14～15	13～14	14～15	16.5(平均)

降尘管的除尘效率约为50%,如果缩小降尘管直径,势必加大烟气流速,降低降尘管的降尘效率,增加机头除尘器的负荷,加剧了主抽风机叶片的磨损。我国烧结厂以烧精矿为主,降尘管内烟气流速一般以10～15 m/s为宜。

日本若松烧结厂降尘管,烟气流速为18.29 m/s。国外大多以烧富粉矿为主,因此取用的烟气流速较高。

6.4.3.6 风箱、降尘管的保温

国内烧结机由于漏风率较高,降尘管内烟气的温度(系指平均温度)一般都比较低,为了防止烟气中的水汽冷凝、腐蚀管道和设备,防止主抽风机转子挂泥,降尘管应加保温层,使烟气温度保持在120～150℃。

降尘管的保温层分内保温层和外保温层两种形式,内保温层要加大降尘管的直径,要求保温层的材料耐磨,必须做到与烧结机同步检修。外保温层的材料无需考虑耐磨,降尘管直径不要扩大,检修也比较方便。

内保温层厚度一般为50 mm,外保温层厚度一般为100 mm。

6.4.4 烧结机机头烟气除尘

烧结烟气必须进行除尘净化,其一是必须达到国家规定的烟气排放标准;其二是为了保护主抽风机,提高烧结机的作业率。

6.4.4.1 机头除尘方式

A 旋风除尘器

旋风除尘器主要是由进气管、圆柱体、圆锥体、排气管和排灰口组成(见图6-19)。

在设计与计算旋风除尘器时,主要确定的参数如下:

(1) 排气管直径:由排气管出口速度和处理气体量决定,出口速度一般选为4～5 m/s。

(2) 进气管直径:根据进气管进口速度和处理气体量决定。进口速度一般选为15～25 m/s,如果进气口是矩形断面时,宽高比通常为1∶3或1∶4。

(3) 旋风除尘器直径:根据下式可求出:

$$KQ = \frac{\pi}{4}(D_H^2 - D_B^2) \qquad (6\text{-}32)$$

式中 Q ——处理气体量,m^3(工况)/s;

D_H——旋风除尘器直径,m;

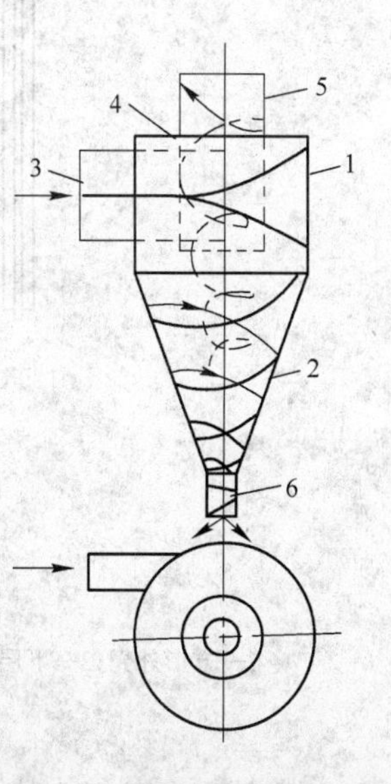

图 6-19 旋风除尘器简图
1—筒体;2—锥体;3—进气管;4—顶盖;5—中央排气筒;6—灰尘排出口

D_B ——排气管直径，m；

K ——系数，一般为 1.2～0.7。

除尘器圆筒高度与圆锥高度根据下式求出：

圆筒高度 $h_1 > 0.33D_H$

圆锥高度 $h_2 > 0.67D_H$

$D_B > 0.33D_H$

按照旋风除尘器高与外径之比是大于 2 或小于 2，将旋风除尘器分为高型或低型两种，高型的特点是直径小，灰尘停留时间长，可收集更细的灰尘，因此，效率高、应用广泛。

影响旋风除尘器除尘效率的主要因素是进气速度，旋风除尘器直径、灰尘的粒度和密度，旋风除尘器下部密封程度和除尘器下部的坡度。

旋风除尘器的效率，可按 80%～85%选取。

B　多管除尘器

多管除尘器是由多个小旋风除尘器（又称“旋风子”）组成的，每个单体的旋风子的直径约为 250 mm，含尘气体从开口进入，然后分别进入每个单体的旋风子中，经导向器产生旋转运动，使灰尘沉降下来。进入旋风子下面的锥形集灰斗中。净化后的气体经导气管又汇集于上部空间，由侧面开口处排出。多管除尘器简图示于图 6-20。

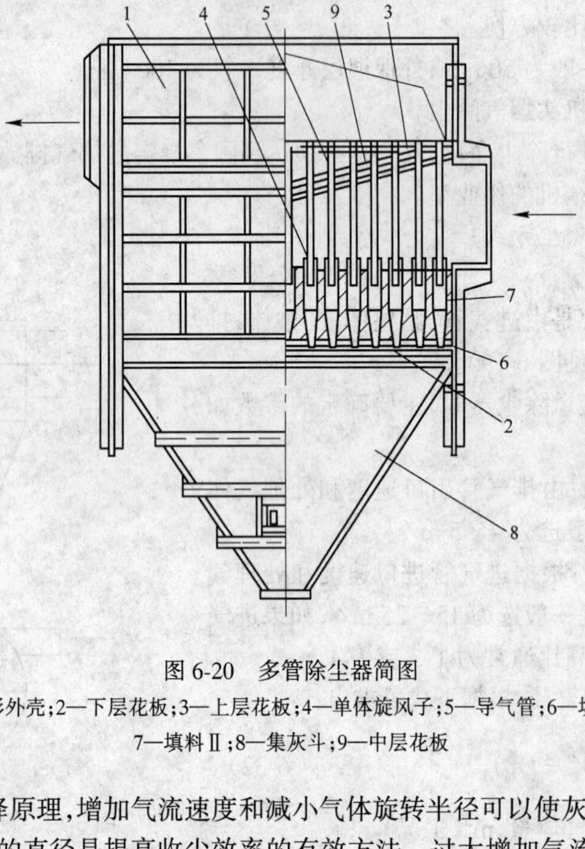

图 6-20　多管除尘器简图

1—方形外壳；2—下层花板；3—上层花板；4—单体旋风子；5—导气管；6—填料Ⅰ；7—填料Ⅱ；8—集灰斗；9—中层花板

按灰尘质点沉降原理，增加气流速度和减小气体旋转半径可以使灰尘沉降速度增大，因此，减小旋风除尘器的直径是提高收尘效率的有效方法。过大增加气流速度必然会增加阻力，使电能消耗增加，同时还由于产生涡流而降低除尘效率。过分减小旋风除尘器的直径,也会降低气体处理量。

为了提高多管除尘器的除尘效率,必须保证旋风子间的填料密实。为了保证气体能均匀地进入每个旋风子,将旋风子分成若干组并联使用,为使各小区域能均衡,在进气口处设有分配风量的导流板。

烧结抽风系统中,烟气含尘量为 0.5～3 g/标 m^3,具有中等粘附性,多选用直径 250～254 mm,花瓣式导向器的单体旋风子,此时收尘效率可达 80%～90%,烧结厂常用的多管除尘器技术性能见表 6-39。

表 6-39　多管除尘器技术性能

烧结机规格/m^2	18	24	50	75	90		130
旋风子内径/mm	254	254	250	254	254		254
多管管数/个	120	192	288	486	540	720	900
抽风机风量/m^3(工况)·min^{-1}	1600	2000 或 2300	3500	6500	8000	9000	12000
单管负荷/m^3(工况)·min^{-1}	13.3	10.4 或 12	12.1	13.4	14.8	12.5	13.2

C　电除尘器

在电场的作用下,荷电的灰尘向收尘极移动,灰尘离子驱进速度的方向指向收尘电极,与气流运行方向垂直。驱进速度的大小与灰尘半径、荷电电场强度及除尘器电场强度成正比,与气流速度成反比。为了提高除尘效率,必须提高灰尘离子的驱进速度。

在收尘电极上沉积的灰尘,经振打(分为机械、电磁、气动三种方式)后,落入灰斗中,要求电晕电极也要振打以保证除尘效率。

电除尘器示意图见图 6-21。

影响电除尘效率的因素较复杂。一般归结为三个方面,即含尘气体的性质和粉尘的性质;电除尘器本身的结构性能;电源性质。

唐钢 24 m^2 烧结机机头用的 HSTD36 m^2 电除尘器规格及主要性能列于表 6-40。

电除尘器外壳、电场下部的灰斗、悬挂电晕线框架的绝缘套管、供电装置的绝缘子和电晕线旋转锤击式振打装置的磁轴需要保温,以防止绝缘性能降低,粉尘结块和腐蚀极板、电晕线等。

灰斗保温与外壳保温一样,都是外加保温层。宝钢机头电除尘器船形灰斗的保温分为两段。上段与外壳保温相同,采用石棉、玻璃纤维等组成的保温层保温。下段(从灰斗底部向上 2 m 高一段)由环绕其上的蒸汽管再外加保温层保温。

绝缘套管既要使阴极(即电晕线)与外壳绝缘。又要承受阴极的重量。因此,要求有一定的机械强度、耐电压击穿的强度和热稳定性。

电除尘器运行时,绝缘套管周围应保持一定的温度,防止在其表面出现冷凝水而破坏绝缘性能,甚至短路而使电除尘器无法工作。一般电除尘器绝缘套管的周围设置装有电加热器的保温箱,箱内温度要求高于露点温度 20～30℃,并由恒温控制器控制电加热器的工作。

机头电除尘器的供电装置有的放在电除尘器顶部,高压直流电源无需很长的电缆即可向电场供电。供电装置的绝缘子(即顶部绝缘子)也要保温,防止结露,有的将其设计

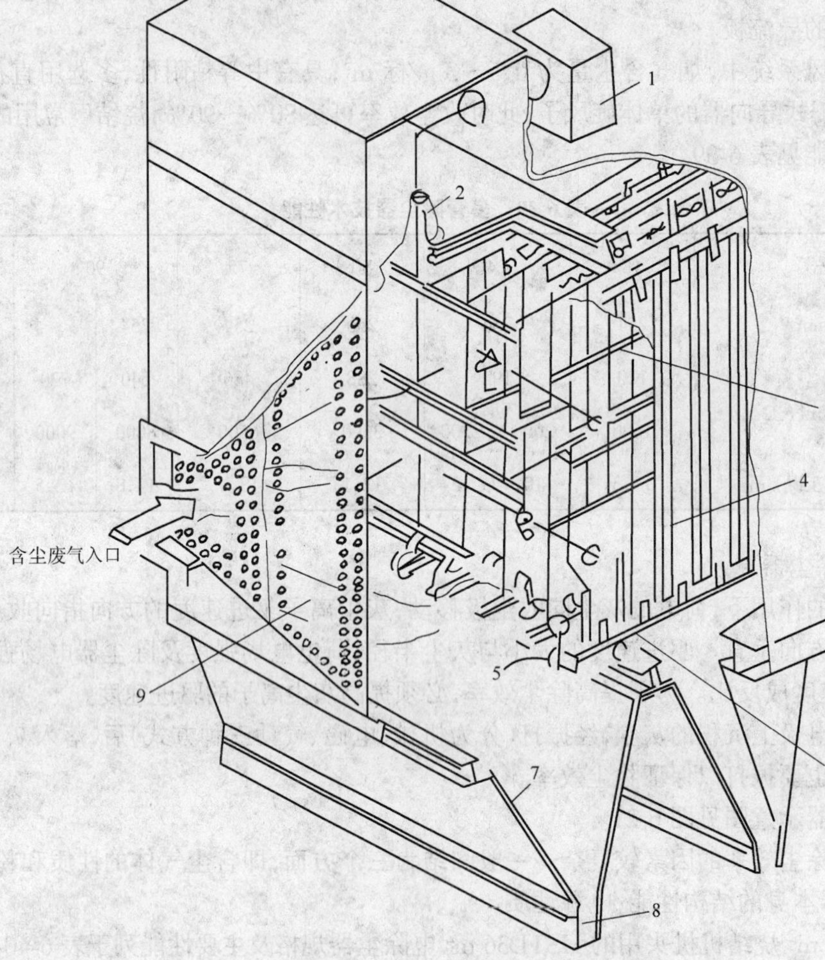

图 6-21　电除尘器示意图

1—高压整流器；2—支持绝缘子；3—放电板；4—收尘极；5—收尘极振打锤；6—冲击杆；7—灰斗；8—灰尘输送机；9—多孔板

表 6-40　HSTD36 m^2 电除尘器规格及主要性能

项　目	单　位	数　据	项　目	单　位	数　据
有效截面积	m^2	36	烟气通道	个	20
处理烟气量	m^3(工况)/h	120000	同极间距	mm	300
烟气温度	℃	120～180	电场有效长度	mm	2×3.98＝7.960
电场烟气流速	m/s	0.93	收尘极、电晕极振打形式		旋转，单侧振打
电场内负压	Pa	－9800	设计除尘效率	%	97
设计有效驱进速度	cm/s	7.07	除尘器出口含尘浓度	mg/m^3	≤150
电除尘器阻力	Pa	＜294	高压电源		2×60 kV/400 mA
收尘极总面积	m^2	2×921.6＝1843.2	除尘器外形尺寸		
收尘极类型		480 毫米 C 型	（长×宽×高）	m	29.22×6.45×14.6
电晕极类型		二电场芒刺，三电场星形	除尘器重量	t	131.307

在±0.00 m地坪上的整流机室内。但设置在电除尘器顶部的进线保温箱(连有高压进线箱及电缆终端盒)内的绝缘子仍然采用电加热保温方式。

在电晕线采用旋转锤击式振打的电除尘器中,磁轴既要使振打传动装置与电晕线框架绝缘,又要传递一定的扭矩。因此,磁轴要在干净的环境下工作。所以,磁轴从电场中移出来,设置在壳体外面专门的保温箱内,加热保温,使之正常工作。

6.4.4.2 除尘方式比较与选择

随着对环境保护要求的提高,对机头除尘要求采用高效率的除尘设备。高效的机头除尘方式可供选择的主要有两种:一是多管除尘器加降尘室,二是电除尘。

多管除尘器加降尘室投资省,但检修复杂。电除尘投资高,但维修简单。各厂应根据具体情况进行选择。

至于单独使用多管或旋风除尘器,因除尘效率不能保证,排放烟气含尘浓度不能保证达到国家排放标准,选用时要慎重。

6.4.4.3 机头电除尘器主要参数的选择

A 烟气的电场流速

烟气的电场流速是影响除尘效率的重要因素之一。流速过高,则烟气在电场中停留时间太短,除尘效率降低。流速过高还容易引起电晕线的晃动,影响电晕放电和电气操作的稳定与安全。烟气流速过高还会引起严重的二次扬尘,使粉尘难以捕集。

烟气的电场流速与粉尘的粒度分布特性有关,粉尘越细,要求流速愈小,因此,在确定烟气电场流速时,应考虑粉尘的粒度分布特性并参考有关厂例(表6-41)。

表6-41 烟气电场流速

厂 名	烟气电场流速/$m \cdot s^{-1}$	备 注	厂 名	烟气电场流速/$m \cdot s^{-1}$	备 注
宝钢(1号)	1.35		君津(1号)	0.9~1.2	
武钢(三烧)	0.9~1.4	试验值	若松(1号)	1.0~1.4	
鞍钢(一烧)	0.7~1.3	试验推荐值	名古屋(3号)	1.0~1.2	
唐钢(1号、2号)	1.47~1.52;1.40~1.45	生产实测值	室兰(5号)	1.0~1.2	

由表所列,烟气的电场流速可按0.9~1.4 m/s选取。

B 电场有效截面积

电场有效截面积的大小即代表了电除尘器的规格。在烧结主抽风机烟气流量(工况条件下)已知时,可根据已经选择的烟气流速计算出电场有效截面积的大小。

C 烟气原始含尘浓度

烟气原始含尘浓度与原料性质及工艺过程有关,可由实测确定。

D 烟气排放浓度

设计中采用电除尘器时排放浓度一般控制在100 mg/标 m^3 以下。日本很多烧结厂在50 mg/标 m^3 以下,宝钢为80 mg/标 m^3。

E 除尘效率

在确定了烟气原始含尘浓度及排放浓度的情况下,可以算出除尘效率。除尘效率只要能满足排放标准的要求即可,实际的除尘效率越接近设计的除尘效率,说明电除尘器的设计越合理。

日本一些烧结厂机头除尘器的除尘效率为97%～98%，宝钢为97.3%，唐钢为98%。

F 粉尘有效驱进速度

粉尘有效驱进速度是与多种因素有关的经验数据，表6-42列出了一些烧结厂电除尘器粉尘驱进速度值。

表6-42 烧结厂粉尘有效驱进速度值

厂 名	电除尘器使用地点	电除尘器形式	工作电压/kV	极板间距/mm	电场风速/$m\cdot s^{-1}$	有效驱进速度/$cm\cdot s^{-1}$	备 注
罗马尼亚加拉茨烧结厂	机头	直线型	78	250	1.40	6.23	设计计算值，电压为额定值
户畑3号烧结机	机头	直线型	80～120	800	1.0～1.4	7.8～8.7	设计计算值，电压为额定值
若松1号烧结机	机头	直线型	60～90	600	1.0～1.4	6.76～7.50	设计计算值，电压为额定值
名古屋3号烧结机	机头	直线型	60～90	600	1.0～1.2	6.85～7.60	设计计算值，电压为额定值
室兰5号烧结机	机头	直线型	60～90	600	1.0～1.2	8.12～9.0	设计计算值，电压为额定值
西德鲁奇公司				300		10～11	用于烧结厂的设计推荐值
瑞士依来克斯公司				300		12～13.5	用于烧结厂的设计推荐值
美国洛奇公司				304.8		7	用于烧结厂的设计推荐值
武钢二烧	非机头	直线型		325		9.65	原球团车间三次实测的平均计算值
武钢三烧	非机头	直线型		325		10.43	四次实测的平均计算值
鞍钢三烧	非机头	直线型		300		10.46	七次实测的平均计算值
新余二烧	非机头	直线型				14.70	一次测定的计算值
韶钢烧结厂	非机头	直线型		300		11.50	一次测定的计算值
昆钢二烧	非机头	直线型		300		9.50	一次测定的计算值
宝钢1号烧结机	机头	直线型	90	600		10.2	设计计算值
日本若松厂	机头	直线型	60～90	600		7.78	八次实测的平均计算值，推荐值为7～9
鞍钢试验	机头	直线型	>40	300	0.7～1.3	4～9	半工业性试验结果的推荐值
武钢	机头	直线型	70～100	600	0.9～1.4	10.8～19.8	
武钢	机头	直线型	50～70	450	0.9～1.4	4.8～18.8	
武钢	机头	直线型	30～60	300	0.9～1.4	2.8～8.8	

确定了粉尘的有效驱进速度以后，就可以计算出电除尘器所需的收尘极板总面积，如果驱进速度选得过大，则选用的收尘极板总面积就会偏小，电除尘器将达不到既定的除尘效率。驱进速度选得太小，则收尘极板总面积就会偏大，使电除尘器造价增高。

G 电场数

电场的多少与要求除尘效率的高低有关，当除尘效率低于98%时，一般可采用两个电场，高于98%时，可采用三个电场。

H 收尘极板高度

电场有效截面积确定后，进一步确定其高度与宽度。要求电除尘器尽可能占地少些，就选用较高的极板。一般要求中小型电除尘器电场有效高度与宽度的比在1.1～1.2之间，对于大型电除尘器，由于极板高度受到限制，往往是宽度大于高度。如果极板太高，会使得极板顶部振打加速度小于使粉尘脱落的最小加速度，因而极板顶部粉尘沉积加厚，降低除尘效率。

目前国外电除尘器收尘极板的最大高度为15 m左右。宝钢1号烧结机机头电除尘器收尘极板的高度为 10.5 m。板面平直度要求小于 ±5 mm,大部分可以达到 ±1 mm。目前国内加工质量有把握的收尘极板高度为 10 m 左右,板面平直度一般可达到每米收尘极板长度 ±1 mm 左右。

I 收尘极板间距

收尘极板间距也是电除尘器重要的参数之一,以往使用的电除尘器极板间距多为 300 mm,工作电压为 50～60 kV。

日本新日铁公司采用的超高压宽间距电除尘器极板间距为 600～1000 mm,工作电压为 100～200 kV。美国常用 250 mm,欧洲常用 300 mm。对于具体的烟气和粉尘常通过试验来确定合理的极板间距。

J 电场有效长度

电场有效长度是指由电晕线与收尘极板形成的电场能够吸附荷电粉尘的长度。在生产中,为了电除尘器检修的方便,要求每个电场的长度不超过 4 m。实际上,一些大型的电除尘器,由于收尘极板总面积很大。在极板高度和电场宽度受到限制的情况下,只有靠增加电场长度来保证所要求的极板面积,达到设计的除尘效率,因此很多电除尘器的电场长度往往都超过 4 m。例如宝钢烧结厂的机头电除尘器的电场长度为 4.89 m,罗马尼亚加拉茨烧结厂机头电除尘器的电场长度为 5.28 m。

K 烟气停留时间

烟气在电除尘器内的停留时间与烟气的流速和电场有效长度及电场个数有关。为使除尘效率达到 99%以上,一般要求电场有效长度与电场有效高度的比值为 1～1.5。烟气停留时间一般为 10～12s。

L 供电装置参数

电除尘器的供电装置向电除尘器供给高压直流电源。供电装置要适应电压高,电流小的工作特点,并对电除尘器实行分电场供电。

供电装置参数的确定主要是指电压等级和电流容量的选定。既要满足正常运行的需要,又要满足空载试车的需要,过去是根据空载试车的要求而选择较大容量的供电装置。这样,在电除尘器正常运行时,供电装置的能力不能充分发挥,造成投资的浪费,以及由于供电与电除尘器本体不能很好地匹配而使供电功率下降,除尘效率降低。目前在空载试车时,采用两台小容量机组并联送电的方式,安全可靠。但两台并联机组要连接在同一相电源上。

为了合理选择供电装置的规格,一般可按以下方式考虑:电压值由电除尘器正负极之间距来决定。即电除尘器的平均场强 $E_e = 3～4$ kV/cm。例如一台电场间距为 150 mm,即极板间距为 300 mm 的电除尘器,其供电装置的电压为 45～60 kV,电流容量可按板电流密度为 0.15～0.25 mA/m^2 或线电流密度为 0.15～0.4 mA/m 来确定。在选择电流密度时,要充分考虑电晕线的形式和烟气的特性。对于放电特性好的电晕线,如管状芒刺线,线电流密度可选 0.3～0.4 mA/m,星形线可选 0.15～0.25 mA/m。

6.4.5 排灰系统

6.4.5.1 干式排灰系统与湿式排灰系统

为了减少烧结机的漏风,改善降尘管放灰的劳动强度和改善操作环境。国内一些烧结厂近年来采用了水封拉链机卸灰的方式,即把降尘管灰斗下的卸灰管直接插入一个船形水槽里。取消双层漏灰阀,用刮板把沉于槽底的灰尘和进入水槽的小格散料一起捞出来。

这种湿式排灰系统改善了环境条件,但集中排出的湿式物料影响配料的精确性,随着技术发展,当要求精确配料时,可采用结构先进的双层漏灰阀的干式排灰系统,干式排灰不仅使配料精确,且减少污水处理量。

6.4.5.2 双层漏灰阀结构

旧式双层漏灰阀是手动操作,上下两层阀都是蘑菇状,结构笨重,开闭不灵活,密封性能差,增大了工人劳动强度又不安全。

烧结降尘管下先进的双层漏灰阀,与上述旧式结构不同,在结构形式上分成两种:

(1) 上层阀体为圆锥形,下层阀体为平板形,如图 6-22 所示。这种结构密封性差一点,但耐热性能好,用在烧结机头、尾部的降尘管下。

(2) 上、下阀体都是平板形,如图 6-23 所示。这种结构耐热性能比圆锥形阀体稍差,但密封性好,用在烧结机中部降尘管下。

双层漏灰阀降尘管放灰配置情况一般如图 6-24 所示。

6.4.5.3 水封拉链机结构

水封拉链机的结构形式可以分为下回链式与上回链式两种。

上回链式的水封拉链机工作链是下行链,见图 6-25。水封槽放在零米地平面下,水槽上口与地面相平。空链在水槽上面回行。我国烧结厂普遍采用这种形式。

水封拉链机的配置情况需与机尾的配置情况结合起来考虑。

一般机尾有热返矿仓,中小型烧结厂还有返矿圆盘给料机。混合料带式输送机从机尾通过,热返矿加入到混合料上进入一次混合机,这时水封拉链机排出的湿料也加入到混合料带式输送机上。

水封拉链机的采用从根本上改善了降尘管放灰的劳动环境,解除了岗位工人繁重的体力劳动,实现了自动放灰。

水封装置在使用过程中的主要问题是:

(1) 在水封管内,由于吸附和表面张力作用,水封管内壁粘料,严重时造成堵塞,在操作中要注意检查,每班需定时振打几次水封管的粘料部分,以保证正常运行。

(2) 目前多数烧结厂没有铺底料,把小格的散料放入水封槽内。掉下的大块烧结矿和炉箅条容易卡住设备,造成设备事故,而且大块烧结矿进入返矿系统既降低了成品率,也影响了配料与混合的正常进行。因此,小格散料尽量避免放到水封槽中。

6.4.5.4 机头除尘器灰尘排出系统

机头除尘器捕集的灰尘必须及时排走,加以利用或者废弃。灰斗中灰尘太多,容易被前进的气流带走。损坏风机并重新造成大气污染。灰尘太少或完全排空则又容易产生漏风,使局部范围的烟气温度降低,造成结露。

机头除尘器灰尘一般是采用拉链机、刮板运输机或螺旋运输机在密封的情况下排出,湿润后,返回配料室。

6.4.6 海拔高度对抽风的影响

不同海拔高度的大气压力见表 6-43,也可按式 6-33 作近似计算:

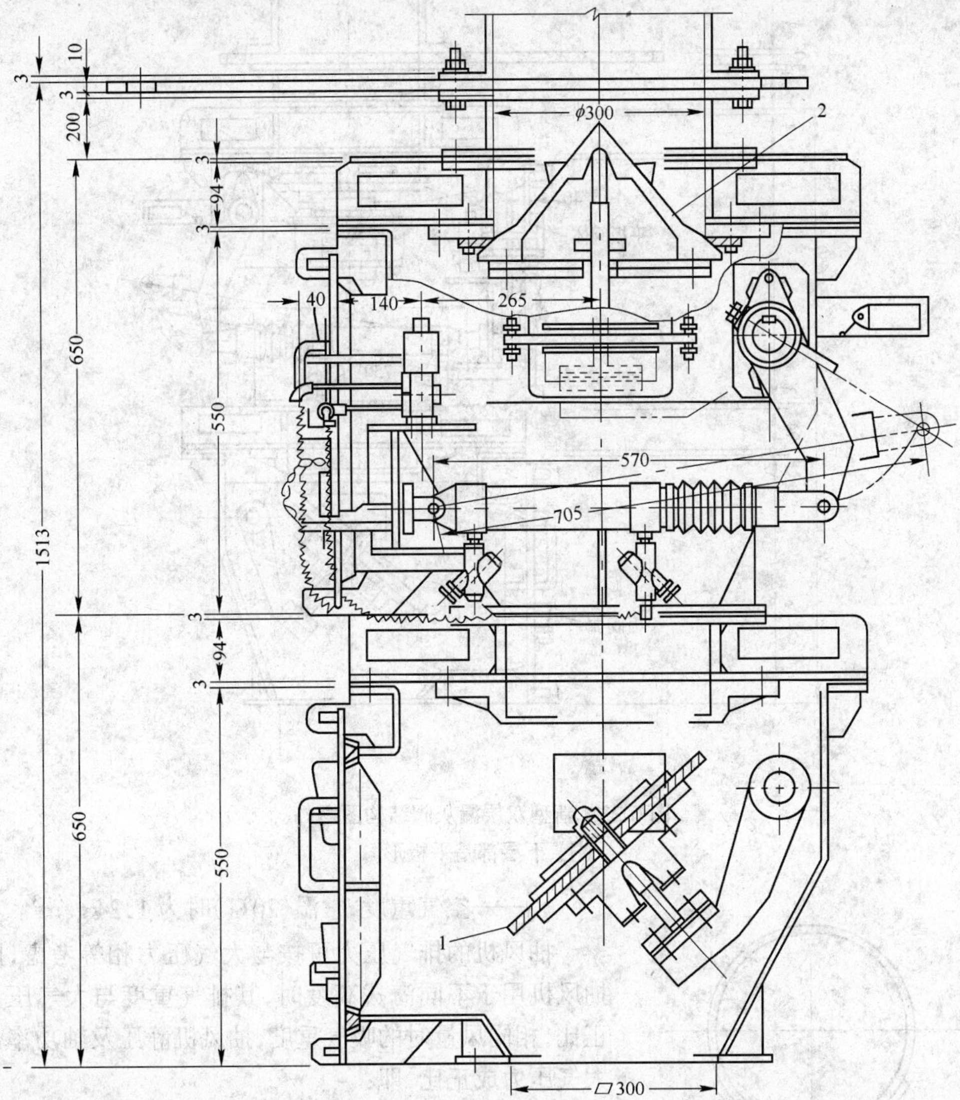

图 6-22 新型双层漏灰阀结构图之一
（上层圆锥形，下层平板形）
1—平板阀体；2—圆锥阀体

$$P = P_0 \frac{1 - \frac{133.322\gamma_0}{2P_0} \cdot \frac{h}{13.6}}{1 + \frac{133.322\gamma_0}{2P_0} \cdot \frac{h}{13.6}} \tag{6-33}$$

式中 P——海拔高度为 h 的大气压力，Pa；
h——海拔高度，m；
P_0——海平面大气压力（101325Pa）；

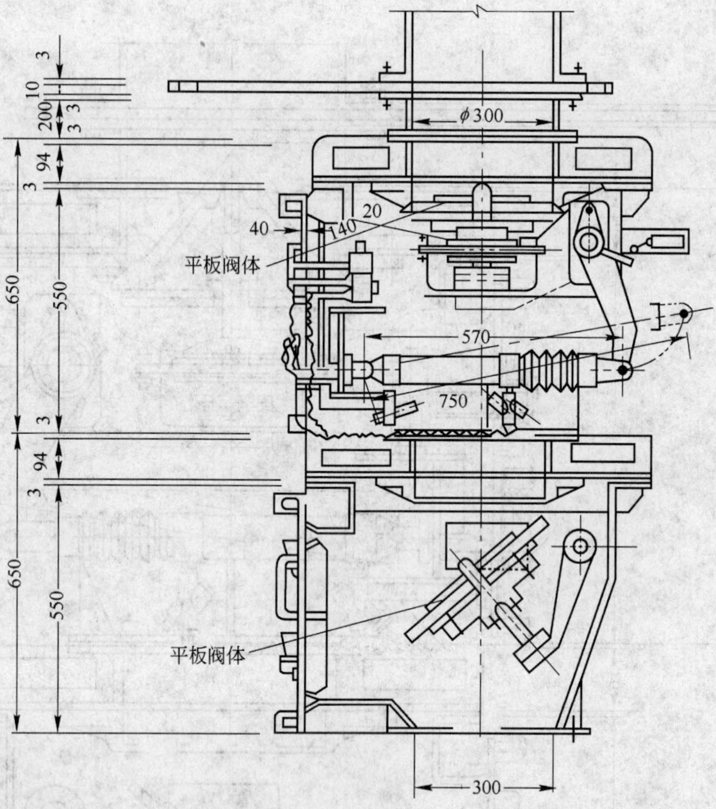

图 6-23　新型双层漏灰阀结构图之二
（上、下层都是平板形）

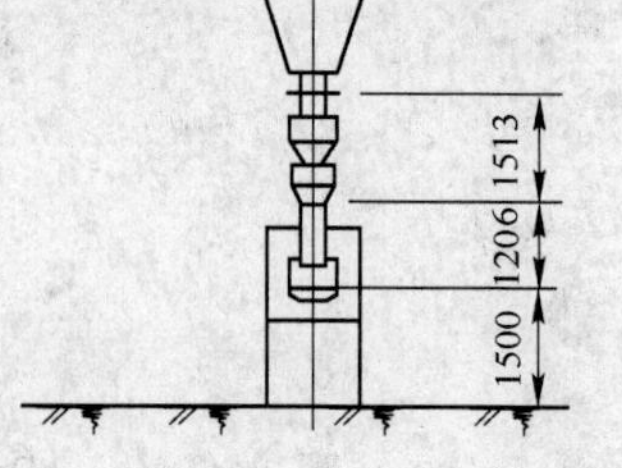

图 6-24　新型双层漏灰阀配置图
（上、下阀体均平板形）

γ_0——空气重度，常温（20℃）时为 1.2 kg/m^3。

抽风机的排气压力可按与大气压力相等考虑，同一抽风机用于不同海拔高度时，其排气重度与大气压力成正比，相同风量时的吸气重度，抽风机静压及轴功率也与大气压力成正比，即：

$$\frac{P_1}{P_2}=\frac{\gamma_{1排}}{\gamma_{2排}}=\frac{\gamma_{1吸}}{\gamma_{2吸}}=\frac{P_{静1}}{P_{静2}}=\frac{N_1}{N_2} \tag{6-34}$$

式中　P_1，P_2——大气压力，Pa；

$P_{静1}$，$P_{静2}$——抽风机静压，Pa；

N_1，N_2——抽风机轴功率，kW；

$\gamma_{1吸}$，$\gamma_{2吸}$——抽风机吸气重度，kg/m^3；

$\gamma_{1排}$，$\gamma_{2排}$——抽风机排气重度，kg/m^3。

同一种烧结机及抽风系统，在不同大气压条件下，抽入相同风量（工作状态下）时，阻力损失与大气压成正比，故同一抽风机用于不同海拔高度的效果是：抽风量按体积

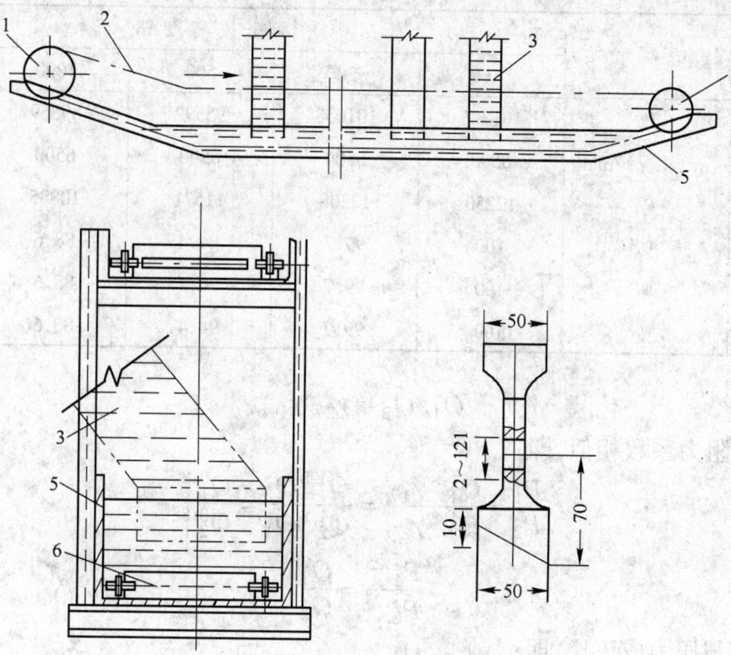

图 6-25 上回链式水封拉链机示意图

1—传动轮;2—上回链;3—排灰管;4—尾轮;5—槽体;6—刮板

表 6-43 海拔高度与大气压关系

海拔高度/m	0	100	200	400	600	800	1000	1200	1400	1800
大气压力/Pa	101325	100125	98925	96525	94325	92072	89872	87713	85593	81486

计相同(工作状态下);按重量计则与大气压成正比。因而烧结机产量也与大气压力成正比。即:

$$Q_1 = Q_2$$

$$\frac{P_1}{P_2} = \frac{\Delta P_{静1}}{\Delta P_{静2}} = \frac{W_1}{W_2} = \frac{q_1}{q_2} \tag{6-35}$$

式中 Q_1, Q_2——抽风量,m^3(工况)/min;

$\Delta P_{静1}, \Delta P_{静2}$——烧结机及抽风系统的阻力损失,Pa;

W_1, W_2——抽入气体重量,kg/min;

q_1, q_2——烧结机产量,t/h。

已知原设计抽风机参数为:风量 6500 m^3(工况)/min,吸气静压 −12250 Pa,排气绝对静压 101325 Pa。用于不同海拔高度时,其有关参数的计算结果如表 6-44 所示。

从表 6-44 可知,按海拔高度零米设计的烧结抽风机用于某一海拔高度时,海拔高度每增加 100 m,抽风机静压、抽风机轴功率及烧结机产量大约减少 1%。而工作状态下的抽风量及每吨烧结矿的电耗则相同。

如欲在不同海拔高度地区保持相同的烧结机产量,则抽风机参数相对关系如下:

产量相同,则抽入气体之重量需相等,即:

$$Q_1 \gamma_{1吸} = Q_2 \gamma_{2吸} \tag{6-36}$$

表 6-44　不同海拔高度对抽风机参数的影响

名　称	单　位	海拔高度/m				
		0	20	500	1000	1500
大气压	Pa	101325	101058	95592	89859	85059
抽风量(工作状态)	m^3(工况)/min	6500	6500	6500	6500	6500
风机静压	Pa	12250	12208	11571	10885	10296
抽入气体重量	%	100	99.7	94.4	88.6	84
抽风机轴功率	%	100	99.7	94.4	88.6	84
烧结机产量	%	100	99.7	94.4	88.6	84

或
$$Q_1/Q_2=\gamma_{2吸}\gamma_{1吸} \tag{6-37}$$

抽风系统阻力系数相似，即：

$$\frac{P_1}{P_2}=\frac{Q_1^{1.8}\gamma_{1吸}}{Q_2^{1.8}\gamma_{2吸}}=\frac{Q_1^{1.8}Q_2}{Q_2^{1.8}Q_1}=\frac{Q_1^{0.8}}{Q_2^{0.8}}$$

或
$$\frac{P_1^{1.25}}{P_2^{1.25}}=\frac{Q_1}{Q_2} \tag{6-38}$$

气体重度与压力成正比，即：

$$\frac{\gamma_{1吸}}{\gamma_{2吸}}=\frac{P_1-P_{静1}}{P_2-P_{静2}}$$

或
$$\frac{P_1-P_{静1}}{P_2-P_{静2}}=\frac{Q_2}{Q_1} \tag{6-39}$$

在海拔高度为 1500 m 的地区，如果仍要求烧结机产量保持与零米地区相同，则按上式计算出的所需抽风机的参数见表 6-45。

表 6-45　不同海拔高度抽风机参数比较

名　称	海拔高度/m	
	0	1500
大气压力/Pa	101325	85059
抽风机风量/m^3(工况)·min^{-1}	6500	8210
抽风机静压/Pa	12258	14807
抽风机轴功率/%	100	152

从表 6-45 看出，抽风机风量及静压剧增，因而抽风机轴功率，亦即每吨烧结矿的电耗增加 52%，显然这样做是不经济的。

如果在不同海拔地区，采用相同静压的风机，则相应的抽风机风量及烧结机产量，可按下式计算：

$$\frac{\gamma_{1吸}}{\gamma_{2吸}}=\frac{P_1-P_{静1}}{P_2-P_{静2}} \tag{6-40}$$

$$\frac{P_{静1}}{P_{静2}}=\frac{Q_1^{1.8}\gamma_{1吸}}{Q_2^{1.8}\gamma_{2吸}}=1 \tag{6-41}$$

$$\frac{q_1}{q_2}=\frac{Q_1\gamma_{1吸}}{Q_2\gamma_{2吸}} \tag{6-42}$$

按上式举例的计算结果见表 6-46。

表 6-46 抽风机静压相同在不同海拔高度时的电耗比较

名 称	海拔高度/m	
	0	1500
大气压力/Pa	101325	85059
抽风机静压/Pa	12258	12258
抽风机风量/m^3(工况)·min^{-1}	6500	7260
抽风机电耗/%	100	111.8
烧结机产量/%	100	91.3
每吨烧结矿电耗/%	100	122

由表 6-46 看出,要求在海拔 1500 m 地区与零米地区抽风机静压相同时,因吸入气体重度相应较小,而允许抽入的风量则增加,即使这样,烧结机产量仍降低 8.7%,而每吨烧结矿的电耗却增加 22%,仍然不够经济合理。

因此,一般情况下,不论海拔高低,均采用同种风机。考虑到不同海拔高度对烧结机产量的影响,在利用系数的选择上应注意这个问题。

6.4.7 抽风除尘系统的配置

6.4.7.1 机头除尘配置的一般原则

(1) 机头除尘器不论是采用多管除尘器还是采用电除尘器,为了获得良好的气流分布,提高除尘效率,降低阻力损失,在一般情况下应配置在烧结室(机头)的正前方。

(2) 为方便检修,可考虑在多管除尘器上部设电动单轨或电动单梁起重机。如果采用电除尘器,供电装置放在除尘器顶部,应该考虑设置检修起重机,对顶部的供电装置进行整体更换。

机头电除尘器配置举例见图 6-26 至图 6-28。

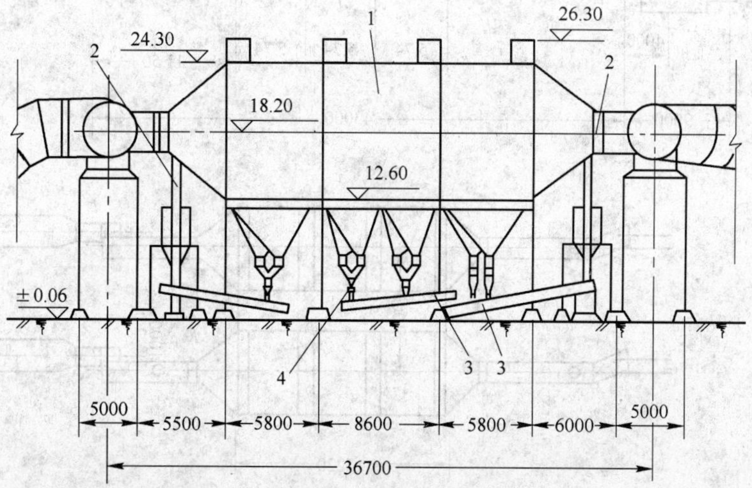

图 6-26 宝钢烧结机机头电除尘配置图

1—机头电除尘器;2—斗式提升机;3—刮板输送机;4—双层漏灰阀

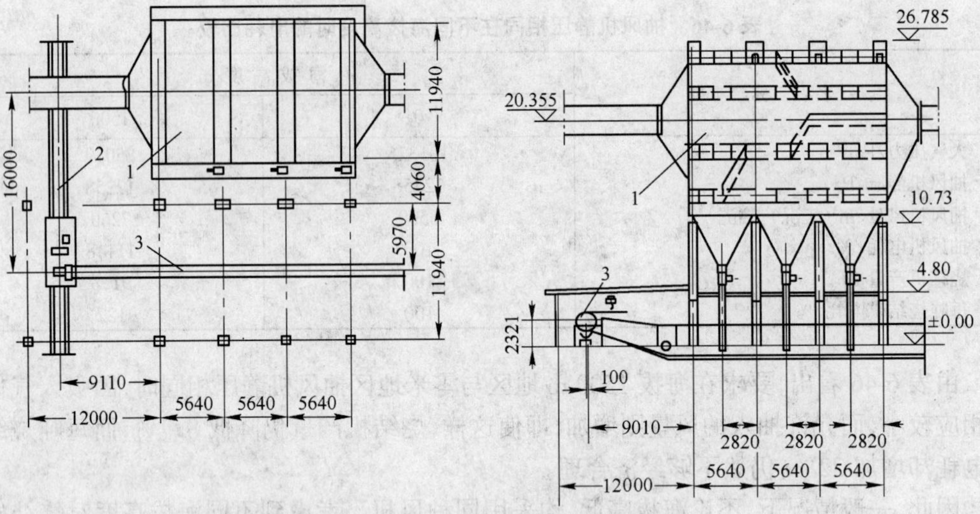

图 6-27　2×90 m² 烧结厂机头电除尘器配置图

1—机头电除尘器；2—带式输送机；3—水封拉链机

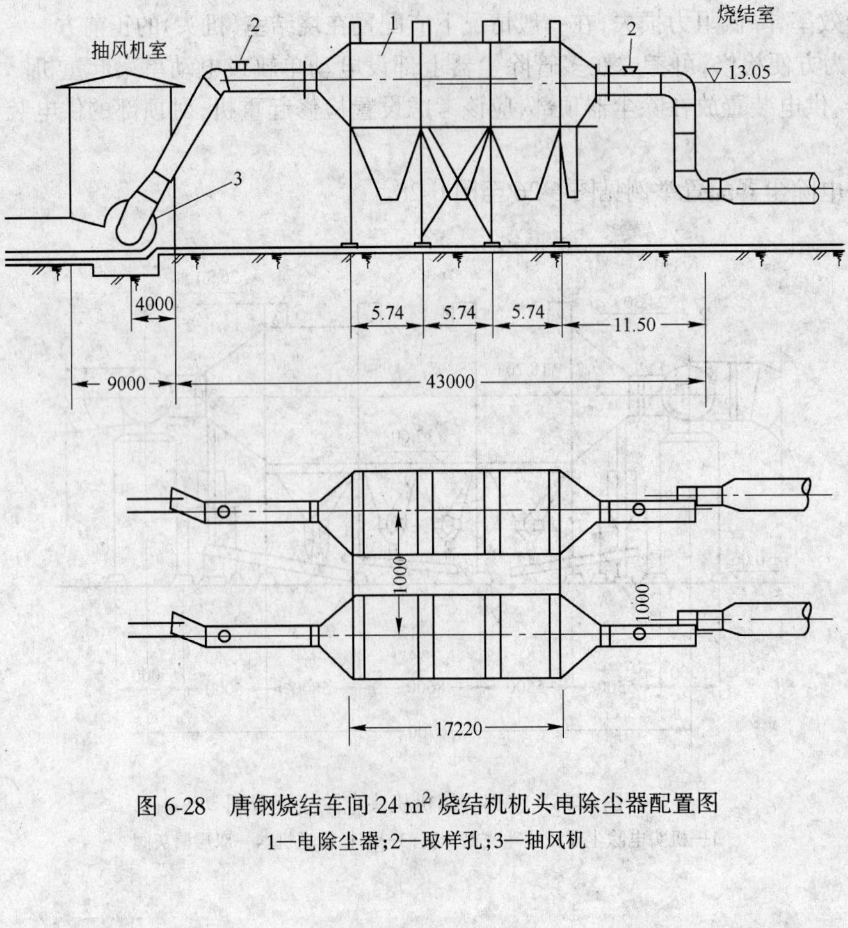

图 6-28　唐钢烧结车间 24 m² 烧结机机头电除尘器配置图

1—电除尘器；2—取样孔；3—抽风机

6.4.7.2　抽风机室配置的一般原则

(1) 抽风机室一般应配置在机头除尘器的正前方,特殊情况可放在烧结室的一侧。室内应设检修吊车及检修跨。转子的平衡工作根据附近机修车间条件确定抽风机室是否设置转子平衡台。

(2) 抽风机的操作室,一般应考虑隔音措施。

(3) 不论南北方地区,抽风机室一般需有墙和房盖,并设天窗。

抽风机室配置举例见图 6-29 和图 6-30。

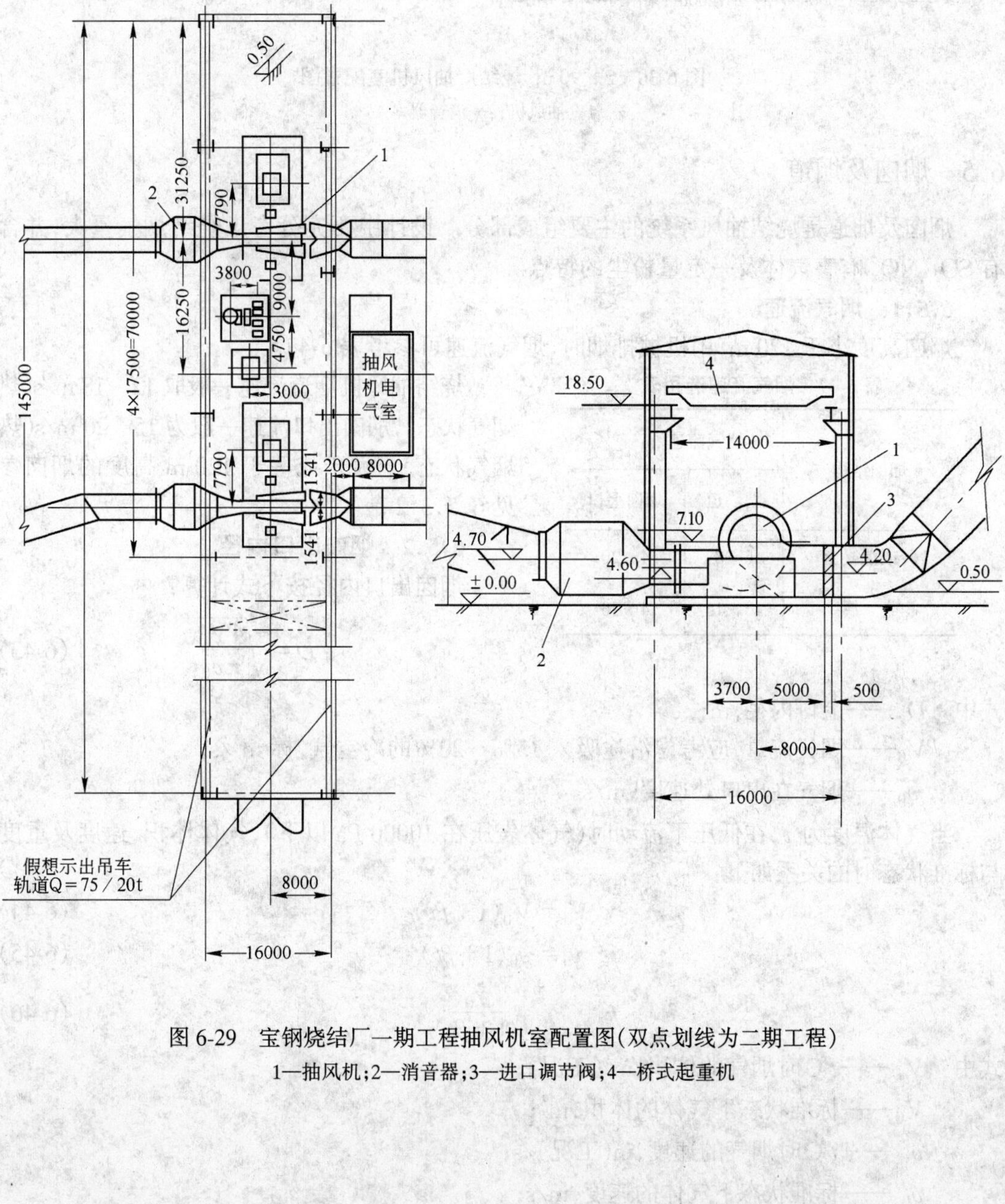

图 6-29　宝钢烧结厂一期工程抽风机室配置图(双点划线为二期工程)

1—抽风机;2—消音器;3—进口调节阀;4—桥式起重机

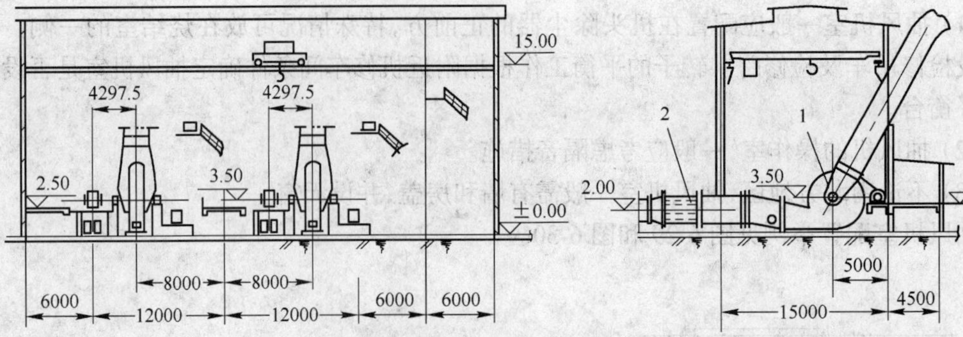

图 6-30　$2\times 90\ m^2$ 烧结厂抽风机室配置图

1—抽风机；2—消音器

6.5　烟囱及烟道

烟囱及烟道是烧结抽风系统的主要组成部分。设计中要充分考虑烧结烟气量大，并含有 SO_2、NO_x 有害气体及一定量粉尘的特点。

6.5.1　烟气流速

烟囱高度小于 120 m，用机械排烟时，烟气流速可参考表 6-47。

表 6-47　烟气流速选用表

烟囱结构	烟气流速/$m\cdot s^{-1}$	
	烟　道	烟囱上口
砖或混凝土	6～8	4～20
金　属	10～15	4～20

烧结抽风机烟道流速一般取 12～18 m/s(热烟气状态)，烟囱出口流速一般为 15～20 m/s(热烟气状态)。大于或等于 120 m 高度的烟囱参见 6.5.3.2 节。

6.5.2　烟囱出口内径

烟囱出口内径按下式计算：

$$D=\sqrt{\frac{4V_0}{\pi v_0}} \tag{6-43}$$

式中　D——上口内径，m；

V_0——烟气流量，应考虑沿途吸入 15%～20% 的冷空气，标 m^3/s；

v_0——烟气在出口处速度，m/s。

当气体温度为 t，在低压下流动时(气体表压在 10000 Pa 以下)，气体体积、速度及重度与标准状态时的关系如下：

$$V_t=V_0(1+\beta t) \tag{6-44}$$

$$v_t=v_0(1+\beta t) \tag{6-45}$$

$$\gamma_t=\frac{\gamma_0}{1+\beta t} \tag{6-46}$$

式中　V_t——t℃时烟气的体积，m^3(工况)；

V_0——标准状态下气体的体积，m^3；

v_t——t℃时烟气的速度，m(工况)/s；

v_0——标准状态下气体的速度，m/s；

γ_t ——t℃时烟气的重度,kg/m^3(工况);

γ_0 ——标准状态下气体的重度,烧结烟气 $\gamma_0=1.27$ kg/标 m^3;

β ——气体在一定压力下的膨胀率,$\beta=\dfrac{1}{273}$。

在烧结厂烟囱出口直径的实际计算中,可按工况状态下烧结烟气的流量和选定的烟囱出口流速来计算烟囱的出口内径。

6.5.3 烟囱高度

6.5.3.1 烟囱高度及烟气的着地浓度

烟囱的高度根据烟囱的有效抽力和保护环境的要求确定。

烟囱的有效抽力一般按全部阻力损失的 1.2～1.25 倍来考虑,但所增加的绝对值一般不超过 50 Pa,以免富余能力过大,增加基建投资。烟囱高度的计算如下式:

$$H=\frac{(1.2\sim1.25)P_{失}}{P_n} \tag{6-47}$$

$$P_n=h_1(\gamma_{空}-\gamma_{烟}) \tag{6-48}$$

式中 H ——烟囱的高度,m;

$P_{失}$——烟道全部阻力损失,Pa;

P_n ——烟囱每米高度的几何压头(即每米抽力);

h_1 ——烟气水平位置上升或下降的距离,m;

$\gamma_{空}$——大气的重度,kg/m^3;

$\gamma_{烟}$——烟气的重度,kg/m^3。

对烟囱来说,h_1 上升 1 m 即为烟囱的每米抽力;对烟道来说,在烟道有向上向下变化的情况下,也应计算几何压头的变化。烟道向上时,烟气上升不仅不增加阻力,而且增加了能量,因此考虑此阻力损失时,应按负值计算;当烟道向下时,此部分阻力损失才为正值。

为了计算方便,将大气中热气柱水平位置每上升或下降 1 m 引起的几何压头的变化数值绘于图 6-31。图中大气及热气在标准状态下的重度按 1.29 kg/m^3 计算。

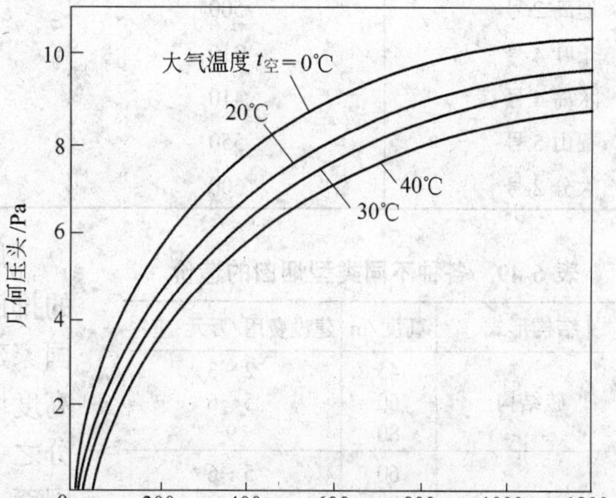

图 6-31　大气中热气柱水平高度每变动 1 m 引起几何压头变化的数值

烧结厂的烟囱高度除考虑有效抽力外,还要考虑所排放的含尘有害烟气对周围环境的污染。有时环境污染成为主要考虑的因素。在已采用了铺底料和机头高效收尘工艺的情况下,烧结烟囱中所排出的含尘浓度一般都能满足国家规定的排放标准,而烟囱高度的确定主要应该考虑二氧化硫的排放量应达到国家规定的卫生标准。

根据国标(GB3840—83)《制订地

方大气污染物排放标准的技术原则和方法》，二氧化硫的允许排放量公式为：

$$Q = G \times 10^{-6} \times H_e^2 \tag{6-49}$$

式中　Q——二氧化硫的允许排放量，t/h；

G——二氧化硫允许排放指标，根据所在城市或地区的规定，或根据国标（GB3840—83）的规定，t/(m^2·h)；

H_e——烟囱有效高度，m。

从式(6-49)可知，二氧化硫的允许排放量与烟囱的有效高度(H_e)的平方成正比，烟囱愈高愈有利于烟气的扩散和降低二氧化硫的着地浓度。例如，某烧结厂的抽风机排出的烟气中含 SO_2 300 kg/h，烟囱出口直径 6 m，排烟速度 20 m/s，高空风速 5 m/s，烟气温度 150℃，平均气温 15℃，垂直方向扩散系数 C_2 与水平方向扩散系数 C_y 之比，即 C_2/C_y = 0.15。运用塞顿公式进行计算，将烟囱高 100 m 时二氧化硫的着地浓度当做 100%，当烟囱高度增至 160 m 时，着地浓度则下降到 66%，当烟囱高度增至 200 m 时，着地浓度则下降至 52%。表 6-48 列举了日本烧结厂高 200 m 主烟囱的情况。

表 6-48　日本烧结厂高 200 m 主烟囱情况

厂　名	烧结机面积/m^2	主烟囱高度/m	机头除尘器类型
名古屋 1 号	182	200	多管加电除尘器
水岛 1 号	183	200	电除尘器
名古屋 2 号	196	200	多管加电除尘器
水岛 2 号	250	200	电除尘器
水岛 3 号	300	200	电除尘器
户畑 3 号	320	202	旋风加电除尘器
若松 1 号	600	200	旋风加电除尘器
君津 3 号	500	220	电除尘器
大分 1 号	400	200	电除尘器
鹿岛 2 号	500	200	电除尘器
千叶 4 号	210	200	电除尘器
水岛 4 号	410	200	电除尘器
福山 5 号	550	200	电除尘器
大分 2 号	600	200	电除尘器

表 6-49　各种不同类型烟囱的造价

结构形式	高度/m	建设费用/万元·座$^{-1}$
砖结构	45	2～3
	60	5～6
	80	9
钢筋混凝土结构	60	5～6
	80	8～10
	100	12～14
	120	～20
	150	25～30
	200	～200
钢结构集合式	200	～500

烟囱增高，对排放的污染物稀释有利，允许的排放量也大，但建设费用也随之上升。根据国家建委的资料，高度超过 200 m 以上的烟囱，高度增加 20 m，污染物的地面浓度仅降低十亿分之一，但烟囱的造价却与高度的平方成正比。因而，不宜采用 200 m 以上的高烟囱。另外，对于烧结原料含硫过高的烧结厂，如果不采取脱硫或配矿措施，光靠高空稀释来使污染物的排放浓度达到国家标准是很困难的。表 6-49 列举了国内各种不同结构及高度的烟囱的造价。

6.5.3.2 烟囱高度及烟气抬升高度

烟囱的有效高度(H_e)和烟囱的高度(H)、烟气抬升高度(Δh)的关系见图 6-32 及式 6-50。

$$H_e = H + \Delta h \qquad (6\text{-}50)$$

式中 H ——烟囱距地面的几何高度,m;

Δh——烟气抬升高度,m。

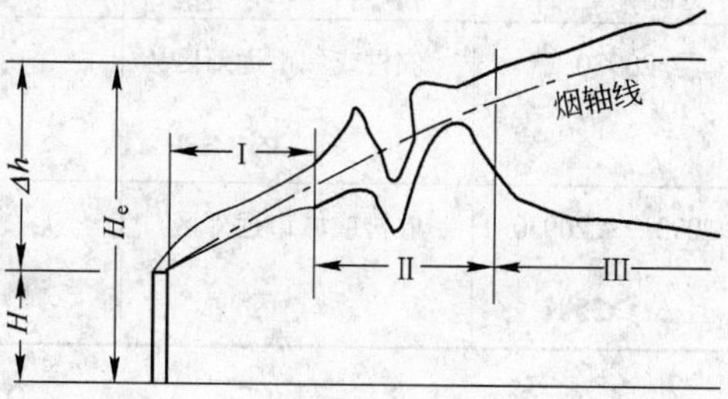

图 6-32 烟气抬升与扩散

Ⅰ—动力热力抬升阶段;Ⅱ—破裂抬升阶段;Ⅲ—扩散阶段

根据国标(GB3840—83)《制订地方大气污染物排放标准的技术原则和方法》,Δh 按下列方法计算:

(1) 当烟气热释放率 $Q_h \geqslant 2093$ kJ/s,且烟气温度 t_s 与环境温度 t_a 的差值 $\Delta t \geqslant 35$ K 时,

$$\Delta h = n_0 \times Q_h^{n_1} \times H^{n_2} \times v_a^{-1} \qquad (6\text{-}51)$$

$$Q_h = 84.5 \times \frac{\Delta t}{t_s} \times Q_v \qquad (6\text{-}52)$$

$$\Delta t = t_s - t_a \qquad (6\text{-}53)$$

$$v_a = \beta \times v_{10} \times \left(\frac{10}{10 + \Delta h}\right)^{0.25} \qquad (6\text{-}54)$$

式中 Q_v ——实际排烟率,m^3(工况)/s;

Q_h ——烟气热释放率,kJ/s;

Δt ——烟气出口温度与环境温度差,K;

t_s ——烟囱出口处的烟气温度,K;

t_a ——环境平均气温,取烟囱所在市(县)同名称气象台(站)定时观测最近 5 年平均气温值,K;

v_a ——规定平均风速,m/s;

v_{10}——烟囱所在市(县)同名称气象台(站)距地面 10 m 高度处定时观测的最近 5 年风速平均值,m(工况)/s;

Δh ——气象台(站)地面海拔高度对城市地面(或烟囱所在地面)平均海拔高度的高度差,m;

n_0 ——烟气热状态及地表状况系数;

n_1 ——烟气热释放率指数;

n_2 ——高度指数;

β ——区域系数,城市远郊区及农村地区一律取 1.778,城区 $H > 100$ m、$Q_h \geqslant 2093$ kJ/s 时取 1.778,其他情况取 1.495。

n_0、n_1、n_2 按表 6-50 选取。

(2) $Q_h \leqslant 2093$ kJ/s 或 $\Delta t < 35$ K 时,

$$\Delta h = 2 \times (1.5 \times v_s \times D + 0.04 \times Q_h) / v_a \qquad (6\text{-}55)$$

式中 v_s——烟囱出口处烟气排出速度,m(工况)/s;

D——烟囱出口内径,m。

表 6-50　不同条件下的 n_0、n_1、n_2 值

Q_h/kJ·s^{-1}	地表状况(平原)	n_0	n_1	n_2
≥20930	农村或城市远郊区	2.3	$\frac{1}{3}$	$\frac{2}{3}$
	城　区	2.1	$\frac{1}{3}$	$\frac{2}{3}$
≥2093～<20930	农村或城市远郊区	0.784	$\frac{3}{5}$	$\frac{2}{5}$
且 Δt≥35 K	城　区	0.690	$\frac{3}{5}$	$\frac{2}{5}$

烟囱高度的求得,可先根据二氧化硫允许排放量 Q、允许排放指标 P 从烟囱有效高度查算表查出有效高度 H_e;然后按城市或城市远郊区、农村不同地区类别根据国家标准 GB3840—83 分别由烟囱高度 H 查算表中,按 v_{10}、H_e 和 Q_h 查得 H 值。也可根据公式 6-49、6-50计算求得。

烟气从烟囱排出的速度愈大,相应的动力抬升高度(Δh)就增加,这对烟囱排出污染物的稀释有利,我国各烧结厂主烟囱的排烟速度都较低,大都在 15 m/s 左右。随着国家环保要求的日益严格和完善,烟囱高度要求增高,烟道本身吸力随之加大,烟囱出口速度也随之加大,日本近 10 年来建设的高度超过 100 m 的烟囱,出口流速大多为 30 m/s。西欧高度超过 100 m 以上烟囱的出口流速大部分在 23～30 m/s 之间。据国外资料报道,烟囱出口烟速为 23～30 m/s 时,对烟气的抬升最为有利。宝钢 200 m 钢集合烟囱出口流速是按 20 m/s 设计的。

烟气流速过高,会造成烟气流的阻力损失和压头增量的增大。如果烟囱的吸力满足不了上述增量时,甚至会造成烟道入口处出现正压,使得烧结机减产。烟气流速过大,还会吸入周围的冷空气,上升的烟气迅速冷却下来,反而导致抬升高度下降。最佳烟气流速要通过技术经济比较而定,高度大于或等于 120 m 的烟囱,流速按 20～30 m/s 取值较适宜。

6.5.3.3　高烟囱上部环保监测装置

高烟囱上是设置环保监测装置的优良场所。宝钢 200 m 的高烟囱配有如下三种自动监测装置:

(1) 污染源监测:在烟囱 47 m 高处监测烟气中的 SO_2、NO_x、O_2 含量。

(2) 烟气流量监测:烟气流量测定位置。设在主抽烟机入口烟道上,由插入式文氏管进行测定,经压差变送器转换成电信号,送至烧结厂中央操作室。

(3) 高空气象观测:在烟囱的 27.3 m、45.0 m、63.6 m、96.5 m、145.1 m、185.0 m 处平台上部 2 m 处分别安装六组风向计、风速计、温度计;在烟囱离地面 1.5 m 处安装温度计,以观测从地面至 200 m 高空的风向、风速和温度的变化情况。判断是否出现逆温现象和逆温的高度,研究高空气象排放污染物扩散影响的规律。

以上的自动监测装置,运行一定时间后,由人工监测进行校正。

一般烟囱上环保监测内容有两部分,即烟囱出口处污染源数据和气象参数。污染源数据有:烟囱出口处烟气流速、烟气温度及烟气中各种有害物及其浓度。一般烧结烟气要求测定的污染物有粉尘、SO_2、NO_x 和 CO 及其浓度。烟囱出口处气象参数有:大气的温度、风向和风速。

6.5.4　集合式烟囱

所谓集合式烟囱，就是多台烧结机合用一座烟囱。

建设集合式烟囱有更佳的扩散效果和经济性。扩散效果与烟气抬升的有效高度有关。例如，两台烧结机使用两座烟囱分别排烟与合用一座烟囱排烟比较，如果两种情况下的烟囱高度、烟气温度、烟气的污染物含量都相同，则分别用两座烟囱排烟时，排出的污染物地面浓度几乎是合用一座烟囱时的两倍；而合用一座烟囱排烟时，地面浓度仅为两座烟囱分别排烟时其中一座烟囱（即一台烧结机）的 1.2 倍。这是因为排烟集中在一座烟囱时，烟囱的有效高度（H_e）增加，在总污染物量无变化的情况下，地面浓度相对减少。

图 6-33 表示 4 台 75 m^2 烧结机用 4 座烟囱在相同条件下与用 1 座集合式烟囱的建设费用比较。如果烟囱高都是 100 m，排烟速度都是 30 m/s，烟气温度为 150℃，高空风速 5 m/s，烟气量 108 m^3/s，计算结果表明，1 座集合式烟囱比 4 座单个烟囱的烟气上升高度高 70 m。这就说明，为了保持相同的二氧化硫着地浓度，要建 4 座 170 m 高的烟囱才能等于建 1 座 100 m 的集合烟囱，前者建设费用要大于后者。建有多台烧结机的烧结厂，在平面布置上要尽可能靠近，以便几台烧结机合用 1 座集合式烟囱。

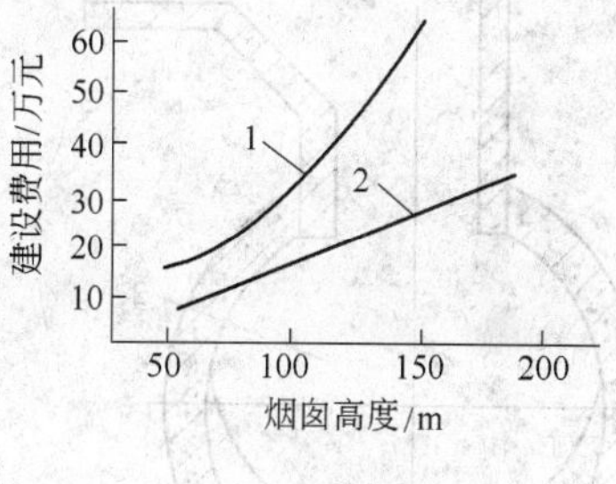

图 6-33　单座烟囱与集合式烟囱建设费用比较

1—排气量为 10 万标 m^3 的 4 座烟囱；2—排气量为 40 万标 m^3 的 1 座烟囱

宝钢烧结塔架式钢烟囱也属于集合式烟囱，它是由两个 ϕ 6 m 烟囱到 185 m 高时合拢为一个 ϕ 8.5 m的烟囱，总高 200 m，钢结构总重 2530 t。

6.5.5　烟道

烟道的设计应符合以下原则：

（1）烟道截面积由烟气流量和流速决定，当烟气流量较小时，其流速可取较小值。

（2）烧结厂多为几条烟道共用一个烟囱，设计时不要使所有烟道的烟气合流后进入烟囱，应该使烟气分两股进入烟囱。烟道和烟囱底部应设隔墙，避免窜烟，影响烟道及烧结降尘管检修人员的安全。

（3）烟道和烟囱底部。须定期检查衬里磨损情况并清理积灰，因此烟道须设置检修门，平时用红砖砌筑。

（4）烟道应避免向下坡，接至烟囱水平总烟道方向的上坡度一般为 3% 以上。

（5）如两台以上烧结机共用一个烟囱时，在每个风机出口的支烟道上应设有检修时可以临时切断烟气的隔板或闸阀，以备在一台烧结机停机检修时，防止发生窜烟和由于烟囱负压使风机转子很难停下来的现象。

烟囱烟道平面布置示意于图 6-34。

6.5.6　消音器

为了防止噪音污染，在烧结风机出口的烟道上应安设消音器。一般采用人造纤维消音器。

阻尼式人造纤维消音器可设计成直管型、片型、蜂窝型、音流型和迷宫型等多种形式。它的消音量取决于所用吸音材料的种类，消音层厚度与长度，其值可近似地按下式计算：

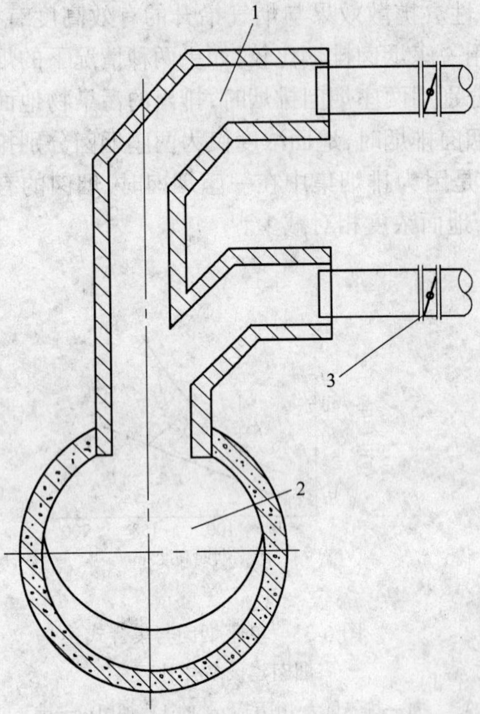

图 6-34　烟囱烟道平面布置示意图

1—烟道；2—烟囱；3—蝶阀或插板

$$\Delta R = 1.6\alpha_0 L \frac{C}{A} \qquad (6\text{-}56)$$

式中　ΔR——消音量，dB；

C——消音器截面之周长，m；

A——消音器的截面积，m^2；

L——消音器的长度，m；

α_0——消音材料的吸音系数。

对于阻尼式消音器，当截面积过大时，波长很短的高频噪音很少与内壁吸音层接触，其上限失效频率 f_s 可按下式计算：

$$f_s = K\frac{v}{D} \qquad (6\text{-}57)$$

式中　f_s——失效频率上限，Hz；

v——声速，m/s；

D——扩张腔截面直径，m；

K——系数，阻尼式消音器为 1.8，扩张型为 1.22。

人造纤维消音器结构示意于图 6-35。烧结机风机出口消音器见图 6-36。

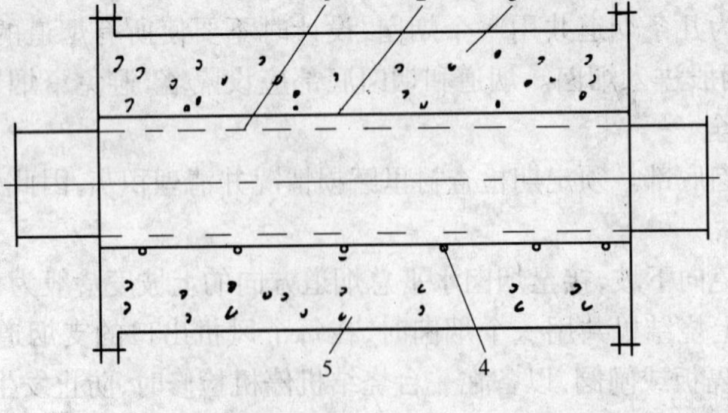

图 6-35　人造纤维消音器结构示意图

1—多孔板；2—塑料窗纱；3—人造纤维；4—铜丝；5—外壳

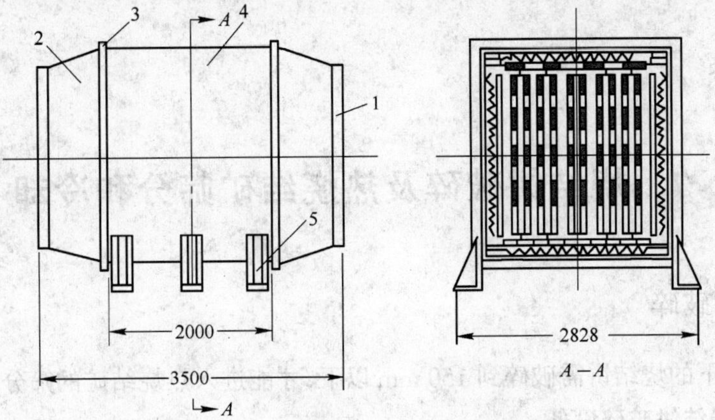

图 6-36 烧结风机出口消音器

1—矩形法兰(一)；2—变径管；3—矩形法兰(二)；4—消音段；5—支架

7 烧结饼破碎及热烧结矿筛分和冷却

7.1 烧结饼破碎

烧结机翻下的烧结饼需破碎到150 mm以下,才能进入热烧结矿的筛分及冷却设备。

7.1.1 烧结饼破碎设备

一般使用单辊破碎机破碎烧结饼,目前我国普遍采用的剪切式单辊破碎机如图7-1所示,主轴两端轴承设水冷装置,齿辊的驱动端设有保险装置,当过负荷时,保险销被剪断,设备停止运转。

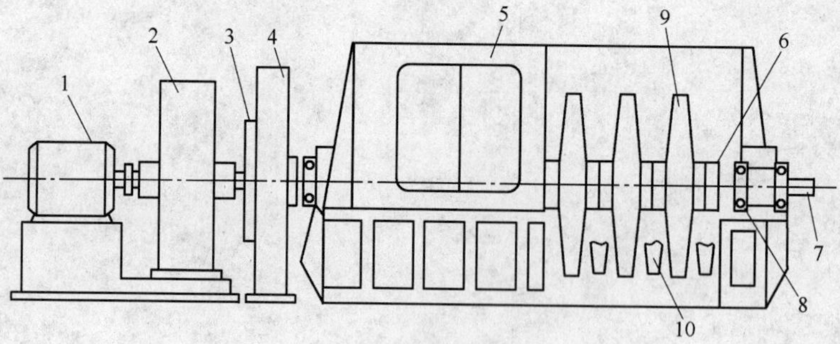

图7-1 ϕ1500×2800剪切式单辊破碎机

1—电动机;2—减速机;3—保险装置;4—开式齿轮;5—箱体;6—齿辊;7—冷却水管;8—主轴;9—破碎齿;10—箅板

该设备齿冠有时断裂,一般采用堆焊的办法进行修复。

新建烧结厂有的采用水冷式单辊破碎机,见图7-2。根据测定,水冷式单辊在停机后10 min,齿冠温度仅为65℃,箅板温度56℃(水冷箅板)。水冷式破碎机的优点是:

(1) 由于采用堆焊式水冷齿辊及箅板,可提高寿命(齿辊提高5~6倍;箅板提高2~4倍)。

(2) 堆焊整体锤头代替螺栓连接锤头,避免锤头掉落。

(3) 齿辊、箅板的检修方便,缩短检修时间,保证操作安全,改善了劳动条件。

其缺点是焊接复杂,对冷却水水质有一定要求。

7.1.2 单辊破碎后的粒度组成

首钢1980年测得烧结饼经单辊破碎后的粒度组成见表7-1。

广钢烧结厂1985年测得经单辊及冷却后进入整粒系统前的粒度组成列于表7-2。

7.2 热筛分

7.2.1 热筛分的作用

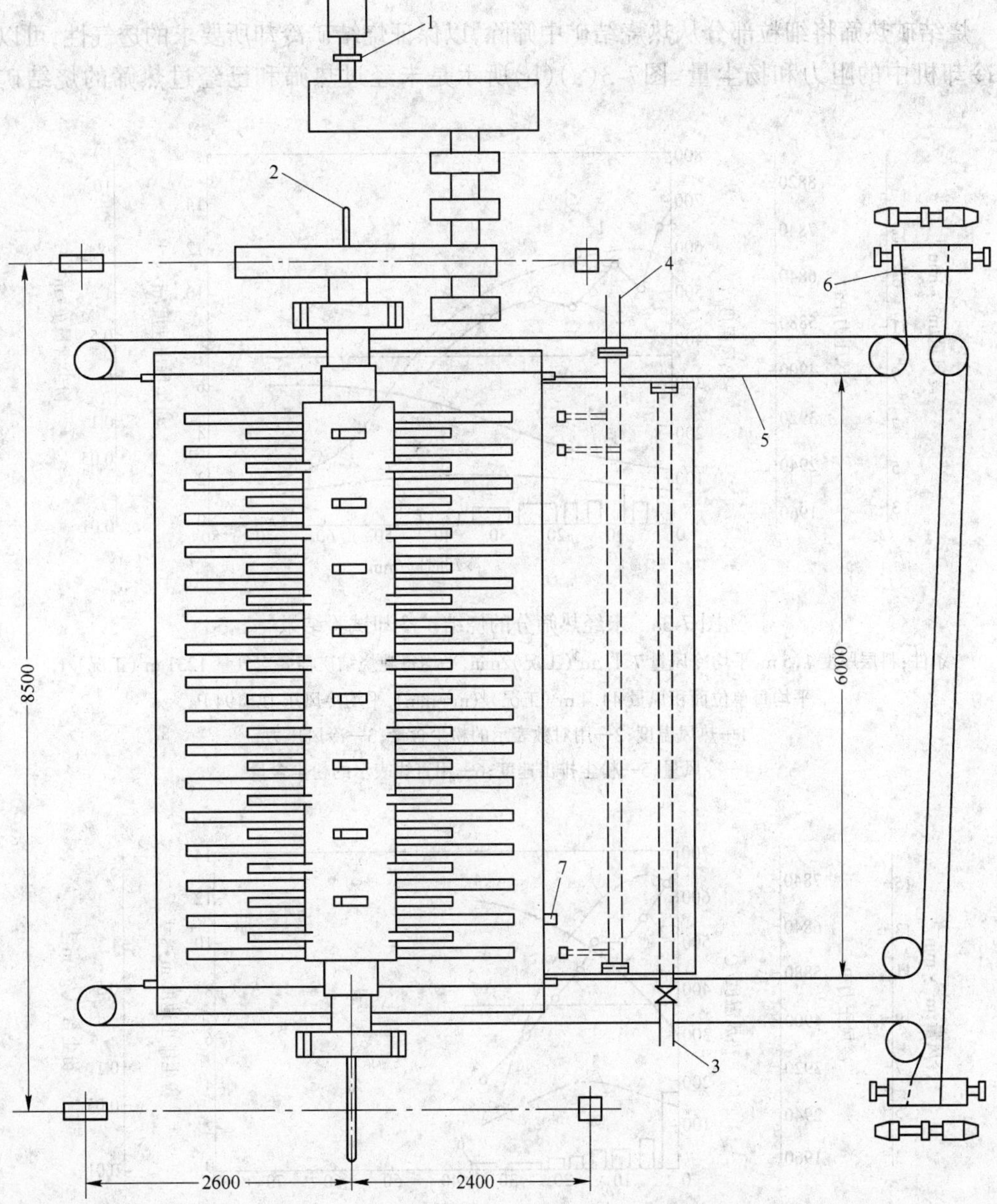

图 7-2 宝钢 450 m^2 烧结机单辊破碎机平面图

1—定转矩联接器；2—滑移检测装置；3—进水口；4—出水口；5—轨道；6—台车牵引绞车；7—千斤顶支承座

表 7-1 首钢机上冷却烧结饼经单辊破碎后的粒度组成

粒 度/mm	>40	40~25	25~20	20~15	15~10	10~5	5~3	3~0
含 量（占烧结饼）/%	22.17	7.78	6.82	6.4	20.04	21.77	5.83	9.19

表 7-2　广钢烧结厂进入整粒系统前的粒度组成

粒　度/mm	>50	50～40	40～20	20～10	10～5	5～0
含　量/%	9.58	6.98	24.67	37.78	12.54	8.45

注:单辊后有热筛,上表未包括热返矿量在内。

烧结矿热筛将细粒部分从热烧结矿中筛除,以保证烧结矿冷却所要求的透气性,可以减少冷却机中的阻力和扬尘量。图7-3(a)(b)所示是未经过热筛和已经过热筛的烧结矿在

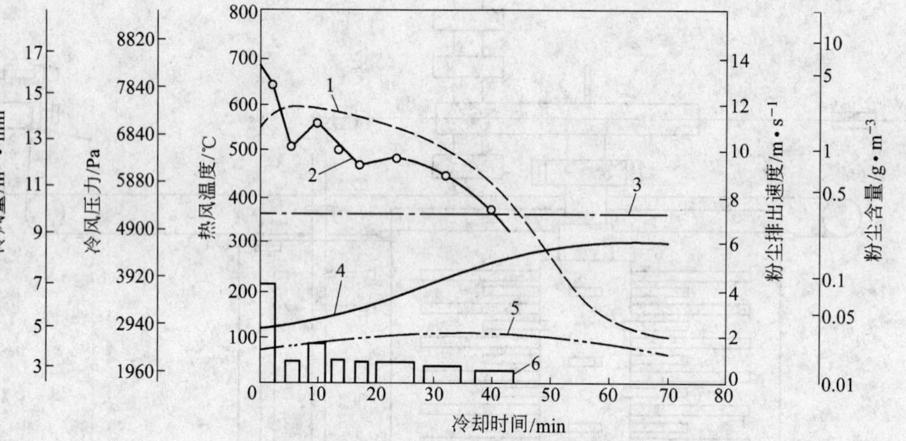

图 7-3a　未经热筛分的烧结矿冷却试验结果

条件:料层厚度 1.5 m,平均冷风量 7.11 m³(工况)/min,平均每吨烧结矿需要空气量 1231 m³(工况)/t,平均每单位面积风量 44.4 m³(工况)/(m²·min),平均冷风压力 5194 Pa

1—热风温度;2—用对数表示的粉尘含量;3—冷风压力;4—冷风量;5—粉尘排出速度;6—用直线表示的粉尘含量

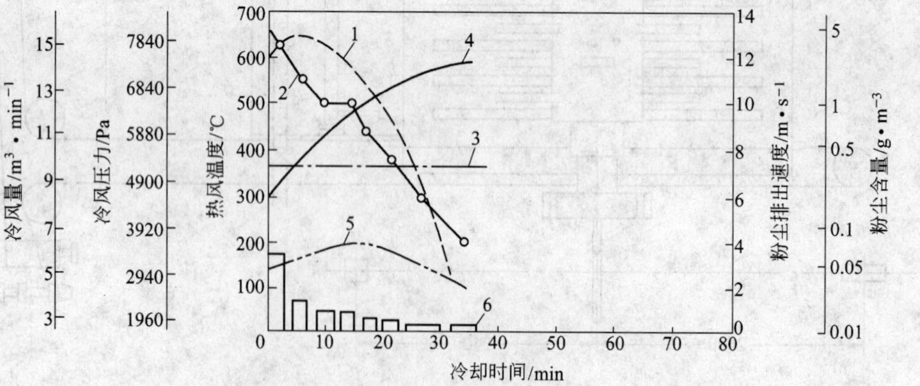

图 7-3b　经过热筛分的烧结矿冷却试验结果

条件:料层厚度 1.5 m,平均冷风量 12.08 m³(工况)/min,平均每吨烧结矿需要空气量 1144 m³(工况)/t,平均每单位面积风量 75.5 m³(工况)/(m²·min),平均冷风压力 5194 Pa

1—热风温度;2—用对数表示的粉尘含量;3—冷风压力;4—冷风量;5—粉尘排出速度;6—用直线表示的粉尘含量

底面 0.16 m^2 的塔式冷却机中进行冷却试验的结果对比，经过热筛分的烧结矿中小于 5 mm 粒级约占 11%，未经热筛分为 24%（烧结矿料层厚度为 1.5 m）。未经热筛分的烧结矿中粉末较多，冷却时间增加，扬尘量增大。

7.2.2 热筛分设备

目前烧结厂热矿筛分多采用热矿振动筛。国产热矿振动筛与烧结机配套情况见表7-3。日本热矿振动筛与烧结机配套情况见表 7-4。

表 7-3 热振筛与烧结机配套情况

名称、型号及规格	重量/kg	配套烧结机面积/cm^2	生 产 厂 例
耐热振动筛 SZR1500×4500	10600	18,24,36	上海冶金矿山机械厂等
耐热振动筛 SZR2500×7500	25300	50,75	上海冶金矿山机械厂等
耐热振动筛 SZR3100×7500	26500	90,130	上海冶金矿山机械厂等

表 7-4 日本热振筛与烧结机配套情况

厂 名	鹿岛 2 号	大分 1 号	水岛 3 号	加古川	水岛 1 号	釜 石
烧结机面积/m^2	500	400	300	262	183	170
热振筛筛分面积/m^2	4×9=36	4×9.5=38	3.8×8.4=31.92	3.36×8.4=28.2	3×6=18	2.4×5.2=12.5
热振筛面积/烧结面积	0.072	0.095	0.106	0.11	0.10	0.074

涟源钢铁厂烧结车间增建热筛分冷却设施后，热振筛筛分效率和筛下返矿的粒度组成分别列于表 7-5 和表 7-6。

表 7-5 热振筛筛分效率

取 样 地 点	烧结矿粒度组成/%			筛 分 效 率/%
	>25 mm	25~5 mm	5~0 mm	
进入热振筛筛分前Ⅰ	15.11	63.43	21.46	
进入热振筛筛分前Ⅱ	13.47	65.86	20.67	
SZR1500×4500 热振筛筛分后	19.32	70.63	10.04	68.11

注：1982 年 10 月的测定数据。

表 7-6 筛下返矿粒度组成

取 样 点	>5 mm/%	3~5 mm/%	5~0 mm/%
SZR1500×4500 热振筛筛下返矿	7.69	35.61	56.69

注：1982 年 10 月的测定数据。

7.2.3　热振筛的通风冷却

对热振筛通风冷却，可延长筛子寿命。热筛横梁的工作温度很不均匀，中部温度较高，一般可达600～700℃，两边温度约为300～350℃。在同一截面上，上部温度比下部高，因而产生较大的热应力，对横梁造成极不利的工作条件。包钢烧结厂采用风机往热振筛横梁内送风来减少横梁受热不均并起到降低其工作温度的作用。梅山烧结厂进行一次通风冷却试验，进气温度为15℃，出气温度为50～60℃，说明冷却气体带走了很多热量，横梁中部的温度有明显下降。梅山烧结厂生产实践证明，对热筛加强通风冷却，增大机尾热筛的抽风量，当抽风量达到7～7.5万m^3(工况)/h，吸收热量达17508 MJ，热烧结矿通过筛面后，温度约降低150℃左右，热振筛的寿命大大延长。

为了降低热振筛下热返矿的辐射热，除通入冷风的方法外，还可以改变热返矿仓的配置，使热返矿辐射到热振筛上的热量减少。攀钢烧结厂、武钢一烧和酒钢烧结厂的热振筛矿仓的布置如图7-4所示。

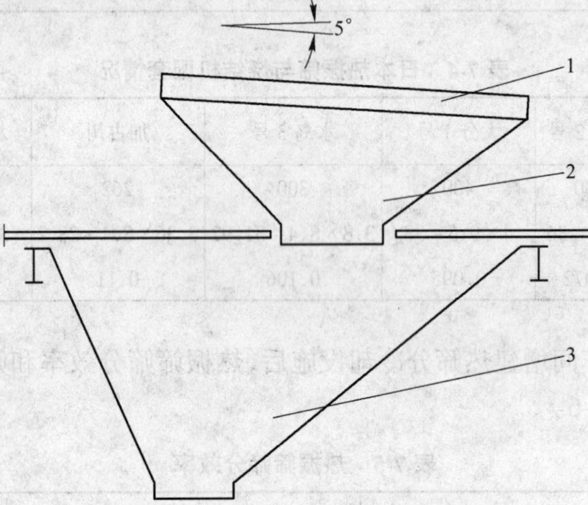

图7-4　热振筛矿仓布置示意图

1—热振筛；2—热振筛下漏斗；3—热返矿仓

7.2.4　热返矿仓与排料装置

热振筛下热返矿的处理有两种方式：一种方式是热返矿贮存在热振筛下的热返矿仓内，矿仓容量的使用时间为30 min，返矿用圆盘给料机卸至配合料带式输送机上。由于返矿仓容积小，当生产波动、返矿量变化大时，返矿圆盘给矿机需时常变更速度，致使混合料固定碳和水分不稳定；另一种方式是在热筛下设可互换的返矿分叉溜槽，下设两条基本平行布置的返矿链板运输机(一条工作，一条备用)，由链板运输机将热返矿输送至配料室返矿仓或烧结室外单独的返矿仓中。这种方法的优点是：

(1) 热振筛下不贮存热返矿，热返矿对热振筛的热辐射大大减轻，热振筛寿命可以延长。

(2) 返矿仓容积较大，缓冲时间长，生产过程中当返矿量波动大时，利用其缓冲作用混合料固定碳与水分可基本稳定，有利于烧结矿产量和质量的提高。

缺点是:热链板运输机投资大,维修工作量大。

高温返矿圆盘给料机工作环境温度高,灰尘大,要求热返矿圆盘耐高温,能调速,下料刮刀可调节。当一台圆盘给矿机向两台带式输送机给料时,可采用一个圆盘上设有两个刮刀,套筒中间开一个出料口,利用圆盘正、反转来分别向两条带式输送机给料(见图 7-5、图 7-6)。

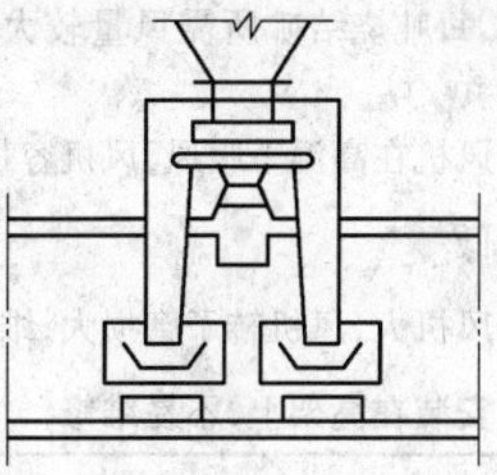

图 7-5　返矿圆盘交双系统示意图

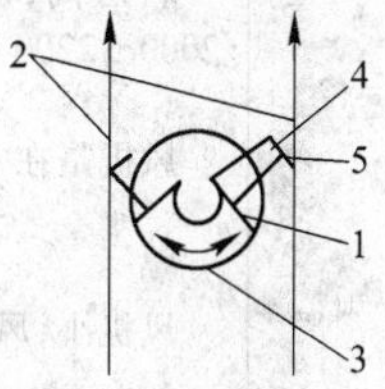

图 7-6　双刮刀示意图

1—刮刀;2—带式输送机;3—圆盘面;4—套筒;5—手柄

7.3　烧结矿冷却

冷矿工艺有如下优点:

(1) 烧结矿冷却后,便于整粒,出厂成品块度均匀,可以强化高炉冶炼,降低焦比,增加生铁产量。

(2) 冷矿可用带式输送机运输和上料,使冶金厂总图运输更加合理,适应高炉大型化发展的需要。

(3) 可以提高炉顶压力,延长高炉烧结矿矿仓和高炉炉喉设备的使用寿命,减少高炉上料系统的维修量。

(4) 采用鼓风冷却时,有利于冷却废气的余热利用。

(5) 有利于改善烧结厂和炼铁厂厂区的环境。

7.3.1　烧结矿的冷却方式

烧结矿的冷却方式主要有鼓风冷却、抽风冷却和机上冷却几种,鼓风冷却与抽风冷却的比较见表 7-7。

机上冷却工艺的优点是单辊破碎机工作温度低,不需热矿筛和单独的冷却机,可以提高设备作业率、降低设备维修费;便于冷却系统和环境的除尘。国内首钢烧结厂等已有机上冷却的成功经验,武钢烧结厂等正建设机上冷却烧结机,灵川、湘乡铁合金厂也已建成烧结锰矿的机上冷却烧结机。我国机上冷却烧结机主要技术参数见表 7-8。

矿石性能对机上冷却工艺的影响较大。贫铁矿特别是褐铁矿采用机上冷却较为有利,这类矿石所需冷却时间较短,因而冷烧比较小。在用富矿时,赤铁矿和磁铁矿不同,磁铁矿冷却时间长(冷却矿堆积密度大,透气性差),冷烧比大。赤铁矿和针铁矿处于贫矿和磁铁矿之间。

表 7-9 示出了在水钢烧结机上对不同矿种的测定或试验数据。

表 7-7 鼓风冷却与抽风冷却的比较

项 目	鼓风冷却	抽风冷却
料层高度/mm	1000～1500	一般约 300～500
冷却时间/min	约 60	约 30
冷却面积	冷却面积小，冷却面积与烧结面积之比为 0.9～1.2	冷却面积大，冷却面积与烧结面积之比为 1.25～1.50
冷却风量	料层高，烧结矿与冷却风热交换较好，2000～2200 标 m^3/t 烧结矿	料层低，烧结矿与冷却风的有效热交换较差，每吨烧结矿所需风量较大（3500～4800 标 m^3/t）
风机电容量	风机是在常温下吸风，风机电容量小	风机在高温下吸风，风机容量大
风机压力	高	低
风机维护	风机小，风机转子磨损小，维修量小	风机大，风机转子磨损大，维修量大
风机安装地点	安装在地面，容易维修	安装在高架上，不易维修

表 7-8 我国机上冷却烧结机主要技术参数

厂 名	投产年月	产量/万 $t \cdot a^{-1}$	宽度/m	总面积/m^2	烧结面积 S_1/m^2	冷却面积 S_2/m^2	S_2/S_1	冷却风量/$m^3 \cdot h^{-1}$	压力/Pa		矿石	烧结矿碱度	烧结矿品位/%	备 注
									烧结段	冷却段				
水城钢铁厂	1970.12		2.5	115	65	50	0.769	427000	12250	4273	主要为褐铁矿粉	1.18～1.27	48.26～49.6	
宣钢 1 号机	1970.10	设计 50 实际 30		90	50	40	0.8	380000	11270	4410	主要为赤铁矿粉			
首钢二烧		215.6	2.5	142.5	75	67.5	0.9	3 号机 528000	12250	4900	90%磁铁精矿，少量富矿粉	1.37	58.16	3 号烧结机，电耗 39.09 kW·h/t
首钢一烧	1983.5	331.1	3	180	90	90	1.0	780000	13720	7840	主要为磁铁精矿，配加少量富矿粉	1.40	57.73	4 台烧结机，电耗 50.37 kW·h/t
灵川铁合金厂	1987.9	8	1.2	24	12	12	1.0				锰矿			
湘乡铁合金厂	1988	8	1.5	24	12	12	1.0				锰矿	2		

注：表中首钢烧结厂为 1985 年统计数据。

表 7-9 水钢烧结机对不同矿种的测定和试验结果

项 目	单 位	水钢用矿①	鞍钢试验用矿②
烧结段总面积	m^2	65	65
冷却段面积	m^2	50	50
烧结机总面积	m^2	115	115
烧结机宽度	m	2.5	2.5
机 速	m/min	1.87	1.43～1.29
利用系数	$t/(m^2 \cdot h)$	1.414	1.15～1.05
料层厚度	mm	330	250
冷烧比		0.77	试验结果认为应将冷烧比增加到 0.9～1

①原料大部分是褐铁矿，未配生石灰；
②原料大部分是磁铁精矿，配 4%左右生石灰。

此外，碱度、料层厚度、冷却负压对机上冷却工艺也有较大的影响。

鞍钢试验报告提出，机上冷却与机外冷却(环冷机)比，电耗高 8～10 kW·h/t 烧结矿。首钢烧结厂采用机上冷却，风机经改造后电耗有所下降，见表 7-10。

表 7-10 首钢烧结厂机上冷却工艺的能耗

名　称	单　位	1980 年	1981 年	1982 年	1983 年	1984 年	1985 年
固体燃料消耗	kg/t	62.53	56.75	56.75	53.64	48.41	49.41
煤气消耗	m^3/t	16.21	13.50	12.28	10.80	11.34	11.34
电　耗	kW·h/t	55.59	51.12	50.10	43.19	47.70	45.92
蒸汽消耗	kg/t	70.5	65.23	70.41	54.15	47.72	44.67
水　耗	t/t	1.62	0.22	0.06	0.12	0.614	0.646
压缩空气消耗	m^3/t	6.09	5.62	4.37	5.69	7.01	7.13
工序能耗	kg 标煤/t	98.20	88.32	87.0	79.32	77.82	76.39

注：1980～1983 年为首钢二烧数值，1984～1985 年为首钢烧结厂全厂机冷数值。

水钢烧结采用机上冷却取消了热振筛，改用一般常温的 2.5×5 m 自动平衡振动筛。每台平均寿命为 20 万 t 成品冷烧结矿。该厂采用机上冷却，改善了机头、机尾等岗位的环境，其测定结果见表 7-11。

表 7-11 操作岗位处的含尘量测定

测 量 位 置	温度/℃	含尘浓度 /$mg·m^{-3}$
烧结机头部操作平台	22	2.07
烧结机尾部平台下风向	15	3.90
小格头部	17	2.05
小格尾部下风向	17	3.02

7.3.2 冷却参数

7.3.2.1 冷烧比

抽风冷却的冷烧比一般大于 1.5。太钢、武钢三烧为1.5左右，涟钢烧结厂为1.25。根据太钢、武钢、涟钢生产实践冷烧比可以小于或等于 1.5。

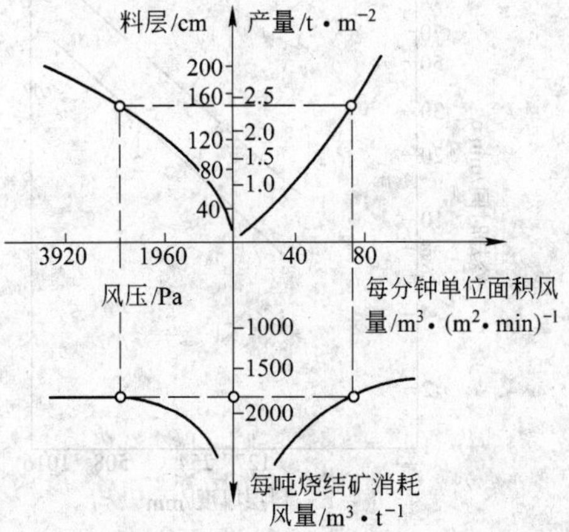

图 7-7 料层厚度、单位面积产量、风压与每吨烧结矿所消耗的风量，以及每分钟每平方米所需要的空气量的关系

鼓风冷却的冷烧比为 0.9～1.1，宝钢烧结厂的冷烧比为 1.02，冷却效果良好。

对于机上冷却，以褐铁矿、贫矿为主的原料，冷烧比应控制在 0.8 以下，其他矿种可按 1.0 左右考虑。

7.3.2.2 冷却时间和冷却风量

抽风冷却的时间一般为 30 min 左右，鼓风冷却一般为 60 min 左右。

鼓风冷却风量按 2000～2200 标 m^3/t 烧结矿考虑。抽风冷却风量按 3500～4800 标 m^3/t 烧结矿考虑。

鼓风冷却料层厚度、单位面积产量、风压与每吨烧结矿所消耗的冷却风量以及每分钟每平方米所需要的风量之间的关系曲线见图 7-7。

冷却风量、料层厚度与冷却时间的关系分别见图7-8及图7-9。从图中看出，冷却时间加长，每吨烧结矿冷却用风量减少。因此，适当地提高料层、扩大冷却面积、延长冷却时间，虽然基建投资要高一些，但电费将随之下降，冷却机排出的废气温度有所提高，余热利用价值高。由于每吨给矿量所需风量少，烧结矿的强度相应改善。

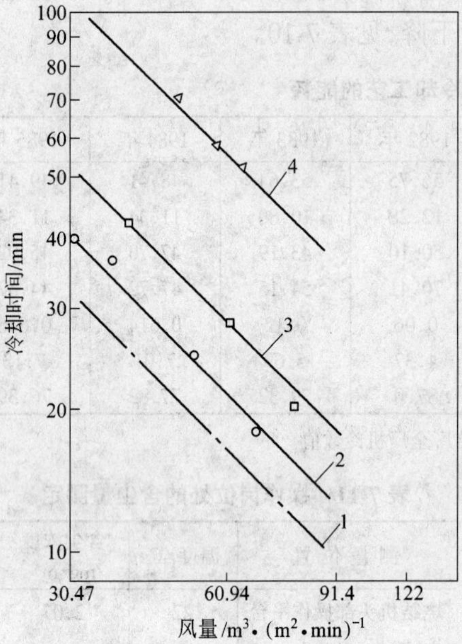

图 7-8　风量与冷却时间的关系

1—大于 9.5 mm 的烧结矿；2—大于 6.3 mm 的烧结矿；3—大于 3.15 mm 的烧结矿；4—未筛分的烧结矿

7.3.3　冷却设备

带式冷却机和环式冷却机是比较成熟的冷却设备，在国内外都获得广泛的应用。它们都有较好的冷却效果，两者相比，带式冷却机的优点是：

(1) 冷却过程中能同时起到运输作用；

(2) 对于多于两台烧结机的厂房，工艺上便于布置；

(3) 布料较均匀；

(4) 台车卸料时翻转 180°，便于清理台车箅条的堵料；

(5) 台车与密封罩或风箱之间的密封结构简单。

带式冷却机的缺点是空行程台车数量较多，占一半以上，故设备重量大，与相同处理能力的环式冷却机比较，设备重量需要增加四分之一。环式冷却机的台车利用率较高。

带式冷却机和环式冷却机又分别有抽风冷却和鼓风冷却两种方式。由于鼓风冷却机具有的一些突出的优点，特别是随着烧结机的大型化，冷却机的规格也相应增大，结构更加完善，从而更加显示出鼓风冷却的优越性。因此，近年来鼓风冷却得到了迅速的发展。

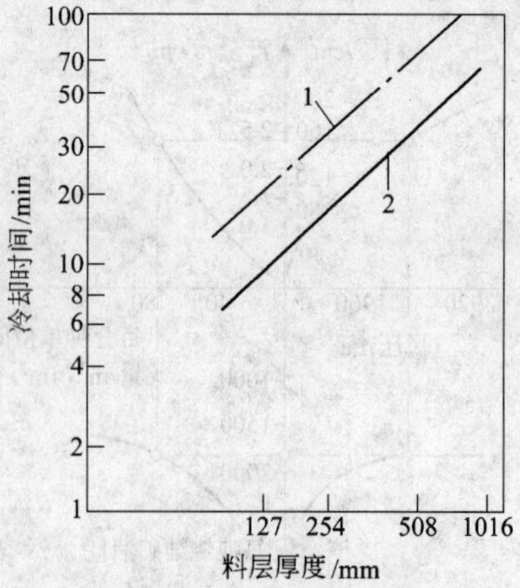

图 7-9　料层厚度与冷却时间的关系

（大于 3 mm 的烧结矿）

1—30.47 标 m³/(m²·min)；2—60.94 标 m³/(m²·min)

7.3.3.1　带式冷却机

带式冷却机主要由链条、台车、传动装置、拉紧装置、密封装置和风机等组成。台车通过螺栓固定在链条上，链条牵引台车在托辊上慢慢运行，台车底部设有百叶窗形箅条或冲孔箅板，两侧采用橡胶密封，端部采用扇形密封板密封。

带式冷却机的安装形式有倾斜安装和水平安装两种。一般带冷机的经济倾角小于 8°，也有实际使用 14°倾角的。

表 7-12、表 7-13 分别列出了国内抽风带式冷却机和鼓风带式冷却机的技术参数。

表 7-12　抽风带冷机技术参数

项　目	单　位	冷却机面积/m^2					
		30	36	40	60	66	126
台车宽度	m	1.5	1.5	1.5	1.5	1.5	2.8
冷却机倾角	(°)	12	12	12	12	10	6
进料温度	℃	750	750	750	750	750	750
排料温度	℃	<150	<150	<150	<150	<150	<150
处理能力	t/h	32	50	50	65	70	120
电机功率	kW	55	55	55	55	55	130
风机风量	m^3(工况)/min	2250	2250	2250	2250	2250	5400
风　压	Pa	588.4	588.4	588.4	588.4	588.4	588.4~686.5
配套烧结机规格	m^2	18	24	24	24×2	39	75
使用单位		昆钢烧结厂	三明烧结厂(设计)、鄂钢烧结厂	石家庄钢厂烧结厂($42m^2$)、张店钢铁厂烧结厂、长治钢铁厂烧结厂、安阳钢铁厂烧结厂、洛钢烧结厂、鄂钢烧结厂、新余烧结厂、柳钢烧结厂、萍乡烧结厂、涟钢烧结厂、广钢烧结厂	济钢烧结厂	南钢烧结厂	武钢一烧

表 7-13　鼓风带冷机技术参数

项　目	单　位	冷却机面积/m^2					
		30	90	108	120	24	336
台车宽度	m	1.5		3		1.2	4.0
台车速度	m/min	0.26~0.45		0.3~0.9		0.27~0.43	0.6~1.8
料层厚度	m	1.0	1.2	1.2	1.2	0.8	1.4~1.55
冷却机倾角	(°)	12		4		12	3°32′~16°28′
进料温度	℃	750	750	750	750	700~800	700~800
排料温度	℃	<150	<150	<150	<150	110~140①	<150
处理能力	t/h	46	180	170	210	26~42①	780
风机风量	m^3(工况)/t冷却矿	2918				2376①	2204
配套烧结机规格	m^2	24	75	90	105	18	300
使用单位		合钢烧结厂	鄂钢烧结厂	邯郸烧结厂	重钢烧结厂	新疆八钢烧结厂	马钢新烧结厂

① 新疆工学院实测值。

表 7-14 为昆钢抽风带式冷却机冷却效果的测定结果。

7.3.3.2　环式冷却机

环式冷却机主要由台车、回转框架、导轨、骨架、驱动装置、给料和卸料装置、风箱(或烟罩)、密封装置、散料处理装置、风机等组成。

表 7-15、表 7-16 分别列出了国内抽风环式冷却机和鼓风环式冷却机的技术参数。

表 7-14　昆钢烧结厂带式冷却机冷却效果

名　称	单　位	1号带冷机	
		1号风机运行,2号风机停止	1、2号风机均运行
料层厚度	mm	~300	~300
台车速度	m/min	1.98	1.89
产量	t/h	17.6	17.36
有效冷却时间①	min	11.9	11.47
有效透风面积	m^2	26	26
风机有效冷却风量	m^3(工况)/min	1380	1905
1号风机风量	m^3(工况)/min	1898.72	1966.51
2号风机风量	m^3(工况)/min		1915.9
漏风率	%	25.6	33.23
1号风机废气温度	℃	160	112
2号风机废气温度	℃		44
排料堆积温度	℃		130~170
冷却烧结矿温度	℃	69(粒度 30 mm) 105(50 mm) 220(150 mm)	95(粒度 50 mm) 180(100 mm)
废气含尘:1号烟囱	mg/标 m^3		255.554
2号烟囱			79.139

注:进料温度均按 740℃计。

① 抽风带冷,该时间为实测值。

表 7-15　抽风环式冷却机技术规格

项　目	单　位	冷却机面积/m^2					
		47	50	90	134		200
冷却环平均直径	m	13.5	13.0	18.0	21	21	24
台车宽度	m	1.5	1.65	2.5	2.5	2.5	3.2
进料温度	℃	750	750	750	750	750	750
排料温度	℃	<150	<150	<150	<150	<150	<150
处理能力	t/h	47	50	90	130	122	200
风机风量	m^3(工况)/min	2250	2250	5400	5400	5400	7500
配套烧结机规格	m^2	18,24	24	50	75	75,90	50×2,90,130
使用单位		阳泉钢铁厂烧结厂、杭钢烧结厂	三明钢铁厂烧结厂、韶钢烧结厂	宣钢烧结厂	马钢二烧	包钢烧结厂、太钢烧结厂、武钢三烧	天津铁厂烧结厂、酒钢烧结厂、武钢三烧、马钢二烧、梅山烧结厂、攀钢烧结厂

7.3.4　烧结矿热破碎后直接装矿冷却

热振筛宽度应与烧结机宽度相适应,现热振筛宽度大于 4 m,尚未过关。

为了简化流程,提高设备作业率,降低主厂房高度,节省投资,日本在福山 4 号烧结机上进行取消热振筛试验,试验结果见表 7-17。

国外新建的大型烧结厂,大多未采用热矿筛分工艺,这些取消热振筛的烧结厂,其原

表 7-16 鼓风环式冷却机技术参数

项目	单位	冷却机面积/m^2			
		140	190	280	460
冷却环平均直径	m	22	24.5	33	48.0
台车宽度	m	2.6		3.2	3.5
进料温度	℃	750	750	750～850	750
排料温度	℃	<150	<150	<100	<150
风机风量	m^3(工况)/min	2600		5133	9200
配套烧结机规格	m^2	130	180	265	450
处理能力	t/h	300		565	1150
使用单位		攀钢烧结厂	唐钢烧结厂、包钢烧结厂	鞍钢新三烧	宝钢烧结厂

表 7-17 有无热振筛的生产指标比较

项目	有热振筛	无热振筛	项目	有热振筛	无热振筛
烧结机利用系数 /$t\cdot(m^2\cdot h)^{-1}$	1.55	1.51	烧结机风箱温度/℃	301	347
			烧结矿温度/℃	29	41.6
返矿量/$kg\cdot t^{-1}$	393	365	返矿温度/℃	96	41
热返矿比例/%	28.1	2.6	混合料温度/℃	34	24
转鼓指数/%	65.3	65.5	冷风机鼓风压力/Pa	3586.8	3734
烧结机抽风负压/Pa	17760	17868			

料主要是粉矿。

不经热筛直接装矿冷却有如下优点：

(1) 取消了热振筛，减少了设备事故；

(2) 没有热返矿，省去了昂贵的链板运输机；

(3) 减少了热振筛处的扬尘点，有利于环境保护；

(4) 降低了厂房和设备投资。

直接装矿冷却有如下缺点：

(1) 冷却机面积相对增大 10%～15%；

(2) 没有热返矿，混合料温度降低；

(3) 烧结矿细粒粉末影响冷却料柱透气性，冷却风压相对增加 147 Pa 左右，致使电耗增加；

(4) 冷却废气含尘量增多，回收、除尘负荷增大；

(5) 冷却机布料粒度偏析，需设置特殊漏斗装置。

直接装矿冷却如用普通漏斗布料(图 7-10)，较大粒度的矿块多在台车的两侧，粒度较小的矿块多在台车中间部位，造成粒度偏析影响冷却效果。针对上述问题，宝钢烧结车间为直接装矿设置了特殊的布料漏斗(图 7-11)。在漏斗内设置了折射导板，以促使物料成折线轨迹运行，并按照粒度的大小不同，比较均匀地分层布在冷却台车上，较大粒度多分布在台车底部,较小的粒度多分布在台车上部,基本上克服了布料粒度的偏析现象。

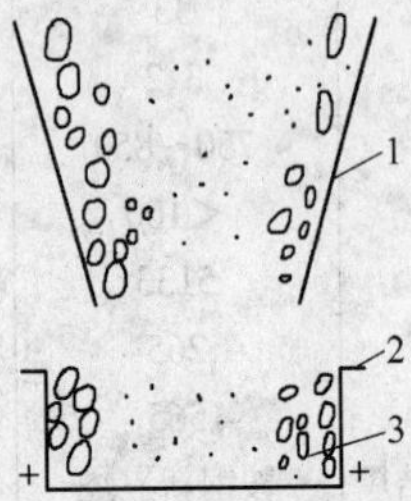

图 7-10　普通漏斗布料示意图

1—漏斗;2—冷却台车;3—热烧结矿

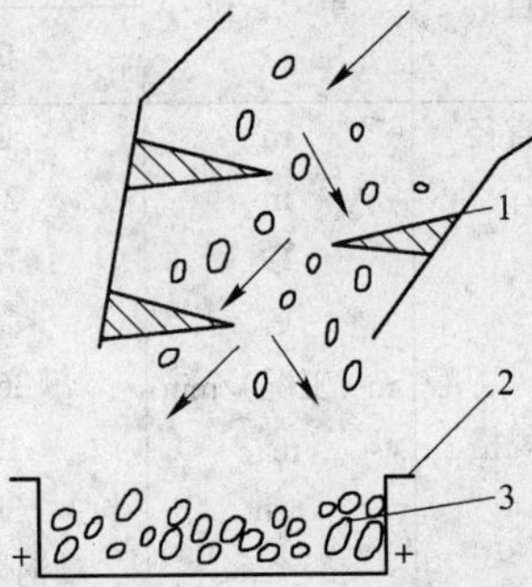

图 7-11　特殊漏斗布料示意图

1—漏斗;2—冷却台车;3—热烧结矿

推广直接装矿取消热振筛冷却工艺要因地制宜。我国烧结以精矿为主,料层较薄,烧结矿强度较低,粉末较多,取消热振筛有待进行试验研究,以寻找各种适宜的冷却参数,然后确定是否采用。

对于大型烧结机,部分使用进口粉矿,并回收冷却机第一、二烟囱处的热废气(经除尘器除尘),经过试验比较,可采用直接装矿冷却。

7.3.5　散料处理

7.3.5.1　鼓风环冷机环形刮板运输机运输散料

在给料部的台车下面,设置散料接受槽。在冷却机给料的过程中,从台车箅板间隙落下的散料,通过散料接受槽而排到带式输送机上。冷却机在冷却段的冷却过程中,从台车箅板间隙落下的散料,都由风箱收集,通过双重漏灰阀定时地(8 min 自动打开一次)卸到环形刮板运输机的料槽里,然后再由环形刮板运输机输送到带式输送机上。

环形刮板运输机被密封在环形的料仓里,运输机具有独立的传动系统,把散料运输到带式输送机上,为了减轻设备的负荷,刮板运输机的运料方向与冷却机的运动方向相反,运输机采用较大的运输能力,进行间断工作。以减少设备经常运转而引起的事故,延长了设备使用时间。

环形刮板运输机水平安装,采用套筒滚子牵引链条,在链条的下部,设置与链条连接在一起的刮料板,在链条的上部,每隔若干节链条设置与链条连接在一起的一对导向辊子,用于支承链条和刮板的重量,并使链条运行曲线圆滑。在导向辊子的前方,安装刮板式清扫器,导向辊子运转过程中,刮掉堆积在导向轨道上的物料,保护导辊的正常运转。

在运输机的水平弯曲部,设置导向链轮,尾部设置螺旋拉紧装置。在运输机的入料口设置链罩,防止物料直接掉在链条上。在入料口附近设置检修口,必要时用于观察物料的运输情况及修理和更换链条等部件。

7.3.5.2　直线拉链机或带式输送机运输散料

鼓风带式冷却机台车箅板间隙落下的散料,落入风箱,通过风箱底部的双层漏灰阀排至直线拉链机或带式输送机上。

为了清除堵在台车箅板间隙中的物料，在尾端回车道设置清扫装置，这种装置由单独的电动机带动，通过减速装置和偏心轮机构，带动装有重锤的杠杆往复运动，使重锤按一定的时间间距打击台车箅板，散料通过溜槽由安装台车回车道下方收集散料的带式输送机运走。

我国制造的抽风带式冷却机中，在整个冷却机台车回车道范围内部设置散料收集溜槽，以收集从台车箅板间隙落下的散料，溜槽里设置专门清理这些散料的刮板运输机，该设备也由单独的传动系统驱动，根据溜槽里存料情况连续或间断地运转。

8　烧结矿整粒和成品矿贮存

烧结矿整粒可减少烧结矿粉末，改善烧结矿粒度组成，有利于强化高炉冶炼，还可分出适宜粒级的铺底料，强化烧结生产过程。

武钢三烧、首钢烧结厂、广钢烧结厂等设置整粒工艺后，高炉收益较大。武钢3号高炉1985年一季度使用整粒烧结矿与1984年三季度使用未整粒烧结矿相比，焦比下降7.31 kg/t，即下降1.3%，生铁产量增加143.2 t/日，即增加5.5%。

8.1　烧结矿整粒流程

8.1.1　确定整粒流程的原则

(1) 有条件时，整粒系统应布置为双系列，尽量减少对烧结主机作业率的影响；

(2) 整粒流程应尽量设置冷破碎，冷破碎多为开路流程；

(3) 当设置冷破碎时，一次筛分多为固定条筛；

(4) 为了分出适宜粒级的铺底料，一般设四段筛分；

(5) 当两次筛分配置在一个厂房内时，需设置必要的检修设施；

(6) 当整粒系统只能设置单系列时，宜有旁通设施，以便整粒系统停机时，烧结矿可直接送高炉系统，并应适当增大铺底料仓容积，以保证铺底料的供应。

烧结整粒系统为双系列时，其系统生产能力的确定有三种：

(1) 每个系列的能力为总能力的50%，设置有可移动的备用振动筛作整体更换，以保证系统的作业率；

(2) 每个系列的能力等于总生产能力，一个系列生产，一个系列备用；

(3) 每个系列能力为总生产能力的70%～75%，不设置整体更换备用筛分机。当一个系列发生故障时，只能以70%～75%的能力维持生产。

一般，大中型烧结厂大多采用第一种形式。从基建投资方面来看，如果以第一种形式的投资费用为100，则第二、三种形式分别为90和70。

8.1.2　整粒流程

烧结厂设计中常见的整粒流程有下列四种：

(1) 采用固定筛和单层振动筛作四段筛分，如图8-1所示，这是一个较好的流程，采用该流程的烧结厂较多，但投资略高。

(2) 采用双层振动筛作三段筛分，如图8-2所示，第二、三筛分合并在一台双层筛上，节省一台筛子，减少了烧结矿转运次数。其缺点是二段筛分的第二层筛更换困难。

(3) 采用两种筛孔的固定筛及单层振动筛共三段筛分，图8-3所示的流程是将固定筛延长，做成两种不同筛孔，再加上两台单层振动筛就可分出合格的铺底料。这一流程减少了转运次数，节省了一台振动筛，投资较省。但大块烧结矿经破碎后，未经筛分直接送往高炉矿仓，成品烧结矿中粉末较多。

(4) 采用固定筛及两种筛孔的单层振动筛共三段筛分，如图8-4所示，该法流程简化，占地面积小。缺点是第二段筛分的前段筛孔小，单位筛分的面积处理能力低，铺底料中含有粉末。

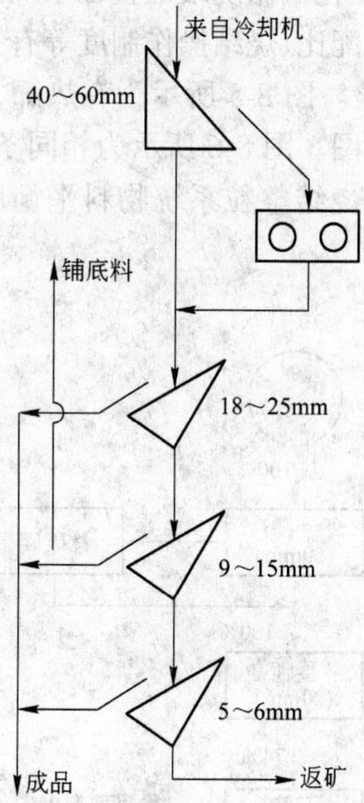

图 8-1 固定筛和单层振动筛组合的四段筛分流程

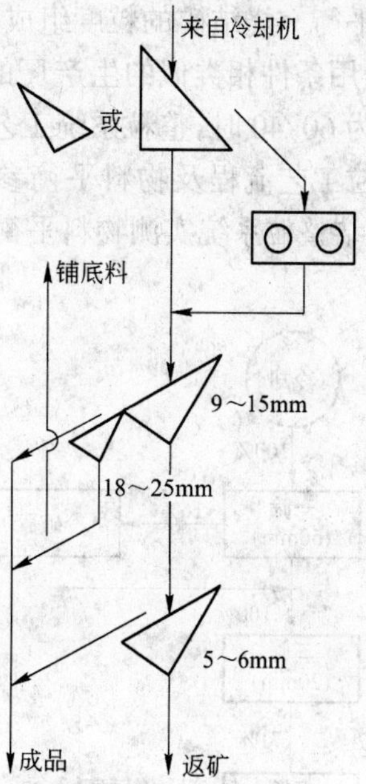

图 8-2 双层振动筛三段筛分流程

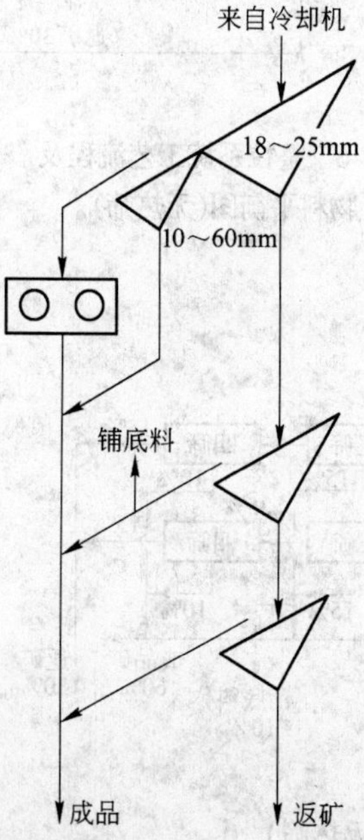

图 8-3 两种筛孔的固定筛及单层振动筛组合的三段筛分流程

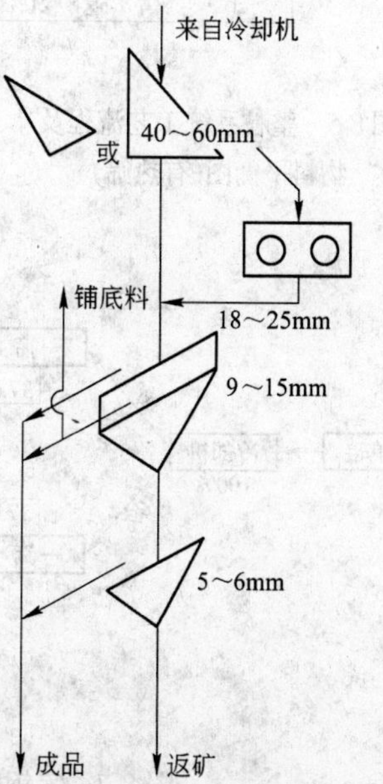

图 8-4 振动筛组合的三段筛分流程

8.1.3　整粒系统物料平衡

根据烧结矿的粒度组成和烧结矿在整粒过程中的粒度变化编制烧结矿整粒系统的工艺流程及物料平衡。烧结矿的粒度组成与所使用的原料种类、配比、烧结操作制度等有关。新厂设计,可采用条件相类似的生产厂的数据或进行模拟试验。图 8-5 所示为有热筛,且冷、热返矿之比为 60/40 时,整粒系统工艺流程及物料平衡参考图。图 8-6 所示为相同条件下,取消热筛整粒工艺流程及物料平衡参考图。图 8-7 为宝钢烧结整粒系统物料平衡图。图 8-8为广钢烧结整粒系统实测物料平衡图。

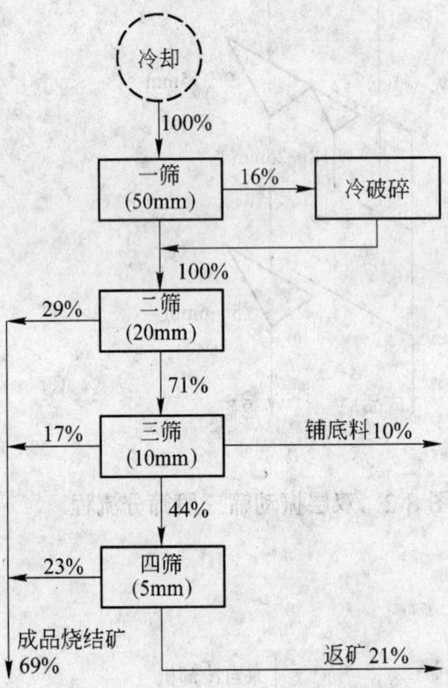

图 8-5　整粒系统工艺流程及物料平衡图(有热筛)

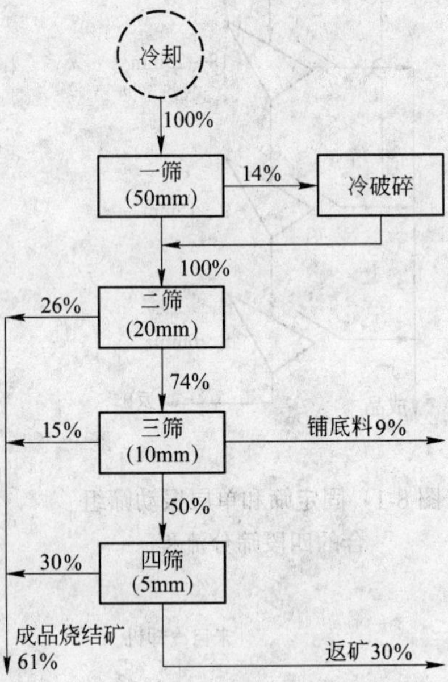

图 8-6　整粒系统工艺流程及物料平衡图(无热筛)

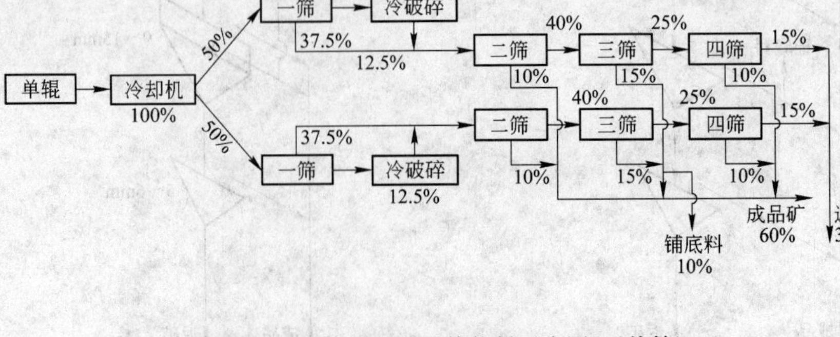

图 8-7　宝钢烧结整粒系统物料平衡图(无热筛)

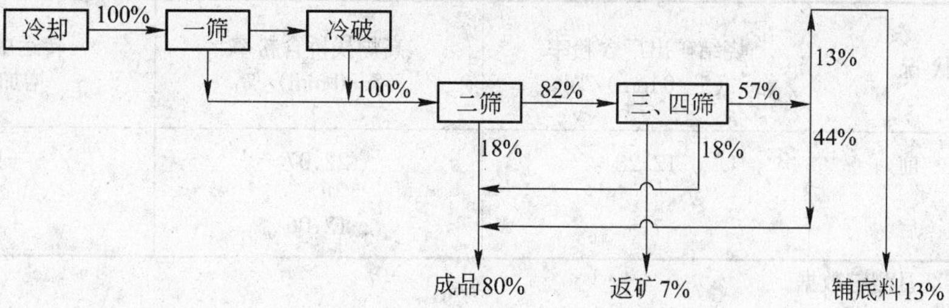

图 8-8 广钢烧结整粒系统物料平衡图(有热筛)
(图中不包括热筛筛下的热返矿量)

8.1.4 国内整粒流程实例

8.1.4.1 马钢二烧整粒流程

马钢二烧是我国第一个采用整粒流程的烧结厂,其流程见图 8-9。

该流程没有冷破碎,仅有一段固定筛和一段振动筛(1.5×4.5 m),流程简单,设备投资少,但因所配筛子短、筛分面积小、筛分效率低,成品烧结矿小于 5 mm 的仍有 6%~13%。热矿筛筛孔为 6 mm,铺底料粒度为 6~19 mm,下限粒度太小,影响料层透气性,如果加大下限粒度,必须加大筛孔,且导致返矿量增加。

8.1.4.2 首钢二烧整粒流程

该流程如图 8-10 所示,没有冷破碎,先由固定筛筛除小于 8 mm 的返矿,然后由两台串联的 3.1×7.5 m 热矿筛筛出成品和铺底料。

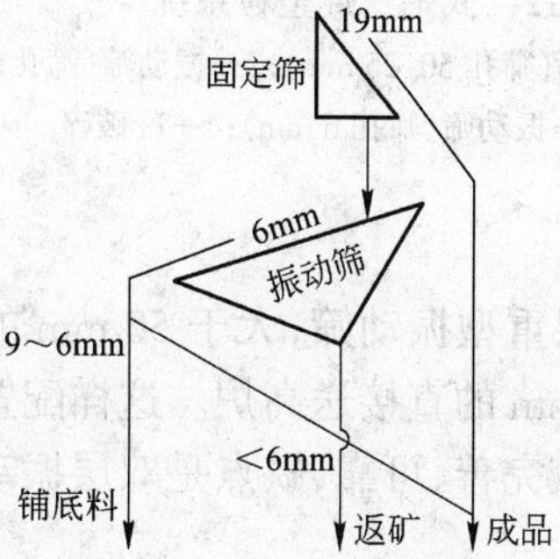

图 8-9 马钢二烧 3 号机铺底料系统

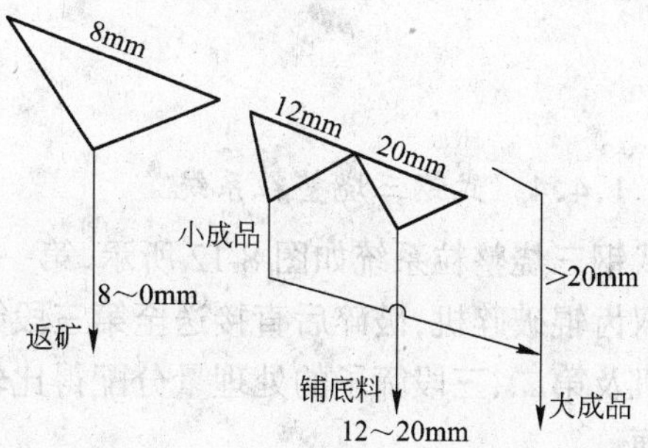

图 8-10 首钢二烧铺底料系统图

首钢烧结矿整粒前后粉碎情况见表 8-1。

8.1.4.3 宣钢二烧整粒系统

宣钢二烧整粒系统见图 8-11。该流程没有冷破碎,将两台振动筛交叉地重叠起来,先筛除大于 25 mm 的成品矿,然后筛出铺底料和返矿。这种配置的第二段振动筛的检修较困难。

表 8-1　整粒前、后烧结矿粉碎情况比较

整粒状况	烧结矿出厂含粉率(5～0 mm)/%	高炉栈桥含粉率(5～0 mm)/%	转运中含粉率增加量/%
整　粒　前	12.28	22.07	+9.89
整　粒　后	7.5	12.06	+4.56

注:1985 年 2 月测定数据。

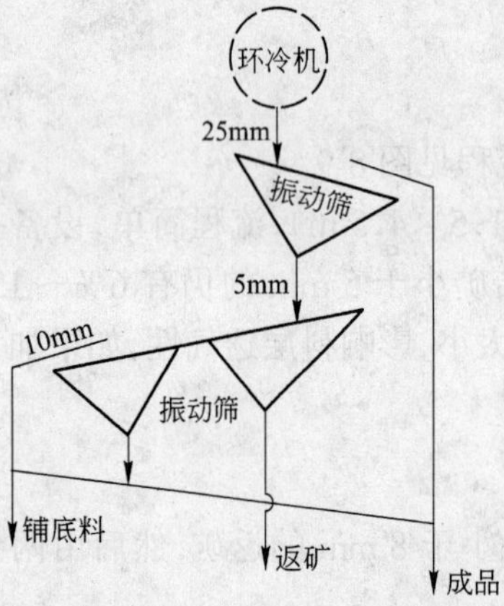

图 8-11　宣钢二烧整粒系统

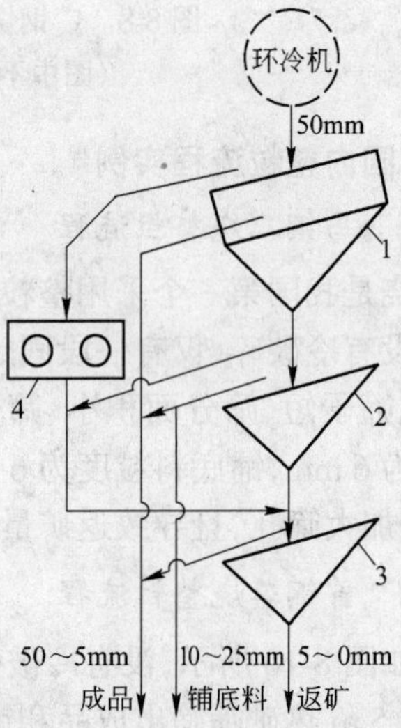

图 8-12　武钢三烧整粒系统

1—双层振动筛(筛孔 50、25 mm);2—振动筛(筛孔 10 mm);3—振动筛(筛孔 6 mm);4—冷破碎

8.1.4.4　武钢三烧整粒系统

武钢三烧整粒系统如图 8-12 所示,第一段采用了双层重型振动筛,大于 50 mm 的烧结矿进双齿辊破碎机,破碎后直接送至第三段筛子;50～25 mm 的直接送高炉。这样配置能使破碎机及第二、三段筛子的处理量分配得比较均衡,流程较完善、可靠,缺点是双层振动筛检修不便。

武钢三烧整粒后供高炉的成品烧结矿粒度为 50～5 mm,烧结矿整粒前、后粒度变化及强度变化,生产测定结果见表 8-2。

8.1.4.5　广钢烧结厂整粒系统

广钢烧结厂整粒系统如图 8-13 所示。该流程较完整,对中小型烧结厂比较适用。

表 8-3 列出了在整粒流程中冷破碎对小于 5 mm 粒级含量影响的测定结果,由表可知冷破碎所增加的粉末量(小于 5 mm)是不多的。

表 8-2 武钢三烧烧结矿整粒前、后粒度及强度变化

时间	工艺条件	入炉粒度组成/%					平均粒度/mm	转鼓指数(>5 mm)/%	5~0 mm含量/%
		+40 mm	40~25 mm	25~10 mm	10~5 mm	5~0 mm			
1984年1月~10月	未整粒	5.00	6.86	40.77	37.61	8.82	15.02	85.50	6.50
1985年	整粒后	8.74	8.43	45.77	30.35	6.69	16.97	86.56	4.10
比较		+3.74	+1.57	+5.00	-7.26	-2.13	+1.95	+1.06	-2.4

表 8-3 冷烧结矿破碎对粒级组成的影响

测定条件	成品中粒度组成/%						
	+50 mm	50~40 mm	40~35 mm	35~20 mm	20~10 mm	10~5 mm	5~0 mm
有冷烧结矿破碎机		4.15	5.30	22.72	40.35	23.04	4.44
无冷烧结矿破碎机	8.35	3.04	2.19	18.54	41.76	21.98	4.14

8.2 整粒设备

8.2.1 双齿辊破碎机

冷烧结矿破碎一般采用双齿辊破碎机,它有如下优点:

(1) 破碎过程的粉化程度小,成品率高;

(2) 构造简单,故障少,使用、维修方便;

(3) 破碎能量消耗少。

双齿辊破碎机一般将主动辊固定,从动齿辊能够移动。

齿辊间隙借移动可动齿辊进行调整。小型破碎机的齿辊间隙用可动齿辊上的弹簧装置调整。大型破碎机的调整装置由储能器和液压装置组成。储能器中以活塞为界,活塞后面充氮气,前面充高压油。齿辊间隙借氮气保持。正常时油泵不工作,当大块硬物卡在齿辊之间时,破碎机停止工作,开动液压装置油泵,输出高压油,使活塞压缩氮气,可动齿辊水平移动,增加大齿辊之间的间隙,排出大块硬物。

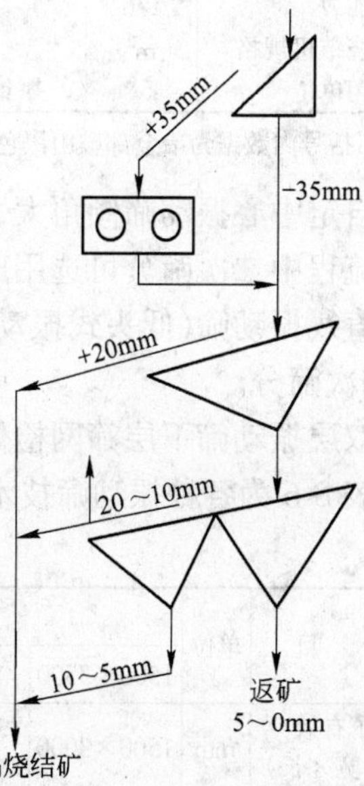

图 8-13 广钢烧结厂整粒系统

表 8-4 列出了双齿辊破碎机技术参数。

8.2.2 固定筛

固定条筛倾角一般为35°~40°,倾角可调,筛条间隙为50 mm、40 mm或35 mm等。表8-5为固定筛技术参数。

8.2.3 振动筛

冷烧结矿筛分用的振动筛主要有自定中心振动筛和直线振动筛(即低头式振动筛)。

表 8-4 双齿辊破碎机技术参数

项　目	单　位	齿辊破碎机规格				
		ϕ800×600	900×900	SPL120×160	1200×1800	ϕ1200×1600
辊子直径	mm	800	900	1200	1200	1200
辊子宽度	mm	600	900	1600	1800	1600
最大进料块度	mm	180	150	150	150	200
排料粒度	mm	<50	<35	<50	<50	<50
电机功率	kW	30	40	115	90	115
生产能力	t/h	30	50	250	260	140～250
适用烧结机规格	m^2	24	24(二台)	90(二台)	450(一台)	300(一台)
已使用的单位		芜湖烧结厂 南钢烧结厂	广钢烧结厂	邯郸烧结厂(设计) 武钢三烧	宝钢烧结厂	马钢新烧(设计)

表 8-5 固定筛技术参数

项　目	单　位	固定筛规格				
		2×5.5	2×6	1.5×3	2×4	SLGS2.5×6
筛子长度	mm	5500	6000	3000	4000	6000(6000)
筛子宽度	mm	2000	2000	1500	2000	2500(2500)
筛子倾角	(°)	38	37		40	40(37)
算条间隙	mm	50	50	35	50	50
筛前物料粒度	mm	0～150		0～150	0～150	0～150
处理能力	t/h	440				550
适用烧结机规格	m^2	130	180	24	90	300(265)
已使用单位		攀钢烧结厂		广钢烧结厂等	邯郸烧结厂	马钢新烧结厂

注:括号内数据为冶金部鞍山黑色冶金矿山设计研究院设计数据。

自定中心振动筛倾角大,处理能力大,耗电少。一般用于较大颗粒的筛分。大型烧结厂整粒流程中二次筛分可选用此设备,也可用于中、小烧结厂的三、四次筛分。

直线振动筛(低头式振动筛)倾角小,筛分效果好,但装机容量大。一般用于整粒系统三、四次筛分。

双层振动筛下层筛网检修困难,新厂设计尽可能不采用双层筛。

表 8-6 为各种振动筛技术参数。

表 8-6 冷烧结矿振动筛技术参数

项　目	单位	振动筛规格						
		1500×3500	3000×9000	2500×6500	3000×7500	1800×4800	2500×8500	SLZS-3090
筛子有效面积(宽×长)	mm	1500×3000	(3000×5000)+(3000×2000)	2500×5000		1800×3900	2500×8000	3000×9000
筛孔尺寸	mm	20	10及20	5	5	10	20	20,10,5
筛子倾角	(°)	20	5	5	7	15	7	10,5
生产能力	t/h	120	340	150	300	120	400～550	550～260,410
电机功率	kW	10				15	2×22=44	2×45=90
适用烧结机规格	m^2	24	90	90	130	24	180,265	300
已使用单位		广钢烧结厂	邯郸烧结厂(设计)	邯郸烧结厂(设计)	攀钢烧结厂	下陆烧结厂(设计)	唐钢烧结厂、鞍钢新三烧	马钢新烧结厂(设计)

8.3 整粒系统

整粒系统筛分室配置图例见图 8-14～图 8-19。

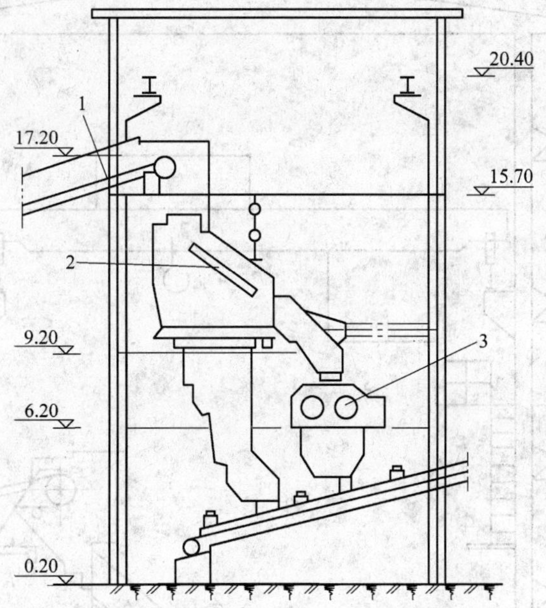

图 8-14 宝钢烧结厂一次成品筛分室配置图

1—带式输送机;2—固定棒条筛;3—双齿辊破碎机

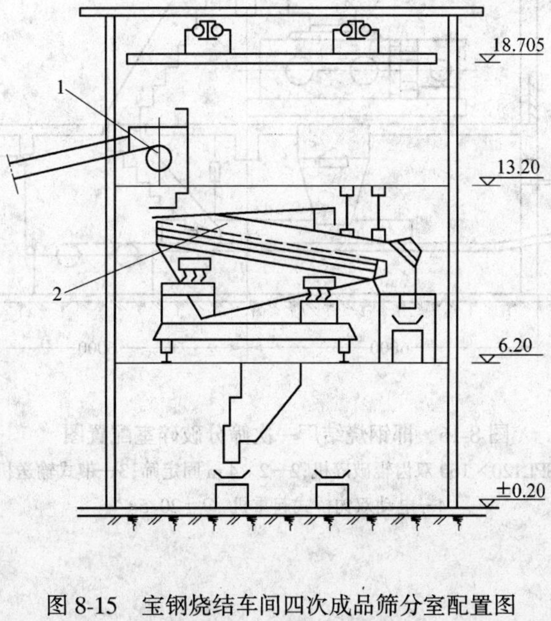

图 8-15 宝钢烧结车间四次成品筛分室配置图

1—带式输送机;2—低头式振动筛

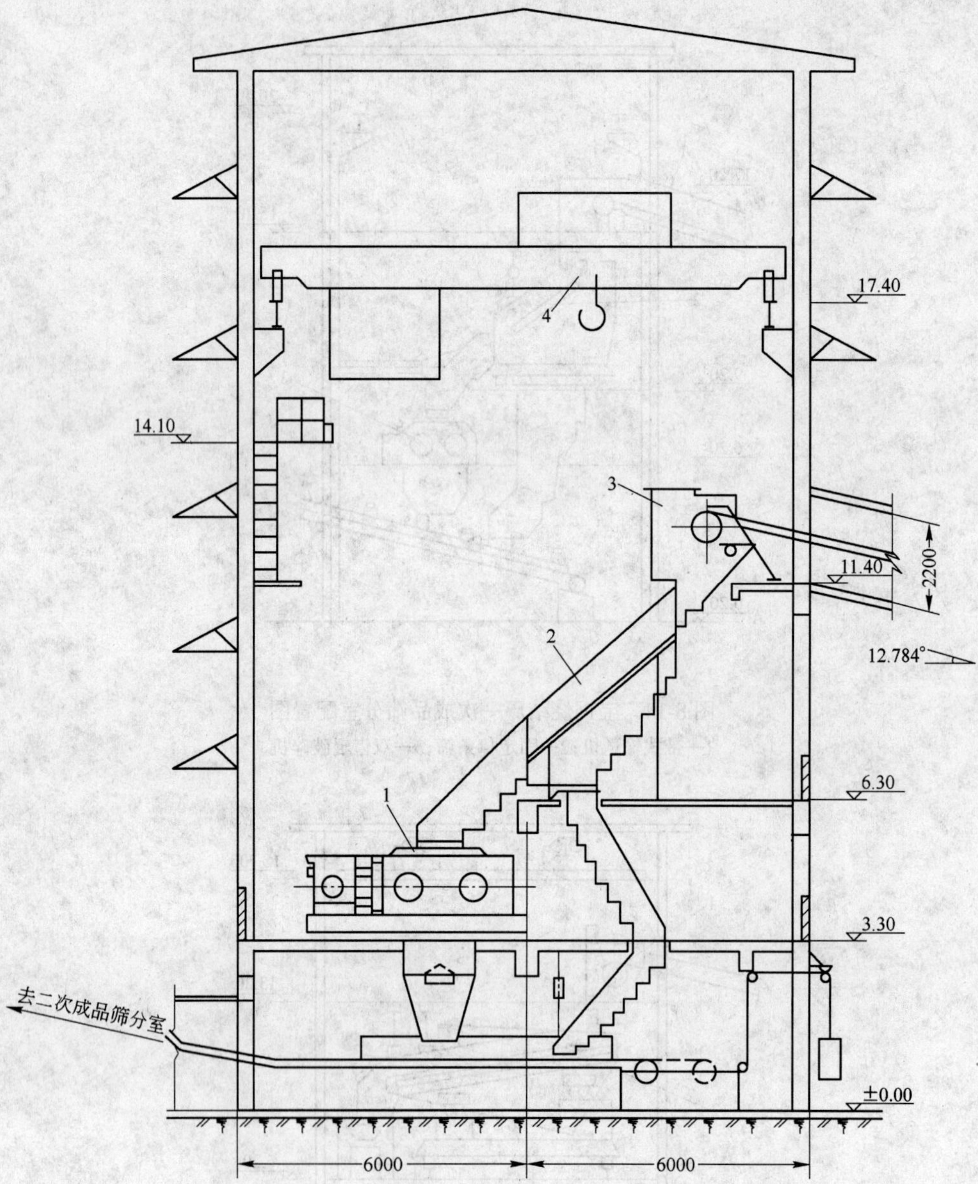

图 8-16　邯钢烧结厂一次筛分破碎室配置图

1—SPL120×160 双齿辊破碎机；2—2×4 m 固定筛；3—带式输送机；

4—电动双钩桥式起重机，$Q=20/5$ t

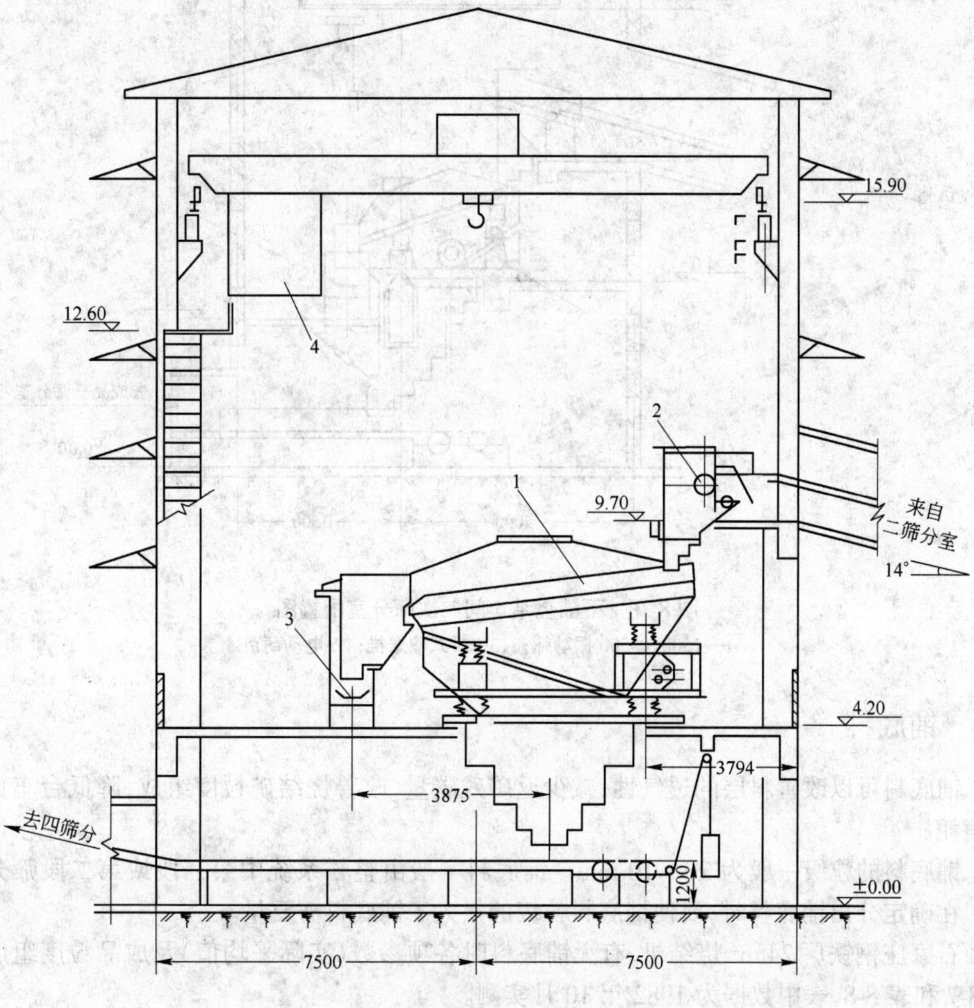

图 8-17 邯钢烧结厂三次成品筛分室配置图

1—SZL3070 冷矿振动筛；2、3—带式输送机；4—电动双钩桥式起重机

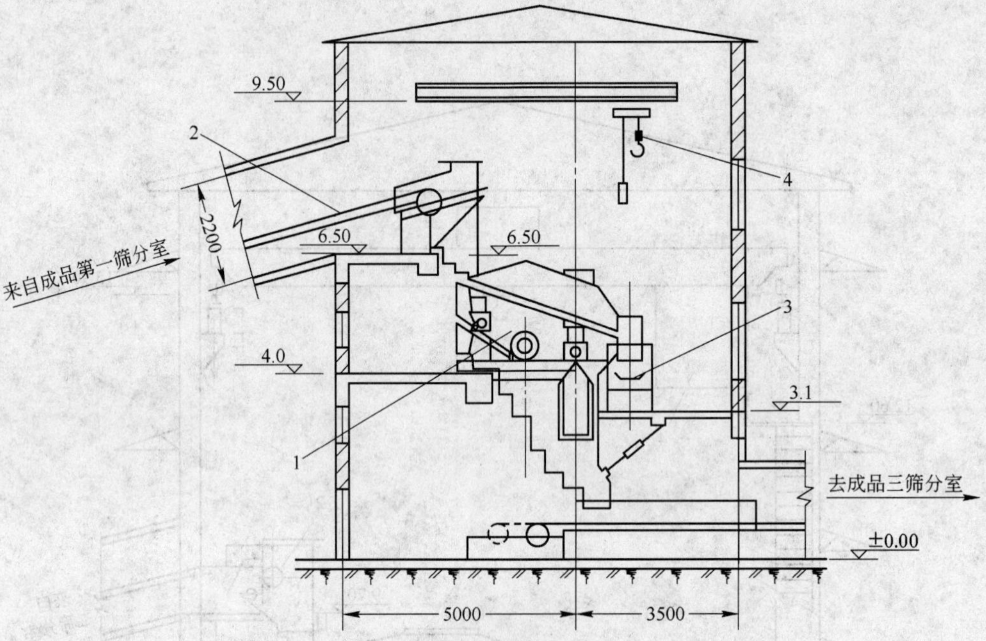

图 8-18　下陆烧结车间二次筛分室配置图

1—1500×3500 振动筛；2、3—带式输送机；4—电动葫芦

8.4　铺底料

铺底料可以改善料层的透气性，减少返矿残碳量，改善烧结矿粒度组成，降低台车箅条的消耗。

铺底料的粒级一般为 20～10 mm。铺底料一般由整粒系统中第三段或第二段筛分分出。在确定分出铺底料时，要使铺底料粒级的量大于铺底料需要量。

石家庄钢铁厂 24 m^2 烧结机，有无铺底料时各项参数（实际平均值）及成品粒度组成见表 8-7 和表 8-8，表中数据为 1982 年 10 月实测。

表 8-7　有无铺底料时的有关参数

工　艺	铺底料厚度 /mm	机　速 /m·min^{-1}	料层厚 /mm	点火温度 /℃	废气温度 /℃	负压/Pa		生产率 /t·(台·h)$^{-1}$
						除尘前	除尘后	
有铺底料	10～30	1.85	270	1200	90	8330	9114	30.68
无铺底料	0	1.65	270	1200	70	7650	8415	27.37
比　较		+0.2			+20	+680	+699	+3.31

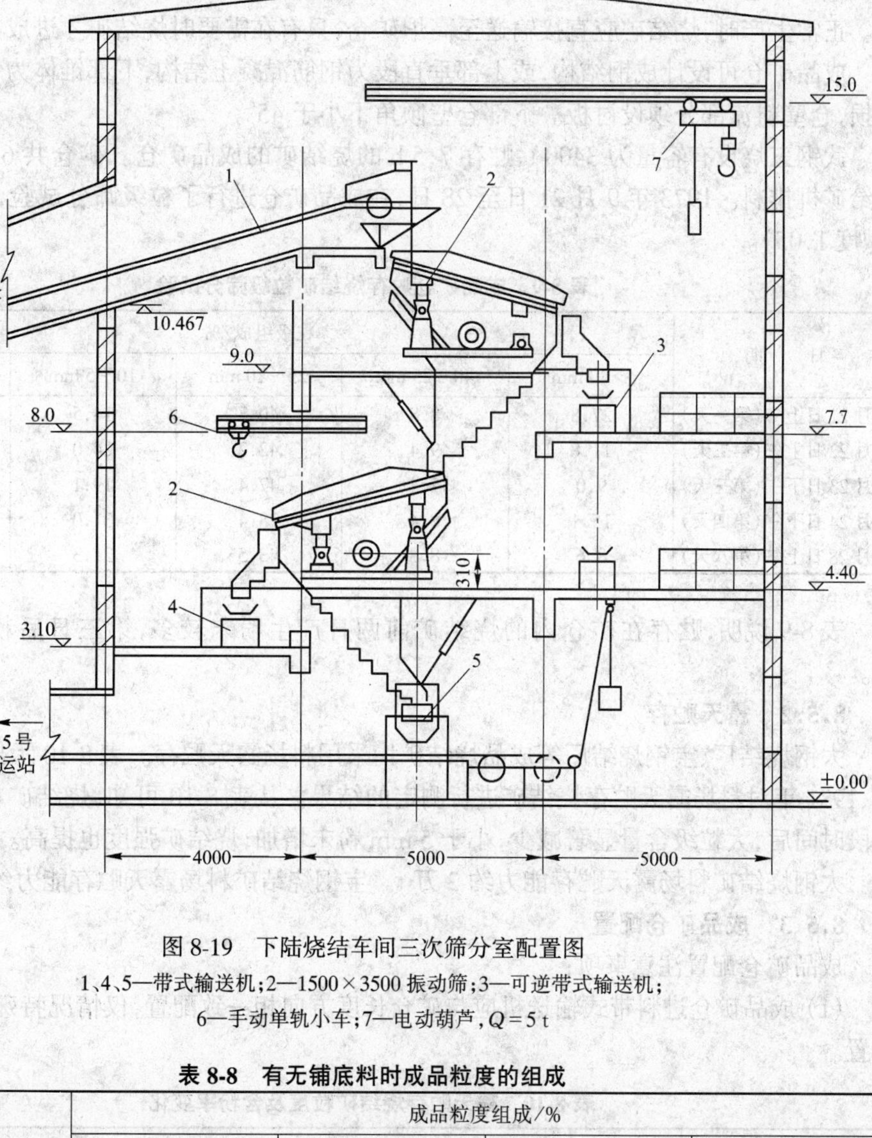

图 8-19 下陆烧结车间三次筛分室配置图

1、4、5—带式输送机；2—1500×3500 振动筛；3—可逆带式输送机；6—手动单轨小车；7—电动葫芦，$Q = 5\ t$

表 8-8 有无铺底料时成品粒度的组成

工 艺	成品粒度组成/%			
	+25 mm	15～25 mm	5～15 mm	0～5 mm
有铺底料	26.2	11.7	58.3	3.8
无铺底料	6	8.7	77	8.7

8.5 成品烧结矿的贮存

由于炼铁和烧结生产的不平衡,设备作业率的差异以及与高炉上料系统的不协调,有必要设置烧结矿成品贮存设施。

8.5.1 成品矿仓

成品矿仓容积大小应满足生产需要并同时考虑经济效果,一般以贮存8～12 h为宜。

成品矿仓一般用移动漏矿车进料,用电机振动给料机、槽式给矿机或电磁振动给料机排料。正常生产时,烧结矿应直接输送至高炉矿仓,只有在需要时烧结矿才进成品矿仓。

成品矿仓可设计成钢结构,或上部垂直段为钢筋混凝土结构,下部锥体为钢结构。为防磨损,仓壁料流部分须设衬板。下部仓壁倾角不小于45°。

武钢三烧设有容量为3400 t、贮存7.5 h的烧结矿的成品矿仓。矿仓共6格,下部设槽式给矿机排料。1973年9月21日至28日,在成品矿仓进行了粒级筛分试验,结果见表8-9(碱度1.05)。

表8-9 成品矿仓贮存烧结矿粒级筛分试验

日　期	粒级组成/%				
	>40 mm	40～25 mm	25～10 mm	10～5 mm	5～0 mm
9月21日上午(第一天)	27.8	8.8	40.7	14.5	8.2
9月22日上午(第二天)	11.8	9.4	42.2	24.0	12.6
9月23日下午(第三天)	9.0	7.4	47.4	19.1	17.1
9月24日下午(第四天)	15.1	8.4	28.4	31.0	17.1
9月28日上午(第八天)	8.6	8.8	43.5	21.3	17.8

表8-9说明,贮存在矿仓内的烧结矿前两日产生粉末较多,第三日后粉末量增加不多。

8.5.2 露天贮存

太钢烧结厂、宝钢烧结厂等成品烧结矿均采用料场露天贮存。表8-10示出了太钢1980年、1981年对料场露天贮存烧结矿进行测定的结果。从表8-10可知,烧结矿料场露天贮存一段时间后,大粒级含量显著减少,小于5 mm粉末增加,烧结矿强度也提高。

太钢烧结矿料场露天贮存能力约2万t。宝钢烧结矿料场露天贮存能力约10.5万t。

8.5.3 成品矿仓配置

成品矿仓配置注意事项:

(1) 成品矿仓进料带式输送机应与矿仓长度方向相一致配置,仅情况特殊时,方可垂直配置。

表8-10 露天贮存烧结矿粒度及含粉率变化

项　目	粒度组成/%					强度(>5 mm)/%
	>40 mm	40～25 mm	25～10 mm	10～5 mm	5～0 mm	
成品烧结矿	23.51	15.04	33.83	19.38	8.24	80.33
露天贮存两个月后平均	2.83	7.22	36.56	35.82	17.57	83.44
比　较	-20.68	-7.82	+2.73	+16.54	+9.33	+3.11

注:碱度1.4～1.6。

(2) 带式输送机进料端需多设一跨，其作用是在此跨内设梯子间及安装孔，以及作为移动漏矿车向进料端第一格矿仓卸料用场地。

(3) 矿仓进料、排料处需考虑密封除尘。

成品矿仓配置图见图 8-20、图 8-21。

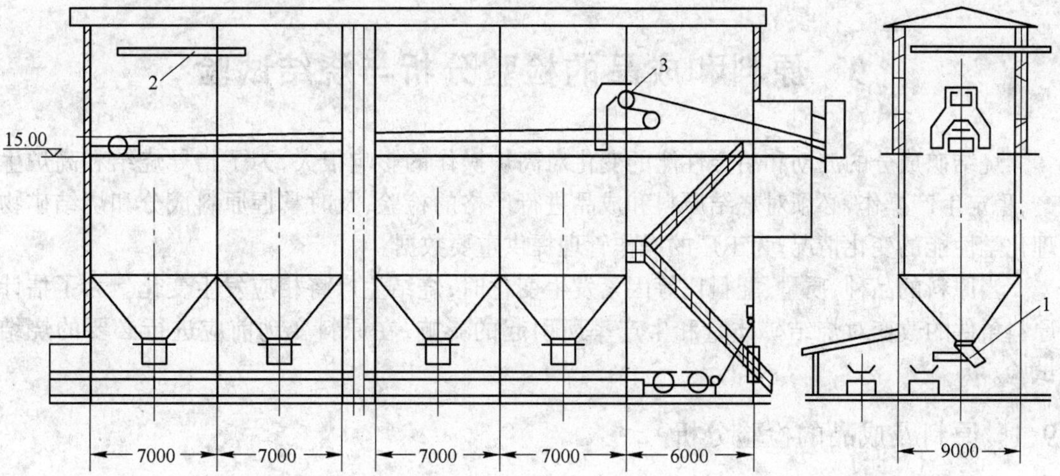

图 8-20 成品矿仓配置图(大型厂用)

1—电机振动给矿机;2—电葫芦;3—移动漏矿车

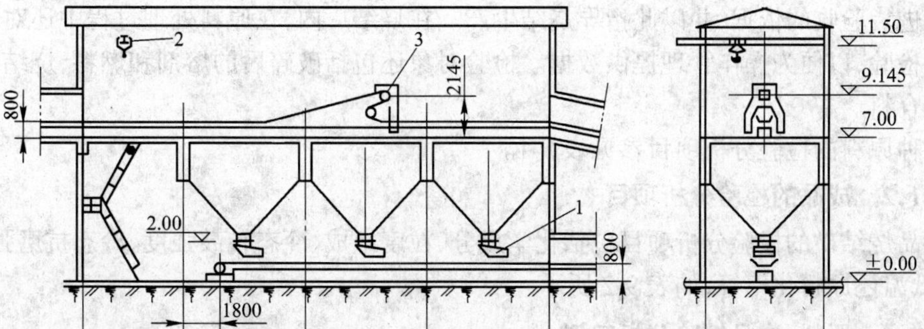

图 8-21 成品矿仓配置图(中、小型厂用)

1—电机振动给料机;2—手动单轨小车;3—移动漏矿车

9　原料和成品的检验分析与烧结试验

烧结矿成分的波动和冶金性能的变化对高炉操作的影响很大，为了指导烧结和高炉生产，稳定生产操作，必须对烧结原料和成品进行严格的检验，及时掌握原料成分和烧结矿物理化学性能的变化情况，为工厂的操作管理提供重要数据。

当原料的品种、质量、配料比等因素发生变化时，烧结生产将相应发生变化。为了估计原料条件的改变对烧结矿质量和生产率所引起的影响，在原料变动前应进行必要的烧结试验。

9.1　原料及成品的检验分析

9.1.1　原料的检验分析项目

烧结原料的检验分析项目包括化学成分、粒度组成和水分分析，检验对象包括进厂的主要含铁原料、钢铁厂内部产生的氧化铁皮、各种含铁粉尘等杂料，以及熔剂、燃料等。进厂的各种原料，其主要化学成分均须抽样化验以满足操作管理及进货验收的要求。分析结果作为原料进货验收的依据，并以此指导烧结生产。在烧结厂内，在原料处理过程中还对某些物料取样检验，以便为操作管理提供数据。检验对象还包括破碎后的熔剂和燃料，烧结矿返矿以及混合料。

各种原料的检验分析项目参见表 9-1。

9.1.2　成品的检验分析项目

成品烧结矿的检验分析项目包括化学成分、粒度组成、冷态转鼓强度、冷态抗磨强度、还原度、低温还原粉化率等，如表 9-2 所示。

9.1.3　原料、成品检验分析实例

宝钢烧结原料、烧结厂取样检验分析内容如表 9-3 及表 9-4 所示。

9.1.4　取样方法与取样设备

9.1.4.1　取样方法

取样方法有人工取样和自动取样两种。

由人工根据取样制度，在规定地点取样。人工取样比较灵活，不受取样场地限制，无须另花基建投资，但人工取样误差大，准确性差。

现代烧结厂对生产操作管理和质量管理的要求十分严格，试样的采取量大，检查项目多，要求试样代表性强，有条件时，应考虑采用专门的自动取样设备。对人工取样可能偏析过大、或取样时有明显危险性的场合（如直接在运行中的带式输送机上取样）也应考虑自动取样。

表 9-1 烧结原料检验分析项目

对象		项目	目的	检验分析内容
主要原料	粉矿	粒度组成	进厂检查,原料处理,操作管理	$>$10 mm,10~8 mm,8~5 mm,5~3 mm,3~2 mm,2~1 mm,1~0.5 mm,0.5~0 mm
		水分	进厂检查,原料处理,操作管理	
		成分分析	进厂检查,品位控制	TFe, FeO, SiO_2, CaO, MgO, Al_2O_3, MnO, P, S, TiO_2, V_2O_5, Na_2O, K_2O,烧损
	精矿	粒度	操作管理,进厂检查	
		水分	操作管理,进厂检查	
		成分分析	进厂检查,品位控制	TFe, FeO, SiO_2, CaO, MgO, Al_2O_3, MnO, P, S, TiO_2, V_2O_5, Na_2O, K_2O,烧损
	筛下粉矿	粒度组成	操作管理	$>$10 mm,10~8 mm,8~5 mm,5~3 mm,3~2 mm,2~1 mm,1~0.5 mm,0.5~0 mm
		成分分析	操作管理	TFe, FeO, SiO_2, CaO, MgO, Al_2O_3, MnO, P, S, TiO_2, V_2O_5, Na_2O, K_2O,烧损
		饱和水分	操作管理	
	混匀矿	粒度组成	操作管理	$>$10 mm,10~8 mm,8~5 mm,5~3 mm,3~2 mm,2~1 mm,1~0.5 mm,0.5~0.25 mm,0.25~0.125 mm,0.125~0.062 mm 等
		水分		
		成分分析	操作管理	TFe,FeO,SiO_2,Al_2O_3,MgO,MnO,P,S,TiO_2,C,CaO
钢铁厂杂料	高炉灰	粒度组成	操作管理	$>$0.5 mm,0.5~0.25 mm,0.25~0.125 mm,0.125~0.074 mm,0.074~0 mm
		水分	操作管理	
		成分分析	操作管理	TFe,SiO_2,CaO,MgO,Al_2O_3,MnO,P,TiO_2,S,C
	转炉泥	水分		
		成分分析	操作管理	TFe,SiO_2,CaO,MgO,Al_2O_3,MnO,P,TiO_2,S,C
	高炉槽下粉	粒度组成		5~3 mm,3~2 mm,2~1 mm,1~0.5 mm,0.5~0.25 mm,0.25~0 mm
		成分分析		TFe,FeO,SiO_2,CaO,MgO,Al_2O_3,MnO,TiO_2,P,S,C
燃料及辅助原料	燃料	粒度组成	进厂检查,操作管理	$>$40 mm,40~25 mm,25~10 mm,10~3 mm,3~0 mm
		水分	进厂检查,操作管理	
		成分分析	进厂检查,操作管理	挥发分,S,C,灰分(CaO,MgO,SiO_2,Al_2O_3),热值
	熔剂	水分	进厂检查	
		成分分析	进厂检查	CaO,MgO,SiO_2,烧损
		粒度组成		$>$80 mm,80~40 mm,40~25 mm,25~10 mm,10~3 mm,3~0 mm
	其他辅助原料	粒度,水分	进厂检查	参照上述有关内容
		成分分析		

续表 9-1

对象		项目	目的	检验分析内容
烧结厂原料处理	燃料	粒度组成	操作和质量管理	>10 mm,10～5 mm,5～3 mm,3～1 mm,1～0.5 mm,0.5～0.25 mm,0.25～0.125 mm,0.125～0 mm
		水分	操作和质量管理	
		成分	操作和质量管理	挥发分,S,C,灰分(CaO,SiO_2,Al_2O_3,MgO)
	熔剂	粒度组成	操作和质量管理	>10 mm,10～5 mm,5～3 mm,3～1 mm,1～0.5 mm,0.5～0.25 mm,0.25～0.125 mm,0.125～0 mm
		水分	操作和质量管理	
		成分	操作和质量管理	CaO,MgO,SiO_2,Al_2O_3,烧损
	返矿	粒度组成	操作和质量管理	>10 mm,10～5 mm,5～3 mm,3～1 mm,1～0.5 mm,0.5～0.25 mm,0.25～0 mm
		成分	操作和质量管理	TFe,FeO,C,S,CaO,MgO,SiO_2,Al_2O_3
	混合料	粒度组成	操作和质量管理	>10 mm,10～5 mm,5～3 mm,3～1 mm,1～0.5 mm,0.5～0.25 mm,0.25～0 mm
		水分	操作和质量管理	
		成分	操作和质量管理	TFe,FeO,C,S

注：1. 根据原料成分的不同,成分分析项目需相应有所增减,如有害元素砷、锡、铅、锌等视原料情况确定是否进行分析;

2. 中、小型厂分析的项目、内容、成分可适当减少。

表 9-2　成品烧结矿检验分析项目

项目	目的	检验分析内容
成分分析	操作管理,质量管理	TFe,FeO,SiO_2,CaO,Al_2O_3,MgO,MnO,TiO_2,S,P
粒度组成	操作管理,质量管理	+40 mm,40～25 mm,25～10 mm,10～5 mm,5～0 mm
冷态转鼓强度	操作管理,质量管理	经标准转鼓试验后+6.3 mm的百分比含量
冷态抗磨强度	操作管理,质量管理	经标准转鼓试验后0.5～0 mm的百分比含量
还原性	操作管理,质量管理	按标准检验方法还原后测定还原度
低温还原粉化性能	操作管理,质量管理	按标准检验方法检验后+3.15 mm的百分比含量

注:有关说明同表 9-1。

表 9-3　宝钢烧结原料检测化验项目

物料名称	测定项目	方法或内容	主要设备	检验时间	检验地点	取样地点
筛下粉	粒度组成	10 mm,7 mm,5 mm,3 mm,2 mm,1 mm,0.5 mm,0.25 mm,0.125 mm	荧光X线分析装置	20～40 min	原料试验中心	料场
	成分	TFe,CaO,SiO_2,Al_2O_3,MgO,TiO_2,P,S,MnO,FeO,V_2O_5,Na_2O,K_2O,化合水	原子吸光光度计	20～40 min	分析中心	料场
	饱和水	取试料500 g,装入滤斗,从上部倒入500 g水,称出下部滴出的水量,用下面的指数表示: $指数=\frac{水(500\ g)-含水量}{试料(500\ g)+含水量}$	荧光X线分析装置	3～4 h	原料试验中心	料场

续表 9-3

物料名称	测定项目	方法或内容	主要设备	检验时间	检验地点	取样地点
球团筛下粉	成分	TFe, CaO, SiO_2, MgO, Al_2O_3, TiO_2, P, S, MnO, 化合水	荧光 X 线分析装置	1 h	分析中心	料场
高炉槽下粉	粒度组成	10 mm, 7 mm, 6 mm, 5 mm, 3 mm, 1 mm, 0.5 mm, 0.25 mm, 0.125 mm, 0.063 mm	手筛	20～40 min	原料试验中心	高炉车间
混匀矿	粒度组成	10 mm, 5 mm, 3 mm, 2 mm, 1 mm, 0.5 mm, 0.25 mm, 0.125 mm	手筛	20～40 min	原料试验中心	料场
	水分	干燥温度 150±5℃	热风循环干燥炉	4 h	原料试验中心	
	成分	TFe, CaO, SiO_2, Al_2O_3, MgO, TiO_2, P, S, MnO	荧光 X 线分析装置		原料试验中心	
石灰石粉	粒度组成	10 mm, 5 mm, 3 mm, 2 mm, 1 mm, 0.5 mm, 0.25 mm, 0.125 mm	振动筛	20～40 min	原料试验中心	料场
	饱和水	与筛下粉饱和水的方法、内容相同				
蛇纹石粉	粒度组成	10 mm, 5 mm, 3 mm, 2 mm, 1 mm, 0.5 mm, 0.25 mm, 0.125 mm	振动筛	20～40 min	原料试验中心	料场
	饱和水	与筛下粉饱和水的方法、内容相同				
高炉筛下焦	粒度组成	25 mm, 15 mm, 10 mm, 7 mm, 5 mm, 3 mm, 2 mm, 1 mm, 0.125 mm	振动筛	30 min	煤焦试验室	高炉
	水分	干燥温度 150～200℃	热风循环干燥炉	4 h	煤焦试验室	
高炉灰	粒度		振动筛	20～40 min	煤焦试验室	高炉
	成分	TFe, CaO, SiO_2, TiO_2, P, S, MnO, Al_2O_3, Pb, Zn, C	荧光 X 线分析装置	30 min	分析中心	
焦化筛下煤	粒度组成	25 mm, 15 mm, 10 mm, 7 mm, 5 mm, 3 mm, 2 mm, 1 mm, 0.125 mm				
生石灰	成分	残留 CO_2, 活性度, S, SiO_2, CaO, MgO	原子吸收光谱仪	1 d	分析中心	
小球团	成分	C, FeO, TFe, CaO, SiO_2, Al_2O_3, MgO, S, Mn, P	荧光 X 线分析仪	20 min	分析中心	
其他辅助原料	粒度, 水分, 成分	锰粉、硅砂等, 其检验内容参考上述有关内容			原料试验中心 分析中心	

9.1.4.2 取样地点与取样制度

A 取样地点

冶金厂未设混匀料场时，主要原料、熔剂和燃料的取样地点一般设在进烧结厂前，对于设有混匀料场时，在混匀料堆的取料带式输送机后面的转运点处应设点取样，以检验混匀效果和指导烧结生产。

当烧结原料由翻车机经带式输送机直接运入烧结厂时，可在带式输送机运输线上设自动取样点。如原料由车皮直接送进烧结厂原料仓库时，一般都在车皮或配料圆盘给料机下人工取样。

表 9-4　烧结厂取样检验项目

物料名称	测定项目	测定内容	主要设备	检验地点	检验时间	取样设备	取样周期	试验周期
粉焦	粒度组成	10 mm，8 mm，5 mm，3 mm，2 mm，1 mm，0.5 mm，0.25 mm，0.125 mm	手筛	煤焦试验室	约 20～40 min	截取式取样机	1 次/30 min	1 次/8 h
	成　分	S，灰分，挥发分，固定碳，发热值	电炉热量计	煤焦试验室	1 h	截取式取样机	1 次/30 min	1 次/月
返矿	粒度组成	10 mm，7 mm，5 mm，3 mm，2 mm	振动筛	原料试验中心	30 min	截取式取样机	1 次/班	1 次/日
	成　分	FeO，C，S		分析中心	1 h			1 次/月
混合料	粒度组成	10 mm，7 mm，5 mm，3 mm，2 mm，1 mm，0.5 mm，0.25 mm，0.125 mm	热风式干燥炉	原料试验中心	30 min	截取式取样机	1 次/30 min	1 次/日
	水　分	干燥温度 150～200℃		原料试验中心	4 h			不定
	成　分	C，S，FeO		分析中心	1 h			1 次/4 h

烧结厂原料加工过程中物料取样点都紧靠在该原料加工的地点。混合料取样点设在二次混合以后；燃料和熔剂取样点设在破碎筛分以后；返矿的取样点应尽量满足能对单台筛子分别取样的要求，以便对筛网进行管理。

成品取样应设在成品带式输送机的转运点处。

对配置多台烧结机的烧结厂，在确定取样点时应按不同的烧结生产线分别对混合料和成品进行取样检验。

B　取样制度

取样制度与检验分析内容有关，检验分析内容不同，取样制度也不同。对影响生产操作敏感的项目，取样次数应增多。

烧结厂无自动取样设备的取样制度可参照表 9-5。小型厂则可将取样时间间隔适当加长。

对于具有自动取样设备、试验分析设备先进的大型烧结厂，可参照表 9-6 推荐的制度执行（中、小型烧结厂的时间间隔适当加长）。

9.1.4.3　自动取样设备

设计中常用的自动取样机有以下几种：

(1) 带式输送机截取式取样机　该取样机适用于流量大的物料取样。混合料和烧结矿一般采用这种取样设备，图 9-1 是该设备的配置示意图。

(2) 溜槽截取式取样机　该取样机适用于流量不大的粉状物料取样，对焦粉、石灰石粉及返矿的取样较为适宜。图 9-2 是该设备的配置示意图。

表 9-5 无自动取样设备时烧结厂原料、成品取样制度与取样地点

对　象	测定项目	测定内容	取样制度	取样地点
粉　矿	粒度组成	>10 mm,10~8 mm,8~5 mm,5~3 mm,3~2 mm,2~1 mm,1~0.5 mm,0.5~0 mm	1次/班	料场或配料室
	水　分			
精　矿	粒度组成	>10 mm,10~8 mm,8~5 mm,5~3 mm,3~2 mm,2~1 mm,1~0.5 mm,0.5~0 mm	1次/班	料场或配料室
	水　分			
混匀矿	成　分	TFe,FeO,CaO,SiO_2	1次/班	料场或配料室
	成　分	TFe,FeO,CaO,SiO_2,MgO,Al_2O_3,S,P,I_g	1次/月	料场或配料室
高炉灰	粒度组成	>0.5 mm,0.5~0.25 mm,0.25~0.125 mm,0.125~0.074 mm,0.074~0 mm	1次/10 d	料场或配料室
	水　分		1次/5 d	料场或配料室
	成　分	TFe,SiO_2,CaO,MgO,Al_2O_3,MnO,P,TiO_2,S,C	1次/月	料场或配料室
高炉槽下粉	粒度组成	5~3 mm,3~2 mm,2~1 mm,1~0.5 mm,0.5~0.25 mm,0.25~0 mm	1次/2 d	高炉车间或配料室
	成　分	FeO,C,S	1次/月	高炉车间或配料室
燃　料	粒度组成	+10 mm,10~5 mm,5~3 mm,3~1 mm,1~0.5 mm,0.5~0.25 mm,0.25~0.125 mm,0.125~0 mm	1次/班	破碎机排料带式输送机
	成　分	S,灰分(CaO,SiO_2,MgO,Al_2O_3),挥发分,固定碳,发热值(不定期)	1次/月 1次/批车	燃料场,焦化厂或配料室
返　矿	粒度组成	>10 mm,10~5 mm,5~3 mm,3~1 mm,1~0.5 mm,0.5~0.25 mm,0.25~0 mm	1次/d	返矿仓
	成　分	C	1次/4 h	返矿仓
混合料	粒度组成	>10 mm,10~5 mm,5~3 mm,3~1 mm,1~0.5 mm,0.5~0.25 mm,0.25~0 mm	1次/2 h	二次混合室
	水　分			
	成　分	S,C	1次/班	二次混合室
成品烧结矿	粒度组成	+40 mm,40~25 mm,25~10 mm,10~5 mm,5~0 mm	1次/2 h	成品带式输送机
	转鼓指数	经标准转鼓试验后+6.3 mm的百分比含量		
	成　分	TFe,FeO,CaO,SiO_2,MgO,S	1次/批车	成品带式输送机
	成　分	TFe,FeO,CaO,SiO_2,MgO,Al_2O_3,S,P	1次/月	成品带式输送机
	还原性	按部颁标准	不定期	成品带式输送机
	低温还原粉化率	按部颁标准	不定期	成品带式输送机
熔　剂	粒　度	+10 mm,10~5 mm,5~3 mm,3~1 mm,1~0.5 mm,0.5~0.25 mm,0.25~0.125 mm,0.125~0 mm	1次/班	配料室或料场
	水　分			
	成　分	CaO,SiO_2,MgO,Al_2O_3,烧损	1次/月	配料室或料场

表 9-6　有自动取样设备时烧结厂原料、成品取样制度与取样地点

对　象	测定项目		测定内容	取样制度	取样地点
粉矿、筛下粉矿、混匀矿	粒度组成		+10 mm, 10～8 mm, 8～5 mm, 5～3 mm, 3～1 mm, 1～0.5 mm, 0.5～0.25 mm, 0.25～0.125 mm, 0.125～0 mm	1次/d	进厂前
	成分		TFe, FeO, CaO, SiO_2, MgO, Al_2O_3, S, P, Na_2O, K_2O	1次/d	进厂前
	水分			1次/班	进厂前
高炉槽下粉	粒度组成		+5 mm, 5～3 mm, 3～1 mm, 1～0.5 mm, 0.5～0.25 mm, 0.25～0.125 mm, 0.125～0 mm	1次/2 d	配料室
	成分		TFe, FeO, CaO, SiO_2, MgO, Al_2O_3, MnO, S, P, C	1次/5 d	配料室
焦　粉	粒度组成	破碎前	+25 mm, 25～20 mm, 20～15 mm, 15～10 mm, 10～5 mm, 5～0 mm	1次/d	燃料破碎室
		破碎后	+5 mm, 5～3 mm, 3～1 mm, 1～0.5 mm, 0.5～0.25 mm, 0.25～0.125 mm, 0.125～0 mm	1次/8 h	焦粉带式输送机
	成分		挥发分, S, C, 灰分(CaO, SiO_2, Al_2O_3, MgO)	1次/月	焦粉带式输送机
石灰石	粒度组成	破碎前	+80 mm, 80～40 mm, 40～25 mm, 25～10 mm, 10～3 mm, 3～0 mm	1次/班	熔剂仓
		破碎后	+10 mm, 10～5 mm, 5～3 mm, 3～1 mm, 1～0.5 mm, 0.5～0.25 mm, 0.25～0.125 mm, 0.125～0 mm	1次/班	石灰石粉带式输送机
	水分			1次/班	配料仓
	成分		CaO, SiO_2, MgO, Al_2O_3	1次/5 d	配料仓
			TFe, CaO, SiO_2, MgO, Al_2O_3, P, S	1次/月	配料仓
高炉泥、转炉泥	水分			1次/5 d	粉尘仓
	成分		TFe, CaO, SiO_2, MgO, Al_2O_3, P, TiO_2, S, C	1次/5 d	粉尘仓
原料、烧结、高炉、转炉尘	粒度组成		+0.5 mm, 0.5～0.25 mm, 0.25～0.125 mm, 0.125～0.074 mm, 0.074～0 mm	1次/10 d	粉尘仓
	成分		TFe, CaO, SiO_2, MgO, Al_2O_3, MnO, TiO_2, S, C	1次/月	粉尘仓
小　球	粒度组成		+10 mm, 10～8 mm, 8～5 mm, 5～3 mm, 3～1 mm, 1～0.5 mm, 0.5～0 mm	1次/d	小球仓
	水分			1次/班	小球仓
	成分		TFe, FeO, CaO, SiO_2, MgO, Al_2O_3, MnO, TiO_2, P, S, Zn, Cu, C	1次/d	小球仓
生石灰	粒度组成		+3 mm, 3～1 mm, 1～0.5 mm, 0.5～0.25 mm, 0.25～0.125 mm, 0.125～0 mm	1次/班	配料仓
	成分		SiO_2, CaO, MgO, Al_2O_3, S, 活性度, 残留 CO_2	1次/月	配料仓

续表 9-6

对　象	测定项目	测定内容	取样制度	取样地点
返　矿	粒度组成	+10 mm, 10～8 mm, 8～5 mm, 5～3 mm, 3～1 mm, 1～0.5 mm, 0.5～0.25 mm, 0.25～0.125 mm, 0.125～0 mm	1次/d	返矿带式输送机
	成　分	TFe, CaO, SiO_2, MgO, Al_2O_3, TiO_2, MnO, S, P	1次/5 d	返矿带式输送机
		TFe, FeO, CaO, SiO_2, MgO, Al_2O_3, TiO_2, MnO, Zn, Na_2O, K_2O, Pb, S, P, C	1次/月	返矿带式输送机
混合料	粒度组成	+10 mm, 10～8 mm, 8～5 mm, 5～3 mm, 3～1 mm, 1～0.5 mm, 0.5～0.25 mm, 0.25～0.125 mm, 0.125～0 mm	1次/班	二混后带式输送机
	水　分		1次/班	二混后带式输送机
	成　分	TFe, FeO, CaO, SiO_2, MgO, Al_2O_3, TiO_2, MnO, P, S	1次/2 d	二混后带式输送机
		TFe, FeO, CaO, SiO_2, MgO, Al_2O_3, TiO_2, MnO, Zn, Na_2O, K_2O, Pb, Cu, P, S, C	1次/月	二混后带式输送机
成品烧结矿	粒度组成	+50 mm, 50～25 mm, 25～10 mm, 10～5 mm, 5～0 mm	1次/2 h	成品带式输送机
	转　鼓	经标准转鼓试验后+6.3 mm的百分比含量	1次/2 h	成品带式输送机
	低温还原粉化率	按标准检验方法检验后+3.15 mm的百分比含量	1次/4 h	成品带式输送机
	还原度	按标准检验方法还原后测定还原性	1次/2 日	成品带式输送机
	成　分	TFe, FeO, CaO, SiO_2, MgO, Al_2O_3, MnO, TiO_2, P, S	1次/4 h	成品带式输送机
		TFe, FeO, CaO, SiO_2, MgO, Al_2O_3, MnO, TiO_2, P, S, Zn, Na_2O, K_2O, Pb, Cu, C	1次/月	成品带式输送机
铺底料	粒度组成	+25 mm, 25～20 mm, 20～10 mm, 10～5 mm, 5～0 mm	抽查	铺底料带式输送机

(3) 箱式取样机　适用于取料量少的场合，目前用于成品检验室中的试料取样。

此外，还有勺式，摇臂式等取样机，设计时可根据需要选择。

9.2 成品检验与制样

9.2.1 检验流程

检验流程包括强度检验、粒度检验和试样制备三个系统，图9-3是宝钢烧结厂的成品检验流程，该流程与JIS检验标准相适应。

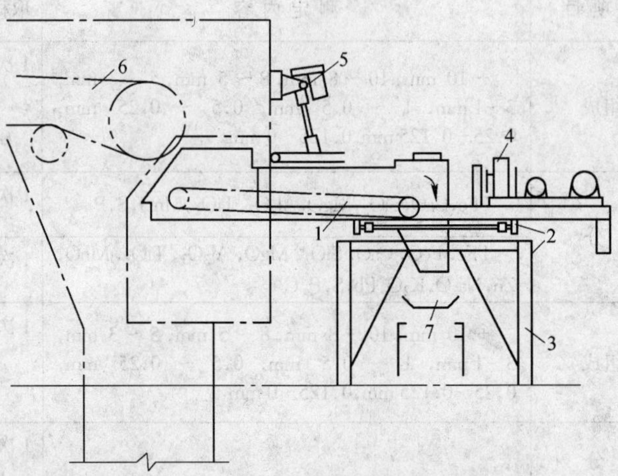

图 9-1　横向移动带式输送机截取式取样机配置示意图

1—带式截取式取样机;2—取样机横向移动小车;3—移动小车支架;4—移动小车的传动机构;5—主带式输送机漏斗开门机构;6—主带式输送机;7—运走试样的带式输送机

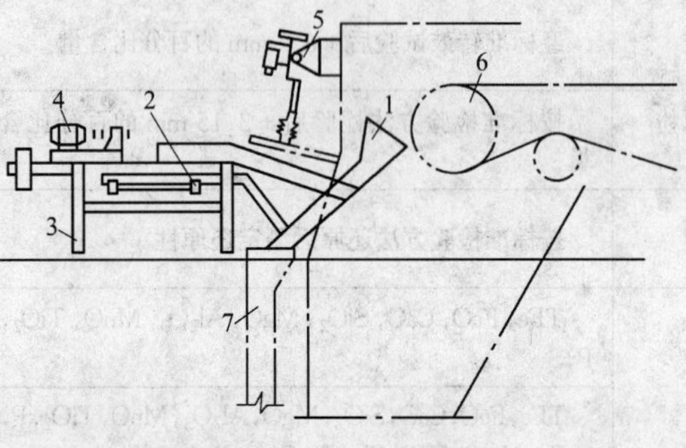

图 9-2　溜槽截取式取样机配置示意图

1—取样截取溜槽;2—取样溜槽移动小车;3—移动小车支架;4—移动小车传动机构;5—主带式输送机漏斗开门机构;6—主带式输送机;7—试样通过溜槽

新设计采用的成品检验流程应符合有关规程和标准。图 9-4 是按国家标准设计的检验流程。

9.2.2　成品检验室的配置

成品自动检验室是一座多层配置的厂房。根据检验的内容,检验室内一般配置成粒度检验、转鼓试验和试样制备三个系列,其中试样制备系列又分为制备,成分分析试样和还原试验试样两个分支。从成品带式输送机取来的试样自检验室顶层进入。随后试料基本上利用自流形式通过各个系列。为了便于运送试料,包装试料的旋转分料器应配置在 ±0.00 m 平台上。经过检验后的试料应汇集返回成品带式输送机上。图 9-5 为检验室配置图。

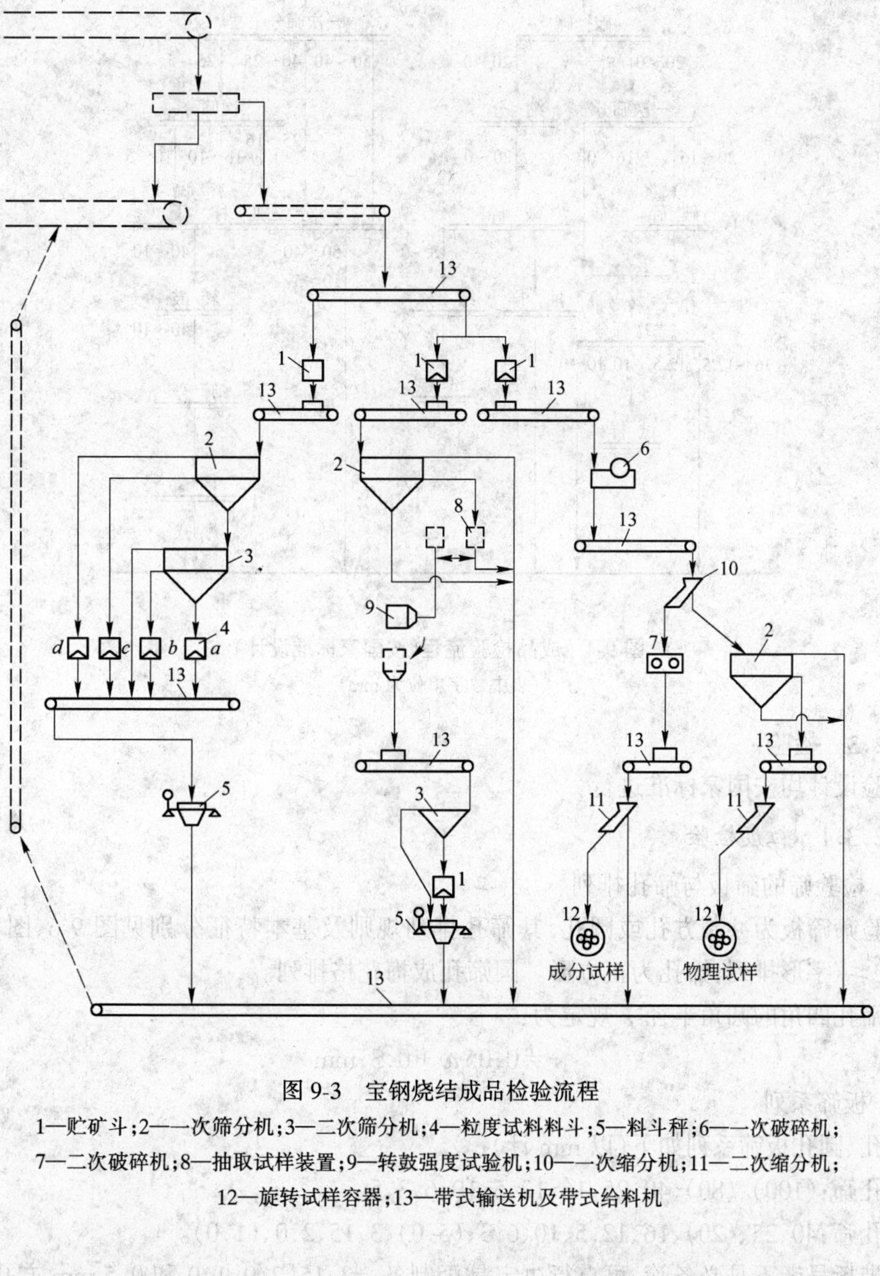

图 9-3 宝钢烧结成品检验流程

1—贮矿斗；2—一次筛分机；3—二次筛分机；4—粒度试料料斗；5—料斗秤；6—一次破碎机；
7—二次破碎机；8—抽取试样装置；9—转鼓强度试验机；10—一次缩分机；11—二次缩分机；
12—旋转试样容器；13—带式输送机及带式给料机

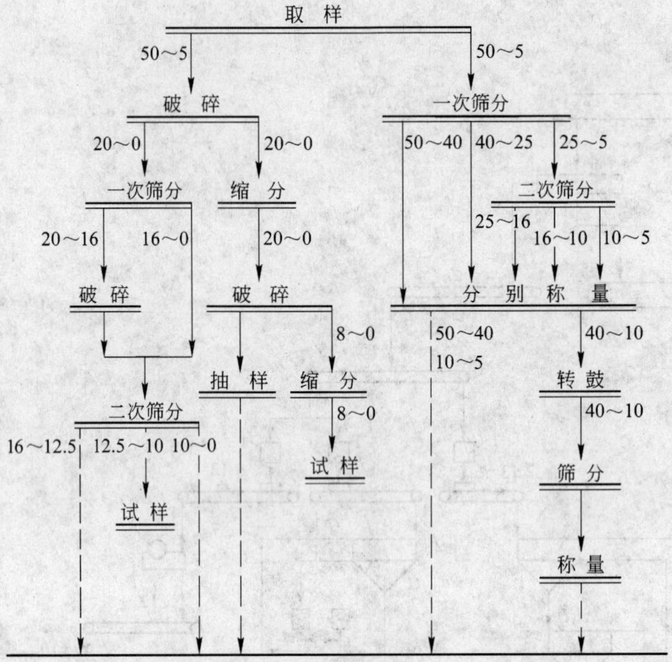

图 9-4　成品检验流程(按国家标准设计)
(表中数字单位为 mm)

9.2.3　检验

检验设计均按国家标准进行。

9.2.3.1　粒度检验

A　检验筛的筛板与筛孔排列

检验筛筛板为冲制方孔或圆孔,其筛孔排列规则及基本特征分别见图 9-6、图 9-7。方筛孔成“♯”字形排列,筛孔为正方形。圆筛孔成梅花格排列。

方筛孔四角的圆角半径 r 规定为:

$$r = 0.05w + 0.3, \text{mm}$$

B　板筛系列

方孔、圆孔板筛系列如下(以 mm 计):

方孔筛:(100)、(80)、40、25、16、12.5、10、6.3、5。

圆孔筛:40、25、(20)、16、12.5、10、6.3、(5.0)、3.15、2.0、(1.0)。

凡带括号者不是必备筛,可自行决定是否制备。3.15、2.0、1.0 和 0.5 mm 方孔筛均规定为金属网筛。圆孔筛系列中的 0.5 mm 级亦采用金属网筛。

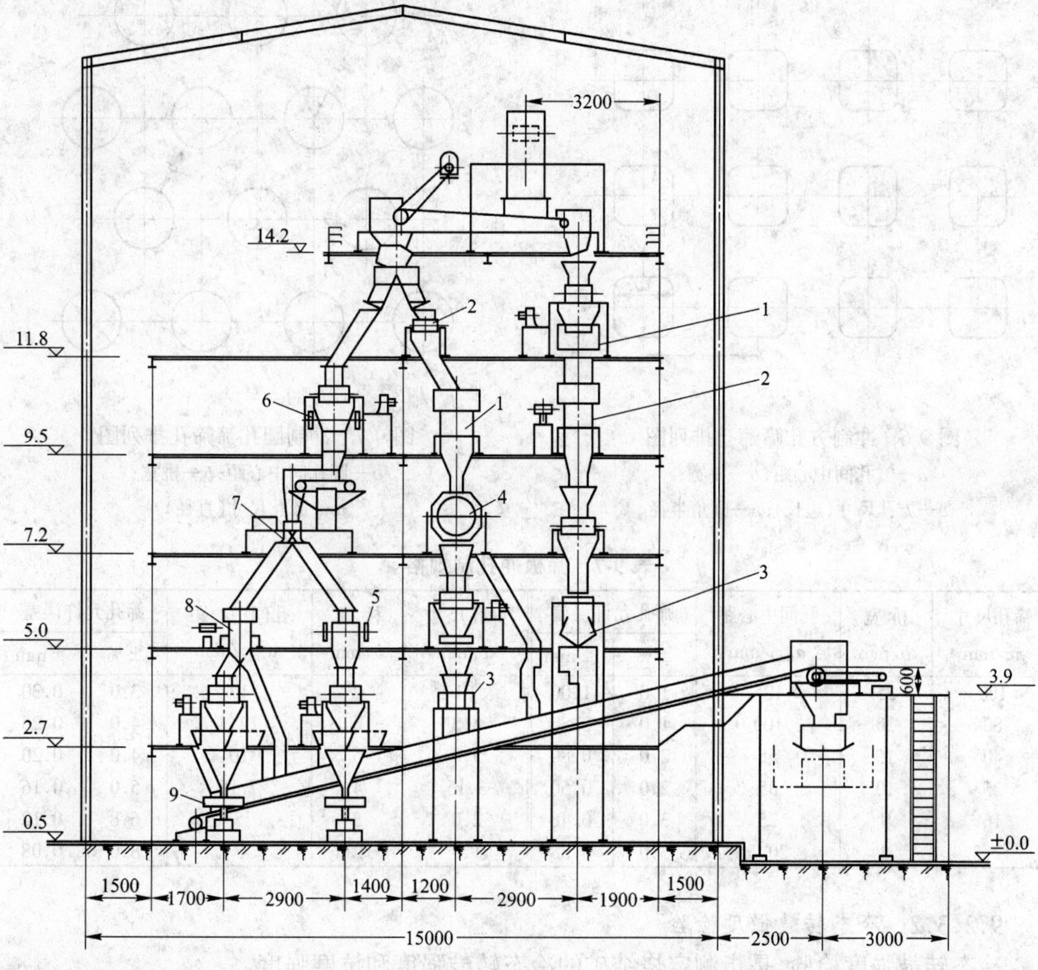

图 9-5　宝钢烧结厂成品检验室配置图

1—一次筛分机；2—二次筛分机；3—料斗秤；4—转鼓；5—二次粉碎机；6—一次粉碎机；7—一次缩分机；8—振动筛；9—回转容器

C　筛框及筛板尺寸

方孔板筛筛框分为 800 mm×500 mm×150 mm 及 600 mm×400 mm×150 mm(内长×内宽×高)两种。

圆孔板筛筛框可采用 ϕ300×75 圆形筛框或 300 mm×300 mm×75 mm(内长×内宽×高)的方形筛框。

方孔筛筛板边宽度可在 40～40 + $a$mm 之间选择。圆孔筛筛板边宽度可在 20～20 + $a$mm 之间选择。

D　筛板冲孔制规格

不同筛孔尺寸的筛板冲孔制规格按表 9-7 决定。

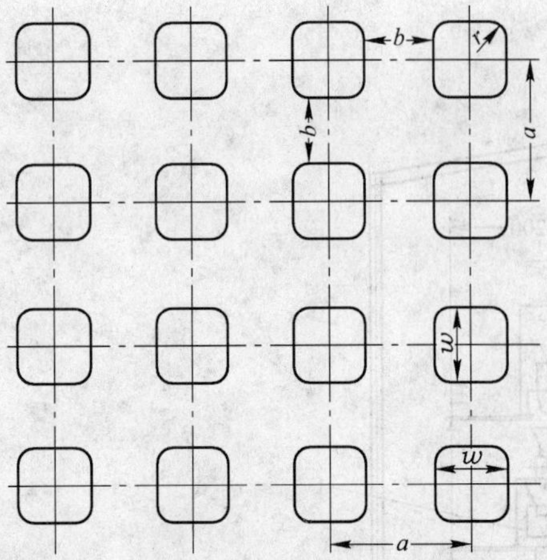

图 9-6　冲制方孔筛筛孔排列图
a—方孔间中心距；b—桥宽；
w—方孔尺寸(边长)；r—圆角半径

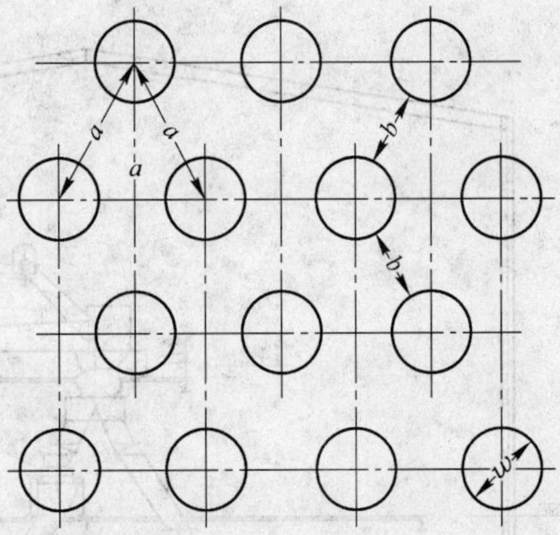

图 9-7　冲制圆孔筛筛孔排列图
a—圆孔间中心距；b—桥宽；
w—圆孔尺寸(直径)

表 9-7　筛板冲孔制规格

筛孔尺寸 w/mm	桥宽 b/mm	孔间中心距 a_{max}/mm	筛孔允许误差 ±%	筛孔允许误差 ±mm	筛孔尺寸 w/mm	桥宽 b/mm	孔间中心距 a_{max}/mm	筛孔允许误差 ±%	筛孔允许误差 ±mm
100	25	125	1.0	1.00	10	7	17	3.0	0.30
80	20	100	1.0	0.80	6.3	6	12.3	4.0	0.25
40	15	55	2.0	0.80	5.0	5	10	4.0	0.20
25	10	35	2.0	0.50	3.15	4	7.15	5.0	0.16
16	9	25	3.0	0.48	2.0	3	5	6.8	0.12
12.5	8	20.5	3.0	0.38	1.0	2	3	8.0	0.08

9.2.3.2　冷态转鼓强度检验

冷态转鼓强度检验，是指测定烧结矿的冷态转鼓强度和抗磨强度。

A　检测装置

(1) 转鼓试验机(见图 9-8)：转鼓内径为 1000 mm，内宽 500 mm，钢板厚度不小于5 mm。如果转鼓的任何局部位置的厚度已磨损至 3 mm 时，应更换新的鼓体。

两个对称装置的提升板，用 50 mm×50 mm×5 mm，长 500 mm 的等边角钢焊在转鼓内侧。其中一个焊在卸料口盖板内侧，另一个焊在其对方的转鼓内侧，二者成 180°配置。角钢的长度方向与转鼓轴平行。角钢如磨损至 47 mm 高时，应予以更换。

卸料口盖板内侧应与转鼓内侧组成一个完整的平滑的表面。盖板应有良好的密封。以避免试样损失。

转鼓轴不通过转鼓内部，应用法兰盘连接，焊在鼓体两侧，以保证转鼓两内侧面光滑平整。

电机功率不小于 1.5 kW，以保证转速均匀，并且在电机停转后，转鼓在继续转动一周之内能够停下来，转鼓采用计数器自动控制规定转数。转鼓转速规定为 25±1 r/min。

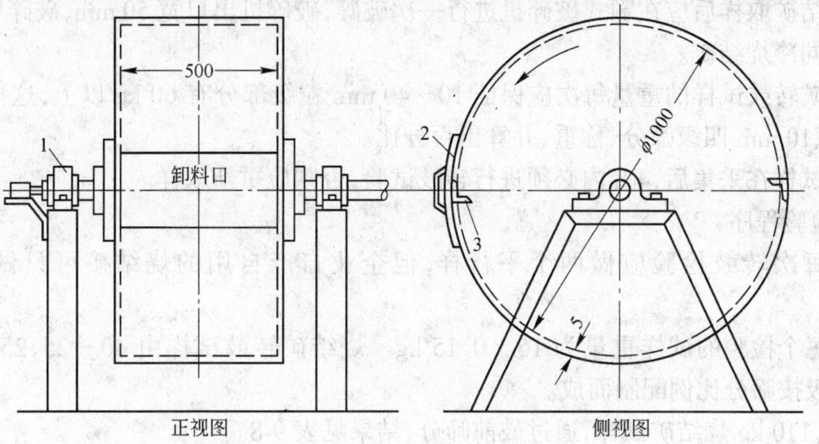

图 9-8 转鼓试验机基本尺寸示意图
1—计数器;2—卸料口盖板;3—提升板

(2) 检验筛:

1) 筛板的配备:筛板规格按“检验铁矿石(包括烧结矿、球团矿)的冷态和高温性能所使用的冲孔板筛的技术规范”制备。一般使用孔径为 40、25、16、10、6.3 mm 的冲制方孔筛及孔径为 2、1 和 0.5 mm 的金属网筛。

2) 鼓前筛分:鼓前筛分使用振动分级筛。它是由两个分级筛组成的。一个安有 40 mm×40 mm 及 25 mm×25 mm 两级筛板;另一个安有 16.5 mm×16.5 mm 及 10 mm×10 mm 两级筛板。筛分产品分为 +40 mm、-40～+25 mm、-25～+16 mm、-16～+10 mm 及 -10 mm等五级。进行筛分时,每次给料量以 10 kg 为准,最大不超过 15 kg。

3) 鼓后筛分:鼓后筛分使用机械摇筛或手工筛。机械摇筛主要参数规定为:筛子(6.3 mm)横向往复筛分,最大倾角为 45°,往复速度 20 次/min,筛分时间 1.5 min,使用计数器控制筛分 30 个往复,筛框为木质,其尺寸为 800 mm×500 mm×150 mm。

如果使用手工筛,主要参数规定如下:水平往复,往复次数约 20 次/min,筛 30 个往复,往复行程约 100～150 mm,筛框为 800 mm×500 mm×100 mm 或 600 mm×400 mm×100 mm木质。筛分后,+6.3 mm 的粒级称量为 m_1。

4) 0.5 mm 粒级筛分:这一粒级的筛分使用 ϕ200 mm 的手工分析筛,先将小于 6.3 mm 的试样用筛孔为 1～2 mm 的筛子粗筛一次,然后将筛下部分的试样分两至三次放入0.5 mm 筛进行筛分,每次加入量最多不能大于 300 g。筛分频率约 120 次/min,行程 70 mm,当筛下物在 1 min 内不超过试样重量之 0.1%时,即为筛分终点。将各次所得的 0.5 mm 及 1.0～2 mm的筛上物合并称重为 m_2,小于 0.5 mm 粒级部分集合起来称重为 m_3。

(3) 称量装置:使用 100 kg、50 kg、1 kg、三级秤,感量为 1%。

B 试样制备

冷烧结矿在成品带式输送机上取样,热烧结矿在车皮上取样。带式输送机上取样应均匀全断面截取,车皮取样应按取样规定进行。应逐步实现机械化取样。

经喷水的烧结矿或露天存放过的烧结矿应在105±5℃烘干后才能进行转鼓检验。

热烧结矿取样后应在颚式破碎机进行一次破碎，破碎机出口宽50 mm，破碎后的分级和试样配制同冷烧结矿。

烧结矿转鼓试样的重量每次应保证10～40 mm粒级部分有60 kg以上，这批试样应作40、25、16、10 mm四级筛分、称重，并算出百分比。

所有试样在采集后，4 h内必须进行转鼓试验，否则应重新取样。

C　检验程序

(1) 每次转鼓检验应做两个平行样，但企业自产自用的烧结矿可只做一个单试样。

(2) 每个检验的试样重量为15±0.15 kg。烧结矿转鼓试样由40～25，25～16，16～10 mm三级按筛分比例配制而成。

例如，110 kg烧结矿试样，通过鼓前筛分，结果见表9-8。

表9-8　转鼓鼓前筛分结果

粒级/mm	+40	−40～+25	−25～+16	−16～+10	−10	合　计
重量/kg	26.40	24.42	31.35	17.27	10.56	110
百分比/%	24.0	22.2	28.5	15.7	9.6	100.0

配制转鼓试样15±0.15 kg，其中：

−40～+25 mm部分：

$$15\times\frac{22.2}{22.2+28.5+15.7}=5.02\ \text{kg}$$

−25～+16 mm部分：

$$15\times\frac{28.5}{22.2+28.5+15.7}=6.44\ \text{kg}$$

−16～+10 mm部分：

$$15\times\frac{15.7}{22.2+28.5+15.7}=3.55\ \text{kg}$$

共计15.01 kg

(3) 试样放入转鼓后，盖好卸料口盖板，在转速25±1 r/min下转动200转，然后卸下盖板，放出试样。

(4) 用上述机械摇筛或手工筛将鼓后试样进行6.3 mm和0.5 mm粒级筛分，筛分方法见前。

(5) 将上述各粒级的筛分物归结为+6.3 mm、−6.3～+0.5 mm、0.5～0 mm三部分试样进行称量，分别记为m_1、m_2、m_3。

D　检验结果计算

(1) 转鼓强度T：

$$T=\frac{m_1}{m_0}\times100\%$$

(2) 抗磨强度 A：

$$A=\frac{m_0-(m_1+m_2)}{m_0}\times 100\%$$

式中 m_0——入鼓试样重量，kg；

m_1——转鼓后大于 6.3 mm 粒级部分的重量，kg；

m_2——转鼓后大于 0.5 mm 至小于 6.3 mm 粒级的重量，kg。

E 误差要求

(1) 入鼓试样重量 m_0 和转鼓后筛分总重量$(m_1+m_2+m_3)$之差不能大于 1.5%，即

$$\frac{m_0-(m_1+m_2+m_3)}{m_0}\times 100\%\leqslant 1.5\%$$

凡差值大于 1.5% 的检验试样应重做。

(2) 每次平行的两个试样其转鼓强度差值 ΔT 和抗磨强度差值 ΔA 均在允许误差范围内，检验操作合格，取其平均值(精确至 0.1%)发出报告。

转鼓强度允许差值 $\Delta T=T_1-T_2\leqslant 2.0\%$ (绝对值)

抗磨强度允许差值 $\Delta A=A_1-A_2\leqslant 1.0\%$ (绝对值)

如果 ΔT、ΔA 其中之一超出允许误差值时，则应再做两个平行样，这两个补充试样的 ΔT、ΔA 如符合上述规定，则以这两个试样的平均值(精确至 0.1%)发出报告。

例如：$T_1=67.57\%$，$T_2=66.56\%$

$A_1=4.12\%$，$A_2=5.04\%$

则 $\Delta T=T_1-T_2=67.57-66.56=1.01$ (<2%)

$\Delta A=A_1-A_2=4.12-5.04=-0.92$ (其绝对值 0.92<1.0%)

发出报告结果：

$$T=\frac{67.57+66.56}{2}\approx 67.065\approx 67.10\%$$

$$A_2=\frac{4.12+5.04}{2}=4.58\approx 4.6\%$$

如补充试样 ΔT，ΔA 仍有不合格者，则用前后四个数据的平均值发出报告。

9.3 烧结试验室主要设备

烧结试验设备已逐步标准化。冶金部烧结球团情报网已组织了烧结试验专用设备的设计研制，这些设备包括一、二次混合机，烧结试验装置，单辊破碎机，水平往复摇动筛，落下试验机及转鼓试验机等 7 项。

烧结试验用风机为通用设备，一般可选用 3 号叶氏风机。

9.3.1 搅拌式混合机

搅拌式混合机用于一次混合，设备采用圆盘搅拌式结构，属强力型混合机。搅拌机盘径 ϕ700 mm，高 400 mm。带有可升降的旋转搅拌刮刀。搅拌式混合机外形见图 9-9。

9.3.2 圆筒混合机

圆筒混合机用作二次混合。其特点是圆筒转速可调，筒体倾角采取电动调节，卸料方

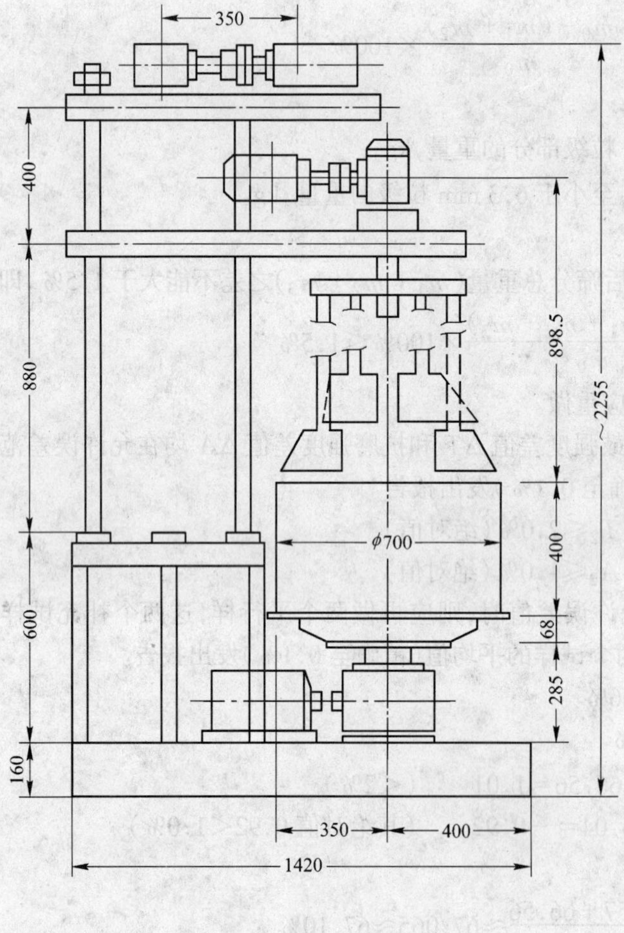

图 9-9　搅拌式混合机

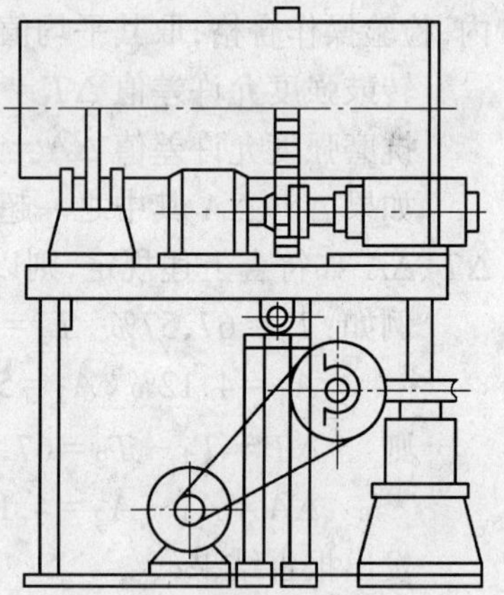

图 9-10　ϕ600×1200 mm 圆筒混合机

便，可与 ϕ300 mm 烧结杯配套供二次混合使用。设备技术性能如下：

圆筒尺寸：ϕ600×1200 mm

筒体倾角：0～15°

传动用电动机	型号	JZT-31-4
	转速	120～1200 r/min
	功率	2.2 kW
调倾角电动机	型号	Y90S-6
	转速	910 r/min
	功率	0.75 kW

圆筒混合机外形见图 9-10。

9.3.3　烧结试验装置

烧结试验装置由烧结杯、风箱底座、煤气点火器和烧结杯倾翻机构等组成，见图 9-11。烧结杯底座可装 ϕ300 mm 和 ϕ200 mm 两种直径的烧结杯。采用电动倾翻卸料机构卸料。烧结杯箅条的安装高度可根据铺料高度调节。

9.3.4 单辊破碎机

单辊破碎机外形见图9-12。单辊破碎机一般安装在烧结杯的前下方，使烧结饼可从杯内直接翻入破碎机内。设备性能如下：

辊径：ϕ440 mm；三排齿辊；每排三齿；

辊子转速：20 r/min；

传动电机：型号 Y100L-6；

转速：940 r/min；

功率：1.5 kW。

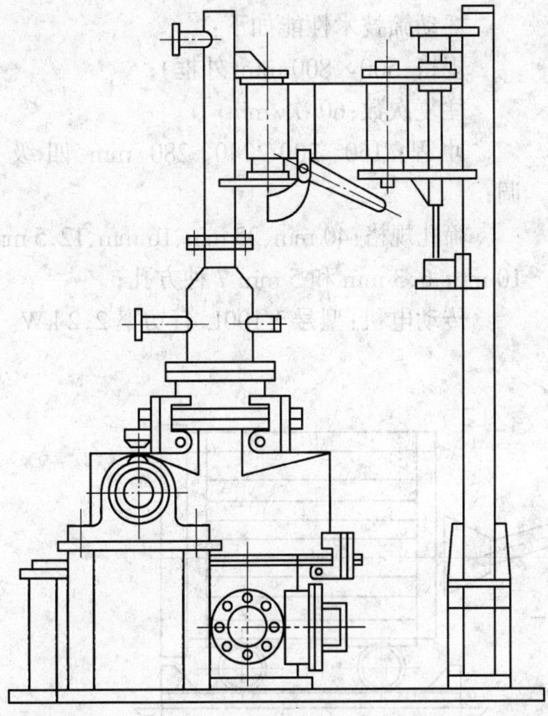

图9-11 烧结试验装置

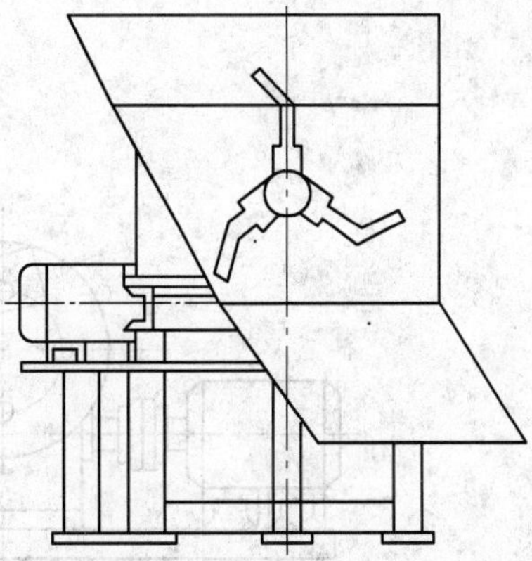

图9-12 ϕ440 mm 单辊破碎机

9.3.5 落下试验机

落下试验机的试料箱采用电动提升，能自动控制装料箱底门的开闭。其技术性能如下：

落下高度 2000±15 mm；

试料箱容积 560×420×200 mm；

提升速度 11.19 m/min；

传动电机 型号 Y90L-6 功率 1.1 kW。

9.3.6 转鼓试验机

转鼓试验机采用鼓体为1/2和1/5ISO转鼓合在一起的结构，能满足ISO规定的要求，其外形参见图9-13。其技术性能如下：

转鼓直径：ϕ1000 mm；转鼓宽度：250 mm 及 100 mm；

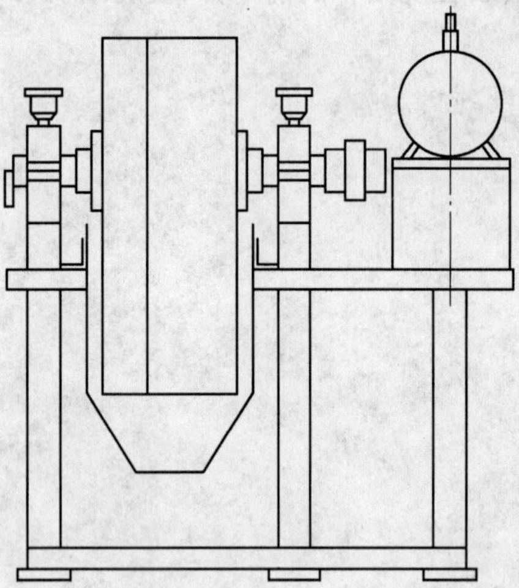

图 9-13　转鼓试验机

鼓体转速：25 ± 1 r/min，采用计数控制自动停机；

传动电机：型号 Y100L-6，功率 1.5 kW。

9.3.7　水平往复摇动筛

筛板按国际标准设计，用于烧结矿筛分试验，可满足鼓后筛和手筛试验的要求，其外型见图 9-14。

摇动筛技术性能如下：

规格：500×800 mm（外框）；

往复次数：60 次/min；

冲程：160、200、240、280 mm 四级可调；

筛孔规格：40 mm、25 mm、16 mm、12.5 mm、10 mm、6.3 mm 和 5 mm 7 种方孔；

传动电机：型号 Y100L-4；功率 2.2 kW。

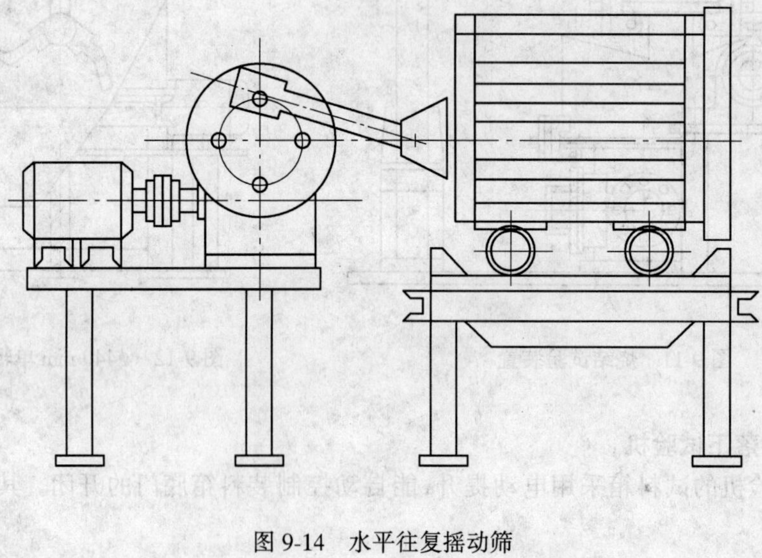

图 9-14　水平往复摇动筛

10　烧结厂余热利用

10.1　烧结过程的热平衡

烧结厂设计工作中，凡有条件的，均应该作出烧结过程的热平衡，以定量地说明工艺过程热能利用的合理性，指导工厂实际生产。

10.1.1　烧结过程热平衡表的编制

10.1.1.1　烧结过程的热收入

(1) 固体燃料燃烧放出的热量：根据单位烧结矿消耗的固体燃料量及固体燃料发热值计算得出。

(2) 气体燃料燃烧放出的热量：根据单位烧结矿消耗的点火煤气量及气体燃料发热值计算得出。

(3) 烧结过程各种物理化学反应放出的热量：烧结过程主要的放热反应有：

硫化物的氧化反应；

低价铁氧化物的氧化反应；

岩相生成热，如硅酸钙、铁酸钙、硅酸铁及铁硅钙橄榄石等生成热；

生石灰消化放热。

(4) 原料带入的显热(含热返矿带入的热及蒸汽预热混合料带入的热)：根据单位烧结矿消耗的原料量、比热和进入烧结时的温度计算得出。

(5) 空气带入的显热：根据单位烧结矿的抽风量、空气比热及温度计算得出。

(6) 其他热收入：如原料中配有钢铁厂内循环物料所带入的固定碳燃烧放出热量，利用冷却机废气作助燃空气时带入的显热等。

10.1.1.2　烧结过程的热支出

(1) 水分蒸发所需要的热量：根据混合料含水量，水的比热和汽化热计算得出。

(2) 烧结过程吸热的物理化学反应：如碳酸盐分解的吸热反应、结晶水分解的吸热反应、三价铁的部分还原及分解反应等。

(3) 成品烧结矿带走的显热：根据烧结矿量、比热和温度计算得出。

(4) 返矿带走的显热：根据返矿量、比热和温度计算得出。

(5) 烧结烟气和冷却机废气带走的显热：分别根据各自产生的烟气量，及其比热和温度计算得出。

(6) 其他热损失：如设备及烧结过程表面的散热，设备冷却水及粉尘带走的热量以及燃料的不完全燃烧造成的热损失等。

烧结过程的热平衡可以列表示出，也可以作出热平衡图。表 10-1 示出了热平衡表的格式。

10.1.2　烧结过程热平衡实例

表 10-1　烧结过程热平衡

热收入			热支出		
项　目	MJ	%	项　目	MJ	%
1. 固体燃料燃烧			1. 碳酸盐分解		
2. 煤气燃烧			2. 水分蒸发		
3. 化学反应热			3. 化学反应热		
4. 混合料显热			4. 成品烧结矿显热		
5. 空气显热			5. 废气显热		
6. 其他			6. 返矿显热		
			7. 其他热损失		
合　计		100.00	合　计		100.00

表 10-2　马钢二烧热平衡表(1 t 烧结矿)

热收入			热支出		
项　目	MJ	%	项　目	MJ	%
点火煤气化学热	243.6	8.03	混合料水分蒸发热	324.66	10.32
点火煤气物理热	1.26	0.04	碳酸盐分解热	335.16	10.65
点火空气物理热	13.86	0.46	烧结饼物理热	1261.26	40.08
固体燃料燃烧热	2319.24	76.46	其中：		
混合料物理热	119.7	3.95	热烧结矿物理热	(1046.64)	(33.26)
铺底料物理热	11.34	0.37	热返矿物理热	(214.62)	(6.82)
化学反应放热	217.14	7.16	烧结烟气物理热	452.34	14.37
烧结空气及漏风带入物理热	107.1	3.53	不完全燃烧化学热	496.44	15.77
			其中：废气可燃物化学热	(412.44)	(13.10)
			烧结矿残碳	(84)	(2.67)
			其他散热	277.20	8.81
			差值	−113.82	
合　计	3033.24	100.00	合　计	3033.24	100.00

表 10-2 及 10-3 分别列出了马钢二烧(75 m^2)及水钢 2 号烧结机(115 m^2 机上冷却工艺)烧结过程的热平衡。

表 10-4 列出了西德克虏伯公司计算的烧结过程的热平衡。图 10-1 和图 10-2 分别示出了英国雷德卡(Redcar)和日本大分烧结厂的热平衡图。

编制该表要注意热平衡的精确性，使表 10-1 中其他热损失一项不要太大。

10.2　烧结厂余热利用技术

冷却机废气和烧结烟气的显热约占全部热支出的 50%，必须重视余热利用。

表 10-3 水钢烧结热平衡表(1 t 烧结矿)

热收入			热支出		
项目	MJ	%	项目	MJ	%
点火煤气化学热	159.925	7.01	水分蒸发	292.83	12.7
点火煤气物理热	0.35	0.02	结晶水分解	198.73	8.62
助燃空气物理热	1.197	0.05	碳酸盐分解	296.59	12.86
固体燃料化学热	1739.58	76.3	烧结饼物理热	829.15	35.95
混合料物理热	48.04	2.11	其中:成品矿显热	165.697	7.19
炼铁返回粉料残碳	171.83	7.53	烧结返矿显热	16.98	0.73
化学反应热	110.11	4.83	冷却废气热	502.57	21.79
其中:硫化物放热	4.26	0.19	其他热损失	143.90	6.24
亚铁放热	10.66	0.47	烧结烟气热损失	299.03	12.97
成渣热	95.19	4.17	化学不完全燃烧热	271.82	11.71
烧结过程空气物理热	49.50	2.17	烧结矿残碳	75.84	3.29
			主要散热	22.11	0.96
			外供热	19.988	0.86
合计	2280.52	100.00	合计	2306.08	100
			差值	+25.56	

表 10-4 西德克虏伯公司烧结过程热平衡计算

热收入	%	热支出	%
焦粉燃烧热	79.6	烧结矿冷却机废气余热	32.6
燃气燃烧热	8.8	烧结机废气余热	15.8
高炉灰燃烧热	6.8	石灰石分解热	12.5
其他燃料	4.8	吸附水蒸发热	12.4
		结晶水分解热	6.1
		冷烧结矿余热	5.9
		其他热损失	14.7
合计	100.0	合计	100.0

冷却机废气温度视冷却方式而异。抽风冷却高温段的废气温度较低，一般只有 200℃左右，鼓风冷却高温段的废气温度较高，达 350～450℃。烧结废气量大而集中，废气平均温度较低，约 150℃左右，其中高温段达 300～400℃，冷却机废气和烧结机烟气属中低温废气，余热回收技术难度较大。

日本烧结厂余热回收装置基本情况，列于表 10-5。

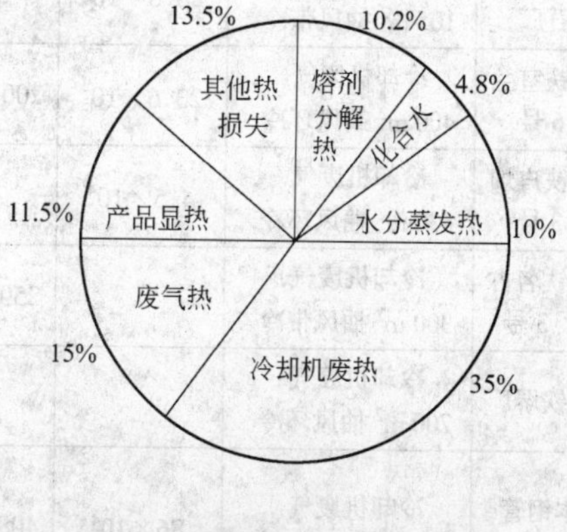

图 10-1 雷德卡烧结厂热平衡图
(图中的"废气热"应为"废气显热")

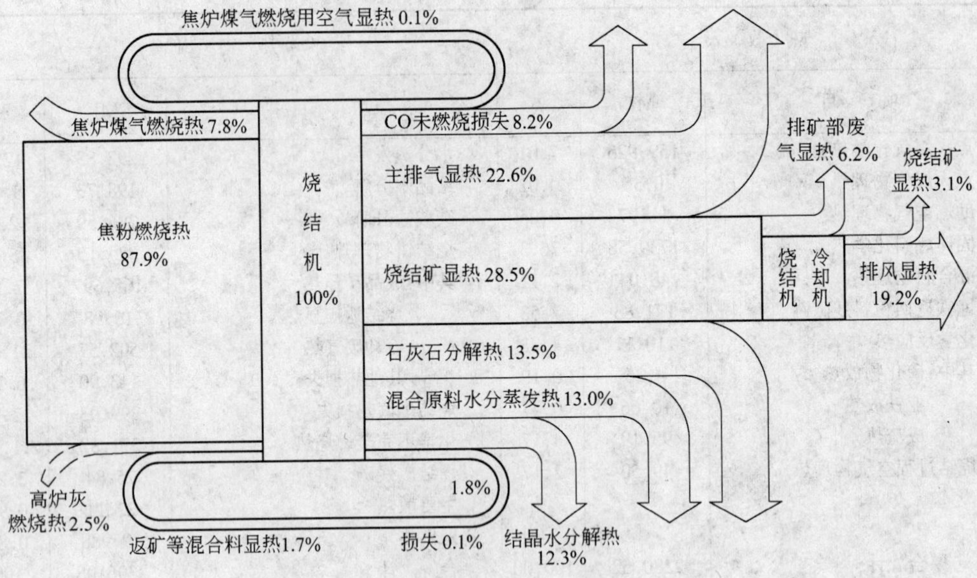

图 10-2　大分烧结厂热平衡图

表 10-5　日本烧结厂余热回收装置基本情况

工厂名称	回收部位及设备规格	回收废气量/标 $m^3 \cdot h^{-1}$	回收废气温度/℃	利用方式	主要余热回收装置设备规格
新日铁若松厂	冷却机废气 610 m^2 鼓风环冷	35.0×10^4	350	热水发电，点火保温炉用热风，混合机添加热水	热水透平机：输出功率 5700 kW
新日铁君津厂 3 号	冷却机废气 400 m^2 鼓风环冷	70×10^4	345±50	有机媒介发电，点火炉助燃风	氟洛里醇透平机：输出功率 12.5×10^3 kW
新日铁大分厂 2 号	烧结机（600 m^2）烟气	34.8×10^4	340～350	产生蒸汽	余热锅炉：强制循环型，产汽量 27～33 t/h，压力 0.98 MPa，$t=213$℃
新日铁釜石厂	冷却机废气 105 m^2 抽风带冷	28.8×10^4	303	产生蒸汽	余热锅炉，产汽量 18.5 t/h 压力：0.1784 MPa，$t=235$℃
新日铁室兰厂 6 号	冷却机废气 400 m^2 鼓风环冷	23.6×10^4	200～300	预热混合料，点火保温炉用热风	
新日铁户畑厂 3 号	冷却机废气 430 m^2 抽风环冷	4.5×10^4	290	预热混合料，点火保温炉用热风	
新日铁名古屋厂 3 号	冷却机废气 300 m^2 抽风带冷		250～300	混合料预热，点火炉助燃风	
新日铁堺厂	冷却机废气 200 m^2 抽风环冷			混合料预热	
日本钢管扇岛厂	冷却机废气 470 m^2 鼓风环冷	86×10^4	408～450	产生蒸汽，点火保温炉用热风，混合料添加热水	余热锅炉：强制循环型，产汽量 60 t/h，压力：1.372 MPa，$t=270$℃

续表 10-5

工厂名称	回收部位及设备规格	回收废气量/标 $m^3 \cdot h^{-1}$	回收废气温度/℃	利用方式	主要余热回收装置设备规格
日本钢管扇岛厂	烧结机（450 m^2）烟气	12×10^4		产生蒸汽	余热锅炉：强制循环
日本钢管福山厂 4 号	冷却机废气 435 m^2 鼓风环冷	45×10^4	320±20	产生蒸汽，点火保温炉用热风，混合机添加热水	余热锅炉：强制循环型，产汽量 60 t/h，压力 1.274 MPa，$t=230\pm20$℃
日本钢管福山厂 4 号	烧结机烟气 400 m^2 烧结机	16×10^4	330±20	产生蒸汽	余热锅炉：强制循环型，产汽量 11.9 t/h，压力 1.274 MPa，$t=230\pm20$℃
日本钢管福山厂 5 号	冷却机废气 530 m^2 鼓风环冷	16×10^4	320±20	产生蒸汽，点火保温炉用热风，混合机添加热水	余热锅炉：强制循环型，产汽量 40 t/h，压力 1.274 MPa，$t=230\pm20$℃
日本钢管福山厂 5 号	烧结机烟气 550 m^2 烧结机	20.6×10^4	330±20	产生蒸汽	余热锅炉：强制循环型，产汽量 12.7 t/h，压力 1.274 MPa，$t=230\pm20$℃
日本住友和歌山厂 4 号	冷却机废气 280 m^2 抽风带冷	20×10^4	370	产生蒸汽	余热锅炉：自然循环型，产汽量 18 t/h，压力 0.784 MPa，$t=174.5$℃
日本住友和歌山厂 4 号	烧结机烟气 189 m^2 烧结机			产生蒸汽	
日本住友和歌山厂 5 号	冷却机废气 183 m^2 抽风带冷	15×10^4	300	产生蒸汽	余热锅炉：强制循环型，产汽量 9.9 t/h，压力 0.784 MPa 饱和蒸汽
日本住友和歌山厂 5 号	烧结机烟气 122 m^2 烧结机	6.6×10^4	380	产生蒸汽	余热锅炉：强制循环型，产汽量 3.8～16.5 t/h，压力 0.784～1.176 MPa，$t=273$℃
日本住友鹿岛厂 2 号	冷却机废气 640 m^2 抽风带冷	50×10^4	350	产生蒸汽	余热锅炉：强制循环型，产汽量 26.9～43.7 t/h，压力 0.95～1.176 MPa 饱和蒸汽
日本住友鹿岛厂 2 号	烧结机烟气 500 m^2 烧结机	27×10^4	290	产生蒸汽	余热锅炉：强制循环型，产汽量 11.9～14.8 t/h，压力 0.95～1.176 MPa 饱和蒸汽
日本住友鹿岛厂 3 号	冷却机废气 861 m^2 鼓风带冷	50×10^4	388	产生蒸汽	余热锅炉：强制循环型，产汽量 59 t/h，压力：1.078～1.176 MPa 饱和蒸汽
日本住友小仓厂 3 号	冷却机废气 280 m^2 鼓风带冷	30×10^4	328	产生蒸汽	余热锅炉：强制循环型，产汽量 20 t/h，压力 0.882～1.274 MPa，$t=273$℃
日本住友小仓厂 3 号	烧结机烟气 222 m^2 烧结机	11×10^4	380	产生蒸汽	余热锅炉：自然循环型，产汽量 11.5 t/h，压力 0.882～1.372 MPa，$t=273$℃

续表 10-5

工厂名称	回收部位及设备规格	回收废气量/标 $m^3 \cdot h^{-1}$	回收废气温度/℃	利用方式	主要余热回收装置设备规格
川崎千叶厂4号	冷却机废气 263 m^2 抽风环冷	35×10^4	310	产生蒸汽	
川崎水岛厂3号	冷却机废气 360 m^2 鼓风环冷	40×10^4	298	产生蒸汽	余热锅炉:强制循环型,产汽量 27 t/h,压力 1.372 MPa 饱和蒸汽
川崎水岛厂4号	冷却机废气 550 m^2 抽风带冷	60×10^4	360	产生蒸汽	余热锅炉:强制循环型,产汽量 50.5 t/h,压力 1.372 MPa 饱和蒸汽
神户制钢加古川	冷却机废气 280 m^2 鼓风环冷	40×10^4	435	产生蒸汽,点火炉用助燃风	余热锅炉:产汽量 49.8～72.9 t/h,压力 28.42 MPa,$t=245$℃,蒸汽送钢铁厂发电
神户制钢加古川	烧结机烟气 262 m^2 烧结机	12.5×10^4	300	产生蒸汽	余热锅炉:产汽量 8.6～13.6 t/h,压力 0.686 MPa,$t=180$℃

10.2.1　冷却机废气余热利用

10.2.1.1　*冷却机废气余热利用的设计基础资料*

(1) 冷却机的处理量,进入冷却机的烧结矿温度、冷却风机的技术规格和台数。

(2) 冷却机废气温度和废气量的分布。冷却机废气温度的分布与冷却机的形式,烧结矿层厚度、冷却风机与风箱的分配关系、进入冷却机烧结矿的温度以及是否采用废气闭路循环余热回收流程等有关。

(3) 冷却机的漏风率。冷却机的漏风主要有四个部位:鼓风冷却风箱与台车的交接处,台车侧板与密封罩交接处,冷却区段的进出口端部以及台车本体与台车侧部密封板的交接处。冷却机的漏风率尚无法测定,可按假设的漏风率或类似的生产实际数据决定。日本钢管公司对 460～470 m^2 鼓风环式冷却机的漏风率设计上假定:风箱与台车交接处为 35%(向外泄漏),进出口两端部处为 8%(大气向冷却机密封罩内渗漏),其他部位的漏风忽略不计。

(4) 冷却机废气的特性。废气特性包括成分、比热、含尘量及粉尘的主要物化性能。

10.2.1.2　*废气余热回收流程*

废气余热回收流程有开路流程与闭路流程两种。开路流程即余热锅炉废气(约 150～200℃)排入大气不再利用,该流程热能不能得到充分利用,且含尘热废气的排放造成环境污染。将余热锅炉排气返回作冷却机的冷却介质循环使用,即为闭路循环。该流程可以提高所回收废气的温度,废气余热得以充分利用,对环境污染少。

目前开路流程较少采用,大多数采用闭路流程。图 10-3 为鹿岛 3 号机的余热回收流程,废气一次通过料层(又称一次通过式闭路循环)。图 10-4 为住友和歌山 4 号机的余热回收流程示意图,该厂是抽风带式冷却机,废气温度较低,采取两次通过料层的流程,即由余热锅炉排出的废气用作冷却机后段的冷却介质,通过烧结矿料层,风温得到提高后,又引至前段作为冷却机前段的冷却介质，废气再一次通过烧结矿层，进一步提高风温，然后再导入余热锅炉进行热交换。

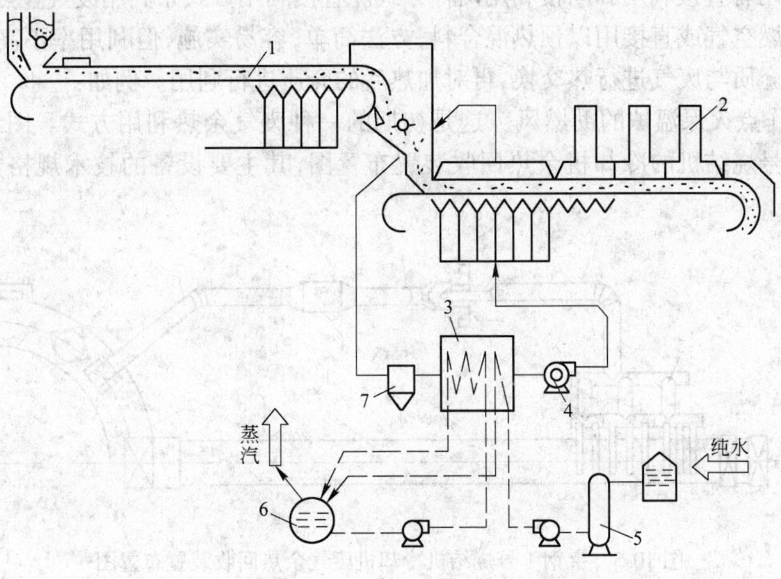

图 10-3 鹿岛 3 号机冷却机废气余热回收流程

1—烧结机；2—冷却机；3—锅炉；4—循环风机（代冷却排风机）；
5—脱气器；6—汽鼓；7—除尘器

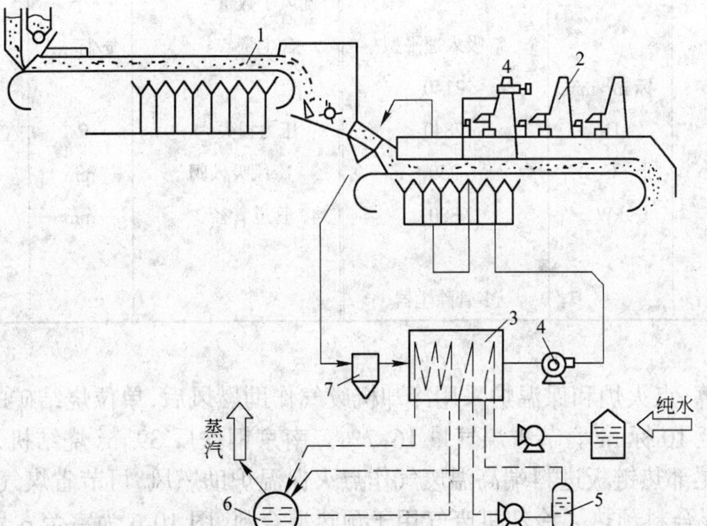

图 10-4 住友和歌山 4 号机冷却机废气余热回收流程

1—烧结机；2—冷却机；3—锅炉；4—循环风机（代排气机）；
5—脱气器；6—汽鼓；7—除尘器

在采用闭路循环的余热回收流程时，对冷却设备的设计要注意：改善密封性能，提高余热回收效率。冷却机上各部件应按照 120～150℃ 的冷却介质的条件进行设计。另外在流程布置中要考虑多种旁通支路，以使余热回收系统出现故障时不至于影响主要烧结工艺。

10.2.1.3　废气余热利用

余热利用有直接利用和间接利用两种方式。直接利用方式系利用废气显热直接作为点火装置的助燃空气或直接用以预热混合料，方法简单，容易实施，但利用率不高。间接利用方式系通过介质与废气进行热交换，再对加热后的介质进行利用。例如：

(1) 用作点火保温炉的助燃风　这是初期的一种废气余热利用方式。图 10-5 示出了我国宝钢 1 号烧结机的冷却机余热回收装置布置图，其主要设备的技术规格如表 10-6 所示。

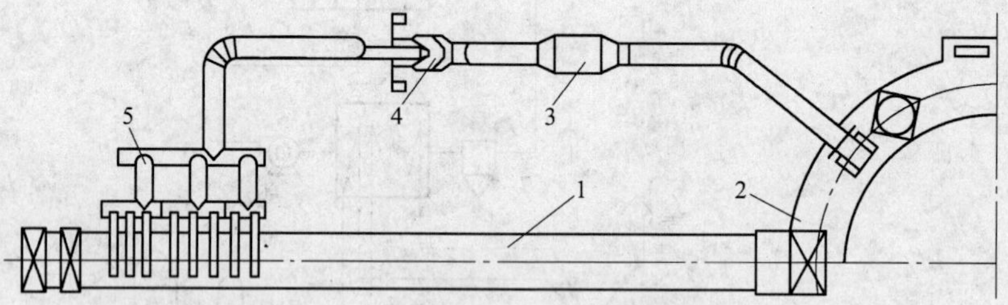

图 10-5　宝钢 1 号烧结机冷却机废气余热回收装置布置图

1—烧结机；2—环式冷却机；3—多管除尘器；4—余热风机；5—点火保温炉空气管道

表 10-6　宝钢烧结车间冷却机余热利用主要设备及规格

设备名称	单　位	主要规格	设备名称	单　位	主要规格
1. 余热风机			旋风子数量	个	342
类型		双吸入透平型	含尘量	g/标 m^3	入口：1～5
风量	标 m^3/min	2140			出口：0.2
压力	Pa	7840	压力损失	Pa	980
风温	℃	250	3. 冷风吸入阀	mm	600×600
功率	kW	880	4. 管道管径	mm	2400
2. 除尘器					
类型		多管除尘器			

按设计估算，点火炉和保温炉采用冷却机废气作助燃风后，单位烧结矿的点火燃耗可由 12 标 m^3 下降至 10 标 m^3。节省煤气量 16.7%。南京钢铁厂 39 m^2 烧结机，1985 年 4 月测得回收烧结机尾部热链板进料端高温废气作点火保温炉助燃风，可节省煤气 10%～15%。

(2) 用作混合料预热　冷却机废气用于预热混合料，图 10-6 为室兰 6 号机废气余热回收流程示意图。原先的点火炉作为预热炉(8.81 m 长)，而将原来的保温炉分为两段，一段作为点火炉(7.39 m 长)，一段作为保温炉罩(8.92 m 长)。

根据该厂的经验，当废气温度为 260℃ 时，单位烧结矿的粉焦消耗降低 4 kg，焦炉煤气消耗降低 0.7 m^3，缺点是减少了有效烧结面积，烧结机生产能力受到一定影响。

(3) 用于产生热水　我国有些烧结厂如水钢、杭钢、梅山等厂利用冷却机废气余热产生热水。图 10-7 示出了水钢余热回收系统布置图。该厂于 1985 年 1 月首先对 2 号烧结机进行改造，增加余热回收系统，在冷却段（机上冷却工艺）的降尘管内装设约 465 m 长热交换管，热交换管的安装位置示于图 10-8。从投产 9 个月后的测定资料表明，该机（115 m^2，其中冷却段为 50 m^2）每小时可产 87℃ 热水 6.34 t（入口水温 17℃，室温 18℃），此时降尘管平均废气温度约由 230℃ 降至 200℃，采用产生热水回收余热，折算每吨烧结矿生活用蒸汽单耗由 0.12 GJ 降至 0.053 GJ。经计算，每年可节约标准煤约 6299 t，直接经济效益约 26 万元。而该项改造费用仅 4.8 万元，2.2 个月就可以返本。有的工厂在利用冷却机前段的高温废气的同时，还将冷却机后段温度较低的废气引入热水器，产生 80～90℃ 的热水，用作混合料的添加水。根据扇岛和福山厂的经验，提高添加水的温度，可以改善生石灰的活性度。

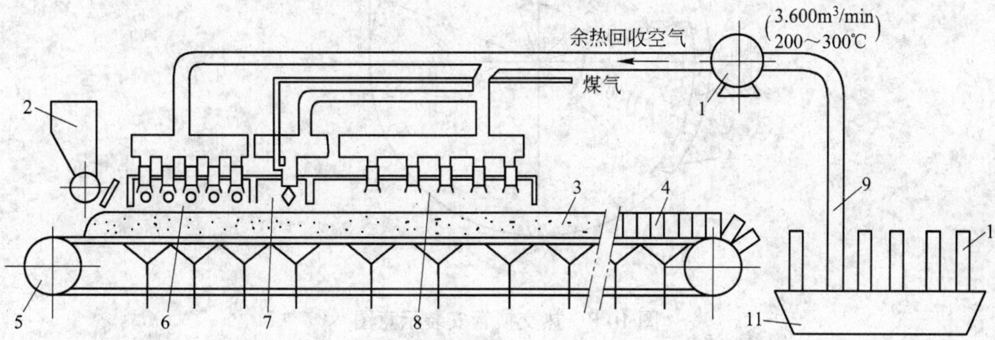

图 10-6　室兰 6 号烧结机冷却机废气余热回收流程示意图

1—鼓风机；2—给料仓；3—混合料；4—台车；5—烧结机；6—预热炉；7—点火炉；8—保温炉；9—排热回收筒；10—排气筒；11—冷却机

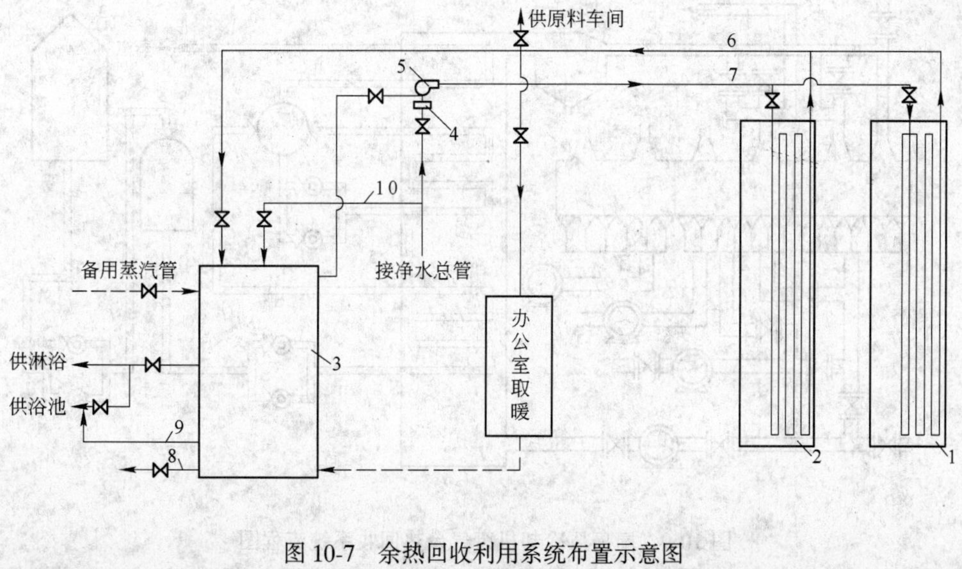

图 10-7　余热回收利用系统布置示意图

1—1 号机冷却段降尘管（ϕ3100）；2—2 号机冷却段降尘管（ϕ3100）；3—保温蓄水池（10 m^3）；4—磁力除垢器；5—水泵；6—热水管；7—冷水管；8—排污管；9—溢流管；10—备用冷水管

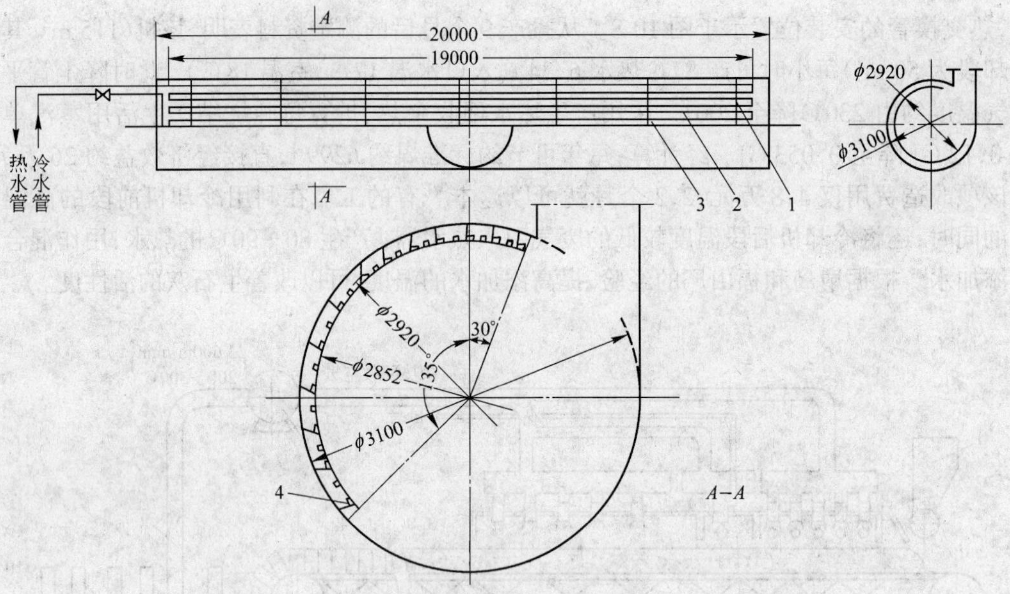

图 10-8　热交换管安装示意图

1—L 形挂钩；2—无缝钢管；3—圆钢支架；4—角钢

(4) 用于产生蒸汽　利用废气余热产生蒸汽并入钢铁厂的蒸汽管网，蒸汽的压力达 0.392～2.84 MPa，蒸汽温度有过热蒸汽也有饱和蒸汽，蒸汽参数主要取决于用户的要求。图 10-9 和图 10-10 分别示出了日本扇岛厂和水岛 4 号机冷却机废气余热回收系统流程，水

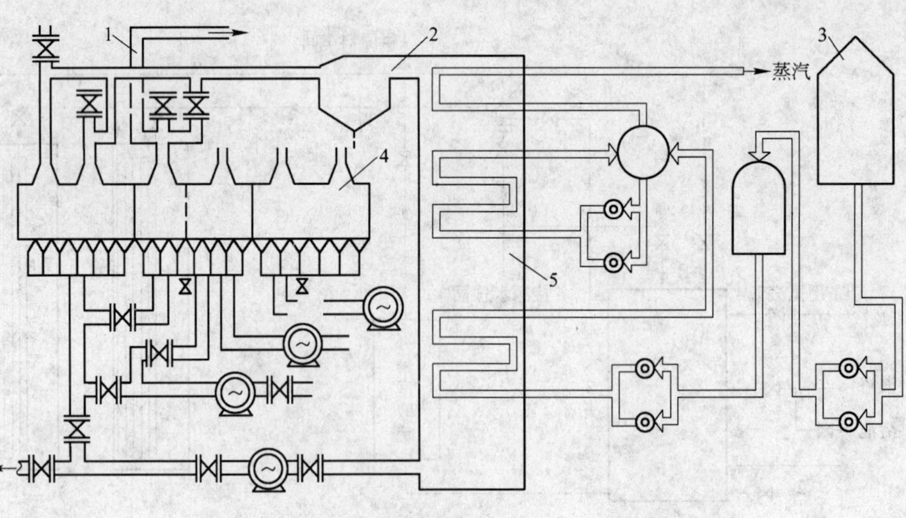

图 10-9　扇岛厂冷却机废气余热回收系统流程图

1—点火炉温水锅炉；2—除尘器；3—纯水槽；4—冷却机；5—锅炉

岛厂 3 号机的冷却设备是鼓风环冷机，采用一次通过式闭路循环流程。水岛厂 4 号机的冷却设备是抽风带冷，故采用二次通过式闭路循环流程。其主要设备规格如表 10-7 所示。

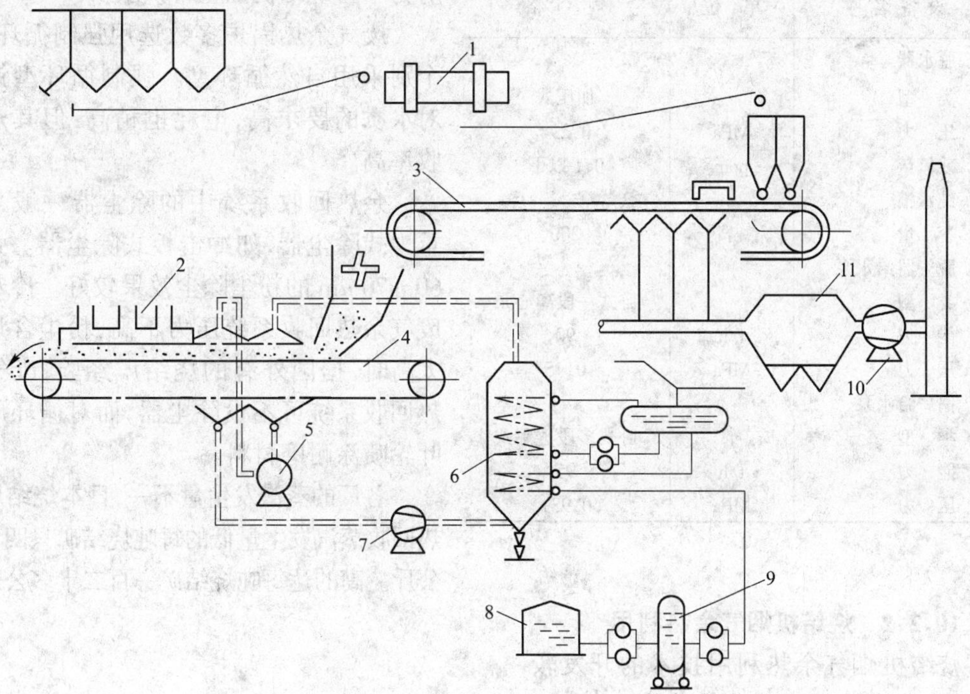

图 10-10　水岛 4 号机冷却机废气余热回收系统流程图

1—圆筒混合机；2—冷却风机；3—烧结机；4—冷却机；5—2 号风机；6—锅炉；7—1 号风机；8—水箱；9—分离器；10—送风机；11—电除尘器

表 10-7　水岛 3 号、4 号冷却机废气余热利用主要设备及规格

设备名称	单位	水岛 3 号	水岛 4 号	
1. 余热锅炉				
类　型		强制循环式	强制循环式	
最大产汽量	t/h	27	50.5	
蒸汽压力	MPa	1.372	1.372	
最大循环风量	标 m^3/h	40×10^4	60×10^4	
传热面积	m^2		2689	
2. 循环风机			第一循环风机	第二循环风机
风　压	Pa	3430	3773	2940
风　量	标 m^3/h	40×10^4	60×10^4	60×10^4
3. 循环水泵		（两台：一台生产，一台备用）	（两台：一台生产，一台备用）	
类　型		卧式一段离心泵	卧式一段离心泵	
能　力	t/h	180	220	

水岛厂 3 号和 4 号机废气余热锅炉的供水设备共用一套，其主要设备规格如表 10-8 所示。

两台烧结机共一套供水装置可以节省建设费用，便于集中管理，但要设置有旁通管路，以便当一台烧结机停机检修时，能够保证对另一台烧结机的正常供水。

表 10-8　水岛厂 3 号、4 号机余热利用供水设备规格

设备名称	单位	规格
1. 脱水器		
类型		加压式
压力	MPa	0.294
残氧量	ppm	0.1 以下
2. 纯水槽		
容量	m^3	200
3. 脱气器给水泵		
类型		卧式一段离心泵
能力	t/h	90
压力	MPa	0.45
4. 锅炉给水泵		
类型		卧式多段透平式
能力	t/h	95
压力	MPa	0.931

废气余热锅炉多数选用强制循环型，个别采用自然循环型。强制循环型锅炉对水质的要求高，电耗也稍高，但其热回收率高。

余热回收系统中的除尘器一般采用重力式除尘器，如冲击板式除尘器。大于 60～70 μm 的粉尘除尘效果较好。冷却机废气余热回收系统压力不高，粉尘含量不太高时，据国外有的烧结厂经验，废气余热回收系统可不设除尘器，而对循环风机叶轮喷涂耐磨材料。

各厂的蒸汽发生量不一，日本烧结厂余热回收蒸汽发生量低的每吨烧结矿只四十多公斤。高的达每吨烧结矿一百二十多公斤。

10.2.2　烧结机烟气余热利用

烧结机烟气余热利用技术的开发较晚，回收方式单一，均为产生蒸汽。

10.2.2.1　设计基础资料

开展设计之前，必须收集以下有关资料：

(1) 烧结机的生产能力、粉焦和煤气的单位消耗量。

(2) 烧结机各风箱烟气温度、负压和烟气量的分布。对非回收段的烟气温度要注意进行测算，确保非回收区的烟气，流经机头电除尘器以及烧结机主抽风机时，不至于结露。烧结机的烟气温度分布与使用的原料品种、混合料的水分、料层厚度、烧结机的生产率以及是否采用铺底料等条件密切相关。

烧结机各风箱风量的分布，根据风箱负压的变化来推定。表 10-9 列出了大分厂 2 号机烟气余热回收系统设计的回收烟气的条件。

表 10-9　大分厂 2 号机回收烟气条件

项　目	风箱烟气温度及烟气量							烟气回收范围
风箱号	25	26	27	28	29	30	31	25～30
烟气温度/℃	305	338	364	351	336	309	232	336
温度偏差	8.5	9.5	8.7	9.0	9.1	8.6	7.3	9
烟气量/标 $m^3 \cdot min^{-1}$	741	896	973	1118	983	847	847	5558

(3) 烧结烟气成分　SO_x 对设备及金属构件会产生低温均匀性腐蚀，影响金属腐蚀速度的因素主要是酸雾浓度、金属壁温度及凝结的酸量。SO_x 含量越高，酸露点也越高。酸雾浓度以及凝结的酸量就越多。烟气温度越高，金属壁温度也会越高。金属壁的温度高于酸露点，就可以避免低温腐蚀。烟气中全是蒸汽时，其凝结温度很低，仅 30～60℃。当有少量

的 SO_x 存在时，其露点就提高。烧结烟气的成分取决于原料中的含硫量、烧结过程的燃料燃烧状况和烧结机的漏风率。表 10-10 列出了某些工厂烧结烟气的成分(参考值)。

表 10-10 烧结烟气的成分(参考值)

工厂名称	N_2/%	O_2/%	CO/%	CO_2/%	SO_2/ppm	H_2O/%
宝钢烧结厂 1 号机	79	15.8	0.2	5	非脱硫为 100，脱硫为 500	
日本钢管厂	76.8	17.1	0.1	2	300～500	
日本大分厂 2 号机(25～31 号风箱)	76～78	18～20	～0.1	2～4	100	1～3

(4) 烟气含尘量及粉尘的物理化学性能　进行余热回收设计，应考虑烟气的含尘量及其粉尘的粒度组成和化学成分的影响。宝钢 1 号机投产以后，实测机头电除尘器入口含尘量为 0.36～0.42 g/标 m^3，粉尘的粒度组成各厂的数值相差较大。表 10-11 列出了宝钢 1 号机的粉尘化学成分实测数值。粉尘堆积密度一般为 1.0～1.4 t/m^3。

表 10-11 宝钢 1 号机粉尘化学成分

批样	TFe/%	SiO_2/%	Al_2O_3/%	CaO/%	MgO/%	MnO/%	P_2O_5/%	TiO_2/%	S/%	C(FeO)/%
Ⅰ	54.9	5.64	1.63	6.64	0.81	0.46	0.069	0.12	0.421	2.67
Ⅱ	56.04	7.25	2.43	8.66	1.14	0.59	0.089	0.12	0.757	(1.9)
Ⅲ	54.17	6.25	1.66	7.23	0.93	0.77	0.078	0.14	0.414	1.73

烧结机风箱与台车密封结构比冷却机完善。设计计算中可以忽略漏风的影响，如果机尾端部密封效果不好引起最后一个风箱烟气温度明显下降，可以采用旁通方式，不回收利用这个风箱的烟气。

10.2.2.2 烟气余热回收流程

烧结机烟气回收产生蒸汽后并入钢铁厂蒸汽管网的流程如下：

(1) 开路回收利用流程　烧结机后段高温烟气回收利用，是经过余热锅炉后的排气送回前段的烧结降尘管中，日本大分厂 2 号机的烟气余热回收流程示于图 10-11，其主要设备的规格见表 10-12。

当烧结机生产能力为设计能力的 60％时，蒸汽回收量达 24～25 t/h，单位烧结矿回收蒸汽量约为 43 kg，折合热量约 125600 kJ，锅炉产汽量达 30 t/h。

(2) 闭路循环回收利用流程　闭路循环即烟气经余热锅炉热交换后，返回至烧结机料面，作为烧结用热风。图 10-12 示出了小仓厂 3 号机的烟气余热回收流程。该流程特点是机尾除尘罩的热烟气也引至烧结料面，作为烧结用热风。住友厂的经验，当烧结机后段高温烟气的含氧量大于 17％时，返回作烧结用热风对烧结矿的落下强度、还原粉化指数、生产率以及成品率无不良影响，小仓厂 3 号机在生产实际中，热交换器排气返回烧结机料面时的温度为 220℃，含氧量为 19.5％～20.5％，回收蒸气量平均每吨烧结矿约 20～30 kg。

开路流程和闭路循环流程各有优缺点。开路流程比较简单，要求的除尘器效率和风机的抽风负压较低。旧厂改造，增建废气余热回收系统，采用开路流程时原有的机头除尘器和

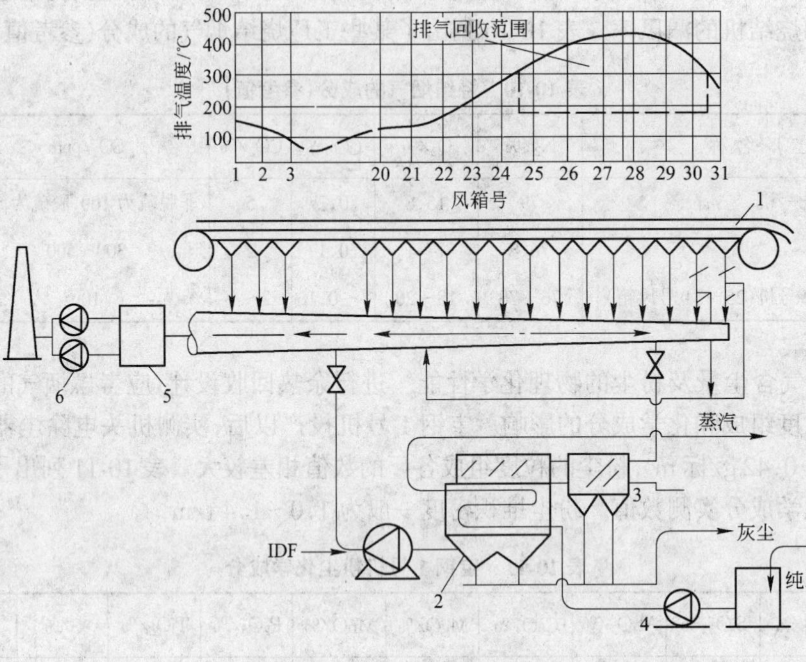

图 10-11　大分厂 2 号机烟气余热回收流程

1—烧结机；2—锅炉；3—除尘器；4—给水泵；5—电除尘器；6—抽风机

表 10-12　大分 2 号烧结烟气余热利用主要设备及规格

设备名称	单　位	规　格
1. 除尘器		
类　型		冲击板式除尘器(干式)
烟气量	标 m^3/min	5600～5800
入口烟气温度	℃	336～355
入口烟气含尘量	g/标 m^3	5～10
出口烟气含尘量	g/标 m^3	1.5～3
阻力损失	Pa	490
除尘效率	%	70
2. 诱导风机		
类　型		双吸入涡轮式
风　压	Pa	2695
风　温	℃	180
电机功率	kW	850
风量调节方式		进气阀门控制
3. 余热锅炉		
类　型		强制循环式
蒸汽发生量	t/h	27
蒸汽压力	MPa	0.98
蒸汽温度	℃	213
出口废气温度	℃	160

主抽风机设备可不变，新加的余热回收装置费用少。闭路循环流程因采用了热风烧结，可以降低烧结过程的燃耗，而且可提高回收烟气的温度，减少向外排放的烟气量(烧结机后段高温烟气循环使用)，有利于环境保护。但设备费用较高，电耗也较大，技术较复杂。新建烧结厂，两者的建设费用相差不多。

10.2.3　烧结机烟气和冷却机废气余热回收装置结合流程

这种流程是将冷却机后段的废气送到烧结机料面作为烧结用热风，可以扩大冷却机废气的利用区段，既具有烧结机烟气闭路循环流程的优点，又避免了闭路循环系统设计中的风量、热量的再平衡以及 SO_x 的富集等复杂的技术问题。烧结机烟气余热回收系统平均每吨烧结矿回收蒸汽 21.4 kg(日本和歌山 5 号机 1982 年 3 月生产数据)，折合单位烧结矿回收热量约 58510 kJ，冷却机废气余热回收系统平均每吨烧结矿回收蒸汽量为 62.4 kg。折合单位烧结矿回收热量 171660 kJ，一台 122 m^2 的烧结机，每小时可回收 13.7 t 蒸汽。图 10-13 示出了和歌山厂 5 号机烟气余热回收流程。

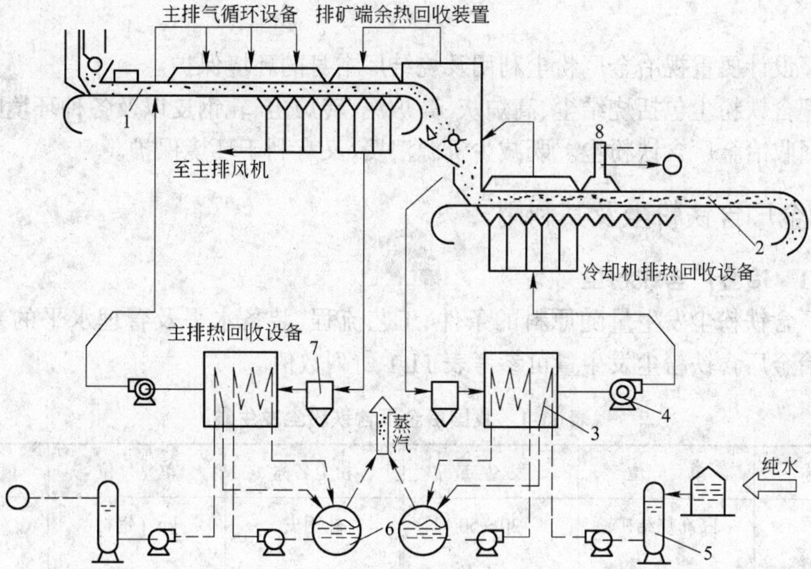

图 10-12 小仓厂 3 号机烟气余热回收流程

1—烧结机；2—冷却机；3—锅炉；4—循环风机；5—脱气器；6—汽鼓；7—除尘器；8—给水预热器

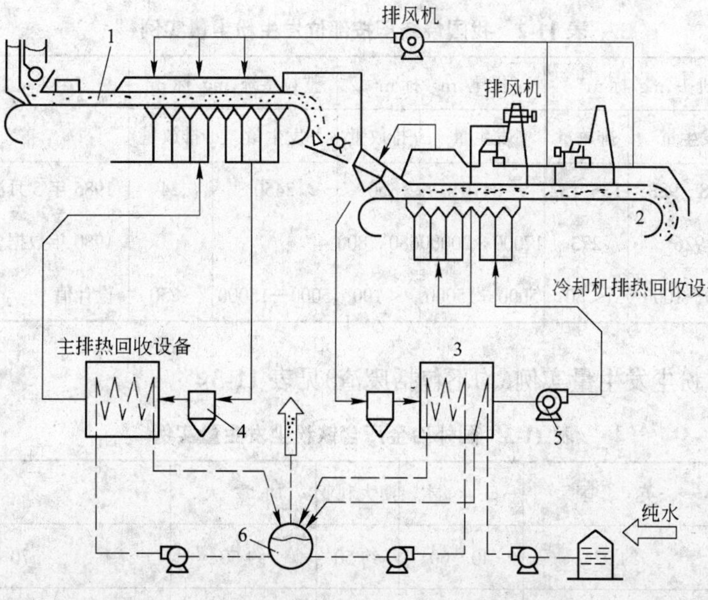

图 10-13 和歌山厂 5 号机烟气余热回收流程图

1—烧结机；2—冷却机；3—锅炉；4—除尘器；5—循环风机；6—汽鼓

11　冶金厂含铁粉尘利用

烧结厂设计要重视冶金厂粉尘利用及烧结厂本身的环境保护。

冶金厂含铁粉尘包括烧结尘、高炉灰、高炉泥、转炉尘、轧钢皮以及各种环境收集的粉尘或尘泥。回收冶金厂含铁粉尘。既减少资源浪费，又有利于环境保护。

11.1　冶金厂含铁粉尘及其利用

11.1.1　冶金厂含铁粉尘

冶金厂含铁粉尘发生量随原料的条件、工艺流程、装备水平及管理水平的差异而不相同。我国冶金厂含铁粉尘发生量可参考表11-1所列数值。

表11-1　我国冶金厂含铁粉尘发生量

粉尘名称	单　位	发生量	粉尘名称	单　位	发生量
烧结尘	kg/t烧结矿	30～50	轧钢皮	kg/t钢材	20
高炉尘泥	kg/t生铁	15～50	轧钢油泥	kg/t钢材	2.4
转炉尘	kg/t钢	20	电炉尘	kg/t钢	10

烧结厂按部位发生含铁粉尘量（合称为烧结尘）见表11-2。

表11-2　我国烧结厂按部位发生粉尘量实例

厂　名	机头，mg/标 m^3		机尾，mg/标 m^3		整粒系统，mg/标 m^3		备　注
	发生量	排放量	发生量	排放量	发生量	排放量	
广钢烧结厂	268～988	13～132	8470	50	2450	24	1985年5月测
鄂钢烧结厂	926	273	17000～20000	680～800			1980年数据，无整粒系统
宝钢烧结车间	500～1000	<80	5000～15000	<100	5000～15000	<50	设计值

国外冶金厂粉尘发生量实例（均不包括废渣）见表11-3。

表11-3　国外冶金厂含铁粉尘发生量实例

国　名	英　国	日　本	澳大利亚	加拿大	苏　联
粉尘发生量kg/t钢	约92	40～60	约50	约60	70～80
备　注	英国钢铁公司的数据	按每吨粗钢计		希尔顿厂的数据	每年收集的废料量，不包括氧化铁皮

国外冶金厂含铁尘泥的具体发生量见表11-4及表11-5。

表 11-4 日本新日铁产生含铁粉尘比例/%

高炉尘泥	烧结尘	原料处理集尘	轧钢尘泥	转炉尘	合计
20.9	33.6	4.3	11.2	30	100

表 11-5 英国钢铁公司粉尘发生量

粉尘来源	单位	发生量(干基)	粉尘来源	单位	发生量(干基)
烧结厂粉尘	kg/t 烧结矿	20～40	电炉尘	kg/t 钢	10～20
高炉粉尘(干)	kg/t 生铁	10～20	轧钢皮	kg/t 钢材	20～60
高炉粉尘(湿)	kg/t 生铁	10～20	酸洗油泥	kg/t 钢材	5～10
转炉尘	kg/t 钢	7～15			

表 11-6 为按川崎千叶厂实际生产折算成年产钢 600 万吨、铁 510 万吨、烧结矿 650 万吨所产生的粉尘量。

表 11-6 年产钢 600 万吨企业产生的粉尘量

粉尘来源	月发生量/t	日发生量/t	粉尘来源	月发生量/t	日发生量,t
湿尘:	13550	446	烧结尘	7050	232
高炉泥	3830	126	转炉环境收尘	1400	46
烧结尘	3800	125	矿石场收尘	510	17
转炉尘	5920	195	其他尘	500	16
干尘:	11950	392	油泥	1200	39
高炉环境收尘	1290	42	总计	25500	838

冶金厂含铁粉尘的化学成分及粒度见第 2 章。

11.1.2 冶金厂含铁粉尘利用

11.1.2.1 国内粉尘利用概况

目前国内冶金厂粉尘利用量只 60%左右,主要的利用方式是配入烧结混合料进行烧结。

(1) 烧结厂含铁粉尘:一般直接配入烧结,宝钢烧结厂将部分烧结尘送至小球车间造成小球后配入混合料进行烧结。

(2) 高炉尘:一次尘直接配入混合料进行烧结,有的厂只利用一部分。二次尘基本未予利用。宝钢在高炉车间脱锌后送至小球车间造小球进入烧结。

(3) 转炉尘:宝钢通过造小球进入烧结,鞍钢二烧已将部分转炉尘配入烧结混合料。

(4) 轧钢皮:已全部利用,其中粗粒级供高炉使用,细粒级直接配入烧结混合料。

(5) 钢渣:全国使用量不到 10%(1981 年)。

11.1.2.2 国外粉尘利用概况

英国钢铁公司统计粉尘及废渣回收数量见表 11-7,总回收量将近 80%。

表 11-7　英国钢铁公司统计粉尘及废渣回收数量

废料名称	单位	发生量	回收量	堆存量
烧结尘	t/a	300000	300000	
高炉泥	t/a	383000	193000	190000
炼钢尘	t/a	220000	32000	188000
渣的金属回收	t/a	527000	457000	70000
轧钢皮及酸洗渣	t/a	957000	868000	89000
总　计	t/a	2387000	1850000	537000

苏、美、英等欧美国家主要采用将粉尘等配入烧结混合料进行烧结，且主要利用含低锌、铅的粗粒粉尘；日本部分大型的钢铁企业所发生的粉尘基本可以处理利用，利用率高，利用的方式也较多，已有十五个钢铁厂建了十八个粉尘利用车间（厂）。新日铁产生的含铁粉尘的回收处理见表 11-8。

表 11-8　新日铁粉尘的回收处理/%

处理方法	高炉尘泥	烧结尘	原料处理尘	转炉尘	轧钢油泥	合　计
烧结直接利用	8.6	20.8	2.1	4.0	0.2	35.7
小球法	4.7	4.0		8.1	0.1	16.9
氧化球团法	2.8	1.9	0.2	7.0	0.5	12.4
还原球团法	1	1		2.1	0.2	4.3
冷粘球团法	1.9	4.9	0.4	7.0	3.8	18.0
其　他	1.2	1	1.6	1.8	6.4	12.7
合　计	20.9	33.6	4.3	30.0	11.2	100

11.2　冶金厂粉尘处理方法

冶金厂粉尘处理方法主要有：直接配入烧结混合料；小球团法；氧化球团法；氯化球团法；金属化球团法；冷粘结球团法等。

各种粉尘利用工艺的优缺点列于表 11-9。

11.2.1　直接配入烧结混合料

此法处理含铁粉尘较为简易，各国应用普遍。我国烧结厂直接配用含铁粉尘和废渣量实例见表 11-10。

烧结粉尘直接返回烧结方式：采用水封拉链将粉尘泥浆送到配合料带式输送机上，目前大部分烧结厂用此方法；采用小混合机将粉尘润湿后由带式输送机送去配料，武钢、首钢等烧结厂采用此法。首钢烧结厂处理系统小混合机规格为 $\phi1.2\times2.5$ m，烧结、冷却、机头除尘，环境除尘等均有各自的小混合机。

11.2.2　小球法处理含铁粉尘

小球法处理转炉尘泥、高炉泥、烧结尘、原料系统集尘等颗粒微细的干尘和湿尘、湿尘泥经干燥后与干尘混合造成 2～8 mm 小球。小球送入二次混合机制粒后进行烧结。

此法投资低，处理粉尘工艺流程简单、设备少。

高炉尘泥因含锌、铅高，须脱锌后送入小球车间。

表 11-9 各种粉尘利用工艺的优缺点比较

粉尘处理方法	优 点	缺 点
直接配入烧结混合料	设备简单,易于实现	1. 细粒粉尘不好处理 2. 高锌粉尘不能利用
小球团法	1. 设备少,工艺流程简单 2. 消耗能量少 3. 投资低	1. 不能脱除有害元素,需要与旋流器分级法联合使用 2. 某些环节灰尘大环境差
氧化球团法	能将粉尘制成合乎高炉要求的氧化球团	1. 不能脱除有害元素 2. 设备较多
氯化球团法	1. 能有效脱除锌、铅等有害元素,脱除率90%以上,并加以回收 2. 钢铁厂各种粉尘,泥尘均可处理 3. 湿尘直接使用,不用另设脱水干燥	1. 工艺比较复杂 2. 投资费用高
金属化球团法	1. 有害元素锌,脱去率较高,可达 60%~90% 2. 金属化率高,可降低高炉焦比	1. 工艺较复杂 2. 能量消耗较高 3. 投资高
冷粘结球团法	1. 工艺设备简单 2. 能量消耗低	1. 不能脱除有害元素 2. 需要较大的养生场地

表 11-10 我国烧结厂直接配用含铁粉尘、废渣量实例

粉尘和废渣	厂 名	配用量/$kg \cdot t^{-1}$烧结矿	备 注
高炉灰	马钢烧结厂	24~97	
	宝钢烧结车间	5	
轧钢皮	鞍钢一烧	80	
	宝钢烧结车间	26	
	攀钢烧结厂	30~70	
钢 渣	湘钢烧结厂	200	平炉渣
	攀钢烧结厂	2	转炉粗渣

11.2.2.1 粉尘的输送

(1) 干粉尘的输送:干粉尘的输送可采用两种方法,一是用密闭的罐车,例如宝钢烧结车间用 10 m^3 密封罐车输送,用压力为 68.6×10^4 Pa 的空气输送至密闭的贮矿仓,卸车时间每车 15 min 左右,输送及卸灰无扬尘现象。第二种是先将粉尘人工润湿,然后用火车或汽车输送,国内不少厂输送高炉灰都用此法,但润湿效果不好,混合时仍不免起灰。国外有的烧结厂采用立式混合机,产量 170~200 t/h,处理废料包括转炉尘,轧钢屑及其他粉尘,混合水分 5.5%~8%运输,装卸不扬尘。

(2) 湿粉尘的输送:转炉粉尘(OG 泥)含水高(30%以上),可直接用汽车输送,宝钢烧结即采用汽车将转炉尘直接运至干燥场的边跨,然后用 2 m^3 铲斗车运至干燥场内,高炉泥在高炉车间脱锌后,粗粒级含水 18%左右,也直接用汽车运至小球车间。

11.2.2.2　粉尘泥浆的浓缩与过滤

高炉或转炉粉尘泥浆须在水处理车间(厂)浓缩过滤,浓缩过滤设备的实际使用规格参见表11-11。

表11-11　粉尘泥浆浓缩过滤设备实例

处理粉尘量/万 $t \cdot a^{-1}$	使用浓缩设备规格	使用过滤设备规格	使用工厂及粉尘处理工艺
50	ϕ18 m浓缩机2台 ϕ16 m浓缩机1台	47 m^2 过滤机4台 压力过滤机(65室)3台	福山厂(金属化球团法)
24	ϕ18 m浓缩机2台 (有效容积1380 m^3)	管式过滤机21台 (压力 1030×10^4 Pa)	千叶2号(金属化球团法)
20	ϕ25.5 m浓缩机1台 (池高3.2 m) ϕ18 m高8 m尘泥槽2个 (附搅拌设备)	69 m^2 带式过滤机6台	和歌山厂(金属化球团法)
13	ϕ35 m浓缩机 ϕ30 m浓缩机 ϕ15 m浓缩机	100 m^2 圆盘过滤机	君津厂(小球法)

11.2.2.3　粉尘的干燥

粉尘的干燥主要有两种方法,一种是用圆筒干燥机干燥,另一种是自然干燥。

圆筒干燥机干燥是最常用的干燥方法,通过外供热源将粉尘干燥到要求的水分。采用圆筒干燥机干燥含铁粉尘实例见表11-12。

表11-12　圆筒干燥机干燥含铁粉尘实例

湿粉尘处理量/t·月$^{-1}$	圆筒干燥机规格	干燥水分	使用工厂及粉尘处理工艺
7000	ϕ1.8×16 m	30%干到10%左右	室兰厂:金属化球团法
13000	ϕ3×20 m	40.8%干到5%～8%	君津厂:小球法
20000	ϕ4.2×36 m		和歌山厂:金属化球团法
42000	ϕ2.7×21 m一台 ϕ3.6×23 m一台		福山厂:金属化球团法

自然干燥适用于转炉尘泥,因尘泥中含MFe及FeO,存放一定时间,能氧化放热,自身将水分予以干燥。

转炉尘放热量计算:

$$\mathrm{MFe} = \mathrm{Fe_2O_3} + 7.49 \times 10^3\ \mathrm{kJ/kg(MFe)} \tag{11-1}$$

$$\mathrm{FeO} = \mathrm{Fe_2O_3} + 1.05 \times 10^3\ \mathrm{kJ/kg(FeO)} \tag{11-2}$$

根据转炉尘中含MFe%及FeO%可得出:

$$H = 1000 \times (7.49 \times 10^3 \times A + 1.05 \times 10^3 \times B) \tag{11-3}$$

式中　H——1 t转炉尘的放热量,kJ/t;

A——转炉尘中MFe含量,kg;

B——转炉尘中FeO含量,kg。

干燥水分所需热量可根据尘内含水量求得。转炉尘的放热量足够脱除尘泥的水分。

自然干燥的时间按三天考虑,堆放自然干燥的时间与含水量、温度曲线见图 11-1。

宝钢转炉尘自然干燥堆场所用主要设备见表 11-13。

宝钢转炉湿尘经自然干燥后,水分降到 15%～17%(进场时水分 30%以上)。

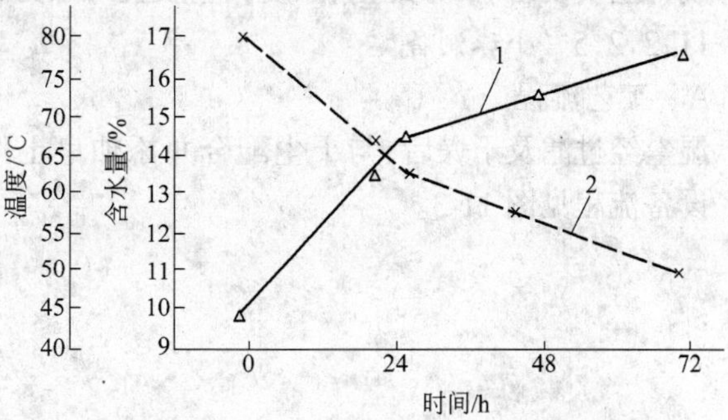

图 11-1 堆放自然干燥时间与含水量、温度曲线

1—温度;2—含水量

11.2.2.4 脱锌

含铁粉尘中,高炉泥含锌高(0.5%～0.75%),必须脱锌后使用,转炉尘含锌更高,往往达 1%以上,但颗粒太细,旋流器无法将其分离。

A 脱锌工艺流程

表 11-13 宝钢自然干燥堆场主要设备表

设备名称	规格	技术条件
抓斗桥式起重机	2 m^3	跨度 25 m,扬程 10 m,最大轮压 18 t,电机:起止 30 kW,开闭 30 kW,小车走行 3 kW,大车走行 9 kW
铲斗运输机	2 m^3	走行速度 6～33 km/h,用柴油机
平板输送机	链轮中心距 5 m	Q18.15～3.63(湿)t/h(转炉尘),速度 3.2～0.32 m/min,7.5 kW
螺旋给料机		Q 从(0.14～1.03)t/h 到(0.7～5.15)t/h,产量变动率为 1:5

将高炉尘以 10%～20%浓度送入水力旋流器(也可用沉淀池)分成小于 15 μm 的溢流及大于 15 μm 的底流。锌富集于溢流中(脱除 60%～80%),送入沉淀池,沉淀的高锌泥浆进入压力过滤机除去水分后弃置,旋流器底流送入过滤机过滤后用汽车送到小球车间,弃置的高锌尘泥含锌 4%～16%,产率为 25%。脱锌工艺流程见图 11-2。

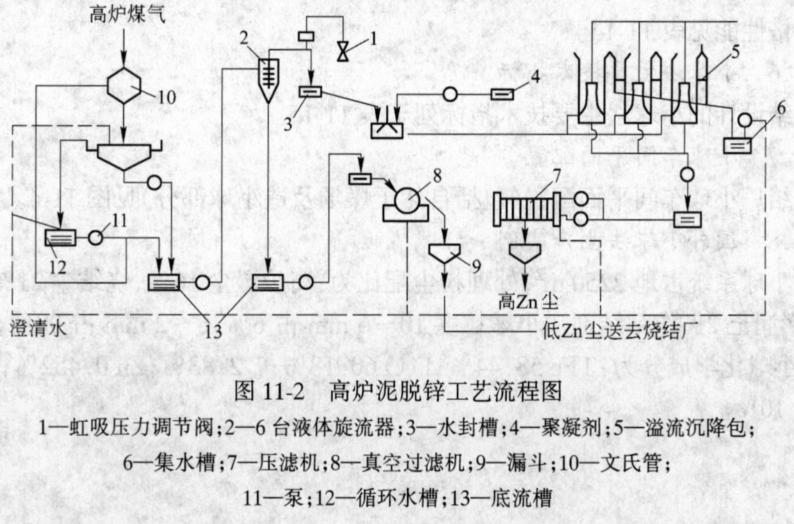

图 11-2 高炉泥脱锌工艺流程图

1—虹吸压力调节阀;2—6 台液体旋流器;3—水封槽;4—聚凝剂;5—溢流沉降包;6—集水槽;7—压滤机;8—真空过滤机;9—漏斗;10—文氏管;11—泵;12—循环水槽;13—底流槽

B　脱锌主要设备

脱锌主要设备有:分配槽、浓度调整装置　水力旋流器、浓缩机、过滤机等。

11.2.2.5　小球制备

A　工艺流程

湿尘经过滤及干燥后,与干尘配合并添加皂土作为粘结剂混匀后,经圆盘造球机造小球。设备流程见图11-3。

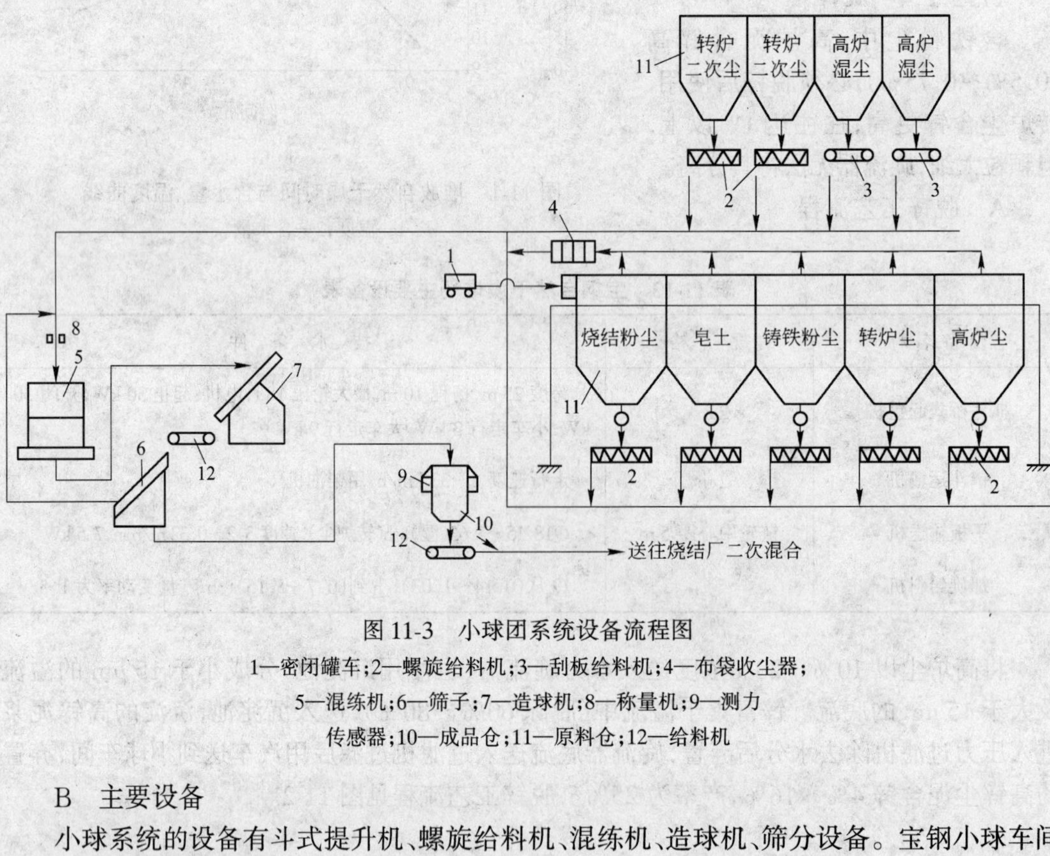

图11-3　小球团系统设备流程图

1—密闭罐车;2—螺旋给料机;3—刮板给料机;4—布袋收尘器;5—混练机;6—筛子;7—造球机;8—称量机;9—测力传感器;10—成品仓;11—原料仓;12—给料机

B　主要设备

小球系统的设备有斗式提升机、螺旋给料机、混练机、造球机、筛分设备。宝钢小球车间主要设备规格性能见表11-14。

11.2.2.6　小球法主要技术指标

宝钢烧结设计的小球法主要技术指标列于表11-15。

11.2.2.7　小球车间平面配置

宝钢烧结厂小球车间平面配置(包括自然干燥场及造小球部分)见图11-4。

11.2.2.8　国外小球法生产实例

君津厂小球系统占地2250 m^2,处理粉尘配比为:高炉湿尘16%,烧结尘21%,转炉湿尘63%,再加膨润土2%作粘结剂。小球粒度10～6 mm占6%,6～2 mm占90%,小于2 mm的占4%。小球化学成分为:TFe 58.44%;FeO 60.18%;C 2.83%;Zn 0.452%;S 0.126%;小球含水分10%。

表 11-14 宝钢小球车间主要设备性能

性能名称	单 位	混 练 机	造 球 机	筛 分 机
类 型		艾里奇型逆流式高速混合机	圆盘型	低头型 RVS-1000－24
每台处理能力	t/h	33	33	33
设备尺寸	mm	$\phi_{外}$ 2218,全高 2615	ϕ5000,边高 600～800 可调	槽体 1000×2400
电机功率	kW	本体转动 18.5,搅拌 75,盘旋转 15	圆盘转动 75,刮刀 15,边刮刀 15	1.5
性能参数		排料圆盘转速 0.35～4 r/min	转速 7.8,8.9,9.8,10.7 r/min,倾角 45～60°可调,底刮刀与盘面间隙 30～40 mm	振幅 8 mm,频率 750,倾角水平,筛孔 8 mm,筛分效率 75%

表 11-15 小球法技术指标

名 称	单 位	参 数	备 注
粉尘处理量(干量)	t/a	194370	其中高炉尘占 17.36%,转炉尘占 41.36%,其他尘占 41.28%
膨润土添加量	%	2	按处理粉尘量计
小球团生产量	t/a	198260	
作业率	%	85	
小球团质量			
粒度	mm	2～8	要求 2～8 mm 的占 80%以上
抗压强度	Pa	19.6×10^4	

11.2.3 金属化球团法处理含铁粉尘

金属化球团法系将各种细颗粒的、含铅锌高的湿粉尘干燥到一定水分与干尘混合造球,在密封的回转窑内制成金属化球团。

该法可脱锌、铅,金属化率高,是炼铁及炼钢的优质原料。

11.2.3.1 工艺流程及主要设备

湿粉尘经干燥后与干粉尘一起进入造球机造球,生球经筛分后进入链箅机回转窑烧出金属化球,再经冷却、磁选后得到成品,含高锌烟气进入电除尘器收下锌尘运出处理。流程图见图 11-5。

成品中大于 5 mm 的为金属化球团送去炼铁或炼钢,小于 5 mm 的送去烧结,磁选选出返焦送去返焦仓重新使用。

主要设备如表 11-16(参照日本某些厂例)。

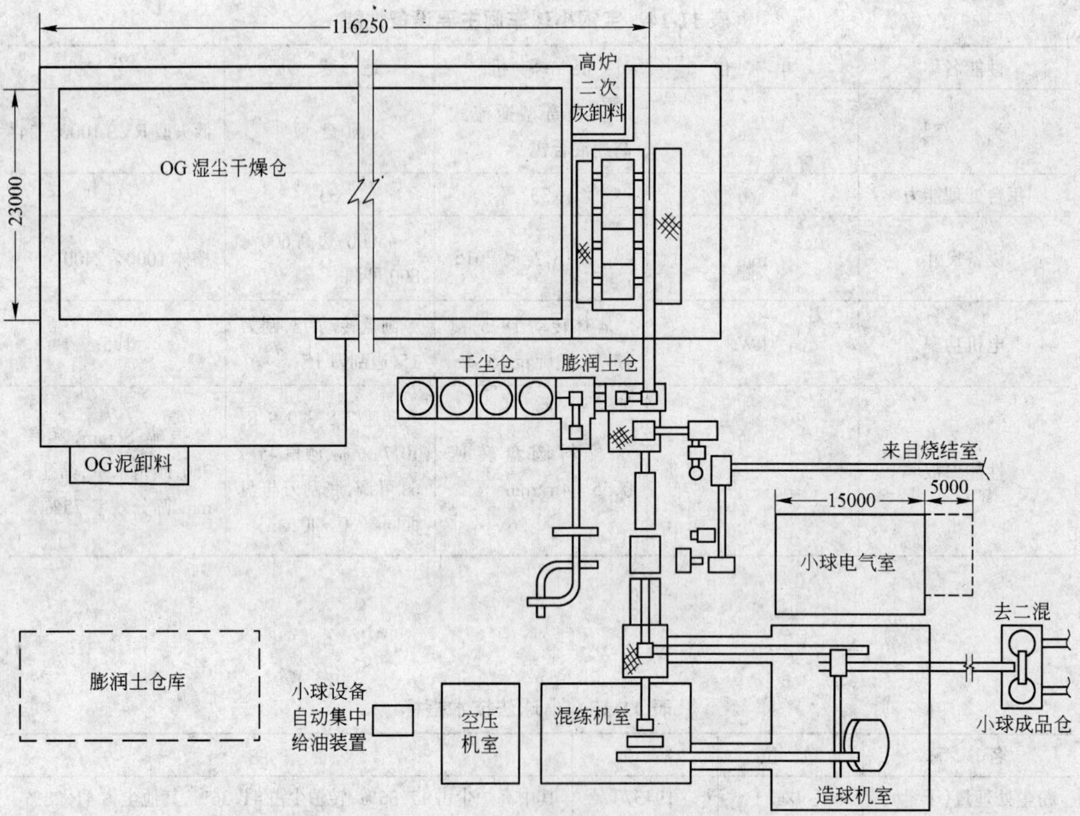

图 11-4　宝钢小球车间平面图

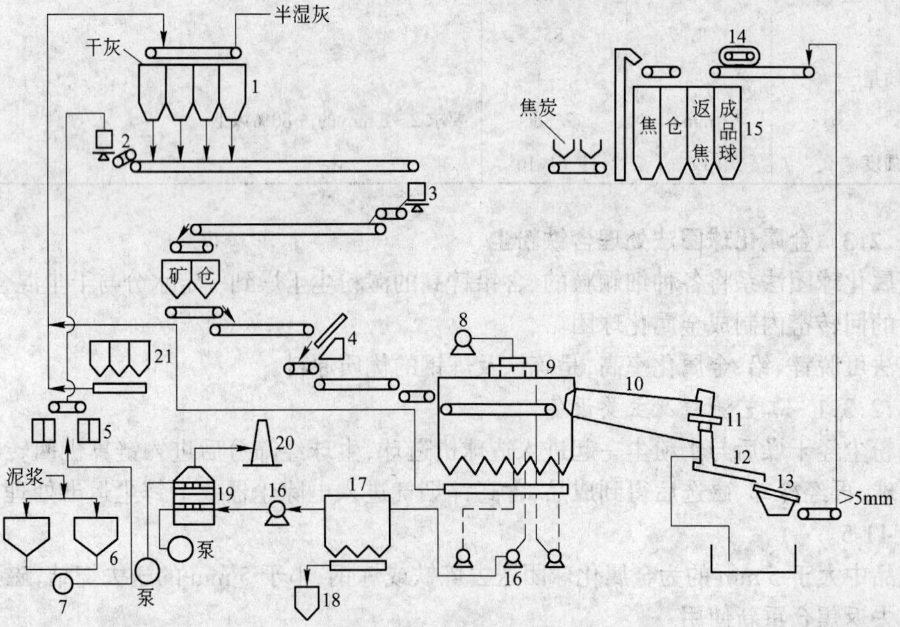

图 11-5　千叶厂 2 号金属化球团厂流程图

1—粉尘仓；2—破碎机；3—混合机；4—圆盘造球机；5—压力过滤机；6—浓缩池；7—泥浆池；8—冷风风机；9—链箅机；10—回转窑；11—烧嘴；12—U 型冷却槽；13—振动筛；14—磁选机；15—成品球团矿仓焦仓；16—风机；17—电除尘；18—电除尘灰仓；19—冷却塔；20—烟囱；21—袋式收尘器

11.2.3.2 主要技术经济指标

表 11-16 金属化球团法主要设备

处理粉尘量/万 $t\cdot a^{-1}$	主要设备
50	$\phi3.6\times5.4$ m 润磨机一台，$\phi6$ m 圆盘造球机三台，4.76×61.7 m 链箅机及 $\phi6$ m $\times70$ m 回转窑各一台，$\phi3.6\times50$ m 圆筒冷却机一台
24	混合机一台，$\phi5$ m 圆盘造球机三台，4×35 m 链箅机及 $\phi5\times55$ m 回转窑各一台，U 型冷却槽一台，磁选机一台
20	棒磨机一台，混练机一台，$\phi5$ m 圆盘造球机 2 台，3.5×35 链箅机及 $\phi4.5\times71$ m 回转窑一套，80 m^2 蒸发冷却式冷却器一台
8	$\phi2.5\times4$ m 润磨机，$\phi4.5$ m 圆盘造球机，1.8×50 m 带式干燥机及 $\phi2.9\times24$ m 回转窑

以日本川崎千叶 2 号厂为例，生产实际指标如下：

成品球含铁	75%（金属化率 91%）
成品球抗压强度	2511×10^4 Pa
成品球含锌	0.058%（脱锌率 90% 左右）
每吨金属化球团消耗	焦粉 319 kg/t，重油 99 L/t，电 774 MJ/t（215 kW·h/t），蒸汽 120 kg/t，水 30 m^3/t

处理 1 t 粉尘获金属化球团 600 kg

11.2.4 冷粘结球团法处理含铁粉尘

冷粘结球团法系将含铁粉尘加粘结剂混合，造球后（造成 10～20 mm 生球），生球进行养生固结，固结时间：室内 2～3 天，室外 7～8 天。粘结剂用水泥，用量约 8%。

原料进入造球的粒度要求小于 44 μm 的占 55%～60%。

冷粘球团成品中小于 8 mm 的供烧结，大于 8 mm 的，根据化学成分供给高炉或转炉，但供给高炉的冷粘球团必须有室内、室外两次养生以提高成品球抗压强度，其流程图见图 11-6。

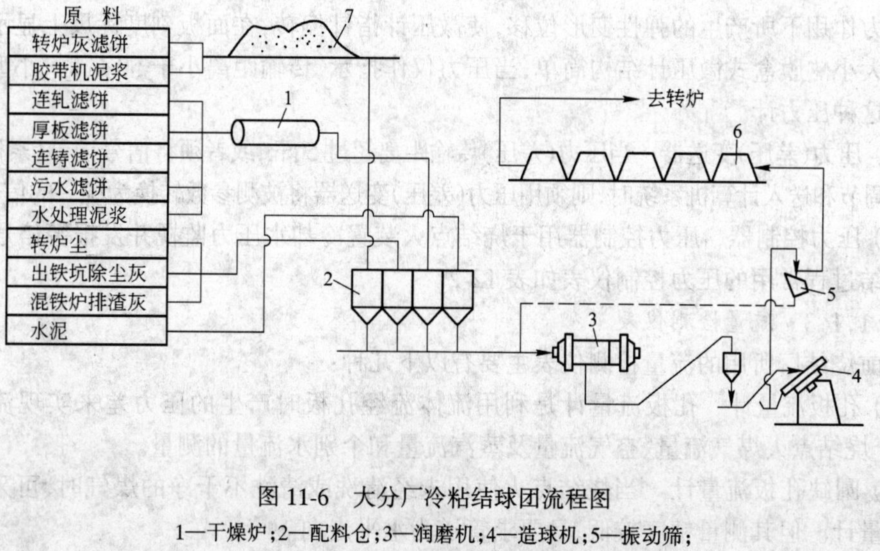

图 11-6 大分厂冷粘结球团流程图

1—干燥炉；2—配料仓；3—润磨机；4—造球机；5—振动筛；6—成品养生场；7—原料干燥场

12 烧结厂自动化与电控

12.1 工艺参数自动检测

在烧结生产过程中，为了有效地进行生产操作和自动调节，需要对工艺生产过程中的参数，如压力、温度、流量、料位、重量、成分、湿度、热值等进行自动测量。

12.1.1 烧结工艺参数主要检测仪表

12.1.1.1 温度检测仪表

烧结厂用的温度检测仪表主要有热电偶、热电阻、双金属温度计、辐射温度计及温度控制器。

其中热电偶主要用于烧结厂的点火炉、保温炉的温度测量及烧结风箱、降尘管、冷却机排风、机头电除尘装置等的废气温度测量。

热电阻温度计用于测量烧结厂的抽风机电机定子绕组温度、冷却风机轴承温度、单辊冷却水温度等。

双金属温度计可用于烧结机主抽风机轴承及风机的电机轴承温度检测。

温度控制器用于烧结机点火装置冷却水的温度监视，温度控制。

有的烧结厂点火装置温度测量采用红外线测温仪；烧结矿冷却机排矿温度用低温红外线测温仪测量。

烧结过程常用的温度检测仪表如表12-1。

12.1.1.2 压力测量仪表

常用的压力测量仪表主要有以下几种：

(1) 膜盒式微压计　膜盒式微压计是采用金属膜盒作为压力—位移转换元件，膜盒在被测压力作用下所产生的弹性变形位移，使微压计指针偏转，在面板刻度标尺上显示出被测压力的大小。膜盒式微压计结构简单，当压力仅作指示，传输距离小于50 m时，小型烧结机可采用这种压力计。

(2) 压力(差压)变送器　当压力(差压)传输距离超过50 m，或者须将信号记录、累积以及用于自动调节和送入计算机系统时，则须用压力(差压)变送器将被测参数转换为统一的信号。

(3) 压力控制器　压力控制器用于烧结点火装置冷却水压力监视并发报警信号。

烧结过程常用的压力控制仪表如表12-2。

12.1.1.3 流量检测仪表

目前烧结厂所用的流量检测仪表主要有以下几种：

(1) 孔板流量计　孔板流量计是利用流体流经孔板时产生的压力差来实现流量测量的，用于烧结点火煤气流量、空气流量及蒸汽流量和个别水流量的测量。

(2) 圆缺孔板流量计　当烧结点火使用未经清洗或清洗不干净的煤气时，可采用圆缺孔板流量计。但其测量精度较低，且要求管道为水平走向。

采用孔板流量计时，导压管的敷设管路应尽可能短，其长度控制在30 m(低压介质)及

表 12-1 烧结厂温度检测仪表

序号	仪表名称	型号	测量范围	使用场所
1	铂铑-铂热电偶	WRP-120 WRSK(铠装式)	0～1300℃	点火炉温度
2	镍铬-镍硅热电偶	WRN-120/220/320 WRKK(铠装式)	0～1000℃	保温炉温度
3	镍铬-考铜热电偶	WRK-120/220/320 WRJK(铠装式)	0～600℃	风箱、降尘管温度等
4	铂热电阻	WZP-120/220/320 WZPK(铠装式)	-200～500℃	蒸汽温度
5	铜热电阻	WZC-120/220/320	-50～100℃	风机轴承温度 电机绕组温度
6	辐射高温计	WFT-202	400～1200℃ 700～2000℃	点火炉温度
7	红外线辐射温度计	ORGLO/3C35P75 WFH-6 WH-6	0～200℃ 700～1400℃	点火炉温度 冷却机排矿温度
8	温度控制器	7T WTK		点火器冷却水及其他冷却水温度监视
9	双金属温度计	WSS、WSX系列	-40～80℃ -80～80℃ 0～100℃ 0～500℃	风机轴承温度

50 m(其他压力介质)内,管线敷设的水平坡度为 1∶10～1∶30。

(3) 电磁流量计　电磁流量计用来测量各种导电液体或液—固二相介质的体积流量。被测介质必须充满管道。

电磁流量计可与计算机相连,用于流量显示、记录、计算、自动调节等。

(4) 涡街流量计　涡街流量计用于烧结降尘管及除尘器的风管等大管道的流量测量。

(5) 均速管流量计　均速管流量计采用一根测管。用测管全压及背部静压的压差来反映管道内流体的平均流速从而测得流量。均速管流量计用于烧结机的降尘管及除尘器等除尘后的废气流量测量。

(6) 超声波流量计(音响式流量计)　此种流量计是利用顺流方向的声波与逆流方向的

表 12-2 烧结厂压力控制仪表

序号	仪表名称	型号	测量范围	使用场所
1	膜盒式压力指示(报警)仪	YZJ-1 YZJ-101 YZJ-111 YZJ-121	0～160Pa 0～40000Pa －160～0Pa －40000～0Pa －80～＋80Pa －20000～＋20000Pa	点火炉压力,风箱吸力,大烟道吸力、除尘风管吸力、煤气压力、空气压力
2	差压(压力)变送器	DDZ-Ⅱ DDZ-Ⅲ 1151 型 CECL 型	0～60 至 0～250Pa 0～10000Pa 0～250000Pa 0～0.01 至 0～0.1MPa 0～10 至 0～60MPa	
3	霍尔压力变送器	YSH-1 YSH-2	0～250Pa 0～60000Pa －250～0Pa －40000～0Pa －120～＋120Pa －20000～＋20000Pa	
4	压力控制器	YTK YPK 7D、8D 11D、18D	0～0.025MPa 0～0.4MPa 0～0.6MPa 0～60MPa	点火炉,单辊破碎机等冷却水压力

声波产生速度差的原理来测量流体的流速的。其特点是节约能源,适合于大口径流量测量等。

(7) 插入式文丘里管流量计

插入式文丘里管流量计是利用文丘里管对总的气体流量的一部分进行测量。节流部分的流量变化与总的气体流量呈一定比例关系,故可根据插入式文丘里管测得的部分流量确定总的气体流量。一般用于各种大管道的气体流量测量。

烧结厂常用的流量检测仪表列于表 12-3。

12.1.1.4 料位测量仪表

烧结厂的原料、燃料、熔剂、混合料、铺底料等矿仓的料位需要测量和控制。常用的料位测量仪有下列几种:

(1) 压磁式测力称重仪　压磁式测力称重仪的传感器精确度较低,但能在恶劣环境下可靠工作,多用于返矿仓、原料仓及铺底料仓的料位测量和控制。

(2) 电阻应变式称重仪　电阻应变式称重仪传感器输出信号小,过载能力和对恶劣环境的适应能力不如压磁式。

(3) 电容式料位计　电容式料位计有整体型和分离型两种。这种料位计可用作除尘器灰斗及各种矿仓的料位开关。

(4) γ 射线料位计　放射性同位素 ^{60}Co 或 ^{137}Cs 产生的 γ 射线具有穿透物质的能力,所以用此种同位素料位计能在真空、高压密闭容器中,对高温、高黏性、剧毒、强腐蚀的固态、液

表 12-3 烧结厂流量检测仪表

序号	仪表名称	型号	测量范围	使用场所
1	标准孔板		D50～D1000 ReD＞5000～8000	煤气流量、空气流量、水流量
2	圆缺孔板		D50～D500 ReD$5\times10^3\sim4\times10^4$	水平安装的脏煤气管道流量测量
3	电磁流量计	LD-F LD-A V系列	D100～D1600	一次、二次混合加水量流量测量
4	冲板式流量计		0～50 kg/h 0～1000 t/h	原料配料等颗粒状散料料流计量
5	均速管流量计	ANB JLS	D100～D1600	除尘器后管道、降尘管等的气体流量测量，一次、二次混合加水水量测量
6	超声波流量计	LEFM-80 LES-01	ϕ100～2130 用大于 2 MPa 的附加器 ϕ2000～10000	
7	插入式文丘里管			除尘器后、降尘管的气体流量测量
8	标准文丘里管		Dg100～Dg800 Pg60、100 MPa	用于液体、气体及蒸汽的流量测量
9	涡街流量计	CWL MWL		用于气、液、蒸汽流量测量
10	流量控制器	LK-01	20～1000 mL/min	冷却水流量监视

态介质进行非接触式测量。

烧结厂的除尘器灰斗料位测量可采用这种料位计。

(5) 重锤式料位计　重锤式料位计是利用重锤在升降过程中与物料接触时位移的长度来测定料位高度。仪表的输出信号可供指示、记录、控制装置配套用并附高、低料位输出信号接点。

配料仓用的重锤式料位计有两种安装方式：一种安装在料仓顶部按预先确定的时间定时探测料位。当探极被物料埋住达一定拉力时就发出警报信号(重锤可用三根铁链，这样可以增加接触面，不容易埋入粉料中)。另一种安装方式是，料位计安装在卸料车上，用于带式输送机的卸料控制。此种安装方式料位计的用量可减少，料位计测量位置好，不会造成误测。

12.1.1.5 料层厚度检测装置

烧结机台车料层厚度的检测方法有接触式和非接触式两种。接触式料层厚度计主要是浮筒式，非接触式料层厚度计主要是超声波式。

浮筒式层厚计通过浮筒将检测到的层厚变化经传动杆传至发讯器，发讯器发出与料层厚度变化成比例的直流信号，经电子线路将信号处理后送显示仪表，同时还输出一个标准信号供控制用。

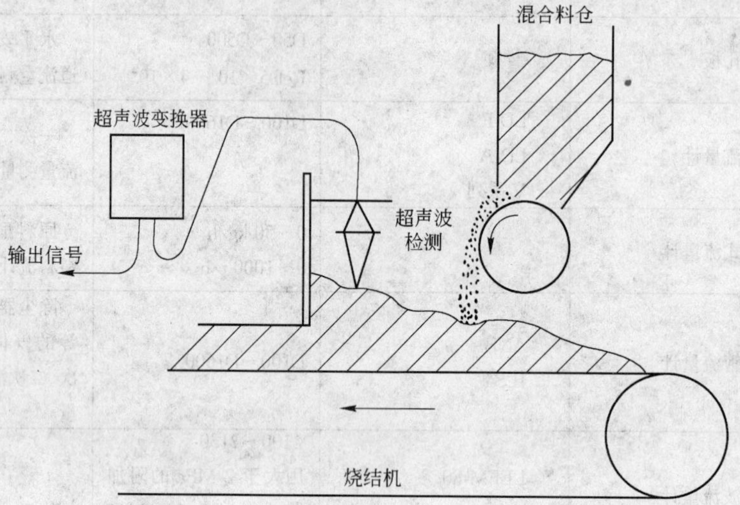

图 12-1　超声波料位计用于烧结层厚测量示意图

这种层厚计的缺点是，需要耐高温的浮筒，带动浮筒的连杆有时因圆辊下料不好造成堆料时，可能变形或损坏。

超声波料位计是用压电晶体作探头发出超声波，超声波遇到两相界面时被反射出来，又被探头所接收。根据超声波往返需要的时间而测出料层厚度。图 12-1 为超声波料位计用于烧结层厚测量的安装示意图。

烧结厂常用的料位检测仪表见表 12-4。

12.1.1.6　*混合料水分检测装置*

(1) 中子法　中子法测量物料中的水分是基于快中子在介质中的慢化效应。当快中子与物料水分中的氢原子核碰撞时，快中子被减速（慢化）为热中子（慢中子），热中子可用 BF_3 正比计数管检测。因此，物料中含水量较高，氢核密度越大，快中子在其中慢化越显著，介质中的热中子密度越大，并且，正比计数管中探测到的热中子数与物料含水量成正比。

烧结混合料仓中子水分计的安装见图 12-2。

探头在料仓中的安装方式有插入式和反射式两种。烧结混合料仓安装中子水分计，一般用插入法。其优点是探测效率高，对被测物料的形状无严格要求，但必须保持一定的料位。

(2) 红外线法　基于水对红外线光谱的吸收特性，采用红外线法测量带式输送机上物料水分。仪器装置系统如图 12-3 所示。

红外线水分仪目前在国外已广泛应用，国内也引进了制造技术。此种仪器的测量精度易受蒸汽影响。

烧结过程常用的水分检测仪表见表 12-5。

表 12-4 烧结厂料位检测仪表

序号	仪表名称	型号	测量范围	使用场所
1	压磁式测力称重仪	GS $\frac{S}{2}$2 系列	100～3000tf	配料仓、混合料仓、返矿仓,冷却机排矿仓等料位
2	电阻应变式称重仪		1～700kg 1～100t	配料仓料位
3	电容式料位计	RF 系列 UYZ 系列		配料仓、混合料仓、返矿仓,除尘器灰斗等料位
4	超声波料位计	DLM 型 ILM 型 DSK 型		料仓料位
5	微波料位计	RW_1-1 型	0～10 m 0～100 m	料仓料位
6	γ射线料位计	FGL-3 UFK-212		除尘器灰斗料位
7	重锤式料位计	YO-YO 型 U22-01 型 ZLJ-B 型		配料仓料位
8	浮球液位控制器	UQK-12	0.5～10 m	水池液位
9	浮筒液位计	UTD 型	0～300 mm 0～2000 mm	水池液位

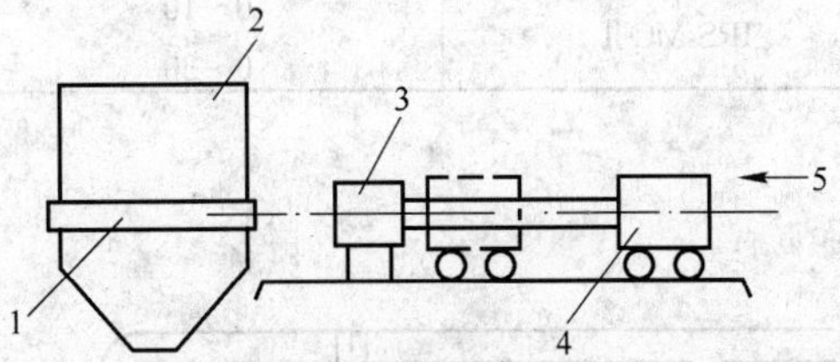

图 12-2 中子水分计的安装示意图
1—保护管;2—料仓;3—校准箱;4—小车;5—冷却水

12.1.1.7 混合料的透气性测量装置

透气性测量装置是在混合料仓中插入一根具有一定压力的空气管道,保持管道内压力不变,通过混合料的空气流量来测定混合料的透气性。

图 12-4 为混合料透气性测量示意图。

12.1.2 称量装置

烧结厂的称量装置有计量电子皮带秤和配料电子皮带秤两种。

12.1.2.1 计量电子皮带秤

图 12-5 为一般计量电子皮带秤系统图。

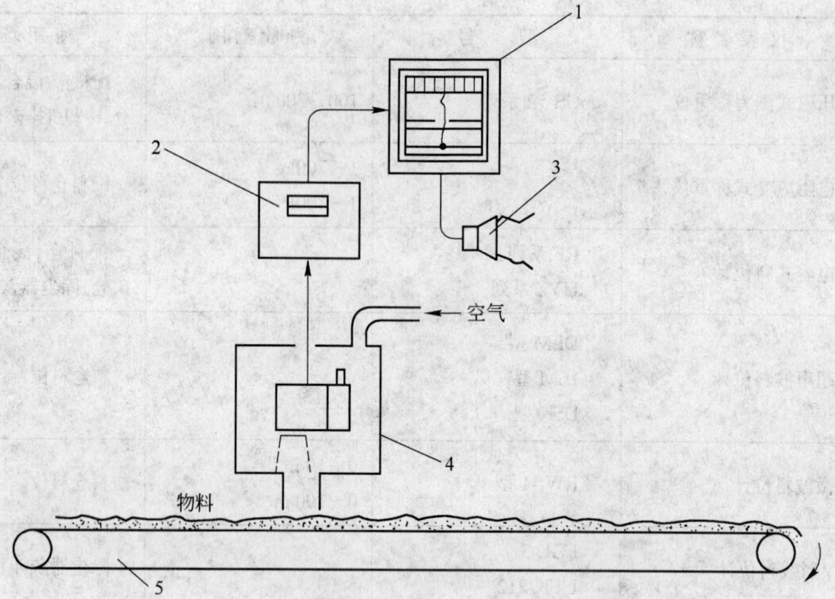

图 12-3　红外线水分仪用于胶带上原料水分的测量

1—水分记录报警仪；2—水分变换器；3—扬声器；4—水分检测器；5—带式输送机

表 12-5　烧结厂水分检测仪表

仪表名称	型　号	测量范围/%	使用场所
中子水分仪		0～10	混合料仓
		0～30	粉焦料仓
红外线水分仪	IRS-MOⅡ	0～10 0～30	混合料仓前的输送机上

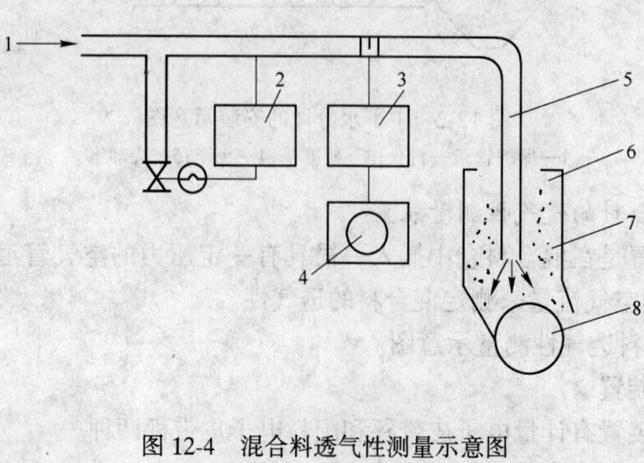

图 12-4　混合料透气性测量示意图

1—空气；2—压力调节系统；3—流量测量系统；4—记录仪；5—探头；
6—混合料仓；7—混合料；8—圆辊给料机

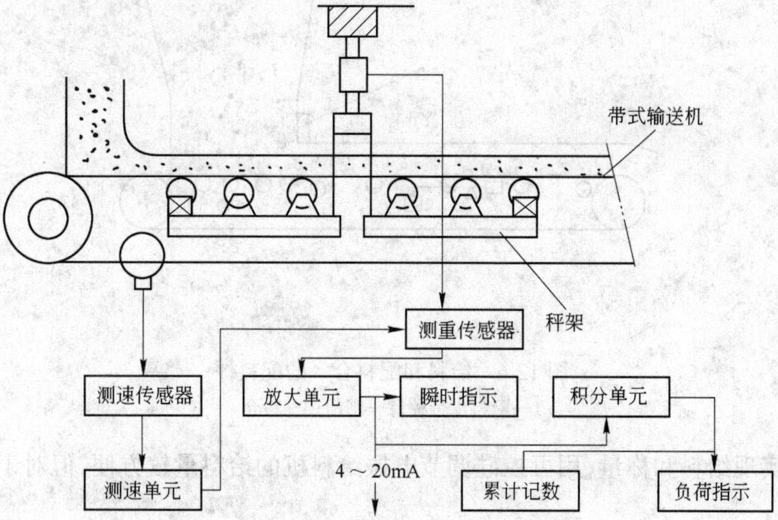

图 12-5 计量电子皮带秤系统图

计量电子皮带秤分为单托辊秤和多托辊秤。单托辊秤只有一组称量托辊,因此易受胶带张力的影响,测量精度低。多托辊秤有两组托辊、四组托辊、六组托辊等多种形式,这种多托辊计量秤电子称量段长,秤框前后对称,可克服皮带张力和各种干扰等因素的影响。测量精度较高。

目前国内生产的大多数计量电子皮带秤都配上微处理器,能够自动调零和自动除皮。

计量电子皮带秤的测量精度,除了与选用的传感器、仪表、称量托辊组数、秤架等因素有关外,还受称量系统的安装质量、安装位置及工艺条件因素影响。

12.1.2.2 配料电子皮带秤

烧结厂配料用的电子皮带秤有单托辊式、双托辊式和悬臂式三种。

单托辊式配料电子皮带秤有受料段,可减少受料对称量的影响,还装有清扫器可减少胶带粘料对测量的影响。由于只有一组托辊,测量精度易受胶带张力的影响。

双托辊式配料电子皮带秤由于采用了双杠杆双托辊结构,减少了动态外力对测量的影响,测量精度较高。

悬臂式配料电子皮带秤的电动滚筒一端固定,另一端为悬臂。它因下料重心改变以及胶带粘料(这种秤不能加清扫器)造成物料循环均影响测量精度。因此,使用这种秤时,应尽量减少受料落差,以减小受料重心变化和对胶带冲击力变化给测量精度带来的不良影响。

烧结配料秤有以下几种配置形式:

(1) 给料和配料合一的配料电子皮带秤　这种配料秤具有给料和称量两种作用,设备结构简单,投资少、对松散物料给料均匀,耗电省,但大块物料含水高的物料及料仓料位变化等对测量精度有影响。配置形式如图 12-6 所示。

(2) 电振给料机加配料皮带秤　这种配置形式如图 12-7 所示,它由电振给料机和配料

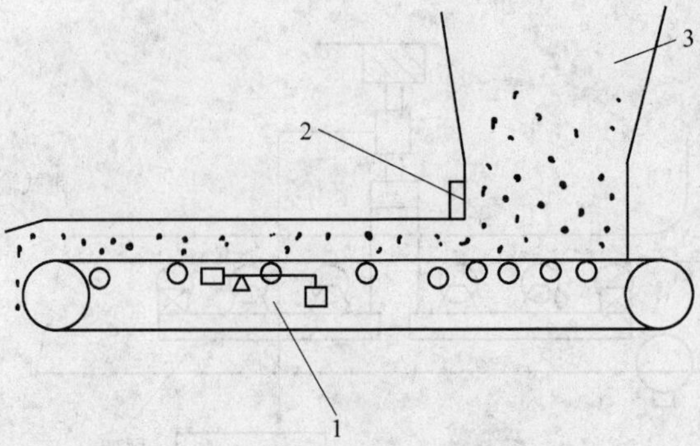

图 12-6　给料和配料合一的配料秤
1—配料皮带秤；2—闸门；3—料仓

皮带秤联合实现给料和称量，用可控硅调节电振给料机的给料量较方便，但对于湿度大的物料给料困难。

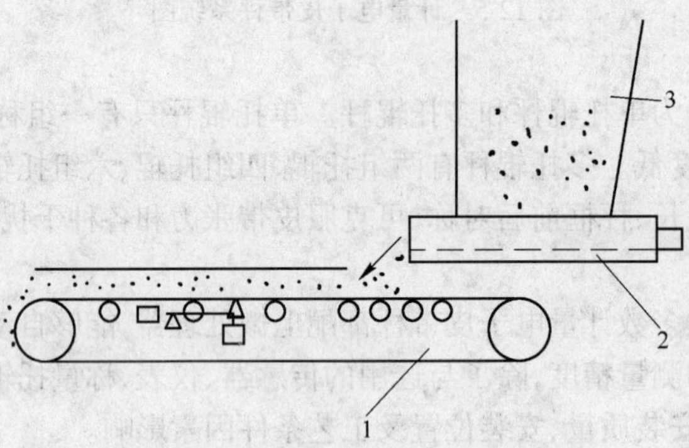

图 12-7　电振给料机加配料秤配置
1—配料皮带秤；2—振动给料机；3—料仓

(3) 螺旋给料机加配料皮带秤　配置形式如图 12-8，这种配置方式用于给料时粉尘容易飞扬的情况。

(4) 圆盘给料机加配料皮带秤　圆盘给料机加配料皮带秤的配置如图 12-9，给料采用圆盘给料机，适用性较强，烧结厂的配料系统广泛采用这种配置形式。

12.1.3　分析仪器

目前烧结厂使用的分析仪器主要有烧结废气 SO_2 含量分析仪，NO_x 含量分析仪，O_2 含量分析仪以及烧结矿 FeO 含量分析器，煤气热值分析仪等。

12.1.3.1　红外线分析仪

废气中 SO_2、NO_x 含量的测量通常使用红外线分析仪，这种仪器的工作原理是利用不同气体对红外线的吸收波长不同的特性，将薄膜电容检出器可得的对应气体浓度的微小信号，经前置放大器放大后，输出对应的信号。

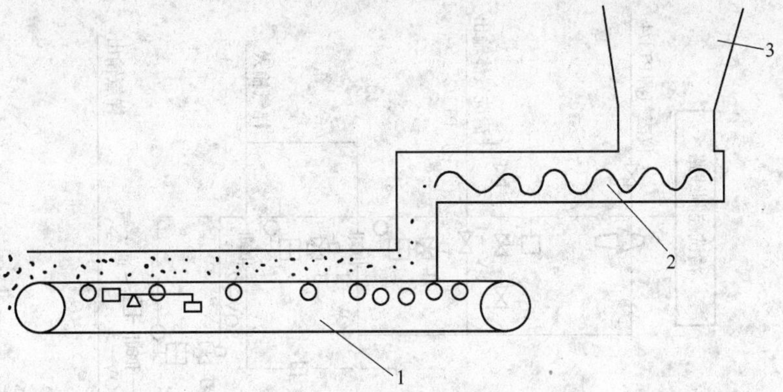

图 12-8 螺旋给料机加配料皮带秤配置图

1—配料皮带秤;2—螺旋给料机;3—料仓

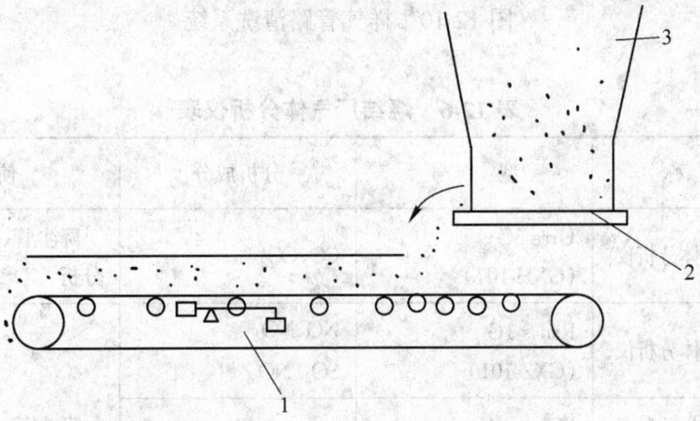

图 12-9 圆盘给料机加配料皮带秤配置图

1—配料皮带秤;2—圆盘给料机;3—料仓

由于烧结废气含尘量大,为了保证系统正常运行,必须配置一个样气预处理系统。样气管路清洗系统如图 12-10 所示。

12.1.3.2 O_2 分析仪

在烧结机的降尘管出口或烟囱上设置氧化锆分析仪,检测废气的含 O_2 量。在一定温度下(如 750℃),氧化锆的输出电势对应于废气中氧的浓度,因此根据氧化锆的输出电势就可确定废气中氧的含量。

烧结过程常用的气体分析仪器见表 12-6。

12.2 工艺过程主要控制系统

工艺过程主要控制系统包括配料控制、混合料水分控制、混合料仓料位控制、铺底料仓料位控制、烧结料层厚度控制、点火燃烧控制、煤气总管压力控制、点火炉膛压力控制及安全信号系统等。

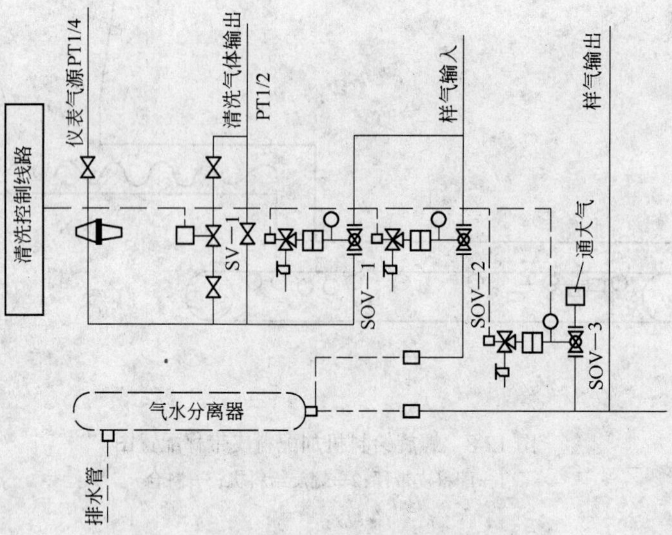

图 12-10　样气管路清洗系统

表 12-6　烧结厂气体分析仪表

序　号	名　　称	型　　号	分析成分	使　用　场　所
1	红外线气体分析仪	Uras-3G（GXH-101）	CO、CO_2	降尘管、除尘器管道等废气成分分析
2	紫外线气体分析仪	Radas-1G（GXZ-101）	NO、NO_2 SO_2、NO_x	降尘管、除尘器管道等废气成分分析
3	磁压力式氧分析仪	Magnos-4G（CY-101）	O_2	
4	工业气相色谱分析仪	SQG-104	CO、CO_2、O_2	
5	氧化锆分析仪		O_2	降尘管内废气含 O_2 分析
6	FeO 磁性计		FeO	烧结矿成品 FeO 分析
7	气体热值指数仪	RZB-1	煤气、天然气的热值指数	点火炉煤气热值指数分析
8	气体热值仪	RLB-1	煤气、天然气的热值	点火炉煤气热值分析

12.2.1　自动配料控制系统

图 12-11 为一般烧结厂采用的自动配料系统方框图。图中，除生石灰的给料和称量由两台电机传动外，其他物料的给料和称量均由一台电机传动。

图 12-12 为返矿仓排料配比及返矿量平衡自动控制系统图。

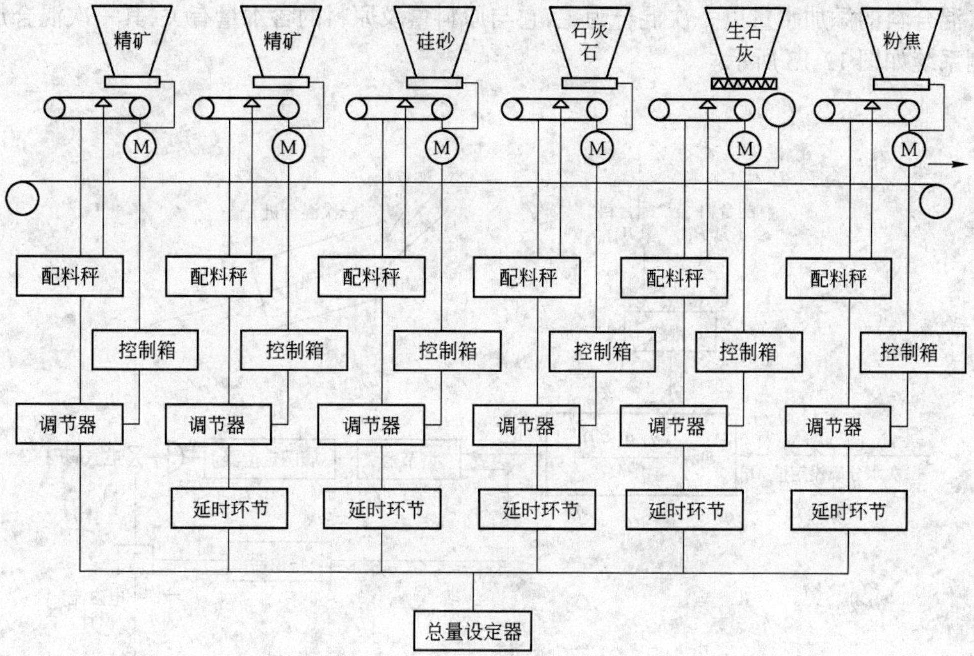

图 12-11 自动配料系统方框图

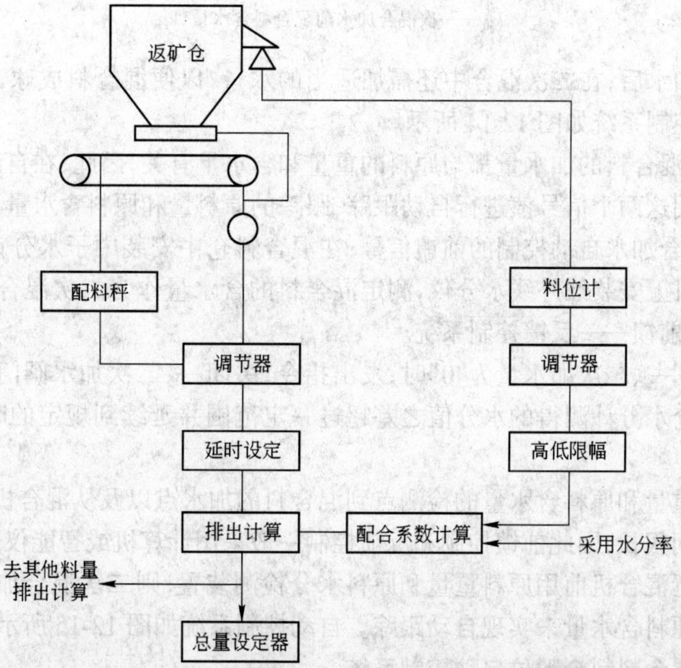

图 12-12 返矿仓排料配比及返矿平衡自动控制系统图

12.2.2　混合料水分的自动控制系统

混合料的添加水量以一次混合为主，它与原料量及原料的含水量有关，其一次混合加水控制系统如图12-13所示。

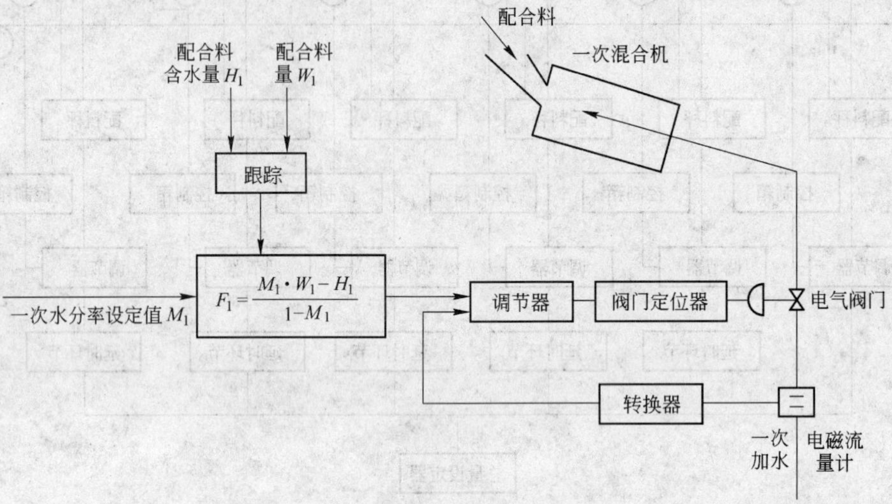

图12-13　一次混合加水控制系统图

F_1——一次混合加水量，kg；M_1——一次水分率设定值，%；W_1——一次混合加水前配合料量，kg；
H_1——一次混合加水前配合料含水量，kg

一次混合加水后，在二次混合中还需加适当的水量，以便混合料成球，保证烧结时的透气性。其自动控制系统如图12-14所示。

一次、二次混合料的加水量都与原料的重量和含水量有关，因此，在自动控制一、二次混合加水时都需用这两个信号值进行自动跟踪，跟踪的原料量和原料含水量由计算装置计算，作为一、二次混合加水自动控制的前馈信号；在混合料仓中安装中子水分计，或在运输混合料的带式输送机上安装红外线水分仪，测定混合料的含水量作为二次混合加水自动控制的反馈信号，组成前馈——反馈控制系统。

当计算得到一、二次加水量为“0”时，发出指令，关闭一、二次加水阀门。若二次目标水分率与混合料仓水分计测得的水分值之差超过一定范围并延续到规定的时间时，则显示异常状态。

由于原料重量和原料含水量的检测点到混合料的加水点以及从混合机加水点到混合料仓测水点的时间很长，因此前馈控制和反馈控制一般采用计算机或智能仪表来实现。

如果在靠近混合机前用原料重量和原料水分检测装置，则二次混合加水自动控制不需要用原料量和原料含水量来实现自动跟踪。自动控制系统如图12-15所示。

12.2.3　混合料料仓料位自动控制系统

混合料料仓的料位控制是先计算入料量与排出量间重量收支偏差值，当计算偏差超过

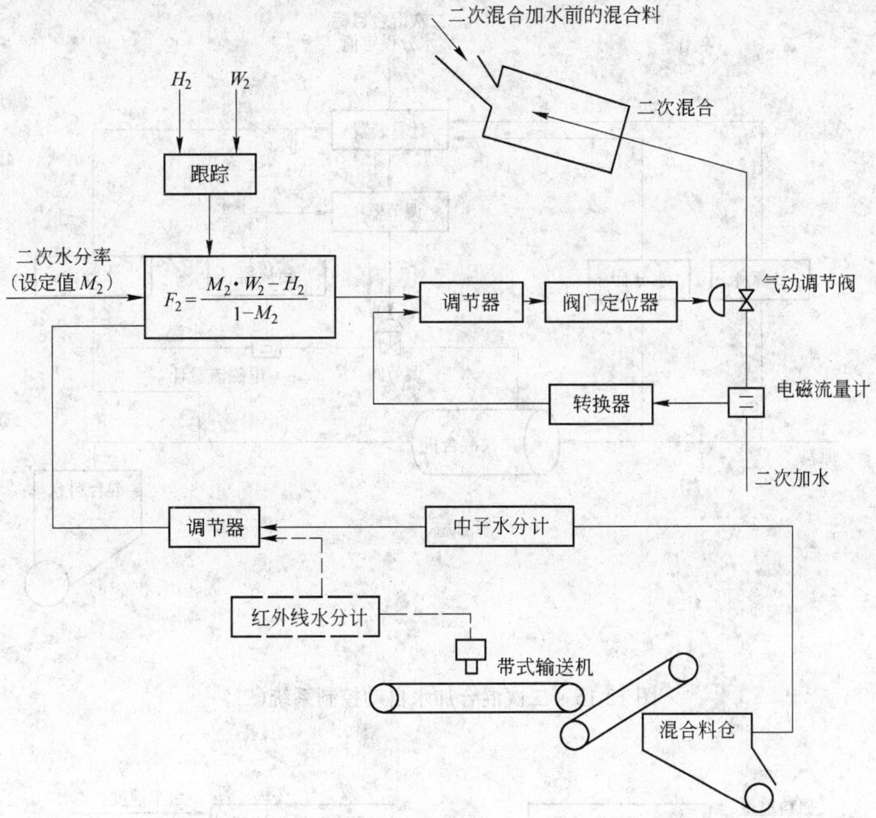

图 12-14 二次混合加水自动控制系统(一)

F_2—二次混合加水量,kg;M_2—二次水分率设定值,%;

W_2—二次混合加水前原料量,kg;H_2—二次混合加水前原料含水量,kg

一定范围时,原料仪表调节器输出信号,改变各配料仓的排料量,使其料位处于动态平衡。图 12-16 为混合料仓控制系统图。

混合料仓的料位控制一般用 4 个传感器式的料位计,并设有料位上下限报警值、极限报警值。

12.2.4 铺底料料仓料位控制系统

对铺底料料仓料位进行控制,使铺底料料仓的进料量与排料量平衡。根据烧结机的速度变化来改变铺底料带式输送机的速度作为前馈控制,由铺底料料仓设定的料位与料位传感器实测料位值的偏差经调节器的 PID(Proportional Integral Differential)运算进行反馈控制。图 12-17 为铺底料料仓料位控制系统图。

12.2.5 烧结料层厚度控制系统

对于中小型烧结机,其层厚可以不进行横向控制,纵向控制是通过调节圆辊速度来实现的,并设有手动主闸门作粗调用。自动控制系统如图 12-18 所示。

对于大型烧结机,由于台车宽,其料层厚度控制由横向均匀布料控制和纵向层厚控制两

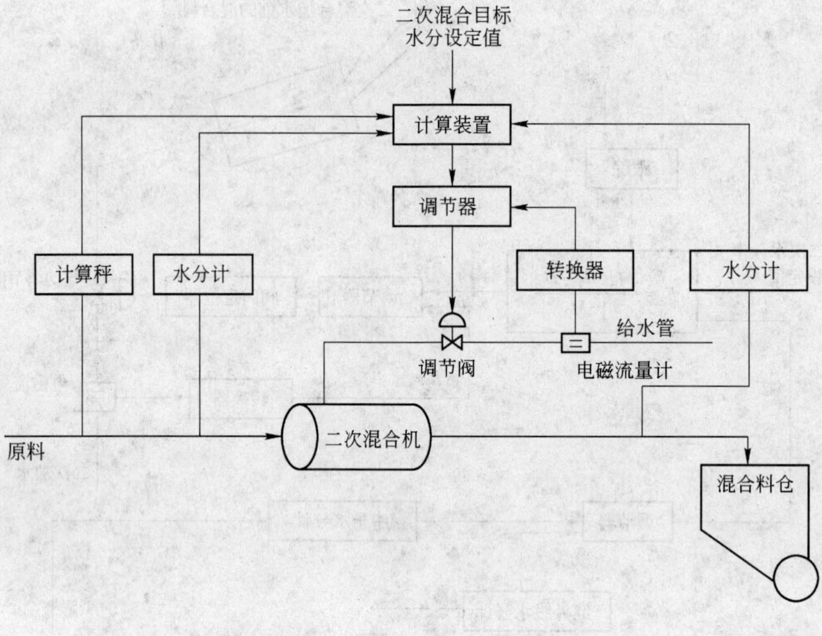

图 12-15　二次混合加水自动控制系统(二)

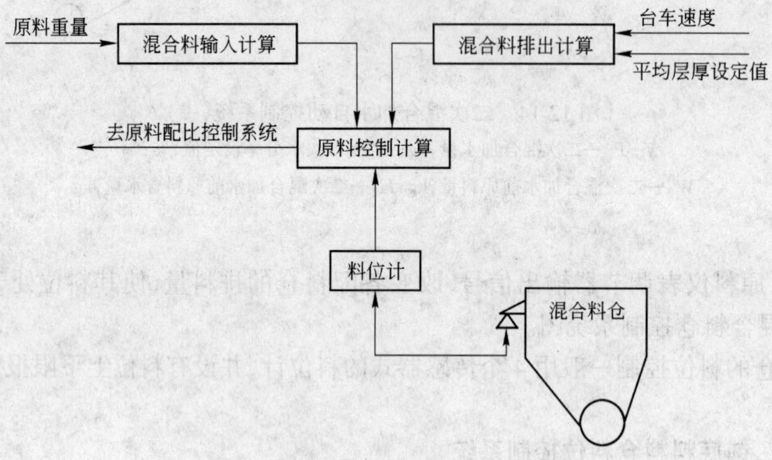

图 12-16　混合料料仓料位控制系统图

部分组成。图 12-19 为大型烧结机层厚自动控制系统图。

12.2.6　烧结点火装置燃烧控制系统

点火装置燃烧控制是通过调节点火装置煤气供给量和煤气—空气比值实现的。

点火装置燃烧控制有炉内温度控制及点火强度控制两种方式：

(1) 炉内温度控制：由安装在点火装置顶部或侧面的热电偶或辐射温度计测得炉内温度信号，经滤波处理后送温度调节器进行PID运算，输出信号作为煤气流量调节器的设定

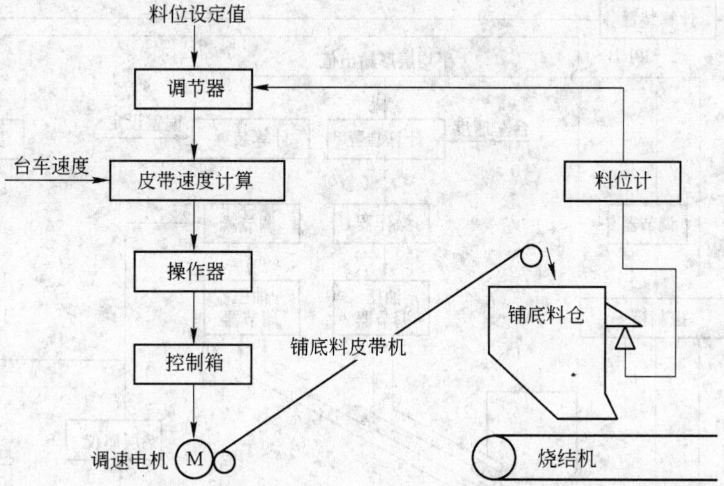

图 12-17 铺底料料仓料位控制系统图

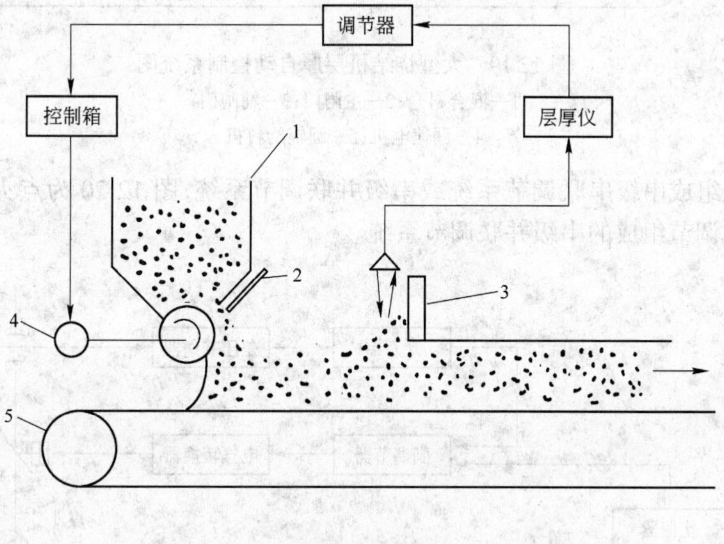

图 12-18 中小型烧结机层厚自动控制系统图

1—混合料仓;2—主闸门;3—压料板;

4—调速电机;5—烧结机

值,再由煤气流量调节器输出信号控制煤气调节阀的开度。

(2) 点火强度控制:根据烧结机台车单位面积上所需要的热量,确定煤气流量调节器的设定值,由煤气流量调节器输出信号,控制煤气调节阀的开度,按点火强度计算所需要的煤气量(见第 6 章)。

要使煤气合理燃烧,必须有正确的空气—煤气比。通常将空气—煤气比值调节与点火

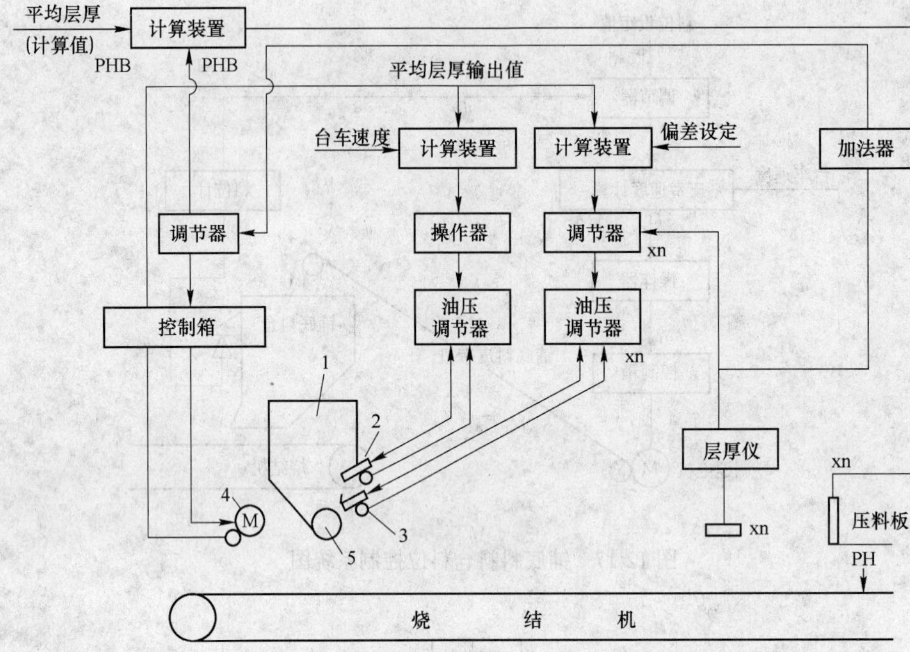

图 12-19　大型烧结机层厚自动控制系统图

1—混合料仓;2—主闸门;3—辅闸门;

4—调速电机;5—圆辊给料机

装置燃烧控制组成串级串联调节系统或串级并联调节系统,图 12-20 为点火装置温度控制与空气—煤气调节组成的串级并联调节系统。

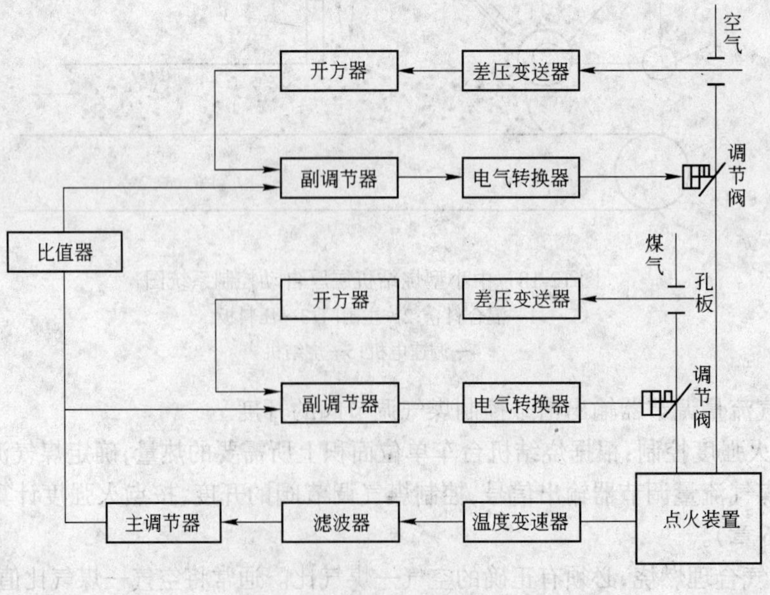

图 12-20　点火装置温度控制系统与空气—煤气调节组成

的串级并联调节系统

图 12-21 为点火温度和点火强度与空气—煤气比值组成的串级串联调节系统。

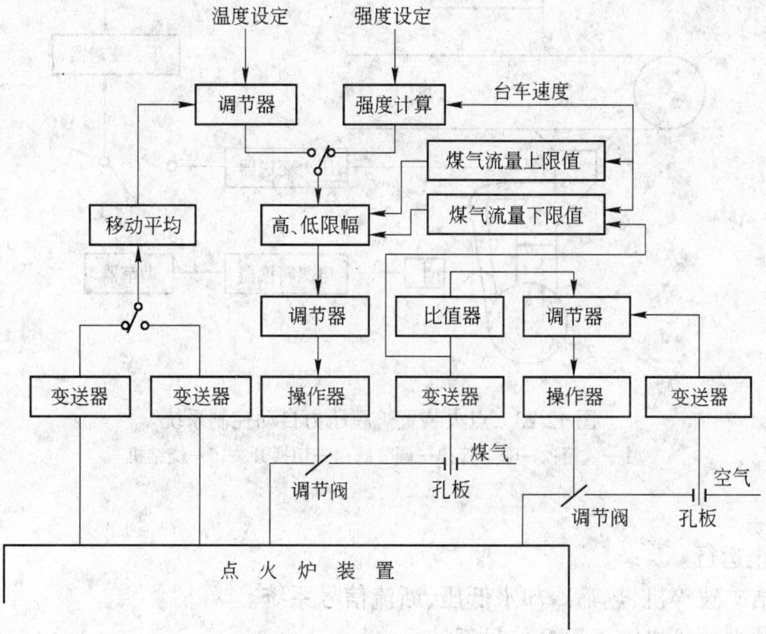

图 12-21 点火炉强度(或温度)及煤气—空气比值串级串联控制系统

12.2.7 煤气总管压力控制系统

送到烧结厂来的煤气压力常常是不稳定的,因而难以保证烧结点火及燃烧控制系统的正常运行。为此在煤气总管设置一个单回路压力自动控制系统,如图 12-22 所示。

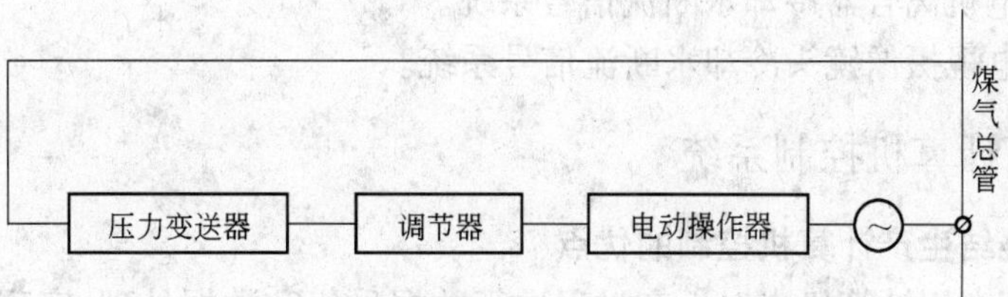

图 12-22 煤气总管压力自动控制系统

12.2.8 点火装置炉膛压力调节系统

新设计的高效能点火装置多设置有炉膛压力控制系统,其系统组成如图 12-23 所示。

12.2.9 安全信号系统

(1) 煤气低压信号和自动切断系统。当点火装置用的煤气压力降到安全压力以下时,会引起点火器回火而发生爆炸,故必须设置煤气低压报警信号及自动切断系统。

(2) 点火装置冷却水低压、断流、温升信号系统。为了防止点火装置冷却水低压,出水温度过高或流量过小而使点火器损坏,须设置点火装置冷却水水压、温升及断流信号系统保

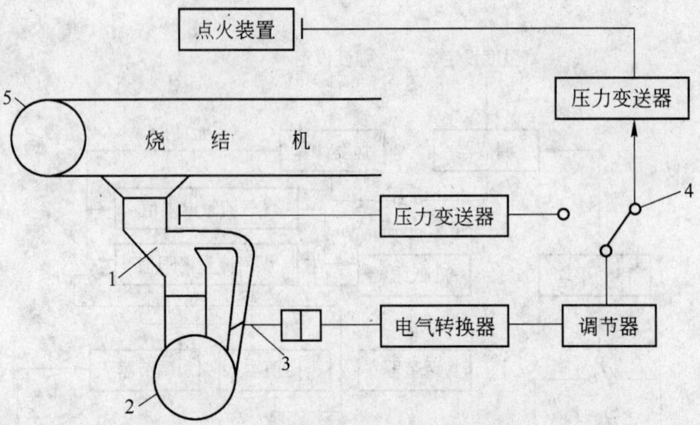

图 12-23　点火装置炉膛压力自动控制系统

1—风箱;2—降尘管;3—调节阀;4—切换开关;5—烧结机

证点火器安全运行。

(3) 烧结矿破碎机、热筛冷却水低压、断流信号系统。

(4) 烧结主抽风机轴承温升信号系统。

(5) 主抽风机电机轴承及电机定子绕组温升信号系统。

(6) 主抽风机电机空气冷却器的冷却水断流系统。

(7) 各种设备油冷却器的冷却水断流信号系统。

(8) 烧结冷却抽风机轴承温升信号系统。

(9) 润滑系统油压信号系统。

(10) V.S电机离合器冷却水断流信号系统。

(11) 工业电视摄像镜头冷却水断流信号系统。

12.3　烧结厂计算机控制系统

12.3.1　烧结生产计算机控制的优点

现代烧结厂常用计算机来对生产过程进行数据采集和数据处理,实现对某一生产环节的局部自动控制以及对整个生产过程的计算机控制。

烧结生产计算机控制具有以下优点:

(1) 能实现多变量、规律复杂的控制。

(2) 容易实现常规模拟仪表难以达到的控制精度和提高可靠性。

(3) 能实现集中监视和操作,可取消模拟仪表盘。

(4) 便于对生产过程的管理和数据通信。

(5) 可积累数据,开发工艺对象的数学模型。

12.3.2　烧结生产计算机控制的功能

12.3.2.1　数据采集和监视系统

烧结生产计算机数据采集来自生产过程的各种工艺参数,同时还对生产过程进行监控。

A 监视报警状态

计算机可以监视过程运行的报警状态,并打印出报警信息,如高低报警极限、高低参考极限,并且向操作人员及早发出逼近极限报警状态的预报警;提供参数变化率的报警极限,让操作人员可以变更报警极限,还可以编成逻辑程序送入计算机内;使之在真假报警之间进行鉴别,在某些情况下,可以采取校正动作。

B 监视运行时间

计算机可以监视所有设备的运行时间,这些数据通常被归纳、总结在日报和月报中。

C 制作运行报表

计算机可为烧结工艺参数管理编制时、班、日、月报表,这些报表包括:运行概况报表,综合运行报表、烧结指标报表、分析成分报表、报警报表、运行时间报表等。这些报表给工厂管理部门提供详细的生产数据,可指导操作。

当工艺参数异常时发出报警信息,同时还可以按人工请求随机打印和选点打印,或按要求定时制表打印或将数据处理结果放到外存储器内,作为资料保存以供进一步分析用。

计算机的数据采集和监视系统可用于小型烧结机或对自动化水平要求不太高的中型烧结机以及中小型烧结厂的技术改造。图 12-24 为中小型烧结机采用的计算机数据采集和监视系统。

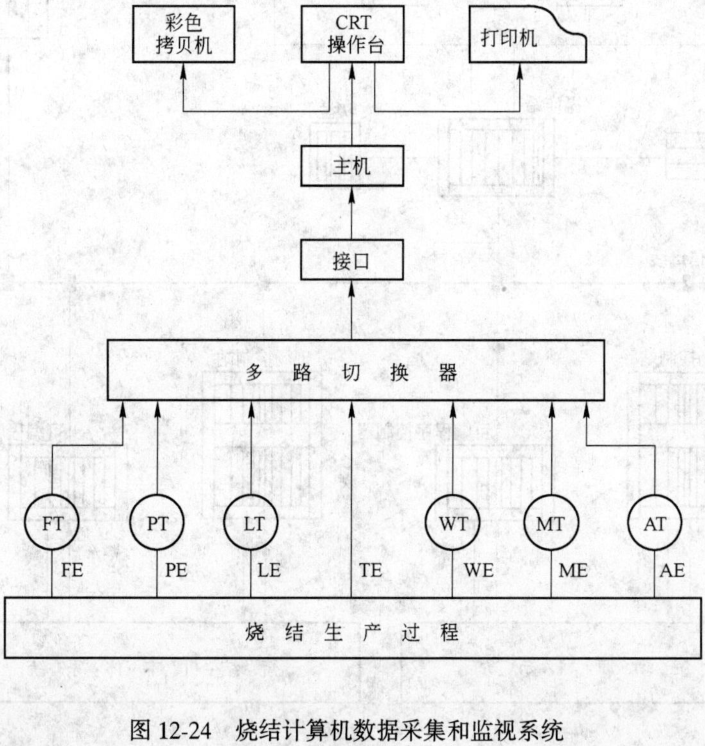

图 12-24 烧结计算机数据采集和监视系统

12.3.2.2　集散型计算机控制系统

以微处理机为核心,把工业过程控制计算机、微处理器、可编程序控制器过程输入输出装置、模拟仪表等用统一的通信网络连接起来,构成一种完整的集散型综合控制系统,其功能对生产过程进行控制,对工厂的信息进行管理;从单回路的连续控制,到包括顺控功能的多回路复杂控制;能由操作站、上位计算机进行集中监视、信息处理以及集中操作。

这种控制系统用 CRT 操作台作为人机接口的主要手段,其主要特点是,全部信息通过数据总线传递,由上位计算机监控,实现优化控制;操作人员在操作台通过键盘集中操作,能同时进行多参数显示,图表和图像显示,从而可以统观全局。

集散型控制系统带有多种外部设备,如外存储器、打印机、拷贝机、CRT 等;这种控制系统可以向上接上位计算机,用于实现对生产过程的最优控制和管理,并且配有高级语言或汇编语言;一般烧结厂采用不带上位机的集散型控制系统也能满足过程控制的要求,不过控制、管理和通信功能弱一些。图 12-25 为烧结厂采用西门子的 TELEPERM-M 集散型控制系统。

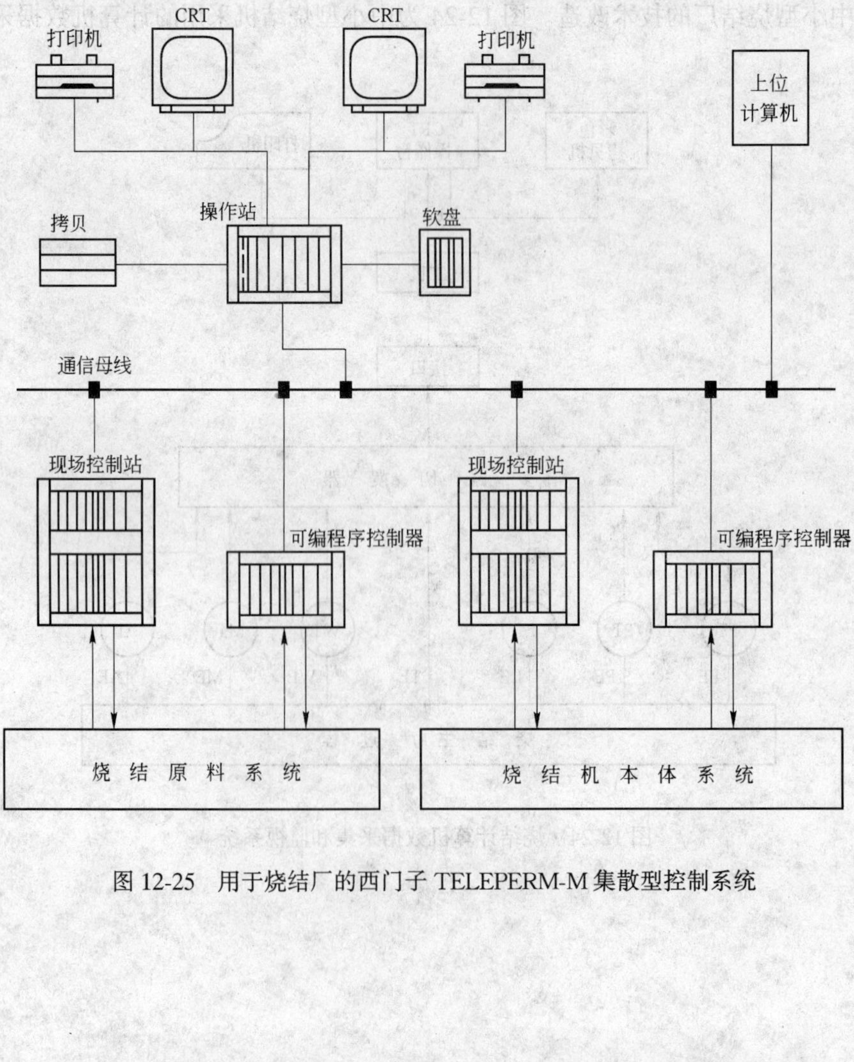

图 12-25　用于烧结厂的西门子 TELEPERM-M 集散型控制系统

可供参考使用的集散型综合控制系统主要有：美国的SPECTRUM、TDC-3000、N-90，日本的CENTUM、YEWPACK、MARKⅡ、MACTUS-620，西德的TELEPERM-M等。

12.3.2.3 带上位机的集散型控制系统

目前，自动化水平高的大型烧结机采用带上位机的集散型控制系统。

设上位机的主要目的是：

(1) 实现从贮矿仓到烧结成品输出的工艺过程管理：

1) 对烧结矿的粒度、强度进行分析处理。

2) 收集烧结过程的工艺参数，进行计算、处理、制作时报、班报、日报、月报，使烧结过程的操作实现管理自动化，并给操作人员提供操作指导，同时还为进一步建立工艺过程的数学模型积累资料。

3) 监视烧结过程的操作，实现烧结过程自动监视。

(2) 实现与全厂管理计算机、原料场计算机、电气PLC及其它过程控制计算机的通信。

(3) 实现集散系统难以完成的某些复杂计算及最优化控制。

集散系统的主要作用是：

(1) 生产过程的DDC(Direct Digitor Control)控制和集中操作。

(2) 工艺参数显示和越限报警以及工艺流程图画面显示。

(3) 工艺参数的采集和处理。

图12-26为用于烧结厂的带上位机的CENTUM系统构成图。图12-27为用于烧结厂的带上位机的CENTUM系统功能概略图。

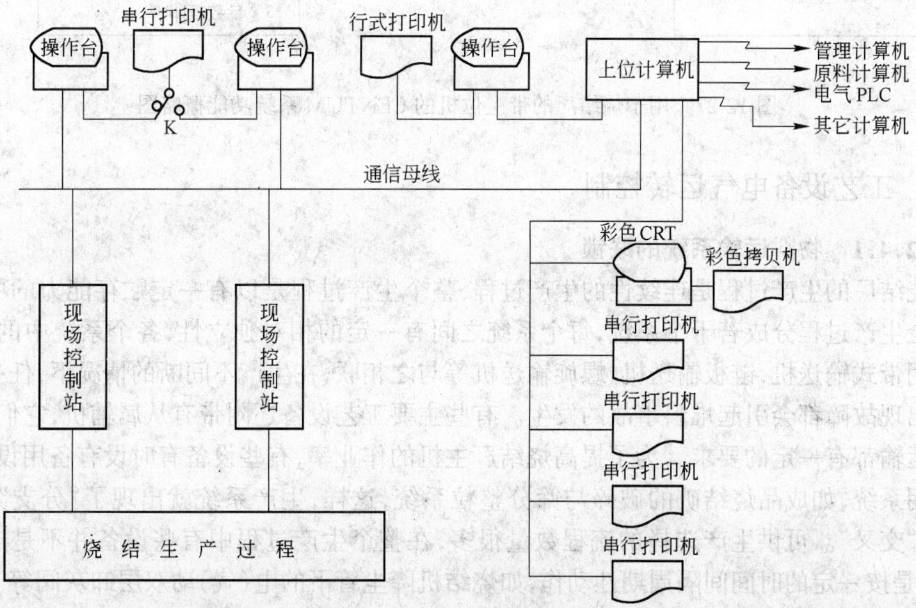

图12-26 用于烧结厂的带上位机的CENTUM系统构成图

图12-27　用于烧结厂的带上位机的CENTUM系统功能概略图

12.4　工艺设备电气运转控制

12.4.1　物料运输系统的联锁

烧结厂的生产过程是连续性的生产过程，整个生产过程是以有一定贮存能力的中间料仓将全生产过程分成若干个系统，每个系统之间有一定的相对独立性，各个系统中的设备，大多用带式输送机，链板输送机、螺旋输送机等与之相联，在生产不间断的情况下，任一设备环节出现故障都会引起堆料事故的发生。有些主要工艺设备还附带有从属辅机，它们的启、停与运输都有一定的要求。为了提高烧结厂主机的作业率，有些设备有时设有备用设备，甚至备用系统，如成品烧结矿的破碎与筛分整粒系统，这样，生产系统就出现了“分支”及“汇合”与“交叉”。可供生产选择的流程数量很多，在整个生产过程中有些设备并不是连续运转，而是按一定的时间间隔周期性动作，如烧结机降尘管下的电(气)动双层卸灰阀等。基于上述原因，生产中对烧结厂的设备启动、运转、停止就有许多时序和联锁的要求。

12.4.1.1　联锁系统的划分原则

(1) 在一个生产系统的设备中，某一个设备的启动、停止立刻对它前后设备发生影响，这些设备必须联锁在一个系统中。

(2) 设备的启动、停止,并不影响其它设备的运转,如检修用的电动起重设备,原料仓库的抓斗起重机等,这些设备不参加联锁,而实行机旁单独运转。

(3) 有些设备,如主抽风机的停、开,并不使烧结机发生事故,而且,抽风机转子惯性大,切断电源后,并不立刻停转,所以,它并不与烧结机联锁。又如冷却风机,当冷却机突然停机时,冷却风机仍处于运转状态,在冬季,冷却风机往往不是全部启动,冷却风机属于远距离运转的设备,与冷却机不实行联锁。

(4) 系统划分以缓冲矿仓作界限。有了矿仓作缓冲,矿仓前后的设备一旦发生事故,并不会立即造成互相之间的影响,一般只要矿仓贮存时间达到 5～10 min,就可以作为联锁系统之间的界限。

大型烧结机的冷却机排矿仓,其容积大约是 3～4 个台车的量,容积比较小,一般也可以将它作划分烧结冷却系统与成品系统的界限,其原因是物料在烧结机、冷却机上的停留时间较长,如果把烧结冷却系统与成品系统联锁成一个系统,则在空负荷状态下系统起动运转时,成品系统就会处于长时间空负荷状态下运行,电力损失大。所以,该流程一般仍以冷却机排矿仓为界,分成烧结冷却与成品两个系统。

中、小型烧结机一般将烧结冷却系统与成品系统划分为一个联锁系统;但在冷却机排矿仓有足够的容量(一般为 10 min)时,也可将烧结冷却系统与成品系统分开。

12.4.1.2　联锁的分类

A　联锁集中控制

各生产机械的电动机之间具有电气联锁关系,并集中在一个控制点操作,其运转程序有:

(1) 顺序启动:系统启动时,自生产系统的最终设备开始,逆物料运输方向,依次延时启动,一直到最上游设备启动完毕后,启动才算完成。延时启动的延时时间对一般设备约 3～5 s,但大型回转的设备,如一、二次混合机等,其顺序延时时间要适当加长。

(2) 同时启动:当系统内的各设备因事故同时停止运转后,如再行启动,则按顺序启动就会产生被输送物料的组成发生变化,对配料系统来说,还会引起配料比的紊乱。为此,一般对从一次混合机起料流上方的设备,在同时停止之后,启动时必须同时启动。对于成品矿的破碎筛分整粒系统,如为双系统,而且冷破碎机前不带旁通,则当生产系统发生事故被迫停机时,备用系统要能同时启动运行。

(3) 顺序停止:

1) 在生产过程中停机时,为了把在设备上的物料都运走或排空、则把系统物料流动最上游的设备首先停止,经过一定的时间间隔之后,待物料都运走或排空,下游机群则同时停止。

2) 生产过程停机也可采用另一种顺序停止程序，即停机时，先停物料流动最上游的给料设备，并顺物料流动方向，顺次序往下游停止各设备运转。但这种方式比 1）要复杂。

(4) 同时停止：烧结厂各系统的设备要求可以实现同时停止的操作，在中央操作（控制）室将选择开关置于“停止”位置，按“停止”按钮后，该系统内所有设备就同时停止运转。

(5) 事故停止　对于联锁的设备,当由于某种事故原因而要实行事故停机时,操作中央操作(控制)室,或机旁的事故停止开关,联锁的设备可以同时停止。

(6) 机旁运转　对于在中央操作(控制)室联动运输的设备,要求能够在机旁进行单独运转的操作,一般以中央控制为主,机旁操作为辅。机旁操作程序是:在中央操作(控制)室把选择开关置于“单机”的位置后,相应的机旁操作开关置于“单机”位置,就可实现单机的启停。

B　按钮集中控制

对于台数少,交叉多的流程,生产机械电机有联锁关系,除可在机旁操作外,还可在控制点逆流程逐一启动设备,具体操作程序如下:

(1) 中央运转:机旁开关置于“中央”,在满足必要的联锁条件下,可以在中央操作(控制)室启动,停止设备。

(2) 机旁运转:机旁开关置于“机旁”时,可以在机旁启动、停止设备。

C　非联锁局部控制　各生产机械具有单独的控制系统,并直接在电机附近操作,与其它生产机械无联锁的关系,这主要是电动检修吊车,原料仓库的抓斗起重机,轮胎式混合机的充气泵等。它们的操作只需在机旁按动“启动”、“停止”开关,即可实现设备的启、停。

12.4.1.3　运转操作方案

A　原料系统

该系统从配料仓起到烧结混合料仓止,系统除了按顺序启动、顺序停止的运转方式外,为了保持配料比的稳定,要能实现同时停止;从配料仓下的给料设备开始,一直到一次混合机止,系统要能实现一齐启动。还要求系统对仓的变更、振动器的启停以及定量给料、梭式布料器运行实行特殊的控制。

系统同时启动只适用于一次混合机前至配料仓下的给料设备。由于整个系统同时启动时,启动电流大,因而一次混合机后的设备仍按顺序启动程序运转。

系统实行顺序停止、同时停止时,除了定量给料机一定要顺料流顺序停止外,其它设备可以实行顺料流的顺序停机,也可以实行经过一定时间间隔后同时停止。

大型混合机启动前,要待减速机与主电机连接的离合器连接正常,减速机的润滑油泵、喷油泵先启动后方能启动混合机。停机时,油泵不能立即停止,要经一定时间间隔,待混合机停稳后方可停油泵。

当操作本系统的事故停止按钮,或使本系统的配料带式输送机停止运转、或使正在运转中的任意一台定量给料机停止运转时,必须同时停止所有的定量给料机和带式输送机。

因配料中原料品种改变,或因同一品种而必须变更配料仓时,则要按一定的时间间隔顺序启停定量给料机,该时间间隔就是启、停的定量给料机之间的距离与配料带式输送机运行速度的比值。

安装了定量称量给料机的矿仓,当定量称量给料机上负荷低于设定值下限时,即启动振动器运转,负荷恢复正常即停止运转、振动器运转时,机旁开关须接通,且定量称量给料机要处于运转状态。

矿仓下使用容积配料的圆盘给料机时,仓壁振动器则按 15～30 min 的时间间隔定周期振动,每次振动1～2 min。

各定量给料机启动按一定的时间间隔从料流上游起顺序延时启动、停止时,也从料流上游起顺序延时停止,延时时间间隔为两定量给料机之间的距离与配料带式输送机运行速度的比值。

因事故原因同时停止后,如要重新启动,各定量给料机与配料带式输送机要同时启动。

梭式布料器走行机构与布料带式输送机要同时启动,走行方向换向由两端的极限开关控制。

停止时,走行小车要走到行程开关处再停止,布料器设有机旁操作开关。

取样机运转时,料流上游的带式输送机要处于运转状态,而且,当料流上游带式输送机上的负荷检测器发出有料信号后,方能启动取样机。取样机一般是按一定的时间间隔自动运转,时间间隔一般约2 h,取样机正、反走向换向由安设在两旁的极限开关控制。取样机旁设机旁开关,可单独在机旁实行临时"启动"、"停止"。

B 烧结冷却系统

(1) 带负荷与不带负荷启动:将冷却机排矿仓作烧结冷却系统与成品系统的分界线,在空负荷启动时,可以将烧结冷却系统与成品系统的联锁开关置于"切"的位置。这样,即使成品系统不启动,烧结冷却系统照常启动;当烧结冷却系统带负荷重新启动时,联锁开关置于"入"的位置,只有当成品系统启动后,烧结冷却系统方可启动。

(2) 设置"全机"与"部分"选择开关:为了节省动力,可设置"全机"与"部分"选择开关进行启动。

带负荷启动时,选择开关置于"全机"位置,系统按冷却机❶→热振筛❷→单辊破碎机→烧结机→圆辊给料机顺序延时启动。

空负荷启动时,选择开关置于"部分"位置,系统按单辊破碎机→烧结机→圆辊给料机顺序延时启动,再经过一定的延时间隔启动冷却机❶。

(3) 混合料仓和铺底料仓料位报警:一般来说,混合料仓和铺底料仓两者或其中之一出现料位线低于报警下限时,烧结冷却系统要停止运转。

但对成品整粒系统为单系统的小型烧结厂,在成品整粒系统发生事故时,可根据情况,实行烧结机无铺底料继续运转的操作。

(4) 自动清扫器运转:圆辊给料机启动以后发出信号,清扫器方可按一定的时间间隔从最下端位置运动到最上端,然后再返回到最下端。该时间间隔约6～8 min。

圆辊给料机停止运转,自动清扫器也要停止运转,但要求清扫器停在最下端处。

(5) 电动式风箱调节阀运转:

1) 点火、保温炉下调节阀要根据支管压力大小调节适宜开度,可自动控制,也可实行机旁控制,或两者兼而有之。

2) 点火炉下调节阀实行自动调节时,要根据点火装置炉膛内废气压力,风箱支管压力,在中央操作(控制)室实行远距离单独自控或手控。

3) 其他调节阀在中央操作(控制)室实行远距离"全开"、"全闭"的操作。

---

❶ 如采用机上冷却工艺,则不包括该工艺环节。

❷ 当采用机外冷却,但无热振筛时,不包括该工艺环节。采用机上冷却时也不包括该工艺环节。

4）实行烧结终点控制、烧结降尘管热烟气回收时，根据支管烟气温度值，在中央控制室实行阀门自动操作。

(6) 降尘管冷风吸入阀运转：烧结机主抽风系统安装了电除尘时，降尘管上需设冷风吸入阀。

大型烧结机降尘管设双冷风吸入阀时，当进入机头电收尘器烟气温度大于180℃小于190℃时，第一冷风阀自动开启，烟气温度大于或等于190℃时，第二冷风阀自动开启，直到烟气温度降至150℃以下，第一、二次冷风阀自动关闭。如当第一冷风阀开启一段时间之后，尚未能使烟气温度冷却到120℃以下，这时，由定时装置控制的第二冷风阀会自动开启。

中、小型烧结机降尘管设单个冷风阀时，进入机头电除尘器的烟气温度超过150℃时，冷风阀自动开启。当烟气温度恢复到150℃以下时，冷风阀要自动关闭。

(7) 冷却风机运转：冷却风机运转与系统不联锁，实行中央控制室单独运转操作。冷却机抽风机的启动与润滑油系统实行联锁，启动风机前要先启动电动油泵，只有当风机平台油压计的油压达到设定值后，方可启动风机。

鼓风式冷却机风机一般在中央控制室进行远距离单独操作运转。鼓风机在入口闸门关闭状态下，顺着冷却机的运行方向，顺次延时启动各台风机，待风机处于全速状态时，自动全开入口闸门。

停止风机运行时，风机入口闸门在风机停止时同时关闭。

因事故原因造成冷却机的某一台风机，或若干台风机停转时，可视具体情况实行冷却机减产或不减产继续运行。冷却风机停机台数超过一定界限时或冷却风机全停时，整个系统要同时停机。

(8) 空气、煤气阀门的开闭：烧结机短时停机时，空气、煤气阀门自动关小到一定的开度，使其处于保温状态。

烧结机长时间停机时，空气、煤气阀门自动关闭。重新开机前，要对管道进行清扫。

C　成品系统

(1) 启动：从该系统最终设备开始，逆料流顺次延时启动。

(2) 停止：不延时同时停止。

(3) 双系统单独运转操作情况：A、B两个系统，每个系统生产能力为总能力的100%时，实行每个系统单独运转操作。

(4) 用选择开关的情况：A、B两个系统的生产能力小于总生产能力时，要在中央操作（控制）室设置选择开关。当选择开关置于“单独”时，可以实现A系统或B系统的单独运转；当选择开关置于“同时”时，则A、B两个系统同时运行。

(5) 冷却机排矿仓下板式给料机运转：驱动电机为调速电机，用冷却机头部漏斗压力传感器的测量值与设定值的差值调速运行。

(6) 双齿辊破碎机运转：在破碎机传动电机减速侧的活动齿轴上安装有测速发电机，用作大块铁通过齿辊的发信器。

(7) 金属检测器和除铁装置运转：启动时按与下游侧的带式输送机的启动实行延迟启动，而与上邻侧带式输送机同时启动。停止时与系统同时停止。

(8) 成品取样机运转：

1）当中央操作室选择开关置于“自动”位置时，取样机按规定的时间间隔周期运行。

2）当中央操作室选择开关置于“手动”位置时，可以在操作室作临时取样的操作。

D 铺底料系统

(1) 启动：自系统最终设备起，逆料流方向顺序延时启动。

(2) 停止：系统实行同时停止或顺料流顺序停止。

(3) 铺底料仓料位处于报警料位值时，同时停止。

E 返矿、粉尘系统

(1) 启动：自最终设备开始，逆料流方向顺序延时启动。

(2) 停止：停机时系统同时停止或顺料流顺序停止。

(3) 事故状态：返矿仓料位处于报警料位时，系统同时停止。

(4) 返矿分流：采用电动推杆作动力的翻板与分料器使返矿分流时，在中央操作室通过CRT画面、设定显示盘或模拟盘显示其运转状态，通过选择开关实行中央远距离手控，机旁还需设置操作按钮，进行临时操作。

(5) 其它取样机运转：在链板或带式输送机头部取样时，按一定的时间间隔，在上游运输设备运转情况下自动取样，机旁设手动开关作临时性操作。

(6) 热返矿给料机的运转❶：当热返矿圆盘安装在配料室以外的地方，例如很多中小型厂热返矿圆盘设置在烧结室内，则必须在配料室的混合料到达热返矿圆盘给料点时，方能启动圆盘，延时时间为混合料料流前端距圆盘的间距与运输设备运行速度的比值。

热返矿须在混合料料流尾部到达圆盘前停机。

F 抽风除尘系统

(1) 启动：自最终设备起逆料流方向顺次延时启动，粉尘系统与返矿或成品相联的运输设备启动运行后，粉尘系统方能启动。

(2) 停止：系统实行同时停止或顺料方向的顺序延时停止。

(3) 事故停转：因事故原因使本系统与成品系统有联系的运输设备停转后，本系统要同时停机。

(4) 双层卸灰阀的运转：降尘管下双层卸灰阀在与之对应的运输设备运转后，双层阀按一定的时间间隔周期性停、开，时间间隔一般为15～30 min。

除尘器下贮灰斗设有料位计，双层阀下游运输设备已处于运行状态，当粉尘量高于正常料位值20%～30%时，双层阀自动开启排灰，至正常料位后停止。

贮灰斗不设料位计，实行按一定时间间隔周期性启动双层阀排灰时，双层阀下游运输设备要处于运行状态。

(5) 主抽风机运转：主抽风机与烧结机不存在联锁关系，属于中央远距离控制设备。

启动前先关闭风机入口阀门(有出口阀门的关闭出口阀门)启动电动油泵，待油泵的油压达到设定值时方可启动风机，待油压稳定后停止电动油泵。

停止时启动电动油泵，待油压达到设定油压时关闭风机入口阀门或出口阀门停止风机运转，主电机停机25～30 min后停电动油泵。

❶ 机上冷却与无热振筛的工艺，没有该项内容。

12.4.1.4　联锁举例

两台90 m^2烧结厂的带式输送机系统见图12-28，全厂生产控制中心设在主控制室，在控制室实现对全厂生产过程的控制。全厂电气联锁共分为七个系统：原料进料系统，生石灰进料系统，燃料制备系统，配料、混合系统，抽风烧结系统，烧结矿冷却、整粒系统，成品烧结矿取样系统，各系统的联锁情况见图12-29、12-30、12-31。

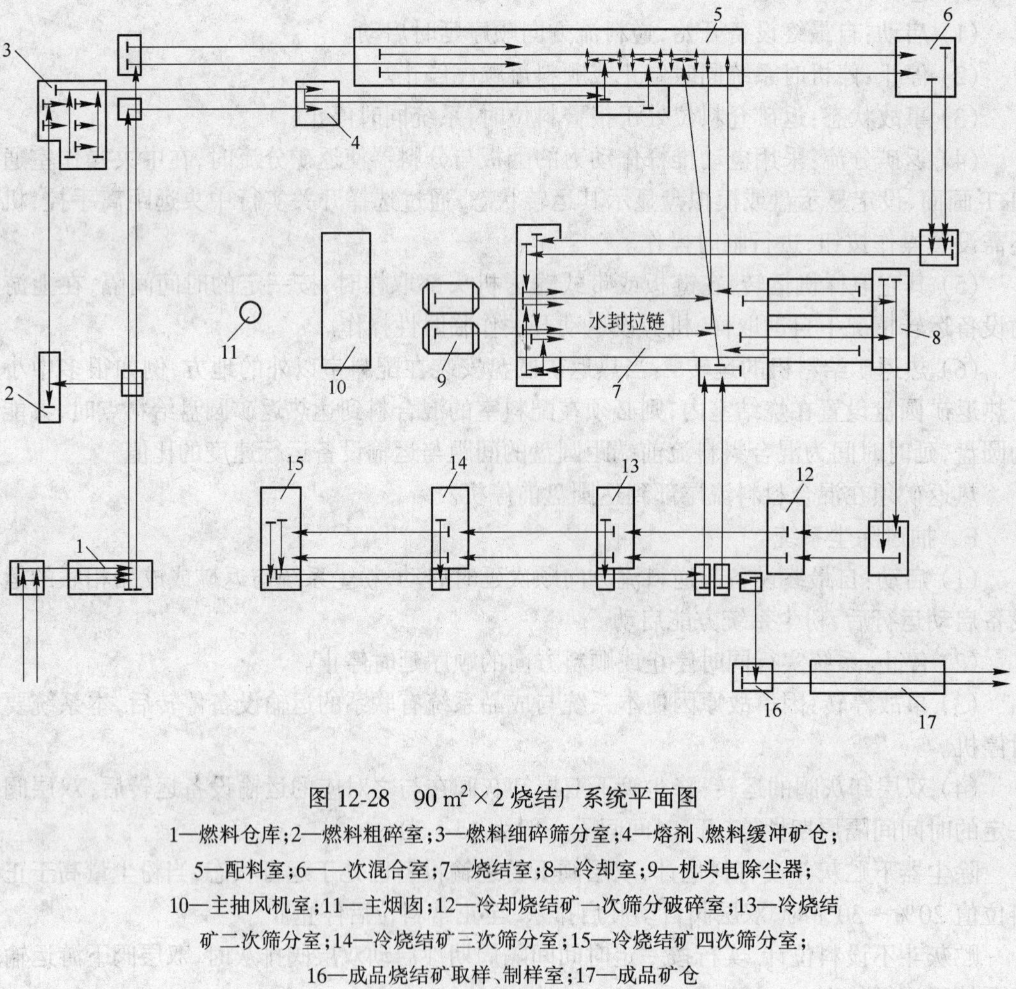

图12-28　90 $m^2\times2$烧结厂系统平面图

1—燃料仓库；2—燃料粗碎室；3—燃料细碎筛分室；4—熔剂、燃料缓冲矿仓；5—配料室；6—一次混合室；7—烧结室；8—冷却室；9—机头电除尘器；10—主抽风机室；11—主烟囱；12—冷却烧结矿一次筛分破碎室；13—冷烧结矿二次筛分室；14—冷烧结矿三次筛分室；15—冷烧结矿四次筛分室；16—成品烧结矿取样、制样室；17—成品矿仓

12.4.2　监视与显示

12.4.2.1　运转状态显示

设置模拟盘对设备的运转状态进行监视，一般盘上显示的是联锁集中控制设备和按钮集中控制设备，盘面内容有：设备运转信号灯显示；有备用机的设备，运转与备用设备都要显示；移动运输机械与切换阀，分料器等设备，一般要显示出具体位置；与联锁系统的运行和停止有关的各种料仓的料位要求显示；设备故障显示，即设备故障时，相应设备的运转信号灯闪光。

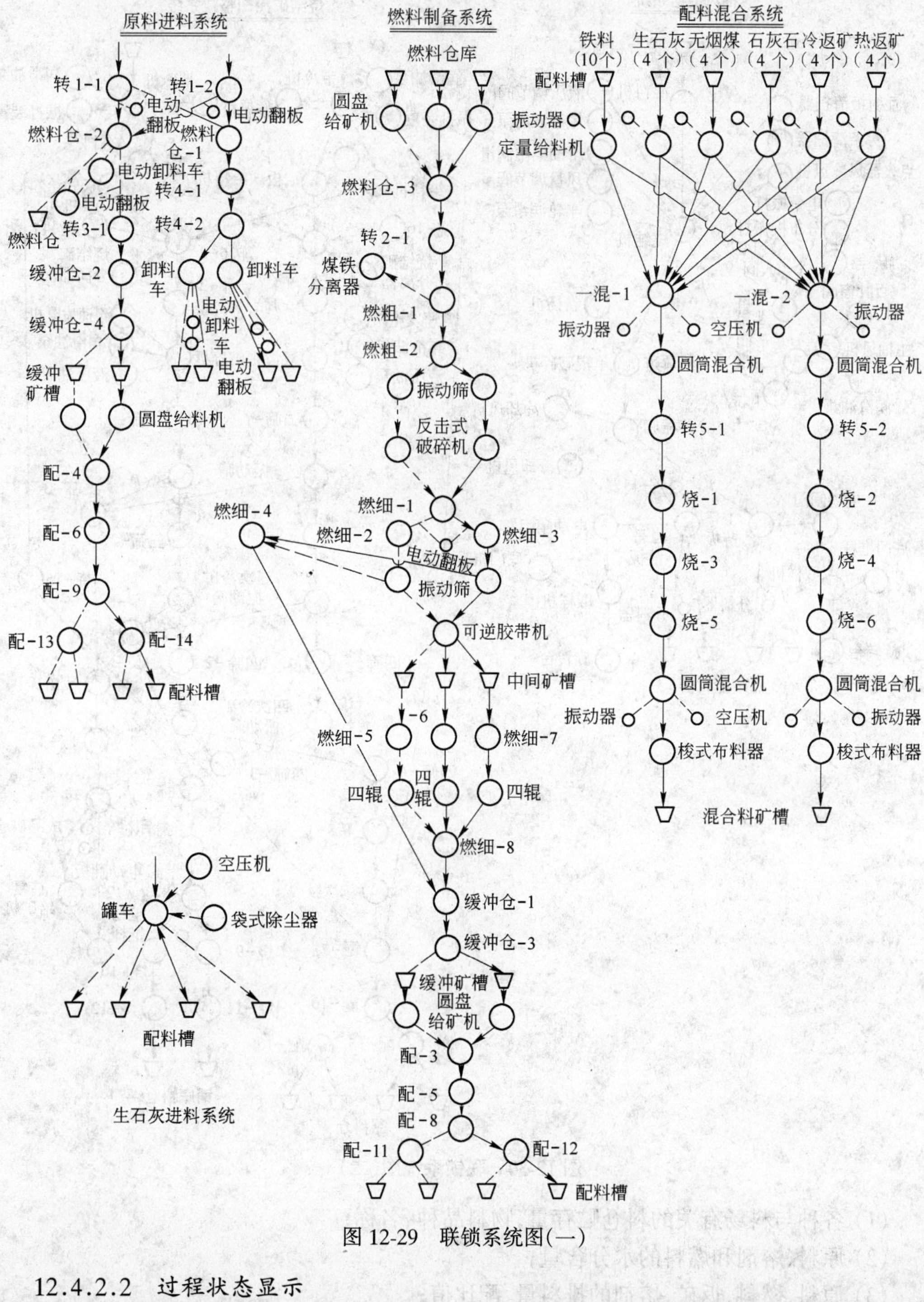

图 12-29 联锁系统图(一)

12.4.2.2 过程状态显示

设定操作盘带彩色屏幕及键盘,可调用 CRT 画面显示各种设备物料、介质的作业信息(温度、压力、流量、速度、水分含量、料层厚度、原料及熔剂、燃料的物化性能),以供操作人员控制生产过程之用,具体内容如下:

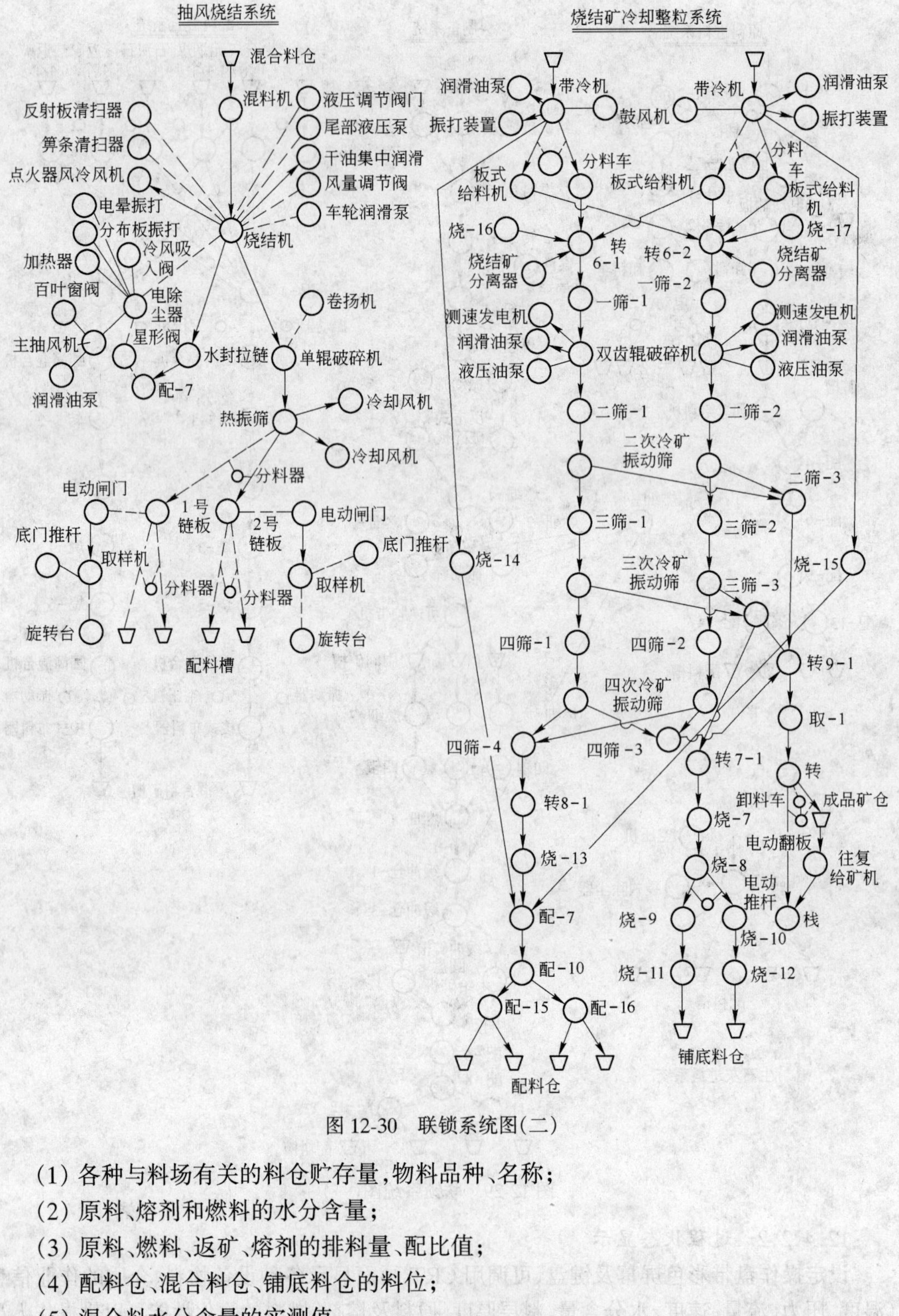

图 12-30　联锁系统图(二)

(1) 各种与料场有关的料仓贮存量,物料品种、名称;

(2) 原料、熔剂和燃料的水分含量;

(3) 原料、燃料、返矿、熔剂的排料量、配比值;

(4) 配料仓、混合料仓、铺底料仓的料位;

(5) 混合料水分含量的实测值;

(6) 烧结机箅条上混合料厚度的测定值,圆辊给料机、烧结机的运行速度,截止板的高

度,烧透点的位置;

(7) 点火炉内温度、煤气流量、空气煤气比、炉内压力;

(8) 成品烧结矿粒度组成,化学性质(TFe、FeO、CaO/SiO_2)转鼓指数、含粉率;

(9) 降尘管内烟气温度分布,各风箱支管负压;

(10) 冷却机各段废气温度与压力分布;

(11) 返矿量、粉尘输送量、焦粉率;

(12) 电收尘器工作电压、电流值;

(13) 冷却机卸矿处烧结矿温度;

(14) 焦粉、熔剂破碎筛分系统排出料的粒度组成、运输量;

(15) 主抽风机入口流量、负压、电机电流及电压值;

(16) 降尘管 CO、CO_2、O_2 的含量;

(17) 原料、熔剂、燃料的进厂量、消耗量,成品烧结矿输出量、高炉返粉输入量;

(18) 水、蒸汽、压缩空气、电的消耗量;

(19) 生产计划实施情况。

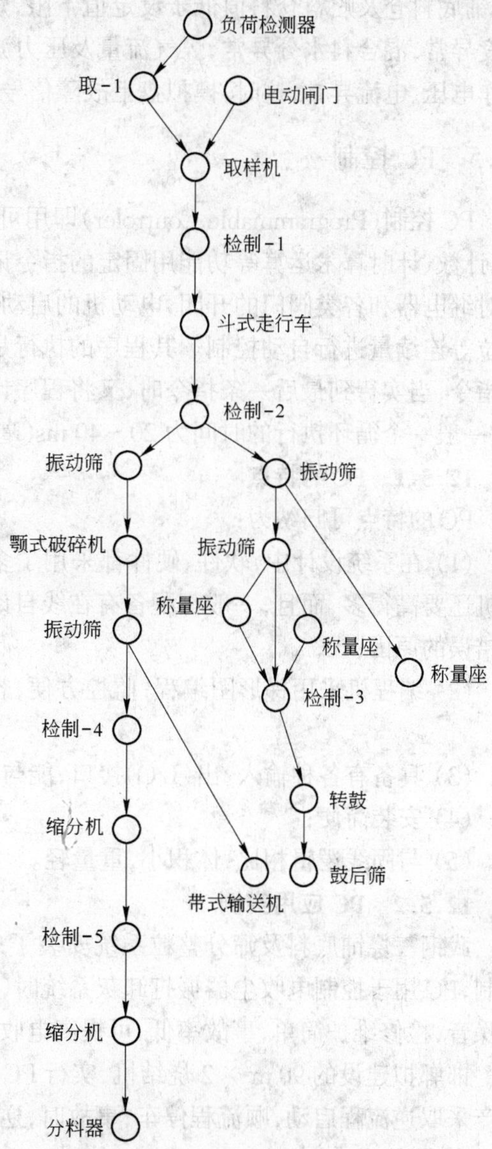

图 12-31 成品烧结矿取制样系统图

12.4.2.3 电气与机械故障显示

A 重故障显示

重故障是指设备要停止运转或启动备用机的故障。如果设备停转影响整个系统时,相应的操作盘要发响声报警,模拟盘上相应设备的运转信号灯和表示重故障种类的闪光灯闪光。重故障的种类有 CPU(Control Processing Unit)故障、水源故障,主要设备电动机运转异常等。

B 轻故障显示

故障虽然发生,但该设备仍可继续运转,而且不会影响到整个系统的运行。轻故障发生时,要立即发出声响信号,模拟盘上相应设备的运转信号灯及表示轻故障种类的信号灯闪光。这类故障有风机运转振动过大,轴承温度过高,油压过低,电机温升过大,单辊破碎机进水量低于设定值,冷却机排气温度异常等。

12.4.2.4 异常情况显示

异常的情况有:进厂原料、燃料的品种名称差错,库存量不一致,原料水分率异常,配料仓、铺底料仓及贮料仓料值低于设定值下限，烧结机 BTP 异常，冷却机排矿温度过高，点火温度异常，混合料水分异常，煤气流量及压力波动很大，成品粒度及物化性能异常，电除尘器工作电压、电流异常，这时，模拟盘上故障信号灯亮或闪光并发出声响。

12.5　PC 控制

PC 控制(Programmable Controler)即用可编程序控制器控制，它是将逻辑运算，顺序控制、计数、计时算术运算等功能用固定的指令记忆在存储器中，通过数学或模拟输入/输出装置对继电器和各类阀门的开闭，电动机的启动、停止、物料料位的上下限及温度，压力、流量、液位等连续量进行自动控制。其程序的执行是根据程序计数器的步进分枝实行存储器的各条指令，当实行到最后一条指令时，又将程序计数器的内容返回置零，从最初指令到重新执行，一般一个循环执行的时间为 20～40 ms(毫秒)。

12.5.1　PC 的特点

PC 的特点可归纳为：

(1) 在系统设计中，软件、硬件都采用了多种措施以确保系统安全可靠，可靠性一般比微机还要高得多，而且，一般都配备有在线自诊断程序，如机器故障时能自动停止工作，显示出错误的原因；

(2) 编程机采用梯形图编程，监控方便，容易为生产工人所掌握，可实行在线编程与控制；

(3) 具备有各种输入/出(I/O)接口，能与生产过程直接联系；

(4) 安装简便；

(5) 与固线逻辑相比，体积小，重量轻。

12.5.2　PC 应用实例

武钢三烧铺底料及筛分整粒系统安装了一台 PC584 可编程序控制器实行设备的联锁控制，PC 用于控制电收尘器振打卸灰系统时，振打时间可随意调节，且精度高，控制能耗低，无噪音，检修维护简单，事故率低，可提高电收尘的作业率。

邯郸拟建设的 90 $m^2 \times 2$ 烧结机，实行 PC 程序控制和单机机旁操作。程序控制时，正常生产采取逆流程启动，顺流程停车；事故时，逆流程紧急停车，启动前，PC 可对启动条件进行实时在线检测。

全烧结厂分为：原料进料系统两个，燃料制备系统一个，配料混合系统两个，烧结冷却系统两个，筛分整粒系统两个，铺底料系统一个，成品取样、制样及检验系统一个，电收尘运灰一个，热返矿取样系统两个，电收尘振打系统五个，共计十九个系统，全厂装机容量近万千瓦，电动机约 500 台，分布在二十余个建筑物(群)内。设计选用美国 MODICON 公司生产的 PC-584 可编程序控制器实行联锁控制。该机输入/输出点各为 4096 点，用户存储器容量为 32 K，全车间共有远程通道 15 个，其中主控室 5 个通道，原料变电所 1 个通道，配料变电所 3 个通道，烧结变电所 4 个通道，冷却变电所 2 个通道。

一期烧结共有 MELPLAC-50 三台，分别控制烧结前半系统——混合料系统和主粉尘系统；烧结后半系统——烧结机系统，成品系统，铺底料系统和返矿系统；粉焦系统的 PC 是一、二期共用。

12.6 电机调速

烧结厂配料室安装的各种定量给料机的驱动电机，有调速要求的圆盘给料机驱动电机、烧结机圆辊给料机驱动电机、烧结机传动电机、冷却机主传动电机、冷却机排矿漏斗下给料机驱动电机及铺底料传动，带式输送机驱动电机等都有速度调节的要求。

为了节省电耗，可采取调速措施。

调速可分两种形式。

(1) 晶闸管串级调速：

$$n = n_s \frac{E_2 - u_{2c}\cos\beta}{E_2} \tag{12-1}$$

式中 n——电动机实际运行速度，r/min；

n_s——电动机同步转速，r/min；

E_2——电动机转子开路线电压，V；

u_{2c}——逆变变压器二次线电压，V；

β——逆变角，(°)。

改变晶闸管的逆变角 β 可以实现调速。

宝钢烧结厂1号机余热回收风机向点火、保温炉供给热烟气，在风机转数不变，管路阻力特性不变时，烟气流量随烟气温度、压力而变化。为了保证点火炉有足够的燃烧强度，要求供给充足的高温热气量，并要求能随需要的温度、压力的变化而改变风量。所以，该余热回收风机的传动电机采用了带有电流反馈和转速反馈的双环自动调节串调系统，调速范围是40%～100%。

(2) 变频调速：

$$n = \frac{60f}{J}(1 - S) \tag{12-2}$$

式中 n——电动机转速，r/min；

f——定子供电频率，次/min；

J——极对数；

S——转差率，%。

均匀的改变电动机定子供电频率 f，就可平滑地改变电动机的同步转速。变频调速是一项新技术，国外已在大型烧结机的主抽风机传动电机上采用，节电效果显著。

13 安全技术

在建设工程项目的初步设计中,应有安全技术的章节。安全技术设计应根据国家有关规定和要求,贯彻安全第一,预防为主的方针。

13.1 安全技术设计基础资料

在进行安全技术的设计时,应具有必要的原始资料。除第1章所列一般资料外,还应收集下列资料:

(1) 设计所依据的文件及要求。

(2) 所处理原料中影响安全的物质成分资料。

(3) 改扩建工程设计必须收集现有企业的安全设施,存在的主要安全问题及危害情况,必要时,要有存在隐患的安全鉴定资料。

(4) 有关安全技术的试验资料。

13.2 安全技术的设计

安全技术设计范围应考虑防备主要自然灾害,工艺设备及生产过程中可能产生事故的安全技术措施。

13.2.1 厂址选择

烧结厂址选择应该根据工程地质条件,避开断层、流砂层、淤泥层、滑坡层以及天然溶洞等不良地质地段,并且不受洪水,海潮以及飓风等的危害,对于无法避开的不良地质条件,应采取有效的地基处理措施。

厂址选择时,要注意避免与现有或拟建的飞机场、电台、雷达导航以及工业区域内企业相互之间产生不良影响。

13.2.2 防备地震

防震设计可参照下列原则:

(1) 根据国家规定的地震基本烈度等级设防。特别重要的建筑物,如必须提高一度设防时,应按国家规定的批准权限报请批准。次要的建筑物,如一般仓库、人员较少的辅助建筑物等,其设计烈度可比基本烈度降低一度采用,但基本烈度为7度时不应降低。

(2) 对于基本烈度为6度的地区,建筑物一般不设防,但应力求建筑物体型简单,重量和刚度对称均匀分布,避免立面、平面上的突然变化和不规则形状。建筑上不采用或少采用地震时易倒或易脱落的设施。

(3) 在选择建筑物场地时,应尽量避开对建筑物抗震不利的地段,并且不在危险地段进行建设。

(4) 对于设计烈度为7～9度的建构筑物的设计,应作地震荷载和结构抗震强度验算,采取相应的抗震结构措施。

13.2.3　防雷电

建筑物和构筑物的防雷电是安全技术的一项重要工作，其防雷设计应符合(GBJ57—83)《建筑防雷设计规范》的要求。工业建筑物和构筑物根据其生产性质、发生雷电事故的可能性和后果，按防雷要求分三类。烧结工厂的建构筑物一般属于第三类。但如含有煤气发生、煤气加压或煤气混合等设施，则这部分应属于第二类防雷建、构筑物。

13.2.4　防火防爆

烧结工厂的设计必须遵循有关防火、防爆的规定。

13.2.4.1　生产的火灾危险性及厂房耐火等级的分类

生产的火灾危险性分类见表13-1。烧结工厂各车间属于丙、丁或戊类，但如附有煤气发生、混合或加压等设施时，这些设施应属乙类。建筑物的耐火等级分为四级。厂房的耐火等级、层数和面积列于表13-2。锅炉房应为一、二级耐火等级的建筑物，但每小时蒸发量不超过4 t的锅炉房可采用三级耐火等级的建筑。室外的变配电站与建筑物、堆场之间的防火间距不应小于表13-3的规定。

表13-1　生产的火灾危险性分类

生产类别	火灾危险性的特征
甲	使用或产生下列物质： 1. 闪点小于28℃的易燃液体 2. 爆炸下限小于10%的可燃气体 3. 常温下能自行分解或在空气中氧化即能导致迅速自燃或爆炸的物质 4. 常温下受到水或空气中水蒸气的作用，能产生可燃气体并引起燃烧或爆炸的物质 5. 遇酸、受热、撞击、摩擦以及遇有机物或硫磺等易燃的无机物，极易引起燃烧或爆炸的强氧化剂 6. 受撞击、摩擦或氧化剂、有机物接触时能引起燃烧或爆炸的物质 7. 在压力容器内物质本身温度超过自燃点的生产
乙	使用或产生下列物质： 1. 闪点≥28℃至＜60℃的易燃、可燃液体 2. 爆炸下限≥10%的可燃气体 3. 助燃气体和不属于甲类的氧化剂 4. 不属于甲类的化学易燃危险固体 5. 生产中排出浮游状态的可燃纤维或粉尘，并能与空气形成爆炸性混合物者
丙	使用或产生下列物质： 1. 闪点≥60℃的可燃液体 2. 可燃固体
丁	具有下列情况的生产： 1. 对非燃烧物质进行加工，并在高热或熔化状态下经常产生辐射热、火花或火焰的生产 2. 利用气体、液体、固体作为燃料或将气体、液体进行燃烧作其它用的各种生产 3. 常温下使用或加工难燃烧物质的生产
戊	常温下使用或加工非燃烧物质的生产

使用表13-1时还应考虑下列两点：

(1) 在生产过程中，如使用或产生易燃、可燃物质的量较少，不足以构成爆炸或火灾危险时，可以按实际情况确定火灾危险性的类别。

(2) 一座厂房内或其防火墙间有不同性质的生产时，其分类应按火灾危险性较大的部分确定，但火灾危险性大的部分占本层面积的比例小于5%(丁、戊类生产厂房中的油漆

表 13-2　厂房耐火等级、层数和面积

生产类别	耐火等级	最多允许层数	防火墙间最大允许占地面积/m^2	
			单层厂房	多层厂房
甲	一级	不限	4000	3000
	二级	不限	3000	2000
乙	一级	不限	5000	4000
	二级	不限	4000	3000
丙	一级	不限	不限	6000
	二级	不限	7000	4000
	三级	2	3000	2000
丁	一、二级	不限	不限	不限
	三级	3	4000	2000
	四级	1	1000	
戊	一、二级	不限	不限	不限
	三级	3	5000	3000
	四级	1	1500	

注:1. 在厂房内如有自动灭火设备,防火墙间最大允许占地面积可按本表增加 50%。

2. 甲、乙类生产厂房,除必须采用多层建筑外,宜采用单层建筑。

表 13-3　屋外变、配电站与建筑物,堆场的防火间距/m

建筑物、堆场名称			变压器总油量/ t		
			<10	10~50	>50
丙、丁、戊类生产厂房 丙、丁、戊类物品库房	耐火等级	一、二级	12	15	20
		三级	15	20	25
		四级	20	25	30
甲、乙类生产厂房				25	

注:1. 防火间距应从距建筑物、堆场最近的变压器外壁算起,但屋外变、配电构架距堆场、贮罐和甲、乙类的厂房、库房不宜小于 25 m,距其他建筑物不宜小于 10 m。

2. 干式可燃气体贮罐的防火间距应按本表增加 25%。

3. 本条的屋外变、配电站,是指电力系统电压为 35~330 kV 且每台变压器容量在 5000 kV·A 以上的屋外变、配电站,以及工业企业的屋外总降压变电站。

工段小于 10%),且发生事故时不足以蔓延到其他部位,或采取防火措施能防止火灾蔓延时,可按火灾危险性较小的部分确定。

13.2.4.2　厂房的防火距离

厂房的防火距离不应小于表 13-3 的规定。

13.2.4.3　消防设施

烧结厂区应设消防车道,其宽度不应小于 3.5 m,车道上如遇有管架、栈桥等障碍物时,其净高不应小于 4 m。尽头式消防车道应设回车道或面积不小于 12 m×12 m 的回车场。

蒸汽机车和内燃机车进入的丙、丁、戊类生产厂房和库房,其屋顶应采用不燃物结构

表 13-4　厂房的防火间距/m

厂房耐火等级	一、二级	三级	四级
一、二级	10	12	14
三级	12	14	16
四级	14	16	18

注：1. 防火间距应按相邻厂房外墙的最近距离计算。如外墙有凸出的燃烧构件，则应从其凸出部分外缘算起。
2. 散发可燃气体，可燃蒸气的甲类生产厂房的防火间距，应按本表增加 2 m。
3. 两座厂房相邻两面的外墙为非燃烧体且无门窗洞口，无外露的燃烧体屋檐，其防火间距可按本表减少 25%。
4. 两座厂房相邻较高一面的外墙如为防火墙时，其防火间距不限。
5. 耐火等级低于四级的原有厂房，其防火间距可按四级考虑。
6. 一座山、山形厂房，其两翼之间的间距不宜小于本表的规定。
7. 如厂房附设有易燃、可燃危险物品的室外设备时，其室外设备外壁与相邻厂房室外设备外壁之间的距离，不宜小于 10 m，室外设备外壁与相邻厂房外墙之间的防火距离不应小于本条的规定（室外设备按一、二级耐火等级建筑考虑）。

或其他有效防火设施。

消防给水管道可采用高压给水系统和低压给水系统。高压给水系统，管道的压力应保证当消防用水量达到最大，水枪布置在任何建筑的最高处时，水压不小于 98 kPa。低压给水系统，管道的压力应保证在灭火时不小于 98 kPa。

对于占地面积大于 100 公顷的烧结工厂，室外消防应考虑同一时间内的火灾次数为两次，其他只考虑一次。建筑物的室外消防用水量应不少于表 13-5 的规定。

表 13-5　建筑物的室外消防用水量，L/s

耐火等级			建筑物体积/m^3					
			≤1500	1501～3000	3001～5000	5001～20000	20001～50000	>50000
一、二级	厂房	甲、乙	10	15	20	25	30	35
		丙	10	15	20	25	30	40
		丁、戊	10	10	10	15	15	20
	库房	甲、乙	15	15	25	25		
		丙	15	15	25	25	35	45
		丁、戊	10	10	10	15	15	20
	民用建筑		10	15	15	20	25	30
三级	厂房或库房	乙、丙	15	20	30	40	45	
		丁、戊	10	10	15	20	25	35
	民用建筑		10	15	20	25	30	
四级	丁、戊类厂房或库房		10	15	20	25		
	民用建筑		10	15	20	25		

注：1. 消防用水量应按消防需水量最大的一座建筑物或防火墙间最大的一段计算。成组布置的建筑物应按消防需水量较大的相邻两座计算。
2. 车站和码头的库房室外消防用水量，应按相应耐火等级的丙类库房确定。

室外消火栓应根据需要沿道路设置，并宜靠近十字路口，间距不应大于 120 m，室外每个消火栓的用水量按 10～15 L/s 计算。如采用地下式消火栓，应有明显的标记。

一般厂房和库房（存有与水接触能引起爆炸或助长火势蔓延的物品除外），应设室内消防给水设施，室内消火栓的间距不大于50 m。

在烧结厂的重要防火部门（如电控室，计算机房等）应设有火灾自动报警装置。

13.2.4.4 爆炸和火灾危险场所的电气设计

爆炸和火灾危险场所的等级参见（GBJ58—83）《爆炸和火灾危险场所电气装置设计规范》烧结工厂属无爆炸危险场所，但设有煤气发生、混合以及加压设施时，应属于Q-2级爆炸危险场所。煤粉制备车间属于H-2级火灾危险场所。

爆炸危险场所的电气设计要考虑：

(1) 应将电气设备和线路，特别是正常运行时能发生火花的电气设备，布置在爆炸危险场所以外。

(2) 如必须在爆炸危险场所内布置电气设备和线路时，应使其免受机械损伤，并应注意防腐、防潮、防日晒等。电气装置应按爆炸危险场所的设计要求进行接地。

13.2.5 防机械设备事故

(1) 烧结机、主抽风机、单辊破碎机以及冷却机等重要设备应设有过载保护或高温保护、润滑及冷却等安全保护装置。

(2) 各类抓斗起重机和检修用起重机应保证与屋架下弦以及两端有足够的距离。

(3) 起重机、布料机以及移动带式输送机等行走设备两端应装设缓冲器及清轨器，在走行轨道的两端应设置电气限位器及机械安全档。

(4) 带式输送机应根据使用的环境要求设置相应的速度检测，跑偏检测，撕裂检测、逆止器、制动器等安全保护装置。

(5) 在破碎设备给料的运输系统上应设有金属检测及去除装置，以保护破碎机。

13.2.6 防机械伤害及人身坠落

烧结工厂设计中必须采取下列措施以防止机械伤害及人身坠落事故。

(1) 设置安全走道 生产车间厂房内必须设有安全走道，其宽度一般应大于1 m，对于架设的安全走道应设有栏杆。根据冶金企业安全卫生设计方面的有关规定：设备外缘与建筑物之间的距离一般不小于1 m，布置有困难时也不得小于0.8 m。

(2) 设置楼梯 跨越带式输送机或链板机时，必须设置跨梯。露出地面的管道、流槽以及明沟等，在通过处也应设跨梯或走道。

需要经常登高检查和维修的设备应安设钢斜梯。不用钢直梯。

高度超过8 m的梯子，每隔5 m应设置转弯平台，转弯平台垂直高度不得小于1.8 m。

攀登高度超过2 m的垂直走梯，必须设置直径为0.75 m的弧形护笼。

钢制走道及梯子应铺设厚度大于4 mm的花纹钢板或经防滑处理的钢板。

(3) 设置栏杆 高度在1 m以上的平台、架设走道及梯子必须设置保护栏杆。

在车间内部矿仓口，安装孔、各种预留扩建孔洞以及可能有坠落危险的地方均应装设防护栏杆或加盖板（或箅板）。

厂区的沉淀池、浓缩池、水井及电缆沟出口等可能有坠落危险的洞、坑必须加设栏杆或盖板。

栏杆高度大于1 m，栏杆下部应设高度不低于0.1米的踢脚板。

需清灰的屋面应设栏杆。

(4) 防护罩 对传动链条、三角胶带以及联轴节等设备运转处应设有防护罩、防护栏杆或防护挡板。

对平台、过道以及梯子上方高度 2.5 m 以内,人可能触及的高温管道,应采取隔热保护措施。

带式输送机拉紧装置及烧结机附有的重锤周围应设栏杆,尾部端轮应设有防护罩。

对梭式布料器等具有往复运动的机械,有危及人身安全部位要设置保护罩或活动栏杆。

(5) 标志及信号 在烧结厂内的危险场所,应设置醒目的禁止、警告指令或其他相应标志。

烧结烟囱高度在 100 m 以上的,应设航空信号及航空标志。

对单机运转或联锁系统设备的启动,应设置带音响的预告及启动信号。

14 烧结厂环境保护

14.1 烧结烟气排放标准

随着经济建设的发展，我国对环境保护日益重视，国家于 1973 年对“三废”的排放制订了试行标准(GBJ4—73)。表 14-1 列出了国家关于“三废”排放标准中有关冶金工厂的部分工业“废物”的排放标准。

表 14-1 冶金工厂中有害物质的排放标准

序号	有害物质名称	排放标准		
		排气筒高度/m	排放量/kg·h^{-1}	排放浓度/mg·m^{-3}
1	二氧化硫	30	52	
		45	91	
		60	140	
		80	230	
		100	450	
		120	670	
2	氟化物(换算成氟)	120	24	
3	氯	20	2.8	
		30	5.1	
		50	12	
		80	27	
		100	41	
4	氯化氢	20	1.4	
		30	2.5	
		50	5.9	
		80	14	
		100	20	
5	一氧化碳	30	160	
		60	620	
		100	1700	
6	铅	100		34
		120		47
7	烟尘及生产性粉尘	(第一类)		100
		(第二类)		150

注：本表摘自(GBJ4—73)《工业“三废”排放试行标准》。

表 14-1 中“烟尘”中的第一类指含 10% 以上的游离二氧化硅铝化物粉尘等，第二类指含 10% 以下的游离二氧化硅的煤尘及其他粉尘。

《工业企业设计卫生标准》(TJ36—79)中，要求排出气体在大气中扩散稀释后，在居民区大气中的粉尘浓度，一次测定时不超过 0.5 mg/m^3(工况)，日平均不超过 0.15 mg/m^3(工

况)。该标准还作了如下具体规定:

位于寒冷地区的大中型烧结厂,其原料准备系统、配料室等各工段的室温应在10℃以上;而对于散发大量湿气的混合料系统,室内温度最好在15℃以上,以减少水分的大量蒸发;散发余热的主厂房工段,冬季的室内温度应在5℃以上。

我国国家环境保护局于1985年颁发的《钢铁工业污染物排放标准》(GB4911—85),摘录于表14-2。

表14-2 钢铁工业废气粉尘排放标准

生产工艺名称及其设备		最高允许排放浓度/$mg \cdot m^{-3}$	
		新 建 厂	现 有 厂
烧 结	原料系统	150	150
	成品矿系统	150	150
	机尾系统	150	150
	机头	150	300
	竖炉球团	150	300
焦 化	煤、焦的破碎、筛分、转运	150	150
耐 火	白云石、石灰石、破碎、筛分及转运	150	150

14.2 烧结烟气净化

14.2.1 烟气脱硫

原、燃料以硫化物形式存在的硫,在烧结过程中绝大部分可以脱除。而以硫酸盐状态存在的硫,只能部分脱除。脱除的硫,一般以硫的氧化物状态存在。

大气中的SO_2在强烈的阳光下,每小时可进行0.1%~0.2%的光化学氧化,形成有害的酸雾。

国内烧结厂均无脱硫设施。为降低危害,比较广泛地采用含硫量低的原料及增加主烟囱高度的方法。但单靠加高烟囱是不够的,例如某厂烧结原料(富矿粉)含S3.079%,用高为100 m的烟囱,烟气含硫总量10779kg/h,SO_2最大着地浓度0.162 ppm,比国家标准大3.1倍[1]。

选择低硫原料和燃料,受原、燃料条件的限制。随着对有害气体排放的标准日趋严格,应重视烧结烟气的脱硫问题。

各国烧结烟气脱硫的主要方法有氨硫铵法、石灰石膏法、碱式硫酸铝-石膏脱硫法和钢渣石膏法。这些均为湿式吸收法。

14.2.1.1 *氨硫铵法及其主要设备*

氨硫铵法烧结烟气脱硫工艺系日本钢管公司研制的,又称NKK式脱硫装置。

氨硫铵法系利用焦化厂产生的氨气,脱除烧结烟气中的SO_2。烧结烟气中的SO_2与用亚硫酸铵制成的吸收液反应,生成亚硫酸氢氨。再与氨气反应,变成亚硫酸铵溶液。以此溶液作为吸收液,与SO_2进行反应。往复循环,亚硫酸铵溶液浓度逐渐增高。达到一定浓度后,将部分溶液提取出来,使之氧化,浓缩成为硫酸铵被回收。剩余部分的亚硫酸铵溶液加

---

[1] 《烧结球团》,1982年,第4期,第48页。

水稀释,使其浓度保持在50%左右,再作为脱硫反应的吸收液。其化学反应式如下:

$$(NH_4)_2SO_3 + SO_2 + H_2O \longrightarrow 2NH_4HSO_3$$

$$NH_4HSO_3 + NH_3 \longrightarrow (NH_4)_2SO_3$$

一部分进行氧化反应生成硫酸铵:

$$(NH_4)_2SO_3 + \frac{1}{2}O_2 \longrightarrow (NH_4)_2SO_4$$

这种方法可以降低烧结排出烟气中的SO_2含量,由装置入口处SO_2含量500～600 ppm降低到装置出口处小于50 ppm,并且回收了部分SO_2,节省了大量用以去除焦炉煤气中氨气的硫酸。

脱硫工艺流程见图14-1。氨硫铵法脱硫装置的主要设备见表14-3。

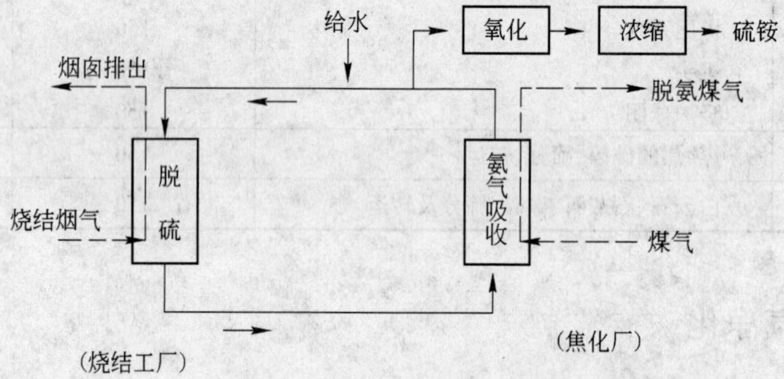

图14-1　氨硫铵法脱硫工艺简图

表14-3　氨硫铵法脱硫装置主要设备

名　　称	项　　目	日本扇岛厂1号烧结机	日本福山厂3号烧结机
SO_2吸收塔	台数 处理烟气量/标$m^3 \cdot h^{-1}$ 外形尺寸/mm	2 615000 12400×9900×35900	1 760000 18000×9000×38000
NH_3吸收塔	台数 烟气量/标$m^3 \cdot h^{-1}$	2 82000	1 90000
升压风机	台数 风量/标$m^3 \cdot h^{-1}$	2 615000	1 760000
湿式电除尘器	台数 烟气量/标$m^3 \cdot h^{-1}$	2 615000	

14.2.1.2　*石灰石膏法及其主要设备*

石灰石膏法烧结烟气脱硫工艺是日本住友金属工业公司和石油挥发油气化学公司联合研制的。该法由SO_2吸收、粉尘处理、$CaSO_4$生产和吸收剂调配四个工序组成。SO_2吸收工序包括冷却除尘、SO_2吸收、除沫及加热四部分。

SO_2反应温度一般取60℃,除尘用漏塔板式冷却除尘器。

SO_2吸收在漏塔板SO_2吸收塔内进行,该塔内设3～5层多孔板。其化学反应式如下:

一次反应(主反应):

$$Ca(OH)_2 + SO_2 \longrightarrow CaSO_3 + H_2O$$

$$Ca(OH)_2 + CO_2 \longrightarrow CaCO_3 + H_2O$$
$$Ca(OH)_2 + 2CO_2 \longrightarrow Ca(HCO_3)_2$$

二次反应(副反应)：

$$CaCO_3 + CO_2 + H_2O \longrightarrow Ca(HCO_3)_2$$
$$Ca(HCO_3)_2 + SO_2 \longrightarrow CaSO_3 + H_2O + 2CO_2$$
$$CaCO_3 + SO_2 \longrightarrow CaSO_3 + CO_2$$

然后进入 $CaSO_4$ 生产工序，该工序包括废液浓缩、pH 调整与氧化、滤液处理及循环水补充四部分。$CaSO_3$ 氧化为 $CaSO_4$，适宜的 pH 值是 3～4。

制得石膏纯度达 96%以上。

该法脱硫工艺简单，能长期运行，漏塔板式冷却除尘塔净化效率高，可代替电除尘器，设备体积小，能量消耗低。SO_2 脱出率达 93%～97%。

石灰石膏法的主要设备见表 14-4。脱硫工艺流程见图 14-2。

表 14-4 石灰石膏法主要设备

名　　称	数量	备　　注
冷却除尘塔	2	漏塔板式
SO_2 吸收塔	2	漏塔板式吸收塔
升压风机	2	双吸入翼型
后加热器	2	燃料为混合气

14.2.1.3 钢渣石膏法及其主要设备

钢渣石膏法烧结烟气脱硫工艺系新日铁研制的在若松烧结厂建成投产，吸收剂为钢渣研磨制成的浆液，产品为低纯度石膏。

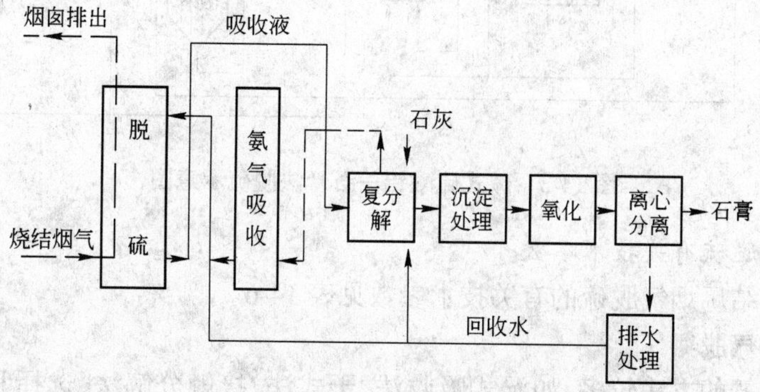

图 14-2 石灰石膏法脱硫工艺流程图

该法主要是将转炉废渣(含 CaO 40%、MgO 7%)细磨至 150 目，制成浆液作为吸收剂，然后喷入 SO_2 吸收塔内与烟气中 SO_2 发生反应，生成带有大量杂质的低纯度石膏(纯度约 47%)，此种石膏不能利用，只能废弃。

该法脱硫率高、投资省。利用了废渣，但易结垢、产品不能利用。

钢渣石膏法烧结烟气脱硫的主要设备见表 14-5。

14.2.1.4 碱式硫酸铝—石膏法

南京钢铁厂氯化球团车间的回转窑尾气中含 SO_2 2440～2850 ppm，采用了碱式硫酸铝—石膏法脱硫工艺，其化学反应式如下：

$$Al_2(SO_4)_3 + 3CaCO_3 + 9H_2O \longrightarrow Al_2(SO_4)_3 \cdot 2Al(OH)_3 + 3CaSO_4 \cdot 2H_2O + 3CO_2 \uparrow$$
$$Al_2(SO_4)_3 \cdot 2Al(OH)_3 + 3SO_2 \longrightarrow Al_2(SO_4)_3 \cdot Al_2(SO_3)_3 + 3H_2O$$

表 14-5　钢渣石膏法主要设备

设备名称	台数	规　格	备　注
螺杆式球磨机	2	2.6t/h	内衬橡胶
冷却塔	1	ϕ10×24m,入口 190℃,出口 60℃	上部衬树脂,下部衬树脂和耐火砖
吸收塔	1	ϕ10×19.7m	
压滤机	2	57t/h	泥饼含水 30%
升压风机	1	26400m³(工况)/min,8334 Pa	

$$Al_2(SO_4)_3 \cdot Al_2(SO_3)_3 + \frac{3}{2}O_2 \longrightarrow 2Al_2(SO_4)_3$$

$$2Al_2(SO_4)_3 + 3CaCO_3 + 6H_2O \longrightarrow Al_2(SO_4)_3 \cdot 2Al(OH)_3 + 3CaSO_4 + 3H_2O + 3CO_2$$

碱式硫酸铝—石膏法脱硫工艺示意于图 14-3。

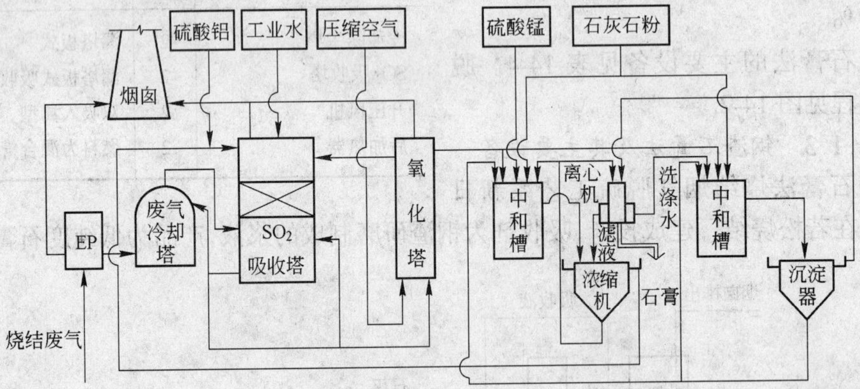

图 14-3　碱式硫酸铝—石膏法脱硫示意图

14.2.1.5　脱硫有关技术参数

日本部分烧结厂烟气脱硫的有关技术参数见表 14-6。

14.2.2　烟气脱氮

烧结烟气脱氮的方法较多,如湿式吸收法、干式法、接触分解法、选择和非选择还原法等。

氨还原法工艺过程简单,烟气中 SO_2 含量少时更简单,把氨引进烟气中,一同进入反应器,反应后 NO_x 转化成 N_2。其反应式如下:

$$6NO + 4NH_3 = 5N_2 + 6H_2O$$

$$6NO_2 + 8NH_3 = 7N_2 + 12H_2O$$

14.2.3　烟气脱砷

烧结原料中如有含砷成分,烧结过程中产生的砷氧化物随烟气逸出。我国目前允许砷氧化物向大气排放的标准,是按砷化物换算成砷来控制,允许值为 0.003 mg/m³(工况)。

烧结烟气中的砷化物随着烟气温度的下降,砷的氧化物会从烟气中结晶沉积。因此,烧结烟气脱砷可在抽风系统的除尘过程中同时完成,无需再单独采用脱砷措施及增加特殊的 脱砷设备。砷的氧化物在220℃时便开始结晶,在除尘器中与灰尘同时被捕集。当温度

表 14-6 日本烧结厂烟气脱硫技术参数

工厂名称	处理烟气量/标 $m^3 \cdot h^{-1}$	处理方法	处理对象	处理效果			脱出率/%	/产物名称
				单位	处理前	处理后		
扇岛 1号烧结机	615000	氨硫铵法	SO_2 粉尘	ppm g/标 m^3	500～600 0.5～0.8	＜50 0.05	＞90 92	硫酸铵
福山 3号烧结机	760000	氨硫铵法	SO_2 粉尘	ppm g/标 m^3	500～600 0.5～0.8	＜50 0.05	＞90 92	硫酸铵
和歌山 烧结厂	370000	石灰石膏法	SO_2 粉尘	ppm g/标 m^3	650 0.15	20 0.05	97 65	纯度97%的石膏
鹿岛 1号烧结机	880000	石灰石膏法	SO_2 粉尘	ppm g/标 m^3	650 0.4	20 0.05	97 90	纯度97%的石膏
鹿岛 2号烧结机	2000000	石灰石膏法	SO_2 粉尘	ppm g/标 m^3	650 0.4	30 0.03	95 93	纯度97%的石膏
小仓烧结厂	720000	石灰石膏法	SO_2 粉尘	ppm g/标 m^3	400 0.1	30 0.05	93 50	纯度97%的石膏
若松烧结厂	1000000	钢渣石膏法	SO_2 粉尘	ppm g/标 m^3	～300 1.0	50 0.03	82 97	石膏与杂质的混合物

在137℃时(升华温度),结晶速度加快。在一般情况下,烟气脱砷率为61%左右(试验值)。

收尘器捕集的高砷有毒灰尘,应妥善堆放与处理,避免二次污染环境。

14.2.4 烟气脱氟

烧结烟气中的氟是含萤石的铁矿原料在烧结过程中以气态氟化物(HF)的形式进入烟气的。氟化物对人体及动、植物有害。对随烟气排入大气中的氟含量国家卫生标准有严格的规定(见表14-1)。超过排放标准,烧结烟气应进行脱氟。

烧结烟气脱氟有干法和湿法两种。干法在黑色冶金烧结(球团)厂中尚未得到应用。在湿法中又分为酸法和碱法。酸法的主要缺点是设备腐蚀比较严重;碱法的主要缺点是结垢严重,垢坚硬难除。为了克服碱法的上述缺点,经试验证明,用轻烧白云石为中和剂代替石灰石中和剂,可使结垢速度大大放慢,而且结垢物疏松易于脱落。

湿法脱氟时,对烟气中的硫也能同时脱除。用轻烧白云石比用石灰石法的脱氟脱硫效率略高。湿法脱氟的最终产物是炼铝工业的重要原料——冰晶石。

14.2.5 烟气中其他有害杂质

在铁矿石烧结过程中,铅、锌等杂质挥发物呈氧化物状态。进入烧结烟气中。我国关于铅的排放规定列于表14-1。

铅在大气中的最高允许浓度,日平均为0.0007 mg/m^3(工况)。对锌没有明确规定。在车间环境空气中有害物质的最高允许浓度,铅烟为0.03 mg/m^3(工况),铅尘为0.05 mg/m^3(工况),氧化锌为5 mg/m^3(工况)。

烧结料中加入少量(2%～3%)的$CaCl_2$添加剂,铅的氧化物进入烟气量达90%,锌的氧化物进入烟气量可在65%左右。

14.3　环境除尘

14.3.1　烧结粉尘的来源

烧结粉尘的来源有：

(1) 原料、燃料、熔剂在破碎筛分和配料混合及其在转运过程中产生的灰尘和扬尘。

(2) 混合料在烧结过程中机头、机尾及抽风系统产生的烟尘和粉尘。

(3) 烧结矿在破碎、筛分整粒过程中及其在转运中产生的粉尘和扬尘。

烧结厂产生的大量灰尘使劳动条件变坏，如有两台 18 m^2 烧结机的某烧结厂无铺底料，据实测未经净化的废气中，仅机尾 1 号电除尘器入口的含尘浓度就高达 5968～9188 mg/标 m^3。因此，必须采取除尘措施，改善环境。

14.3.2　含尘废气排放标准

经过净化的烟气中仍有少量微细粉尘。我国烧结厂粉尘最高允许排放浓度为 150 mg/标 m^3。世界部分国家和地区的排放标准见表 14-7。

表 14-7　世界部分国家和地区含尘废气的排放标准

国家名称	英　国	日　本			西　德	西班牙	美　国	
		排气量大于 10^4 标 m^3/h	排气量小于 10^4 标 m^3/h	特殊要求地区			俄亥俄州克里夫兰市	伊利诺州
排放标准 /g·标 m^{-3}	0.115	0.300	0.400	0.200	0.150	0.240	0.240	0.230

车间工作环境最高允许粉尘浓度为 10 mg/标 m^3。

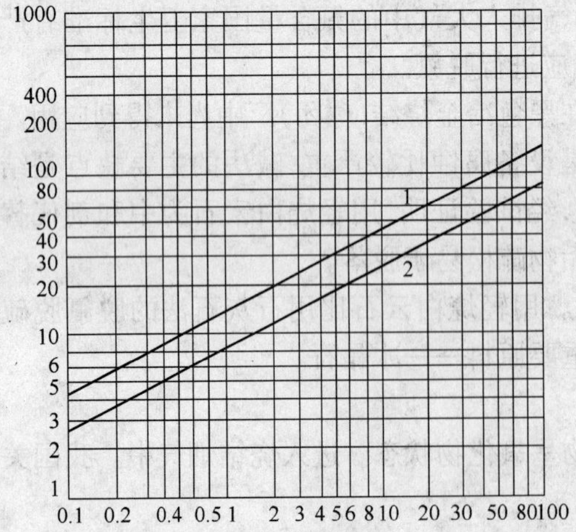

图 14-4　球形颗粒的重力自然沉降速度

1—密度为 2g/cm^3；2—密度为 5 g/cm^3

14.3.3　除尘方式

14.3.3.1　重力除尘

粉尘粒度与自然沉降速度的关系见图 14-4。重力除尘可捕集直径为 50 μm 以上的粉尘，压力损失一般为 98～147 Pa。因此重力除尘常用作其他除尘装置的预除尘，如烧结抽风系统的降尘管和降尘室等。重力除尘装置见图 14-5。

14.3.3.2　惯性除尘

惯性除尘装置有冲击式和百叶板式等，适用于大颗粒的粉尘和其他除尘装置的预除尘。

14.3.3.3　离心除尘

在离心力的作用下，粉尘粒子从含尘气体中分离，并沿管壁下降，堆积在下部的集尘斗中，间断地将灰排出。

14.3.3.4 过滤式除尘器

过滤除尘方式是将含尘气体通过过滤材料，使含尘气体中的粉尘与气体分离。气体粉尘通过滤布时，附着在表面，逐渐堆积成粉尘层，含尘气体再通过这一粉尘层时，更微小的粉尘又被捕集，因而效率较高，经过一定时间，将滤布上的粉尘抖落，见图 14-6。过滤速度由含尘气体通过的气流速度表示。其公式如下：

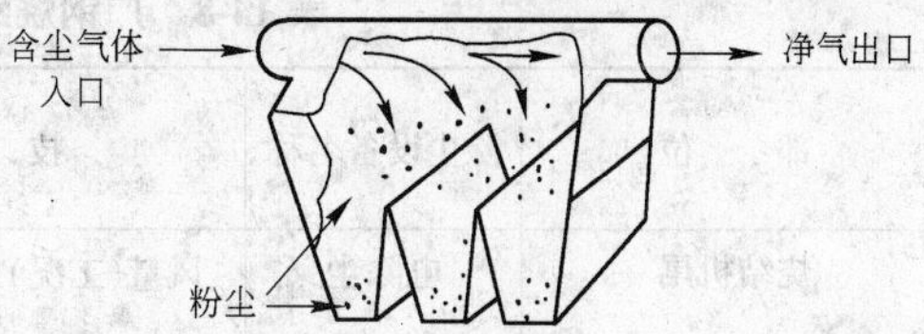

图 14-5 重力除尘装置

$$v_s = \frac{Q}{F} \tag{14-1}$$

式中 v_s——含尘气流速度，m/s；

Q——含尘气体量，m^3（工况）/s；

F——过滤面积，m^2。

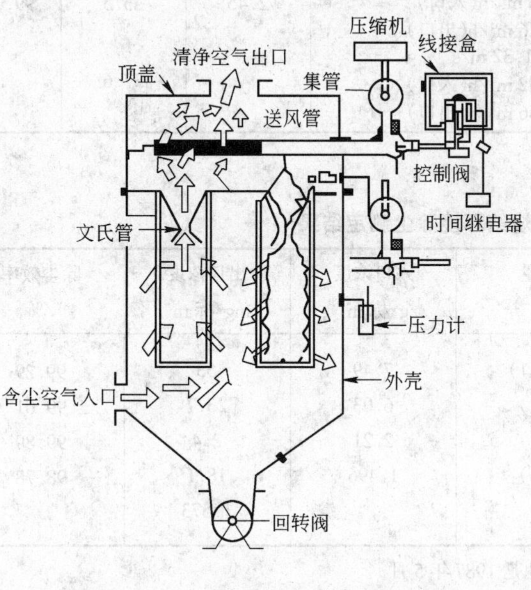

图 14-6 脉冲袋式除尘器示意图

过滤材料（滤布）有耐热、耐水、耐酸碱等几类。滤布的选择根据含尘气体的性质、温度、湿度、酸性、碱性、含尘量及粉尘性质而定。

14.3.3.5 静电除尘

静电除尘有 2 个电极，负极为放电极，正极为集尘极。当接通数万伏高电压后，放电极附近产生电晕放电，含尘烟气通过电场，产生电离，使粉尘粒子带电，飞向集尘极，与气体分离，达到净化气体的目的。

14.3.3.6 湿式除尘

湿式除尘就是喷雾洗涤含尘气体，使粉尘粒子从含尘气体中分离。含尘污水从底部排出，进入沉淀池。

湿式除尘装置有文氏管、喷射洗涤器、冲击型洗涤器、旋风洗涤器、水膜旋风洗涤器等。湿式除尘可以捕集微小颗粒。但耗水量大，污水处理困难。

14.3.4 环境除尘实例

广钢烧结厂机尾、原料系统、整粒系统及冷却机尾等环境除尘系统测定结果见表 14-8。宝钢烧结机尾、贮矿仓、粉焦、成品系统的除尘实测结果见表 14-9。

14.4 噪声防治

14.4.1 噪声的产生

烧结厂噪声主要来自各种高速运转设备、破碎设备、筛分设备、风机、燃烧装置以及管道、吸入、放散阀门等。其中，风机的噪声最为严重。风机的噪声主要来自风机本身和风机附属设备的噪声，风机管道与壳体发生共振的噪声。

14.4.2 噪声的允许标准

表 14-8 广钢烧结厂环境除尘测定结果

部 位	除尘设备名称	技 术 条 件	入口平均浓度/g·标 m^{-3}	出口平均浓度/mg·标 m^{-3}	除尘效率/%
烧结机尾	电除尘	风量(工况)128258 m^3/h(入口) 133614 m^3/h(出口) 电场风速 1.188 m/s	8.68	45.4	99.45
原料系统(破碎筛分处)	电除尘	风量76975 m^3/h(入口) 76292 m^3/h(出口) 电场风速 1.07 m/s	8.47	50	99.12
整粒系统	电除尘	风量95276 m^3/h(入口) 106926 m^3/h(出口) 电场风速 1.32 m/s	2.45	23.5	99.00
冷却机尾	192 管多管除尘	风量178292 m^3/h(入口) 164056 m^3/h(出口)		37.6	

注:测定时间为 1985 年 4 月。

表 14-9 宝钢烧结环境除尘测定结果

部 位	除尘设备名称	风 量/m^3·min^{-1}	入口浓度/g·标 m^{-3}	出口浓度/mg·标 m^{-3}	除尘效率/%
烧结机尾	电 除 尘	14544(入口)	7.49	53	99.29
贮矿仓	布袋除尘	2605(入口)	6.03	23.7	99.61
粉焦	布袋除尘	6193(入口)	2.21	2.4	99.89
成品	布袋除尘	5655(入口)	1.496	18.1	98.78
余热回收	多管除尘	2118.07		1.573	

注:余热回收系统的测定时间是 1985 年 11 月,其他是 1987 年 5 月。

14.4.2.1 国内噪声标准

工业企业噪声卫生标准规定在工业企业的生产车间和作业场所的工作地点的噪声标准为 85 dB(A)。现有工业企业经过努力暂时达不到标准时,可适当放宽,但不得超过 90 dB(A)。对每天接触噪声不到 8 小时的工种,根据企业种类和条件,噪声标准可相应放宽(见表 14-10 和表 14-11)。

表 14-10 新建、扩建、改建企业噪声标准

每个工作日接触噪声的时间/h	允许噪声/dB(A)
8	85
4	88
2	91
1	94

注:最高不得超过 115 dB(A)。

表 14-11 现有企业噪声标准

每个工作日接触噪声时间/h	允许噪声/dB(A)
8	90
4	93
2	96
1	99

注:最高不得超过 115 dB(A)。

14.4.2.2 国外噪声标准

一些国家的职业噪声标准见表 14-12。

表 14-12 职业噪声标准

国家名称	8 h 暴露的允许值 /dB(A)	最高限值 /dB(A)	暴露时间减半时允许增加值 /dB(A)	备注
ISO(国际标准组织)	85~90	115	3	
澳大利亚	90	115	3	
奥地利	90	110		对暴露 85 dB(A)以上的工人每三年进行听力检查一次
比利时	90	110	5	
加拿大	90	115	5	阿伯塔州(Alberta)规定为 85 dB(A)
捷克斯洛伐克	85		5	
丹麦	90	115	3	
芬兰	85			新建的厂,对暴露在 85 dB(A)以上的工人每三年,100 dB(A)以上每一年进行听力检查一次
法国	90		3	在 85 dB(A)以上即为有听力损伤危险
民主德国	85			
联邦德国	85		3	脑力工作:55 dB(A) 一般办公:70 dB(A) 其他一切地点:85 dB(A)
荷兰	80			据联合国资料
意大利	90	115	5	据联合国资料
日本	90			不足 8 h,按频带给出不同时间的不同限度
瑞典 瑞士 英国	85 90 90	115	3 3 3	
苏联 美国 南斯拉夫	85 90 90	115	~3 5 5	对不同地区另有规定

14.4.3 噪声的防治方法

根据噪声的性质,防治的主要措施是吸音、隔音、减振、减少机械摩擦与气流冲击等。

属于设备本身的机械噪声,要求提高设备制造精度,防止碰撞、摩擦、振动与冲击等。对于空气动力噪声,如风机、燃烧装置、管道、阀门等,防止办法多采用消声器。对于高速运转设备及其外溢噪声,一般多采用隔音板、隔音罩、隔音间等。对于物料与设备之间的碰撞与摩擦噪声,如各种筛分机、各种破碎机、混合机等,防治时多采用橡胶衬板、橡胶筛网、料衬等。

整个车间或烧结厂大范围防治噪声,一般采用隔音墙等。为了防止噪声向厂外扩散,多采用厂围墙和绿化带。

14.4.4 消声器

风机发生噪声的频率范围很广,基本频率由转数和叶片的个数决定:

$$f = n\frac{z}{60} \quad (14\text{-}2)$$

式中　f——风机噪声的频率,Hz;

n——叶轮转数,r/min;

z——叶片个数。

为消除风机所产生的噪声,在风机出口处装设消声器,若风机所发出之声波为无定向球面波,则其声源的动力级按下式计算:

$$P_{WL} = S_{pL} + 20\lg r + 11 \quad (14\text{-}3)$$

式中　P_{WL}——噪声的音级,dB;

S_{pL}——达到 r 米距离的声压级;

r——声源向外传播的距离,m。

用上式可以计算出噪声随距离的减弱量。因此,根据规定的消声值和实测值,可以求得消声量和频率,再根据所需要的消声特性设计消声器。

消声器根据具体配置情况,风机进出口压力情况等选择适宜的安装位置,要求消声器压力损失小,耐一定温度(100～200℃)、耐腐蚀、坚固。

通常使用的消声器是吸音、膨胀、共鸣共同组合的消声器。

14.4.5　防治噪声有关参数

宝钢烧结噪声情况见表 14-13。

表 14-13　宝钢烧结主要噪声源一览表

设备名称及主要规格	消声前噪声级/dB(A)	消声后噪声级/dB(A)	设备名称及主要规格	消声前噪声级/dB(A)	消声后噪声级/dB(A)
烧结主风机: $Q = 21000\ m^3$(工况)/min $H = 19600$ Pa	109	85	反击式破碎机 (ϕ1.3×2.0) 棒磨机(衬橡胶) (ϕ3.3×4.8)	107 112	90 70(5.0 m 处)
冷却风机: $Q = 9200\ m^3$(工况)/min $H = 4116$ Pa	101	80	冷矿双齿辊破碎机 (ϕ1.2×1.8)	102	85
余热回收风机: $Q = 2140$ 标 m^3/min $H = 7840$ Pa	106	85	自定中心振动筛(1.8×6.0) (筛焦用) 自定中心振动筛(2.1×6.6) (筛焦用)	102 106	88 92
机尾除尘风机: $Q = 15000\ m^3$(工况)/min $H = 2940$ Pa	105	82	一次成品筛分机(固定式) 二次成品筛分机,自定中心式	93 104	85 90
机尾除尘风机出口烟囱	102	85	(2.7×6.6)		
配料除尘风机: $Q = 2900\ m^3$(工况)/min $H = 4900$ Pa	97	79	三次成品筛分机,低头式 (3.0×9.0) 四次成品筛分机,低头式	107 107	90 90
成品除尘风机: $Q = 6900\ m^3$(工况)/min $H = 4900$ Pa	103	82	(3.0×9.0) 空气压缩机	 103	 85
粉焦除尘风机: $Q = 7400\ m^3$(工况)/min $H = 5880$ Pa	105	84			

14.5 污水处理

14.5.1 污水的排放标准

烧结厂含尘污水主要来自湿式除尘器、水封水、冲洗地坪水、降尘管下水封拉链水以及某些工厂采用冲洗胶带等的污水。这些污水必须经过处理才能向外排放或循环使用。我国钢铁企业中烧结厂废水中污染物允许排放标准见表14-14。

14.5.2 污水处理流程

烧结厂污水处理,通常采用沉淀—浓缩—过滤的流程,沉淀过程中有时需加用药剂。根据废水中悬浮物的颗粒组成特性,有时在沉淀之前,采用水力旋流器,首先分离粗颗粒,然后再进行沉淀、浓缩和过滤。经过处理的水,可返回烧结厂循环使用,污水处理后的泥渣可送回参与配料混合。水封拉链槽内的污水,尽量不外溢,以减少污水处理量。

表14-14 烧结厂污染物允许污染物排放标准

项目		烧结废水
pH值	新建厂	6~9
	现有厂	6~9
悬浮物/$mg \cdot L^{-1}$	新建厂	200
	现有厂	300

注:本表摘自(GB4911—85)《钢铁工业污染物允许排放标准》。

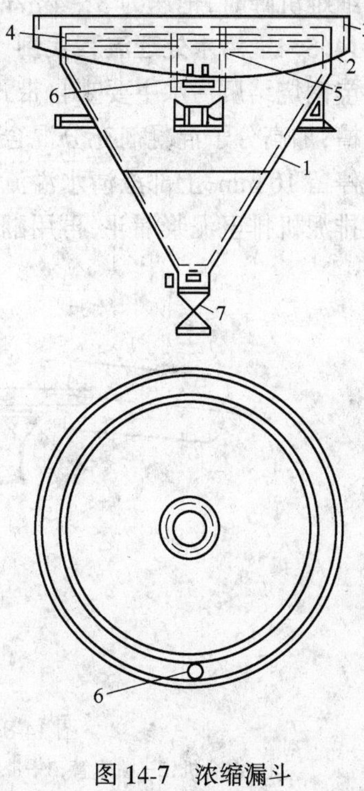

图14-7 浓缩漏斗
1—圆锥体;2—圆柱体;3—溢流槽;4—溢流堰;5—给料管;6—溢流接管;7—管阀

14.5.3 污水处理设备

14.5.3.1 浓缩漏斗

为了保证粉尘能很好地沉降下来,必须使最细粉尘的自由沉降末速大于浓缩漏斗(见图14-7)溢流量与漏斗的有效环形截面积之比。浓缩漏斗的有效环形截面积。可按下式计算:

$$S_{有} = \frac{\pi}{4}\left[D^2 - \frac{(D+d)^2}{4}\right] \quad (14\text{-}4)$$

式中 $S_{有}$——浓缩漏斗的有效环形截面积,m^2;

D——浓缩漏斗上部直径,m;

d——中央给料管直径,m。

浓缩漏斗的沉淀物量可按下式计算:

$$Q = \frac{S_{有} \cdot v_0}{\left(m + \frac{1}{\delta}\right) - g\left(P + \frac{1}{\delta}\right)} \quad (14\text{-}5)$$

式中　Q——浓缩漏斗的沉淀物量,t/h;

$S_{有}$——溢流水平面浓缩漏斗的有效环形截面积,m^2;

v_0——细粉尘自由沉降末速,m/h;

m——给料中的液固比;

P——沉淀物中的液固比;

g——沉淀物的产率(占给料),%;

δ——固体密度,t/m^3。

14.5.3.2　浓缩机

浓缩机与浓缩漏斗相似。灰尘沉降到底部,由耙子将沉淀物耙向池子中心排料口,用泵排出。这些沉淀物一般含水30%~50%。过滤车间进一步脱水,含水降至10%~20%左右,送回烧结重新使用。

通常外耙的线速度不超过7~8 m/min。颗粒粗大时,速度可按6m/min左右考虑。粒度过细难沉降时,耙速为3~4m/min。

14.5.4　污水处理流程实例

宝钢烧结厂污水主要来自带式输送机的冲洗水和清扫地坪的冲洗水。污水通过隔板式混合槽,加高分子混凝剂充分混合后,靠自溜并通过压力泵送至平流式沉淀池。废水在沉淀池中停留10 min,上部澄清水溢流至吸水井,经加压泵加压循环使用。沉淀的泥渣经池中的螺旋排泥机排至泥浆漏斗,再用翻斗车送至料场后回收再用。输送带冲洗水见图14-8。

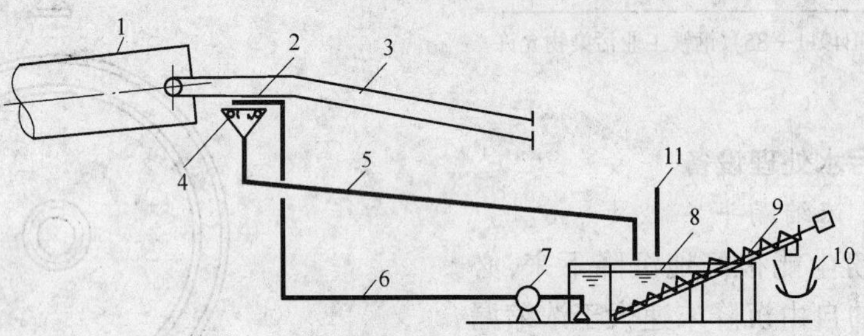

图14-8　宝钢输送胶带的冲洗水处理流程

1—混合机;2—喷水管;3—带式输送机;4—溜槽;5—回水管;6—给水管;7—泵;8—沉淀池
9—螺旋排泥机;10—泥浆漏斗;11—加高分子混凝剂

宝钢1号机污水量为36 m^3/h,悬浮物含量约为2000 mg/L。由沉淀池排出泥渣含水率为30%~50%。螺旋输送机能力约为3 t/h(干量),间断工作。

首钢一烧污水处理流程见图14-9。

攀钢烧结厂、鄂钢烧结厂污水均用浓缩池经底流送到水封拉链再利用。攀钢烧结厂浓缩池直径11 m共2台。鄂钢烧结厂浓缩池直径9 m,底流用螺旋输送机送到水封拉链。

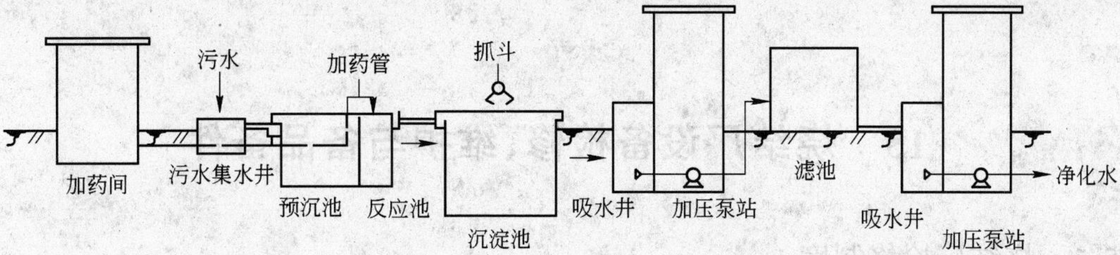

图 14-9　首钢一烧污水处理流程图

15 烧结厂设备检修、维护与备品备件

15.1 烧结厂检修制度

烧结厂一般在冶金厂厂区内，烧结厂的大修、中修任务，由冶金厂承担。小型烧结厂的小修任务一般也由冶金厂承担。

当烧结厂(如锰矿烧结厂)不在冶金厂区时，机修可与附近的矿山系统或冶金厂等单位协作。

烧结厂的中修应逐步由计划检修取代。

15.1.1 主要设备检修周期、检修内容及检修设施

烧结厂主要设备检修周期，检修内容及检修设施参见表 15-1。

表 15-1 烧结厂主要设备检修周期、内容及检修设施

设备名称	设备规格	检修性质	检修周期	检修内容	检修设施
四辊破碎机		小修	1～1.5 月一次，一次 8 h 左右	调整辊子间隙，检查传动装置，加油，车削下辊辊皮(7～15 d 车削一次)，上辊有堆焊时不车削辊皮只进行补焊	5 t 电动单梁起重机，在辊子前后方向的建筑物上埋设拉钩，以便水平拉出辊子时用
		中修	6～12 月一次，一次 16 d 左右	换下辊，调整检修传动装置，上辊寿命一年以上，下辊寿命 6～12 个月	
		大修	4 a 以上一次，一次 80d 左右	全面更换易损件，包括机架焊补、加固、调整找正	
锤式破碎机		小修	2～3 月一次，其中锤头倒换，一周一次，一次 8 h；更换新锤头 10～15 天一次，一次 12 h 左右	倒换、更换锤头，检查焊补箅条及箅条两端的支承	电动单梁或桥式起重机起重量按整体吊起带锤头的转子考虑
		中修	半年至一年一次，一次 2 d 左右	含小修内容外，更换转子及调整螺杆，检查电动机等	
		大修	4～5 a 一次	全部检查更换易损零件，机体焊补或更换	
圆盘给料机		小修	约 4 个月一次，一次 24 h 左右	检查轴承及传动装置，更换齿轴接手、轴、瓦等	1. 在与圆盘套筒同高度的建、构筑物上埋设拉环，为拆卸圆盘时挂环链手拉葫芦用 2. 手动或电动单轨小车，为运送圆盘给矿机用，起重量按整体装配件考虑 3. 传动装置上部设单轨吊车梁或埋设吊钩
		中修	4 a 一次	更换减速机部件、圆盘、衬板、轴及瓦座	
		大修	8～10 a 一次	含中修内容，里外套换新，料仓骨架换新	

续表 15-1

设备名称	设备规格	检修性质	检修周期	检修内容	检修设施
齿轮传动一次混合机(二混在地面时与此相同)		小修	检修周期配合烧结机检修进行	托轮、挡轮加油、检查、减速机打盖检查,更换接手螺丝及衬板	混合机设在室内时: 1. 在混合机上部,沿圆筒纵向设单轨吊车梁两根。起重量应能吊起辊道圈及齿圈 2. 在电动机和减速机上部设单轨吊车梁,起重量应能吊起整体减速机 混合机露天配置时,不需上述检修设施但需配汽车吊,宝钢烧结混合机用 45t,30t 等汽车吊
		中修		更换托、挡轮及减速机部件,齿圈出入口漏斗加固或更换,托辊底座加固或更换	
		大修		筒体、滚动齿圈、减速机部件,托辊、挡轮更换,清洗或更换润滑管道	
齿轮传动二次混合机(位于烧结机上部)		小修	检修周期配合烧结机检修进行	检修或更换托轮及挡轮,更换接手螺丝,清洗加油	$\phi3\times12$ m 混合机用 30/5 t 电动桥式起重机 $\phi3\times9$ m 混合机用 20/5 t 电动桥式起重机 $\phi2.8\times6$ m 及 $\phi2.5\times5$ m 混合机用 15/3 t 电动桥式起重机;$\phi2\times4$ m 混合机用 10 t 电动桥式起重机 设起重机要考虑: 1. 能吊起混合机筒体 2. 能吊起烧结机传动装置 3. 工作制度 $JC=40\%$
		中修		更换辊道圈或齿圈、更换或调整托轮、挡轮、更换内部衬板、加固或更换新托辊底座	
		大修		筒体、滚动齿轮、减速机、挡轮、托轮更换,清洗或更换润滑管道	
烧结机	130 m²	小修	3 个月一次,一次 56 h 左右	小修及停机检查: 检查和修理传动装置,密封装置,更换台车箅条和维修台车行走轮,降尘管补修 中修: 台车取下一部分,头尾弯道修理,传动装置及密封装置检查修理,点火器检修,风箱、风箱隔板、衬板换新 大修: 全部台车取下,部分设备更换,机架矫正或部分更换,各部位检查修理,点火器换新传动装置换新	30/5 t 电动桥式起重机及 10 t 电动桥式起重机
		中修	2 a 一次,一次 8 d 左右		
		大修	4~5 a 一次,一次 15 d 左右		
	90 m²	小修	3 个月一次,一次 50 h		15/3 t 电动桥式起重机
		中修	1.5 a 一次,一次 192 h		
		大修	5~6 a 一次,一次 480 h		
	75 m²	小修	3 个月一次,一次 48 h		
		中修	1.5 a 一次,一次 160 h		
		大修	5~6 a 一次,一次 480 h		
	50 m²	小修	3 个月一次,一次 36 h		15/3 t 电动桥式起重机
		中修	1.5 a 一次,一次 120 h		
		大修	5~6 a 一次,一次 480 h		
	24m²	小修	2 个月一次,一次 36 h		5 t 电动桥式起重机

续表 15-1

设备名称	设备规格	检修性质	检修周期	检修内容	检修设施
烧结机	24 m²	中修 大修	1 a一次,一次72 h 3~4 a一次,一次220 h		5 t电动桥式起重机
	18 m²	小修 中修 大修	2个月一次,一次36 h 1 a一次,一次72 h 3~4 a一次,一次220 h		3 t电动桥式起重机
				烧结机尾部检修: 烧结机小修时,烧结机尾部是检修的重点之一,更换固定筛箅条及其两侧衬板,补修固定筛横梁及刮刀;或更换热振动筛以及返矿槽衬板,更换破碎机转子及机尾部弯道调整检修时要拆除烧结机尾密封罩及破碎机罩	烧结机尾检修设施应考虑: 1. 机尾检修工作量大,灰尘多,应采用电动起重机 2. 起重量应能将整体单辊破碎机转子吊起 起重机应有直接通往地面的安装口
烧结主抽风机	1250 m³/min	小修	检修周期配合烧结机检修进行	小修: 检查转子、叶片及轴承、阀门磨损情况 中修: 更换转子,轴承。外壳及管道补修 大修: 抽风机转子,轴承座,轴承机壳衬板、管道系统等更换 更换一个转子约需30 h,抽风机转子寿命一般1~5 a	5 t电动桥式起重机
	1600 m³/min	中修			5 t电动桥式起重机
	2000 m³/min	大修			10 t电动桥式起重机
	3500 m³/min 4500 m³/min 6500 m³/min				3500、4500、6500 m³(工况)/min风机用15/3 t起重机
	8000 m³/min 9000 m³/min				8000、9000 m³(工况)/min风机用20/5 t起重机
	12000 m³/min				30/5 t电动桥式起重机
	21000 m³/min				70/20 t电动桥式起重机
					起重量按最重部件(如转子或上盖)考虑,不考虑风机下壳的重量
单辊破碎机(齿冠、箅板非水冷式)		小修 中修 大修	检修周期配合烧结机检修进行	检修传动装置和齿冠,螺栓更新,齿辊检查,齿冠更新,减速机调整,水冷轴承,箅板联轴器检查,减速机齿轴、齿轮、联轴器、箅板清洗或更换	利用烧结机操作平台的检修起重机

续表 15-1

设备名称	设备规格	检修性质	检修周期	检 修 内 容	检 修 设 施
单辊破碎机(齿冠、箅板水冷式)			检修周期配合烧结机检修进行		箅板安在台车上,设置专门的卷扬将其拉出。单辊用烧结机操作平台的检修起重机整体吊出
抽风环式、带式冷却机		小修 中修 大修	检修周期配合烧结机检修进行	轴流风机换风机轴承,台车托辊检查加油,台车压条筛网修整,刮板机部件更新,轴流风机解体情况,台车车轮更新,减速机解体,齿轴更新,台车零、部件更换,托、挡、压轮及支架更新,冷却水系统清洗	在风机上方装起重设备,吨位大小根据风机大小选择,供检修和更换风机叶轮用
鼓风环式冷却机	460m²		检修周期配合烧结机检修进行		10 t 电葫芦修理鼓风机;5 t 电葫芦修理环冷机台车
	145m²				2 t 手动单轨起重机
热矿振动筛		小修	检修周期配合烧结机检修进行	换筛板,振动子轴承清洗,检查更换	利用烧结机尾起重机或烧结机平台起重机进行检修
		大修		整体更换	
热返矿圆盘给矿机		小修	检修周期配合烧结机检修进行	检查轴承及传动装置,更换齿接手、轴、瓦等	与配料用圆盘给料机部分相同
		中修		更换减速机部件、圆盘、矿槽衬板、轴及瓦座	
		大修		含中修内容,套筒更换,返矿仓骨架换新	
熔剂用振动筛		小修	换筛网一月一次每次约 1h	换筛网	设电动或手动单梁起重机,起重量应能将筛子整体吊起
		中修	1a 一次,一次 7～8h	换筛体、滚珠轴承等	
翻车机		小修	3 个月一次,一次 24h 左右	检查传动系统,托轮及润滑系统,检修站台辊轮,托轮、各部传动件检查加油,结构件加固	
		中修	6 个月一次,一次 96h 左右		
		大修	5～6a 一次,一次 15d 左右	全部更换易损件	
抓斗桥式起重机		小修	4 个月一次,一次 24 h	传动部件解体检查,加油、调整行轮,更换抱闸,调整大,小滑阀,检查抓斗零件,换抓斗钢丝绳	在仓库两端检修跨的房架上设单轨吊车梁,上挂电动葫芦,当有三台抓斗起重机时,在料仓中部房架上也设置单轨吊车梁,上挂电动葫芦
		中修	1～1.5 a 一次,一次 2 d 左右	更换抓斗,传动部分及减速机部件、轴承、调整走行轮及加换润滑油	

续表 15-1

设备名称	设备规格	检修性质	检修周期	检修内容	检修设施
抓斗桥式起重机		大修	8～10 a 一次，一次12 d左右	恢复主梁挠度，校对走行架，更换轨道传动部分、抓斗及走行轮等	
带式输送机			混合料系统（单系统）约2个月一次 混合料系统（双系统）约2个月一次 原料系统，半年左右一次 整粒系统，约2个月一次，一次16 h左右	检查清洗减速机齿轮磨损情况，检查电动机，更换漏斗衬板，轴承上油，检查接手，更换胶带及部件等，检修时，根据带式输送机各部件损坏情况，具体确定检修项目	传动装置及传动滚筒上设单轨吊车梁，起重量按最重部件即整体减速机或传动滚筒考虑，端部改向滚筒上部设吊钩，露天带式输送机设置2 t汽车吊修理带式输送机
多管除尘器		小修	检修周期配合烧结机检修进行	磨损处，漏风处焊补	在除尘器上部设电动单轨或电动单梁起重机
		中修		旋风子，导气管部分更换	
		大修		旋风子、导气管、灰斗上下栅架、外皮等更换	
检修用起重机				要定期清洗或检查齿轮的磨损情况，或吹刷电动机	除手动单轨小车外，都应设检修用梯子

15.1.2 烧结厂主要设备检修制度实例

烧结厂（90 m^2 烧结机）主要设备检修制度实例见表 15-2。

表 15-2 90m^2 烧结厂设备大、中、小修检修实例

设备名称规格	大修		中修		小修		备注
	周期/a	时间/d	周期/a	时间/d	周期/月	时间/d	
烧结机 90 m^2	4	25	2	7	3	2～3	
圆辊给料机 ϕ1200	4	25	2	7	3	2～3	
多管除尘器 594 管	4	10					一般不到 4 a 就磨穿
圆筒混合机 $\phi 2.8\times\frac{9}{6}$	4	15	2		3		
梭式布料机	4						
抽风机 8000 m^3	4		1	3			
翻车机 ϕ8140×17000	4	20	1	3			
重型板式给矿机 2400×5000	4	20	2	7			
圆盘给料机（冷）	4	10					
圆盘给料机（热）	4						伞齿轮箱一般整体更换
环式冷却机 130 m^2、200 m^2	4	25	1～2	5～7	3	1～3	
链板运输机 $B=800$	4	15	1～2	5～7	3	1～3	
水封拉链机 $B=1000$	4	20	2	5			
轴流风机 11 号 ϕ2400	4	20	1～2	5～7			
单辊破碎机 ϕ1500×2800	4	20	2	5～7			
耐热振动筛 3175	4	15			3		一般 8 a 更新
高压鼓风机 919—101—10D	4				12	1～2	
抓斗起重机 20 t($L=31.5$)	4	20	1	2～3	3	1～2	20 a 左右更新

续表 15-2

设备名称规格	大修		中修		小修		备注
	周期/a	时间/d	周期/a	时间/d	周期/月	时间/d	
整粒重型双层筛 2H 2460							
双齿辊破碎机 ϕ1200×1600	8	15			12	5~7	
四辊破碎机 ϕ900×700	4	15	1	3~5	3	1~2	
锤式破碎机 ϕ1300×1600	4	15	1	5~7	3	1~2	
反击式破碎机 MFD-100			1	5~7	6	2~3	
双光辊破碎机 2PG1200×1000	8	10					
单侧门型卸料机 $B=2500$	4	25	1	15	6	2~3	
带式输送机(各种规格)	4						除混合料系统一般不安排大修

注:本表为武钢烧结厂 1987 年实际使用资料。

15.2 烧结厂检修用起重设备配备实例

宝钢烧结厂室内设备检修用起重设备见表 15-3。

表 15-3 宝钢烧结厂室内设备检修用起重设备($450m^2$ 烧结机一台)

设备名称	主要技术规格	台数	用途
电动桥式起重机	60/20 t,跨距 17.3 m	1	烧结机尾及单辊检修
	20 t,跨距 17.3 m	1	烧结机头及点火炉检修
	75/20 t,跨距 14m	1	主风机检修
电动单梁起重机	15t,跨距 3.8m	1	烧结室±0.00 平面台车修理
	15 t,跨距 11 m	1	冷破碎及一次冷筛修理
	3 t,跨距 8 m	1	二次成品筛修理
	3 t,跨距 10 m	2	三次、四次成品筛修理
	7.5 t,跨距 13 m	1	粉焦棒磨机传动装置及衬板修理
电动葫芦	3 t	1	混合料仓及返矿仓修理
	5 t	2	单辊箅齿及环冷机台车修理
	10 t	1	环冷鼓风机修理
	1 t	3	粉焦缓冲仓衬板及运输机,配料仓下运输机,圆辊衬板反射板修理
	2 t	3	粗焦筛、粉焦筛、反击式破碎机修理

下陆烧结厂设备检修用起重设备(设计)见表 15-4,首钢一烧设备检修用起重设备见表 15-5。

表 15-4 下陆钢铁厂烧结车间检修设备($24\ m^2$ 烧结机 2 台) (设计)

设备名称	主要技术规格	台数	用途
电动单钩桥式起重机	$Q=5\ t, L_k=18.5\ m, H=24\ m$	1	烧结机台车,传动装置、烧结机尾检修
	$Q=10\ t, L_k=9\ m, H=12\ m$	1	主抽风机转子及传动装置检修
电动单梁桥式起重机	$Q=3\ t, L_k=8\ m, H=12\ m$	1	燃料、熔剂破碎设备检修

续表 15-4

设备名称	主要技术规格	台数	用　途
电动单梁悬挂起重机	$Q=5\ t, L_k=6\ m, H=7.5\ m$	2	圆筒混合机及传动装置及带式输送机传动装置检修
电动葫芦	$Q=5\ t, H=9\ m$	1	熔剂筛分机检修
	$Q=5\ t, H=15\ m$	1	成品一筛分筛分机检修
	$Q=5\ t, H=12\ m$	1	成品二筛分筛分机检修
	$Q=5\ t, H=18\ m$	1	成品三筛分筛分机检修
	$Q=1\ t, H=12\ m$	1	熔剂筛分室带式输送机检修
手动单轨小车	$Q=5\ t, H=8\ m$	1	
	$Q=5\ t$	3	
	$Q=3\ t$	4	
	$Q=2\ t, H=3.5\ m$	1	
	$Q=1\ t$	6	
	$Q=0.5\ t$	8	
环链手拉葫芦	$Q=5\ t$	2	
	$Q=3\ t$	2	
	$Q=1\ t$	6	
	$Q=0.5\ t$	2	

表 15-5　首钢一烧设备检修用起重设备

起重设备安装地点	主要技术规格
二次混合(在烧结室上部)	起重量 20/5 t,跨度 10.5 m,起升高度 32 m
烧结机中部	起重量 10 t,跨度 28 m,起升高度 25 m
烧结机尾部	起重量 15/3 t,跨度 10.5 m,起升高度 25 m
抽风机室	起重量 20/5 t,跨度 12.5 m,起升高度 14 m
冷却机室	起重量 20/5 t,跨度 13.5 m
机头多管除尘器上部	起重量 3 t,跨度 6 m
冷风机用多管除尘器上部	起重量 3 t,跨度 11 m
冷筛分间	起重量 20/5 t,跨度 22.5 m,起升高度 26 m
集中除尘风机室	起重量 5 t,跨度 10 m

15.3　烧结厂易损件消耗指标及设备整体更换

烧结厂易损件的消耗指标见表 15-6。

烧结厂设备检修中,虽然整体更换有利于提高设备检修效率,但同时要考虑经济效益,以免增加备品备件数量。

烧结厂设备整体更换的条件是:

(1) 在现场修理会影响修理进度,影响主机作业率;

(2) 在现场修理受到设备或场地限制;

(3) 受定期修理或大修时人力安排限制;

(4) 现场修理不能保证修理精度及质量;

(5) 具备有可供更换的成套设备。

表 15-6 易损件消耗指标

名 称	材 质	单 位	消 耗 指 标
热筛筛板	18CrMnN	kg/t 烧结矿	0.001～0.008
单辊破碎机齿冠①	硬质合金	kg/t 烧结矿	0.007～0.018
四辊破碎机辊皮②	ZG_3,CrMnSi	kg/t 烧结矿	0.015～0.02
冷筛分机筛板	45 号钢或合金钢	kg/t 烧结矿	0.005～0.01
锤碎机锤头	45 号钢	kg/t 石灰石	≈0.07
普通运输胶带		m^2/单线 t 烧结矿	0.02～0.025
炉箅子	普通铸铁	kg/t 烧结矿	0.04～0.08
	高铬铸铁	kg/t 烧结矿	0.02～0.04
润滑油		kg/t 烧结矿	0.03～0.05

注：1. 具体工程中,材质不同时消耗指标应相应修改;

2. 表中条件是冷矿生产。

① 单辊为水冷式;

② 四辊辊皮指标为破碎碎焦之值,如破无烟煤时应低于此值。

对下列一般的零部件也实行整体更换:

(1) 高精度减速机齿轮的修理、更换;

(2) 齿轮泵解体检查、修理;

(3) 油压缸的解体检查、修理;

(4) 液压件的解体清洗、试验与检查;

(5) 风机叶片、叶轮的修理、更换和平衡调整;

(6) 齿轮联轴节及齿轮等压装部件的更换;

(7) 滚动轴承的更换及滚动部的平衡与检查;

(8) 各种管道阀门;

(9) 属国家标准的通用性部件或组装件。

15.4 润滑系统

15.4.1 润滑部位及润滑形式

烧结厂润滑大都是按单个设备润滑,润滑部位及润滑形式见表 15-7。

表 15-7 烧结厂润滑部位及润滑形式

设备名称及润滑部位	润滑形式
烧结机滑板	电动干油集中润滑
抽烟机风机轴承	稀油集中润滑
带冷机(或环冷机)	稀油集中润滑

烧结机头部传动装置,给料装置,尾部架各托轮、侧轮及分别设在单辊头、尾部的手动泵站、混合机的托轮、挡轮及齿轮轴承,轮齿啮合,托轮与滑道等用人工加干油,特大型混合机可用稀油喷雾润滑,带式输送机传动轮及尾轮轴承人工加油。

15.4.2　烧结厂润滑系统实例

攀钢烧结厂润滑系统是：烧结机主减速机、滑道部分用 DGZ-500C 自动干油站集中润滑；混合机、环冷机风机采用手动干油站润滑；主抽风机、热返矿圆盘、环冷机的减速机、热筛均采用稀油集中润滑；其它设备采用稀油（飞溅）润滑和干油间歇润滑。其工作压力是：自动干油站$(686.5\sim882.6)\times10^4$Pa；稀油集中润滑站 29.4×10^4Pa；主抽风机的稀油润滑$(6.9\sim10.8)\times10^4$Pa。

宝钢采用集中润滑，把烧结车间各个运转设备（如烧结机、冷却机、破碎机以及各种带式输送机等）需要润滑的给油点集中，按设备所处的位置划分为几个系统，自动给油润滑。润滑装置的油泵压力由 9.807×10^6 Pa 提高到 2.059×10^7 Pa，扩大了系统供脂范围。宝钢烧结厂（一期）全厂共设置 10 个集中润滑系统，分别配置在 8 个润滑站内，其布置情况见图 15-1 所示。各系统承担润滑的设备见表 15-8。

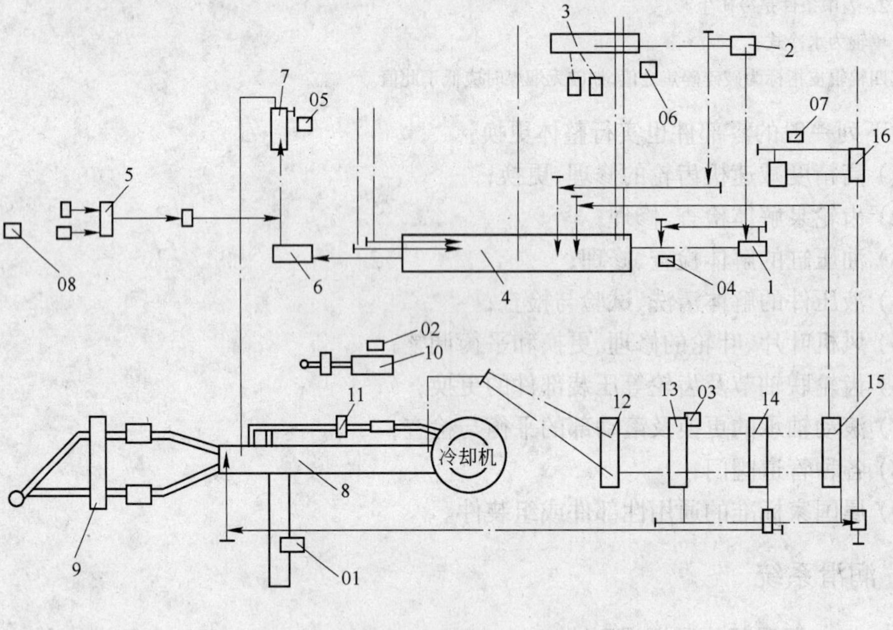

图 15-1　润滑站配置示意图

01—A、B、C 系统；02—D 系统；03—E 系统；04—F 系统；05—G 系统；06—H 系统；07—I 系统；08—小球系统

1—粗焦破碎筛分；2—细焦筛；3—棒磨机；4—配料仓；5—造球机；6—一次混合机；7—二次混合机；8—烧结机；9—抽风机；10—机尾除尘器；11—余热回收；12—一次成品筛；13—二次成品筛；14—三次成品筛；15—四次成品筛；16—成品检验室

手动集中润滑有环冷机台车、环冷机侧辊以及带式输送机等。

表 15-8　自动集中润滑各系统承担润滑的设备

名称	润 滑 设 备 名 称	油　泵
A	烧结机台车与风箱滑道密封，单辊破碎机主轴承和中间轴承	2 台：一台工作，一台备用

续表 15-8

名称	润 滑 设 备 名 称	油　泵
B	烧结机:(1)机头主轴承、中间轴承、铺底料溜槽轴承、圆辊给料机轴承、机尾主轴承、移动架托轮及侧轮,尾部重锤滑轮,机尾散料溜槽托轮,点火器下风箱阀门,风箱蝶阀,导气管切换阀,机头反射板自动清扫器及圆辊轴承。机头反射板自动清扫器支承托辊,双层漏灰阀、冷风吸入阀;(2)机头电除尘器;阴极振打装置,绝缘子保温装置,排灰及集灰输送机、斗式提升机,烟气加湿机,加湿机;(3)冷却机:驱动装置,支承托辊,环形拉链机,双层漏灰阀,板式给矿机(头部、尾部)板式给矿机(受料托辊);(4)附近带式输送机	2 台:1 台工作,1 台备用
C	烧结机台车与风箱间滑板密封(尾部)	电动油泵 2 台
D	(1)机尾除尘器:排灰输送机、集灰输送机、卸灰阀、斗式提升机、加湿机;(2)附近带式输送机	电动油泵 1 台
E	(1)成品除尘器:卸灰阀、排灰及集灰输送机、斗式提升机、加湿机;(2)双齿辊破碎机;(3)附近带式输送机	电动油泵 1 台
F	(1)配料仓定量给料机;(2)粗焦破碎机;(3)粉焦取样机、返矿取样机;(4)附近带式输送机	电动油泵 1 台
G	(1)一次混合机:托轮、齿轮、挡轮轴承;(2)二次混合机:托轮、齿轮、挡轮轴承;(3)附近的带式输送机	电动油泵 1 台
H	(1)粉焦破碎机;(2)粉焦除尘器:卸灰阀、排灰及集灰输送机、斗式提升机、加湿机;(3)附近带式输送机	电动油泵 1 台
I	成品检验室内带式输送机	电动油泵 1 台
小　球	小球工段内设备及带式输送机	电动油泵 1 台

16　转运站、带式输送机及通廊

16.1　转运站

转运站的设计原则如下：

(1) 带式输送机尽量采用低交料方式，以降低带式输送机交料落差，减少转运站的平台层数。采用低交料的配置方式时，应注意带式输送机操作边走道的顺畅。

(2) 应充分利用高架转运站下空间部分。为避免噪声和振动的影响，下部空间不宜用作重要的办公室和仪器仪表间。

(3) 带式输送机头部的增面轮下尽可能设置散料漏斗，采用料衬漏斗时，在标高允许的情况下可将增面轮一并包入漏斗。

(4) 转运站内一般应设置冲洗地坪设施，地下转运站应考虑设置排水设备。

(5) 北方地区的转运站应建成封闭式建筑，南方地区应设置屋盖、半墙及雨搭（遮阳板），有条件时，可采用全敞开式；

(6) 封闭式的转运站，正对带式输送机尾部的墙开窗，便于安装及更换胶带。

(7) 有些半墙式的转运站，可考虑设置操作工人值班室或电话间。

(8) 转运站配置要紧凑，只留尾轮、漏斗、减速机、电动机及少量备件存放及检修人员工作场地、通风除尘和其它专业所需要的位置。

(9) 转运站要配置检修设施，检修吊车梁要方便主要检修设备和大件的吊装及土建的制作和施工。较大的且有多条带式输送机和较高的转运站（高于 12 m），应设置电动葫芦，吊装孔的设置应接近公路并注意安全。室内无法开安装孔的转运站可用悬臂吊车梁伸出转运站。

(10) 转运站和通廊的交接要考虑走行的方便和安全。

16.2　带式输送机及通廊

16.2.1　带式输送机设计原则

带式输送机的设计应根据有关规定，并在工厂设计中注意如下的原则：

(1) 带式输送机多采用头部单滚筒传动，只在有特殊要求或总图布置限制时，传动装置才设于尾部或中部。头部传动装置的配置要方便走行和检修，必要时可采用垂直传动配置方式，如图 16-1 的配置形式。中部传动和中部重锤的改向滚筒处易积聚粉尘散料，需要考虑这些粉料的处理。中部重锤在满足胶带张紧力的情况下，要尽量靠近头部配置。

(2) 设置中间跨梯的带式输送机，跨梯最高一级的上部最少要有 2 m 空间。

(3) 重锤拉紧装置的重锤块周围应设置安全栏杆，重锤应尽可能吊至接近 ±0.00 m 平面，如配置上有困难时，重锤块的正下方要有支承梁。

(4) 设有卸料车的带式输送机，其平台的漏料孔上，应设置活动箅条，箅条间隙为 100～200 mm。

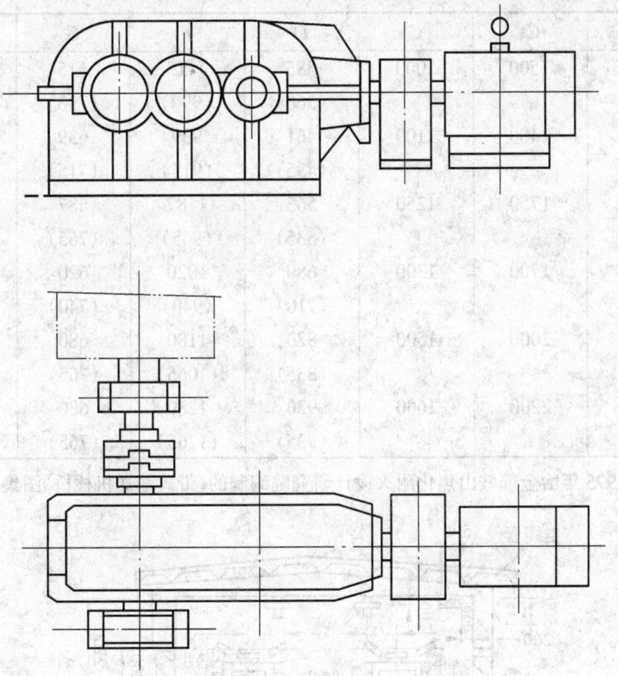

图 16-1　垂直传动装置图例

(5) 带式输送机的传动部件如联轴节和尾轮等处,均应设安全保护罩。

(6) 带式输送机较长时,通廊中需设置事故开关,一般每隔 30～50 m 安装一个。

(7) 在带式输送机电动卸料设备末端车挡前应设极限开关;

(8) 对于设有电子称量装置的带式输送机,电子秤要配置在直线段上,且带式输送机倾角要小于 18°。

16.2.2　通廊设计原则

(1) 通廊剖面布置尺寸,非采暖地区,单通廊按图 16-2 及表 16-1,双通廊按图 16-3 及表 16-2 选用;采暖地区单通廊按图 16-4 及表 16-3,双通廊按图 16-5 及表 16-4 选用。如果通廊中有卸料装置,要求两侧操作,附属设施超过图示范围,或者有其它特殊要求(如封闭除尘等)时,应根据卸料设备或其它附属设施的外形尺寸布置通廊剖面的大小。

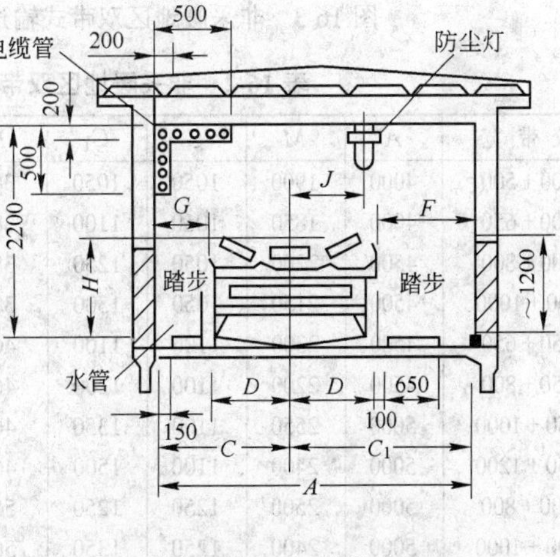

图 16-2　非采暖地区单带式输送机通廊剖面图(地下通廊亦适用)

(2) 通廊净空高度为 2.2 m;但热返矿通廊,其净空高度不小于 2.6 m。

(3) 有踏步时,通廊净空高度的基面应为踏步的上切线,无踏步时则为带式输送机基础面。

表 16-1 非采暖地区单带式输送机通廊剖面尺寸表/mm

胶 带 宽	A	C_1	C	D	F	G	H	J
500	2500	1500	1000	385 (360)	1115 (990)	615 (790)	800	300
650	2500	1400	1100	461 (435)	939 (915)	639 (715)	800	400
800	3000	1750	1250	563 (535)	1187 (965)	687 (765)	1000	500
1000	3000	1700	1300	680 (710)	1020 (940)	620 (740)	1000	600
1200	3500	2000	1500	820 (835)	1180 (1065)	680 (765)	1000	700
1400	4000	2200	1600	920 (935)	1280 (1265)	680 (765)	1000	800

注:括号内数据选自 1975 年冶金部鞍山焦化耐火设计研究院编制的《带式输送机栈桥》图集(一),编号 CG429(一)。

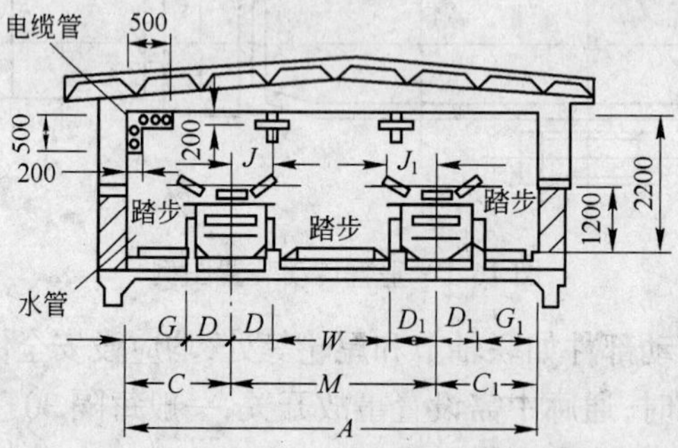

图 16-3 非采暖地区双带式输送机通廊剖面图(地下通廊亦适用)

表 16-2 非采暖地区双带式输送机通廊剖面尺寸/mm

胶 带 宽	A	M	C	C_1	D	D_1	G	G_1	J	J_1	W
500 + 500	4000	1900	1050	1050	385	385	665	665	300	300	1130
500 + 650	4000	1850	1050	1100	385	461	665	639	300	400	1004
500 + 800	4500	2200	1050	1250	385	563	665	687	300	500	1252
500 + 1000	4500	2150	1050	1300	385	680	665	620	300	600	1085
650 + 650	4500	2300	1100	1100	461	461	639	639	400	400	1378
650 + 800	4500	2200	1100	1200	461	563	639	637	400	500	1176
650 + 1000	5000	2550	1100	1350	461	680	639	670	400	600	1409
650 + 1200	5000	2400	1100	1500	461	820	639	680	400	700	1119
800 + 800	5000	2500	1250	1250	563	563	687	687	500	500	1374
800 + 1000	5000	2400	1250	1350	563	680	687	670	500	600	1157
800 + 1200	5500	2750	1250	1500	563	820	687	680	500	700	1367
800 + 1400	5500	2600	1250	1600	563	920	687	680	500	800	1167
1000 + 1000	5500	2800	1350	1350	680	680	670	670	600	600	1440
1000 + 1200	5500	2650	1350	1500	680	820	670	680	600	700	1150
1000 + 1400	6500	3550	1350	1600	680	920	670	680	600	800	1950
1200 + 1200	6500	3500	1500	1500	820	820	680	680	700	700	1860
1200 + 1400	6500	3400	1500	1600	820	920	680	680	700	800	1660
1400 + 1400	6500	3300	1600	1600	920	920	680	680	800	800	1460

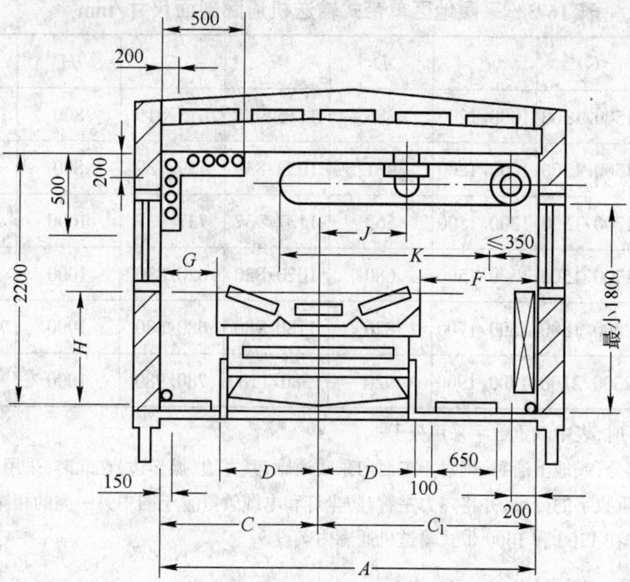

地上通廊

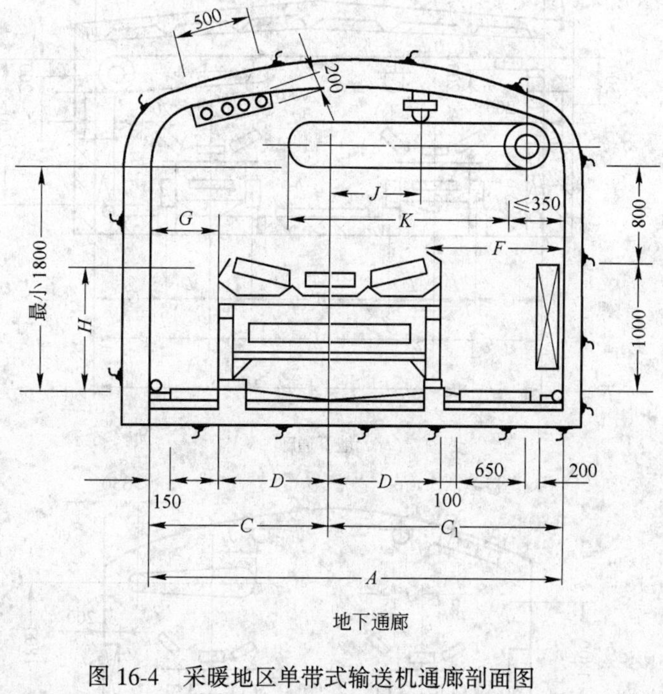

地下通廊

图 16-4　采暖地区单带式输送机通廊剖面图

(4) 通廊倾斜度为 8°～12°时,走道应设防滑条;超过 12°时,应设踏步。

(5) 应设冲洗地坪及带活动盖板的污水排水沟。

(6) 地下通廊露出地面部分应设门,以便进出通廊。

(7) 电线(缆)管、水管及压气管等不宜沿带式输送机架两侧敷设,以免影响带式输送机的检修和清扫。

表 16-3　采暖地区单带式输送机通廊剖面尺寸/mm

胶带宽	A	C_1	C	D	F	G	H	J	K
500	2500	1500/1300	1000/1200	385	1115/915	615/815	800	300	
650	2500	1500/1300	1000/1200	461	1039/839	539/739	800	400	
800	3000	1700/1500	1300/1500	563	1137/937	737/937	1000	500	
1000	3000	1700/1500	1300/1500	680	1020/820	620/820	1000	600	
1200	3500	2000/1800	1500/1700	820	1180/980	680/880	1000	700	2000
1400	4000	2300/2100	1700/1900	920	1380/1180	780/980	1000	800	2000

注：1. 通廊全部在地下时，表中双重数字采用分子；

2. 如有露出地面部分，或地上通廊，则对于东西向采暖通廊，其宽边（操作边）在北时，采用双重数字的分子，宽边在南时，采用双重数字的分母，并将热力主管、防尘灯和电缆管等置于图中另一侧的相对位置；

3. 热力主管只允许在 1200 和 1400 带式输送机通廊内敷设。

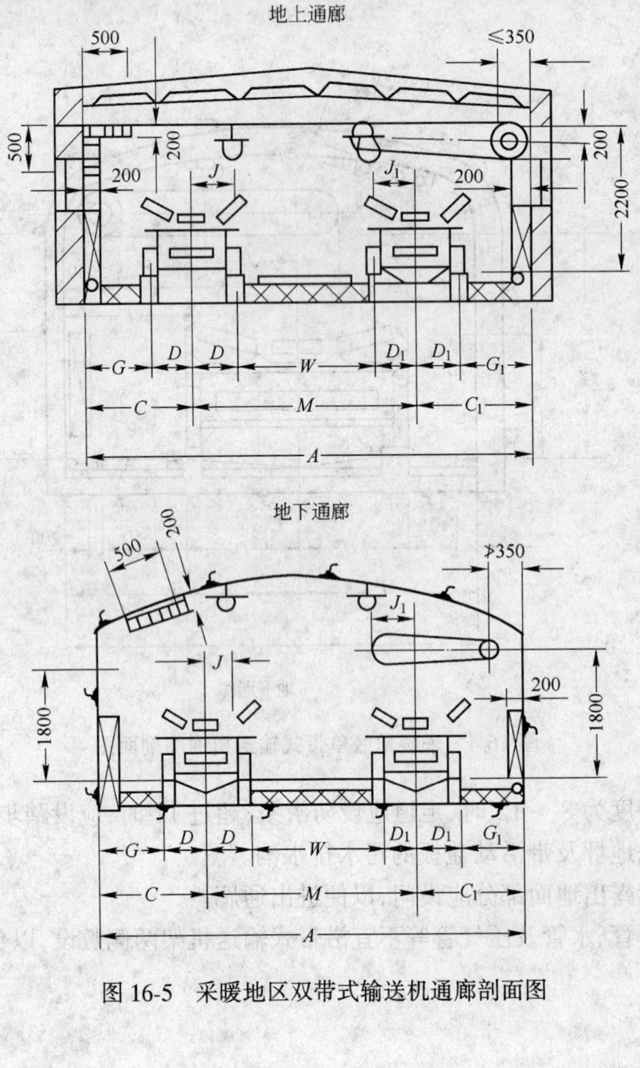

图 16-5　采暖地区双带式输送机通廊剖面图

表 16-4　采暖地区双带式输送机通廊尺寸表/mm

带　宽	A	M	C	C_1	D	D_1	G	G_1	J	J_1	W
500 + 500	4500	2100	1200	1200	385	385	815	815	300	300	1330
500 + 650	4500	2150	1150	1200	385	461	765	789	300	400	1304
500 + 800	5000	2100	1200	1400	385	563	815	837	300	500	1452
500 + 1000	5000	2500	1100	1400	385	680	715	720	300	600	1435
650 + 650	5000	2300	1350	1350	461	461	889	889	400	600	1378
650 + 800	5000	2450	1200	1350	461	563	739	787	400	500	1426
650 + 1000	5500	2600	1350	1550	461	680	889	870	400	600	1459
650 + 1200	5500	2700	1200	1550	461	820	739	730	400	700	1419
800 + 800	5500	2750	1400	1400	563	563	837	837	500	500	1574
800 + 1000	5500	2750	1300	1450	563	680	737	770	500	600	1507
800 + 1200	6000	2950	1400	1650	563	820	837	830	500	700	1567
800 + 1400	6000	3050	1300	1650	563	920	737	730	500	800	1567
1000 + 1000	6000	2900	1550	1550	680	680	870	870	600	600	1540
1000 + 1200	6500	3100	1600	1800	680	820	920	980	600	700	1600
1000 + 1400	6500	3200	1550	1750	680	920	870	830	600	800	1600
1200 + 1200	6500	3200	1650	1650	820	820	830	830	700	700	1560
1200 + 1400	7000	3400	1750	1850	820	920	930	980	700	800	1660
1400 + 1400	7000	3500	1750	1750	920	920	830	830	800	800	1660

(8) 在南方的半敞开通廊中,在风力急大的地段,要注意物料被吹起扬灰的可能性。

(9) 通廊走道平台应考虑一定的检修负荷。

(10) 当暖气管设在通廊墙边时,可将通廊净宽加大一级使用。

长江以南地区、晋南、河南和江淮一带可采用半墙带防雨盖的轻型建筑结构通廊,屋檐长度应保证雨水淋不到设备上,见图 16-6 及图 16-7(图 16-6 及图 16-7 中符号可查表 16-1 至表 16-4)。

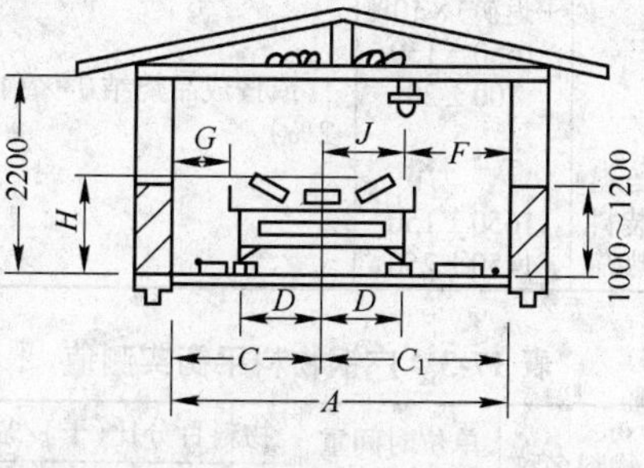

图 16-6　轻结构单带式输送机通廊

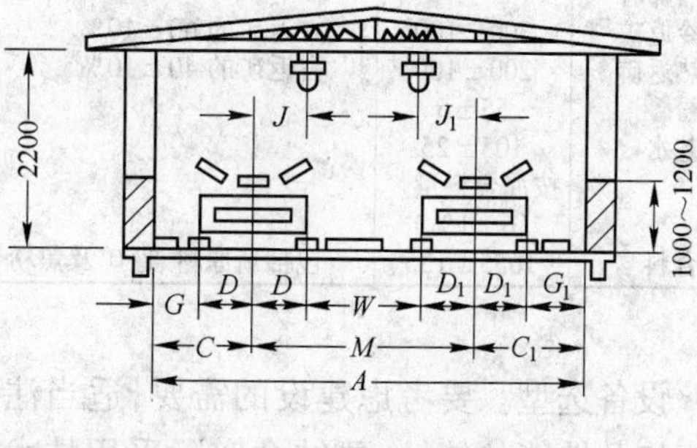

图 16-7　轻结构双带式输送机通廊

17 设备的选择与计算

17.1 工艺设备选择计算的依据

烧结厂设备台数的确定取决于工作制度、总产量、设备的台时生产能力以及设备的作业率。

烧结厂为连续工作制，但熔剂、燃料制备系统。由于劳动条件较差，每班按6 h选用设备台数。

根据高炉年需要烧结矿量，并增加5%左右的富余量来计算设备台数。

设备作业率，考虑了设备的大、中、小修时间以及一般事故、交接班检查、停电等因素影响的停机时间。不包括外部影响因素。烧结厂主要设备的作业率见表17-1。

表17-1 烧结厂主要设备的作业率

设备名称	设备年工作日/d	设备作业率/%
翻车机	219	60
锤式破碎机	274	75
振动筛(熔剂)	274	75
四辊破碎机	274	75
圆盘给料机	310～329	85～90
圆筒混合机	310～329	85～90
烧结机(冷矿)	310～329	85～90
烧结矿冷却设备	310～329	85～90
双齿辊破碎机(冷烧结矿)	310～329	85～90
振动筛(冷烧结矿)	310～329	85～90
抓斗起重机	310	85

表17-2 烧结物料量(按1 t成品烧结矿计)

物料名称	数量/$kg \cdot t^{-1}$烧结矿	备注	物料名称	数量/$kg \cdot t^{-1}$烧结矿	备注
新原料	1100±30	包括铁原料、高炉槽下粉、熔剂、杂原料	混合料(湿)	1760±160	包括新原料、返矿、焦粉及工艺水
返矿	500±100		铺底料	150±50 按(成品烧结矿+返矿)×10%	铺底料层厚20～40 mm 铺底料层厚30 mm
设热筛时					
冷返矿	300±100	占返矿的60±10%			
热返矿	200±100	占返矿的40±10%	烧结饼	1650±150	
焦粉	55±5		烧结粉	100±20	或按成品烧结矿×(10±2%)
工艺水	105±25 按混合料量×(6±1%)		冷却机给料		
			直接装料	1650±150	
混合料	1655±135	包括新原料、返矿及焦粉	设置热筛	1450±250	

设备选型。要考虑建设的需要，适当注意设备规格及性能的统一，要结合实际采用技术上可靠的先进设备。

物料流程平衡是设备选择计算的基础，新设计大型烧结厂的烧结物料量可参考表17-2。

宝钢的物料流程平衡图见第4章，广钢物料平衡实测数据见表17-3。

表17-3 广钢物料平衡实测值

物料名称	单位时间重量(干)/$t \cdot h^{-1}$	物料百分比(干)/%	
		烧结前	烧结后
配合料	44.76	60.3	
冷返矿	3.73	5.0	7.4
热返矿	19.38	26.1	38.7
铺底料	6.39	8.6	12.8
成品矿	20.58		41.1

17.2 原料接受设备的选择与计算

17.2.1 翻车机

翻车机有转子式翻车机和侧倾式翻车机两种。应根据运输量、场地的地形、水位和工艺布置来选择。其生产能力可概略计算,并参照类似企业翻车机实际操作的平均先进指标综合分析后选定,计算公式如下:

$$Q = \frac{60}{t}G \tag{17-1}$$

式中 Q——翻车机连续运转的生产能力,t/h;

G——铁路车辆平均载重量,一般每辆按 46.4 t 计算;

t——翻卸循环时间(见表 17-4),min。

17.2.2 门型卸车机

门型卸车机用于中、小型烧结厂作为接受原料设备。

门型卸车机适用的物料粒度范围较宽,如 DDK-65 型门型卸车机,适应铁矿石粒度为 75～0 mm。

门型卸车机卸料能力为 190～230 m^3/h。

卸车时间:包括人工清料,50 t 敞车卸一车约 10 min 左右。

17.2.3 螺旋卸料机

烧结厂受料仓上部卸料设备多采用螺旋卸料机,适用于不太坚硬的中等块度以下的散状料,如煤、石灰石、碎焦、轧钢皮,高炉灰等。设备生产能力应根据所选用螺旋卸车机的规格、性能、所卸物料性质确定,螺旋卸车机生产能力参考值见表 17-5。

表 17-4 翻卸循环时间/min

翻车机类型	松散无粘性的散状料	有粘性和轻微冻结的散状料
转子式	3	3～5
侧倾式	4	5～6

表 17-5 螺旋卸车机生产能力参考值

项　目	原煤、洗煤		石灰石
	干、松散	湿、较粘	
卸车能力/t·h^{-1}	310～450	220～270	270～310
卸一车时间/min	6～9	10～12	8～10

注:表中时间包括人工清料。

17.3 熔剂燃料破碎筛分设备

17.3.1 熔剂破碎筛分流程的选择与计算

17.3.1.1 流程计算

破碎筛分流程分预先筛分流程与检查筛分流程,见图 17-1。

预先筛分流程中,破碎可以是开路,也可以是闭路,计算方式与检查筛分相似。

检查筛分流程计算步骤:

(1) 破碎机的处理量

$$Q_2 = q_{3\sim0}/c_2 \tag{17-2}$$

式中 Q_2——破碎机的处理量,t/h;

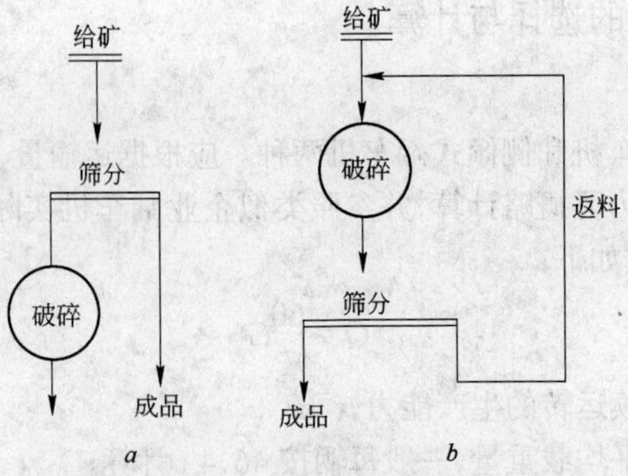

图 17-1　破碎筛分流程

a—预先筛分流程；b—检查筛分流程

$q_{3\sim0}$——按破碎后 3～0 mm 级别计算的石灰石产量(见 17.3.2 节)，t/h；

c_2——破碎后 3～0 mm 粒级含量，一般为 50%～70%。

(2) 筛下产量按下式计算：

$$Q_4 = q_{3\sim0}\eta/c_4$$

式中　Q_4——筛下量(成品)，t/h；

η——筛分效率，一般可按 70%计；

c_4——成品中 3～0 mm 含量，一般为 90%。

(3) 筛上量按下式计算：

$$Q_3 = Q_2 - Q_4 \tag{17-3}$$

式中　Q_3——返料量(筛上量)，t/h。

原矿给矿量 Q_1 和成品量 Q_4 相等，即 $Q_1 = Q_4$。

17.3.1.2　筛分设备面积的计算

筛分设备多用振动筛，振动筛面积的计算方法有如下几种：

(1) 用振动筛的生产能力估算：

$$A = \frac{q}{q_1} \tag{17-4}$$

式中　A——筛分面积，m^2；

q——筛子的筛下物产量，t/h；

q_1——单位筛分面积的筛下物产量，$t/(h\cdot m^2)$。

当给料中 3～0 mm 含量占 50%以上，筛分效率 70%，筛下产品中 3～0 mm 达 90%，原料含水小于 3%时，$q_1 = 7\sim8\ t/(m^2\cdot h)$。

(2) 考虑破碎机(主要是锤式破碎机)与振动筛能力的平衡，筛分面积按式 17-5 计算：

$$A = \eta N/(acq_2) \tag{17-5}$$

式中　A——筛分面积，m^2；

N——破碎机的电动机功率，kW；

η——筛分效率，%；

a——破碎单位重量成品石灰石的平均电能消耗，a 按 2.5～3.5 (kW·h)/t考虑；

c——烧结要求石灰石 3～0 mm 含量，90%；

q_2——单位筛分面积的筛下物产量，约 7～8t/(m²·h)。

表 17-6　单位筛面生产能力 q 值

筛孔尺寸/mm	q 值/m³·(m²·h)⁻¹	筛孔尺寸/mm	q 值/m³·(m²·h)⁻¹
2	5.5	25	31
3.15	7	31.5	34
5	11	40	38
8	17	50	42
10	19	80	56
16	25.5	100	63
20	28		

(3) 一般计算公式：

$$A=\frac{Q}{\gamma qKLMNOP} \tag{17-6}$$

式中　A——振动筛筛分面积，m²；

γ——物料堆积密度，t/m³；

q——单位筛面平均生产能力(见表 17-6)，m³/(m²·h)；

K、L、M、N、O、P——校正系数，见表 17-7；

Q——筛子处理量，t/h。

表 17-7　校正系数 K、L、M、N、O、P 值

系数	考虑的因素	筛分条件及各系数值										
K	细粒的影响	给料中粒度小于筛孔之半的颗粒的含量/%	0	10	20	30	40	50	60	70	80	90
		K 值	0.2	0.4	0.6	0.8	1.0	1.2	1.4	1.6	1.8	2.0
L	粗粒的影响	给料中过大颗粒(大于筛孔)的含量/%	10	20	25	30	40	50	60	70	80	90
		L 值	0.94	0.97	1.0	1.03	1.09	1.18	1.32	1.55	2.0	3.36
M	筛分效率	筛分效率/%	40	50	60	70	80	90	92	94	96	98
		M 值	2.3	2.1	1.9	1.6	1.3	1.0	0.9	0.8	0.6	0.4
N	颗粒和物料的形状	颗粒形状	各种破碎后的物料(煤除外)			圆形颗粒(例如海砾石)			煤			
		N 值	1.0			1.25			1.5			
O	温度的影响	物料的温度	筛孔小于 25 mm						筛孔大于 25 mm			
			干的		湿的		成团		视湿度而定			
		O 值	1.0		0.75～0.85		0.2～0.6		0.9～1.0			
P	筛分的方法	筛分方法	筛孔小于 25 mm						筛孔大于 25 mm			
			干的		湿的(附有喷水)				任何的			
		P 值	1.0		1.25～1.4				1.0			

一般情况下，振动筛进、出料端均设有盲板，上述公式计算所得筛分面积为有效筛分面积。

17.3.1.3　影响筛子生产能力的因素

A　给料量的影响

给料量增加，相同条件下筛分效率相应降低，在筛分效率为 55%～70%时，产量较高，

成品质量较好,过分提高筛分效率,筛子产量下降,返矿量增加,电耗增加。

B　给料粒度的影响

给料中小于筛孔尺寸级别的含量多,筛分效率就低,要求的筛分面积就大。给料中大于筛孔粒级含量多,筛分效率就高。

C　原料中水分含量的影响

原料中水分含量高,易堵筛孔,产量下降,一般要求水分在2%～3%以下。原料水分达6%以上时应考虑先将原料进行干燥。

D　筛孔大小的影响

筛孔增大,一般产量增高。由于筛网结构和形式不同,还应考虑筛孔的净空率的高低。净空率高,筛子产量高。

$$筛孔净空率=\frac{筛孔面积}{筛子面积}\times 100\% \tag{17-7}$$

E　筛面宽度的影响

筛面太宽,给料前段很难布满筛面,筛分效率降低,如果筛面太窄,则筛子的长度增加。适宜的筛子长宽比一般取1.5～3。

17.3.1.4　筛孔形状与粒度的关系

不同形状筛孔尺寸与筛下产品中的最大粒度按下式计算:

$$d_{最大}=K\cdot a \tag{17-8}$$

式中　$d_{最大}$——筛下产品中最大粒度,mm;

a——筛孔尺寸,mm;

K——系数,见表17-8。

表17-8　K值

筛孔形状	圆　形	方　形	长方形①
K值	0.7	0.9	1.2～1.7

① 板条状矿取上限。

17.3.2　熔剂燃料破碎设备选择计算

17.3.2.1　锤式破碎机的选择计算

锤式破碎机生产能力的理论计算公式如下:

$$Q=60ZLbdkmn\gamma \tag{17-9}$$

式中　Q——锤式破碎机的生产能力,t/h;

Z——排矿箅条的缝隙个数;

L——箅条筛格的长度,m;

b——箅条的缝隙宽度,m;

k——松散与排料不均匀系数,一般取$k=0.015$～0.07,小型破碎机k值较小,大型破碎机k值较大;

m——转子圆周方向的锤子排数,一般$m=3$～6;

n——转子转数,r/min;

γ——矿石堆积密度,t/m³;

d——排料粒度,m。

此理论公式比较复杂,一般采用经验公式。考虑锤式破碎机破碎石灰石消耗的能量波动不大,常用电动机功率来计算破碎机产量。计算步骤如下:

(1) 首先计算经过破碎后,产品中3～0 mm石灰石的数量:

$$q_{3\sim0}=\frac{N}{a} \tag{17-10}$$

式中 $q_{3\sim0}$——按破碎后 3～0 mm 级别计算的石灰石产量,t/h;

N——电动机功率,kW;

a——破碎单位重量成品石灰石所需要的平均电耗,(kW·h)/t。

根据生产与试验,当石灰石水分小于或等于 3%时,给料中 3～0 mm 级别含量在 30%以内,给矿量使破碎机保持满负荷运转,锤头与箅条的间隙在 10～20 mm 范围时,破碎后产品全部 3～0 mm 及新生 3～0 mm 级别的平均单位电耗,取 $a=2.5\sim3.5$(kW·h)/t。

(2) 考虑到石灰石筛分时的效率,以及烧结对石灰石成品中 3～0 mm 级别的要求为 90%,破碎机台时产量为:

$$Q=\eta\frac{N}{q_s a} \tag{17-11}$$

式中 Q——按 3～0 mm 占 90%计算的破碎机产量,t/h;

N——电动机功率,kW;

a——破碎单位重量成品石灰石所需的平均电耗,(kW·h)/t;

η——筛分效率,%,一般取 70%;

q_s——烧结要求成品石灰石中 3～0 mm 的含量,一般为 90%。

所需破碎机台数:

$$n=Q/q \tag{17-12}$$

式中 n——设计需要的破碎机台数;

Q——破碎作业的设计产量,t/h;

q——破碎机的台时产量,t/h。

在选择 Q 值时,需要考虑破碎机作业率,一般取 75%。

17.3.2.2 反击式破碎机的选择计算

反击式破碎机适用破碎中硬矿石,易碎物料,如石灰石、煤等。

$$Q=60k_1m(h+s)dbn\gamma \tag{17-13}$$

式中 Q——破碎机的生产能力,t/h;

k_1——理论生产能力与实际生产能力的修正系数,一般取 0.1;

m——转子上板锤数目;

h——板锤高度,m;

s——板锤与反击板间的距离,m;

d——排矿粒度,m;

b——板锤宽度,m;

n——转子的转数,r/min;

γ——矿石堆积密度,t/m³。

17.3.2.3 对辊破碎机

对辊破碎机常用作燃料粗碎设备,一般光面辊最大给料粒度为 80 mm。

光面对辊破碎机生产能力按下式计算:

$$Q=60\pi DLdn\gamma k \tag{17-14}$$

式中 Q——对辊破碎机的生产能力，t/h；

D——辊筒直径，m；

L——辊筒长度，m；

n——辊筒转数，r/min；

d——破碎产物最大粒度，m；

γ——矿石堆积密度，t/m^3；

k——松散系数，一般 0.1～0.3(金属矿石取 0.1，软物料取 0.3)；

π——圆周率。

17.3.2.4 四辊破碎机选择和计算

四辊破碎机的产量与燃料的给料粒度有很大关系，给料粒度上限为 25 mm，给料粒度中 3～0 mm 级别的含量越多，产量越高，ϕ900×700 四辊破碎机产量一般为 10～25 t/h。给料粒度与产量的关系见表 17-9。

表 17-9 给料粒度与产量的关系

给料粒度/mm	破碎机产量/t·h^{-1}
25～0，其中 3～0 占 24%左右	10
25～0，其中 3～0 占 50%～60%	12
25～0，其中 3～0 占 75%左右	25

给料水分适宜值为 2.6%～7%，最大不超过 15%，否则易粘辊筒，使产量和质量下降。

17.3.2.5 棒磨机选择计算

棒磨机产品粒度均匀，一般为 3～0 mm。

影响棒磨机生产能力的因素很多，变化也较大，因此尚无精确公式计算产量，但可参照下式计算：

$$Q=\frac{Vq}{q_2-q_1} \tag{17-15}$$

式中 Q——棒磨机台时产量，t/h；

V——棒磨机筒体容积，m^3；

q_2——产品中小于 3 mm 级别含量；

q_1——给矿中小于 3 mm 级别含量；

q——按新生成级别(小于 3 mm)计算的单位生产能力，其值由试验确定，或根据类似工厂经验数据确定，t/(m^3·h)。

宝钢棒磨机规格为 ϕ3.3 m×4.8 m，产量为 31.5 t/h；

17.4 配料设备

17.4.1 圆盘给料机

圆盘给料机适用于细粒物料，粒度范围为 50～0 mm，其产量计算如下：

(1) 采用刮刀卸料(见图 17-2)：

$$\begin{aligned}Q&=60\,\frac{\pi h^2 n\gamma}{\tan\alpha}\left(\frac{D_1}{2}+\frac{h}{3\tan\alpha}\right)\\&=188.4\,\frac{h^2 n\gamma}{\tan\alpha}\left(\frac{D_1}{2}+\frac{h}{3\tan\alpha}\right)\end{aligned} \tag{17-16}$$

式中 Q——圆盘给矿机产量，t/h；

h——套筒离圆盘高度，m；

n——圆盘转数(容积配料时,n 为固定数,重量配料时,n 为可调值),r/min;

γ——物料堆积密度,t/m³;

α——圆盘上物料的倾斜角(可采用动安息角),(°);

D_1——套筒直径,m。

圆盘的极限允许最大转数见下式:

$$n_0 < 9.5\sqrt{\frac{g\mu}{R_1}} \tag{17-17}$$

式中 n_0——圆盘极限转数,r/min;

R_1——物料所形成的截头锥体的底半径,m;

g——重力加速度,9.8 m/s²;

μ——物料与圆盘的摩擦系数(对于烧结的各种原料均可取 0.8)。

(2) 采用闸门套筒卸料(见图 17-3)时:

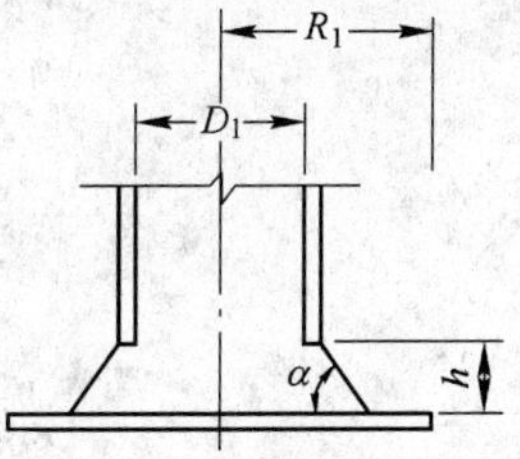

图 17-2 刮刀卸料圆盘示意图

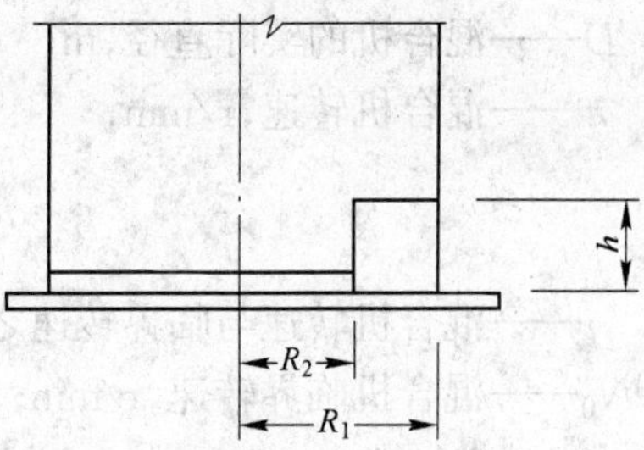

图 17-3 闸门套筒卸料圆盘给料机示意图

$$Q = 60\pi n(R_1^2 - R_2^2)h\gamma$$
$$= 188.4n(R_1^2 - R_2^2)h\gamma \tag{17-18}$$

式中 Q——圆盘给矿机产量,t/h;

n——圆盘给矿机圆盘转数,r/min;

γ——物料堆积密度,t/m³;

h——排料口闸门开口高度,m;

R_1、R_2——排料口内外侧与圆盘中心距离,m。

17.4.2 自动配料秤

自动配料秤能测量、指示物料的瞬时输送量,并进行累计显示物料的总量,与计算机相连可进行配料比的自动控制。

配料电子皮带秤运送的物料量计算如下:

$$Q = 3.6qv \tag{17-19}$$

式中 Q——配料带式输送机瞬时输送量,t/h;

q——配料带式输送机每米皮带上的荷重,kg/m;

v——配料带式输送机皮带运行速度,m/s。

带宽 $B = 650$ mm 和 800 mm,取 $v = 0.25$ m/s、0.36 m/s 或 0.52 m/s。

17.5 混合设备

17.5.1 混合时间的计算

一般混合时间根据试验和生产实践来确定，通常设计为 5 min 以上，其中：一段为 2 min 左右，二段为 3 min 左右。根据此时间选择混合机规格，按选定的规格核算混合时间。

$$t = \frac{L_{效}}{\pi D_{效}\, n \tan\beta}$$

或

$$n = \frac{L_{效}}{\pi D_{效}\, t \tan\beta} \tag{17-20}$$

式中 t——混合时间，min；

$L_{效}$——混合机的有效长度（图 17-4），$L_{效} = L - 1 \pm 0.5$，m；

L——混合机实际长度，m；

$D_{效}$——混合机的有效内径，$D_{效} = D - 0.1$（图 17-5），m；

D——混合机的实际直径，m；

n——混合机转速，r/min，

$$n = iN_0 = i\,\frac{42.3}{\sqrt{D_{效}}} \tag{17-21}$$

i——混合机转速与临界转速之比；

N_0——混合机临界转速，r/min；

β——前进角度，(°)，

$$\tan\beta \approx \sin\beta = \sin\alpha / \sin\varphi \tag{17-22}$$

α——混合机倾角，(°)；

φ——物料安息角，(°)。

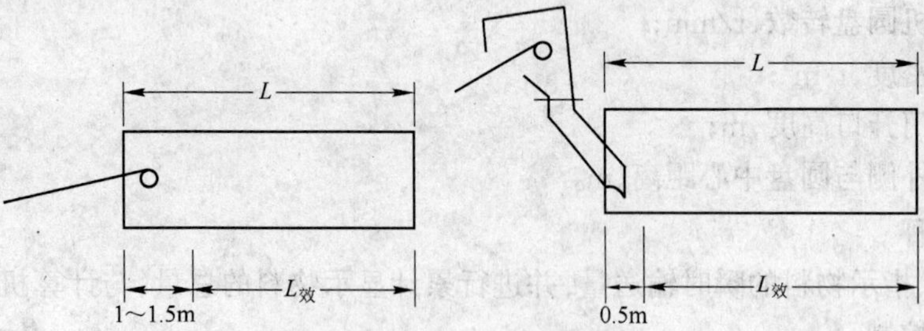

图 17-4 混合机的有效长度 $L_{效}$

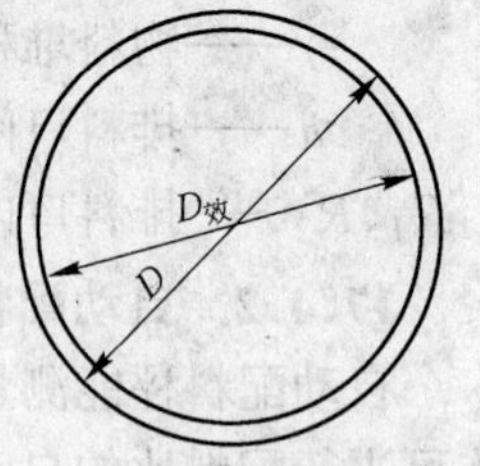

图 17-5 混合机的有效内径 $D_{效}$

17.5.2 混合机设备选择计算

在选择混合机规格时，必须首先确定下列参数：混合时间 t、圆筒倾角 α、混合机填充率、混合机圆筒转速与临界转速之比 i。然后根据流程中正常生产能力的 1.15 倍作为混合机的最大生产能力 Q_{max} 来进行设备参数选择：

$$n = i \times 42.3/\sqrt{D_{效}}$$

$$n=\frac{1}{\pi t D_{效}}\frac{L_{效}}{\dfrac{\sin\alpha}{\sin\varphi}}$$

式中符号同式 17-20、17-21、17-22 所示，i 取 0.2～0.3。

解上述联立方程，即可求出 $D_{效}$、$L_{效}$。

混合机的实际规格：

$D=D_{效}+0.1$

$L=L_{效}+(0.5\sim1.5)$（根据进料方式选取 0.5 或 1.5）

计算出来的值取整数或选接近现有的混合机规格，选定后需进行验算，主要是验算填充率、转速和混合时间。填充率的计算公式如下：

$$\psi=\frac{Q_{max}t}{0.471\gamma L_{效}D_{效}^2} \tag{17-23}$$

式中 ψ——填充率，一混为 10%～20%，二混为 10%～15%，合并型混合机为 10%～15%；

γ——混合料堆积密度，t/m^3；

式中其它符号同前。

17.6 烧结机及其附属设备

17.6.1 圆辊给料机

圆辊给料机的选择计算内容包括其直径、长度、转速和驱动电机功率。

(1) 直径　圆辊的直径，按生产能力只需 1 m，为了便于检修时更换衬板，要适当加大圆辊的直径。过大的直径会增加布料落差，破坏料层的透气性。大型烧结机的圆辊给料机直径通常为 1.25～1.5 m。

(2) 长度　圆辊的长度要与烧结机台车的宽度相配合，随台车宽度而变化。表 17-10 列出了圆辊给料机圆辊长度、直径与台车宽度的关系。

表 17-10　圆辊的长度、直径与台车宽度的关系（参考值）

台车名义宽度 /m	台车顶面宽度 /m	台车炉箅面宽度 /m	圆辊长度 /m	圆辊直径 /m	混合料仓系数 C
1.5			1.44	0.8	
2.5			～2.55	1.0～1.3	
3	3.09	2.96	3.04	1.0～1.3	23×10^{-2}
4	4.09	3.96	4.04	1.2～1.4	25×10^{-2}
5	5.13	5.0	5.08	1.3～1.5	27×10^{-2}

(3) 转速　圆辊给料机的转速由下式计算确定：

$$n=Q_n/(60K\pi DhL\gamma) \tag{17-24}$$

式中 n——圆辊给料机正常转速，r/min；

Q_n——设备设计的混合料给料量，t/h；

K——与圆辊中心线位置有关的系数，通常为 1.0～1.1，当圆辊中心线位于混合料仓中心线之前(沿烧结机前进方向)或两者重合时,K 值取 1.0;当圆辊中心线位于混合料仓中心线之后时,K 值取 1.1;

D——圆辊直径,m;

h——圆辊给料机开口度,$h=(70\pm30)\times10^{-3}$,m;

L——圆辊长度,m;

γ——混合料堆积密度,t/m³。

圆辊给料机的最大转速 n_{max} 按下式计算:

$$n_{max}=n/(0.7\sim0.8),\ \text{r/min} \tag{17-25}$$

圆辊给料机的驱动电机功率由下式计算:

$$N=CLDn_{max} \tag{17-26}$$

式中　N——驱动电机功率,kW;

C——混合料仓系数。

其他符号同前式。

烧结机圆辊给料机驱动电机为调速电动机转速300～900 r/min。电机功率 N 与烧结台车宽度 b 的关系见表 17-11。

表 17-11　电机功率 N 与烧结台车宽度 b 的关系

b/m	N/kW
5	18.5
4	11～15
3	7.5

17.6.2　烧结机

17.6.2.1　烧结机能力计算

确定烧结机生产能力,一般根据烧结试验数据或同类型原料实际生产数据,并按式 17-27及式 17-28 计算确定。

$$Q=60KA\gamma v \tag{17-27}$$

$$或\ Q=qA \tag{17-28}$$

式中　Q——烧结机生产能力,t/h;

K——成品率,%;

A——有效烧结面积,m²;

γ——混合料堆积密度,t/m³;

v——垂直烧结速度,(按试验确定),m/min;

q——单位面积产量(利用系数),t/(m²·h)。

17.6.2.2　烧结机面积的确定

当产量设定后,烧结机有效烧结面积根据正常生产量和利用系数 q 计算后确定。

$$A_{效}=\frac{正常日产量}{q\times24(\text{h})} \tag{17-29}$$

$$\text{正常日产量}=\frac{\text{烧结矿年产量}}{365(\text{d})\times\text{作业率}} \tag{17-30}$$

式中 $A_{效}$——烧结机有效烧结面积,m^2。

烧结矿的年产量是由整个冶金工厂的物料平衡来确定的。烧结机的作业率一般取85%～90%,利用系数 q 可根据试验或类似烧结厂生产情况确定。

17.6.2.3 烧结机其他各项计算

A 混合料仓容积的确定

烧结台车上混合料的最大波动量,一般为10%～15%。

有中子水分计的混合料仓示意于图17-6。当混合料仓没有中子水分计时,其贮存量为烧结最大产量8～15 min所需的混合料量。当混合料仓有中子水分计时各项参数计算如下:

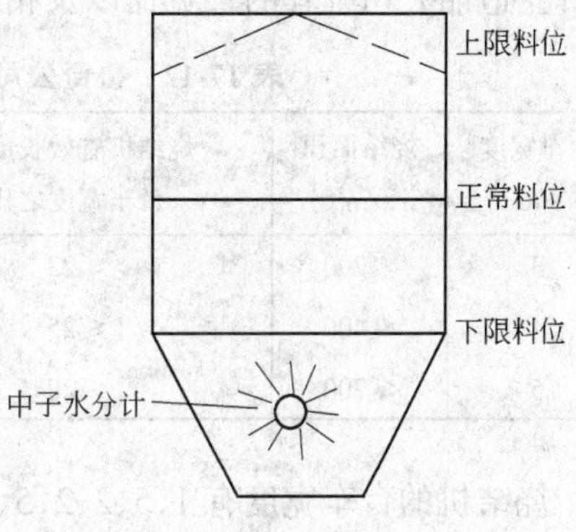

图17-6 混合料仓示意图

$$t=0.6t_1 \tag{17-31}$$

$$V_{效}=Q_n t/(60\gamma) \tag{17-32}$$

$$V_t=V_{效}/(0.85\sim0.9) \tag{17-33}$$

式中 t——混合料仓贮存时间,min;

t_1——混合料的运输时间,从配料至烧结机台车一般为7～9 min;

$V_{效}$——混合料仓有效容积,m^3;

Q_n——料斗的混合料给料量,t/h;

γ——混合料堆积密度,$\gamma=1.6\sim1.8$ t/m^3;

V_t——混合料仓几何容积,m^3。

B 铺底料仓容积确定

一般来说,铺底料仓贮存时间应等于烧结时间、冷却机冷却时间与铺底料运输时间之和。但对于鼓风冷却设备,由于冷却时间长,使铺底料仓的贮存时间达80 min以上,显然是不经济的,应通过合理的操作方式(如刚开机时,可将铺底料厚度降至15 mm左右),适当减少贮存时间。

$$V'_{效}=\frac{Q'_n}{60\gamma'}t' \tag{17-34}$$

$$V_t'=V'_{效}/(0.75\sim0.8) \tag{17-35}$$

式中 $V'_{效}$——铺底料仓有效容积,m^3;

Q'_n——设备设计的铺底料量,t/h;

γ'——铺底料堆积密度,$\gamma'=1.7\pm0.2$,t/m^3;

t'——铺底料仓贮存时间,min;

对于鼓风冷却设备,$t'=60\sim80$ min;

对于抽风冷却设备,$t'=30\sim50$ min;

V_t'——铺底料仓几何容积,m^3。

C　台车宽度

烧结机的面积确定之后，台车的宽度要与面积相适应。表 17-12 为西德鲁奇公司和日本日立造船公司推荐的长宽比以及相应的最大规格烧结机。

表 17-12　鲁奇公司和日立造船公司推荐的烧结机长宽比

台车宽度 /m	烧结面积 $/m^2$	烧结机有效长度与台车宽度之比	日立造船制造的最大烧结机 $/m^2$	鲁奇公司制造的最大烧结机 $/m^2$
3	≤200	≤22	183	258
4	≤400	≤25	320	400
5	≤700	≤28	600	400

烧结机的台车宽度有 1.5、2、2.5、3、3.5、4、5 m 几种。

D　烧结机长度

烧结机的长度由下式计算：

$$L = L_x + L_s + L_y \tag{17-36}$$

式中　L——烧结机头尾星轮中心距，m；

L_x——头部星轮中心至风箱始端距离，m；

L_s——烧结机有效长度，m；

L_y——风箱末端至尾部星轮中心距，m。

L_s 的数值由烧结机面积和台车宽度计算得出。L_x 及 L_y 的数值随台车宽度、尾部机架形式、烧结机的布料方式以及头尾密封板的长度不同而变化。

例如台车宽度为 3 m 的烧结机，其 L_x 和 L_y 的数值如图 17-7 所示。

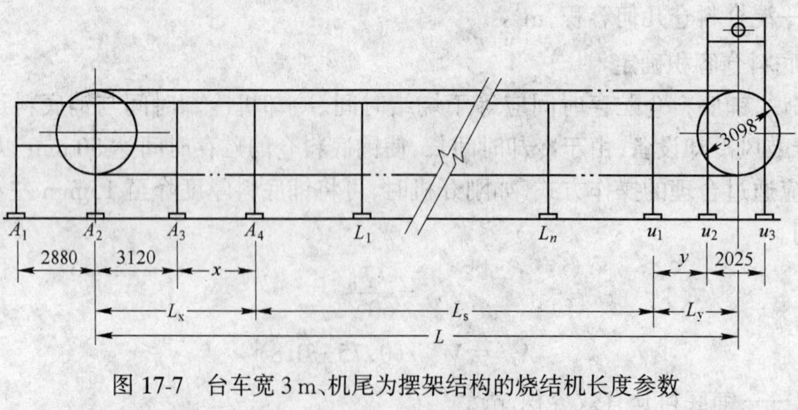

图 17-7　台车宽 3 m、机尾为摆架结构的烧结机长度参数

图中 x 值在单层布料及机头采用一组密封板的情况下为最小值，等于 2.5 m，如采用双层布料或头部设置多组密封板时，则 x 值需加大。y 值当尾部为一组密封板时为最小值，等于 1.475 m，当设置多组密封板时需加大 y 值。

图 17-8 示出了台车宽 4 m，尾部设摆架的烧结机的长度参数，图中 x 的最小值为 3.375 m，y 的最小值为 1.8 m。

图 17-9 为尾部设移动架台车宽度为 4～5 m 的烧结机长度参数：对于台车宽度为 4 m的

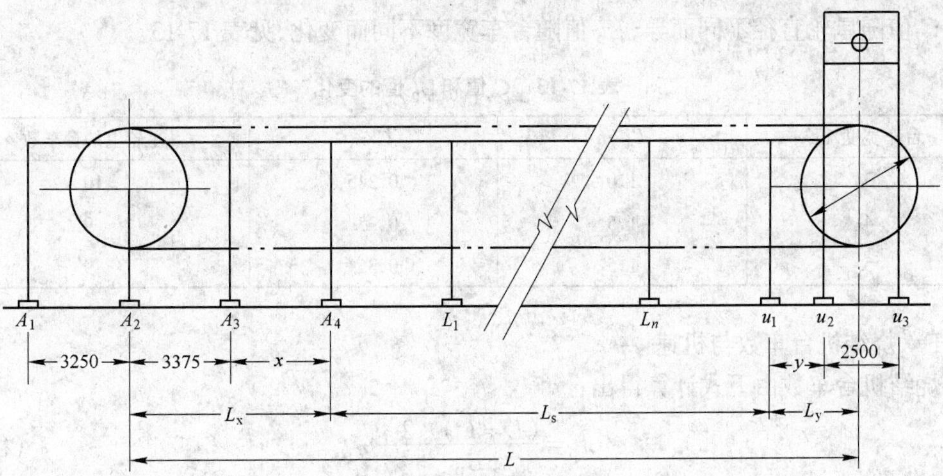

图 17-8 台车宽 4 m、尾部设摆架的烧结机长度参数

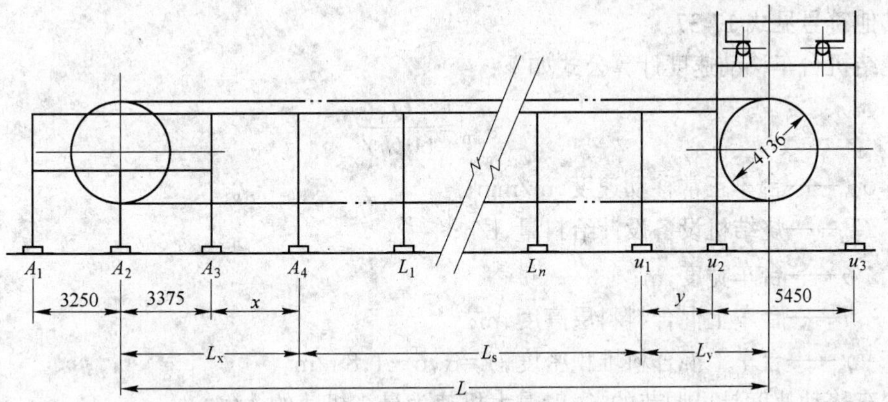

图 17-9 台车宽 4～5 m,尾部设移动架的烧结机长度参数

烧结机,x 的最小值为 3.375 m,对于台车宽 5 m 的烧结机,x 的最小值为 4.125 m。两者 y 的最小值相等,均为 2.8 m。

我国烧结机大多为中小型。L_x、L_y 的值如下:

130 m^2 烧结机,台车宽 2.5 m,机尾设移动架:

$$L_x = 8995 \text{ mm} \quad L_y = 4250 \text{ mm}$$

24 m^2 烧结机台车宽 1.5 m,机尾设移动架:

$$L_x = 7080 \text{ mm} \quad L_y = 4170 \text{ mm}$$

烧结机尾部的结构形式,不论大、中、小型,应尽量采用移动架。

按照上述的方法计算出来的烧结机长度还需要进行调整,并满足下式的要求:

$$\frac{(L - C) \times 2}{L_p} = \text{整数} \tag{17-37}$$

式中 C——系数,m;

L_p——台车长度,m;

L——烧结机长度，m。

C 值随星轮直径不同而异，L_p 值随台车宽度不同而变化，见表 17-13。

表 17-13　C 值和 L_p 值的变化

台车宽度/m	L_p/m	C/m	星轮上的台车数
3	1.0	0.245	10
4	1.5	0.35	9
5	1.5	0.35	9

E　烧结机台车数与机速

烧结机台车数由下式计算得出：

$$n_p = \frac{(L-C)\times 2}{L_p} + n_{po} \tag{17-38}$$

式中　n_p——烧结机台车数，个；

n_{po}——星轮上的台车数，个。

其他符号见式 17-37。

烧结机台车移动速度计算公式如下：

$$v_{s\text{-}n} = \frac{Q_n}{60bh\gamma} \tag{17-39}$$

式中　$v_{s\text{-}n}$——台车正常移动速度，m/min；

Q_n——烧结机设备设计给料量，t/h；

b——台车宽度，m；

h——台车上混合料料层高度，m；

γ——台车上混合料堆积密度，$\gamma = 1.6 \sim 1.8\ t/m^3$。

台车移动速度是可调节的，一般最大机速为最小机速的 3 倍。

$$v_{s\text{-}max} = v_{s\text{-}n}/(0.7 \sim 0.8) \tag{17-40}$$

$$v_{s\text{-}max}/v_{s\text{-}min} = 3/1 \tag{17-41}$$

式中　$v_{s\text{-}n}$——台车正常移动速度，m/min；

$v_{s\text{-}max}$——台车最大移动速度，m/min；

$v_{s\text{-}min}$——台车最小移动速度，m/min。

烧结机台车的移动速度还可用下式计算：

$$v_{s\text{-}n} = \frac{v_f L_s}{h} \tag{17-42}$$

式中　v_f——垂直烧结速度，$v_f = (23 \pm 5)\times 10^{-3}$m/min。

其他符号同前。

F　烧结机风箱的布置

在有效长度内布置风箱，中、小型烧结厂采用 2 m 长的风箱，大型厂用 4 m 长的风箱，在每一机架间布置两个风箱，因此烧结机标准机架框距为 8 m。根据实际需要另设置(3.5)、3、(2.5)及 2 m 长的非标准风箱(带括号的长度不常采用)。

$$L_s = L_f + 4n_1 + 3n_2 + 2n_3 \tag{17-43}$$

$$n_w = n'_w + n_1 + n_2 + n_3 \tag{17-44}$$

式中 L_s——烧结机有效长度,m;

L_f——烧结机点火段长度,m;

n_1——4 m 长风箱个数,个;

n_2——3 m 长风箱个数,个;

n_3——2 m 长风箱个数,个;

n_w——风箱个数,个;

n'_w——点火段风箱个数,个。

确定风箱个数以后,再布置烧结机的中部机架。

G 烧结机驱动电机功率

在作可行性研究时可用下列经验公式估算烧结机传动电机功率:

$$N = 0.1A_{效} \tag{17-45}$$

式中 N——电动机功率,kW;

$A_{效}$——有效烧结面积,m^2。

不同规格烧结机所配用的电机功率列于表 17-14。烧结机驱动电机功率的计算公式如下:

表 17-14 不同烧结面积的烧结机驱动电机功率

有效烧结面积 /m^2	电动机功率① /kW	有效烧结面积 /m^2	电动机功率① /kW
$130 < A_{效} < 200$	22	$350 \leqslant A_{效} < 400$	45
$200 \leqslant A_{效} < 300$	30	$400 \leqslant A_{效} < 500$	55
$300 \leqslant A_{效} < 350$	37	$500 \leqslant A_{效} < 600$	75

① 标准直流电动机,电动机转速 300~900 r/min。

$$N = MvK/(0.974\eta_1) \tag{17-46}$$

式中 N——烧结机驱动电机功率,kW;

M——星轮驱动转矩,t·m;

v——星轮转速,r/min;

K——安全系数,通常取 1.2;

η_1——机械效率,通常取 0.72。

17.7 热烧结矿破碎筛分设备

17.7.1 单辊破碎机的选择计算

单辊破碎机的规格与烧结机相适应,主要取决于烧结台车的宽度。表 17-15 列出了不同烧结机台车宽度的单辊破碎机规格。

17.7.2 热烧结矿筛分设备选择计算

烧结厂的热烧结矿筛分多采用热振筛,根据振动形式分上振式和下振式。下振式的振

表 17-15　单辊破碎机规格

台车宽度/m	单辊直径/m	单辊齿片数	箅板箅条数	齿片(条)中心距/mm	驱动电机功率/kW	检修起重机起重量/t
1.5	1.0					5
2.5	1.5					10
3.0	1.6	11	12	270	55	15
4.0	2.0	14	15	290	110	30
5.0	2.4	16	17	320	150	60

动子检修容易，目前我国用上振式较多，其面积计算公式同式 17-6，但系数按下式选取：

$$A=\frac{Q}{\gamma qKLMNOP}$$

式中　A——振动筛筛分面积，m^2；

γ——物料堆积密度，t/m^3；

Q——筛子处理量，t/h；

q——每平方米筛子面积上的平均生产率。当热矿筛分面积为烧结面积的 10%时，单位筛分面积生产能力约 40～45 t/(m^2·h)，我国烧结机机型较小，热矿筛分面积与烧结面积之比较大。q 值可按筛孔大小确定：

当筛孔为 8 mm 时，q 值为 16.6 t/(m^2·h)；

当筛孔为 6 mm 时，q 值为 12.35 t/(m^2·h)；

K——考虑粒度小于筛孔尺寸一半的颗粒多少而对筛分质量的影响系数，各厂粒度不一，如取平均值为 25%，则 $K=0.6$；

L——大于筛孔尺寸的颗粒影响系数，取平均值为 75%时，$L=1.75$；

M——筛分效率的影响系数，当筛分效率为 85%时，$M=1.15$；

N——物料形状的影响系数，取 $N=1$；

O——物料中含水量影响系数，取 $O=1$；

P——筛分方法的影响系数，取 $P=1$。

我国生产的热振筛最大为 3.1×7.5 m，这种筛子的筛分效率较高。

作为热烧结矿筛分的设备还有固定筛，因其筛分效率低，高度大，已由热振筛所代替。

17.8　冷却设备

17.8.1　环冷机主要工艺参数的计算

冷却机有效冷却面积 $A_{效}$ 按下式计算：

$$A_{效}=\frac{Qt}{60h\gamma} \tag{17-47}$$

冷却机直径 D 按下式计算：

$$D=\frac{A_{效}}{\pi b}+\frac{L_d}{\pi} \tag{17-48}$$

冷却机台车个数 N_t 按下式计算：

$$N_t=\frac{\pi D}{b} \tag{17-49}$$

N_t 值为 3 的倍数，即等于 $3n$，n 为整数。

式中 $A_{效}$——冷却机有效冷却面积，m^2；

Q——冷却机的设计生产能力，t/h；

t——冷却时间，抽风冷却约为 30 min，鼓风冷却约为 60 min；

h——冷却机料层高度，m：

鼓风机冷却时，$h=1.4\pm0.1$；

抽风机冷却时，$h=0.3\pm0.1$；

γ——烧结矿堆积密度，$\gamma=1.7\pm0.1$，t/m^3；

D——冷却机直径，m；

b——冷却机台车宽度；

L_d——冷却机无风箱段的中心长度，约 18～20 m；

冷却机的转速按下式计算：

$$v_{正常}=\frac{60A_{效}}{\pi\cdot D\cdot b\cdot t}, r/h \tag{17-50a}$$

$$v_{最大}=v_{正常}/(0.7\sim0.8), r/h \tag{17-50b}$$

式中符号同前。

17.8.2 冷却风量的计算

冷却 1 t 烧结矿所需冷空气量，用热平衡计算公式计算：

$$Q=\frac{T_1c_1-T_2c_2}{c'(T_1{}'-T_2{}')}K\times1000 \tag{17-51}$$

式中 Q——冷却 1 t 矿（指通过冷却机的）所需冷空气量，标 m^3/t；

T_1——热烧结矿平均温度，一般取 750℃；

T_2——冷烧结矿平均温度，一般取 100～150℃；

$T_1{}'$——废气温度（抽风冷却为 150℃左右，鼓风冷却约为 200℃，均系烟囱废气平均温度），℃；

$T_2{}'$——冷空气温度，（常温，一般计算采用值为 20℃），℃；

c_1——热烧结矿平均比热，查表 17-16，kJ/(kg·℃)；

c_2——冷烧结矿平均比热，查表 17-15，kJ/(kg·℃)；

c'——空气平均比热，（取 1.302）；kJ/(标 m^3·℃)；

K——热交换系数，被冷空气带走的热与烧结矿放出热之比（试验室测定数字为 0.95）。

热烧结矿的平均比热，可按下列的经验公式求出：

$$c_p=[0.115+0.257\times10^{-3}(T-373)-0.0125\times\times10^{-5}(T-373)^2]\times4.1868$$

式中 c_p——烧结矿的平均比热，kJ/(kg·℃)；

T——绝对温度，K；

计算结果列入表 17-16。

表 17-16 烧结矿平均比热

温度/℃	100	300	500	750
比热/kJ·(kg·℃)$^{-1}$	0.5～0.6	0.7～0.8	0.8～0.9	0.8～0.9

对于抽风冷却，按公式 17-51 计算出的风量，就是通过冷却机烧结矿层的常温空气(20℃)的风量(Q)，通过风机的实际风量按下式计算：

$$Q_{实} = Q\frac{273+T}{273+20} \tag{17-52}$$

式中 $Q_{实}$——冷却 1 t 矿(通过冷却机)的实际风量，(工况)m^3/t；

Q——冷却 1 t 矿所需冷空气量，m^3/t；

T——通过风机的废气温度，℃。

冷却风机的风量按下式确定：

$$Q_c = \frac{Q_{sc}Q_n}{60} \tag{17-53}$$

式中 Q_c——冷却风机的风量，标 m^3/min；

Q_{sc}——每吨矿(指通过冷却机的)所需冷却风量，鼓风冷却选用 2000～2200 标 m^3；抽风冷却选用 2800～3500 标 m^3；

Q_n——冷却机生产能力，t/h。

17.8.3 风压的计算

确定冷却风机的压力，要考虑料层阻力、箅条阻力和管道阻力等阻力损失。各种阻力计算如下：

A 烧结矿层阻力计算

烧结矿层阻力按下式计算：

$$P_{料} = 0.51h(v/M)^{1.82} \tag{17-54}$$

式中 $P_{料}$——烧结矿层阻力，Pa；

h——料层高度，mm；

v——风速，mm/s(按整个冷却面积计算的平均风速)；

M——透气性，与物料粒度和性质有关的一个常数，查图 17-10。

图 17-10 中的筛分效率是在筛孔尺寸为 $\phi 12.7$ mm 时测定的。

例如，当 $v = 1500$ mm/s，$h = 300$mm 时，按式 17-54 计算的结果见表 17-17。

烧结矿层阻力也可采用下式进行计算或校核：

$$P_{料} = 9.8\mu\frac{h(v_0/\rho)^2}{2dg}\gamma_0(1+\beta t) \tag{17-55}$$

式中 $P_{料}$——烧结矿层阻力损失，Pa；

h——烧结矿层高度，m；

d——矿块标准平均直径，m；

v_0——标态下废气平均流速,m/s;

ρ——料层孔隙度,一般波动在 0.2～0.3 之间:

$$\rho=\frac{\gamma_{块}-\gamma_{料}}{\gamma_{块}}$$

$\gamma_{块}$——料块密度,kg/m^3;

$\gamma_{料}$——料层堆积密度,kg/m^3;

g——重力加速度,m/s^2;

γ_0——标态下空气密度,kg/m^3;

t——废气平均温度,℃;

β——气体膨胀系数,其值为 1/273;

μ——摩擦阻力系数。

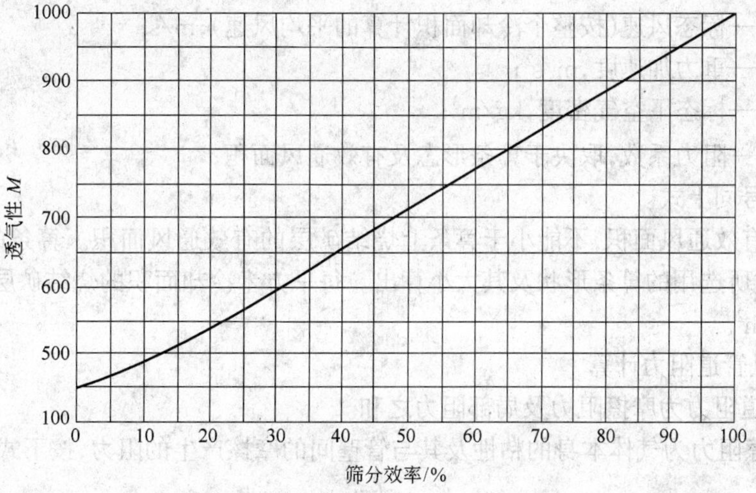

图 17-10 透气性 M 与筛分效率的关系

表 17-17 透气性 M 与矿层阻力 P 的计算结果

筛分效率/%	M	P/Pa
100	1000	320
85	900	392
67	800	481

摩擦阻力系数 μ 与料块堆积密度有关,且与雷诺准数 Re 成函数关系,烧结矿 Re 值一般波动在 2500～4500 之间,μ 值可查表 17-18。

确定 d 值时,可以略去对阻力影响不大的大块烧结矿,取烧结矿的标准平均直径,即 60 mm以下各粒级含量的平均直径,一般为 30 mm 左右。

B 箅条阻力计算

箅条阻力按局部阻力计算:

表 17-18 摩擦阻力系数 μ 与雷诺准数 Re 之关系

Re	μ		
	焦 炭	矿 石	烧 结 矿
1000	14.0	20.0	24.2
2000	12.0	16.5	20.5
3000	11.0	14.0	18.5
4000	10.3	12.3	~16.6
5000	9.8	11.3	~15.5
6000 以上	9.5	10.5	~15.0

$$P_{条}=9.8C\frac{v^2}{2g}\gamma_0(1+\beta t) \tag{17-56}$$

式中 $P_{条}$——箅条阻力损失，Pa;

v——标态风速(按整个冷却面积计算的平均风速)，m/s;

g——重力加速度，m/s^2;

γ_0——标态下空气密度，kg/m^3;

C——阻力系数，取决于箅条形态及有效通风面积；

其余符号同上式。

箅条的有效通风面积，不能小于箅条上烧结矿层的有效通风面积。箅条的有效通风面积，可以通过所选用的箅条形状及其大小算出。每平方米冷却面积的烧结矿层，其有效通风面积为 0.2 m^2。

C 通风管道阻力计算

通风管道阻力为摩擦阻力及局部阻力之和。

(1) 摩擦阻力为气体本身的粘性及其与管壁间的摩擦产生的阻力，按下式计算：

$$P_{摩}=9.8\mu\frac{Lv^2}{2dg}\gamma_0(1+\beta t) \tag{17-57}$$

式中 $P_{摩}$——摩擦阻力，Pa;

μ——摩擦阻力系数；

L——管道长度，m;

d——管道当量直径，m;

v——标态下气体流速，m/s;

γ_0——标态下气体密度，kg/m^3。

金属管道的 $\mu=0.025\sim0.03$；氧化较弱的金属管道的 $\mu=0.035\sim0.04$；氧化较重的金属管道的 $\mu=0.045$。

(2) 局部阻力为管道截面及方向改变而产生的阻力，按下式计算。

$$P_{局}=9.8K\frac{v^2}{2g}\gamma_0(1+\beta t) \tag{17-58}$$

式中 K——局部阻力系数；

其余符号同上式。

D 实际应用的鼓风冷却风压计算公式

鼓风冷却风压一般按下面实际应用的公式计算确定：

当冷却机前无热矿振动筛时：

$$P = 1275h(Q_{sc}/60)^{1.67} \quad (17\text{-}59)$$

当冷却机前有热矿振动筛时：

$$P = 980h(Q_{sc}/60)^{1.67} \quad (17\text{-}60)$$

式中 P——鼓风压力，Pa；

h——冷却机料层高度，m；

Q_{sc}——单位冷却面积的标态风量，$m^3/(m^2 \cdot min)$。

17.8.4 冷却风速

冷却风速与风量及矿层高度有关，并影响烧结矿的冷却时间。冷却风速与烧结矿平均最大矿块热传导速度有关。风速与烧结矿大块换热系数关系如图 17-11 所示。

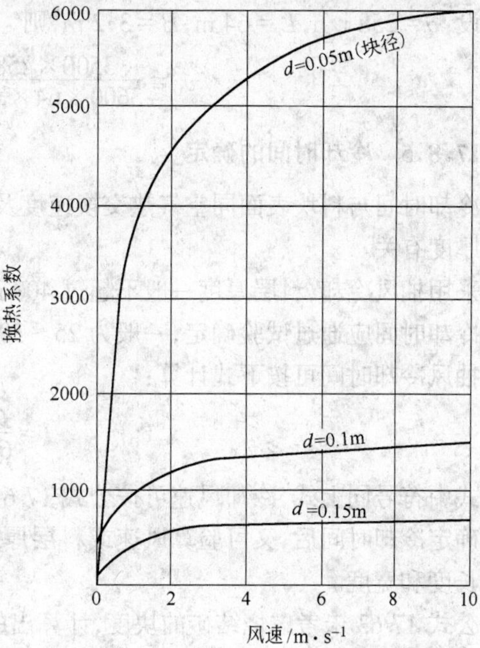

图 17-11 风速与烧结矿大块换热系数关系

从图 17-11 可以看出，当风速达到一定值以后，增加风速，将不再加快冷却速度，合适风速一般不超过 2 m/s。风速过低，也是不合理的。

整个冷却面积的平均风速可按下式计算：

$$v_0 = \frac{Qq}{3600LB} \quad (17\text{-}61a)$$

式中 v_0——风速，m/s；

Q——冷却 1 t 矿所需标态风量，m^3/t；

L——冷却机长度，m；

B——冷却机宽度，m；

q——冷却机生产能力，$q = 60Bh\gamma L/t$，t/h。 (17-61b)

将式 17-61b 代入式 17-61a，得：

$$v_0 = \frac{Q\gamma h}{60t} \quad (17\text{-}62)$$

式中 γ——烧结矿堆积密度，t/m^3；

h——料层高度，m；

t——冷却时间，min；

其余符号同上。

抽风冷却风速计算的实例：

设：$Q = 3500$ 标 m^3/t，$\gamma = 1.8\ t/m^3$，$h = 0.35$ m，$t = 30$ min。

按式 17-62：

$$v_0 = \frac{3500 \times 1.8 \times 0.35}{60 \times 30} \approx 1.22 (m/s)$$

如果冷却时间为未知数，则按式 17-61 进行计算：

设：$q = 258$ t/h，$L = 64$ m，$B = 3.2$ m，则

$$v_0 = \frac{3500 \times 258}{3600 \times 64 \times 3.2} \approx 1.22(\text{m/s})$$

17.8.5　冷却时间的确定

冷却时间与料块表面同空气热交换速度及料块中心至表面的热传导速度有关，同时与料层厚度有关。

采用抽风冷却，料层厚度一般不超过 400 mm，烧结矿粒度小于 150 mm，大块烧结矿所需的冷却时间应通过试验确定，一般为 25～30 min。

抽风冷却时间可按下式计算：

$$t = \frac{Q\gamma h}{60 v_0} \tag{17-63}$$

式中符号同上式，冷却风速可按公式 17-61 求出。

确定冷却时间后，又可验算风速或料层厚度 h 是否合适，并调整冷却机首先按产量假定的长度和宽度。

公式 17-63 未考虑烧结矿的块度，计算出的冷却时间可按下述经验公式进行校对：

$$t = 0.15kd \tag{17-64}$$

式中　k——常数，按烧结矿筛分效率高低取 1～1.2，如果烧结矿小于 8 mm 含量为零，则 k 为 1；

d——烧结矿粒度上限，mm（取 150 mm）；

t——冷却时间，min。

冷却时间计算实例：

设：$Q = 3500$ 标 m^3/t，$h = 0.35$ m，$v_0 = 1.6$ m/s，$\gamma = 1.8$ t/m^3，则按公式 17-63：

$$t = \frac{3500 \times 1.8 \times 0.35}{60 \times 1.6} \approx 24(\text{min})$$

以经验公式 17-64 进行校核：

设：热烧结矿经热振筛筛分，筛分效果较好，k 取 1.1，则

$$t = 0.15 \times 1.1 \times 150 \approx 25(\text{min})$$

两种计算结果相近，同时与生产数据也基本相符。

按经验公式 17-64 求出不同烧结矿块径所需最小的冷却时间见表 17-19。

表 17-19　不同块径烧结矿计算的最小冷却时间

烧结矿块径/mm	150	100	50
冷却时间/min	23～30	15～23	7～10

鼓风式冷却机设计的冷却时间一般为 60 min 左右。

17.8.6　带冷机设备选择计算

带冷机的有效冷却面积计算方法同环冷机，见式 17-47。如设热矿筛时，带冷机的宽度

要根据热振筛的宽度而定。

带冷机的有效冷却面积可根据烧结机的有效面积按经验来确定。

抽风带冷:冷烧比 = 1.25～1.50

鼓风带冷:冷烧比 = 0.9～1.1

按经验确定的冷却面积比用公式计算的要偏大。

带冷机速度按下式计算:

$$v=\frac{Q}{60B\cdot h\cdot \gamma} \tag{17-65}$$

式中　v——带冷机速度,m/min;

Q——带冷机的给料量,t/h;

B——带冷机的宽度,m;

h——料层厚度,m;

γ——烧结矿堆积密度,$\gamma = 1.7 \pm 0.1$ t/m^3。

带冷机的速度应能调速,其他参数如风量、风压、风速、冷却时间与前述环冷机同。

17.8.7　输送散料的拉链机设备选择计算

回收环冷机散料的环形拉链输送机输送能力计算:

$$Q=60Av\gamma \tag{17-66}$$

式中　Q——拉链机输送能力,t/h;

A——输送面积,$A=Bh$,m^2;

B——拉链机宽度,m;

h——拉链机高度,m;

v——输送速度,m/min;

γ——输送物料堆积密度,1.8t/m^3。

17.9　整粒设备

17.9.1　固定筛选择计算

冷烧结矿常用固定筛和振动筛。固定筛筛分面积按下面经验公式计算:

$$F=Q/(2.4a) \tag{17-67}$$

式中　a——固定筛筛孔尺寸,mm;

Q——通过固定筛的给矿量,t/h;

F——筛分面积,F = 筛子长度 × 筛子宽度,m^2。

筛子宽度一般要根据破碎机给矿口宽度来定,长宽比一般为 2～4。

17.9.2　冷烧结矿筛分设备选择计算

冷烧结矿筛分设备的设计筛分面积按下式计算:

$$A=\frac{Q}{q\cdot L\cdot \nu\cdot H\cdot M\cdot S\cdot C\cdot \gamma} \tag{17-68}$$

式中　A——筛分面积,m^2;

Q——筛子的生产能力,t/h;

L——筛分效率系数,见表 17-20;

q——单位筛面生产能力,见表 17-21,$t/(m^2 \cdot h)$;

ν——大于筛孔的粗粒影响系数,见表 17-22;

H——小于 1/2 筛孔的细粒影响系数,见表 17-23;

M——筛网层数系数,见表 17-24;

S——筛网系数,见表 17-25;

C——筛孔形状系数,见表 17-26;

γ——烧结矿堆积密度,$\gamma = 1.7 \pm 0.1\ t/m^3$。

表 17-20　筛分效率系数 *L*

筛分效率/%	(95)	90	85	80	75	70	(65)
L 值	(0.8)	1.0	1.2	1.4	1.55	1.7	(1.85)
筛分效率/%	(60)	(55)	(50)	(45)	(40)	(30)	
L 值	(2.0)	(2.15)	(2.25)	(2.38)	(2.5)	(2.7)	

表 17-21　单位筛面生产能力 *q*

筛孔尺寸/mm	2.5	3	5	6	10	13	15	20
q 值	5	6	8.5	10	14	16	17	20
筛孔尺寸/mm	30	40	50	60	70	80	100	
q 值	23	27	31	34	37	40	45	

表 17-22　粗粒影响系数 *ν*

给料中大于筛孔尺寸的含量/%	0	10	20	30	40	50	60	70	80	90
ν 值	0.91	0.94	0.97	1.03	1.09	1.18	1.32	1.55	2.00	3.36

表 17-23　细粒影响系数 *H*

给料中小于筛孔尺寸之半的含量/%	0	10	20	30	40	50	60	70	80	90
H 值	0.2	0.4	0.6	0.8	1.0	1.2	1.4	1.6	1.8	2.0

表 17-24　筛网层数影响系数 *M*

筛 网 层 数	单 层 筛	双 层 筛	三 层 筛
M 值	1.00	0.93	0.75

表 17-25 筛网系数 S

筛网种类	钢板冲孔		金属编织物	拉制金属网	铸钢筛网	固定筛或棒条筛
	正方形	长方形				
S值	0.8	0.85	1.0	0.85	0.75	1.0

表 17-26 筛孔形状系数 C

筛孔长宽比	<2	2～5	>5
C值	1.0	1.2	1.4

17.9.3 冷烧结矿破碎设备的选择计算

冷烧结矿的破碎常选用齿面对辊破碎机，其生产能力按下式计算：

$$Q = C\cdot\pi\cdot D\cdot n\cdot S\cdot K\cdot B\cdot\gamma\times 60 \tag{17-69}$$

式中 Q——对辊破碎机生产能力，t/h；

C——破碎比系数，$C=0.6(d'/d)+0.15$；

d'——破碎后烧结矿粒度，0.04～0.05 m；

d——给入的烧结矿粒度，0.15 m；

D——辊子直径，m；

n——辊子的平均转速，r/min；

高速辊转速≤60 r/min；

低速辊转速≤50 r/min；

因此 $n=55$ r/min；

S——辊子间隙，$S=(50\pm20)\times10^{-3}$，m；

K——辊子宽度工作系数，$K=0.7\pm0.1$；

B——辊子宽度，m；

γ——烧结矿堆积密度，$\gamma=1.7\pm0.1$ t/m^3。

17.10 烟气抽风除尘设备

本节只叙述烧结机机头除尘设备。

17.10.1 多管除尘器的选择计算

用于烧结厂机头除尘的多管除尘器的选择计算参见表 6-39。多管和单个旋风除尘器相比较，处理气体量越大，多管除尘器所需要的设备重量就越少，表 17-26 为两者的比较。

目前烧结厂使用的多管除尘器的技术条件见表 17-27。

17.10.2 电除尘器的选择计算

17.10.2.1 烟气的电场流速

烟气的电场流速可以根据经验参考同类型烧结厂机头电除尘器或经验数据确定。

表 17-27　多管除尘器和单管旋风除尘器的比较

气体量/$m^3 \cdot h^{-1}$	3500		23000		100000	
	多　管	单　管	多　管	单　管	多　管	6管并联
体积/m^3	0.6	7	4.8	112	390	690
除尘效率/%	85	89	86	83	86	84
压力损失/Pa	784	882	882	882	882	882
重量/kg	420	390	2000	3900	8800	21000

17.10.2.2　电除尘器进口断面积

电除尘器进口断面积按下式计算：

$$A = Q/v \tag{17-70}$$

式中　A——电除尘器进口断面积，m^2；

Q——流过电除尘器电场的烟气流量，m^3(工况)/s；

v——烟气的电场流速，m(工况)/s。

17.10.2.3　除尘效率

除尘效率按下式计算：

$$\eta = (G_1 - G_2)/G_1 \times 100\% \tag{17-71}$$

式中　η——除尘效率，%；

G_1——烟气原始含尘浓度，可以通过测试确定，mg/m^3；

G_2——烟气排放浓度，可根据国家环保法规，适当提高要求而定，目前一般可取 80～100 mg/m^3。

17.10.2.4　粉尘有效驱进速度

电场内粉尘的驱进速度无法直接测出，但可通过测出的废气流量，求得粉尘的有效驱进速度：

$$v = \frac{Q}{A}\ln\left(\frac{1}{1-\eta}\right) \tag{17-72}$$

式中　v——粉尘有效驱进速度，m/s；

Q——流过电除尘器电场的烟气流量，m^3(工况)/s；

A——电除尘器收尘极板总面积，m^2；

η——除尘效率，%。

在设计一台新的电除尘器时，驱进速度常凭经验、参考同类型电除尘器或通过试验确定。

17.10.2.5　收尘极板总面积

收尘极板总面积可由下式求出：

$$A = \frac{Q}{v}\ln\left(\frac{1}{1-\eta}\right) \tag{17-73}$$

式中符号同上式。

17.10.2.6　比表面积

比表面积 $A_{比}$ 指电除尘器处理单位流量的烟气所需要的收尘极板面积，按下式计算：

$$A_{比}=\frac{A}{Q}, m^2/m^3 \tag{17-74}$$

式中符号同式 17-72。

设计一台电除尘器，若烟气流量及除尘效率一定，由式 17-72 或式 17-73 可知，驱进速度值在合理的范围内愈大，则比表面积值愈小，电除尘器经济效果愈好。

17.10.2.7　每个电场的收尘极板面积

每个电场收尘极板面积按下式计算：

$$A'=\frac{A}{n} \tag{17-75}$$

式中　A'——每个电场的收尘极板面积，m^2；

A——电除尘器收尘极板总面积，m^2；

n——电场数，一般 $n=3$。

17.10.2.8　电场有效宽度

电场有效宽度按下式计算：

$$B=\frac{A_{进}}{h} \tag{17-76}$$

式中　B——电场有效宽度，m；

$A_{进}$——电除尘器进口断面积，m^2；

h——收尘极板有效高度，一般为 10～15 m。

17.10.2.9　通道数

$$m=\frac{B}{S} \tag{17-77}$$

式中　m——通道数；

B——电场有效宽度，m；

S——极板间距，m。

17.10.2.10　极板排数

极板排数是指在电场有效宽度内收尘极板的排数。极板排数按下式计算：

$$Z=m+C_1 \tag{17-78}$$

式中　Z——极板排数；

m——通道数；

C_1——系数，单室结构为 1，双室结构为 2。

17.10.2.11　电晕线排数

电晕线悬挂在相邻两块极板之间。电晕线排数 Y 与通道数 m 相等，即：

$$Y=m \tag{17-79}$$

17.10.2.12　电场有效长度

电场有效长度是指电晕线与收尘极板形成电场能吸附荷电粉尘的一段长度。

$$L=\frac{A'}{Rh\times 0.96\times 2} \tag{17-80}$$

式中　L——电场有效长度，m；

h——收尘极板高度，m；

A'——每个电场的收尘极板面积，m^2；

0.96——电场有效长度与每排的实际长度的比例系数，每块极板之间有5～15 mm的间隙；

2——每块极板两面都可以收尘，但紧靠外壳或两室分隔梁柱的极板只有一面可以收尘；

R——可以两面收尘的极板排数，$R = Z - C_2$；

Z——极板排数，排；

C_2——系数，单室结构为1，双室结构为2。

17.10.2.13　烟气停留时间

烟气停留时间指烟气通过电场有效长度的时间，按下式计算：

$$t = \frac{L \cdot n}{v} \tag{17-81}$$

式中　t——烟气停留时间，s；

L——电场有效长度，m；

n——电场数；

v——烟气流速，m/s。

17.10.2.14　供电装置参数

A　电压

一般情况下，电压参考下式的计算值：

操作电压　$$U_1 = (3 \sim 3.5) \times S/2 \tag{17-82}$$

空载电压　$$U_2 = 4 \times S/2 \tag{17-83}$$

式中　U——供电装置的额定电压值，kV；

S——极板间距，cm。

B　电流

电流值可根据板电流或线电流值来计算：

$$I = (0.15 \sim 0.25) \times A' \tag{17-84}$$

或

$$I = (0.15 \sim 0.4) \times l' \tag{17-85}$$

式中　0.15～0.25——板电流值，即单位收尘极板面积的平均电流值，mA/m^2；

0.15～0.4——线电流值，即单位电晕线长度上的平均电流值，选取时要考虑电晕线的放电特性，mA/m；

I——供电装置的额定电流值，mA；

A'——每个电场的收尘极板面积，m^2；

l'——每个电场的电晕线长度，m。

17.10.3　抽风机的选择计算

主抽风机的选择计算主要是确定其风量，风压风温和驱动电机的功率。

17.10.3.1　风量

主抽风机的风量按下式计算：

$$Q = qA_s \tag{17-86}$$

式中 Q——主抽风机风量,m^3(工况)/min;

q——单位烧结面积风量,$q \leqslant 90\ m^3$(工况)/($m^2 \cdot min$);

A_s——有效烧结面积,m^2。

17.10.3.2 风温

主抽风机的工作温度一般为 140±10℃。

17.10.3.3 驱动电机的功率

驱动电机的功率按下式计算:

$$N = K\frac{E}{\eta}\cdot\frac{T_s}{T_c} \tag{17-87}$$

式中 N——主抽风机驱动电机功率,kW;

E——理论空气动力,kW,

$$E = \frac{\gamma_s Q_s h_{ab}}{6120} \tag{17-88}$$

K——富裕系数,一般取 104%;

η——全压效率,一般取 85%;

T_s——烟气温度,$T_s = 150 + 273 = 423K$;

T_c——低温条件,$T_c = 80 + 273 = 353K$;

γ_s——烧结烟气密度,$\gamma_s = 0.698\ kg/m^3$;

Q_s——抽风量,m^3(工况)/min;

h_{ab}——绝对压头,m,

$$h_{ab} = \frac{K}{K-1}RT_s\left[\left(\frac{P_{s2}+P_{d2}}{P_{s1}+P_{d1}}\right)^{\frac{K-1}{K}} - 1\right] \tag{17-89}$$

K——系数,取 1.4;

R——气体常数,28.45(kg·m)/(kg·K);

P_{s1}——入口静压,Pa;

P_{s2}——出口静压,Pa;

P_{d1}——入口动压,Pa;

P_{d2}——出口动压,Pa。

17.11 给排料设备

17.11.1 各种给料设备使用范围及优缺点

给料设备种类很多,烧结厂常用的给料设备列于表 17-28。

17.11.2 圆盘给料机的生产能力

圆盘给料机的生产能力计算见 17.4.1.1 节。

17.11.3 圆辊给料机生产能力计算

圆辊给料机如图 17-12 所示,其生产能力计算公式如下:

$$\begin{aligned} Q &= 60\pi hBDn\gamma K \\ &= 188.4hBDn\gamma K \end{aligned} \tag{17-90}$$

表 17-28　常用给料设备

名　称	给料粒度范围/mm	优 缺 点
圆盘给料机	50～0	优点:给料均匀准确,调整容易,运转平稳可靠,管理方便 缺点:设备较复杂,价格较贵
圆辊给料机	细粒、粉状	优点:给料量大,设备较轻、耗电量少,给料面较宽且较均匀 缺点:只适宜给细粒物料
板式给料机	1200～0	优点:排料粒度大,能承受矿仓中料柱压力,给料均匀可靠 缺点:设备笨重,价格高
槽式给料机	450～0	优点:给料均匀,不易堵塞 缺点:槽底磨损严重
螺旋给料机	粉状	优点:密封性好,给料均匀 缺点:磨损较快
胶带给料机	350～0	优点:给料均匀,给料距离较长,配置灵活 缺点:不能承受较大料柱的压力,物料粒度大胶带磨损严重
摆式给料机	小块	优点:构造简单,价格便宜,管理方便 缺点:工作准确性较差,给料不连续,计量较困难
电振给料机	1000～0.6	优点:设备轻,结构简单,给料量易调节,占地面积及高度小 缺点:第一次安装调整困难,输送粘性物料容易堵矿仓口
叶轮给料机	粉状	优点:密封性好 缺点:给料量小

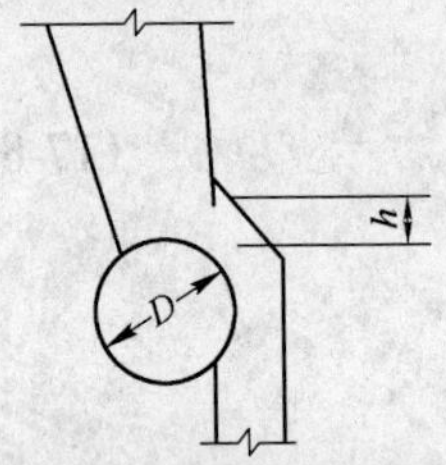

图 17-12　圆辊给矿机示意图

式中　Q——圆辊给料机产量,t/h;

h——闸门高,m;

B——给料口宽,m;

D——圆辊直径,m;

n——圆辊转数,r/min;

γ——物料堆积密度,t/m^3;

K——系数,$K=0.7$。

17.11.4　板式给料机生产能力计算

板式给料机有水平和倾斜两种配置,倾斜角度最大不超过12°。生产能力计算公式如下:

$$Q=3600Bhv\gamma\varphi \tag{17-91}$$

式中　Q——板式给料机生产能力,t/h;

B——矿仓口宽度,一般为链板宽的90%,m;

h——矿层高度,m;

v——链板移动速度,一般为0.02～0.15 m/s;

γ——物料堆积密度,t/m^3;

φ——充满系数,$\varphi=0.8\sim0.9$。

17.11.5　胶带给料机生产能力计算

胶带给料机生产能力按下式计算:

$$Q=3600Bhv\gamma\varphi \tag{17-92}$$

式中 Q——生产能力,t/h;

B——给料漏斗宽度,m;

h——料层高度,m;

v——带速,m/s,一般 $v\leqslant 1$ m/s;

γ——物料堆积密度,t/m³;

φ——充满系数,一般取0.75~0.8。

17.11.6 摆式给料机生产能力计算

摆式给料机生产能力按下式计算:

$$Q=60BhL\gamma nK \tag{17-93}$$

式中 Q——摆式给料机生产能力,t/m³;

B——排矿口宽度,m;

h——闸门敞开高度,m;

L——给料机摆动行程,m;

γ——物料堆积密度,t/m³;

n——偏心轮转数,r/min;

K——系数,一般取0.3~0.4。

17.11.7 电振给料机生产能力计算

电振给料机生产能力一般按设备产品性能表中所列数值选取,也可按下列公式计算。其生产能力可调,计算的生产能力是设备允许调节的最大能力。

$$Q=3600Bhv\gamma\varphi \tag{17-94}$$

式中 Q——生产能力,t/h;

B——槽宽,m;

h——槽高度,m;

v——物料输送速度,m/s;

γ——物料堆积密度,t/m³;

φ——充满系数,$\varphi=0.6\sim0.9$,按物料粒度选定,粒度小取较大值,粒度大取较小值。

物料输送速度 v 与物料特性、料层厚度、频率 f、振幅 S 和振动角 β 有关,按下式计算:

$$v=\eta\cdot\frac{g}{2K_2}\cdot\frac{K_1^2}{f}\cdot\cot\beta \tag{17-95}$$

式中 g——重力加速度,$g=9.81$ m/s²;

v——物料输送速度,m/s;

η——速度系数,$\eta=0.75\sim0.9$;

f——频率,Hz;

β——振动角(一般为20°);

K_1——系数,为抛料时间与一个振动期之比;

K_2——周期指数,一般取1.0。

振幅 S(mm)按下式计算:

$$S=\frac{K_2 g}{4\pi^2 f^2} \tag{17-96}$$

式中符号意义同式17-95。

上述输送速度为水平安装时的数值，当向下倾斜安装时，其输送能力可提高，但倾角不宜大于15°。

槽体也可向上倾斜安装，最大不超过12°，每升高一度，产量将降低2%。

如已知输送量，可用公式计算出槽内物料高度 H，运输大块物料时，要保证槽体高度大于物料最大粒度的2/3。

目前电振给料机在烧结厂主要用在成品给料系统，如铺底料矿仓下，冷却机下等。生产实践证明，在铺底料矿仓下使用较好，因为无水分，粉末少，环境灰尘小，而在冷却机下部的电振给料机使用情况较差，主要是灰尘大，灰尘进入电振器，影响正常振动，在灰尘较大之处，宜用电机振动给料机。

17.11.8 螺旋给料机生产能力计算

螺旋给料机多用于配料室的生石灰配料，除尘器下卸灰等。其生产能力计算公式如下：

$$Q=47D^2 S n_0 \gamma K \tag{17-97}$$

式中 Q——生产能力，t/h；

D——螺旋直径，m；

S——螺距，m；

n_0——螺旋转数，r/min；

γ——物料堆积密度，t/m³；

K——槽体容积利用系数，对于无磨损性物料，从小粒到尘埃，$K=0.8$（在无中间轴承时），对于有磨损性大块或大粒物料，采用较小值 $K=0.6\sim0.7$。

17.11.9 叶轮式给矿机生产能力计算

叶轮式给矿机又称星形给料机，多用于粉状物料（见图17-13），常用于除尘器下，其生产能力按下式计算：

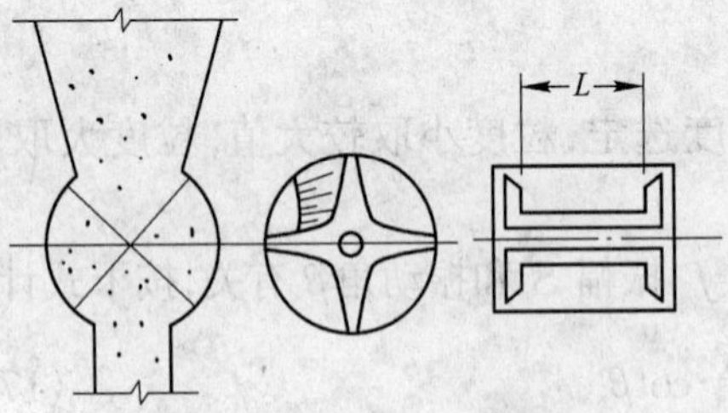

图17-13 叶轮式给矿机示意图

$$Q=60ZAL\gamma n_0 K \tag{17-98}$$

式中 Q——生产能力，t/h；

Z——叶轮格数；

A——每格截面面积。（图中阴影部分），m²；

L——轮轴工作长度，m；

γ——物料堆积密度，t/m³；

n_0——叶轮转数，r/min；

K——生产能力系数，一般为0.8。

17.12 斗式提升机

斗式提升机是垂直提升物料的设备，在烧结厂有时用于石灰石破碎系统，提升破碎后的石灰石，与筛子组成闭路系统，这样可以减少占地面积。但斗的磨损严重，常断链，维修量较大。斗式提升机有三种类型：

(1) D型和HL型：特点为快速离心卸料，适用于粉状或小块状的无磨琢或半磨琢性的物料，如煤、砂、水泥、白灰、小块石灰石等。D型斗式提升机输送的物料温度不得超过60℃，如采用耐热胶带，允许到150℃；HL型斗式提升机允许输送温度较高的物料。这两种提升机还有两种常用料斗。一种是深圆底型料斗，它适用于输送干燥的松散物料；另一种是浅圆底型料斗，它适于输送易结块的、难于抛出的物料。

(2) PL型斗式提升机：它是采用慢速重力卸料，适用于输送块状的、密度较大的磨琢性物料。如块煤、碎石、矿石等，被输送物料温度在250℃以下。

斗式提升机的型式、规格、生产能力按设备性能表选择。但D型和HL型斗式提升机中两种料斗的充满系数不同：深圆底型，充满系数为0.6；浅圆底型，充满系数为0.4。其功率计算如下：

(1) D型、HL型的功率计算公式：

$$N=1.2\times\frac{Qh}{367\eta\eta_1} \tag{17-99}$$

式中　N——电机功率，kW；

Q——生产能力，t/h；

h——提升机高度，m；

η——传动效率，一般 $\eta=0.7\sim0.8$；

η_1——提升机效率，大块 $\eta_1=0.25\sim0.4$，粒状 $\eta_1=0.4\sim0.6$；

1.2——储备系数。

(2) PL型的功率计算式：

$$N=\frac{cQhK'}{367\eta} \tag{17-100}$$

式中　N——电机功率，kW；

c——功率备用系数，其值由 h 决定，见表17-29；

Q——提升机的运输量，t/h；

h——提升机的高度，m；

K'——提升机的规格系数，见表17-28；

η——提升机传动装置总效率，$\eta=0.7\sim0.8$。

表17-29　提升机功率备用系数 c 和规格系数 K'

提升机型号	h/m	c	K'
PL250	≤10	1.45	1.45
PL350	10～20	1.25	1.20
PL450	>20	1.15	1.42

根据计算所需功率，再按传动装置技术性能表选择传动装置。

17.13　螺旋输送机

17.13.1　螺旋输送机的使用条件

(1) 用于水平或倾斜度小于20°的情况下输送粉状或粒状物料；

(2) 物料温度低于200℃；

(3) 工作环境温度为－20～＋50℃；

(4) 驱动装置尽量配置在头节；

(5) 运输距离不宜过长。

17.13.2　生产能力计算

(1) 螺旋直径：

$$D = K\sqrt[2.5]{Q/(\varphi\gamma c)} \tag{17-101}$$

式中　D——螺旋机螺旋直径,m;

Q——运输量,t/h;

c——螺旋机在倾斜工作时输送量的校正系数,见表17-30;

φ——物料的充填系数,见表17-31;

K——物料综合特性的经验系数,见表17-31;

γ——物料堆积密度,t/m^3。

表17-30　倾斜运输时输送量的校正系数

倾角 β	0°	≤5°	≤10°	≤15°	≤20°
c	1.0	0.9	0.8	0.7	0.65

表17-31　充填系数及物料综合特性系数

物料块度	物料的磨琢性	物料名称	推荐充填系数 φ	推荐螺旋类型	K	m
粉状	无(半)磨琢性	石灰	0.35～0.4	实体	0.0415	75
	磨琢性	水泥	0.25～0.3	实体	0.0565	35
粉状	无(半)磨琢性	泥煤	0.25～0.35	实体	0.049	50
	磨琢性	炉渣	0.25～0.3	实体	0.06	30
＜60 mm	无(半)磨琢性	煤、石灰石	0.25～0.3	实体	0.0537	40
	磨琢性	卵石、砂岩、干炉渣	0.20～0.25	实体或带体	0.0645	25
＞60 mm	无(半)磨琢性	块煤、块状石灰	0.20～0.25	实体或带体	0.06	30
	磨琢性	干黏土、焦炭	0.125～0.2	实体或带体	0.0795	15

(2) 螺旋机螺旋转数 n：

$$n \leqslant n_j = \frac{m}{\sqrt{D}},\ \text{r/min} \tag{17-102}$$

式中　n_j——螺旋轴极限转数,r/min;

m——物料综合特性系数,见表17-31;

D——螺旋直径,m。

所求得的螺旋直径和转数都须按设备规格选用标准数，螺旋直径及转数选定后，按下式校正 φ 值，所得 φ 值必须在表 17-31 范围内，否则需重新选取。

$$\varphi=\frac{Q}{47D^2 n\gamma cs} \tag{17-103}$$

式中　s——轴距，一般 $s=0.8D$，m；

其余符号同上式。

(3) 螺旋轴所需功率：

$$N_0=K\frac{Q}{367}(K_0L\pm H) \tag{17-104}$$

式中　N_0——螺旋轴所需功率，kW；

K——功率备用系数，$K=1.2\sim1.4$；

表 17-32　物料阻力系数 K_0 值

物料特性	强烈磨琢性或黏性	磨琢性	半磨琢性	干、无磨琢性
物料实例	石灰、炉灰	黏土、硅石、白云石 镁砂、焦炭	块煤	煤粉
K_0	4	3.2	2.5	1.2

Q——输送量，t/h；

K_0——物料阻力系数，见表 17-32；

L——螺旋机水平投影长度，见图 17-14，m；

H——螺旋机垂直投影高度（向上运输取正号，向下运输取负号，水平运输时为零），m。

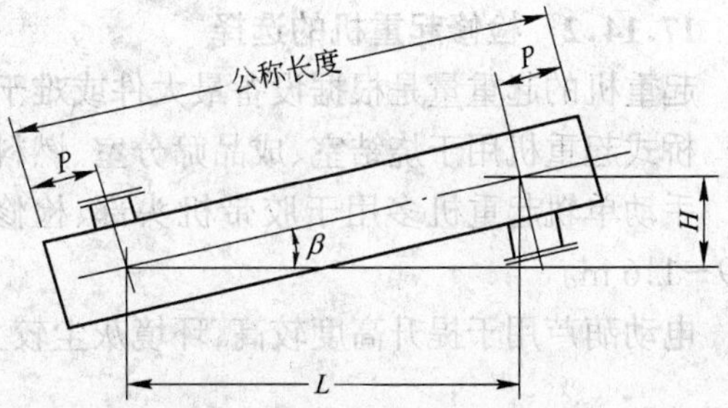

图 17-14　螺旋运输机尺寸

(4) 螺旋输送机驱动装置的电机功率：

$$N=N_0/\eta \tag{17-105}$$

式中　N——电机功率，kW；

N_0——螺旋轴功率，kW；

η——驱动装置总效率，与减速机直联时，$\eta=0.94$。

计算结果应满足以下关系：

$$\frac{N_0}{n}\leqslant\left[\frac{N}{n}\right] \tag{17-106}$$

$$P\leqslant[P] \tag{17-107}$$

式中　$[N/n]$——螺旋机的许用功率转速比，见表 17-33；

$[P]$——螺旋机的许用悬臂载荷，见表 17-33；

P——当螺旋机与驱动装置用皮带、链条等传动时,作用于螺旋轴轴端上的总作用力(其值不是有效圆周力),如采用联轴节时,不验算 P 值。

表 17-33　许用功率转速比及许用悬臂载荷

螺旋直径/mm	150	200	250	300	400	500	600
$\left[\frac{N}{n}\right]$/kW·(r/min)$^{-1}$	0.013	0.03	0.06	0.10	0.25	0.48	0.85
[P]/kg	210	370	580	800	1500	2400	8500

17.14　起重设备

17.14.1　抓斗起重机生产能力计算

抓斗起重机生产能力按下式计算:

$$q=\frac{60V\gamma}{t} \tag{17-108}$$

式中　q——抓斗起重机生产能力,t/h;

V——抓斗容积,m^3;

γ——矿石堆积密度,t/m^3;

t——抓取物料的每个循环时间,min。

矿石堆积密度视物料性质而定,如为铁精矿时需按 3 t/m^3 计算,抓斗的每个循环时间一般为 2 min。

17.14.2　检修起重机的选择

起重机的起重量是根据设备最大件或难于拆卸的最大部件的重量来决定的。

桥式起重机用于烧结室、成品筛分室、燃料破碎室、熔剂破碎室、熔剂筛分室。

手动单轨起重机多用于胶带机头部、检修不频繁的车间,其最小转弯半径 R 一般为 0.9~1.6 m。

电动葫芦用于提升高度较高,环境灰尘较少,检修较多的车间。

18 工艺专业委托资料内容

18.1 通风除尘

18.1.1 要求通风除尘的设备名称、除尘点的位置及数量

烧结厂各车间(工段)设备的密闭与除尘要求参照表18-1。

18.1.2 与通风除尘对象有关的技术特性

18.1.2.1 粉尘一般特性

烧结厂所产生的粉尘多为中性矿物粉尘,粉尘中游离二氧化硅含量一般为物料中二氧化硅含量的60%~80%。表18-2列出了鞍钢二烧及包钢烧结厂生产过程主要粉尘的一般特性。表18-3为鞍钢二烧、包钢烧结厂机尾粉尘的化学成分。

18.1.2.2 粉尘的比电阻

粉尘的比电阻随各厂原料、操作条件的不同,而差别较大,设计时宜采用实测值。表18-4是部分烧结厂粉尘的比电阻值。

18.1.2.3 粉尘的安息角与滑动角

粉尘的安息角一般大于35°;

粉尘的滑动角一般大于40°。

18.1.3 高温岗位的降温要求

(1) 烧结机头部操作区,设置夏季降温用局部送风装置,或者设置移动式喷雾风扇。热矿振动筛平台也可设置移动式风扇。

(2) 南方地区翻车机室、受矿仓、原料仓库等地下部分,应通风换气。

(3) 若配料带式输送机经过烧结室底层平面,并且热返矿用圆盘给矿机卸至该带式输送机上,则带式输送机出烧结室的通廊要设排气天窗,热返矿操作岗位应送风降温。

18.1.4 车间供热要求

车间供热要求包括:

(1) 点火炉煤气管道吹扫用蒸汽。

(2) 电除尘器灰斗保温用蒸汽。为了防止电除尘器贮灰斗中的粉尘吸湿而粘结贮灰斗,贮灰斗需通蒸汽保温。

(3) 电除尘器阴极吊挂绝缘套管热风保温加热空气用蒸汽。

(4) 带式输送机胶带硫化胶接用蒸汽。

18.1.5 车间采暖对室温的要求

烧结厂各车间采暖设计要求见表18-5。

18.1.6 设备及建(构)筑物排除水气的委托

(1) 从一次混合室通往烧结室的混合料带式输送机上的物料湿度大,沿带式输送机通廊要委托排气。

(2) 主厂房高跨的混合料矿仓的矿仓口应与卸料带式输送机的卸料部分密封成整体,

密封罩上部要求设排气罩进行自然排气，也可以单独在矿仓口设自然排气管。

表 18-1　烧结厂各车间(工段)除尘要求

车间(工段)名称	扬尘点	密闭要求	除尘措施
翻车机室	车厢往料仓卸料		1. 车厢上方设喷嘴，翻车前加湿物料 2. 料仓上设喷雾喷嘴降尘
	料仓往给料机排料	料仓排料口周围密封，给料机整体密封	1. 给料机卸料处设喷嘴 2. 抽风除尘
	给料机往带式输送机卸料	带式输送机受料点设密封罩	1. 密封罩遮帘处设喷嘴 2. 抽风除尘
受料仓	车厢往料仓卸料		1. 车厢上方设喷嘴，卸车前加湿物料 2. 料仓上设喷雾喷嘴
	圆盘给料机往带式输送机卸料	带式输送机受料点密封	抽风除尘
原料仓库	仓库下部固定给料设备往带式输送机卸料	带式输送机受料点密封	抽风除尘
	仓库下部移动给矿设备往带式输送机卸料	移动给矿机设密闭罩	
	门型卸车机卸料胶带往料仓卸粉尘量大的料		卸料胶带上方设喷嘴，喷湿物料
燃料熔剂破碎筛分室	可逆锤式破碎机	锤式破碎机进料排料胶带密封	1. 进料带式输送机头部设喷雾嘴 2. 进料、排料密封，抽风除尘
	不可逆锤式破碎机	锤式破碎机进料带式输送机头部密封，喷湿，排料点密封	进料带式输送机头部喷湿，排料点密封，抽风除尘
	振动筛	除传动电机外，筛体全密封	抽风除尘
	筛上、筛下溜槽往带式输送机卸料	带式输送机受料点局部密封	抽风除尘
	对辊及四辊破碎机	破碎机上部设抽风密封罩	破碎机上部设抽风除尘
	对辊、四辊往带式输送机排料	带式输送机受料点设密封罩	
	移动卸料车往矿仓装料	矿仓口胶皮密封	
破碎筛分室	反击式破碎机	进料口连同进料设备密封	抽风除尘
	反击式破碎机往带式输送机给料	带式输送机受料点密封	抽风除尘

续表 18-1

车间(工段)名称	扬尘点	密闭要求	除尘措施
配料室	移动可逆式带式输送机受料点	移动带式输送机大密封或料仓口密封	抽风除尘
	移动可逆式带式机输送机往料仓装料	移动带式输送机大密封	抽风除尘
	圆盘给料机或定量给料机往带式输送机给料点	含湿较大精矿可不密封，粉尘较大时圆盘给料点与带式输送机受料点密封	抽风除尘
	热返矿链板往料仓卸料	热返矿链板头部连同料仓口密封	
一、二次混合室	一、二次混合机带式输送机头部，混合机进料端、卸料端及带式输送机受料点	设排气筒，且带式输送机头部，受料点局部密封	自然排气
烧结冷却机室	混合料仓	料仓口与卸料设备密闭成整体	密闭罩上设排气罩自然排气
	烧结机头部	烧结机头部设置大容积密封	抽风除尘
	烧结机尾及单辊破碎机	机尾与单辊设大密封	密闭抽风除尘
	热矿振动筛	热筛受料端、卸料端、筛面整体密封	抽风除尘
	铺底料矿槽	带式输送机卸料端及仓口密封	抽风除尘
	热返矿圆盘往带式输送机给料	圆盘及带式输送机受料点密闭	抽风除尘
	热返矿仓下卸料	卸料设备与热链板受料点密封	抽风除尘
	小格散料，降尘管粉尘卸料点	输送粉尘的带式输送机全密封	抽风除尘
	冷却机受料端	冷却机受料点密封	抽风除尘
	冷却机卸料端	冷却机头，带式输送机受料点密封	抽风除尘
成品破碎筛分系统	一、二、三、四次冷矿筛	筛子受料端、卸料端、筛面整体密封	抽风除尘
	齿辊破碎机	破碎机受料仓，卸料端溜槽密封	抽风除尘

续表 18-1

车间(工段)名称	扬尘点	密闭要求	除尘措施
成品矿仓	矿仓下排料设备	排料设备与带式输送机受料点密封	抽风除尘
	矿仓上部进料带式输送机	大密封或矿仓口密封	抽风除尘
成品取样室	进料带式输送机头部与取样机	进料带式输送机头部与取样机头部大密封	抽风除尘
	各给料带式输送机	受料点,卸料点与带式输送机全密封	抽风除尘
	各种类型检验筛	筛子受料,卸料端及筛面密封	抽风除尘
	颚式、辊式圆锥式破碎机	全密封	抽风除尘

表 18-2　烧结厂生产过程主要粉尘一般特性

车间(工段)名称	密度/g·m^{-3}	堆积密度/g·m^{-3}	粉尘粒度组成/%						化学成分/%				游离 SiO_2/%	备注
			>40 μm	40~30 μm	30~20 μm	20~10 μm	10~5 μm	5~0 μm	TFe	SiO_2	CaO	MgO		
机尾竖风道内	3.85		20.2	56.4	18.5	1.9	0.7	2.3						鞍钢二烧数据
一次返矿竖风道内			14.1	69.4	12.3	1.7	0.7	1.8						
装车罩竖风道内			10.0	22.4	63.9	0.8	2.0	0.9						
返矿加水点	3.71		23.8	35.1	21.9	7.9	7.6	3.7					一般	包钢烧结厂数据
热振筛抽风管内	3.8~4.2		10.42	47.77		17.86	21.39	2.56					<10.0	
成品矿仓抽风管内		1.5~2.6	22.5	39.92		24.71	7.14	5.73	~50	~12	~10	1~3		
返矿胶带抽风管内			12.53	75.74		11.29	0.01	0.43						
链板机头抽风管内			56.93	35.27		4.86	2.66	0.28						
机尾各抽风点汇合管内			72.16	14.9		11.6	0.35	0.99						
无烟煤粉尘			42.0	22.80		12.6	5.8	16.8						
石灰石粉尘			11.6	64.8		18.5	4.2	0.9						
机头	3.83		66.2	9.9	7.3	4.8	1.7	10.1	52.1	12.4	8.1	3.7		

(3) 若二次混合机布置在主厂房高跨内,二次混合机向梭式布料机给料时,梭式布料器需整体密封,密封罩上部要委托排气管排气。

(4) 一、二次混合机的进料端与排料端,分别实行整体密封,排料端密封罩上要求设排气管。

18.1.7 特殊电机通风要求

表 18-3 机尾粉尘化学成分

厂名	取样地点	粉尘化学成分/%							
		TFe	FeO	SiO_2	CaO	Al_2O_3	MgO	C	S
鞍钢二烧	机尾罩上风管	50.95		12.36	7.9		3.29	3.27	0.232
	除尘器回收粉尘处	52.14		12.36	8.07		3.68	3.40	0.413
	4号多管下	45.4		9.53	11.83			3.41	0.91
	4号小旋风下	47.3		9.63	9.93			3.23	0.87
包钢烧结厂	$40m^2$ 电除尘器	37.32	3.14	11.56	9.86			7.76	
攀钢烧结厂(1982年11月测)	筛分电除尘	41.8	53.42	5.60	10.87	4.34	TiO_2	9.26	0.89
	机尾电除尘	41.7	53.36	5.68	8.97	4.49	TiO_2	9.16	1.28
	多管除尘器	47.0	60.16	3.60	5.60	3.62	TiO_2	10.95	1.07

表 18-4 烧结厂粉尘比电阻值

厂名	粉尘名称或取样场所	温度/℃				
		50	80	100	150	200
		比电阻值/Ω·cm				
马钢一烧	机尾				3.75×10^{12}	1.56×10^{12}
新余烧结厂(铁矿)	机尾	3.1×10^{9}(常温)	2.26×10^{11}		4.9×10^{11}	
湘钢烧结厂	生石灰	5.76×10^{11}		1.83×10^{12}	3.81×10^{13}	2.5×10^{13}
	石灰石	1.28×10^{11}		1.96×10^{12}	5.8×10^{13}	6.25×10^{13}
	焦粉	1.17×10^{5}		1.35×10^{4}	1.37×10^{6}	7.5×10^{9}
$3.6m^2$ 电除尘试验(机头)	一电场灰斗	1.1×10^{7}	3.3×10^{7}	8.3×10^{9}	2.0×10^{11}	
	二电场灰斗	4.0×10^{7}	6.8×10^{7}	2.9×10^{10}	1.8×10^{11}	

表 18-5 烧结厂各车间(工段)采暖要求

车间(工段)名称	室内采暖温度/℃	车间(工段)名称	室内采暖温度/℃
翻车机室(地下部分)	16	烧结机平台	5
受料仓(地下部分)	16	降尘管室	5
原料仓库(地下部分)	14~16	烧结抽风机室	5
精矿仓库	5	烧结矿或返矿仓	5
熔剂、燃料破碎、筛分室	14~16	烧结矿或返矿通廊转运站	10
配料室	14~16	成品烧结矿破碎,筛分室	5~10
配料带式输送机通廊	10	成品取样室	5~10
一次混合室	23	成品检制样室	5~10
混合料带式输送机通廊转运站	23	成品系统带式机通廊及转运站	10
混合料矿仓	23		
二次混合工段	23		

烧结厂在烧结机、圆辊布料机、冷却机及热返矿圆盘等设备上安装的调速电动机,主抽风机及余热风机的大型传动电机需委托通风进行冷却。

18.2 水道

工艺设备用水委托包括工艺用水的设备名称、水量、水质、水压及水温可参见表18-6。

表 18-6 烧结厂用水设计参考指标

用水点名称			水温/℃	水压/×10^4Pa	水质(悬浮物)/mg·L^{-1}	供水系统	烧结机规格/m^2 18	24	50	75	90	130	180	265
烧结厂用水	每吨烧结矿用水 m^3/t													0.41，其中：生活0.244，生产0.165
烧结工艺设备用水/$m^3·h^{-1}$	一次混合用水			14.71~19.61	无要求	二次环水	2~4	3~5	6~10	10~15	10~17	15~25	15	
	二次混合用水			9.81~14.71	无要求	二次环水	0.5~1.5	1~2	2~4	2.5~5	3~6	4~8	6	
	粉尘润湿用水		>30	9.81~19.61	无要求	二次环水	1.0	1~2	1~2	2~3	2~3	2~3	3	
								水冷式						
	单辊破碎机冷却用水		≤40	19.61	≤50	一次环水	20	20	22	22	22	15	40	
	热矿筛横梁喷雾用水		≤40	19.61	≤50	一次环水	1	1	1~2	1~2	1~2	1~2	无	
	烧结机隔热板用水		≤40	9.81~19.61	≤50	一次环水	8.0	8.0	10	10	10	12	10	
	冷却设备用水	抽风环、带冷式	≤30	19.61	≤50	新水	4.5	4.5	20	20	20	47		
		鼓风环、带冷式	≤30	19.61	≤50	新水								
	抽风机室	电动机冷却器	20~30	19.61	≤50	新水			40	52	52	90~100	110	
		抽风机油冷却器	20~30	19.61	≤50	新水	8.3	8.2	11	12	12	12	15	
	水封拉链			9.81~19.61	无要求	二次环水	1~2	1~4	1~5	1~5	1~5	1~5	无	
	回热风机冷却水		20~30	19.61	≤50	新水			1~5	1~5	1~10	8~10	16	

烧结厂各车间(工段)一般均需用水冲洗地坪。

18.3 电力

(1) 工作制度、工艺方法:烧结厂的生产过程是连续工作制。主机每年的工作日约330天。该工作日是扣除了设备大、中、小修以及一般事故、交接班检查、停电等因素影响的时间。

(2) 工艺用电设备负荷委托:工艺用电设备负荷委托包括用电设备的名称、安装地点及数量。设备所配备的电机及容量、电压等级、用电设备的工作台数和备用台数。直流用电设备及可逆带式输送机要注明,一般以表格的形式分车间(工段)委托。

(3) 设备联锁委托:设备的联锁按设备联结关系及起停要求进行设计。

(4) 事故开关的委托:

1) 长度大于75 m的带式输送机设置事故开关。

2) 中央集中联锁运转的设备,机旁均需设置事故开关,备紧急情况时工作停机之用。

(5) 非联锁检修设备用电负荷委托:这类设备包括检修用的各类起重机,原料仓库的抓斗起重机等,以表格的形式分车间(工段)委托。表格内容有:非联锁用电设备的名称,安装地点及数量,电动机的型号、台数、功率等。

18.4 通讯、自动化和计算机控制功能委托

18.4.1 通讯

(1) 通讯电话装置:

1) 车间内各生产岗位之间,一般均需设置调度电话,进行通讯联络。中、小型厂的调度总机一般配置在生产调度室,大型厂设在中央电气楼的中央控制室内。

2) 生产调度室与总厂生产总调度室、炼铁厂生产调度室、动力厂、焦化厂、煤气加压站、混匀料场之间要委托直通式电话。

3) 烧结厂各种职能科室,中央控制室均需设置拨号的自动电话,即行政电话。

4) 大型原料仓的桥式抓斗起重机驾驶室,可根据情况委托载波电话进行通讯联系。

(2) 生产扩音装置:根据烧结厂规模及装备水平的不同,可分别不同情况设置单向生产扩音、双向生产扩音、选择式生产扩音。

(3) 计时装置:烧结厂各主要车间需配备直流子母钟或石英钟。一般广播室、会议室、调度室设单面子钟,主控室、化验室、操作值班室设单面或双面子钟。

(4) 工业电视装置:现代化的烧结厂,在烧结机头部,尾部冷却机布料端、排料端要求安装工业电视,观察布料和烧透情况,用以指导生产操作。某些矿仓进料处视具体情况也可设置工业电视。

18.4.2 自动化

18.4.2.1 料位测量与控制委托要求

(1) 混合料仓设料位计,进行连续在线自动测量。

(2) 配料仓下的给料设备是各种形式的定量给料机时,各矿仓都要求对料位进行连续测量与控制。

(3) 当熔剂、燃料处理系统和配料仓间设置缓冲矿仓时,其料位计只测料位上限。

(4) 铺底料仓的料位要实行连续测量。

(5) 降尘管和除尘器下贮灰斗设置料位计自动排灰。

(6) 冷却机排矿端的卸料漏斗如有特殊需要可安装料位计。

18.4.2.2 液面测量与控制委托

(1) 大型混合机油箱设液位计测量液面;

(2) 大型烧结机主抽烟机润滑用高位油箱设液位计测量油位。

18.4.2.3 温度测量委托项目

(1) 烧结机风箱支管烟气测温可以间隔测量,每个需测温风箱支管设一个测温点;沿降尘管方向温度分布转折处,在台车宽度方向按台车宽度不同设2~6点测温。

(2) 降尘管出烧结室处设烟气温度测量点测主管烟气温度。

(3) 点火保温炉测量点火温度。

(4) 点火表面料温测量。

(5) 混合料温度测量。

(6) 电除尘器入口管道测温。

(7) 吊挂绝缘子保温热风温度测量。

(8) 主抽烟机入口烟气温度测量。

(9) 主抽风机轴承温度测量。

(10) 冷却机烟罩内温度测量。

(11) 抽风式冷却机的抽风机轴承测温。

(12) 润滑油泵油箱测温。

(13) 油冷却器出水端测温。

(14) 油冷却器进油温度测量。

(15) 油冷却器出油温度测量。

(16) 冷却机排矿端烧结矿温度测量。

18.4.2.4 流量测量委托

(1) 点火用煤气流量测量。

(2) 点火用空气流量测量。

(3) 降尘管及风箱立管流量测量。

(4) 机头除尘器入口烟气流量测量。

(5) 机头除尘器保温蒸汽流量测量。

(6) 电除尘器绝缘子保温用热交换器蒸汽流量测量。

(7) 电除尘器绝缘子保温用热风流量测量。

(8) 主抽风机进口烟气流量测量。

(9) 油冷却器冷却水进口水流量测量。

(10) 油冷却器润滑油管进口油流量测量。

(11) 主抽风机空气冷却器冷却水流量测量。

(12) 一、二次混合机给水管水流量测量。

(13) 二次混合机蒸汽加热混合料蒸汽管流量测量。

(14) 混合机齿轮油泵喷油管上喷油量测量。

(15) 混合机齿轮油泵喷油用压缩空气流量测量。

(16) 全厂煤气、水、蒸汽、压缩空气总管流量测量。

(17) 单辊破碎机冷却水进口水流量测量。

18.4.2.5　压力测量委托项目

(1) 点火煤气压力测量、点火用煤气总管压力测量和支管压力测量。

(2) 点火用空气管空气压力测量。

(3) 点火炉内压力测量。

(4) 风箱支管压力测量。

(5) 机头除尘器进、出口处压力测量。

(6) 机头除尘器灰斗保温用蒸汽压力测量。

(7) 机头电除尘器绝缘子保温用热风压力测量。

(8) 主抽风机入口压力测量。

(9) 抽风机润滑站油冷却器油管进出口油压力测量。

(10) 油冷却器冷却水进口水压力测量。

(11) 主抽风机传动电机空气冷却器进水管压力测量。

(12) 鼓风式冷却机鼓风机进风管空气压力测量。

(13) 鼓风式冷却机第一、二段烟气罩内压力测量。

(14) 抽风式冷却机各竖烟道内烟气压力测定。

18.4.2.6　速度测量委托

(1) 配料室各种型号与规格的定量给料机的调速传动电机。

(2) 烧结机主传动电机。

(3) 烧结机圆辊布料器传动电机。

(4) 冷却机主传动电机。

18.4.2.7　水分含量测量委托

(1) 配料仓中铁料、燃料、熔剂及辅助原料水分测量。

(2) 烧结室混合料矿仓水分测量。

18.4.2.8　气体成分分析委托

(1) 降尘管内气体成分分析。

(2) 主抽风机出口烟气成分分析。

18.4.2.9　固体物料的测量与计量委托

(1) 热返矿量的测量。

(2) 采用电子皮带秤进行计量。

18.4.2.10　自动控制与调节委托项目

(1) 温度的自动控制与调节：

1) 点火温度自动控制。

2) 点火、保温余热烟气温度自动控制。

3) 电除尘器入口温度控制。

4) 沿烧结机长度方向，按设定的温度分布图控制降尘管内烟气温度分布。利用风箱支管测得的温度调整风箱阀门开度。

5）二次混合机混合料温度控制。

(2) 压力的调节与控制：

1）点火用煤气总管压力控制。

2）点火器下风箱负压控制。

(3) 流量自动控制与调节：

1）点火用空气煤气流量的比例调节，维持点火温度的稳定。

2）点火、保温炉余热(来自机尾冷却机)废气流量调节。

3）一、二次混合机水流量控制。

(4) 速度控制与调节：

1）烧结机圆辊给料机速度控制。

2）烧结机速度控制。

3）冷却机速度控制。

4）铺底料进料带式输送机运行速度控制。

(5) 下料量控制：

1）热返矿下料量控制。

2）含铁料、熔剂、燃料下料量控制。

3）冷却机排矿漏斗下板式给料机下料量控制。

(6) 烧结机台车上料层厚度控制。

18.4.2.11 信号及保护设施

(1) 料位、料量报警：

1）料位报警信号。

2）料层厚度报警。

3）运输量报警。

4）给料量报警。

(2) 温度报警：

1）主抽风机轴承温度大于75℃时报警，大于85℃时主传动电机停转。

2）带冷机抽风机上、下轴承温度大于65℃时报警。

3）风机润滑站润滑油出口温度大于47℃报警。

4）冷却机排矿端烧结矿温度高于设定值报警。

(3) 压力报警信号：

1）点火、保温用煤气和空气总管压力低于设定值报警。

2）一、二次混合机添加水压力低于设定值报警。

3）主抽风机轴承油压力低于设定值报警。

4）抽风机空气冷却器冷却水压力低于设定压力时报警。

5）单辊破碎机冷却水压力低于设定值报警。

(4) 流量报警信号：主抽风机油冷却器冷却水量低于设定值报警。

(5) 振动与位移报警信号：主抽风机轴的轴向位移及轴承振动报警。

18.4.2.12 其他

(1) 烧结机台车上料层厚度测量委托。

(2) 烧结机台车数量测量委托。

(3) 混合料透气性测量委托。

(4) 烧结矿 FeO 含量测量委托。

(5) 对降尘管、主抽风机出口烟气成分分析的委托。

此外,还可根据需要和可能,委托其他项目。

18.4.3 计算机控制功能(略)

18.5 土建

18.5.1 平台委托

平台委托包括的内容主要是满足土建专业在施工图阶段进行设计,具体内容有:

(1) 该平台上全部工艺设备需要的基础孔、洞、埋设件、给排矿孔、捅料孔、检修孔的定位尺寸及关系尺寸。

(2) 设备及构件的基础高度(或深度),二次浇灌层的高度,基础螺栓(或预留孔)的相对位置尺寸,螺栓直径及长度(或预留孔的大小和深度)。

(3) 以每台设备为单元给出基础荷重及某些大型设备所产生的水平推力。

(4) 平台活荷重。

平台活荷重应根据工艺要求与土建商定。

18.5.2 料仓委托

委托内容包括矿仓在厂房内的定位尺寸,矿仓本身的关系尺寸。几何容积与有效容积、所装物料的名称、粒度组成、堆积密度、温度及腐蚀性等。

18.5.3 起重设备的委托

委托内容包括:起重设备本身重量与起重量,最大轮压及轮距,操作室位置,轨顶(单轨为轨底)标高,上下操作室平台标高及楼梯位置,跨度与厂房有关的尺寸。

电动葫芦及手动单轨还需标明轨道转弯时的曲率半径,电动葫芦检修平台标高及位置。

18.5.4 特殊要求的委托

(1) 振动设备的委托:主抽烟机、余热回收风机、振动筛及圆筒混合机运转中会产生振动,土建要作振动计算,要委托有关参数。

(2) 特殊梁、板、柱委托。

18.5.5 烟道与烟囱及降尘管的委托

提供烟道的断面尺寸与平面布置定位及相对尺寸、烟气流速、温度及磨蚀性。

提供降尘管的委托图,其内容包括降尘管在烧结室的相对位置尺寸(平面位置尺寸及中心标高)降尘管各段的直径、长度、每米的荷重,降尘管与各风箱支管的联结关系及具体尺寸,伸缩节的位置及数量,降尘管各灰尘漏斗的具体尺寸及与卸灰阀联结处的法兰口尺寸与标高,降尘管活动支座固定支座处的埋设螺栓的相对尺寸,螺栓直径与长度的尺寸要求,降尘管内行人走台及格栅的尺寸,降尘管外的走道、支架、栏杆的具体尺寸,取样孔与冷风吸入阀的安装位置,具体尺寸要求等。

烟囱的定位尺寸、出口内径、烟气流速、烟囱的高度及烟气的温度。

18.5.6 烧结厂各车间(室)的围护结构

18.5.6.1 围护结构及其它内容委托

(1) 封闭式外墙结构:适于室内清洁度要求较高,要求防风、防雨、防寒、要求较严格的部位;

(2) 半敞开式外墙结构:适于大量排灰、散热、不保温部位,围护结构可用挡雨板或墙与挡雨板配合;

(3) 全敞开式结构:对防雨、防风、防寒、防灰无要求部位;

(4) 砖砌结构:空花墙,适于防雨不严格的备品、备件仓库。

18.5.6.2 围护结构及其它内容的具体要求

(1) 翻车机室:寒冷地区砖墙,大门处设门扇;炎热区为半敞开式墙,上设挡雨板,大门洞处可不设门扇;

(2) 受矿仓:地面上纵墙为半敞开式,上设挡雨板,两端山墙为全敞开式;

(3) 原料仓库:寒冷区为封闭式外墙,保温、大门洞处需设门扇;炎热区为半敞开式墙,大门洞处可不设门扇;山墙可砌空花墙。原料仓库内的配料工段要为全封闭式结构:

1) 原料仓库厂房外侧有门型卸车机时,卸料胶带最高结构外形 300 mm 以上处可砌封闭式墙或砌空花墙,而下部为全敞开式结构。

2) 另一侧的纵向墙,当没有配料工段时,可为半敞开式或空花墙结构;当有配料工段时,为全封闭式结构。

3) 两端山墙为空花墙,大门洞处不设门扇。

4) 门型卸车机在厂房内时,两边纵墙为半敞开式或空花墙结构,配料工段为全封闭式。

(4) 破碎和筛分室,外墙为全封闭式;破碎机室的破碎机基础一般土建要求与厂房结构部分分隔开,破碎机的进料平台不宜直接支承在破碎机的基础上。

(5) 配料室:一般为全封闭式外墙。

(6) 烧结室:

1) ±0.00 平面为全敞开式,台车检修轨一侧,砌 1.2 m 高的砖墙,防止屋檐水溅到台车上。

2) 变电室、配电室为全封闭式墙。

3) 机尾各层平台全敞开。

4) 大型烧结机因考虑温度的影响,操作平台要全封闭。

5) 一般操作平台高跨部分为全封闭式,低跨部分纵向墙为半敞开式。

6) 二混平台邻近低跨的墙要一直封闭到屋面。

7) 寒冷区为全封闭式,但机尾可不设外墙。

(7) 混合机室:寒冷区为全封闭式,炎热区下部为全封闭式,平台上的对应墙面预留安装洞,洞上设钢筋混凝土过梁。大型混合机为露天式安装。

(8) 抽风机室:全封闭式外墙,山墙设通汽车大门,另一侧山墙开通行门,为防止抽风机噪声对环境污染,要设置隔音板或隔音罩。

(9) 烧结矿破碎和筛分室:操作平台为全封闭式,±0.00 平面全敞开,其它为半敞开式。

18.5.7 噪声源防治要求的委托

需要防治噪声的设备或场所应提出委托要求。

18.5.8 通廊委托

标明带式输送机通廊的结构要求,长度,宽度,角度,通廊的编号,进出的厂房名称,楼板负重,纵剖面与地形之间的关系,进、出口节点的标高,地上、地下是否有铁路与公路穿越等。

18.5.9 其他方面的委托

(1) 备品、备件、仓库委托:标明备品,备件的名称,数量,仓库的防雨、防风要求,库房门的开向及尺寸大小。

(2) 工人休息室的委托:对有防寒、防灰、防噪声干扰,有隔热要求的岗位需设置工人休息室。

18.6 机械设备参数委托

机械设备参数委托包括如下几个方面:

(1) 名称规格要求:机械设备名称及工作对象,物料处理量以及设备结构形式。

(2) 要求达到的质量指标。

(3) 设备的工作制度:

1) 连续工作制的工作时间(年工作日,日工作班,班工作小时);

2) 间断工作制的时间间隔及周期。

(4) 设备的工作行程与速度要求。

(5) 被处理物料的性质。

(6) 设备安装地点。

(7) 设备动力源要求。

(8) 设备安装方式。

(9) 尺寸限制要求。

(10) 传动方式要求。

(11) 防磨损,防腐蚀,防振动,耐高温,防噪声,绝热等特殊要求。

(12) 润滑要求。

18.7 机修委托

机修的一般资料要求有:

(1) 工厂规模,烧结矿年产量及品种。

(2) 工作制度及年作业时间。

(3) 检修要求,中、小修时间及时间间隔,要求机修承担的具体检修内容。

(4) 工厂的建设性质,新建工程,扩建及改建工程。

机修的其它要求有:

(1) 易损件名称、规格、材质、单位消耗定额。

(2) 备品、备件的要求。

18.8 总图运输委托

总图运输方面的委托包括以下内容:

(1) 车间的工作制度:包括年工作天数,日工作班数,班工作小时数,连续工作制,间断工作制的作业时间及时间间隔。

(2) 附图、附表:委托中应附有必要的平剖面图及表格,表格系指烧结原料、燃料、辅助原料、材料、高炉返回粉料、成品烧结矿年耗(输出入)量一览表。

(3) 根据需要,还可以提出如下要求:

1) 装卸台、站的装卸方式,台、站的轨(路)面标高。

2) 料仓下部用火(汽)车装料时,料仓卸料口下设备最低点的标高,建筑物的净空尺寸。

3) 原料、辅助原料、燃料、材料的运输方式、装卸方式。

4) 车间最大件的重量、外形尺寸。

5) 各种堆场的平面尺寸、贮存量、使用量、贮存时间、堆存方式及取料方式。

6) 原料(精、粉矿)的粒度组成,含水量、运输方式、卸矿方式。

7) 成品烧结矿的温度、粒度组成、运往地点、运输方式。

8) 检修设备的通道建议位置,特殊要求,设备采用的运输及检修吊装的具体方式,检修门的设置,大小及位置,检修材料,备品备件的堆存场所,平断面具体尺寸。

18.9 压缩空气方面的委托

压缩空气方面的委托包括如下内容:

(1) 设备起停用气。

(2) 设备清扫用气。

(3) 捅矿仓用气。

(4) 气力输送用气。

委托要标明气量、气压、用气点的坐标位置。

18.10 技术经济委托

技术经济方面的委托包括如下内容:

(1) 生产规模、产品方案、主机规模、成品烧结矿的年生产量。

(2) 成品烧结矿的化学成分,粒度组成,小于 5 mm 的粉末含量,烧结矿的碱度(二元碱度或四元碱度)FeO 含量转鼓强度等。

(3) 工艺设备的总台数,总吨位。

(4) 主要生产操作指标:烧结机利用系数,烧结机年日历工作时间(天)。

(5) 生产消耗:含铁原料(多品种时分项与总项同时列出),熔剂、燃料、辅助原料、材料及点火、保温煤气的单位消耗、年消耗量。

(6) 人员配备:按车间、分岗位列出各工作班次的出勤人数。

(7) 方案比较资料:带有可比性的方案,要列表比较两者的主要技经指标,包括工厂规模、产量、质量指标,投资、占地、设备总重量,人员配备、加工费用与单位成本的比较数据。

(8) 改建、扩建工程现有生产能力,现有设备、设施的利用情况。

18.11 工程经济委托

工程经济委托包括如下内容:

(1) 需要估价的非标准设备名称、类型、规格、传动形式(齿轮传动、皮带传动、链传动),有关的技术条件,设备的重量等。

(2) 按子项编制的主要设备、材料重量、金属结构件的估重及概算值,全厂的概算值。

(3) 旧有及库存设备的名称、总重量及概算值。

18.12 化验方面的委托

化验方面的委托包括化验、检验及其结果等内容。

(1) 化验、检验委托:

1) 烧结矿年产量,日历作业时间,工作制度。

2) 工厂的建设性质,即新建工程、改建或扩建工程。

3) 试样的委托:试样的取样地点及周期;试样的化学分析类别要求,包括快速分析,普通分析,全分析,具体内容用表格形式委托。

(2) 化验、检验结果:

1) 要求的分析速度及报出结果的时间周期。

2) 化验、检验结果的通讯方式。

3) 各种化验、检验物料的特性。

19 工程概算与技术经济

19.1 工艺概算的编制

工艺概算的编制分为:工艺设备、金属结构、工艺管道、设备及管道保温、一般工业炉等五个部分。

19.1.1 工艺设备概算的编制

设备及安装工程概算必须根据初步设计设备表和设备安装工程概算定额或安装费概算指标,以及机电产品出厂价格和非标准设备估价等资料来编制。

19.1.1.1 设备价格的确定

工艺设备概算是由设备价格及安装工程费两部分组成的。设备价格又由设备原价与设备运杂费两部分组成。

A 国内设备价格的确定

(1) 国内定型设备(又称标准设备)由机械制造部门按照国家统一系列、规格、型号、定点由制造厂大批量生产,列入国家机电产品目录,并颁发有各种机电产品现行出厂价格目录,这类设备价格应按国家统一定价执行;

(2) 无法获得上述资料时,可参照类似设备估价;

(3) 属于制造 厂研制的新产品按制造厂试制计划价格;

(4) 当建设单位利用企业旧有设备(已经转为固定资产)时,不计算原价,如设备需经过改装时,所需的修、配、改等费用作为设备原价计算。

在确定上述定型设备价格时,还应注意其出厂价格包括的范围,即机组的完整性,是否包括电动机及附件价,若没有应另行计算。

B 国外引进设备价格的确定

引进设备外汇金额根据与外商签约的合同价确定,国内作价按照中国技术进口总公司(简称中技公司)规定的"关于进口商品国内作价办法"计算为国内货价及进口费用(计算方法详见 1987 年冶金工业部基建局主编的《冶金建设预算与投资包干》下册第五篇中第一章的第三节)。

C 非标准设备价格的确定

非标准设备估价办法,一般应根据设备的类型、重量、材质、精密程度、制造台数、制造地区(厂)技术水平等条件,根据非标准设备图纸加以综合分析估价。初步设计阶段只能根据非标准设备类别、材质、重量、复杂程度,按类似设备单位重量估价指标估算。即按照工艺设计图纸上的设备重量,乘以每吨非标准设备估价指标,作为该非标准设备价格。

非标准设备价格,有合同的以合同价为原价,如无合同价,可按类似设备估价。

19.1.1.2 设备运杂费的确定

设备运杂费按占设备原价的百分比(运杂费率%)计算,计算公式为:

设备运杂费=设备原价×设备运杂费率

(1) 国内设备运杂费是指设备从制造厂出厂地点(调拨设备从调拨地点的仓库或堆场),运至施工现场止,所发生的包装费、运输费、装卸费、整理费、供销部门手续费、设备保管保养费(即设备管理费)等全部费用。表19-1是国内设备运杂费率参考值。

表19-1 国内设备运杂费率参考值

序号	工程所在地区	设备运杂费率/%
1	北京市、天津市、上海市、辽宁省、吉林省	4
2	黑龙江省、江苏省、浙江省、河北省	4.5
3	内蒙古自治区、山西省、安徽省、山东省	5
4	湖北省、江西省、河南省	5.5
5	湖南省、福建省、陕西省	6
6	广东省、宁夏回族自治区	6.5
7	甘肃省、四川省、广西壮族自治区	7
8	云南省、贵州省、青海省	8
9	新疆维吾尔自治区、西藏自治区	10
10	海南省	15

注:对于地处偏僻、远离铁路运输的基建工程项目,可以按上表费率适当增加0.5%~1%。

(2) 厂内自制设备及库存设备运杂费率为设备原价的0.5%;

(3) 国外引进设备的国内运杂费,是指国内段所发生的运杂费用(国外段从卖方国交货港口到我国指定港口的海运费已另有规定计算),即指从我国港口运到现场仓库的运费及发生相应的运杂费。引进装置国内段设备运杂费计算一般有两种方法:一是根据实际运距按引进设备毛重乘每吨公里设备运杂费计算;另一种是以进口设备材料的货价分不同远近地区按百分比(%)计算。例如:

(1) 上海、天津、青岛、大连、广州等沿海城市为1.85%;

(2) 北京、南京、河北、吉林、辽宁、山东、江苏、浙江、广东等省市为2.5%;

(3) 边远地区以外的其他各省市、自治区为3.7%。

19.1.1.3 设备安装费和间接费

设备安装费包括下列内容:设备由工地仓库搬运到安装地点,以及设备开箱检查、基础校对、清洗、研磨、装配、安装、找平、调整、二次灌浆、单独试运转等。

间接费指施工单位行政管理费和其他间接费。行政管理费包括施工单位行政管理人员的基本工资、辅助工资、工资附加费、差旅费、交通费、办公费、修理费、固定资产折旧及租金,水电取暖费和其他。

其他间接费包括建筑安装工人的辅助工资,工资附加费,劳动保护及技术安全费,福利事业辅助费,公安消防费等。

安装、间接费=设备价格×安装、间接费率

烧结厂工艺设备的安装、间接费率可参考下列指标:

大于130 m^2 烧结机间接费率为3.5%;

小于130 m^2 烧结机间接费率为4%;

小于50 m^2 烧结机间接费率为4.5%;

设备拆除费按新设备安装的30%计算。

19.1.2　工艺金属结构及工艺管道概算的编制

工艺金属结构指工艺专业设计的漏斗、溜槽、设备支架、保护罩、梯子和平台等。

工艺金属结构的计算指标应包括制作费及安装费、刷油费、间接费、运输费。

工艺金属结构拆除费按安装费的30%计算,若拆除后仍需利用,则按45%计算。

工艺管道概算依图纸计算出管道实长,按管径分别套用当地“工业管道概算指标”计算。如没有地区概算指标,可按原价加运杂费、安装费计算。

直径在300 mm以上的阀门按设备计算。

19.1.3　设备及管道保温概算的编制

设备及管道保温概算按保温材料工程量和保温材料价格计算。保温材料价格参考价见表19-2。

19.1.4　工业炉概算编制

(1) 点火用的风机及高温回热风机按设备价格计算。

(2) 工业炉的蝶阀、烧嘴按表19-3以重量计算。

表19-2　保温材料价格参考价

材料名称	规　格	单位	价格/元
石棉保温板	各种规格	kg	1.4～1.6
增强毡	宽度800 mm,厚度20～60 mm	t	6000
保温被		t	5500
管道保温瓦		t	6200
硅藻石棉粉		kg	0.45

注:此表为1986年实际价格。

表19-3　工业炉非标准设备价格参考指标

设备名称	指　标	材　质
手动蝶阀	3000元/t	铸铁或钢板
混合型煤气烧嘴(HX)型	684元/个	
	816元/个	
	900元/个	
	960元/个	

注:此表为1989年2月实际价格。

(3) 点火器金属骨架、各种金属管道,直径小于300 mm的各种阀门、法兰、三通、弯头、盲板等管件为工业炉金属结构部分,其编制同19.1.2节。

(4) 砌筑工程按《炉窑砌筑工程单价》(冶金工业部主编,中国计划出版社1988年出版)计算直接费,间接费按砌筑工程总值的11.5%计算。

19.2　投资及投资分析

19.2.1　烧结工程单位投资实例

烧结工程单位投资实例见表19-4。

19.2.2　烧结厂投资各专业所占比例

烧结厂设计投资各专业所占比例见表19-5。

19.2.3　烧结厂主要车间设计投资比例

烧结厂主要车间设计投资比例参见表19-6。

19.2.4　烧结工艺部分投资分析

19.2.4.1　烧结厂工艺部分投资项目及数量

烧结厂工艺部分投资项目及数量见表19-7。

表 19-4 近期设计的烧结工程单位投资实例

工程名称	台数×m^2	设计阶段	设计时间	总投资/万元	单位投资/万元·m^{-2}	备注
合钢烧结厂	1×24	初步设计	1983年	1243.54	51.8	改扩建,含原有 2×18m^2 热改冷(投资 374.65 万元),不包括整粒铺底料系统
广钢烧结厂	2×24	初步设计	1981年10月	1342.5	27.87	改扩建
		施工决算	1985年	2240	46.7	
下钢烧结厂	2×24	初步设计	1985年3月	2625.1	54.69	新建
承钢烧结厂	1×50	初步设计	1985年	2354	47.08	
水钢烧结厂	2×90	可行性研究	1984年4月	6456	35.87	改扩建,机上冷却,不含原料接受,熔剂破碎
邯钢烧结厂	2×90	可行性研究	1984年8月	7365	40.92	不含原料接受系统
重钢烧结厂	2×105	初步设计	1986年	12513	59.6	新建
湘钢烧结厂	2×90	可行性研究	1985年12月	9511.18	52.84	分期建设
唐钢烧结厂	2×180	初步设计	1985年	17449	51.95	
包钢烧结厂	2×180	初步设计	1985年		54.63	包括除氟 2087 万元
马钢烧结厂	1×300	初步设计	1986年7月	17336	57.8	

表 19-5 烧结厂设计投资各专业所占比例

项目		单位	合钢烧结厂	广钢烧结厂	下钢烧结厂	邯钢烧结厂	重钢新烧厂	马钢新烧结厂
厂型		台数×m^2	1×24	2×24	2×24	2×90	2×105	1×300
总投资		万元	1243.54	1342.52	2620.91	7365	12513	17336
各专业投资比例	烧结	%	27.07	39.99	33.62	36.01	34.81	33.27
	土建	%	22.39	27.62	27.90	24.03	19.20	17.91
	水道	%	0.47	1.04	0.93	0.63	0.71	0.87
	通风	%	18.80	13.65	8.72	5.43	5.08	7.19
	电气	%	5.19	5.79	4.90	6.65	4.46	4.93
	自动化	%	2.05	1.14	1.67	6.58	3.25	4.47
	总图	%	3.87	0.95	4.26	0.61	1.33	9.40
	机修,化验	%			0.64		0.59	0.26
	电讯	%						0.14
	大气监测	%						0.06
	工业炉	%						0.48
	燃气	%						0.30
	热力	%						2.72
	其他	%	20.16	10.00	17.06	20.06	30.57	18.00
	合计	%	100.00	100.00	100.00	100.00	100.00	100.00

19.2.4.2 烧结厂工艺投资分析

烧结厂工艺投资分析见表 19-8。

19.2.4.3　烧结厂各车间投资分析

表 19-6　烧结厂主要车间设计投资比例

厂名	厂型台数 ×m²	总投资(设计)/万元	主要生产项目投资比例/%											
			原料仓及配料室	燃料熔剂破碎室	熔剂筛分室	混合机室	烧结室及抽风机室	成品筛分及成品仓	转运站及通廊	除尘，浓缩砂泵站	其他生产费用	厂区公用设施	行政福利设施	其他费用
广钢烧结厂	2×24	1342.52	17.04①			2.86	39.38	4.06	5.56	16.41	0.67	2.57	1.63	9.82
下钢烧结厂	2×24	2620.91	10.33	1.84	0.84	2.0	35.4	3.55	3.74	12.85	0.27	6.46	5.9	16.82
湘钢烧结厂	2×90	9511.18	7.39	1.25		1.7	30.82	5.16	4.25	7.67	0.28	19.64	0.35	21.49
马钢烧结厂	1×300	17336	8.19	8.8		②	36.53	7.89		4.42	3.96	12.86	0.23	17.12

①含熔剂、燃料准备；②列在配料室里。

表 19-7　烧结厂工艺部分投资项目及数量参考表

项　目	单　位	厂　型				
		1×24 m²	2×24 m²	2×90 m²	2×105 m²	1×300 m²
工艺投资	万元	551	674	3155	4377	6269
设备总重	t	1119	1828	7621	9053	9397
工艺金属结构总重	t	151	225	609	1598	900
说　明		有铺底料整粒系统	有铺底料整粒系统	有铺底料整粒系统，机头电除尘	有铺底料整粒系统，机头电除尘	有铺底料整粒系统，机头电除尘

烧结厂各车间投资分析实例见表 19-9、表 19-10 和表 19-11。

19.2.5　资金来源

烧结工程基本建设和技术改造所需资金有银行贷款和自筹两个来源。贷款又分为基建贷款和银行信贷，此外还有临时周转贷款。

固定资产贷款年利率(1988 年 9 月开始实行)：

一年至三年(不包括一年)年利率　9.9%；

三年至五年年利率　10.8%；

五年至十年(包括十年)年利率　13.32%；

十年以上年利率　16.2%。

钢铁工业不属规定的贴息范围，所有基建贷款项目一律按年计息，新建项目的贷款利息支付(不含贴息部分)，改为贷款项目建成后付息。改扩建项目的贷款利息(不含贴息部分)支付，建设期内可用企业的自有资金按年付息。按年付息确有困难者，经有关专业银行同意，也可实行部分或全部利息在项目建成投产后付息。

流动资金，钢铁企业一般按产值或年经营费用的一定比例来确定。由于烧结矿属于中间产品，为了避免重复计算原料费，不宜按上述方式确定，可参照类似企业烧结厂分摊数确定。其贷款年利率为 7.92%。

表 19-8 烧结厂工艺投资分析参考表

项目	单位	$24\ m^2\times1$		$24\ m^2\times2$		$90\ m^2\times2$		$105\ m^2\times2$		$200\ m^2\times1$	
		投资	比例/%	投资	比例/%	投资	比例/%	投资	比例/%	投资	比例/%
投资总计	万元	550.9		674		3155		4377		6269	100
其中:设备费	万元	500	90.7	601	89.2	2879	91.2	3834	87.6	5769	92.02
安装费	万元	29	5.3	38	5.6	138	4.4	242	5.5	245	3.91
金属结构件费用	万元	20	3.6	32	4.7	100	3.2	257	5.9	180	2.87
非金属件费用	万元	2	0.4	3	0.5	38	1.2	44	1.0	75	1.20
每吨设备费	元/t	4468		3288		3778		4235		6139	
每吨设备安装费	元/t	259		208		181		267		261	
每吨工艺金属结构费	元/t	1325		1422		1642		1608		2000	

注:烧结厂工艺装备说明见表 19-7。

表 19-9 $24\ m^2\times1$ 烧结厂各车间投资分析实例

车间名称	工艺投资(设计)/万元	占工艺投资/%	工艺投资分析				重量	
			设备费/万元	设备安装费/万元	工艺金属结构费/万元	工艺非金属件费/万元	设备/t	结构/t
原料及配料室	49.5	9.0	45.7	2.5	1.3		138.5	10
熔剂、燃料破碎筛分室	41.9	7.6	36.5	2.4	3.0		81.7	23
混合室	33.2	6.0	30.6	1.4	1.2		63.4	9
烧结、冷却室	352.2	64.0	323.6	17.7	9.1	1.8	750	70
一筛分、破碎室	22.3	4.1	20.3	1.2	0.8		26.6	6.3
二、三筛分室	30.0	5.4	26.2	1.7	2.1		34.6	16
成品矿仓	4.9	0.9	4.0	0.3	0.6		6.8	4.5
转运站	16.5	3.0	13.8	1.1	1.6		17.5	12.5
总计	550.5	100.0	500.7	28.3	19.7	1.8	1119.1	151.3

表 19-10 $24\ m^2\times2$ 烧结厂各车间投资分析实例

项目名称	工艺投资(设计)/万元	占总的工艺投资的比例/%	工艺投资分析				重量	
			设备费/万元	设备安装费/万元	工艺金属结构费/万元	工艺非金属件费/万元	设备/t	结构/t
原料、配料室	58.0	8.6	52.2	2.5	3.3		166.4	27.5
熔剂、燃料破碎室	30.2	4.5	27.3	1.3	1.6		16.1	10.9
熔剂筛分室	10.8	1.6	8.5	0.7	1.6		23.6	11.0
冷返矿仓	5.1	0.8	4.3	0.3	0.5		9.4	3.0
一混	12.6	1.9	11.8	0.5	0.3		37.3	2.1
二混	8.4	1.2	7.8	0.3	0.3		33.5	1.7
烧结,冷却室	491.4	73.0	439.3	29.9	19.8	2.4	1419.9	140.6
一筛分,破碎室	16.4	2.4	14.3	0.8	1.3		43.4	8.7
二筛分室	5.0	0.7	3.9	0.3	0.8		13.9	5.6
三筛分室	10.2	1.5	8.3	0.6	1.3		27.8	8.7
转运站	25.5	3.8	23.7	1.0	0.8		36.5	5.6
总计	673.3	100	601.4	38.2	31.6	2.4	1827.8	225.4

注:上述投资系 1983 年数据。

表 19-11 2×90 m² 烧结厂各车间投资分析实例

项目名称	工艺投资（设计）/万元	占总的工艺投资的比例/%	工艺投资分析				重量	
			设备费/万元	设备安装费/万元	工艺金属结构费/万元	工艺非金属件费/万元	设备/t	结构/t
燃料仓	24.2	0.8	21.6	1.0	1.6		61.0	10
燃料粗碎	14.0	0.44	11.5	0.6	1.9		32.25	12
燃料细碎	50.6	1.6	46.8	2.2	1.6		125.8	10
熔剂，燃料缓冲矿仓	26.7	0.85	24.5	1.2	1.0		61.9	6.5
配料室	339.9	10.8	317.5	15.2	7.2		877.2	45
一混	63.5	2.0	59.6	2.9	1.0		124.3	6
点火器	15.2	0.5	2.5	0.1	8.0	4.6	5.9	32.35
烧结，冷却室	2114.2	67.0	1931.2	92.4	56.9	33.7	5429.96	355.4
一筛分，冷破碎室	86.6	2.73	80.2	3.8	2.6		166.0	16
二筛分室	83.2	2.6	76.6	3.7	2.9		150.6	18
三筛分室	83.3	2.64	76.7	3.7	2.9		150.1	18
四筛分室	69.6	2.2	63.6	3.1	2.9		126.6	18
成品取样室	26.0	0.8	23.5	1.1	1.4		48.6	9
成品检验制样	12.7	0.4	10.5	0.5	1.7		30.7	10.5
成品矿仓	10.6	0.34	9.9	0.5	0.2		21.8	1
转运站	135.4	4.3	123.0	5.8	6.6		209.0	41
总计	3155.7	100	2879.2	137.8	100.4	38.3	7621.7	608.8

19.3 烧结技术经济指标

19.3.1 生产能力指标

烧结机生产能力取决于烧结机的利用系数和作业率，表 19-12 列出了各烧结厂近年的利用系数及其主要有关条件。

表 19-12 烧结厂利用系数及其主要有关条件

年度	指标	单位	武钢三烧	首钢二烧	马钢二烧	太钢烧结厂	攀钢烧结厂	梅山烧结厂	水钢烧结厂	杭钢烧结厂	昆钢烧结厂	鄂钢烧结厂	重钢烧结厂
1983	利用系数	t/(m²·h)	1.378	1.285	1.124	1.18	1.083	1.253	1.173	1.473	1.22	1.009	1.214
	料层厚度	mm	374		336	345	269	325	313	330	278	268	241
	精粉率	%	66.9	87.21	87.4	83.82	89.4	63.1	0	45.4	15	47.85	32.66
	生(消)石灰用量	kg/t	24	8	14	36							
1984	利用系数	t/(m²·h)	1.385	1.24	1.106	1.322	1.096	1.241	1.234	1.48			1.362
	料层厚度	mm	390	430	360	390	294	355	327				240
	精粉率	%	60	92.79	90	60.98	89.1	63.2	0				37.42
	生(消)石灰用量	kg/t	22	11	17	34							
1985	利用系数	t/(m²·h)	1.606	1.271	1.144	1.452	1.12	1.217	1.455	1.58	1.354	1.029	1.393
	料层厚度	mm	430	430	363	399	329	352	345				243
	精粉率	%	53	94.45	92.3	51.46	92.28	68.67	0		55.4	47.7	28.2
	生(消)石灰用量	kg/t	24	17	21	35					0		
1986	利用系数	t/(m²·h)	1.654	1.263	1.146	1.615	1.125	1.159	1.5	1.479	1.389	1.208	1.108
	料层厚度	mm	455	424	371	393	373	349	403				271
	精粉率	%	50.1	93.97	92.32	57.39	91.67	71.76	0		58.2	45.6	27.86
	生(消)石灰用量	kg/t									13		
	有无整粒、铺底料系统		有	有(机上冷却)	有	无	无	无	无(机上冷却)	无	无	无	无

烧结厂的作业率见第 1 章,几个烧结厂作业率的分析实例列于表 19-13。

19.3.2 原料、燃料和动力消耗指标

19.3.2.1 扩大指标

烧结厂原料、材料、燃料、动力单位消耗扩大指标列于表 19-14。

19.3.2.2 近年来不同装备水平烧结厂的消耗指标实例

最近几年不同装备水平烧结厂的消耗指标实例见表 19-15。

19.3.3 设备重量和电容量指标

各类烧结厂设备重量、电容量指标实例见表 19-16。

19.3.4 建筑材料用量指标

不同烧结厂三种建筑材料的用量指标列于表 19-17。

19.3.5 生产成本及加工费指标

19.3.5.1 烧结矿成本及加工费实例

烧结矿成本及加工费实例见表 19-18。

表 19-13 几个烧结厂作业率分析实例

停机原因	停机时间占日历时间/%							
	首钢烧结厂（全厂）	首钢二烧			太钢烧结厂	武钢一烧	武钢三烧	包钢烧结厂
	1986 年	1984 年	1985 年	1986 年	1985 年	1986 年	1986 年	1986 年
1. 计划检修	3.72	4.45	3.91	6.7	4.53	4.58	5.59	3.64
2. 机械故障	0.34	0.51	0.45	0.3	0.93	0.2	1.6	1.1
3. 操作影响	0.01	0.07		9.01	2.58	0.33	0.44	0.3
4. 电气影响	0.25	0.22	0.2	0.13	0.5	0.05	0.28	0.57
5. 非计划检修			0.45	0.2	0.33	0.3	0.57	
6. 其他内因	0.43	0.02			1.63	0.1	0.68	1.11
7. 外部影响								
其中:高炉	11.36	5.06	6.67	4.7	3.13	5.85	6.6	9.2
待料								
动力	2.73	2.3	1.87	1.62	1.78	0.6	1.20	0.3
其他	0.76	0.21	0.41	0.15	0.64			1.78
1～7 合计	19.6	12.84	13.96	13.82	16.05			18
作业率	80.4	87.16	86.04	86.18	83.95	87.99	83.04	82

表 19-14 原料、材料、燃料和动力消耗扩大指标

项目及名称	单 位	单 耗	备 注
1. 含铁原料	kg/t	850～1000	
2. 熔剂	kg/t	120～300	取决于烧结矿碱度
3. 固体燃料	kg/t	50～80	
4. 箅条	kg/t	0.05～0.09(0.1～0.2)	有铺底料(无铺底料)
5. 运输胶带	单层 m^2/t	0.01～0.04	
6. 润滑油	kg/t	0.02～0.04	
7. 水	m^3/t	0.5～1.5	因循环率不同而异
8. 电	kW·h/t	30～45	因工艺装备与生产率不同而异
9. 煤气	$10^6J/t$	84～210	因点火炉及原料条件而异
10. 蒸汽	$10^6J/t$	33～209	取决于设备用汽多少,有无蒸汽预热混合料
11. 压缩空气	标 m^3/t	3～5	

表 19-15　不同装备水平烧结厂消耗指标实例

指标名称	单　位	武钢烧结厂		太钢烧结厂		攀钢烧结厂		首钢烧结厂	
		1985	1986	1985	1986	1985	1986	1985	1986
原料及主要材料	kg/t	1236.69	1242	1221	1148	1186	1048	1133.41	1059.66
1.含铁原料	kg/t	930	925	964	957	900	878	907	885
其中:精矿	%	52.37	54.72	51.46	57.39	92.28	91.67	85.48	88.53
2.熔剂	kg/t	236	246	197	191	187	170	177	177
其中:石灰石	kg/t	113	108	164	152	178	170	149	122
辅助材料									
1.炉箅子	kg/t	0.145	0.158	0.157				0.306	0.2441
2.运输胶带	单层 m^2/t	0.039	0.038	0.002	0.002	0.051	0.052	0.016	0.0182
3.润滑油	kg/t	0.021	0.015	0.034	0.034	0.022	0.01	0.054	0.0035
燃料动力									
1.固体燃料	kg/t	70.69	71.53	61	66	81	75	49.41	52.66
其中:焦粉	kg/t	18.15	14.3			37	38		
无烟煤	kg/t	52.54	57.23	61	66	44	37	49.41	52.66
2.点火煤气	GJ/t	0.167	0.157	0.251	0.180	0.284	0.234	0.20	0.154
3.水	m^3/t	2.76	2.75	0.69	0.7	0.382	0.534	0.646	0.62
4.电	kW·h/t	27.98	27.97	24.61	22.36	31.28	29.98	45.92	43.44
5.蒸汽	GJ/t	0.067	0.047	0.096	0.10	0.017	0.008	0.159	0.121
6.压缩空气	m^3/t	5	3.2	6	5	2	2	7	6.7

指标名称	单　位	包钢烧结厂		马钢二烧		梅山烧结厂		鄂钢烧结厂		新余烧结厂(锰矿)
		1985	1986	1984	1985	1984	1985	1985	1986	1987
原料及主要材料	kg/t	1188.93	1191.83	1200	1181	1287.8	1289.8	1283	1265	1274
1.含铁原料	kg/t	907	902	884	881	1006	1009	931	903	锰矿 742
其中:精矿	%	86.47	97.12	90	92.22	63.7	77.69	47.7	45.6	
2.熔剂	kg/t	202	209	231	216	219	216	352	362	532
其中:石灰石	kg/t	114		105	94	114.9	114.7	186	199	
辅助材料										
1.炉箅子	kg/t	0.24		0.168	0.089	0.082	0.09			
2.运输胶带	单层 m^2/t	0.037		0.024	0.026	0.009	0.017			
3.润滑油	kg/t	0.04		0.019	0.022	0.015	0.009			
燃料动力										
1.固体燃料	kg/t	80.23	81.11	85	84	63.1	64.05	95	95	129
其中:焦粉	kg/t	19.02	17.98	1	1	28.1	31.6	88	84	129
无烟煤	kg/t	61.22	63.13	84	83	35	34.45	7	11	
2.点火煤气	GJ/t	0.222	0.184	0.31	0.305	0.217	0.18	~0.2	~0.6	
3.水	m^3/t	1.72	1.5	3.907	3.98	30.78		~6	~6	
4.电	(kW·h)/t	33.88	32.81	42.52	41.92	0.017	31.14	40.37	41.73	
5.蒸汽	GJ/t	0.038	0.039				0.004	0.115	0.171	
6.压缩空气	m^3/t	5	479	4	4					

19.3.5.2　成本及加工费分析

表 19-19、表 19-20 和表 19-21 分别为武钢烧结厂、首钢一烧、首钢二烧的烧结矿成本分析。

19.3.6　烧结工序能耗指标

19.3.6.1　工序能耗等级

根据冶金工业部 1987 年 4 月(87)冶能字第 304 号文颁发的《烧结工序节约能源的规

定》,烧结工序能耗等级列于表19-22。

表19-16　不同烧结厂设备重量、电容量实例

厂　名	厂型/台数×m^2	设备重量/t	设备总容量/kW	说　明
广钢烧结厂	2×24	3966	5670	有整粒系统
首钢第二烧结厂	3×75	7391	25360	有整粒系统 机上冷却(不含冷却面积)
邯钢烧结厂	2×90	8035	17793	有整粒系统
武钢三烧	4×90	10210	26377	有整粒系统 用转子式翻车机
梅山烧结厂	2×130	5500	15086	无整粒系统用 侧翻式翻车机
宝钢烧结车间	2×450	39600	73600	有整粒系统 有小球系统及余热回收设施(部分)
马钢新烧结厂	1×300	13000	33575	有整粒系统

注:本表为1980～1985年统计资料。

表19-17　烧结厂三材用量指标

厂型 台数×m^2	钢材/t	水泥/t	木材/m^3	备　注
1×24	1290	3148	871	含原有2×18m^2热矿改冷矿及除尘系统
2×24	4000	7000	800	高架式厂房,冷矿,整粒
2×75	8203	10972	4145	高架厂房,冷矿,侧翻式翻车机
4×75	7800	7600	3500	高架厂房,冷矿,转子式翻车机
2×90	5715	9700	4240	高架厂房,冷矿,转子式翻车机
4×90	10236	19657	6264	高架厂房,热矿,转子式翻车机
2×130	9600	14520	2400	高架厂房,冷矿,侧翻式翻车机
1×300	12450	39812	3500	高架厂房,冷矿

表19-18　几个烧结厂烧结矿成本及加工费/元/t

厂　名	1984年		1985年		1986年	
	成　本	加工费	成　本	加工费	成　本	加工费
武钢烧结厂	64.57	9.34	78.77	10.24	88.22	11.85
首钢二烧	44.62	10.27	50.26	10.43	52.02	11.56
马钢二烧	45.21	10.09	60.17	10.98		
太钢烧结厂	77.84	9.37	87.03	10.65	87.53	10.81
攀钢烧结厂	48.71	11.57	48.60	11.43	71.81	13.87
梅山烧结厂	60.19	11.19	87.34	12.23		
水钢烧结厂	56.4	9.20	76.79	9.9		
杭钢烧结厂	65.19	15.2	83.57	16.02		
昆钢烧结厂			50.86	14.24	65.27	15.09
重钢烧结厂	66.13	10.99	93.93	14.79		
包钢烧结厂	56.38	10.13	56.73	10.88	72.76	10.11

注:1984年8月15日起矿石和焦粉调价,武钢烧结厂为按入炉矿计算的公司成本。

表 19-19　武钢烧结厂入炉烧结矿成本分析

成本项目	单位	1985年		1986年		成本项目	单位	1985年		1986年	
		单耗	金额/元·t^{-1}	单耗	金额/元·t^{-1}			单耗	金额/元·t^{-1}	单耗	金额/元·t^{-1}
一、原材料消耗	kg/t	1340	67.88	1352	76.37	无烟煤	kg/t	70	3.38	72	2.76
1.含铁原料	kg/t	943	59.64	925	68.43	焦粉	kg/t	23	1.37	18	1.02
原生精矿	kg/t	72	7.24	78	5.98	二、加工费	元/t		10.24		11.85
氧化精矿	kg/t	332	12.66	迁安矿	0.87	1. 煤气	GJ/t	0.213	0.41	0.197	0.66
				9		2. 动力			3.08		3.19
铜录山精矿	kg/t			12	0.91	水	m³/t	3.456	0.1	3.466	0.12
综合粉矿	kg/t	250	14.86	131	13.7	电	(kW·h)/t	35.062	2.68	35.191	2.77
强磁精矿	kg/t	75	2.1	48	2.09	压缩空气	m³/t	6	0.06	4	0.05
澳　粉	kg/t	206	22.08	196	22.7	蒸汽	MJ/t	83.6	0.24	59	0.25
朝鲜精矿	kg/t	2	0.18	48	4.01	3. 辅助材料			0.92		0.89
高炉灰	kg/t	8	0.08	11	0.11	油脂	kg/t	0.021	0.06	0.019	0.05
铁　皮	kg/t	8	0.45	8	0.43	胶带	单层m²/t	0.049	0.75	0.048	0.71
弱磁矿	kg/t			303	17.63	炉箅子	kg/t	0.182	0.11	0.199	0.13
2.熔剂	kg/t	305	3.49	310	4.16	4.工资	元/t		0.55		0.63
石灰石	kg/t	134	1.19	136	1.53	车间经费	元/t		5.28		6.48
白云石	kg/t	150	1.74	150	2.0	三、公司管理费	元/t		0.65		
消石灰	kg/t	21	0.56	24	0.63	工厂成本	元/t		78.77		88.22
3.燃料	kg/t	93	4.75	90	3.78						

表 19-20　首钢一烧烧结矿成本分析

成本项目	单位	1984年		1985年		1986年	
		单耗	金额/元·t^{-1}	单耗	金额/元·t^{-1}	单耗	金额/元·t^{-1}
一、原料及主要材料			33.41		38.07		37.06
1.含铁原料	t	0.893	32.21	0.911	36.04	0.885	34.8
迁安矿	t	0.692	25.62	0.726	26.88	0.724	26.8
锰矿粉	t	8.01	0.79	0.019	1.43	0.002	0.18
烧结矿粉末	t	0.041	1.42	0.037	1.29	0.052	1.8
轧钢皮	t	0.047	1.36	0.045	2.82	0.022	1.35
宣化矿	t	0.061	0.27	0.055	3.64	0.038	2.08
高炉灰	t	0.019	0.19	0.014	0.28	0.01	0.21
动力灰	t	0.01	0.1	0.006	0.19	0.004	0.11
凤凰山矿	t			0.001	0.03		
沟泥	t	0.007	0.07	0.008	0.08	0.006	0.06
北京粉矿	t	0.006	0.39			0.027	2.2
返精矿粉	t						0.01
2.熔剂	t		1.2		2.03		2.26
石灰石	t	0.133	0.68	0.156	1.6	0.128	1.31
石灰	t	0.01	0.24	0.013	0.33	0.015	0.37
钢渣	t	0.034	0.28	0.007	0.06	0.007	0.06
白云石	t			0.002	0.04	0.024	0.05

续表 19-20

成本项目	单位	1984年		1985年		1986年	
		单耗	金额/元·t^{-1}	单耗	金额/元·t^{-1}	单耗	金额/元·t^{-1}
灰石块	t					0.001	0.01
炉渣	t					0.001	0.01
二、辅助材料			0.41		0.32		0.36
胶带	单层m^2		0.3		0.25		0.27
润滑油	kg		0.02		0.01		0.01
其他材料			0.09		0.06		0.08
三、燃料动力			6.11		6.87		6.66
煤	kg	44.4	1.64	45.81	2.2	48.37	2.38
煤气	m^3	11.21	0.28	11.0	0.55	8.81	0.44
交流电	kW·h	51.36	3.85	50.37	7.78	46.68	3.5
压缩空气	m^3	6.72	0.07	6.64	0.07	6.39	0.06
蒸汽	kg	45.46	0.25	42.06	0.23	44.07	0.24
水	m^3	0.807	0.2	0.828	0.04	0.85	0.04
四、工资	元		0.1		0.07		0.07
五、车间经费	元		3.65		3.38		3.41
运输费	元		0.42		0.34		0.33
炉箅子	元		0.32		0.29		0.23
修理费	元		1.02		0.88		0.96
折旧基金	元		1.19		1.15		1.16
大修基金	元		0.62		0.61		0.61
其他	元		0.08		0.11		0.13
六、厂务费	元		0.1		0.1		0.13
七、加工成本	元		10.37		10.74		10.63
八、工厂成本	元		43.78		48.81		47.68

表 19-21 首钢二烧烧结矿成本分析

成本项目	单位	1984年		1985年		1986年	
		单耗	金额/元·t^{-1}	单耗	金额/元·t^{-1}	单耗	金额/元·t^{-1}
一、原料及主要材料			34.35		43.05		40.46
1. 含铁原料	t	0.888	33.23	0.901	41.02	0.885	38.0
迁安矿	t	0.801	30.38	0.725	26.84	0.768	28.38
锰矿粉	t	0.013	0.97	0.002	0.14	0.004	0.37
宣化矿	t	0.02	0.65				
动力灰	t					0.001	0.04
澳矿粉	t			0.006	0.31		
符山粉矿	t	0.032	1.08		0.02	0.001	0.08
沟泥	t					0.001	0.01

续表 19-21

成本项目	单位	1984年		1985年		1986年	
		单耗	金额/元·t^{-1}	单耗	金额/元·t^{-1}	单耗	金额/元·t^{-1}
北京粉矿	t	0.002	0.15	0.126	10.08	0.064	5.1
海南矿	t			0.041	3.63	0.045	3.95
碎　球	t					0.001	0.07
2.熔　剂	t		1.12		2.03		2.46
石灰石	t	0.111	0.56	0.138	1.42	0.113	1.15
石　灰	t	0.011	0.28	0.17	0.43	0.018	0.44
钢　渣	t	0.033	0.28	0.019	0.16	0.01	0.09
白云石	t			0.002	0.02	0.038	0.77
炉　渣	t						0.01
二、辅助材料			0.34		0.126		0.33
胶　带	单层 m^2		0.23		0.08		0.21
润滑油	kg		0.02		0.16		0.01
其他材料			0.09		0.02		0.11
三、燃料动力			5.97		7.04		7.05
煤	kg	54.31	2.14	54.94	3.15	54.22	3.41
煤　气	m^3	11.52	0.29	11.87	0.59	8.49	0.42
电	kW·h	42.35	3.18	39.09	2.93	38.5	2.89
压缩空气	m^3	7.44	0.07	7.88	0.08	7.15	0.07
蒸汽	kg	50.86	0.28	48.67	0.27	43.83	0.24
水	m^3	0.33	0.01	0.368	0.02	0.27	0.02
四、工资	元		0.17		0.13		0.13
五、车间经费	元		3.88		3.96		3.92
运输费	元		0.19		0.14		0.18
炉箅子	元		0.16		0.19		0.14
修理费	元		0.92		1.04		0.99
折旧基金	元		1.64		1.61		1.66
大修基金	元		0.89		0.87		0.87
其　他	元		0.08		0.11		0.13
六、厂务费	元		0.1		0.1		0.13
七、加工成本	元		10.46		11.49		11.56
八、工厂成本	元		44.81		54.54		52.02

19.3.6.2　工序能耗实例

我国部分烧结厂近年工序能耗实例见表 19-23。

19.3.7　烧结厂占地面积指标

烧结厂占地面积指标见表 19-24。

19.3.8　烧结矿质量指标

19.3.8.1　质量标准

由于近年来烧结生产技术的发展，冶金工业部 1977 年制订的烧结矿质量标准(YB421—77)的部分指标已不适应当前生产的要求，但新的标准还在制订中，各厂根据自己的条件，制订了不同的厂标。有关质量指标参见表 2-6。

表 19-22　冷矿工序能耗等级,公斤标煤/t 烧结矿

等　级	档次		
	一档	二档	三、四档
特级	≤70	≤70	≤70
一级	≤75	≤80	≤85
二级	≤80	≤85	≤90
三级	≤85	≤90	≤100

注:1.凡精矿粉超过 70%者,每超过 10%,增加 2 kg 标准煤划等,小于或等于 70%者不予考虑。
2.凡熔剂用量超过 300 kg 者,其超过部分按每 100 kg 熔剂增加 2 kg 标准煤划等,小于或等于 300 kg 者不予考虑。
3.考虑原料特性,部分烧结厂适当增加 10 kg 或 15 kg 标煤划等,烧结厂全采用褐铁矿为原料,则增加 20 kg 标煤划等。

表 19-23　几个烧结厂近年工序能耗实例

厂　名	时间	分　项	固体燃料/kg·t⁻¹	煤气/GJ·t⁻¹	电/kW·h·t⁻¹	水/m³·t⁻¹	蒸汽/GJ·t⁻¹	压缩空气/m³·t⁻¹	工序能耗/kg 标煤·t⁻¹	备　注
武钢烧结厂	1985 年	实物消耗	70.69	0.167	27.98	2.76	0.067	5		
		折合标准煤	62.78	5.71	11.75	0.2	2.29	0.14	82.87	
		%	75.75	6.9	14.18	0.24	2.76	0.17	100	
	1986 年	实物消耗	65.13 (90)	0.159 (0.197)	27.97 (35.191)	缺 (3.466)	缺 (0.059)	缺 (4)	73.75	括号内为按入炉烧结矿计算的数值
		折合标准煤	(78.66)	(6.73)	(14.78)	(0.35)	(2)	(0.16)	(~102.68)	
		%	(76.62)	(6.55)	(14.39)	(0.34)	(1.95)	(0.15)	(100)	
首钢烧结厂	1985 年	实物消耗	49.41	0.2	45.92	0.646	0.159	7		
		折合标准煤	45.2	6.86	18.83	0.065	5.42	0.015	76.39	
		%	59.17	8.98	24.65	0.09	7.1	0.01	100	
	1986 年	实物消耗	52.66	0.15	43.44	0.62	0.121	7		
		折合标准煤	48.17	5.1	17.8	0.06	4.65	0.28	76.06	
		%	63.33	6.7	23.4	0.07	6.1	0.4	100	
攀钢烧结厂	1985 年	实物消耗	81	0.285	31.28	0.382	0.017	2		
		折合标准煤	70	9.7	12.82	0.04	0.5	0.1	92.9	
		%	75.32	10.43	13.7	0.04	0.5	0.01	100	
	1986 年	实物消耗	73	0.234	30.17	0.534	0.008	2		
		折合标准煤	64.73	8	12.67	0.05	0.39	0.08	85.83	
		%	75.42	9.32	14.76	0.06	0.35	0.09	100	
太钢烧结厂	1985 年	实物消耗	61	0.251	24.61	0.69	0.096	6		
		折合标准煤	51.85	8.57	10.84	0.07	3.29	0.24	74.86	
		%	69.26	11.45	14.48	0.01	4.39	0.41	100	
	1986 年	实物消耗	62.8	0.172	22.38	0.7	0.1	5.4		
		折合标准煤	56.31	5.86	9.4	0.07	3.4	0.22	75.26	
		%	74.83	7.79	12.55	0.01	4.51	0.31	100	

续表 19-23

厂　名	时间	分　项	固体燃料/kg·t⁻¹	煤气/GJ·t⁻¹	电/kW·h·t⁻¹	水/m³·t⁻¹	蒸汽/GJ·t⁻¹	压缩空气/m³·t⁻¹	工序能耗/kg 标煤·t⁻¹	备　注
包钢烧结厂	1986 年	实物消耗	81	0.184	32.81	1.5	0.1	4.8		包括蒸汽中含热水显热0.06GJ/t
		折合标准煤	71.47	6.27	13.67	0.15	3.4	0.19	95.13	
		%	75.12	6.59	14.37	0.15	3.57	0.2	100	
新余一烧(锰矿烧结)	1987 年	实物消耗	129						148.43	

表 19-24　不同类型烧结厂占地面积指标(实例)

厂　名	厂型 台数×m^2	占地面积/m^2	说　明
广钢烧结厂	2×24	34000	有整粒系统
马钢二烧	2×75	77000	无整粒系统,用侧翻式翻车机
武钢一烧	4×75	102940	无整粒系统用转子式翻车机
邯钢烧结厂	2×90	87000	有整粒系统
武钢三烧	4×90	250000	有整粒系统,用转子式翻车机
重钢新烧结厂	2×105	99940	有整粒系统,预留脱硫区用地
梅山烧结厂	2×130	170000	无整粒系统,用侧翻式翻车机
攀钢烧结厂	3×130	177820	无整粒系统,用转子式翻车机
唐钢烧结厂	2×180	350000	有整粒系统,皮带上料,预留生石灰焙烧
鞍钢烧结厂	2×265	325000	有整粒系统,用转子式翻车机
马钢烧结厂	1×300	350000	有整粒系统,有小球系统,皮带上料,预留了第二台 300 m^2 烧结机系统的占地
宝钢烧结车间	2×450	260000	有整粒系统,有小球系统,预留脱硫区用地

1987 年 3 月武钢、包钢、鞍钢、攀钢、湘钢五个单位对烧结矿有关质量指标进行了对比试验,结果如下:

(1) 按(YB421—77)《烧结矿质量标准》的一级品转鼓指标(大于或等于 78.00%)换算为 ISO 标准为大于或等于 65.5%。

(2) 按(YB421—77)《烧结矿质量标准》的合格品转鼓指标(大于或等于 75.00%)。换算为 ISO 标准为大于或等于 62.50%。

国外炼铁厂对烧结矿粒度要求见表 19-25。

表 19-25　主要产钢国家对烧结矿粒度的要求

国　名	粒度下限		粒度上限	
	范围/mm	小于下限的含量/%	范围/mm	大于上限的含量/%
日本Ⅰ	5~6	≤5	50~75	≤5
Ⅱ	5	≤2	30	≤5
前苏联	5	≤5	30	≤10
前西德	6	<5	50	<5
美国	6	≤5	38	<10
法国	6	<6~7	40	<10

19.3.8.2 质量稳定性实例

我国部分烧结厂烧结矿质量稳定性指标见表 19-26～表 19-28。

表 19-26 1985 年部分烧结厂烧结矿的筛分指数

厂 名	太钢烧结厂	首钢二烧	武钢三烧	梅山烧结厂	包钢烧结厂	马钢二烧	攀钢烧结厂
出厂/%		1.38	4.1		3.53		8
高炉槽下/%	10.31	4.87	6.69	7.77	3.94	16.11	10.6

表 19-27 几个烧结厂近年烧结矿品位的稳定性,%

厂 名	1981 年		1982 年		1983 年		1984 年		1985 年	
	≤±1	≤±0.5	≤±1	≤±0.5	≤±1	≤±0.5	≤±1	≤±0.5	≤±1	≤±0.5
梅山烧结厂		82.32	99.6	83.75	99.32	81.15	99.8	87.94	99.88	87.58
太钢烧结厂		64.14	97.12	65.17	97.69	65.2	98.72	70.09	99.08	75.7
包钢烧结厂		75.41	99.46	74.91		76.59	99.84	79.46	99.95	83.68
马钢二烧		63.21	95.68	64.13	97.4	70.23	98.18	69.16	98.5	75.21
首钢二烧			97.56	76.32	95.02	80.52	99.71	91.4	99.84	95.47
武钢三烧	98.28	71.96	99.22	73.9	99.26	79.37	99.45	73.5	99.86	81.62
攀钢烧结厂									100	96.86

表 19-28 几个烧结厂近年烧结矿碱度,FeO 的稳定性,%

厂 名	碱 度				FeO			
	1984 年		1985 年		1984 年		1985 年	
	≤±0.05	≤±0.1	≤±0.05	≤±0.1	≤±1%	≤±2%	≤±1%	≤±2%
梅山烧结厂	75.06	99.39	75.81	95.58		79.57		76.74
太钢烧结厂	64.62	97.05	70.66	98.31		78.36	84.24	100
包钢烧结厂	61.26	99.65	62.54	99.81			79.26	
马钢二烧	73.16	95.61	77.35	95.44	39.91	69.39	42.54	72.28
首钢烧结厂	93.56	99.03	93.97	99.04	83.37	98.69	82.98	98.73
武钢三烧	65.19	99.76 (≤±0.15)	65.37	99.84 (≤±0.15)	54.29	84.84	70.61	91.46
攀钢烧结厂	93.34	99.86	99.3	99.62	49.62	23.66 (≤±0.5)	78.48	47.65 (≤±0.5)

19.3.8.3 对混匀效果的要求

各类原料的混匀要求为:

含铁原料 TFe 小于或等于±0.5%,SiO_2 小于或等于±0.2%。

石灰石 CaO 小于或等于±0.5%。

白云石 MgO 小于或等于±0.5%。

19.3.9 职工定员指标

19.3.9.1 定额标准

根据 1980 年冶金工业部(80)冶劳字第 2865 号通知和冶金工业部颁发的《冶金企业劳动定员定额标准》(试行)(第五册,烧结球团),生产工人按基本生产工人、机电设备检修工人、备品加工工人分别定员(见表 19-29～表 19-33)。备件加工工人按备件加工机床数配备。

表 19-29　基本生产工人定员定额标准

生产系统	工种名称	计算单位	定员标准	备　注	生产系统	工种名称	计算单位	定员标准	备　注
	混合料矿仓工	人/(系统班)	1	兼看带式输送机			人/台	1	日班，烧结机大于$75m^2$
	混合料圆辊工	人/(2台班)	1			白班辅助工	人/台	1	烧结机小于等于$50m^2$
	混合料圆盘工	人/(4台班)	1				人/台	2	烧结机大于$50m^2$
	二次混合机工	人/(台班)	1	不加水1人/(2台班)		化验工	人/室班	5	
						成品检验工	人/处班	4	
	梭式布料机工	人/(2台班)	1		5.运输	带式输送机工			见表19-30
	看火工	人/(台班)	1.5	兼管台车车轮加油					
	小格工	人/(2台班)	1	大于$90m^2$ 1人/台					
	单辊破碎工	人/(2台班)	1						
1. 主控室	操作盘工	人/(处班)	1			热筛工	人/(2台班)	1	
	记录工	人/(处班)	1			带冷机工	人/(台班)	2	兼看下面带式输送机
2.原料及配料	原料验收工	人/(处班)	1						
	联络工	人/(2台班)	1	翻车机		环冷机工	人/(台班)	1	
	翻车机司机	人/(台班)	1	侧翻式翻车机		冷筛工	人/(2台班)	1	
	清车工	人/(台班)	2			刮板机工	人/(台班)	1	
	对车工	人/(处班)	1			对车卷扬工	人/(处班)	1	
	卸车机工	人/(台班)	1			装矿工	人/(2台班)	1	
	受料矿仓工	人/(处班)	1	兼看带式输送机		提升机工	人/(2台班)	1	
	受料圆盘工	人/(24台班)	1			抽风机工	人/(处班)	2	单台操作1人/台班
	板式给矿机工	人/(4台班)	1			鼓风机工	人/(4台班)	1	
	吊车工	人/(台班)	1	门式桥式抓斗吊车	4.环保	电除尘工	人/(台班)	1	
	对辊破碎机工	人/(2台班)	1			整流工	人/(处班)	2	
						除尘工	人/(处班)	1	1处4台以上增1人
	锤式破碎机工	人/(2台班)	1			风机工	人/(处班)	1	
	圆锥破碎机工	人/(2台班)	1			布袋除尘	人/(4台班)	1	
						浓缩锥工	人/(处班)	1	
	反击式破碎机工	人/(2台班)	1			浓缩池工	人/(处班)	1	
						空压机工	人/(处班)	1	能兼管不设人
	棒磨机工	人/(台班)	1			真空泵工	人/(处班)	1	能兼管不设人

续表 19-29

生产系统	工种名称	计算单位	定员标准	备　注	生产系统	工种名称	计算单位	定员标准	备　注
3.混合、烧结冷却	四辊破碎机工	人/(2台班)	1			油泵工	人/(处班)	1	
						水泵工	人/(处班)	1	5台以上增1人
	振动筛工	人/(2~3台班)	1			污水泵工	人/(处班)	1	
	配料工	人/(5台班)	1	8种料以上加1人		电梯工	人/班	1	常日班
	链板机工	人/(台班)	1			测尘工	人/班	2	常日班
	放灰工	人/(2台班)	1	大于75m² 1人/台班		硫化工	人/(2台)	6	日班,烧结机大于90m²
	水封拉链工	人/(台班)	1				人/(2台)	5	日班,烧结机小于90m²
	返矿圆盘工	人/(2台班)	1						
	一次混合机工	人/(台班)	1			托辊工	人/(2台)	1	日班,烧结机小于75m²

表 19-30　带式输送机工定额标准

项　目	带式输送机宽度/mm	单系统		双系统	
		中心距/m	标准定员/人	中心距/m	标准定员/人
同一工作平面小带式输送机	5条小带式输送机或总长	<200 >201	1 2		
水平带式输送机	650~1000	<300 >301	1 2	<250 >251	1 2
	1200~1400	<250 >251	1 2	<200 >201	1 2
水平带小车带式输送机	650~800~1000	<250 >251	1 2	<200 >201	1 2
	1200~1400	<200 >201	1 2	<150 >151	1 2
坡度带式输送机	650~1000	<250 >251	1 2	<200 >201	1 2
	1200~1400	<200 >201	1 2	<150 >151	1 2
坡度带小车带式输送机	650~1000	<200 >201	1 2	<150 >151	1 2
	1200~1400	<150 >151	1 2	<110 >111	1 2
可逆带式输送机	650~1000	<150 >151	1 2	<120 >121	1 2
	1200~1400	<120 >121	1 2	<80 >81	1 2

注:1.带式输送机运输率低于40%,定员减少50%。
2.中心距小于20 m的小带式输送机,能兼管的不配人。
3.设备看管人员兼管的不配人。
4.6条以上有集中操作台有联锁装置的尽量实行巡回检查制,集中操纵和巡回检查人员每班设3~5人。
5.带式输送机中间有隔墙不能兼顾的可增设1人。
6.带式输送机中间有4个以上转运点的可增设1人。

在编制职工定员中,考虑到技术进步及工程的装备水平不同,应根据实际需要予以增减。

表 19-31　机电设备检修工人定员定额标准/人

厂型 台数×m^2	负担中修,小修,维护							
	机械				电气			
	定员小计	定检	备件制作	三班维护	定员小计	定检	备件制作	三班维护
5×18(热)	111	77.5	23	10.5	29	20	2	7
4×75(冷)	178	134	23	21	60	38	2	21
4×90(冷)	193	149	23	21	66	43	2	21
5×18(热)	87	53.5	23	10.5	23	14	2	7
4×75(冷)	144	100	23	21	51	28	2	21
4×90(冷)	158	114	23	21	59	36	2	21

注:1.其他类型烧结机套用以上标准时,需将上述标准乘以该类型烧结机检修复杂系数(见表 19-32);

2.其他类型烧结厂三班维护可以参照以上定员执行,不再乘复杂系数;

3.非计划检修定员,可在定检定员基础上另加 3%;

4.备件制作自给率大于 60%增加备件定员 15%。

表 19-32　其他类型烧结厂机电设备复杂系数表

序号	厂型	可套用的设备检修定员标准	复杂系数	
			机械	电气
1	18m^2 烧结机五台单系统有冷却	18m^2 烧结机五台双系统无冷却	1.29	1.2
2	50m^2 烧结机一台单系统有冷却	75m^2 烧结机四台双系统有冷却	0.46	0.46
3	64m^2 烧结机二台双系统有冷却	75m^2 烧结机四台双系统有冷却	0.74	0.74
4	75m^2 烧结机二台双系统无冷却	75m^2 烧结机四台双系统有冷却	0.44	0.43
5	75m^2 烧结机四台双系统无冷却	75m^2 烧结机四台双系统有冷却	0.88	0.85
6	75m^2 烧结机三台双系统有铺底料系统	75m^2 烧结机四台双系统有冷却	0.9	0.9
7	90m^2 烧结机二台单系统有冷却有铺底料	90m^2 烧结机四台双系统有冷却	0.7	0.7
8	90m^2 烧结机四台双系统无冷却	90m^2 烧结机四台双系统有冷却	0.89	0.87
9	90m^2 烧结机二台双系统无冷却	90m^2 烧结机四台双系统有冷却	0.61	0.49
10	130m^2 烧结机二台双系统有冷却	90m^2 烧结机四台双系统有冷却	0.76	0.76
11	50m^2 烧结机四台单系统无冷却	75m^2 烧结机四台双系统有冷却	0.75	0.7

注:上表未包括的厂型,可参考所列复杂系数进行适当调整。

表 19-33　防尘设备综合定员定额标准

序号	设备名称	单台设备定员	序号	设备名称	单台设备定员
1	电除尘	0.24 人/m^2	6	泡沫除尘	0.3 人/台
2	除尘通风设备	0.016 人/台	7	静电脉冲除尘	0.16 人/台
3	除尘空调设备	0.075 人/台	8	高压静电除尘	0.02 人/台
4	布袋除尘	0.8 人/台	9	旋风除尘	0.1 人/台
5	水除尘	0.3 人/台			

注:1.检修内容包括大、中、小修。

2.单台设备综合定员包括机电设备定检,备件制作及维护的人员。

管理人员定员标准列于表 19-34。

19.3.9.2　实例

不同烧结厂的设计定员指标见表 19-35。

不同烧结厂定员实例见表 19-36。

表 19-34 管理人员定员标准

职工总数	1000 人以下	1000～2000 人	2000～3000 人	3000 人以上
二级厂、分厂占职工总数/%	9～10	8～9	7～8	6～7

表 19-35 不同烧结厂的设计定员指标

机型 台数×m^2	机构	生产工人/人	检修工人/人	管理及服务人员/人	职工总数/人
2×24	车间	385	62	39	486
2×90	车间	655	336	180	1181
2×105	厂	795	278	107	1180
1×264	车间	318	196	91	847
1×300	车间	519①		110	629
2×180	车间	483	189	54	726
2×265	车间	551	414	155	1120

①其中包括检修工人。

表 19-36 不同烧结厂 1985 年定员实例

厂名	机型 台数×m^2	工人定员				管理人员 /人	职工总数 /人
		全部工人 /人	生产工人 /人	维修工人 /人	勤杂工人 /人		
马钢第二烧结厂	3×75	959	681	275	3	301	1260
攀钢烧结厂	4×130	1641	1144	426	71	241	1882
梅山烧结厂	2×130	723	387	237	99	280	1003
太钢烧结厂	2×90	596	407	189		200	796
水钢烧结厂(机冷)	2×115	730	461	255	14	141	871
湘钢烧结分厂	2×24	389				261	650
首钢烧结厂(机冷)		988				210	1198
其中:一烧车间	4×180	271	254	17			
二烧车间	3×142.5	329	316	13			
武钢烧结厂		2655				378	3033
其中:一烧车间	4×75	382	277	99	6		
三烧车间	4×90	518	394	104	20		

19.4 经济评价方法

19.4.1 经济评价的基本方法

19.4.1.1 烧结工程的特点

烧结矿在冶金企业的生产过程中属于中间产品，无统一的销售价格，无法计算烧结产品的销售收入。虽然有些企业规定了内部调拨价格（略高于生产成本），但不能作为评价烧结厂经济效益的依据。烧结是炼铁的原料准备工序，建设烧结厂是实现炼铁精料方针所必需的环节，其经济效益直接反映在炼铁主要技术经济指标方面。因此，评价烧结厂的经济效益应从评价炼铁的经济效益入手。

19.4.1.2 基本方法

经济评价原则上有两种基本方法，一种是确定比较效果，进行最佳方案的选择；另一种是确定总效果,权衡建设烧结厂的预期效果。二者应结合考虑。即不仅是建与不建,改与不改之间的比较,还应通过对炼铁精料效果的评价反映建设烧结厂的总效益。

19.4.1.3　评价范围

烧结厂有新建与改、扩建之分,就建设方式上又有单独建设或与炼铁厂同步建设两种。因此,应尽可能地避免重复评价。在炼铁厂与烧结厂同步建设的条件下,原则上不对烧结厂进行单独经济评价,仅提供烧结工程所需的投资,烧结矿成本及烧结矿质量等有关指标数据,由炼铁设计单位统一进行评价(在设计进度无法配合等特殊情况下,需在炼铁经济评价的基础上进行调整补充)。单独建设烧结厂的工程项目(不论是新建或是改建)需要单独进行经济评价。其范围仅限于使用烧结矿的效果的经济评价。

19.4.2　经济评价的具体方法

烧结厂经济评价通常采用静态法及综合指标法,以投资回收期作为重要判别指标,权衡经济效益。同时根据产量的变化、能源的节约以及成本(或加工费)的变化,从不同方面来分析项目的经济效益。

19.4.2.1　精料收益计算

A　计算收益的基准条件

(1) 新建工程在一般情况下可以(或假设)按全部块矿入炉作为对比收益的基准条件(实际上是建与不建的比较),计算使用烧结矿后炼铁主要技术经济指标得到改善后增加的收益。

(2) 改、扩建项目在一般情况下可将改造前的实际生产水平(如因主观原因未能充分发挥其生产能力,则应以可能达到的生产水平计)作为计算收益的基准条件,计算炉料(烧结矿或因烧结矿而引起的)改善后炼铁所增加的收益。

B　收益计算

(1) 计算烧结矿成本,如果成本系按出厂烧结矿量计算的,应折算为入炉烧结矿的单位成本。

(2) 评价精料对高炉主要技术经济指标的影响(见表19-37)(仅列主要项目,其余详见第20章)。

表19-37　精料对高炉主要指标的影响

变化因素	变动量	焦比变化	产量变化	备　注
1.熟料率	±10%	∓2%～4%	±>2%～4%	烧结矿代替赤铁矿
2.烧结矿 FeO 量	±1%	±1.5%		
3.石灰石入炉量	±100kg/t	±25～35kg/t		
4.烧结矿含铁量	±1%	∓1.5%～2%	±3%	按扣除 CaO 后的含铁量计
5.混匀矿含铁量波动	∓0.1%	∓0.46%	±0.56%	

表中所列参考数据是在其他条件相对稳定时取得的,实际上影响因素很多,为使评价建立在可靠的基础上,在选用时宜按下限,甚至略低于下限。

(3) 推算生铁成本(或计算可比费用)变化:

1) 按照矿比和熟料率的变化、烧结矿的入炉成本,计算主要含铁原料费用的变化。

2) 按精料后的焦比计算燃料费用的变化。

3) 为便于计算,动力费,生产工人工资及福利费、车间经费、企业管理费等可视为固定费用(实际上动力费、车间经费中运输费是可变的),但随产量的提高而相对降低,需进行折算。

4) 扣减回收中应考虑因焦比降低而减少的煤气发生量的影响。

5) 在推算生铁成本时,不同方案的价格应调整为同一价格体系,应注意其可比性,收益计算与投资估算的时间范围应一致。

(4) 收益计算范围:烧结收益计算的范围一般算到生铁为止:

1) 在按推算生铁成本计算的条件下,将增产生铁中商品生铁部分按规定的生铁销售价格计算销售收入,扣除生产成本、销售税金后作为收益;其余自用部分不计算税金,仅扣除生产成本后作为收益计算。对非增产部分(相当于改造前的生铁产量),仅计算因成本降低所增加的收益。

2) 在只计算可比费用条件下,以改造后比改造前的可比费用的差额作为收益,或者仅计算增产生铁、节约焦炭、降低冶炼加工费等三项收益,但应扣除使收益减少的因素(如因焦比降低而可供回收的煤气量相应减少,因改扩建而带来的停产损失等)。

19.4.2.2 回收期计算

回收期系指投资(或贷款)与正常年份收益之比,可以采用两种方式计算:

(1) 列表推算法:将贷款、流动资金以及两者的利息作为优先偿还的资金,自筹资金也作为应回收的资金,以收益和可用于偿还的基本折旧基金作为偿还能力,逐年分别推算出贷款偿还期,投资回收期、全部投资回收期。

(2) 按下列各式分别计算偿还期及回收期,回收期包括建设期:

$$\text{贷款偿还期(年)} = \frac{\text{贷款额} + \text{建设期贷款利息}}{\text{年总收益} + \text{年平均基本折旧费}} \tag{19-1}$$

$$\text{投资回收期(年)} = \frac{\text{基建投资} + \text{建设期贷款利息}}{\text{年总收益} + \text{年平均基本折旧费}} \tag{19-2}$$

$$\text{全部投资回收期(年)} = \frac{\text{基建投资} + \text{建设期贷款利息} + \text{流动资金}}{\text{年总收益} + \text{年平均基本折旧费}} \tag{19-3}$$

上述各计算式中的建设期贷款利息指预计偿还期内年平均数,年平均基本折旧费按投产三年内 80%,三年后 50%计,作为预计偿还期内的年平均数。

19.4.2.3 分析评价

经济评价中的投资回收期是一项重要的判别指标,但目前尚无统一的投资回收期标准,可暂参照《中国人民建设银行评估实施办法》中投资利润率 12%(折算为投资回收期约为 8a 左右,包括建设期在内)进行评价。

此外,还应根据具体工程的特点,对增铁、节焦、降低成本等效果进行分析评价。

如果炼铁厂的经济效益是明显的,即使烧结厂投资回收期稍长一些,只要是炼铁生产所必须的,建设或改造烧结厂也是合理的,可行的。

20 外专业有关技术经济指标、技术参数及规定

20.1 建筑结构扩大指标

20.1.1 各项建筑的单位造价

表20-1为厂房建筑单价参考表(仅土建费用),表20-2为通廊土建单价参考表,表20-3为转运站土建单价参考表,表20-4为烟囱造价参考表。

表20-1 厂房建筑单位造价参考表

车间名称	技术条件	建筑		单位造价	
		面积/m^2	体积/m^3	元/m^2	元/m^3
燃料仓库	长36m,宽9m,钢筋混凝土结构、三个仓,每个容积394m^3,单列布置	755	7199	310.7	32.6
精矿仓库	长138m,宽33m,顶部中心胶带卸料,底部-3m,有20t抓斗两台,钢筋混凝土结构	5620		441	
熔剂、燃料仓库	圆筒仓,直径13m,高19m,共8个钢筋混凝土结构	3039		392	
燃料、熔剂缓冲矿仓	长15m,宽14m,4个193m^3圆筒仓,双列布置,钢筋混凝土结构	337	3407	472.9	46.8
燃料、熔剂缓冲矿仓	长12m,宽12m,4个350m^3圆筒仓,单列布置,钢筋混凝土结构	492	3444	479.3	68.5
原料仓(含配料室)	长108m,宽21m,10t抓斗2台,配料仓11个,底面±0.00,钢筋混凝土结构	4264	57347	475.8	35.38
原料仓(含配料室)	长144m,宽24m,10t抓斗2台,配料仓13个,底面-1.0m,钢筋混凝土结构	4305	70459	448.4	27.4
原料仓	长144m,宽33m,20t抓斗3台,矿仓11个,钢筋混凝土结构,钢屋架,部分基础打桩	7049	132761	819.8	43.5
配料室	长129m,宽16m,矿仓30个,双列配置,钢筋混凝土结构	5843	64956	227.6	20.5
配料室	长160m,宽8m,矿仓18个,单列配置,钢筋混凝土结构	3405		442	
配料室	长137m,宽16m,矿仓32个,双列配置,钢筋混凝土结构	8786	69002	253	32.2
燃料粗破碎	长18m,宽13m,对辊破碎机2台,振动筛1台,钢筋混凝土结构	565	3754	175.6	26.4
燃料粗破碎	长18m,宽14m,1200×1000双辊1台,反击式破碎机1台,振动筛2台,钢筋混凝土结构	606		317	
燃料细破碎	长30m,宽15m,900×700四辊破碎机3台,矿仓3个,钢筋混凝土结构	980	7087	158.2	21.9
燃料细破碎及熔剂筛分	长58m,宽15m,1200×1000四辊破碎机2台,振动筛3台,矿仓5个,钢筋混凝土结构	2505		246	
燃料、熔剂破碎	长24m,宽13m,600×400对辊1台,900×700四辊1台,1000×1000锤式破碎机2台,钢筋混凝土结构	567	3970	388.8	55.5
燃料粗碎、熔剂破碎	长30m,宽15m,1200×1000双光辊2台,1430×1300锤式破碎机2台,钢筋混凝土结构		6264		37.9

续表 20-1

车间名称	技术条件	建筑		单位造价	
		面积/m^2	体积/m^3	元/m^2	元/m^3
熔剂干燥室	长 30m, 宽 9m, 2400×6500 圆筒干燥机 1 台, 钢筋混凝土结构		3212		23.6
燃料、熔剂破碎	长 24m, 宽 13m, 1000×800 锤式破碎机 2 台, 900×700 四辊破碎机, 钢筋混凝土结构	541	4848	251	28
燃料细碎、熔剂筛分	长 48m, 宽 15m, 900×700 四辊 3 台, 振动筛 3 台, 矿仓 6 个, 钢筋混凝土结构	2459	13858	213.6	37.9
熔剂破碎室	长 18m, 宽 15m, 1400×1300 锤式破碎机 2 台, 钢筋混凝土结构	603		348	
熔剂筛分室	长 18m, 宽 11m, 振动筛 2 台, 钢筋混凝土结构	457	3774	223.9	27.1
混合室	长 18m, 宽 18m, 2800×9000 圆筒混合机 2 台, 钢筋混凝土结构	464	4600	155.1	15.6
混合室	长 14m, 宽 7.5m, 2800×7000 圆筒混合机 1 台, 钢筋混凝土结构	274	1855	266.9	39.4
混合室	长 14m, 宽 9m, 2800×6500 圆筒混合机 1 台, 钢筋混凝土结构	304	2266	260.3	34.9
混合室	长 14m, 宽 9m, 2800×7000 圆筒混合机 1 台, 钢筋混凝土结构	299	2008	263.1	39.2
混合室	长 18m, 宽 18m, 2800×9000 圆筒混合机 2 台, 钢筋混凝土结构		3936		23.6
混合室	混合机露天设置, 进料厂房长 14m, 宽 8m, 钢筋混凝土结构	242		332	
烧结室	长 81.9m, 宽 24m, 90m^2 烧结机 2 台, 二混在烧结室上部, 有热振筛, 有铺底料, 钢筋混凝土结构, 钢屋架	9655	111645	210.9	18.8
烧结室	长 43m, 宽 18m, 24m^2 烧结机 2 台, 有热振筛, 有铺底料、钢筋混凝土结构	3373	25659	304.1	40
烧结室	长 88m, 宽 27m, 105m^2 烧结机 2 台, 二混在烧结室上部, 有热筛、有铺底料, 钢筋混凝土结构	11375	126265	316.1	28.5
烧结室	长 53.5m, 宽 18m, 24m^2 烧结机 2 台, 有热振筛, 有铺底料, 钢筋混凝土结构, 厂房高 26m	2333	17937	258	33.6
烧结冷却室	长 53.5m, 宽 18m, 24m^2 烧结机 2 台, 有热振筛, 有铺底料, 钢筋混凝土结构, 40m^2 带冷机 2 台	3372	25659	333.3	43.8
冷却室	长 18m, 宽 6m, 40m^2 抽风带冷却矿端, 钢筋混凝土结构	1703		183.3	
冷却室	长 33.4m, 宽 12m, 120m^2 鼓风带冷却矿端, 钢筋混凝土结构	1964	12732	175.4	27.1
冷却室	108m^2 鼓风带冷却矿端, 钢筋混凝土结构	1113	13747	153.5	12.4
成品破碎筛分室	长 24m, 宽 12m, 固定筛 2 台, 1200×1600 齿辊 2 台, 钢筋混凝土结构	788	6584	147.8	17.7
成品破碎筛分室	长 24m, 宽 15m, 固定筛 1 台, 齿辊破碎机 1 台, 钢筋混凝土结构	1513		215	
成品破碎筛分室	长 12m, 宽 9m, 固定筛 1 台, 900×900 齿辊破碎机 1 台, 钢筋混凝土结构	300	2060	233	33.9

续表 20-1

车间名称	技术条件	建筑		单位造价	
		面积/m^2	体积/m^3	元/m^2	元/m^3
成品破碎筛分室	长 24m,宽 12m,固定筛 2 台,1200×1600 齿辊破碎机 2 台,钢筋混凝土结构		6070		32.9
成品筛分室	长 27m,宽 15m,3000×7000 振动筛 2 台,钢筋混凝土结构	1051	9047	147.8	17.2
成品筛分室	长 27m,宽 15m,2500×6500 振动筛 2 台,钢筋混凝土结构	1078	9817	147.8	16.2
成品筛分室	长 24m,宽 15m,3000×9000 振动筛 2 台,钢筋混凝土结构	1062	9936	307.1	32.8
成品筛分室	长 14m,宽 13.5m,1500×3000 振动筛 2 台,(上下串联)钢筋混凝土结构	585	3170	182	33.6
成品筛分室	长 14m,宽 13.5m,1500×3000 振动筛 2 台,钢筋混凝土结构	621	3238	188.4	36.1
成品筛分室	长 9m,宽 9m,1500×3000 振动筛 1 台,钢筋混凝土结构	228	1089	217.2	45.5
成品筛分室	长 13.5m,宽 12m,1500×6000 振动筛 1 台,钢筋混凝土结构	406	1786	205.8	46.8
成品筛分室	长 13.5m,宽 8.5m,1500×3500 振动筛 1 台,钢筋混凝土结构	269	1361	194.7	38.5
抽风机室	长 42m,宽 15m,8000m^3/min 风机 2 台,钢筋混凝土结构	1430	14258	157.3	15.8
抽风机室	长 30m,宽 9m,2000m^3/min 风机 2 台,钢筋混凝土结构	452		450.9	
抽风机室	长 30m,宽 10.5m,2300m^3/min 风机 1 台,钢筋混凝土结构	494	5516	343.5	21.8
抽风机室	长 48m,宽 15m,9000m^3/min 风机 2 台,钢筋混凝土结构	1050	11842	353.6	31.4
成品取样室	长 9m,宽 9m,钢筋混凝土结构	256	2305	219.5	24.4
成品取样室	长 12m,宽 9m,钢筋混凝土结构	238	1366	282.5	49.2
成品检验、制样室	长 12m,宽 9m,钢筋混凝土结构	772	3051		
成品检验、制样室	长 14m,宽 6m,钢筋混凝土结构	910		159	
成品矿仓	长 48m,宽 9m,三个矿仓,单列配置钢筋混凝土结构	892	9583	293.6	27.3
成品矿仓	长 6m,宽 6m,一个矿仓,钢筋混凝土结构	82	454	205.9	37.2
冷返矿仓	长 12m,宽 6m,钢筋混凝土结构	113	471	241.2	57.9
铺底料矿仓	长 18m,宽 4.5m,架在多管上部、钢筋混凝土结构	173	2344	343	25.3

注:此表为 1983～1985 年工程设计实际使用价格。

20.1.2　建筑模数

20.1.2.1　跨度

厂房跨度小于 12m,用 1.5m 的倍数。

厂房跨度 12～18m,用 3m 的倍数。

厂房跨度大于 18m,用 6m 的倍数。

如工艺布置有明显优越性时，可用21m、27m、33m的跨度。

20.1.2.2 柱距

表 20-2 通廊土建单价参考表，元/m

通廊宽度/m	2.5	3.0	3.5	4.5	6.0	6.5
地面通廊，高2.2 m	186	186				
架空式通廊、钢筋混凝土结构，高2.2 m	270	323	377	485		
架空式通廊、钢结构通廊，高2.2 m	523	627	732	941		
架空式通廊、钢结构通廊，高3 m	633	759	886	1139	1638	1775
架空式通廊、钢结构通廊，高4 m	1450	1740	2030	2610	2640	2860

注：此表为1984～1985年工程设计实际使用单价。

表 20-3 转运站土建单价参考表

转运站外形尺寸/m		5×5	6×5	6×5	6×5	6×5	6×6	6×6
单轨轨底标高/m		4.2	7.2	11.2	16.5	19.5	18	22.5
建筑面积/m^2			69	69	104	69	111	202
建筑体积/m^3		141	265	406	590	693	831	1293
造价指标	元/m^2		186.2	198.7	231.9	291.8	464.2	396.2
	元/m^3	22.97	48.5	33.8	40.9	29.1	61.9	61.9
转运站外形尺寸/m		8×6	9.5×6	12×6	13.5×6	9×9	12×9	14×9
单轨轨底标高/m		15	11	14.5	3.7	14.5	22	12.5
建筑面积/m^2		146	257	309	86	254	340	394
建筑体积/m^3		880	732	1294	416	1438	2662	1922
造价指标	元/m^2	373.2	116	259.7	111	349.7	484.4	302.2
	元/m^3	61.9	40.9	61.9	23	61.9	61.9	61.9

注：此表为1984～1985年工程设计实际使用单价。

用6 m或6 m的倍数，如工艺布置有明显优越性时，可用9 m柱距。

砖石承重结构时，可用4 m柱距。

20.1.3 基础顶面允许振幅值

电机及破碎机基础顶面允许振幅值见表20-5及表20-6。

20.1.4 钢筋混凝土板及梁的截面值

钢筋混凝土板的最小厚度、梁的最小高度见表20-7及表20-8。

热振筛下支承梁按 $L/6 \sim L/8$ 考虑（L 为跨度）。

柱子断面形式选用见表20-9。

柱子剖面大小的决定见图20-1及表20-10。

表 20-4 烟囱造价参考表

烟囱结构	高度/m	出口直径/m	造价/元·座$^{-1}$	备 注
砖砌烟囱	40	1.4	38000	
砖砌烟囱	45	2.0	55340	
砖砌烟囱	30	2.5	15800	
砖砌烟囱	30	3.0	16500	
砖砌烟囱	60	4.1	70300	
钢筋混凝土烟囱	50	2.4	52000	
钢筋混凝土烟囱	50	4.0	70000	
钢筋混凝土烟囱	60		143000	
钢筋混凝土烟囱	80		203100	
钢筋混凝土烟囱	120	4.5	435000	包括烟道 48300 元在内
钢筋混凝土烟囱	150	4.5	1301800	
钢筋混凝土烟囱	120	5.5	662000	
钢结构烟囱	200	6.02	12000000	
烟道(用于 24m^2 烧结)			2681 元/m	
烟道(用于 90m^2 烧结)			7000 元/m	

注:1. 以上造价已包括间接费及综合调整系数;
2. 以上造价为 1983～1986 年工程设计实际使用数。

表 20-5 电机基础顶面允许振幅值

工作转速 /r·min^{-1}	3000	1500	≤1000	500～750	<500
允许振幅 /mm	0.02	0.04	0.1	0.15	0.2

表 20-6 破碎机基础顶面允许振幅值

机器转速 /r·min^{-1}	≤300	≤750	>750
允许振幅 /mm	0.25	0.2	0.15

注:基础顶面允许振幅值摘自 1980 年“动力机器基础设计规范”。

表 20-7 板的最小厚度 *h*

名 称	简 支	连 续	悬 臂
单向板	*L*/30～35	*L*/35～40	*L*/12
双向板	*L*/40～45	*L*/45～50	—

表 20-8 梁的最小高度

名 称	简 支	连 续	悬 臂
次梁	*L*/15	*L*/20	*L*/8
主梁	*L*/12	*L*/15	*L*/6

表 20-9 柱子断面形式选用表

柱子分类			柱子断面形式
按吊车吨位分类		Q≤30t	工字形柱
		Q≥30t	双支柱
	当采用新形式的柱子时	Q<10t	薄壁工字形柱,单肢管柱
		Q=10～30t	双肢管柱,薄壁工字柱
		Q=30～50t	预应力工字形柱,加强的双肢管柱
		Q=50～100t	预应力格架式柱
按柱子断面大小分类		h<60mm	矩形柱
		h=600～1200mm	工字形柱
		h>1200mm	双肢柱

续表 20-9

柱子分类		柱子断面形式
按偏心距大小分类	偏心较小	矩形柱
	偏心较大	工字形柱、双肢柱

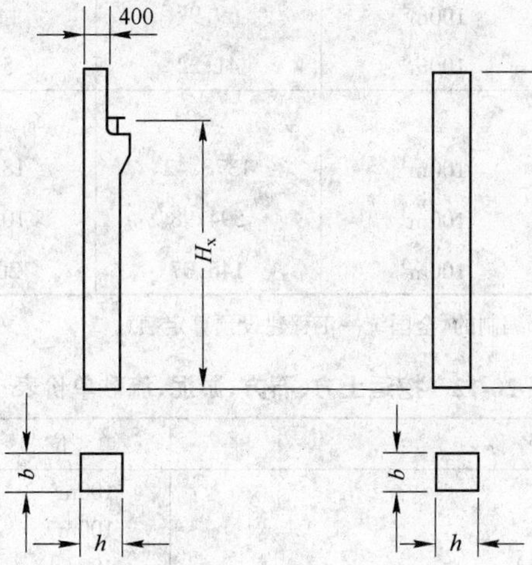

图 20-1 柱子剖面示意图

表 20-10 柱子剖面尺寸参考表

柱的类型		截面 h	截面 b
无吊车厂房柱	单跨	$\geqslant\frac{1.5H}{25}$	$\geqslant\frac{H}{30}$且$\geqslant$250mm
	多跨	$\geqslant\frac{1.25H}{25}$	$\geqslant\frac{H}{30}$且$\geqslant$250mm
有吊车厂房柱	$Q\leqslant$10t	$\geqslant\frac{H_x}{14}$	$\geqslant\frac{H_x}{25}$且$\geqslant$350mm
	$Q\leqslant$30t	$\geqslant\frac{H_x}{12}$	$\geqslant\frac{H_x}{25}$且$\geqslant$350mm
	$Q\leqslant$50t	$\geqslant\frac{H_x}{12}$	$\geqslant\frac{H_x}{25}$且$\geqslant$350mm

注:1. h、b、H、H_x 见柱子剖面示意图(图 20-1)。

2. 有吊车柱 b 一般取 400～600mm;无吊车柱 b 一般取 400mm,h 取 400～600mm。

20.2 总图运输扩大指标

20.2.1 土石方工程

20.2.1.1 挖土、石方单价

表 20-11 列出了厂区挖土、石方的参考单价。

20.2.1.2 挖运土方、石方、淤泥、流砂

挖运土方、石方、淤泥、流砂参考单价见表 20-12。

表 20-11　厂区挖土、石方参考单价

项目名称	单　位	单　价		
		普土、软石/元	坚土、次坚石/元	石渣、普坚石/元
人工挖土(深 2m)				
大面积	$100m^3$	46.62	89.47	
基　坑	$100m^3$	69.97	142.34	
挖土机挖土(正铲)	$100m^3$	41.22	51.94	82.03
爆破石方				
槽　沟	$100m^3$	1378.42	1828.74	2571.61
基　坑	$100m^3$	594.98	1027.10	1694.17
大面积	$100m^3$	146.07	204.60	305.86

注:本表摘自 1987 年 7 月冶金部编制的《全国统一工程建设预算定额》。

表 20-12　挖运土方、石方、淤泥、流砂单价表

项目名称	单　位	单价/元	备　注
人工挖淤泥	$100m^3$	205.04	
人工挖流砂	$100m^3$	307.56	
挖掘机挖土,汽车运土(运距<1km)	$100m^3$		
普通土		230.10	
坚　土		269.55	
石　渣		433.92	
运距每增加 100m　普通土	$100m^3$	45.57	
坚　土	$100m^3$	72.86	
铲运机铲运土方(运距<500m),普通土	$100m^3$	132.43	
坚　土	$100m^3$	187.89	
运距每增加 100m	$100m^3$	18.54	
推土机推运土方(运距<20m),普通土	$100m^3$	42.89	
坚　土	$100m^3$	50.82	
石　渣	$100m^3$	105.65	
运距每增加 10m　土　方	$100m^3$	12.83	
石　方	$100m^3$	31.15	
人力运土(运距<50m)	$100m^3$	69.41	
运距每增加 20m	$100m^3$	10.51	
翻斗车运石(运距<500m)	$100m^3$	257	
运土(运距<500m)	$100m^3$	185.65	
运距每增加 100m	$100m^3$	9.77	

注:本表摘自 1987 年 7 月冶金部编制的《全国统一工程建设预算定额》。

20.2.2　场地平整

平整场地工程费参见表 20-13。

20.2.3　运输投资扩大指标

铁路、公路投资扩大指标见表 20-14。

厂区公路路面工程单位投资指标见表 20-15。

20.2.4　挡土墙单位指标

挡土墙单位指标如下：

表 20-13 平整场地工程费

名称	场地平整	原土压实	填土碾压		回填土	
工程量	1000m²	1000m²	1000m³		100m³	
条件			压实系数85%以内	压实系数85%以上	松填	夯填
基价/元	106.36	18.01	8941.86	9435.07	18.3	77.51
其中:人工费/元	5.59	5.59	16.78	16.78	18.3	26.59
材料费/元			8662.40	9112.57		
机械费/元	100.77	12.42	262.68	305.72		50.92

注:本表摘自 1987 年 7 月冶金部编制的《全国统一工程建设预算定额》。

表 20-14 铁路、公路投资扩大指标

工程名称	主要技术条件	单位	指标	备注
准轨铁路专用线综合投资指标	平坦地区,轨重 38~40kg/m	万元/km	22~32	包括路基、土石方、轨道桥涵,隧道及其他全部工程费
	丘陵地区,轨重 38~40kg/m	万元/km	35~50	
	山岳地区,轨重 38~40kg/m	万元/km	47~65	
	困难地区,轨重 38~40kg/m	万元/km	69~96	
准轨铁路混凝土桥梁单位投资指标	单线钢筋混凝土桥	元/m	3000~5000	
	双线钢筋混凝土桥	元/m	5000~8000	
准轨铁路隧道工程造价指标	单线洞身隧道长 300~10000m,机械开挖	元/m	2100	包括掘进、支架、衬砌等
一般货运公路	路面宽 4.5~7.5m 平原地区	万元/km	4~5	土石方 0.5~1 万 m³/km
	路面宽 4.5~7.5m 丘陵地区	万元/km	5~8	土石方 1~2.5 万 m³/km
	路面宽 4.5~7.5m 山岭地区	万元/km	10~16	土石方 3~5.5 万 m³/km
公路桥梁单位投资指标	石拱桥,跨径<20m	元/m	1800~3000	桥面宽 7m
	石拱桥,跨径 20~35m	元/m	3500~4000	桥面宽 7m
	石拱桥,跨径 35~50m	元/m	4000~6000	桥面宽 7~8m
	钢筋混凝土桥,跨径 10~20m	元/m	2000~3000	桥面宽 7m
	钢筋混凝土桥,跨径 20~33m	元/m	3500~5500	桥面宽 7m
	钢筋混凝土桥,跨径 50m 左右	元/m	6000~7000	桥面宽 7m
	木桥,跨径 10~20m	元/m	1000~1500	桥面宽 4.5m
	木桥,跨径 10~20m	元/m	1200~2000	桥面宽 5.6m
	木桥,跨径 10~20m	元/m	3000~3500	桥面宽 7.8m

注:本表摘自长沙黑色冶金矿山设计研究院、鞍山黑色冶金矿山设计研究院编的《总图运输设计资料汇编》。

毛石挡土墙 1m³50.1 元。

无筋混凝土挡土墙 1m³90.9 元。

毛石混凝土挡土墙 1m³80.7 元。

20.2.5 运输价格指标

铁路整车货物运价率列于表 20-16。

装卸费按 1983 年运输部门的规定,其使用指标如下:

船—库场　0.90 元/t　(装一次或卸一次)

库场—火车　0.60 元/t　（装一次或卸一次）

库场—汽车　0.45 元/t　（装一次或卸一次）

表 20-15　厂区公路路面工程单位投资指标

工程名称	主要技术条件	单位	指标	备注
泥结碎石路面	毛石基础,砾石面层	$100m^2$	935	面层压实厚度 10cm
	级配砾石基础,级配砾石面层	$100m^2$	725	面层压实厚度 10cm
	三合土基础,级配砾石面层	$100m^2$	816	面层压实厚度 10cm
	毛石基础,泥结碎石面层	$100m^2$	1044	面层压实厚度 16cm
	级配砾石基础,泥结碎石面层	$100m^2$	834	面层压实厚度 16cm
	碎石干铺基础,泥结碎石面层	$100m^2$	893	面层压实厚度 16cm
混凝土路面(厚度 20cm)	毛石基础,300 号混凝土	$100m^2$	2074	
	级配砾石基础,300 号混凝土	$100m^2$	1864	
	三合土基础,300 号混凝土	$100m^2$	1955	
	干铺碎石底层,300 号混凝土	$100m^2$	1924	
沥青渣油路面	灰土基层,沥青渣油灰土路面	$100m^2$	680	
	泥结碎石面层,沥青表面处治	$100m^2$	518	沥青表面 2cm 厚
	泥结级配砾石面层,沥青表面处治	$100m^2$	419	沥青表面 2cm 厚
	炉渣、石灰、黏土底层,沥青表面处治	$100m^2$	380	沥青表面 2cm 厚
	沥青灌入式路面,压实厚 4cm	$100m^2$	1259	毛石基础,泥结碎石底层
沥青渣油路面	沥青灌入式路面,压实厚 6cm	$100m^2$	1405	毛石基础泥结碎石底层
	沥青灌入式路面,压实厚 8cm	$100m^2$	1555	毛石基础泥结碎石底层
	沥青碎石路面,面层厚 4cm	$100m^2$	1321	
	沥青碎石路面,面层厚 6cm	$100m^2$	1490	
	沥青砂浆面层,沥青混凝土厚 6cm	$100m^2$	1603	面层厚 1cm
	沥青砂浆面层,沥青混凝土厚 4cm	$100m^2$	1465	面层厚 1cm

注:本表是根据湖南省 1985 年 12 月“建筑工程概算定额”编制的。

沿海主要航线货物运价见表 20-17,长江干线货物运价见表 20-18。

各省公路局汽车运输运价见表 20-19。

20.2.6　厂内公路路面宽度

大型厂主干道,9m;

大型厂次干道、中型厂主干道,7～9m;

中型厂次干道、小型厂主、次干道,6～7m;

辅助道,3.5～4.5m。

路面边缘至建筑物、构造物最小距离是:

当建筑物面向道路一侧,无出入口时,1.5m;

当建筑物面向道路一侧,有出入口,但不通汽车时,3m;

当建筑物面向道路一侧,有出入口,单车道时,8m;

对通汽车引道,但连接引道的道路为双车道时,6m;

各类管线支架 1～1.5m;

围墙 1.5m。

厂内道路最大纵坡如下:

表 20-16 铁路局整车货物运价率,元/t

里程/km	货物名称			
	煤、焦炭	矿石、烧结矿	钢材、铁合金	设备、仪表
100	2.00	1.80	2.40	3.00
101～130	2.20	2.00	2.70	3.40
131～160	2.50	2.30	3.20	4.10
161～190	2.80	2.70	3.70	4.90
191～220	3.20	3.10	4.20	5.60
221～250	3.60	3.40	4.80	6.40
251～280	3.90	3.80	5.30	7.20
281～310	4.30	4.20	5.90	8.00
311～340	4.70	4.60	6.50	8.70
341～370	5.10	4.90	7.00	9.40
371～400	5.40	5.30	7.60	10.00
401～440	5.90	5.80	8.30	10.80
441～480	6.30	6.30	9.00	11.70
481～520	6.80	6.80	9.80	12.60
521～560	7.30	7.20	10.30	13.50
561～600	7.90	7.70	10.90	14.40
601～640	8.40	8.20	11.50	15.30
641～680	8.90	8.70	12.10	16.20
681～720	9.40	9.20	12.60	17.10
721～760	9.90	9.70	13.20	17.80
761～800	10.40	10.20	13.80	18.50
801～840	10.90	10.70	14.40	19.10
841～880	11.40	11.10	14.90	19.80
881～920	12.00	11.60	15.50	20.40
921～980	12.50	12.10	16.10	21.10
981～1000	13.00	12.60	16.70	21.80
1001～1050	13.50	13.20	17.30	22.50
1051～1100	14.20	13.80	17.80	23.20
1101～1150	14.80	14.40	18.40	23.90
1151～1200	15.40	15.00	19.00	24.60
1201～1250	16.00	15.60	19.60	25.30
1251～1300	16.60	16.20	20.20	26.00
1301～1350	17.30	16.80	20.80	26.70
1351～1400	17.90	17.40	21.40	27.40
1401～1450	18.50	18.00	22.00	28.10
1451～1500	19.10	18.60	22.60	28.80
1501～1550	19.70	19.30	23.20	29.40
1551～1600	20.40	19.90	23.70	30.10
1601～1650	21.00	20.50	24.30	30.70
1651～1700	21.60	21.10	24.90	31.40
1701～1750	22.20	21.70	25.50	32.10
1751～1800	22.80	22.30	26.10	32.70
1801～1850	23.50	22.90	26.70	33.40
1851～1900	24.10	23.50	27.30	34.00
1901～1950	24.70	24.10	27.90	34.70
1951～2000	25.30	24.70	28.50	35.30

注:本表是根据 1984 年铁道部“铁路货物运价规则”编制的。

表 20-17　沿海主要航线货物运价参考表

航　线	里程/海里	运价/元·t^{-1}	航　线	里程/海里	运价/元·t^{-1}
大连——天津	277	4.52	广州——湛江	301	8.33
大连——烟台	89	3.24	广州——海口	360	8.90
大连——上海	563	6.48	湛江——上海	1055	20.0
秦皇岛——上海	688	7.26	湛江——大连	1491	22.0
塘沽——上海	721	7.65			

表 20-18　长江干线货物运价参考表

里程/km	下游(上海至汉口)运价/元·t^{-1}	上游(汉口至重庆)运价/元·t^{-1}	里程/km	下游(上海至汉口)运价/元·t^{-1}	上游(汉口至重庆)运价/元·t^{-1}
<50	1.85	2.90	331～510	3.88～5.07	11.02～15.78
51～90	1.92～2.13	3.18～4.02	511～720	5.14～6.61	16.06～21.66
91～200	2.20～2.90	4.30～7.10	721～1000	6.68～8.64	21.94～29.78
201～330	2.97～3.81	7.38～10.74			

注:1. 运输货物:矿石、矿粉、煤、焦炭、石料。

2. 1987 年航运部门实际使用价格。

上海——汉口,共 1125 公里,运价 9.41 元/t。

汉口——重庆,共 1274 公里,运价 22.81 元/t。

表 20-19　各省公路局汽车运输运价指标

地　区	运距/km	单价/元·km^{-1} 平原、丘陵公路	单价/元·km^{-1} 山区公路	备　注
广东、广西	⩾21	0.2		
安徽、福建	>10	0.2	0.22～0.24	
四川、云南、贵州	>25	0.2		
湖南、内蒙		0.21		
河南、河北、山西	>20～25	0.22		
青海	⩾26	0.24	0.28	甘肃、新疆、西藏参照此数
山东、江苏		0.18		
其他		0.20		

主干道,平原微丘区,6%;

主干道,山岭重丘区,8%;

次干道,辅助道,车间引道,8%。

厂内道路最小转弯半径如下:

行驶车辆汽车,9 m(从路面内边缘算起,下同);

汽车带一辆拖车,12 m;

15～25 t 平板挂车,15 m;

车间引道大于或等于 6 m。

最小转弯半径如受条件限制时(陡坡处除外),可减少 3 m。

道路在管线、渡槽、平台通廊等构造物下穿行时，路面上的净高一般不小于 4.5 m。

料槽下用汽车运输时，净空高度按料槽阀门操作限界的最低点和车辆装载的最高点确定，其间距不小于 0.5 m。

20.2.7 厂内铁路运输

(1) 厂内铁路最小曲线半径如下：

厂内联络线，一般情况不小于 200 m；

厂内联络线，困难情况不小于 180 m；

厂内其他线，固定轴距小于 4600 mm 时，150 m；

厂内其他线，固定轴距小于 3500 mm 时，120 m。

(2) 厂内货物装卸线，一般设在平直道上，困难条件下可设在不陡于 2.5‰的坡道上及半径不小于 500 m 的曲线上，特殊困难时，可设在半径不小于 200 m 的曲线上。

(3) 线路中心至建筑物或设备距离：厂内铁路线中心主建筑物或设备距离见表 20-20。

表 20-20 厂内铁路线中心至建筑物或设备距离

项 目	距离/mm
线路中心线距墙壁外边缘或房屋凸出部分：	
房屋在线路方面无出口时	3000
房屋在线路方面有出口时	6000
房屋在线路方面有出口，且在房屋出口与铁路间有平行栅栏时	5000

车辆限界，按机车车辆最大宽度 3400 mm，车辆限界示于图 20-2 及图 20-3。

20.2.8 卫生防护距离

工业企业与居住区之间的卫生防护距离为：第一级 1000～500 m，包括钢铁联合企业，黑色和有色金属矿石的烧结厂、高炉总容量超过 500 m^3 的炼铁生产、铁合金的生产、年产量超过 10 万 t 各种水泥的生产、耐火材料的生产；第二级 500～300 m，包括高炉容积低于 500 m^3 炼铁的生产、选矿厂、年产量低于 10 万 t 的水泥厂、竖炉焙烧石灰石；第三级 300～100 m，包括电炉炼钢生产等。

厂房与厂房的防火间距见第 13 章(按外墙间距)。

20.2.9 建筑系数

$$\text{冶金厂建筑系数} = \frac{\text{建筑物面积}}{\text{厂区占地面积}} \times 100\%$$

烧结厂区建筑系数要求为 18%～25%。

选矿厂区建筑系数要求为不小于 20%。

$$\text{水泥厂建筑系数} = \frac{\text{建构筑物面积} + \text{堆场面积}}{\text{厂区占地面积}} \times 100\%$$

水泥厂的建筑系数，新建厂一般为 30%左右，扩建厂一般为 35%左右。

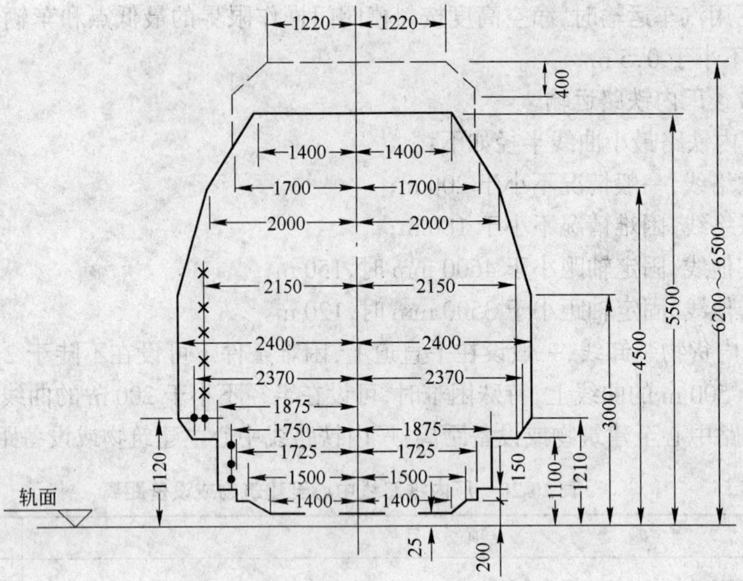

图 20-2　直线建筑接近限界示意图

——各种建筑物的基本接近限界；×××信号机、水鹤、电柱的建筑接近限界；

●●●站台建筑接近限界；－－－－适用于电力机车使用的各种建筑物，其高度数值依接触网高度而定

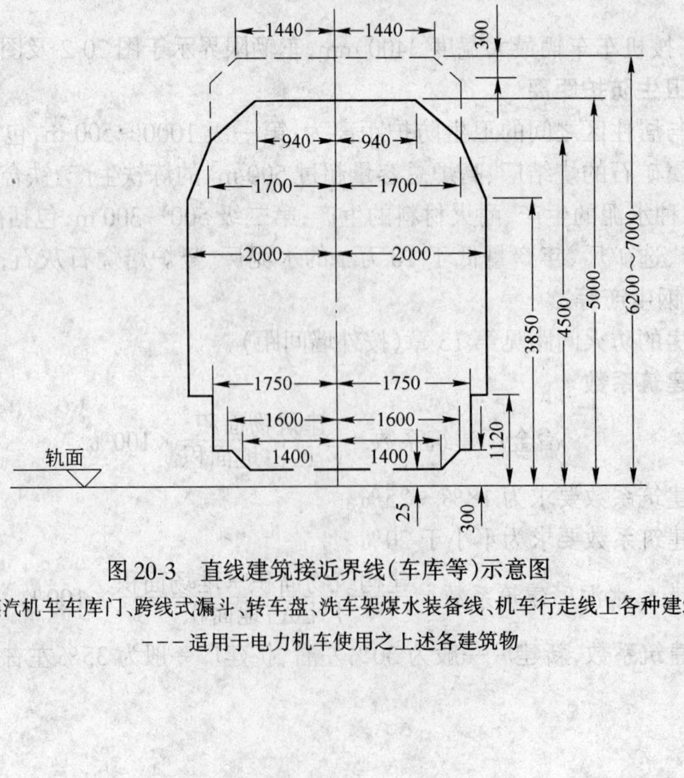

图 20-3　直线建筑接近限界线(车库等)示意图

——适用于蒸汽机车车库门、跨线式漏斗、转车盘、洗车架煤水装备线、机车行走线上各种建筑物；

－－－适用于电力机车使用之上述各建筑物

20.3 选矿技术经济指标

20.3.1 球磨机、过滤机的利用系数、作业率及钢球消耗

球磨机、过滤机的利用系数、作业率及钢球消耗实例见表20-21及表20-22。

表20-21 过滤机利用系数

厂　名	单　位	1982年	1983年
密地选矿厂	$t/(m^2 \cdot h)$	3.491	3.554
大冶选矿厂	$t/(m^2 \cdot h)$	0.95	0.815

表20-22 球磨机利用系数、作业率及钢球消耗实例

厂　名	利用系数/$t \cdot (m^3 \cdot h)^{-1}$			作业率/%			钢球消耗/$kg \cdot t^{-1}$		
	1982年	1983年	1984年	1982年	1983年	1984年	1982年	1983年	1984年
密地选矿厂	2.64	2.689	2.755	71.38	74.56	78.48	1.22	1.05	1.08
大冶选矿厂	3.45	3.459	3.398	50.87	55.91	50.28	1.262	1.279	1.305
程潮选矿厂	3.11	3.09	3.01	53.96	53.84	56.33	1.17	1.18	1.13
金山店选矿厂							0.74	0.82	0.803

20.3.2 选矿厂工作制度及作业率

选矿厂各车间工作制度及年作业率见表20-23。

表20-23 选矿厂各车间工作制度及年作业率

车间名称	工作制度		作业率/%	
	规　模	年工作日×班×小时	铁　矿	辅助原料
破碎车间	大　型	连续工作制 330×3×8	56.5	62.2
	中、小型	间断工作制 306×3×8	52.4	57.5
		间断工作制 295×3×8	50.5	55.6
磨矿、选别、脱水车间	大、中、小型	连续工作制 330×3×8	90.5（球磨）	85~88（其他磨矿）

20.4 供水扩大指标

20.4.1 室外给水管道

室外给水管道均按埋地考虑，铺设室外给水管道全部费用扩大指标见表20-24。

20.4.2 贮水池

贮水池扩大指标见表20-25。

20.4.3　自来水价

表 20-24　室外埋地给水管铺设扩大指标

给水管名称	埋　深	单　位	管径/mm	基价/元
钢板卷管	2 m 以内	100 m	(219～273)×8	7833～8544
	2 m 以内	100 m	(325～478)×9	9903～14594
	2 m 以内	100 m	(529～630)×10	17318～20196
法兰铸铁管	2 m 以内	100 m	75～300	2833～6511
	2 m 以内	100 m	350～600	7697～15258
承插铸铁管、石棉水泥接口	2 m 以内	100 m	75～300	2612～5774
	2 m 以内	100 m	350～500	6951～10809
预应力钢筋混凝土管,柔性接口	2 m 以内	100 m	300～400	5896～7393
	2 m 以内	100 m	500～600	10464～12170

表 20-25　圆形无顶板钢筋混凝土贮水池扩大指标

水池容量/t	30	50	100	150	200	300	400
单价/元·座$^{-1}$	1510	2150	3540	5070	6890	7700	10350

水池容量/t	500	600	800	1000	1500	2000
单价/元·座$^{-1}$	12250	14720	19180	24010	34700	45870

自来水水价可参照表 20-26。

表 20-26　各地自来水水价表,元/m^3

城市名称	工业用水	生活用水	城市名称	工业用水	生活用水
北　京	0.12	0.12	马鞍山	0.15	0.15
上　海	0.12	0.12	南　昌	0.13	0.13
天　津	0.176	0.088	福　州	0.09	0.12
石家庄	0.08	0.08	武　汉	0.10	0.10
太　原	0.132	0.11	黄　石	0.10	0.10
济　南	0.132	0.088	长　沙	0.12	0.15
包　头	0.15	0.12	株　洲	0.09	0.15
哈尔滨	0.10	0.08	广　州	0.12	0.12
长　春	0.17	0.10	南　宁	0.10	0.16
沈　阳	0.07	0.07	郑　州	0.10	0.08
南　京	0.15	0.15	成　都	0.15	0.15
杭　州	0.10	0.10	重　庆	0.20	0.20
合　肥	0.176	0.198	昆　明	0.14	0.14
西　安	0.14	0.14	兰　州	0.14	0.14

注:本表摘自中国市政工程西南设计院主编,中国建筑工业出版社 1986 年出版的《给排水设计手册》。

20.5 供电扩大指标

20.5.1 车间变电所

户内式车间变电所扩大指标参见表20-27,户外式参见表20-28。

表 20-27 车间变电所户内式扩大指标

进线方式	变压器容量/kV·A	指标/元	进线方式	变压器容量/kV·A	指标/元
电缆进线	200	5591	架空进线	200	6247
	250	6303		250	6959
	315	6715		315	7371
	400	8448		400	9104
	500	8965		500	9621
	630	10808		630	11464
	800	14305		800	14960
	1000	16013		1000	16669
	1250	17920		1250	18576

注:1. 电缆进线的指标不包括电缆材料费;
2. 架空进线的指标不包括高压进线材料费。

表 20-28 车间变电所户外式扩大指标

进线方式	变压器容量/kV·A	指标/元		进线方式	变压器容量/kV·A	指标/元	
		柱上油开关	负荷开关			柱上油开关	负荷开关
电缆进线	200	8151	7204	架空进线	200	7820	6876
	250	8851	7904		250	8520	7576
	315	9264	8318		315	8933	7990
	400	10972	10029		400	10642	9701
	500	11500	10550		500	11161	10222
	630	13273	12395		630	13007	12067
	800	16207	15276		800	15869	14942
	1000	17857	16936		1000	17526	16607
	1250	19731	18950		1250	19546	18649

注:上表不包括进线材料费。

20.5.2 各地电价

各地照明用电、工业用电电价见表20-29。

表 20-29 各地电价表

电网或地区名称	照明用电/元·$(kW·h)^{-1}$		非工业及普通工业用电/元·$(kW·h)^{-1}$			大工业用电/元·$(kW·h)^{-1}$	
	不满1kV	1kV及1kV以上	不满1kV	1～10kV	35kV及其以上	1～10kV	35kV及其以上
东北电网	0.09	0.088	0.07	0.065	0.06	0.035	0.03
上海地区	0.2	0.195	0.085	0.083	0.08	0.058	0.055
江苏地区	0.19	0.185	0.085	0.083	0.08	0.058	0.055
安徽地区	0.19	0.185	0.085	0.083	0.08	0.058	0.055
浙江地区	0.15	0.145	0.085	0.083	0.08	0.058	0.055
徐州电网	0.18	0.175	0.085	0.083	0.08	0.058	0.055
京、津、唐电网	0.148	0.145	0.085	0.083	0.08	0.058	0.055
秦皇岛地区	0.15	0.145	0.085	0.083	0.08	0.058	0.055
石家庄电网	0.15	0.145	0.085	0.083	0.08	0.058	0.055

续表 20-29

电网或地区名称	照明用电/元·(kW·h)⁻¹		非工业及普通工业用电/元·(kW·h)⁻¹			大工业用电/元·(kW·h)⁻¹	
	不满 1 kV	1 kV 及 1 kV 以上	不满 1 kV	1～10 kV	35 kV 及其以上	1～10 kV	35 kV 及其以上
邯郸电网	0.15	0.145	0.085	0.083	0.08	0.058	0.055
太原、榆次地区	0.14	0.136	0.085	0.083	0.08	0.058	0.055
山西其他地区	0.155	0.15	0.085	0.083	0.08	0.058	0.055
大同、晋东南电网	0.155	0.15	0.085	0.083	0.08	0.058	0.055
内蒙古呼包电网	0.17	0.165	0.085	0.083	0.08	0.058	0.055
济南、潍坊地区	0.16	0.155	0.085	0.083	0.08	0.058	0.055
淄博、张店、周村地区	0.12	0.117	0.085	0.083	0.08	0.058	0.055
济宁地区、烟台地区	0.2	0.195	0.11	0.108	0.105	0.08	0.077
青岛地区	0.125	0.122	0.085	0.083	0.08	0.058	0.055
河南郑、洛地区	0.2	0.195	0.085	0.083	0.08	0.058	0.055
安阳地区	0.18	0.175	0.085	0.083	0.08	0.058	0.055
焦作地区	0.15	0.145	0.085	0.083	0.08	0.058	0.055
福建闽北电网	0.2	0.195	0.085	0.083	0.08	0.058	0.055
广东湛江电网、珠韶电网	0.2	0.195	0.085	0.083	0.08	0.058	0.055
海南电网	0.25	0.245	0.12	0.118	0.115	0.058	0.055
汕头地区	0.2	0.195	0.12	0.118	0.115	0.078	0.075
坪石、连阳地区	0.2	0.195	0.085	0.083	0.08	0.078	0.075
湖北电网	0.2	0.195	0.085	0.083	0.08	0.058	0.055
湘中北电网、湘南电网	0.2	0.195	0.085	0.083	0.08	0.058	0.055
赣南电网、南昌电网	0.2	0.195	0.085	0.083	0.08	0.058	0.055
其中赣东北地区	0.25	0.245	0.11	0.108	0.105	0.063	0.06
广西南柳电网	0.2	0.195	0.085	0.083	0.08	0.058	0.055
成都地区、川南地区	0.2	0.195	0.085	0.083	0.08	0.058	0.055
其中宜宾地区	0.17	0.167	0.085	0.083	0.08	0.058	0.055
重庆地区	0.18	0.177	0.08	0.078	0.075	0.058	0.055
渡口电网	0.18	0.177	0.085	0.083	0.08	0.058	0.055
昆明电网	0.168	0.165	0.085	0.083	0.08	0.058	0.055
其中滇东地区	0.19	0.185	0.085	0.083	0.08	0.058	0.055
贵州电网	0.2	0.195	0.085	0.083	0.08	0.058	0.055
贵州毕节、兴义、铜仁、桐梓地区	0.2	0.195	0.1	0.098	0.095	0.063	0.06
陕西关中电网	0.2	0.195	0.085	0.083	0.080	0.058	0.055
甘肃兰州电网、永昌电网	0.2	0.195	0.085	0.083	0.080	0.058	0.055
甘肃酒、玉电网	0.2	0.195	0.12	0.118	0.115	0.087	0.085
宁夏石银青电网	0.2	0.195	0.085	0.083	0.08	0.058	0.055
乌鲁木齐电网	0.2	0.195	0.085	0.083	0.08	0.058	0.055
西宁电网	0.2	0.195	0.085	0.083	0.08	0.058	0.055

注：1. 本表是根据水利电力部颁发的热电价格编制的。

2. 变压器容量小于 320 kV 为普通工业用电，其他为大工业用电。

3. 总容量大于 3 kW 的试验工厂、基建用电、广播用电均列为非工业用电。

20.6　炼铁技术经济指标

20.6.1　高炉利用系数、焦比等技术经济指标

高炉生产的有关技术经济指标列于表 20-30。

20.6.2 高炉经济指标实例

表 20-30 全国钢铁企业高炉主要技术经济指标

项目	单位	重点企业平均			地方骨干企业平均			1987年部分企业技术经济指标							
		1985年	1986年	1987年	1985年	1986年	1987年	鞍钢	本钢	攀钢	包钢	马钢	武钢	首钢	宝钢
利用系数	t/(m³·d)	1.688	1.738	1.789	1.54	1.574	1.59	1.841	1.963	1.848	1.351	2.235	1.779	2.25	2.077
生铁合格率	%	99.97	99.97	99.98	99.79	99.81	99.83	100	100	100	99.96	99.99	100	99.99	100
矿石品位	%	52.76	53.61	54.01	50.50	51.34	51.91	54	57.46	46.3	52.88	53.18	54.09	58.36	58.19
矿石消耗	kg/t	1820	1794	1767	1851	1797		1796	1704	2175	1801	1797	1777	1662	1631
熔剂消耗	kg/t	17.1	16.7	14.3				4.8	15.0	9		6	39	34.3	5.9
综合焦比	kg/t	568	556	553	665	650	643	550	562	610	598	543	524	510	494
入炉焦比	kg/t	519	513	506	639	632	625	492	512	606	582	489	489	401	440
喷吹煤粉	kg/t		56.8	56.2				72	72.4	6	17.5	78.8	56.1	138	
工序能耗	kg标煤/t			493					508.3	526.2	496	553.4	477.1	483.2	442
熟料比	%	89.63	89.84	89.76		78.75	78.62	98.31	99.03	92.65	82.31	93.94	79.3	99.99	88.71
休风率	%		2.22	2.19			3.68	1.34	2.41	2.52	4.41	0.72	1.89	1.05	2.83
热风温度	℃		1005	1002			881	1054	969	915	1073	970	1032	1044	1198
工人劳动生产率	t/(人·a)	1466	1614	1648	512	568		2752	1667	1174	2011	1106	2590	2628	6443
成本	元/t	225.36	249.08		268.83	292.15									

注：本表摘自冶金部《统计年鉴》、《统计年报》、《年报》、《快报》及有关企业能源分析资料。

宝钢高炉操作设计经济指标见表 20-31。

表 20-31 宝钢高炉设计指标（按两座高炉计）

指标名称	单位	指标	指标名称	单位	指标
高炉有效容积	m³	4063×2	年平均风温	℃	≥1250
利用系数	t/(m³·d)	2.19	机械设备总重	万 t	14.41
燃料比	kg/t 铁	490	电机总容量	万 kW	5.0
焦比	kg/t 铁	430	车间定员	人	417
煤气单位发生量	m³/t 铁	1540	劳动生产率	万吨/(人·a)	1.55
烧结矿比	%	80	昼夜平均出铁量	t	17800
熟料比	%	90	煤气发生量	m³/h	1234000
焦炭灰分	%	≤13	单位消耗：		
单位消耗：			重油	kg/t 铁	60
年产铁水量	万 t	650	烧结矿	kg/t 铁	1316
年需烧结矿	万 t	855.6	块矿	kg/t 铁	164.5
年产炉渣	万 t	208	球团矿	kg/t 铁	164.5
年产炉尘	万 t	11	石灰石	kg/t 铁	10
年平均作业率	%	93	锰矿	kg/t 铁	6

20.6.3 铁合金及富锰渣生产指标

铁合金生产合格率、回收率及电耗见表 20-32。

1987 年全国锰铁高炉技术经济指标是：

高炉利用系数 0.604t/(m³·d)；

表 20-32　1984～1985 年铁合金生产指标

铁合金名称	合格率/%			回收率/%			部分铁合金厂平均电耗/$kW \cdot h \cdot t^{-1}$	
	1984 年	1985 年		1984 年	1985 年			
	遵义厂	遵义厂	湖南厂	遵义厂	遵义厂	湖南厂	1984 年	1985 年
硅锰合金	99.9	99.95	99.87	72.2	67.67	74.13	4617	4558
炭素锰铁	98.8	99.83	98.59	61.4	53.17	51.88	2973	2552
中低碳锰铁	99.9	99.95	99.9	65.8	71.65	64.57	1185	876
金属锰	99.9	99.91		72.6	73.08		3114	3143
硅铁			99.97			87.2	8874	8916
中低碳铬铁			99.26			83.97	1886	1820
炭素铬铁			99.36			84.53	3048	3078
微碳铬铁			99.93			76.21	1834	1866

入炉焦比 1842kg/t;
入炉锰矿比 2891kg/t;
入炉矿品位含锰 27.69%;
锰金属回收率 80.93%。
新余锰铁高炉 1987 年生产指标:
高炉利用系数 $0.598t/(m^3 \cdot d)$;
入炉焦比 1704kg/t;
入炉锰矿比 2810kg/t;
入炉熔剂比 600kg/t;
入炉矿含锰 26.27%;
锰铁含锰 66.94%;
锰铁含磷 0.448%;
熟料比 63.35%;
锰回收率 85.28%;
渣铁比 2119;
单位成本 777.68 元/t。
电炉冶炼成本见表 20-33。

表 20-33　电炉冶炼铁合金实际工厂成本,元/t

75%硅铁	45%硅铁	炭素锰铁	硅锰合金	炭素铬铁	中低炭铬铁	中低炭锰铁	微炭铬铁
941	723	966	942	997	1802	1600	1982

注:本表系湘乡铁合金厂 1985 年数据。

冶炼富锰渣生产技术经济指标以湘锰 1985 年实际生产指标如下:
综合焦比 0.39t/t;矿比 1.189t/t;
利用系数 $2.06t/(m^3 \cdot d)$,(按渣计);
锰回收率:入渣率 90.92%,入铁率 9.62%;

熟料率 33.3%；工作天数 256 天；

冶炼强度 1.02t/(m^3·d)；焦炭负荷 3.05t/t；

煤气发热值 3784J/m^3(904kcal/m^3)；

合格率 99.13%。

20.6.4 高炉矿仓技术参数

高炉矿仓容积参数见表 20-34。

表 20-34 高炉矿仓容积参数

高炉容积/m^3	255	600	1000	1500	2000	2500
矿仓与高炉容积的比值	3 以上	2.5	2.5	1.8	1.6	1.6
使用 100%烧结矿贮存时间/h	17～27	14～22	14～22	10～16	9～14	9～14

注：利用系数按 1.6～2.5t/m^3·d 计。

矿仓高度与上料方式有关，仓上用火车供料，矿仓顶面标高为 10 m 左右，用带式输送机供料，矿仓顶面标高可提高，但不宜超过 14 m。

料仓壁倾角为 50°～55°。

20.6.5 高炉对原、燃料的要求

高炉对主要原料一般要求见表 20-35，高炉对焦炭粒度要求见表 20-36，对焦炭质量要求见表 20-37。

表 20-35 高炉对入炉原料的一般要求

要求项目	单位	原料			熔剂	
		天然富矿	自熔性富矿、烧结矿	球团矿	石灰石	白云石
成分	%	TFe>50 S≤0.3 P<0.15	TFe>45 S≤0.1	TFe≥52 FeO≤10 S≤0.08	CaO≥49 MgO≤3.5	MgO>16 SiO_2<7 酸不熔物≤12
粒度	mm	大、中型高炉 8～30 小高炉 5～20	大、中型高炉 5～50 小高炉 5～30 5～0 者在 5%以内	5～0 者在 10%以内	大、中型高炉 20～50 小高炉 10～30	

表 20-36 高炉对焦炭粒度要求

高炉容积/m^3	>1000	1000	620	250	50～100
焦炭粒度/mm	>40	40～25	25～20	20～15	10～15

表 20-37 高炉对焦炭质量要求

固定碳/%	挥发分/%	灰分/%	水分/%	硫/%	磷/%
>85	<0.8	<14	<6	<0.7	<0.015

表 20-38 高炉检修时间(按一代寿命计),d

高炉容积/m^3	大修	中、小修	合计
<50	20	20	40
100	25	25	50
250	30	30	60
620	35	30	65
≥1000	50	30	80

20.6.6 高炉年工作日及检修时间

高炉年工作日 355 天。

高炉检修时间参见表 20-38。

冶炼铁合金的电炉检修时间,湖南铁合金厂小修为 30～45d/次。中修一年一次。

20.6.7 高炉年产量的计算

$$Q = V\eta \times \text{年工作日}$$

式中 Q——年产量,t/a;

V——高炉有效容积,m^3;

η——高炉利用系数,t/(m^3·d)。

20.6.8 影响焦比的经验数据

影响焦比的因素很多,现列出有关的经验数据如表 20-39。

表 20-39 炼铁过程影响焦比的经验数据

因素	因素变动量	生铁产量变化量	焦比变化量
烧结矿含铁品位	±1%	±3%	∓1.5%～2%
烧结矿代替磁铁矿	±10%	±3%～6%以上	∓3%～6%
烧结矿代替赤铁矿	±10%	±2%～4%以上	∓2%～4%
烧结矿碱度(二元碱度)	±0.1		∓3.5%～4.5%
烧结矿含 FeO 量	±1%		±1.5%
烧结矿粉末(5～0 mm)筛出量	±10%	±6%～8%	∓0.6%
石灰石添加量	±100 kg/t		±25～35 kg/t
渣量	±100 kg/t		±50 kg/t
生铁含硅量	±1%	∓7%	±40 kg/t
生铁含锰量	±1%	∓3%	±14～20 kg/t
炉顶温度	±100℃		±30 kg/t
直接还原度	±10%		±8%～9%
高压炉顶	顶压在 49 kPa 以上每增加 10 kPa	+3%	-0.5%

注:本表摘自冶金工业出版社 1975 年出版的《炼铁设计参考资料》中表 2-1-5。

铁合金冶炼过程中影响焦比的经验数据如下:

原料含锰品位每下降 1%,冶炼高碳锰铁或中碳锰铁的电耗增加 100～150kW·h/t,冶炼锰硅合金增加 80～100kW·h/t。

20.6.9 冶炼过程中几种元素的分配率及一般的生铁成分

高炉冶炼过程中,入炉原料中某些元素的分配率参考表 20-40(未考虑炉尘带走量及逸出煤气带走量)。

表 20-40 几种元素在炼铁过程中的分配率,%

冶炼产品名称	Fe	Mn	P	S
生 铁	99.7	50	100	5
矿 渣	0.3	50	0	95

设计生铁成分可参考表 20-41。

表 20-41 生 铁 成 分

成 分	Fe	Si	Mn	S	P	C	合 计
含量/%	94.63	0.8	0.27	0.03	0.16	4.11	100.00

20.7 炼钢技术经济指标

20.7.1 转炉技术经济指标

氧气顶吹转炉车间技术经济指标见表 20-42。

表 20-42 1987 年部分钢铁企业顶吹转炉主要技术经济指标

项 目	单 位	鞍 钢	本 钢	攀 钢	包 钢	马 钢	武 钢	首 钢	宝 钢
利用系数	t/(t·d)	16.38	12.15	13.82	14.34	20.44	32.89	67.66	14.75
钢锭合格率	%	99.47	99.44	99.25	98.42	99.28	99.87	99.7	98.41
钢铁料消耗	kg/t	1120	1139	1117	1173	1167	1100	1085	1078
其中:生铁	kg/t	1031	1050	1094	1097	1080	991	952	953
废钢	kg/t	89	89	23	76	87	109	133	126
合金	kg/t	8.8	6.8	12.5	6.2	17.3	12.7	14.5	7.4
炉衬寿命	次	1023	773	501	456	417	1321	1526	807
平均每炉冶炼时间	min	58	36	43	45	31	32	23	40
作业率	%	60.97	26.25	48.84	40.91	40.63	55.53	81.37	42.72
工序能耗	kg 标煤/t		36.9	38.6	52	48.4	25.4	45.5	2
工人劳动生产率	t/人·a	1273	1717	1044	1098	485	810	1467	2159
成本①	元/t								

① 重点企业 1985 年 331.87 元/t;1986 年 365.10 元/t。

地方骨干企业 1985 年为 424.05 元/t,1986 年为 462.75 元/t。

注:上表摘自冶金部《统计年报》、《统计年鉴》、《年报》、《快报》及有关企业能源分析资料。

20.7.2 转炉消耗硅铁、锰铁量

1984 年重点企业转炉消耗硅铁、锰铁量如下:

侧吹转炉:硅铁 4.5 kg/t;锰铁 13.5 kg/t。

顶吹转炉:硅铁 3.4 kg/t;锰铁 5.9 kg/t。

20.7.3 炼钢对生石灰的要求

化学成分:

平炉 $CaO>85\%$;

$SiO_2<3.5\%$。

粒度:

电炉 20~60 mm;

平炉 30~150 mm;

转炉 5~50 mm。

炼钢用生石灰消耗量见表 20-43。

表 20-43　转炉消耗生石灰量实例

顶吹转炉单耗/kg·t⁻¹钢			侧吹转炉单耗/kg·t⁻¹钢		
企业名称	1978 年	1980 年	企业名称	1978 年	1980 年
唐　钢	158.3	121.8	唐　钢	112.2	109.1
上钢一厂	126.49	108.84	上钢一厂	79.79	63.66
上钢三厂	129.02	98	上钢五厂	120.42	87.1
首　钢	79.8	63.66	平　均	101.7	82.75
鞍　钢	120	99			
武　钢	85.23	74			
包　钢	201.5	240.6			
太　钢	115.06	89.98			
马　钢	161	125.85			
本　钢	114	63.03			
攀　钢	62.39	72.65			
天　钢	159.48	123			
重　钢		149			
平　均	117.46	97.48			

注:以上均为普通生石灰。

20.8　焦化技术经济指标

焦化厂实际生产技术经济指标见表 20-44。

表 20-44　1987 年焦化厂实际生产技术经济指标

项　目	单　位	鞍　钢	本　钢	攀　钢	包　钢	马　钢	武　钢	首　钢	宝　钢
焦炭结焦率	%	76.34	75.92	79.51	78.23	76.08	78.21	77.35	72.8
冶金焦率	%	92.12	93.84	91.02	94.68	94.07	94.01	96.92	92.58
耗洗精煤	kg/t	1451	1442	1348	1375	1413	1417	1418	1530
焦炭灰分	%	14.22	14.12	13.55	13.82	14.08	13.45	12.65	11.88
硫分	%	0.72	0.67	0.48	0.85	0.74	0.61	0.76	0.47
转鼓强度	(M_{40})%	73.8	72.66	76.7	75.7	77.87	79.5	77	87.5
	(M_{10})%	8.7	8.52	6.9	8.9	8.2	7.4	8.3	6.63
炼焦工劳动生产率	t/人·a	1079	1266	2712	2928	1216	2788	3125	7866
冶金焦成本	元/t	108.75							
煤焦油	%	3.57	3.45	2.54	3.12	3.98	3.13	3.1	4.34
粗苯回收率	%	1.07	1.01				0.76		1.04
硫铵回收率	%	0.22	1.02		0.99	0.24	0.24	0.96	1.44
工序能耗	kg 标煤/t		185.8	149.6	194	165	203.9	174.8	192

注:本表摘自冶金部《统计年鉴》、《统计年报》、《年报》、《快报》及有关企业能源分析资料。

21　烧结工艺设备的有关技术参数

本章主要是以表格形式介绍有关设备的主要技术参数，表中未列电机型号的，一律要求生产厂家采用Y系列电机。

21.1　卸车设备

卸车设备的规格及有关参数列于表21-1至表21-6。

表21-1　翻车机

技术性能名称	单位	型号				
		侧倾式	转子式			
		KFJ-1A	KFJ-2	KFJ-2A	AFJ-3	ZFJ-100
总重	t	175(配重62t)	109.3	128.6	139.8	169.7
每小时翻车数	辆	25～30	30	30	30	30
运转周期	s	60	50	50	50	
最大翻车重量	t	100	100	100	100	100
电动机：型号		$JZRB_2 72-10$	$JZR_2 62-10$	$JZR_2 62-10$	$JZR_2 62-10$	
功率	kW	80	45	45	45	48
台数	台	2	2	2	2	2
		(*PB*:40%)	(*PB*:25%)	(*PB*:25%)	(*PB*:25%)	(*PB*:40%)
减速机型号		ZHL－1150	ZHL－850ⅢJ	ZHL－850ⅢJ	ZHL－850ⅢJ	
平台尺寸：长	mm	18500	17000	17000	17100	17000
宽	mm	2515	2800	2800	2500	3000
敞车界限：高	mm	3300	3300	3300	3300	1600～3500
宽	mm	3180	3180	3180	3180	2970～3250
外形尺寸：长	mm	25700	17000	17000	17100	
宽	mm	8750	8750	8750	9280	
高	mm	9360	8000	8000	8530	
最大回转角度	(°)	160	175	175	175	170
制造厂		大连重型机器厂	大连重型机器厂	大连重型机器厂	大连重型机器厂	武汉电力设备厂
支座形式		二支座式	三支座式	三支座式	二支座式	

注：1. 上表的几种准轨翻车机适于翻卸30～60t铁路敞车。
2. *PB* 表示翻车机工作时间利用率。
3. 订货时需注明左、右翻。

表21-2(1)　重车铁牛、空车铁牛

技术性能	单　位	重车铁牛			空车铁牛
		前牵地沟式	前牵式	后推式	
牵引力	t	30	15	15	
铁牛推力	t				8
推送距离	m	40	40	380	25～40
铁牛轨距	mm		900	900	
设备重量	t	65	45.67	49.7	28.2

注：生产厂是大连重型机器厂。

表 21-2(2)　铁　牛

型　号	TN-30-0	TN-18-0	TN-8-T
牵引力(推力)/kN	30×9.8	18×9.8	8×9.8
有效行程/m	40	40	40
卷筒直径/mm	2000	2000	1400
电机功率/kW	2×100	100	63
铁牛轨距/mm	900	900	900
总重/t	56	41	30

注:生产厂是武汉电力设备厂。

表 21-3　摘 钩 平 台

技 术 性 能	单　位	技 术 规 格
最大载重	t	100
平台起升最大高度	mm	400
升起时间	s	14(17)
设备重量	t	18.8(15.2)
平台尺寸(长×宽)	mm	15000×2650(14480×1863)

注:1. 生产厂有大连重型机器厂、武汉电力设备厂等。
　　2. 括号内数据为武汉电力设备厂数据。

表 21-4　迁车台技术规格

最大载重/t	移车速度/m·s^{-1}	设备重量/t	外 形 尺 寸 长×宽/mm
90 (正常 30,事故 100)	0.57 (0.56)	.21	16300×3550

注:1. 生产厂有大连重型机器厂、武汉电力设备厂等。
　　2. 括号内为武汉电力设备厂数据。

表 21-5　卸　煤　机

技 术 性 能	单 位	名　称				
		螺旋桥式卸煤机	螺旋门式卸煤机	螺旋桥式卸煤机		
跨　　度	mm	8000	8000	6700	8000	13500
生产能力	m^3/h	300		350～400	350～400	350～400
螺旋直径	mm	ϕ900	ϕ900			
螺旋头数	个	3	3			
大车行走电动机功率	kW	1.5/2.5	3.5/5			
大车行车速度	m/min	13.56～27.12	17.7～35.8	26.6	27.12(非工作)	29.2(非工作)

续表 21-5

技术性能	单位	名称				
		螺旋桥式卸煤机	螺旋门式卸煤机	螺旋桥式卸煤机		
升起高度	mm	5000	3800			
火车轮距	mm	3980	5000			
螺旋宽度	mm	2000	2000			
最大轮压	kg	5200	5000	5000	5170	8900
钢轨型号	kg/m	18	24 或 38			
重　量	kg	17623	16300	17700	17600	22360
适用卸车车辆				C50 敞车或内宽≥2750mm 深＜1800mm	侧平底敞车	侧平底敞车
制造厂		大连起重机厂		武汉起重机厂		

表 21-6　链斗、门式链斗卸车机

技术性能	单位	型号					
		链斗门式卸车机 10.5m	链斗门式卸车机 10.5m	链斗门式卸车机 12.5m	链斗卸车机 D355	链斗门式卸车机 5.4m	链斗门式卸车机 6m
起重量	t	13	13	13		16	17.5
起升高度	m	2.5	2.5	4		4.46	4.46
生产能力	t/h	550	300～500	550	526		
链斗排数	排	2	2	2	4		
斗子长度	mm	2400					
带式输送机宽度	mm	1000			800		
链斗中心距	mm	6500				8000	8000
行走速度	m/min	2.4/17.2	2.4/17.2	2.4/17.2		8.47/17.8	8.47/17.8
外形尺寸							
长	mm				7000		
宽	mm	7240	7840	8789	17000		
高	mm	11700	11700		11720		
钢轨型号	kg/m	43	43	43	38 或 43	43	43
最大轮压	t	25	44.7	53.5	14	10.04	10.04
重量	t	52.3	54.9	63	37	57.19	
制造厂		大连起重机厂			连云港市机械厂	大连起重机厂	大连起重机厂
备注					适用卸车车辆 C50 和 30t、50t、60t 敞车		

21.2　输送设备

输送设备(含电动推杆)的有关技术参数列于表 21-7～表 21-20。有关带式输送机部分可查有关带式输送机选用手册及设备样本,此处略。

表 21-7 GX 型螺旋输送机

螺旋直径/mm	煤粉		水泥		电动机型号	减速机型号
	最高转速/$r\cdot min^{-1}$	最大输送量/$m^3\cdot h^{-1}$	最高转速/$r\cdot min^{-1}$	最大输送量/$m^3\cdot h^{-1}$		
150	190	9.7	90	3.5	Y90S-6 Y90S-4 Y90L-4 Y100L_1-4 Y100L_2-4	JZQ250
200	150	18.1	75	6.7	Y90S-6 Y90S-4 Y90L-4 Y100L_1-4 Y100L_2-4 Y112M-4 Y132S-4	JZQ250 JZQ350
250	150	35.4	75	13.3	Y90S-6 Y90L-6 Y90S-4 Y90L-4 Y100L_1-4 Y100L_2-4 Y112M-4 Y132S-4 Y132M-4 Y160M-4	JZQ250 JZQ350
300	120	49	60	18.3	Y90S-6 Y90L-6 Y90S-4 Y90L-4 Y100L_1-4 Y100L_2-4 Y112M-4 Y132S-4 Y132M-4 Y160M-4 Y160L-4	JZQ350 JZQ400
400	120	115	60	43.5	Y112M-6 Y132S-6 Y132M_1-6 Y132M_2-6 Y100L_2-4 Y112M-4 Y132S-4 Y132M-4 Y160M-4 Y160L-4 Y180M-4 Y180L-4 Y200L-4	JZQ400 JZQ500 JZQ650 JZQ350
500	90	170	45	63	Y132M_2-6 Y100L_2-4 Y112M-4 Y132S-4 Y132M-4 Y160M-4 Y160L-4 Y180M-4 Y180L-4 Y200L-4 Y225S-4	JZQ650 JZQ500 JZQ400
600	90	292	45	110	Y132M_2-6 Y160M-6 Y160L-6 Y180L-6 Y200L_1-6 Y132M-4 Y160M-4 Y160L-4 Y180L-4 Y200L-4 Y180M-4 Y225S-4 Y250M-4 Y280S-4	JZQ650 JZQ750 JZQ850

注:1. 以上最高转速及最大输送量均系水平安装的输送机。
2. 制造厂是上海起重运输机械厂。

表 21-8 GX 螺旋输送机

螺旋直径/mm	煤粉		水泥		制造厂
	最高转速/$r\cdot min^{-1}$	最大输送量/$t\cdot h^{-1}$	最高转速/$r\cdot min^{-1}$	最大输送量/$t\cdot h^{-1}$	
150	190	4.5	90	4.1	宝鸡永红起重运输机械厂、衡阳运输机械总厂、山东淄博生建机械厂、焦作矿山机械厂、无锡铸造机械厂、杭州运输设备厂、四川自贡运输机械厂、长沙起重运输机械厂
200	150	8.5	75	7.9	
250	150	16.5($33m^3/h$)	75	15.6($11m^3/h$)	
300	120(150)	23.3($58m^3/h$)	60	21.2($15m^3/h$)	
400	120	54	60	51	
500	90	79	60	84.8	
600	90	139	45	134.2	

注:1. 转速(r/min)可用 20、30、35、45、60、75、90、120、150、190。
2. 无锡铸造机械厂、自贡运输机械厂只生产 150 mm、200 mm、250 mm、300 mm、400 mm、500 mm6 种。
3. 括号内为焦作矿山机械厂数字。

表 21-9 HBG 链板输送机

型号	最大输送能力 /$m^3 \cdot h^{-1}$	最大输送粒度 /mm	最大输送长度 /m	爬坡范围	设备重量 /$t \cdot (10m)^{-1}$	制造厂
HBG500	36	160	5～40	0～20°	4.75	长沙起重运输机
HBG650	48	160	5～40	0～20°	6.9	械厂

注:型号中 500、600 即链板宽度,单位 mm。

表 21-10 D、HL、PL 型斗式提升机

型号	输送量		斗距 /mm	斗宽 /mm	料斗运行速度 /$m \cdot s^{-1}$	输送物料最大块度 /mm	电动机功率 /kW	提升高度 /m	设备重量 /kg	制造厂
	深斗/ $m^3 \cdot h^{-1}$	浅斗/ $m^3 \cdot h^{-1}$								
D160	8.0	3.1	300	160	1.0	25	2.2	4.82～30.2	907～3225	宝鸡永红起重运输机械厂、衡阳运输机械总厂、无锡铸造机械厂、长沙起重运输机械厂、自贡运输机械厂、鹤壁通用机械厂
D250	21.6	11.8	400	250	1.25	35	3～7.5	4.48～30.08	1241～4386	
D350	42	25	500	350	1.25	45	5.5～10	4.8～30.3	1691～6260	
D450	69.5	48	640	450	1.25	55	7.5～10	4.54～29.5	2561～8602	
HL300	28	16	500	300	1.25	40	5.5～10	4.66～30.16	～8421	宝鸡永红起重运输机械厂、长沙起重运输机械厂、鹤壁通用机械厂、焦作矿山机械厂、自贡运输机械厂
HL400	47.2	30	600	400	1.25	50	5.5～10	4.52	～10245	
PL250	30		200		0.5	55	2.2～5.5	4.7～30.3	～7920	鹤壁通用机械厂
PL350	59		250		0.4	80	3～10	4～30	～12357	长沙起重运输机械厂
PL450	100		320		0.4	110	5.5～13	5.12～30.8	～18859	自贡运输机械厂
PL600	18.6～47.2t/h						4.5～10	14～23		洛阳矿山机械厂
PL800	35～41t/h						17	19.6		
PL1200	～140t/h						30	19.2		

注:1. D 型为胶带牵引式、HL 型为摩擦环链斗式提升机,PL 型为板链牵引斗式提升机。
2. D、HL 型适于粉状、粒状、小块状物料、PL 型提升机可用于块状、比重大的、磨琢性物料。

表 21-11 热返矿链板输送机

链板宽度 /mm	生产能力 /$t \cdot h^{-1}$	输送物料粒度 /mm	中心距 /mm	倾角 /(°)	设备重量 /t	供图单位
800	100	6～0	87025	7.98		长沙黑色冶金矿山
1000		6～0	89310	8.01	139.596	设计研究院

表 21-12　GZS 型惯性振动输送机

技术性能	单　位	(6040—400) GZS4030—400			(6060—500) GZS4045—500			(6090—630) GZS4070—630		
输送长度	m	3	5	8	3	5	8	3	5	8
槽　宽	mm	400			500			630		
输送能力	t/h	30(40)			45(60)			70(90)		
振动频率	次/min	1450(960)			1450(960)			1450(960)		
振　幅	mm	0～3(0～6)			0～3(0～6)			0～3(0～6)		
最大给料粒度	mm	100			125			150		
电　压	V	380			380			380		
功　率	kW	(1.1×2) 0.75×2	(1.1×2) 0.75×2	(1.5×2) 1.1×2	(1.1×2) 0.75×2	(1.5×2) 1.1×2	(2.2×2) 1.5×2	(1.5×2) 1.1×2	(2.2×2) 1.5×2	(3×2) 2.2×2

注：1. 制造厂为朝阳振动机械厂。
2. 括号内的型号用表中括号内的数值。
3. 可多台单机组合成长度 10、13、16、18、21、24 m，输送能力按槽宽确定。

表 21-13　GZ 系列机械振动输送机

型　号	输送量 /t·h⁻¹	粒度 /mm	电机功率/kW 槽长 4 m	5 m	6 m	8 m	10 m	12 m	15 m	18 m	20 m
GZ150	9	40					1.5	1.5	1.5	1.5	2.2
GZ300	20	70			1.5	1.5	1.5	2.2	2.2	2.2	4
GZ450	30	120		1.5	1.5	1.5	2.2	2.2	2.2	4	4
GZ600	50	150	1.5	1.5	1.5	2.2	2.2	2.2	4	4	4
GZ750	75	180	1.5	1.5	2.2	2.2	2.2	4	4		
GZ900	100	220	1.5	2.2	2.2	2.2	4	4	4		

注：制造厂为鹤壁通用机械厂。

表 21-14　CZJ-S 惯性振动输送机

型　号	输送量 /t·h⁻¹	粒度 /mm	电机功率(2 台)/kW 槽长 1.8 m	2.4 m	3 m	4 m	5 m	制造厂
CZJ-S450	25	120			0.8			鹤壁通用机械厂
CZJ-S600	40	150		0.8			1.5	
CZJ-S750	60	180	0.8		1.5	1.5	2.2	

表 21-15 RCDC 悬挂式电磁除铁器

性能	单位	RCDC-6	RCDC-8	RCDC-10	RCDC-12A	RCDC-14A
自卸胶带宽	mm	600	800	1000	1200	1400
适用输送机宽	mm	500 650	800 1000	1000 1200	1200 1400	1400 1600
最大吸铁距离	mm	250	300	350	400	450
励磁功率	kW	3	5	7	9	12
直流额定电压	V	342	342	513	513	513
传动电动机功率	kW	2.2	2.2	4	4	4
风机功率	kW	0.8	0.8	0.8	1.1	1.1
外形尺寸,长×宽×高	mm	2600×1550×850	2600×1700×850	2800×1950×850	2870×2150×850	3000×2300×900
悬挂尺寸	mm	900×800	1100×1000	1300×1200	1300×1400	1400×1600
重量	kg	1600	2000	2500	3000	3800
传动方式		蜗轮传动	蜗轮传动	蜗轮传动	链式传动	链式传动

注:生产厂为沈阳矿山机器厂。

表 21-16 S99 系列悬挂式带式永磁分选机

型号	胶带宽度 /mm	料层厚度 /mm	带速 /m·s^{-1}	悬挂高度 /mm	平均磁场强度 /T	主皮带宽 /mm	吸铁重 /kg	电动滚筒功率 /kW	外形尺寸/mm			头尾轮中心距 /mm	重量 /kg
									长	宽	高		
S99A-650	650	50~170	0.8~1.25	80~210	0.12(即1200高斯)	650	15	1.53	1790	1006	420	1450	927
S99B-500	500	50~170	0.8~1.25	80~180	0.12	500	15	1.53	1790	906	420	1450	850

注:制造厂为沈阳市永磁设备厂。

表 21-17 烧结矿除铁电磁铁

型号	架设高度 /mm	皮带宽度 /mm	尺寸/mm		功耗 /kW	重量 /kg	电动小车 /t
			直径	高			
SMCO-130 HA-FE	450	1100	1300	1400	35/24.5/2.9	1950	3
SMCO-150 HA-FE	500	1300	1500	1600	45/31/3.7	2550	5
SMCO-165 HA-FE	550	1400	1650	1700	57/39/4.7	3100	5
SMCO-180 HA-FE	600	1500	1800	1800	64/43.5/5.2	4000	5
SMCO-210 HA-FE	650	1800	2100	2100	78.5/54/6.4	5700	7.5
SMCO-240 HA-FE	750	2100	2400	2350	118/81/9.7	6800	10

注:制造厂为岳阳起重电磁铁厂。

表 21-18　电动推杆(一)

型　号	推　力/kg	行　程/mm	速　度/mm·s⁻¹	重　量/kg	电机功率/W	外形尺寸 长×宽×高/mm	制造厂
10020	100	200	33.7,42.5	28	250	754×226×170	①
10030	100	300	33.7,42.5	29	250	854×226×170	①
100-40-Ⅰ	100	400	42～49	23	120	858×152×206	②
100-40-Ⅱ	100	400	84	23	180	858×152×206	②
10050	100	500	33.7,42.5	31	250	854×226×170	①
10070	100	700	33.7,42.5	33	250	1254×226×170	①
30020	300	200	33.7,42.5	28	370	754×226×170	①
30030	300	300	33.7,42.5	29	370	854×226×170	①
300-50-Ⅰ	300	500	42	35	370	998×170×226	②
300-50-Ⅱ	300	500	84	35	550	998×170×226	②
30070	300	700	33.7,42.5	33	370	1254×226×170	①
50020	500	200	33.7	29	550	854×226×170	①
50030	500	300	33.7	30	550	854×226×170	①
50040	500	400	50,60	53	750	1080×280×200	①
500-50-Ⅰ	500	500	50	52	750	1098×190×266.5	②
500-50-Ⅱ	500	500	100	52	1100	1098×190×266.5	②
50060	500	600	50,60	53	750	1080×280×220	①
50080	500	800	50,60	63	750	1480×280×200	①
500100	500	1000	50,60	70	750	1680×280×200	①
70050	700	500	50,60	55	750	1180×280×200	①
700-60-Ⅰ	700	600	50	63	700	1193×200×279	②
700-60-Ⅱ	700	600	100	63	1100	1193×200×279	②
70070	700	700	50,60	60	750	1380×280×200	①
70090	700	900	50,60	65	750	1580×280×200	①
100030	1000	300	50.5	55	1100		①
100050	1000	500	50.5	58	1100		①
1000-60-Ⅰ	1000	600	50	75	1100	1260×204×271	②
1000-60-Ⅱ	1000	600	100	75	1500	1260×204×271	②
100070	1000	700	50.5	63	1100		①
1600-80-Ⅰ	1600	800	50		2200	1535×302×330	②
1600-80-Ⅱ	1600	800	100		3000	1535×302×330	②

①浙江象山电动推杆厂。
②江苏无锡县杨市机械配件厂。
注:象山电动推杆厂产品外形尺寸应为长×高×宽。

表 21-19 电动推杆(二)

型号	推力/kg	行程/mm	速度/mm·s^{-1}	功率/W
MT30ΔⅢ-10	30	20～1000	10	15
MT30ΔⅢ-45	30		45	60
MT30ΔⅢ-70	30		70	60
MT50ΔⅢ-10	50		10	25
MT50ΔⅢ-45	50		45	90
MT50ΔⅢ-70	50		70	120
MT70ΔⅢ-10	70		10	25
MT70ΔⅢ-45	70		45	120
MT70ΔⅢ-70	70		70	180
MT100ΔⅢ-10	100	50～1200	10	180
MT100ΔⅢ-40	100		40	250
MT300ΔⅢ-10	300		10	180
MT100ΔⅢ-60	100		60	370
MT300ΔⅢ-40	300		40	370
MT300ΔⅢ-60	300		60	550
MT500ΔⅢ-10	500		10	370
MT500ΔⅢ-40	500		40	550
MT500ΔⅢ-60	500		60	750
MT700ΔⅢ-10	700		10	370
MT700ΔⅢ-40	700		40	750
MT700ΔⅢ-60	700		60	1100
MT1000ΔⅢ-32	1000	50～1500	32	1100
MT1000ΔⅢ-60	1000		60	1500
MT2000ΔⅢ-32	2000		32	1500
MT2000ΔⅢ-60	2000		60	3000
MT3000ΔⅢ-18	3000		18	2200
MT3000ΔⅢ-54	3000		54	5500
MT10000ΔⅤ-20	10000	50～2000	20	7500
MT10000ΔⅤ-40	10000		40	10000
MT10000ΔⅣ-72	100	20～1000	72	180

注:1. 制造厂为牡丹江电动装置厂。

2. Δ为推杆行程单位,mm。

表 21-20 电动缸(W型)

型号	工作行程/mm	外形尺寸			重量/kg	电动机功率/kW	标称速度/mm·s^{-1}
		长度/mm	宽度/mm	高度/mm			
DDG250H15 W	150	507+115+30	160	286	43	0.55	100
33 W	330	727+115+30	160	286	48	0.55	100
50 W	500	957+115+30	160	286	51	0.55	100

续表 21-20

型号	工作行程/mm	外形尺寸 长度/mm	宽度/mm	高度/mm	重量/kg	电动机功率/kW	标称速度/mm·s⁻¹
DDG500L15 W	150	507+115+30	160	286	39	0.55	25
33 W	330	727+115+30	160	286	42	0.55	25
50 W	500	957+115+30	160	286	45	0.55	25
DDG500M15 W	150	507+115+30	160	286	43	0.55	50
33 W	330	727+115+30	160	286	48	0.55	50
50 W	500	957+115+30	160	286	51	0.55	50
DDG500H15 W	150	507+125+30	200	319	56	0.75	100
33 W	330	727+125+30	200	319	61	0.75	100
50 W	500	957+125+30	200	319	64	0.75	100
DDG1000L33 W	330	752+125+30	160	304	55	0.55	25
50 W	500	982+125+30	160	304	58	0.55	25
67 W	670	1212+125+30	160	304	62	0.55	25
DDG1000M33 W	330	752+125+40	160	319	66	0.75	50
50 W	500	982+125+40	160	319	69	0.75	50
67 W	670	1212+125+40	160	319	73	0.75	50
DDG1000H33 W	330	752+125+40	200	319	79	1.5	100
50 W	500	982+125+40	200	319	82	1.5	100
67 W	670	1212+125+40	200	319	86	1.5	100

注：制造厂为无锡江阴动力机厂。

21.3 给料设备

给料设备(含皮带秤)的有关技术参数列于表 21-21 至表 21-37。

表 21-21(1) 圆盘给料机

型号	类型	圆盘直径/mm	物料粒度/mm	电动机 型号	功率/kW	圆盘转速/r·min⁻¹	生产率/m³·h⁻¹	设备重量/kg	外形尺寸 长×宽×高/mm	生产厂
PZ1600	封闭座式(Y系列电机)	1600	90	$Y160M-6B_3$	7.5	6.3	55.0	2719	2810×1805×1136	唐山冶金机械厂
				YCT225-1	11.0	1.6～8.0	14～70		高 1136	
				Z2-62	7.5	1.6～6.3	14～55		2880×1844×1136	
BRY25-SM		2500	50	$Y200L_1-6-B_3$	18.5	4.72	120	7262	3098×2505×1122	
				JZT_2-71-4	22	1.17～6.05	30～154	7747	4376×2512×1152	
BRY30		3000	20	$Y200L_2-6$	22	3.1	180	13357.28	4639×3055×1420	
				JZT_2-72-4	30	1.3～3.9	75～225	13842.58	5116×3062×1420	

续表 21-21(1)

型号	类型	圆盘直径/mm	物料粒度/mm	电动机		圆盘转速/$r\cdot min^{-1}$	生产率/$m^3\cdot h^{-1}$	设备重量/kg	外形尺寸 长×宽×高/mm	生产厂
				型号	功率/kW					
PZ3100	封闭座式(Y系列电机)	3150	20	$Y200L_2$-6-B_3	22	3.25	241	13009	4647.5×3150×1570	唐山冶金机械厂
				YCT280	30	0.44～4.2	32.64～328	13009	L×3150×1570	
				Z_2-84	22	～3.35	～248.5	13009	4767.5×3150×1570	
PQ8	敞开座式(新轻型)	800	40	Y100L-6B_3	1.5	8.5	9.0	559	1568×930×630	
				YCT160-1	2.2	2.2～11.0	2.4～12.0	559	高 630	
				Z_2-41	1.5	2.2～8.5	2.4～9.0	557	1712×995×630	
PQ10		1000	50	Y112M-6B_3	2.2	7.5	16	1012.62	1871×1125×750	
				YCT160-2	3	2～10	4.2～22.0	1007.0	L×1125×750	
				Z_2-42	2.2	2～7.5	4.2～16	1004.75	1984×1125×750	
PQ12		1250	80	$Y132M_1$-6B_3	4.0	7.5	32.0	1057	2111×1250×750	
				YCT200-1	5.5	2.0～10.0	8～42	1057	L×1250×750	
									2236.5×1250×750	
				Z_2-52	4.0	2.0～7.5	8～32	1057	2236.5×1250×750	
PQ16		1600	90	$Y132M_2$-6B_3	5.5	7.5	65	1791	2538.5×1600×860	
				YCT200-2	7.5	2.0～10.0	17～85	1799	L×1600×860	
				Z_2-61	5.5	2.0～7.5	17～65	1782	2660.2×1600×860	
PQ20		2000	125	Y160L-6B_3	11.0	7.5	130	1960	2867×2000×890	
				YCT225-2	15.0	2.0～10.0	34～170	1960	L×2000×890	
				Z_2-71	10.0	2.0～7.5	34～130	1958	2990×2000×890	
DB8	封闭吊式	800	30		1.1	2	2.2～6.42	542		焦作矿山机械厂
GR20	耐热封闭座式	2000	≤50	$JZT_2$52-4 JD3-4/6/8	10 11/10/7.5	4.79	80	5940		唐山冶金机械厂

注：JZT_2、JD3-4/6/8 配套用减速机中心距 800Ⅰ、Ⅱ。

表 21-21(2)　圆盘给料机

型号	型式		圆盘直径/mm	物料粒度/mm	电动机 型号	电动机 功率/kW	圆盘转速/r·min^{-1}	生产能力/m^3·h^{-1} 休止角 30°	35°	40°	外形尺寸 长×宽×高/mm	重量/kg	制造厂
PK/PF 630	敞开吊式（Y系列电机）	A	630	25	Y90L-6B_3	1.1	8.0	1.12～2.98	0.89～3.61	0.73～4.33	1080×950×1170	<520	唐山冶金机械厂
		B			YCT132-2	1.5	2.2～11	1.54～4.10	1.22～4.96	1.0～5.95	高 1170		
		C			Z_2-32	1.1	2.2～9	1.26～3.35	1.0～4.06	0.82～4.87	1270×1135×1170		
PK/PF 800		A	800	30	Y90L-6B_3	1.1	8.0	1.92～6.66	1.54～2.08	1.25～9.68	1215×1040×1270	<600	
		B			YCT132-2	1.5	2.2～11	2.64～9.16	2.12～11.11	1.72～13.31	高 1270		
		C			Z_2-32	1.1	2.2～9	2.16～7.49	1.73～9.09	1.41～10.89	1400×1225×1270		
PK/PF 1000		A	1000	40	Y100L-6B_3	1.5	6.7	3.8～10.01	3.04～12.14	2.47～14.55	1500×1250×1445	960	
		B			YCT160-1	2.2	1.8～9	5.1～13.45	4.08～16.31	3.32～19.54	高 1445		
		C			Z_2-41	1.5	1.8～7.1	4.03～10.61	3.22～12.87	2.62～15.42	2195×1395×1445		
PK/PF 1250		A	1250	50	Y112M-6B_3	2.2	6.7	7.27～20.24	5.82～24.54	4.74～29.41	1725×1405×1605	1175	
		B			YCT180	4.0	1.8～9	9.77～27.18	7.82～32.97	6.36～39.51	高 1605		
		C			Z_2-42	2.2	1.8～7.1	7.71～21.44	6.17～26.01	5.02～31.11	1880×1560×1605		
PK/PF 1600		A	1600	60	Y132M_1-6B_3	4.0	5.6	10.78～37.22	8.62～45.17	7.02～54.10	2215×1824×1935	2400	
		B			YCT200-1	5.5	1.4～7.1	13.66～47.20	10.93～57.24	8.90～68.60	高 1935		
		C			Z_2-52	4.0	1.4～5.6	10.78～37.22	8.62～45.17	7.02～51.40	2345×1955×1935		
PK/PF 2000		A	2000	80	Y132M_2-6B_3	5.5	5.6	25.15～68.04	20.11～82.52	16.38～98.89	2515×2150×2095	2860	
		B			YCT200-2	7.5	1.4～7.1	31.89～86.26	25.50～104.62	20.76～125.37	高 2095		
		C			Z_2-61	5.5	1.4～5.6	25.15～68.04	20.11～82.52	16.38～98.89	2630×2150×2095		

表 21-22 定量式圆盘给料机

规格/mm	技术条件	物料名称	供图单位
ϕ3200	圆盘直径 3200 mm,电子秤胶带 $B=1000$ mm,大能力 250～50 t/h,小能力 50～10t/h,电机 Z_2-91,30 kW,直流 220 V	均矿	马鞍山钢铁设计研究院
ϕ3200	圆盘直径 3200 mm,电子秤胶带 $B=1000$ mm,生产能力 50～10 t/h,电机 Z_2-72,13 kW,220 V 直流	焦粉	
ϕ3200	圆盘直径 3200 mm,电子秤胶带 $B=1000$ mm,生产能力 80～20 t/h,电机 Z_2-81,17 kW,220 V 直流	熔剂	
ϕ3200	圆盘直径 3200 mm,电子秤胶带 $B=1000$ mm,生产能力 250～50 t/h,电机 Z_2-91,30 kW,220 V 直流	返矿	
ϕ2000	电子秤胶带 $B=800$ mm,生产能力 5～50 m^3/h,电机 YCTD180－4B,15 kW	均矿	长沙黑色冶金矿山设计研究院
ϕ2000	圆盘转速可调,生产能力 10～100m^3/h,电机 YCTD200－4 A,18.5 kW	燃料熔剂	
ϕ2000	圆盘转速为恒速,生产能力 5～50m^3/h,电机 Y160L－6,11 kW	燃料熔剂	

表 21-23 新型定量圆盘给料机

规格	单位	ϕ2.5 m 圆盘	ϕ2.5 m 圆盘	ϕ2.5 m 圆盘	ϕ2.5 m 圆盘	ϕ3.2 m 圆盘	ϕ3.6 m 圆盘
适应矿种		均矿	冷返矿	焦粉	熔剂	均矿	均矿
生产能力	t/h						
大能力		60～15	60～15	20～5	40～10	200～50	350～90
小能力		15～3.75	15～5	5～1.25	10～2.5		90～25
电子秤胶带							
宽度	mm	800	800	800	800	1000	1200
电动机型号		ZO_3-92	ZO_3-92	ZO_2-81	ZO_2-81	ZO_3-102	ZO_3-102
功率	kW	17	17	13	13	30	30
外形尺寸	mm						
长		7785					
宽		4850					
高		4200					
设备重量(含料套电控重)	t	15	15	15	15	17.9	18
二次包络蜗轮副传动功率	kW	13	13	7.5	7.5		

注:供图单位为长沙黑色冶金矿山设计研究院。

表 21-24　电机振动给料机

型　号	输送槽尺寸/mm	功　率/kW	输送量/$t \cdot h^{-1}$	输送粒度/mm	外形尺寸/mm 长×宽×高	设备重量/kg
ZG-25	350×900	0.2	25	<60	1240×592×550	95
ZG-30	400×900	0.2	30	<60	1240×681×550	102
ZG-60	500×900	0.4	60	<90	1286×781×630	158
ZG-80	600×1000	0.4	80	<160	1384×898×650	162
ZG-100	700×1000	0.8	100	<210	1453×1013×740	209
ZG-200	800×1200	1.5	200	<270	1742×1166×840	372
ZG-400	950×1500	3	400	<300	2098×1388×1020	606
ZG-500	1250×1500	3	500	<300	2107×1688×1060	672
ZG-750	1500×1800	14	750	<400	2495×2024×1250	1720
ZG-1200	1800×1800	15	1200	<400	2585×2270×1650	2986
ZG-1800	2100×2100	15	1800	<420	2800×2755×1650	3965
ZG-2000	2400×2400	15	2000	<420	3204×3170×1650	4440

注:1. 制造厂为河南新乡振动设备总厂。

2. 设备有敞开型及密闭型,订货时注明。

表 21-25　GZ 型电磁振动给料机

类型	型 号	生产率/$t \cdot h^{-1}$		给料粒度/mm	双振幅/mm	供电电压/V	工作电流/A	有功功率/kW	设备重量/kg	制 造 厂	海安厂产品价格/元
		水平	−10°								
基本型	GZ1	5	7	50	1.75	220	1.34	0.06	73	鹤壁通用机械厂、江苏海安振动机械厂、自贡运输机械厂、朝阳振动机械厂	1100
	GZ2	10	14	50	1.75	220	3.0	0.15	146		1500
	GZ3	25	35	75	1.75	220	4.58	0.2	217		2200
	GZ4	50	70	100	1.75	220	8.4	0.45	412		2600
	GZ5	100	140	150	1.75	220	12.7	0.65	656		3000
	GZ6	150	210	200	1.5	380	16.4	1.5	1252	鹤壁通用机械厂、江苏海安振动机械厂、朝阳振动机械厂	6490
	GZ7	250	350	300	1.5	380	24.6	2.5	1920		8790
	GZ8	400	560	300	1.5	380	39.4	4	3040		
	GZ9	600	840	500	1.5	380	47.6	5.5	3750		
	GZ10	750	1050	500	1.5	380	39.4×2	4×2	6491	鹤壁通用机械厂、朝阳振动机械厂	
	GZ11	1000	1400	500	1.5	380	47.6×2	5.5×2	7680		
上振型	GZ3S	25	35	75	1.75	220	4.58	0.2	242	鹤壁通用机械厂、江苏海安振动机械厂、朝阳振动机械厂	
	GZ4S	50	70	100	1.75	220	8.4	0.45	457		
	GZ5S	100	140	150	1.75	220	12.7	0.65	666		
	GZ6S	150	210	200	1.5	380	16.4	1.5	1246		
	GZ7S	250	350	250	1.5	380	24.6	3	1960		
	GZ8S	400	560	300	1.5	380	39.4	4	3306		
封闭型	GZ1F	4	5.6	40	1.75	220	1.34	0.06	77	鹤壁通用机械厂、江苏海安振动机械厂、朝阳振动机械厂	1130
	GZ2F	8	11.2	40	1.75	220	3	0.15	154		1550
	GZ3F	20	28	60	1.75	220	4.58	0.2	246		2270
	GZ4F	40	56	60	1.75	220	8.4	0.45	264		2700
	GZ5F	80	112	80	1.75	220	12.7	0.69	668		3100
	GZ6F	120	168	80	1.5	380	16.4	1.5	1278		6600

续表 21-25

类型	型号	生产率/t·h⁻¹		给料粒度/mm	双振幅/mm	供电电压/V	工作电流/A	有功功率/kW	设备重量/kg	制造厂	海安厂产品价格/元
		水平	−10°								
轻槽型	GZ5Q	100	140	200	1.5	220	12.7	0.65	682	鹤壁通用机械厂、	3100
	GZ6Q	150	210	250	1.5	380	16.4	1.5	1326	海安振动机械厂、	6790
	GZ7Q	250	350	300	1.5	380	24.6	2.5	1992	朝阳振动机械厂	
	GZ8Q	400	560	350	1.5	380	30.4	4	3046		
平槽型	GZ5P	50	70	100	1.5	220	12.7	0.65	633	鹤壁通用机械厂、	
	GZ6P	75	105	100	1.5	380	16.4	1.5	1238	海安振动机械厂、	
	GZ7P	125	175	100	1.5	380	24.6	3	1858	朝阳振动机械厂	
宽槽型	$GZ5K_1$		200	100	1.5	220	12.7×2	0.65×2	1316	鹤壁通用机械厂、	6390
	$GZ5K_2$		240	100	1.5	220	12.7×2	0.65×2	1343	海安振动机械厂、	6390
	$GZ5K_3$		270	100	1.5	220	12.7×2	0.65×2	1376	朝阳振动机械厂	6490
	$GZ5K_4$		300	100	1.5	220	12.7×2	0.65×2	1408		6490

注:基本型用于松散物料,封闭型用于飞扬性大或者毒性物料。上振型用于配置空间位置不够时,轻槽型用于容重小于 $1t/m^3$ 的物料,平槽型产量低,用于均匀布料;宽槽型设备重用于均匀布料。

表 21-26 GZG 系列振动给料机

型号	槽形尺寸 宽×长×高/mm	生产率/t·h⁻¹		给料粒度/mm	双振幅/mm	功率/kW	外形尺寸 长×宽×高/mm	设备重量/kg
		水平	−10°					
GZG40B	400×1000×200	30	40	100	4	2×0.25	1337×750×600	171
GZG50B	500×1000×200	60	85	200	4	2×0.25	1374×800×630	202
GZG63B	630×1250×250	110	150	200	4	2×0.55	1648×1000×767	379
GZG70B	700×1200×250	120	170	200	4	2×0.55	1548×1010×787	389
GZG80B	800×1500×250	160	230	250	4	2×0.75	1910×1188×850	563
GZG90B	900×1600×250	180	250	250	4	2×0.75	2003×1138×960	613
GZG100B	1000×1750×250	270	380	300	4	2×1.1	2190×1362×900	762
GZG110B	1100×1800×250	300	420	300	4	2×1.1	2151×1362×970	854
GZG125B	1250×2000×315	460	650	350	4	2×1.5	2540×1506×1030	1099
GZG130B	1300×2000×300	480	670	350	4	2×1.5	2544×1556×1084	1117
GZG150B	1500×2400×300	720	1000	500	3.5	2×2.2	2794×1776×1220	1477
GZG160B	1600×2500×315	770	1100	500	4	2×3.0	3050×1850×1110	1555
GZG180B	1800×2510×375	900	1200	500	3	2×3.0	2885×2210×1260	2350
GZG200B	2000×3000×400	1000	1400	500	2.5	2×3.0	3490×2400×1220	2705

注:制造厂为江苏海安振动机械厂,河南鹤壁通用机械厂等。

表 21-27　重、中、轻型板式给矿机

型　号	规格 链板宽/mm	规格 头尾轮中心距/mm	速度/$m\cdot s^{-1}$	矿石粒度/mm	给料能力/$m^3\cdot h^{-1}$	功率/kW	外形尺寸/mm	总重/t
重　型								
GBZ120-4.5	1200	4500	0.05	≤500	100	13	6983×5197×2080	31.29
GBZ120-5	1200	5000	0.05	≤500	100	13	7593×5197×2080	33.44
GBZ120-5.6	1200	5600	0.05	≤500	100	13	8183×5197×2080	34.33
GBZ120-6	1200	6000	0.05	≤500	100	13	8683×5197×2080	35.91
GBZ120-8	1200	8000	0.05	≤500	100	22	10533×5337×2080	41.39
GBZ120-8.7	1200	8700	0.05	≤500	100	22	11383×5337×2080	43.21
GBZ120-10	1200	10000	0.05	≤500	100	22	12583×5337×2080	46.69
GBZ120-12	1200	12000	0.05	≤500	100	22	14653×5337×2080	51.89
GBZ120-15	1200	15000	0.05	≤500	100	30	17653×5506×2080	62.14
GBZ150-4	1500	4000	0.05	≤600	150	13	6613×5497×2080	33.2
GBZ150-6	1500	6000	0.05	≤600	150	22	8683×5636×2080	39.81
GBZ150-7	1500	7000	0.05	≤600	150	22	9633×5636×2080	43.4
GBZ150-8	1500	8000	0.05	≤600	150	22	10533×5636×2080	46.01
GBZ150-9	1500	9000	0.05	≤600	150	30	11683×5806×2080	50.32
GBZ150-12	1500	2000	0.05	≤600	150	40	14653×5923×2080	60
GBZ180-8	1800	8000	0.05	≤800	240	40	10533×6222×2080	51.44
GBZ180-9.5	1800	9500	0.05	≤800	240	40	12033×6222×2080	57.48
GBZ180-10	1800	10000	0.05	≤800	240	40	12593×6222×2080	59.67
GBZ180-12	1800	12000	0.05	≤800	240	40	14653×6222×2080	66.11
GBZ240-4	2400	4000	0.05	≤1000	400	30	6613×6706×2080	44.77
GBZ240-5	2400	5000	0.05	≤1000	400	30	7533×6706×2080	50.73
GBZ240-5.6	2400	5600	0.05	≤1000	400	30	8133×6706×2080	52.43
GBZ240-10	2400	10000	0.05	≤1000	400		12593×6822×2080	76.45
GBZ240-12	2400	12000	0.05	≤1000	400		14653×6822×2080	85.41
中　型								
GBH80-2.2	800	2200	0.025～0.15	300	15～91	5.5	3840×2853×1185	3.722
GBH80-4	800	4000	0.025～0.15	300	15～91	7.5	5640×2893×1185	4.922
GBH100-1.6	1000	1600	0.025～0.15	350	22～131	5.5	3240×3053×1235	3.561
GBH100-3	1000	3000	0.025～0.15	350	22～131	7.5	4640×3123×1235	4.536
GBH120-1.8	1200	1800	0.025～0.15	400	35～217	7.5	3440×3323×1285	3.965
GBH120-2.2	1200	2200	0.025～0.15	400	35～217	7.5	3840×3323×1285	4.271
GBH120-2.6	1200	2600	0.025～0.15	400	35～217	7.5	4240×3323×1285	4.56
GBH120-3	1200	3000	0.025～0.15	400	35～217	7.5	4640×3323×1285	4.886
GBH120-4	1200	4000	0.025～0.15	400	35～217	7.5	5640×3323×1285	5.694
GBH120-4.5	1200	4500	0.025～0.15	400	35～217	7.5	6140×3323×1285	6.116
GBH120-6	1200	6000	0.08～0.04	400	9～63	7.5	7460×3586×1253	8.044
轻　型								
GBQ50-6	500	6000	0.16	160	62	7.5	7476×2736×980	3.892
GBQ80-6	800	6000	0.16	160	107	7.5	7476×3096×980	4.265
GBQ80-10	800	10000	0.16	160	107	7.5	11476×3096×980	5.822
GBQ80-12	800	12000	0.16	160	107	10	13476×3126×980	6.556

注:1. 制造厂有沈阳矿山机器厂(全部)、唐山冶金机械厂(生产中型及轻型)等。

2. 轻型、中型最大倾角 20°,重型最大倾角 12°。

3. 唐冶生产的中型型号为 HBG,不生产链轮中心距大于 4600mm 的;生产的轻型型号为 QBG,但链板宽 600mm,在该厂为 650mm 规格。

表 21-28 槽式给料机

型　号	单　位	槽式给料机		
		400×300	400×400	600×500
出料口宽度	mm	400	400	600
出料口高度	mm	300	400	500
往复次数	次/min	48.47	18.8	38.9
最大粒度	mm	200	100	200
矿石比重	t/m³	2.6	1.7	2.6
行　程	mm	0～50	12	0～50
产　量	t/h	0～50	2.5～3	0～50
减速机型号		WSI180－Ⅲ－29.5	WD100－Ⅲ－50	WSJ180－Ⅲ－37
功　率	kW	3	1.1	4
外形尺寸				
长	mm	2820	2350	2750
宽	mm	800	725	910
高	mm	600	625	855
机器总重	kg	792	535	1054

注:制造厂为辽源重型机器厂。

表 21-29 摆式给料机

技术性能	单　位	摆式给料机		
		300×300	400×400	600×600
受料口宽度	mm	300	400	600
受料口长度	mm	300	400	600
出料口宽度	mm	300	400	600
出料口高度	mm	125	50～130	50～130
输送能力	m³/h		12	25
最大粒度	mm	100	35	50
摆动次数	次/min	68	47	45.5
偏心轮行程	mm	0～90	0～170	0～206
减速器型号		WSJ120－Ⅰ－10.3		
功　率	kW	1.1	1.1	1.5
外形尺寸				
长	mm	1133	1070	1325
宽	mm	925	570	820
高	mm	855	565	740
机器重量	kg	613	272	558

注:制造厂为辽源重型机器厂。

表 21-30 星形给料机

规格/mm	输送量/m³·h⁻¹	功率/kW	重量/t
ϕ300×300	1.3～11	1.1	1.21

注:制造厂为衡阳有色冶金机械厂。

表 21-31　叶轮给料机

技术性能	单位	弹性叶轮式 $\phi280\times480$	刚性叶轮式 $\phi300\times300$	技术性能	单位	弹性叶轮式 $\phi280\times480$	刚性叶轮式 $\phi300\times300$
规　格	mm	$\phi280\times480$	$\phi300\times300$	高	mm	640	450
最大生产能力	m^3/h	11	23	机器总重	t	0.5	0.3
最高转速	r/min	20	31	参考价格(1984年)	元	4812	2500
电动机功率	kW	2.2	1	制造厂		焦作矿山机械厂	焦作矿山机械厂
外形尺寸:长	mm	965	765	图号		886—00	6023—1
宽	mm	760	400				

表 21-32　梭式布料器

技术性能	单位	1000×3800	1200×4500	SB1038	SB1045	$B=1600$
布料量	t/h	370	400	570	570	820
主电机				$Y100L_2-4$	$Y100L_2-4$	$Y200L_1-6$
功率	kW	3	5.5	3	3	18.5
电压	V	380	380			380
行走电机:型号		JZR_2-31-6	Z_2-62	$JZR_2 31-6$	$JZR_2 31-6$	YZR-160L-6
功率	kW	11	7.5	11	11	11
电压	V	380	220			380
外形尺寸:长×宽×高	mm	5800×2130×1200	6800×2770×1220	5765×2130×1165	6465×2130×1160	
机器重量	t	3	5	2.61	2.76	20.28
制造厂		沈重	沈重	上冶矿	上冶矿	西安重型机械研究所马鞍山钢铁设计院供图

注:1. 沈重即沈阳重型机器厂,上冶矿即上海冶金矿山机械厂。

2. 1000×3800 的适用于 75、90 m^2 烧结机,1200×4500 的适于 130 m^2 烧结机。$B=1600$ 的适用于 300 m^2 烧结机。

表 21-33　仓壁振动器

型　号	振动力/kg	功率/kW	电压/V	振动频率/次·min^{-1}	外形尺寸/mm	重量/kg	制造厂
CZ10	10	0.02	220	3000		2.4	
CZ50	50	0.03	220	3000		10	
CZ250	250	0.1	220	3000	400×170×328	35	
CZ800	800	0.27	220	3000	520×350×425	116	
ZG402	～200	0.1	380	1450	348×210×240	30	
ZG405	～500	0.25	380	1450	380×240×240	46	海安振动机械厂
ZG410	～1000	0.55	380	1450	470×320×303	81	
ZG415	～1500	0.75	380	1450	490×320×303	90	
ZG420	～2000	1.1	380	1450	537×380×365	129	
ZG432	～3200	1.5	380	1450	550×380×365	145	
ZG440	～4000	2.2	380	1450	618×450×430	234	
ZG450	～5000	3.0	380	1450	643×450×430	245	

续表 21-33

型　号	振动力/kg	功率/kW	电压/V	振动频率/次·min^{-1}	外形尺寸/mm	重量/kg	制造厂
B11A	430	1.1	380	2840	400×212×228	27	华东建筑机械厂
CZ600	600	0.15	220	3000	410×240×380	70	朝阳振动机械厂
CZ1000	1000	0.2	220	3000	520×295×460	139	
LZF-4	150	0.15	380		310×326×252	28	新乡振动设备总厂
LZF-5	250	0.25	380		315×328×255	40	
LZF-6	500	0.4	380		370×460×286	60	
LZF-10	800	0.75	380		427×462×374	90	
LZF-15	1600	1.5	380		536×482×467	186	
LZF-25	3500	3	380		619×585×543	220	
LZF-40	3500	3	380		619×605×543	280	

注:1. CZ 型适于安装的料仓壁厚(mm)参考数:

CZ10	CZ50	CZ250	CZ1000 CZ800	CZ600
0.8～1.6	2～4	4～6	6～14	3～8

2. CZ 型为电磁振动,ZG 型为惯性振动。

3. LZF 型适于仓壁的厚度如下,mm

LZF－4	LZF－5	LZF－6	LZF－10	LZF－15	LZF－25	LZF－40
3.2～4.5	4.5～6	6～8	8～10	10～13	15～25	25～40

4. 河南鹤壁通用机械厂生产 CZ10、CZ50、CZ100、CZ250、CZ600、CZ1000 型。

表 21-34 振 动 料 斗

型　号	生产率/t·h^{-1}	给料粒度/mm	工作频率/次·min^{-1}	电压/V	功率/kW	料斗直径(接口直径)/mm	设备重/kg	制造厂
GD08PA	15～30	～50	96	380	0.8	800	200	朝阳振动机械厂(辽宁)
GD10PA	20～40	～50	96	380	0.8	1000	220	
GD12.5PA	20～40	～50	96	380	1.1	1250	230	
GD15PA	40～60	～50	96	380	1.1	1500		
GD20PA	40～60	～80	96	380	2.2	2000	550	
GD25PA	60～80	～80	96	380	2.2	2500	680	
ZD－40	60	～50	3000	380	0.15	400	100	新乡振动设备厂
ZD－60	100	～65	3000	380	0.25	600	200	
ZD－90	120	～70	3000	380	0.4	900	300	
ZD－120	160	～80	1500	380	0.4	1200	500	
ZD－150	180	～95	1500	380	0.75	1500	750	
ZD－180	250	～100	1500	380	1.5	1800	1000	
ZD－240	350	～125	1500	380	1.5	2400	2000	

表 21-35　滚轮式皮带秤

型　　号	带宽/mm	承重台长度/mm	带速/$m \cdot s^{-1}$	计数器最小数字值	秤自重/kg	制造厂
滚轮式 PGL－500	500	2000	0.1～1.6	10;100	390	大连衡器厂
PGL－650	650	2000	0.1～1.6	10;100	400	
PGL－800	800	2000	0.1～1.6	10;100	442	
PGL－1000	1000	2000	0.1～1.6	10;100	468	
PGL－1200	1200	2000	0.1～1.6	10;100	500	
PGL－1400	1400	2000	0.1～1.6	10;100	515	

表 21-36　电子皮带秤及称量皮带机

型号规格	带宽/mm	物料粒度/mm	运输量/$t \cdot h^{-1}$	带速/$m \cdot s^{-1}$	功率/kW	制造厂
B＝500 悬臂式电子秤 B＝650 悬臂式电子秤	500 650	0～10 0～10	0～40 0～75	0.59 1	0.6 1	马鞍山钢铁设计院供图
DPC－01 型电子皮带秤	1000					鞍山黑色冶金矿山设计研究院供图
B＝800 称量皮带机	800	承重台长度 2800 mm		0.3～0.45		鞍山黑色冶金矿山设计研究院供图
B＝650 称量皮带机	650	承重台长度 2600 mm		0.0063～0.0164		鞍山黑色冶金矿山设计研究院供图
DDPC 型电子皮带秤	500 650 800 1000 1200 1400	系统精度 ≤1%	10～7000	0.3～3	0.02	衡阳运输机械总厂

表 21-37　双螺旋给料机及定量式双螺旋给料机

规格/mm	技术条件	物料名称	供图单位
ϕ250	电子秤胶带 B＝1000 mm 大能力 30～6 t/h 小能力 10～2 t/h 螺旋用电机 Z_3－52,4 kW 胶带用电机 Z_2－51,3 kW	生石灰	马鞍山钢铁设计研究院
ϕ200	电子秤胶带 B＝800 mm 大能力 10～5 t/h 小能力 5～1.25 t/h 电机 ZO_2－71,3 kW	生石灰	长沙黑色冶金矿山设计研究院
ϕ200×1200	运输物料粒度 5～0 mm 运输量 3～14 t/h 电机 JZT51－4,7.5 kW 设备重 1.5 t		马鞍山钢铁设计研究院

21.4　破碎筛分设备

破碎筛分设备的有关技术参数列于表 21-38 至表 21-51。

表 21-38 锤式破碎机

转子规格名称	进料粒度/mm	出料粒度/mm	产量/t·h⁻¹	主电机 型号	主电机 功率/kW	主电机 电压/V	外形尺寸 长×宽×高/mm	机器重量/t	制造厂
ϕ600×400	石灰石 100	<35	12~15		22	220 380	1055×1021×1122	2	沈重、焦矿、南矿
ϕ600×400	100	15~35	12~15	YZ-80M-6			1791×1055×1170	1.903	广州重型机器厂
ϕ800×600	石灰石≤120	≤15	20~25		55	380	2620×1864×1340	4.76	沈重、焦矿、南矿
ϕ800×600	200	<10	18~24	YZ-80M-6	55		1698×1490×1020	3.124	广州重型机器厂
ϕ800×600	200	<10	18~24		55		1698×1490×1020	2.53	江油矿山机器厂
ϕ630×930	300	25	22.5	Y250M-4	55		2724×2087×1238	3.185	沈阳矿山机器厂
ϕ800×800	石灰石≤120	<15	35~45		75	380	2876×1864×1340	5.5	沈重
ϕ1000×800	200	<13	24~99		95		2230×1745×1515	6.0	广州重型机器厂 焦矿、南矿、江南矿山机器厂
可逆锤式破碎机 ϕ1000×1000	煤≤80	≤3	100~150	JS-138-6,JS137-6	280	3000/380	3800×2500×1800	13	沈重
可逆锤式破碎机 ϕ1250×1250	煤≤80	≤3	150~200	JS-157-8	320	6000	4600×2700×2100	18	沈重
可逆锤式破碎机 ϕ1430×1300	脆性物料≤80	≤3	400	JS1410-6,JS158-6	520/550	3000/6000	4787×3180×2270	22.1	沈重
可逆锤式破碎机 ϕ1430×1300	煤≤80	≤3	200	JS1410-8,JS158-8	370/380	3000/6000	4700×3187×2270	20	沈重
可逆锤式破碎机 ϕ800×800	煤≤80,石灰石≤40	≤3	煤 50~70 石灰石 25~35	JR-114-4	115	380	1940×1520×1355	3.5	浙江义乌矿山机械厂
不可逆锤式破碎机 ϕ1300×1600	煤<300	10	150~200	JS147-8	200	6000/3000	2465×2450×1900	19.74	沈重
不可逆锤式破碎机 ϕ1600×1600	石灰石≤350	≤20	250		480	6000	5935×3780×2700	34.3	沈重
不可逆锤式破碎机 ϕ1800×2500	煤≤300	≤25	700~750	YR-800-10	800	3000/6000	8000×2630×3270	45.5	沈重
不可逆锤式破碎机 ϕ1250×1250	石灰石≤200	≤20	100	JS136-8	180	380	4500×3200×2300	20	沈重
不可逆锤式破碎机 ϕ1400×1400	石灰石≤250	≤20	170	JS1410-8	280	6000	5300×3400×2500	30	沈重
不可逆锤式破碎机 ϕ1600×1600	石灰石≤350	≤20	250	JS-1512-10	480	6000	5500×3900×2700	34	沈重
ϕ2000×2000	石灰石≤1100	≤25	300	YR173/34-16	630	6000	9090×5430×6000	60.4	沈重
ϕ1800×1800	褐煤<300	≤40	500	JS1512-10	480	6000	6240×3340×2550	28.4	沈重

注:1. 沈重即沈阳重型机器厂。

2. 四川江油厂的参考价格为:ϕ800×600 型 15840 元。ϕ1000×800 型 24000 元(1980 年)。

3. 焦矿即焦作矿山机械厂,南矿为南昌矿山机械厂。

表 21-39　单转子反击式破碎机

技术性能	单　位	ϕ500×400	ϕ1000×700	ϕ1000×700	ϕ1250×1000	ϕ1400×1500	ϕ750×500	MFD-50	MFD-100	MFD-300	MFD-200	MFD-500	PFϕ500×400	PFϕ1000×700
转子直径	mm	500	1000	1000	1250	1400	750	750	1100	1450	1100	1450	500	1000
转子长度	mm	400	700	700	1000	1500	500	700	850	1400	1200	1800	400	700
最大进料块度	mm	100	200	200	250	<300	<80	<200	<200	<300	<200	<300	100	250
出料粒度	mm	<20	0~30	0~30	<50	<25	<3 占 80%	<25	<25	<25	<25	<25	0~20	0~30
产量	t/h	4~8	15~30	15~30	40~80	300	20	50	100	300	200	500	4~8	15~30
转子速度	r/min	960	680	670	505	740	1470	980	980　730	600	735　740	600	960	680
电动机型号						JSQ158-8			JS126-6　JS126-8	JSQ158-10	JS137-8　JSQ147-8	JSQ-1512-10	Y160M-6	Y250M-6
功率	kW	7.5	40	40	95	380	30	55	130　110	310	210　200	480	7.5	37
外形尺寸														
长	mm	1152	2500	2600	3800	4640	2080	2048	3160	4405	3903	5088	1425	2235
宽	mm	1555	2150	2340	5165	2930	1690	1690	2470	2800	2470	2800	1570	1776
高	mm	1200	1800	1750	2670	2640	1540	1575	2185	2490	2181	2490	1185	1860
设备重量	kg	1349	6315	7000	15222	10200	2700	3486	7736	15930	9382	20605	1350	5540
制造厂		上重	上重	沈重、江油矿山机器厂	上重 沈阳矿山机械厂 焦作矿山机械厂	沈重	沈重	上重	上重	上重	上重	上重	北京人民矿山机械厂 洛阳矿山机械厂 南昌矿山机械厂 焦作矿山机械厂	北京人民矿山机械厂 洛阳矿山机械厂 南昌矿山机械厂 焦作矿山机械厂

注：1. MFD 为破煤设备。

2. 上重即上海重型机器厂；沈重即沈阳重型机器厂。

表 21-40 双光辊破碎机

技术性能		单位	φ400×250	φ610×400	φ1200×1000	φ600×400	φ750×500
辊子直径		mm	400	610	1200	600	750
辊子长度		mm	250	400	1000	400	500
辊子间隙		mm			2~12		
最大给料块度		mm	32	85	40	8~36	40
出料粒度		mm	2~8	10~30		2~9	2~10
产量		t/h	5~10	13~40	15~90	4~15	3.4~17
电动机	功率	kW	11	30	2×40	2×13	28
	电压	V			220/380		
辊子速度		r/min	200	75		120	50
外形尺寸:长		mm	1430	2235	7500	1785	3889
宽		mm	1436	1722	4800	2509	2865
高		mm	816	810	2000	1570	1145
设备重量		kg	1300	3497	46500	2580	12250
制造厂			上海重型机器厂 长沙重型机器厂 江油矿山机器厂	上海重型机器厂	沈阳重型机器厂	江油矿山机器厂	江油矿山机器厂 洛阳矿山机械厂

注:江油矿山机器厂参考价格:φ400×250 型 0.5 万元,φ600×400 型 1.6 万元,φ750×500 型 4 万元(1980 年)。

表 21-41　单辊破碎机

技术性能	单位	φ1100×1860	PGC1100×1640	φ1600×2560	φ2000×3740	SP-150250	SP-150280	PGC1100×2550	φ1500×2520	φ1700×2520	φ1800×3230	φ2300×4000
辊子直径	mm	1100	1100	1600	2000	1500	1500	1100	1500	1700	1800	2300
辊子宽度	mm	1860	1640	2560		2500	2800	2550	2520	2520	3230	4000
成品块度	mm	＜150	≤100	＜240	＜150	＜200	＜200	120	＜150	＜150	＜150	＜150
齿辊排数						5	6		9	9	11	
主电机:型号					$Y315M_3-8$	Y280M-8	Y315S-8		Y315S-8	$Y315M_1-8$	$Y315M_2-8$	$Y315M_2-6$
功率	kW	22	22	55	110	40	55	50	75	75	90	110
电压	V	380		380	380				380	380		
减速机型号		中心距 750 mm		ZS165	ZL130-15-Ⅰ				ZL100-12-Ⅰ	ZL115-15-Ⅱ	ZL115-14-Ⅱ	ZS165-1-Ⅰ
外形尺寸:长	mm	5800		7570		6756	7366					
宽	mm	2200		3350		3285	3285					
高	mm	1450		2100		1735	1735					
机器重量	t	16	11.55	33.4		30	32	26.9	42	48.5	107.66	137.737
产量	t/h	140	60～100	520	565	250～300	400		310	450	450	770
制造厂		沈阳重型机械厂	洛阳矿山机械厂	沈阳重型机械厂	沈阳重型机械厂	上冶矿	上冶矿	洛阳矿山机械厂	长沙黑色冶金矿山设计研究院供图	长沙黑色冶金矿山设计研究院供图	鞍山黑色冶金矿山设计研究院供图	马院、西重供图
备注		配 18 m^2 烧结机		配 130 m^2 烧结机	配 220 m^2 烧结机						配 180 m^2 烧结机	配 300 m^2 烧结机

注:上冶矿即上海冶金矿山机械厂,马院即马鞍山钢铁设计研究院,西重即西安重型机械研究所。

表 21-42 四辊破碎机及切削装置

技术性能	单位	$\phi750\times500$	$\phi900\times700$	$\phi1200\times1000$
辊子直径	mm	750	900	1200
辊子长度	mm	500	700	1000
辊子间隙	mm	上辊 10,下辊 3	上辊 10~40,下辊 2~10	上辊 4~10,下辊 3~8
给料粒度	mm	<30	10~100	40
排料粒度	mm	2~4		
产量	t/h	产品黏度<3mm 时 8~9	16~18	50~55
辊子转速:上辊	r/min	115.4		
下辊	r/min	215.4		
切削时	r/min	57		
电动机型号:上辊		JDQ-71-6/4		
下辊		$Y200L_1$-6		
电动机功率:上辊	kW	11	30	40/55
下辊	kW	18.5	14/22	75
机器外形尺寸	mm	3385×2740×2650	4200×3200×3200	9610×5600×4240
切削装置外形尺寸	mm		1770×600×500	
机器重量	t	17.298	26,切削装置 1.3	68,5,切削装置 0.9
制造厂或供图单位		马鞍山钢铁设计研究院供图	沈阳重型机器厂 洛阳矿山机械厂	沈阳重型机器厂

表 21-43 干式棒磨机

规格 直径×长度/mm	给料粒度 /mm	出料粒度 /mm	产量 $/t\cdot h^{-1}$	功率 /kW	外形尺寸 长×宽×高/mm	设备重 /t	制造厂
900×1800	0~25	0.84~3	4~1.5	22		6.05	昆重
2100×3000	0~25	0.2~2.4	14~35	210	8.1×4.7×4.4	45	沈重、昆重

注:1. 昆重即昆明重型机器厂,沈重即沈阳重型机器厂。
2. 昆重参考价格 900×1800 型为 2 万元。

表 21-44　双齿辊破碎机

技术性能	单位	ϕ450×500				ϕ600×750				ϕ1250×1600
辊子直径	mm	450				600				1250
辊子长度	mm	500				750				1600
最大进料块度	mm	100		200		300		600		200
出料粒度	mm	0～25	0～50	0～75	0～100	0～50,0～75		0～100,0～125		250
产量	t/h	20	35	45	55	60	80	100	125	
辊子速度	r/min	64				50				
电机型号										JS115－4
电机功率	kW	8		11		22				135
电机转速	r/min	725		725		735				1480
外形尺寸：长×宽×高	mm	2160×2492×758				3700×3265×1144				7700×4900×2100
重量	kg	3400				8340				50000
制造厂		上海重型机器厂 长沙重型机器厂 洛阳矿山机械厂				上海重型机器厂 洛阳矿山机械厂				沈阳重型机器厂

技术性能	单位	2PGC900×900	900×900	ϕ800×600	ϕ1200×1600	ϕ1200×1500	ϕ1200×1800
辊子直径	mm	900	900	800	1200	1200	1200
辊子长度	mm	900	900	600	1600	1500	1800
最大进料块度	mm	800	150	180	200	150	150
出料粒度	mm	0～150	35	50	50	0～40	0～50
产量	t/h	125～180	50	30	140～250	210	210
辊子速度	r/min			高速辊 61.1 低速辊 50.29	高速辊 70 低速辊 60	60	59
电机型号				Y225M－6	SJ114－4	Y315S－6	Y315－4
电机功率	kW	28		30	115	75	110
电机转速	r/min			980	1480	990	1480
外形尺寸：长×宽×高	mm		3860×4540×1785		6448×5390×2050	5798×5200×2150	5450×6036×2180
重量	kg	11900	17700	12030	49300	36683	50600
制造厂		洛阳矿山机械厂	长沙黑色冶金矿山设计研究院供图	马鞍山钢铁设计研究院供图	马鞍山钢铁设计研究院及西安重型机械研究所供图	长沙黑色冶金矿山设计研究院供图	长沙黑色冶金矿山设计研究院供图

注：鞍山黑色冶金矿山设计研究院可供下列双齿辊图纸。规格 ϕ750×750，生产能力 40～60t/h，辊子间隙 30mm。

表 21-45 SZZ 自定中心振动筛

型号	筛面尺寸 长×宽 /mm	面积 /m²	筛网层数	最大给料粒度 /mm	筛孔尺寸 /mm	双振幅 /mm	产量 /t·h⁻¹	频率 /次·min⁻¹	倾角 /(°)	电动机功率 /kW	外形尺寸 长×宽×高 /mm	重量 /kg	制造厂
$SZZ_1$900×1800	900×1800	1.62	1	40	1~25	6	20~25	1000	15~25	2.2	2105×1358×1680	1200	南矿、株矿、淄博生建机械厂
$SZZ_2$900×1800	900×1800	1.62	2	40	1~25	6	20~25	1000	15~25	2.2	2105×1358×575	570	南矿、株矿、淄博生建机械厂
$SZZ_1$1250×2500	1250×2500	3.1	1	100	1~40	2~7	~100	850	15~20	5.5	2600×2150×680	1020	南矿、株矿、淄博生建机械厂
$SZZ_2$1250×2500	1250×2500	3.1	2	100	1~40	2~7	~100	850	15~20	5.5	2570×2064×1450	2511	南矿、株矿、淄博生建机械厂
$SZZ_1$1500×3000	1500×3000	4.5	1	100	1~40	8	~200	800	20~25	(10)7.5	3320×2320×787	1722	南矿、株矿
$SZZ_2$1500×3000	1500×3000	4.5	2	100	1~40	8	~200	800	20~25	(10)7.5	3013×2607×1907	2700	南矿、株矿
$SZZ_1$1500×4000	1500×4000	6	1	100	1~40	5~10	~250	840	15	11	4300×2532×1000	2485	南矿、株矿
$SZZ_2$1500×4000	1500×4000	6	2	100	1~40	8	~250	840	20	15	4153×1266×2213	3095	南矿、株矿
$SZZ_1$1800×3600	1800×3600	6.5	1	150	0~25	8	300	750	25±2	17	2528×3750×3003	4504	山东淄博生建机械厂
$SZZ_1$400×800	400×800		1		1~25	6		1500	15~25	0.75	1275×780×1250	200140	上海冶金矿山机械厂
$SZZ_2$400×800	400×800		2		1~16	6		1500	15~25	0.75	1275×780×1250	150	上海冶金矿山机械厂

注：1. 南矿即南昌矿山机械厂，株矿即株洲矿筛厂。

2. 括号内为株洲矿筛厂数据。

表 21-46 直线振动筛

技术性能	单位	型号 ZKX936	ZKX1236	ZKX1248	ZKX1536	ZKX1542	ZKX1548	ZKX1836	ZKX1842
筛箱规格	mm	900×3600	1200×3600	1200×4800	1500×3600	1500×4200	1500×4800	1800×3600	1800×4200
工作面积	m²	3	4	4.5	5	5.5	6	7	7.5
筛面层数	层	1 / 2	1 / 2	1 / 2	1 / 2	2	1 / 2	1 / 2	2
筛孔尺寸	mm	条缝 0.5~13mm			冲孔 13~80 mm		编织 3~80 mm		
筛面倾角	(°)	0	0	0	0	0	0	0	0
双振幅	mm	8~14.5	8~14.5	8~14.5	8~14.5	8~14.5	8~14.5	8~14.5	8~14.5
振动频率	次/min	890	890	890	890	890	890	890	890
给料粒度	mm	≤300	≤300	≤300	≤300	≤300	≤300	≤300	≤300
处理能力	t/h	20~35	30~50	33~53	35~55	40~65	42~70	45~85	50~90

续表 21-46

技术性能	单位	ZKX936	ZKX1236	ZKX1248	ZKX1536	ZKX1542	ZKX1548	ZKX1836	ZKX1842
电动机型号		Y132M-4	Y132M-4	Y160M-4 / Y160M-4	Y132M-4 / Y160M-4	Y160M-4	Y160M-4	Y132M-4 / Y160M-4	Y160M-4
功率	kW	7.5	7.5	7.5 / 11	7.5 / 11	11	11	7.5 / 11	11
机器重量	kg	4375 / 5494	4510 / 5283	5475 / 7532	5091 / 5587	7435	7443 / 8789	5428 / 7780	8816
外形尺寸：长	mm	3933	3933	5150	3933	4540	5150	3933	4540
宽	mm	1632	1937	1937	2242	2242	2242	2547	2547
高	mm	1917 / 2455	1917 / 2510	1917 / 2638	1917 / 2609	2631	2024 / 2650	1942 / 2634	3631
制造厂		鞍山矿山机械厂							

技术性能	单位	ZKX1848	ZKX2148	ZKX2448	ZKX2460	2ZKB2163	SZZ_1-9	SZZ_2-7
筛箱规格	mm	1800×4800	2100×4800	2400×4800	2400×6000	2100×6300	1250×2500	1500×5500
工作面积	m^2	8	9	11	14		8.3	上层 7,37，下层 7,32
筛面层数	层	1 / 2	1 / 2	1 / 2	1 / 2	1	1	2
筛孔尺寸	mm	条缝 0.5～13 mm	冲孔 13～80 mm		编织 3～80 mm	上层 13～50 下层 0.25～3	13～50	13～50
筛面倾角	(°)	0°				2°～10°		
双振幅	mm	8～14.5				10～11	～9	～9
振动频率	次/min	890				960	800	800
给料粒度	mm	≤300				≤300	≤150	≤300
处理能力	t/h	60～100	70～110	80～125	95～170			
电动机型号		Y160M－4 / Y160M－4	Y160M－4 / Y180L－4	Y160L－4	Y180L－4			
功率	kW	11 / 15	11 / 22	15 / 22	22		10	10
机器重量	kg	6085 / 7536	9200 / 14086	7886 / 11143	12616 / 16170	9204	5164	5850
外形尺寸：长	mm	5150 / 5153	5150 / 5156	5150 / 5156	6369 / 6372	6743		
宽	mm	2547	2852	3157		3612.5		
高	mm	2024 / 2582	2174 / 3033	2207 / 3033	2392 / 3033	2074		
制造厂		鞍山矿山机械厂				南昌矿山机械厂	大同矿山机械厂	

续表 21-46

技术性能	单位	振动筛型号				
		ZS600	ZS750	ZS900	ZS1050	ZS1200
筛箱规格	mm	600×1270	750×1600	900×1890	1050×1850	1200×2550
工作面积	m^2					
筛面层数	层	1	1	1	1	1
筛孔尺寸	mm	16×16,12×12,8×8	16×16,12×12,8×8	16×16,12×12,8×8	16×16,12×12,8×8	16×16,12×12,8×8
筛面倾角	(°)	~4°12′	0	~4°30′	~5	~5
双振幅	mm	3.6~4.6	2.8×3.5	3.65~4.65	3.7~4.7	3.7~4.7
振动频率	次/min	930	930	945	945	960
给料粒度	mm					
处理能力	t/h	20~25	40~50	80~100	100~125	140~175
电动机型号		ZDS31-6	ZDS32-6	ZDS42-6	ZDS42-6	ZDS51-6
功率	kW	2×0.8	2×1.1	2×2.2	2×2.2	2×3.0
机器重量	kg	510	646	1190	1161	1517
外形尺寸:						
长	mm					
宽	mm					
高	mm					
制造厂		无锡铸造机械厂				

注：1. ZKX 型为双层时型号应为 2ZKX。
2. ZKX 型分座式及吊式两种。

表 21-47 冷烧结矿振动筛

规格	面积 /m^2	筛孔尺寸 /mm	给料粒度 /mm	生产能力 /$t\cdot h^{-1}$	振动频率 /次·min^{-1}	双振幅 /mm	电动机		外形尺寸 长×宽×高/mm	设备重量 /t	说明	制造厂
							型号	功率/kW				
2500×7500	2.5×7.5	20	≤150	300	735	5.5	Y225M-3	22×2	7765×5660×3722	33.86		鞍山矿山机械厂
2500×7500	2.5×7.5	10.5	≤50	240	730	5.5	Y225M-3	22×2	7800×6300×4884	52.78	带小车	
2500×8500	2.5×8.5	20×80	≤150	400	740	8~10	Y225M-3	22×2	8950×6519×3300	34.52	二次筛分	
2500×8500	2.5×8.5	10×80	≤50	300	740	8~10	Y225M-3	22×2	8950×6132×3307	31.70	三次筛分	
2500×8500	2.5×8.5	6×80	≤30	200	740	8~10	Y225M-3	22×2	8950×6132×3307	34.80	四次筛分	
3000×9000	21	10×80	≤50	410	740	8~10	Y250M-8	30×2	9312×6771×3450	37.03	三次筛分	
3000×9000	21	6×80	≤30	265	740	8~10	Y250M-8	30×2	9312×6771×3450	37.06	四次筛分	

表 21-48　高效重型振动筛

型　号		ZSG-10×20	ZSG-10×30	ZSG-15×30	ZSG-15×40	ZSG-15×50	ZSG-20×50	ZSG-20×60	ZSG-20×70	ZSG-20×80
筛分能力	粒度/mm	≤250	≤350	≤400	≤400	≤400	≤400	≤400	≤400	≤400
	生产能力/$t \cdot h^{-1}$	10～200	15～250	20～350	25～400	30～500	50～500	65～600	65～600	65～600
电机型号		YZ0-30-6	YZ0-50-6	YZ0-75-6	YZ0-75-6	YZ0-100-6	YZ0-100-6	YZ0-130-8	YZ0-130-8	YZ0-130-8
电压/V		380	380	380	380	380	380	380	380	380
功率/kW		2.5×2	3.7×2	5.5×2	5.5×2	7.5×2	7.5×2	10×2	10×2	10×2
振动频率/次·min^{-1}		960	960	960	960	960	960	720	720	720
双振幅/mm		8～12	8～12	8～12	6～10	6～10	6～10	10～15	8～12	6～10
激振力/kg		6000	10000	15000	15000	20000	20000	26000	26000	26000
筛网	有效筛面/m^2	2	3	4.5	6	7.5	10	12	14	16
	筛孔尺寸/mm	6～40	20～70	6～50	50～100	25～50	25～100	25～100	25～100	
总重量/kg	单层	2300	3300	5100	6800	8450	11100	13800	17520	21820
	双层	2500	3600	5500	7300	9100	12000	14900	19800	23400
动负荷/kg		3170	5150	8250	9950	12900	15700	20300	24800	28400
电控箱		DK_2-2.5	DK_2-3.7	DK_2-5.5	DK_2-5.5	DK_2-7.5	DK_2-7.5	DK_2-10	DK_2-10	DK_2-10

注:1. 制造厂为新乡振动设备总厂。

2. 如要订双层、封闭型,则型号应为 ZSG－2B－□□×□□。

表 21-49 惯性振动筛

技术性能	单位	$SZ_1$1250×2500	$SZ_2$1250×2500	$SZ_1$1500×3000	$SZ_2$1500×3000	SXG1600×3700
筛网宽	mm	1250	1250	1500	1500	1600
筛网长	mm	2500	2500	3000	3000	3700
筛网层数	层	1	2	1	2	1
筛孔	mm	6~40	6~40	6~40	6~40	50~100
频率	次/min	1440	1300	1300	1000	1000
双振幅	mm	4	4.8	4.8	6	2.8~4.6
最大给料粒度	mm	100	100	<100	<100	
产量	t/h	70	70~200	(125)70~150	(125)10~300	300
功率	kW	5.5	5.5	5.5	5.5	7.5
筛面倾角	(°)	15~25	15~25	15~25	15~25	15
外形尺寸	mm	3325×1920×950		(3260×2215×836)	3935×2220×1115	
重量(不包括电机)	kg	1012	1316	1308	1797	3603.3
制造厂		鞍矿、南矿	鞍矿	鞍矿、淄博厂	鞍矿、南矿、淄博厂	鞍矿

注:1. 鞍矿即鞍山矿山机械厂,南矿即南昌矿山机械厂,淄博厂即淄博生建机械厂。
2. 括号内为淄博厂数字。

表 21-50 圆振动筛、自同步概率振动筛

技术性能	单位	YA1236	YA1530	YA1536	YA1542	YA1548
筛箱规格:宽×长	mm	1200×3600	1500×3000	1500×3600	1500×4200	1500×4800
工作面积	m^2	4	4	5	5.5	6
筛面层数	层	1,2	1	1,2	1,2	1,2
筛孔尺寸	mm	编织 3~80,冲孔 ϕ13~200				
筛面倾角	(°)	20	20	20	20	20
双振幅	mm	8~11	8~11	8~11	8~11	8~11
振动频率	次/min	845	845	755,845	845	755,845
最大给料粒度	mm	≤200	≤200	≤400,≤200	≤200	≤400,≤200
处理能力	t/h	8~240	100~350	~650	~420	~780
电机型号		Y160M-4	Y160M-4	Y160M-4 Y160L-4	Y160L-4	Y160L-4 Y160M-4
功率	kW	11	11	11,15	15	15,11
机器重量	kg	4890,5184	4480	~5919	5308,6086	~7317
外形尺寸:长	mm	3757	3184	3757	4331	4904
宽	mm	2386	2691	2714	2691	2713,2736
高	mm	2419	2280	2437	2655	2854,2922
制造厂		鞍矿	鞍矿	鞍矿	鞍矿	鞍矿

技术性能	单位	YA1836	YA1842	YA1848	YA2148	YA2160
筛箱规格:宽×长	mm	1800×3600	1800×4200	1800×4800	2100×4800	2100×6000
工作面积	m^2	7	7	7.5	9	11.5
筛面层数	层	1,2	1,2	1,2	1,2	1,2
筛孔尺寸	mm	编织 3~80,冲孔 ϕ13~200				

续表 21-50

技术性能	单位	YA1836	YA1842	YA1848	YA2148	YA2160
筛面倾角	(°)	20	20	20	20	20
双振幅	mm	8～11	8～11	8～11	8～11	8～11
振动频率	次/min	845,755	845,755	845,755	748,708	748,708
最大给料粒度	mm	≤200,≤400	≤200,≤400	≤200,≤400	≤200,≤400	≤200,≤400
处理能力	t/h	～910	～800	～1000	～1200	～1500
电机型号		Y160L－4 Y160M－4	Y160L－4	Y160L－4	Y180M－4 Y180L－4	Y180M－4,Y180L－4 Y200L－4
功率	kW	11,15	15	15	18.5,22	18.5,22,30
机器重量	kg	～6198	～7037	～7636	～11160	～13425
外形尺寸:长	mm	3757	4331	4904	4945	6092　6116
宽	mm	～3041	～3041	～3051	～3485	3444　3641
高	mm	2419,2437	2655,2685	～2922	3522,3492	3670　3839
制造厂		鞍矿	鞍矿	鞍矿	鞍矿	鞍矿

技术性能	单位	YA2448	YA2460	2YK1545	自同步概率筛 KF0615	自同步概率筛 KF1020－80
筛箱规格:宽×长	mm	2400×4800	2400×6000	1500×4500		
工作面积	m²	10	14	6.75	0.9	
筛面层数	层	1,2	1,2	2		
筛孔尺寸	mm	编织 3～80,冲孔 ϕ13～200		上层 25 下层 13		
筛面倾角	(°)	20	20	20～30		
双振幅	mm	8～11	8～11	6～8	3～6	3～6
振动频率	次/min	748,708	748,708	960	903	940
最大给料粒度	mm	≤200,≤400	≤200,≤400	40	≤50	≤120
处理能力	t/h	～1300	～1700	130～140	15～55	50～100
电机型号		Y180M－4, Y200L－4	Y200L－4			
功率	kW	18.5,30	30	10		
机器重量	kg	～13190	～14420	4900	800	1600
外形尺寸:长	mm	4969	6091	4971	1800	
宽	mm	3946	3916	3209	800	
高	mm	3632	3839	3320	1800	
制造厂		鞍矿	鞍矿	株洲矿筛厂 南昌矿山机械厂	南昌矿山机械厂	南昌矿山机械厂

注:1. YA 系列为双层时型号为 2YA。

2. 处理能力以煤的密度为计算标准。

表 21-51　SZR 型热矿筛

型号规格	筛面尺寸(宽×长)/mm	筛孔尺寸/mm	振动频率/次·min⁻¹	筛面倾角/(°)	处理能力/t·h⁻¹	双振幅/mm	电机功率/kW	重量/t
SZR－1545	1500×4500	6×33	735	5	250	8～10	7.5×2	11
SZR－2575	2500×7500	6×33	735	5	450	8～10	18.5×2	25
SZR－3175	3100×7500	6×33	735	5	600	8～10	18.5×2	30

注:1. 制造厂有上海冶金矿山机械厂、鞍山矿山机械厂等,但鞍矿参数与上表略有出入。

2. 鞍矿还生产 3000 mm×7500 mm 热矿筛。

21.5 混合设备

混合设备的有关技术参数列于表 21-52。

表 21-52 圆筒混合机

技术性能	单 位	SH－2040	SH2060	SH2560	SH2870
规格	mm	φ2000×4000	φ2000×6000	φ2500×6000	φ2800×7000
筒体直径	mm	2000	2000	2500	2800
筒体长度	mm	4000	6000	6000	7000
圆筒转速	r/min	6.5	6.5	6.5	6.5
倾角:一混	(°)	2	2	2	2.5
二混	(°)	1.5	1.5	1.5	1.5
生产能力:一混	t/h	94	170	260	360
二混	t/h	47	85	130	180
外形尺寸	mm	5718×3547×3165	7268×3547×3235	8330×4294×4018	9333×4818×4155
总重:一混	kg	20600	22230	29626	37450
二混	kg	20692	22360	29608	37330
电机型号		Y250M-8	Y250M-8	JS115-8	JS116-8
功率	kW	30	30	60	70
减速机中心距	mm	600	600	850	850
制造厂		沈矿	沈矿	沈矿	沈矿

技术性能	单位	SH3090	SH30120	SH2860	胶轮驱动式	胶轮驱动式	胶轮驱动式
规格	mm	φ3000×9000	φ3000×12000	φ2800×6000	φ2800×6500	φ2800×9000	φ3000×12000①
筒体直径	mm	3000	3000	2800	2800	2800	3000
筒体长度	mm	9000	12000	6000	6500	9000	12000
筒体转速	r/min	7.0	7.0	6	6	6	7
倾角:一混	(°)	2.5	2.5	4	1.5	2	
二混	(°)	1.5	1.5				
生产能力:一混	t/h	468	648	430	200	260	260
二混	t/h	270	468		200		
外形尺寸	mm	11250×5304 ×5151	13538×5588 ×4652	9492×4410 ×4155			
总重:一混	kg	60806	62240		33500	50100	
二混	kg	60924	62307	27930	29000		
电机型号		JS117-6	一混 JS127－6 二混 JS126－6	Y351S-8		Y315M3-8	JS128-8
功率	kW	115	一混 185 二混 155	55	55	110	155
减速机中心距	mm	1150	1150	750	ZL－85－10 －Ⅲ		
制造厂		沈矿 上冶矿	沈矿	上冶矿	长沙矿山院 供图	长沙矿山院 供图	

续表 21-52

技术性能	单位	圆筒混合机	圆筒混合机	胶轮驱动圆筒混合机	圆筒混合机	圆筒混合机
规格	mm	ϕ3200×13000	ϕ3800×15000	ϕ2200×7000	ϕ3800×14000	ϕ4400×18000
筒体直径	mm	3200	3800	2200	3800	4400
筒体长度	mm	13000	15000	7000	14000	18000
圆筒转速	r/min	7		6	6	6
混合时间	s	150	197			
倾角:一混	(°)	2°29′		2	2°52′	2°17′
二混	(°)		1.5	1.5		
生产能力:一混	t/h	500		150	820	820
二混	t/h		560	120		
外形尺寸	mm					
总重:一混	kg	168249		3420	226156	
二混	kg			3390		274244
电机型号				Y280M－8	Y400－6W	Y500－6W
功率	kW	300		45	(6000V) 400	(6000V) 710
减速机中心距	mm	1580		1150	另有微动电机 $Y160L_1-6$ 功率 11kW	微动电机 $Y200L_1-6$ 功率 18.5kW
制造厂		鞍山黑色冶金矿山设计研究院供图	鞍山黑色冶金矿山设计研究院供图	马鞍山钢铁设计院供图	马鞍山钢铁设计研究院及西安重型机械研究所供图	马鞍山钢铁设计研究院及西安重型机械研究所供图

① 配有专用减速器,并带空压机。

注:"沈矿"即沈阳矿山机器厂,"上冶矿"即上海冶金矿山机械厂。

21.6 烧结设备

烧结设备(含抽风设备、消声器、耐热风机)的有关技术参数列于表 21-53 至表 21-59。

表 21-53 烧 结 机

技术性能	单位	$18m^2$ 烧结机	$24m^2$ 烧结机	$52m^2$ 烧结机	$90m^2$ 烧结机	
有效烧结面积	m^2	18	24	52	90	90
有效烧结长度	m	12	16	26	36	30
台车数量	台	42	62	77	107	96
台车尺寸:宽×长	mm	1500×1000	1500×1000	2000×1000	2500×1000	3000×1000
料层厚度	mm	300～350	400	500	500	500
台车运行速度	m/min	0.7～2.1	(1.136～3.409)	1～3	0.84～2.52	1～3
主传动电动机型号		JZT52-4	柔性传动 ($Y132M_1-6$)	ZO_2-92	ZO_2-92	ZT_2-101
头尾轮中心距	mm	16950	26715(26800)	34250	49245	43245
圆辊给料机规格	mm		(ϕ800×1540)	ϕ1030×2170	ϕ1032×2540	ϕ1282×3046
给料机传动电机型号			(Y112M－4)	ZO_2-61	ZO_2-82	ZO_2-91
风箱数目	个	6	8	13	14	12

续表 21-53

技术性能	单位	$18m^2$ 烧结机	$24m^2$ 烧结机	$52m^2$ 烧结机	$90m^2$ 烧结机	
外形尺寸	mm		(32150×8400×7000)	43260×9855×8530		49595×12060×12080
最大产量	t/h		110	65	320	
台车单重	kg	1750	(1780)	2350		
机器总重	t	155	(278.715)	417	672	605
制造厂		长沙黑色冶金矿山设计研究院供图	长沙黑色冶金矿山设计研究院、马鞍山钢铁设计研究院供图	鞍山黑色冶金矿山设计研究院供图	长沙黑色冶金矿山设计研究院供图	鞍山黑色冶金矿山设计研究院供图

技术性能	单位	$105m^2$ 烧结机	$130m^2$ 烧结机	$180m^2$ 烧结机	$265m^2$ 烧结机	$300m^2$ 烧结机
有效烧结面积	m^2	105	130	180	265.125	300
有效烧结长度	m	42	52	60	75.75	75
台车数量	台	119	139	156	129	128
台车尺寸:宽×长	mm	2500×1000	2500×1000	3000×1000	3500×1500	4000×1500
料层厚度	mm	500	500	500	500	550
台车运行速度	m/min	0.84~2.52	1.3~3.9	1.5~4.5	2.06~6.18	1.7~5.1
主传动电动机型号		ZO_3-92	ZO_3-102	ZZJ_2-51	ZZJ_2-51	柔性传动 Y225M-8
头尾轮中心距	mm	55245	65245	73245	90350	89600
圆辊给料机规格	mm	ϕ1032×2540	ϕ1032×2546	ϕ1282×3046	ϕ1282×3546	ϕ1250×4046
给料机传动电机型号		ZO_2-82	ZO_2-91	ZO_2-91	ZO_2-91	Y180M-4-B_3
风箱数目	个		18	10		17
外形尺寸	mm		68000×10000×12000	79595×12060	97900×12455	98000×12500×16700
最大产量	t/h	320	350		1000	780
台车单重	kg	2890			5910	7750
机器总重	t	750	835	1200	1700	~2000
制造厂		长沙黑色冶金矿山设计研究院供图	长沙黑色冶金矿山设计研究院供图	西安重型机械研究所供图	沈重研究所供图	马鞍山钢铁设计研究院、西安重型机械研究所供图

注:括号内为马鞍山钢铁设计研究院的数据。

表 21-54 抽 风 机

型 号	进口流量 $/m^3$(工况)$\cdot min^{-1}$	进口温度 /℃	升压 /Pa	电动机型号	电机功率 /kW	电机电压 /V	外形尺寸 长×宽×高/mm	重量 风机/电机 /kg	制造厂
SJ1600(标)	1600	120	8825.7	JRQ-1410-4	500	6000	3172.5×3660×3445	8055/3600	陕鼓
D1600-11	1600	120	8335.4	JRQ-1410-4	500	6000	3212.5×3675×3720	总重 19280	沈鼓
SJ2000(标)	2000	150	10786.9	JRQ-158-4	680	6000	3162.5×3390×4012	9382/4600	陕鼓
D2000-11	2000	120	9806.4		500/570	6000	3212.5×3675×3720	总重 19280	沈鼓
SJ2000(改)	2300	120	11767.6	JRQ-158-4	680	6000	3162.5×3390×4012	9382/4600	陕鼓
SJ3500(标)	3500	150	10786.9	JRQ-1512-4	1250	6000	3369×2800×4050	14376/5450	陕鼓

续表 21-54

型　号	进口流量/m^3(工况)·min^{-1}	进口温度/℃	升 压/Pa	电动机型号	电机功率/kW	电机电压/V	外形尺寸 长×宽×高/mm	重量 风机/电机/kg	制造厂
S3500－11	3500	150	10786.9						武鼓
SJ4500	4500	150	10983.1	T1600-4/1180	1600	6000	8280×4532×5756	50570/10500	陕鼓
SJ6500(标)	6500	150	12257.9	T2000-4/1430	2000	6000			陕鼓、武鼓
S6500－11	6500	150	12257.9	TD143/69-4	2000	10000	4000×7395×4660	44000/	沈鼓
SJ6500(改一)	7150	150	12846.3	T2000-4/1430	2000	6000			陕鼓
SJ6500(改四)	6500	150	13483.7	T2000-4/1430	2000	6000			陕鼓
SJ6500(改五)	6825	150	12846.3	T2000-4/1430	2000	6000			陕鼓
SJ8000(标)	8000	150	13728.8	TD3200-4/1430	3200	10000	8400×4962×5200	27880/16850	陕鼓
SJ9000(标)	9000	150	13728.8	TD3200-4/1430	3200	10000	8775×4962×5920	36900/15700	陕鼓
SJ12000(标)	12000	150	11767.6	TD173/89	4000	10000			陕鼓
S12000－11	12000	150	11767.6						沈鼓
SJ12000(改一)	12000	150	13140.4	TD173/89	4000	10000			陕鼓
SJ12000(改二)	12000	120	13728.8	TD173/89	4000	10000			陕鼓
SJ13000(标)	13000	220	7845.0	TD143/67-6	2500	10000		49000	陕鼓
SJ25000	25000								
SJ14000	14000	150	10185.2		5600	10000		76300	陕鼓
SJ16000	16000	150		T6300-6/1730	6300	10000		115000	陕鼓

注:1. 沈鼓即沈阳鼓风机厂,武鼓即武汉鼓风机厂,陕鼓即陕西鼓风机厂。
　　2. S12000－11 型转子顺时针方向旋转,另有 S12000－12 型为逆时针旋转,参数与－11 同,表中略。

表 21-55　耐 热 风 机

型　　号	流　量/m^3·min^{-1}	进口温度/℃	升　压/Pa	电动机型号	电机功率/kW	电压/V	外形尺寸/mm	重量/kg	制造厂
W4500-0.947/0.852	4500	330	9316		1250	3000			陕鼓
W1600-0.914/0.854	1600	330	5883.8		300	3000			陕鼓
W8-18-11№8D	100～204	300	6913～7345	Y225S-44	30		823×979×1079	561	四鼓
W5-40-11№18D	1667	350	5883.8	JSQ147-4	360		3268×4435×3300	3450	四鼓
R5-38-01№24F	8000	350	9217.9	YL116/74-4	2000		4730×7173×6630	17000	四鼓
R6-44-11№20F	3333	350	6128.9	JSQ1410-4	680		3640×3135×5593	10450	四鼓
W9-28-01№17F	2876～5034	350	7786～8620		1050		4160×4027×3300	15400	四鼓
W9-2×19№17F	954～2289	350	7188～8345	JS146-4	430		3295×3086×2877	12500	四鼓

注:四鼓即四平鼓风机厂。

表 21-56(1) 烧结主抽风机出口消声器系列

消声器型号	适用风机型号	适用风机风量 /m³(工况)·min⁻¹	外形尺寸/mm	平均消声量 /dB	压力损失 /Pa	重量 /kg
SJX-1	SJ1600 SJ2000 SJ2500	1600 2000 2500	3500×2228×2400	>20	<196.1	9000
SJX-2	SJ3250 SJ3500 SJ4500	3250 3500 4550	4000×3400×4000	>20	<196.1	15000
SJX-3	SJ6500	6500~7150	4500×3800×4200	>25	<196.1	20000
SJX-4	SJ8000 SJ9000	8000 9000	5000×3964×4200	>30	<196.1	24000
SJX-5	SJ12000 SJ13000	12000 13000	5500×4284×5000	>30	<196.1	28000
SJX-6	SJ16000	16000~17000	6500×3810×6105	>30	<196.1	30000

注:供图单位为长沙矿山设计研究院。

表 21-56(2) F型阻抗复合式消声器

型号	适用流量 /m³(工况)·h⁻¹	外形尺寸			法兰口径		气流速度 /m·s⁻¹	阻力损失 /Pa	每台重量 /kg
		外径/mm	安装长度/mm		内径/mm	外径/mm			
F_1	2000	450	1550	1650	236	350	13.4	166.7	100
F_2	5000	600	1550	1650	346	460	15.3	210.8	170
F_3	8000	730	1600	1700	426	540	16.0	230.4	256
F_4	12000	790	1700	1800	506	640	17.0	255	300
F_5	16000	900	1890	2020	586	720	17.0	255	390
F_6	20000	950	1990	2140	656	790	17.0	255	450
F_7	25000	1000	2040	2270	706	840	18.0	294.2	510
F_8	30000	1100	2150	2400	786	920	17.5	274.6	580
F_9	35000	1180	2200	2500	846	980	17.6	274.6	650
F_{10}	40000	1330	2250	2500	906	1040	17.5	274.6	770
F_{11}	50000	1420	2350	2650	1006	1140	17.7	274.6	850

注:1. 制造厂为长沙消声器厂。
2. 每种型号均有A型及B型,A型为出风,B型为进风。
3. 上表消声器用于离心风机进、排气噪声,消声量>25 dB(A)。

表 21-56(3)　ZDL 型阻性片式消声器系列

型　号	适用流量 /m^3(工况)·h^{-1}	截面尺寸/mm 高	截面尺寸/mm 宽	每米阻力损失 /Pa	每米重量 /kg
ZP_1	6500	450	400	147	110
ZP_2	7800～10000	450	600	147	175
ZP_3	10000～11000	450	720	147	192
ZP_4	13000～15500	600	720	147	207
ZP_5	19500～23300	900	720	147	228
ZP_6	27200～29200	900	900	147	291
ZP_7	38880	900	1200	147	339
ZP_8	51840	1200	1200	147	422
ZP_9	65610	1350	1350	147	500
ZP_{10}	81650～87480	1350	1800	147	684
ZP_{11}	108850～116650	1800	1800	147	710
ZP_{12}	136000	1800	2250	147	878
ZP_{13}	182250	2250	2250	147	1380
ZP_{14}	218600	2250	2700	147	1507
ZP_{15}	291600	2700	3000	147	1905
ZP_{16}	350000	2700	3000	147	2188

注:1. 长度有 1 m 和 1.5 m 两种,可组成 1、1.5、2、2.5 m 和 3 m 五种长度。
　2. 消声量为 15～40 dB(A)。
　3. 制造厂为武汉鼓风机厂、长沙消声器厂。
　4. 消声器耐受压力＜7845 Pa。

表 21-57　水封拉链机

技术条件	单　位	B=1000	B=600	B=400	B=820	B=600	B=800
规格:宽	mm	1000	600	400	1100	600	800
长	mm	31562	21117	47600	26700	2500	101174
处理量	t/h	10	4	4.2	14	5	
槽宽	mm	1100	800	600	1100	800	900
槽高	mm	800	600	735	900	660	900
刮板宽度	mm	1000	600	400	820	600	
刮板高度	mm	300	150	150	350	180	
脱水段倾角	(°)	14	9			12	
物料粒度	mm	0～1			0～1	0～1	0～1
总重	t	33.776	12.4	36.588	40.35	21.8	97.99
制造厂		长沙院供图	长沙院供图	长沙院供图	长沙院供图	长沙院供图	长沙院供图

注:长沙院即长沙黑色冶金矿山设计研究院。

表 21-58　七辊布料器

技术条件	辊子直径	辊子中心距	辊子间隙	辊子数量	辊子转数	总　重	制造厂
单　位	mm	mm	mm	个	r/min	t	
参　数	128	130	2	7	14.8	3.28	长沙黑色冶金矿山设计研究院供图
	128	130	2	7	4.84	2.70	马鞍山钢铁设计研究院供图

表 21-59 24 m^2 烧结机用反射板

倾 角 /(°)	反射板水平移动范围/mm	活动板提升行程/mm	活动板提升时间/s	重量/kg	供 图 单 位
45～55	0～200	900	44.5	4327	长沙黑色冶金矿山设计研究院供图

21.7 管道及各种闸阀

各种闸阀的有关技术参数列于表 21-60 至表 21-63。

表 21-60 电动蝶阀

公称通径(DN)/mm	压力/$\times10^4$Pa	适用温度/℃	电动机		启闭时间(单程 90°)/s	重量/kg
			型 号	功率/kW		
350	4.9	≤250	Y801-4B5	0.55	11	250
400	4.9	≤250	Y801-4B5	0.55	11	275
450	4.9	≤250	Y801-4B5	0.55	11	300
500	4.9	≤250	Y801-4B5	0.55	11	325
600	4.9	≤250	Y801-4B5	0.55	11	350
700	4.9	≤250	Y801-4B5	0.55	11	380
800	4.9	≤250	Y802-4B5	0.75	36	500
900	4.9	≤250	Y802-4B5	0.75	36	550
1000	4.9	≤250	Y802-4B5	0.75	36	600
1200	4.9	≤250	Y90S-4B5	1.1	52	850
1400	1.0	≤250	Y90S-4B5	1.1	52	1100
1600	1.0	≤250	Y90S-4B5	1.1	52	1350
1100*				1.1		357
1300*				1.1		416
1500*				1.1		536
1800	1.0	≤250	Y90S-4B5	1.1	52	1600
2000	1.0	≤250	Y90L-4B5	1.5	52	1850
2200	1.0	≤250	Y90L-4B5	1.5	52	2900
2400	1.0	≤250	Y90L-4B5	1.5	52	2120
2600	1.0	≤250	Y90L-4B5	1.5	52	2560
2800	1.0	≤250	$Y100L_1$-4B5	2.2	52	3140
3000	1.0	≤250	$Y100L_1$-4B5	2.2	52	3680

注:1. 制造厂为铁岭阀门厂。

2. 本蝶阀可以电动操作,也可手动操作。

3. 蝶阀型号为 D941S$-\frac{0.1}{0.5}$。

4. 适用介质:含尘烟气、空气、煤气。

5. 武汉阀门厂生产 Dg500、600、700、800、900、1000、1100、1200、1300、1400、1500、1600、1800、2000 等规格。

表 21-61　电动暗杆楔式单闸板闸阀(煤气阀)

公称通径/mm	电动机		电动开启时间/min	外形尺寸/mm			重量/kg	制造厂
	型号	功率/kW		长	高	传动装置宽度		
100	Z5-18/40	0.18	1.52	230	787.5	461	102	沙市阀门总厂
150	Z10-18/40	0.25	1.8	280	915	478	123	
200	ZD22-36a	1.1	1.2	330	1064.5	750	210	
250	ZD22-36a	1.1	1.5	380	1087	750	252	
300	ZD30-36a	1.5	1.5	420	1300	785	310	
350	ZD30-36a	1.5	1.7	450	1411	785	380	
400	ZD45-36b	2.2	1.5	480	1639.5	938	585	
500	ZD45-36b	2.2	1.8	540	1927	938	815	
600	ZD60-36b	3.0	2.0	600	2266	953	1090	
700	ZD90-36b	4.0	2.0	660	2643	1022	1765	
800	ZD90-36b	4.0	2.3	720	2848	1022	2350	
900	ZD120-18a	3.0	2.6	780	3214	1018	3100	
1000	ZD120-18a	3.0	3.0	840	3396	1018	3600	

注:1. 型号为 Z945W－10。
2. 适用温度≤100℃,工作压力 98.06×10^4Pa。
3. 断电时,可以手动操作。

表 21-62　双层卸灰阀

规　　格	2.3 m^3 电动双层卸灰阀	规　　格	2.3 m^3 电动双层卸灰阀
卸灰能力	1.5～2.3t/h	推杆行程	200 mm
推杆型号	30020	总重	757 kg
推杆功率	0.37kW	制造厂	长沙黑色冶金矿山设计研究院供图

表 21-63 螺旋卸灰阀

技术条件	单位	参数
适用范围	mm	0～2
粉尘假比重	t/m^3	2
输送能力	m^3/h	1.73
螺旋直径	mm	150
螺旋节距	mm	100
螺旋转速	r/min	122
电机型号		
电机功率	kW	0.8
外形尺寸	mm	1061×414×541
重量	kg	111.6

注：1. 另有一种螺旋卸灰阀按上表长度 1061 mm 改为 2986 mm，重量 111.6 kg 改为 180.6 kg。
2. 制造厂为冶金工业环保技术联合服务公司。

21.8 冷却设备

冷却设备(含冷却风机)列于表 21-64 至表 21-69。

表 21-64 抽风环式冷却机

技术条件	单位	$47m^2$	SHC-50	SHC-90	SHC-130	SHC-200
有效冷却面积	m^2	47	50	90	130	200
台车宽度	m	1.5	1.65	2	2.5	3.2
冷却环转速	r/h	1～4	1～4	1～4	1～4	1～4
台车数量			30	36	45	45
料层厚度	m	0.25～0.40	0.25～0.45	0.25～0.45	0.25～0.45	0.25～0.45
冷却机能力	t/h	47	50	90	130	200
传动电机型号		ZZK-32	JZT_2M-42-4	JZT_2-52-4	JZT_2-61-4	JZT_2-71-4
电机功率	kW	6	5.5	11	13	22
抽风机型号		轴流式，55kW	轴流式，55kW	立式 60A-1No.24	立式 60A-1No.24	一段轴流风机 ϕ2800
重量	t	105.3	126	195	350	510
冷却机外圆直径×中心直径	m	平均直径 ϕ13.5	ϕ18.6×13	ϕ23.8×1.8	ϕ27.2×21	ϕ31×24
制造厂		马鞍山钢铁设计研究院供图	上冶	上冶	上冶	上冶

注：上冶即上海冶金矿山机械厂。

表 21-65 鼓风环式冷却机

技术条件	单位	$140m^2$ 鼓风环冷	$90m^2$ 鼓风环冷	$145m^2$ 鼓风环冷
有效冷却面积	m^2	140	90	145
产　　量	t/h	300	420	300
料层厚度	mm	1400	1400	1400
冷却时间	min	40～120	40～120	76
冷却机中心直径	m		24.5	23
制造厂		鞍山黑色冶金矿山设计研究院供图	鞍山黑色冶金矿山设计研究院供图	长沙黑色冶金矿山设计研究院供图

表 21-66 抽风带式冷却机

技术条件	单　位	$30m^2$	$36m^2$	$40m^2$	$66m^2$	$60m^2$
有效冷却面积	m^2	32.5	36	42.25	66.3	60
处理能力	t/h	32	50	42	70	65
台车速度	m/min	2.539～0.508		2.539～0.508	4.875～1.625	3.012～1.806
料层厚度	m	0.15～0.25		0.15～0.25	0.10～0.30	0.15～0.25
冷却机倾斜度	(°)	12		12	10	
给料粒度	mm	8～150	6～150	8～150	8～150	6～150
每吨烧结矿耗风量	m^3(工况)/t	8437.5	2700～8100	9643	7692	8308
台车:宽×长×高	m	1.5×0.6×0.42	1.5×0.6×0.42	1.5×0.6×0.42	1.5×0.6×0.42	
台车数量	台	105	116	135	184	
传动电机		JZT_261-4		JZT_261-4	ZZK－41	
抽风机		轴流式,55kW		轴流式,55kW	轴流式,55kW	轴流式
抽风机电机		JQO93－6		JQO93－6	JQO93－6	
抽风机风量	m^3(工况)/min	2250		2250	2250	1550
抽风机数量	台	2		3	4	
(不包括风机)总重	t	120		151.9	223.874	
(包括风机)总重	t	134.5	158	174	231.795	200.487
制造厂		唐山冶金机械厂	长沙矿山设计院供图	唐山冶金机械厂 长沙重型机器厂	唐山冶金机械厂 马鞍山钢铁设计研究院供图	长沙重型机器厂

表 21-67 鼓风带式冷却机

技术条件	单位	30 m^2 鼓风带冷	24 m^2 鼓风带冷	60 m^2 鼓风带冷	336 m^2 鼓风带冷	27 m^2 鼓风带冷	90 m^2 鼓风带冷	105 m^2 鼓风带冷
有效冷却面积	m^2	30	24	60	336	27	90	105
台车宽度	m	1.5	1.2	1.5	4	1.5	2.5	2.5
冷却机运行速度	m/min	0.26～0.45	0.27～0.43	1.15～0.575	0.6～1.8	0.45～0.67	0.45～0.52	0.45～0.67
台车数量		90	88	182	198	91	101	113
料层厚度	mm	1000～1100	800	650	1400～1550	1300	1400	1400

续表 21-67

技术条件	单位	30 m^2 鼓风带冷	24 m^2 鼓风带冷	60 m^2 鼓风带冷	336 m^2 鼓风带冷	27 m^2 鼓风带冷	90 m^2 鼓风带冷	105 m^2 鼓风带冷
产量	t/h	46	33	90	780	30～55	120～180	160～230
传动电机型号		Z_2-72	JZT261－4	JZT261－4	柔性传动 Y225M－8	柔性传动	柔性传动	柔性传动
功率	kW	10	15	15	22	7.5	17	17
台车长度	mm	700	600	600	1000	600	1000	1000
冷却机倾角	(°)	12	12	10	3°32′,16°28′	8	5	5
冷却时间	min	45～75	47～75	40～80	60～78	70	80～90	70～90
重量	t	200.25	121.299	244.930		180	558	630
制造厂		马鞍山钢铁设计研究院供图	鞍山黑色冶金矿山设计研究院供图	鞍山黑色冶金矿山设计研究院供图	马鞍山钢铁设计研究院供图	长沙黑色冶金矿山设计研究院供图	长沙黑色冶金矿山设计研究院供图	长沙黑色冶金矿山设计研究院供图

表 21-68 刮板输送机

名称	技术参数		
适用带冷机面积/m^2	30.40	66	30
刮板机刮板速度/$m\cdot min^{-1}$	3.13	2.58	产量 2.5t/h
刮板尺寸/mm	360×100×8	360×100×8	360×100×8
电机型号			Y132M-8
电机功率	2.2	3	3
刮板机减速机	ZS50	$ZS65-7\frac{I}{II}$	
制造厂	唐山冶金机械厂,长沙黑色冶金矿山设计研究院供图	马鞍山钢铁设计研究院供图	唐山冶金机械厂,马鞍山钢铁设计研究院供图

注:本设备系带冷机配套设备,带冷机设备重量包括刮板输送机在内。

表 21-69 冷却风机

风机性能		单位	SL60 A_2-13 型立式轴流风机	60A_1-12No.24 立式轴流风机	G4-73-11 No.16D
风量		m^3(工况)/min	2250	5400	2600～2800
风压		Pa	588.4	686～784.5	2647.8
排风性质			冷却废气	冷却废气	常温空气
介质含尘		g/m^3		平均 0.5,最大 1.0	
介质平均温度		℃	150	150	
电动机	型号		$JQO_2$91-4	JSL128-10H	Y355M-6
	功率	kW	55	130	185
	电压	V	380	380	380
叶轮直径		mm	1300	2400	
主轴转数		r/min	870	600	980
制造厂			武汉鼓风机厂	武汉鼓风机厂	长沙黑色冶金矿山设计研究院供图

注:G4-73-11No.16D 冷却风机系 145 m^2 鼓风环冷机配套用风机。

21.9 起重设备

起重设备(含卷扬机、千斤顶)的有关技术参数列于表21-70至表21-85。

表21-70 环链手拉葫芦

型号	起重量/t	起重高度/m	满载时的手链拉力/N	两钩间最小距离/mm	重量/kg	制造厂
HS 0.5	0.5	2.5	156.9～166.7	280	9.5	重起、南起、鞍起、武林
		3			10.5	重起、南起
HS 1	1	2.5	304～333.4	300	10	重起、南起、鞍起、武林
		3			11	重起、南起
HS 1.5	1.5	2.5	353～382.5	360	15	重起、南起、鞍起、武林
		3			16	重起、南起
HS 2	2	2.5	304～333.4	380	14	重起、南起、鞍起、武林
		3			15.5	重起、南起
HS 2.5	2.5	2.5	382.5～411.9	430	28	重起、南起、鞍起、武林
		3			30	重起、南起
HS 3	3	3	353～382.5	470	24	重起、南起、鞍起、武林
		6			31.5	重起、南起
HS 5	5	3	382.5～411.9	600	36	重起、南起、鞍起、武林
		5			47	重起、南起
HS 10	10	3	382.5～411.9	730	68	重起、南起、鞍起、武林
		5			88	重起、南起
HS 20	20	3	382.5～411.9	1000	150	重起、南起、鞍起、武林
		5			180	重起、南起

注:1. 重起—重庆手动葫芦厂;南起—南京起重机械总厂;鞍起—鞍山起重机器厂;武林—杭州武林机器厂。
2. 除表列外,起重高度12m以内均可订货。

表21-71 电动葫芦

型号	起重量/t	起升高度/m	环行轨道最小半径/m	工字梁轨道型号	电机功率		重量/kg	制造厂
					起升/kW	运行/kW		
$CD_1$0.5-6D	0.5	6	1	16－28b	0.8	0.2	120	①②③④⑤
$CD_1$0.5-9D		9					125	②③④⑤
$CD_1$0.5-12D		12					145	①②③④⑤
$CD_1$1-6D	1	6	1	16－28b	1.5	0.4	174	①②③④⑤
$CD_1$1-9D		9	1				187	②③④⑤
$CD_1$1-12D		12	1.2				210	①②③④⑤
$CD_1$1-18D		18	1.8				224	①②③④⑤
$CD_1$1-24D		24	2.5				237	①②③④⑤
$CD_1$1-30D		30	3.2				252	①②③④⑤

续表 21-71

型　　号	起重量/t	起升高度/m	环行轨道最小半径/m	工字梁轨道型号	电机功率		重量/kg	制造厂
					起升/kW	运行/kW		
$CD_1$2-6D	2	6	1.2	20a－32b	3	0.4	266	①②③④⑤
$CD_1$2-9D		9	1.2				286	①②③④⑤
$CD_1$2-12D		12	1.5				335	①②③④⑤
$CD_1$2-18D		18	2.0				358	①②③④⑤
$CD_1$2-24D		24	2.5				382	①②③④⑤
$CD_1$2-30D		30	3.5				405	①②③④⑤
$CD_1$3-6D	3	6	1.2	20a－32b	4.5	0.4	363	①②③④⑤
$CD_1$3-9D		9	1.2				383	①②③④⑤
$CD_1$3-12D		12	1.5				403	①②③④⑤
$CD_1$3-18D		18	2.0				423	①②③④⑤
$CD_1$3-24D		24	2.8				451	①②③④⑤
$CD_1$3-30D		30	3.5				476	①②③④⑤
$CD_1$5-6D	5	6	1.5	25a－63b	7.5	0.8	559	①②③④⑤
$CD_1$5-9D		9	1.5				584	①②③④⑤
$CD_1$5-12D		12	1.5				611	①②③④⑤
$CD_1$5-18D		18	2.5				652	①②③④⑤
$CD_1$5-24D		24	3.0				692	①②③④⑤
$CD_1$5-30D		30	4.0				732	①②③④⑤
$CD_1$10-9D	10	9	3.0	25a－63b	13	0.8	1170	②③④⑤
$CD_1$10-12D		12	3.5				1215	①②③④⑤
$CD_1$10-18D		18	4.5				1290	①②③④⑤
$CD_1$10-24D		24	6.0				1380	①②③④⑤
$CD_1$10-30D		30	7.2				1470	①②③④⑤

①重庆起重机厂；②南京起重机械总厂；③蒲圻起重机械总厂；④鞍山起重机器厂；⑤天津起重设备厂。

注：1. 工作制度：JC25%。

2. 电压三相交流 380V。

3. 运行速度 20m/min。

表 21-72　手动单轨小车

型　　号	起重量/t	起重高度/m	工字钢型号	重量/t	最小弯道半径/m	制　造　厂
	0.5	重起 3～10m，其他 12m 以内均可订货	WA 型 12.6～32a	15		武林、洛起、重起
			SDX 型 12.6～26a	16		
			SG 型 14～25a	13.5	0.9	
武林厂 WA 型	1		WA：12.6～32a	15	0.9	武林、洛起、重起、长起
			SDX：16～36	20		
			SG：18～32a	23		
重起 SG 型	1.5		WA 型 18～40a	24	1	武林
洛起 SDX-3 型	2		WA：18～40a	24	1	武林、洛起、重起、长起
			SDX：20～40	31		
			SG：22～40a	23		
	3		WA：20～45a	35	1.2	武林、洛起、重起、长起
			SDX、SG：22～45a	48		

续表 21-72

型　号	起重量/t	起重高度/m	工字钢型号	重量/t	最小弯道半径/m	制　造　厂
	5		WA:32～56a	44	1.35	武林、洛起、重起、长起
			SDX:30～50	62		
			SG:30～56a	45		
	10		WA:40～63a	75	1.6	武林、洛起、重起
			SDX	144		
			SG	74		

注：1. 武林—杭州武林机器厂；洛起—洛阳起重机厂；重起—重庆起重机厂；长起—长沙起重运输机械厂。

2. 最小弯道半径系武林厂数据。

表 21-73　手动单梁起重机

型　号	起重量/t	跨度/m	起重高度/m	钢轨型号	大车宽度/mm	吊钩极限尺寸 吊钩至轨顶高/mm	吊钩极限尺寸 吊钩至钢轨中心线/mm	重量/kg	制　造　厂
洛起、长起为 SDQ－3、永红为 PK－1 至 PK－5	1	5	SDQ－3 型 3～10		(1870) 1800	550	360	650	洛阳起重机厂、长沙起重运输机械厂、宝鸡永红起重运输机械厂（以下分别简称洛起、长起、永红）
		6			(1870) 1800	550	360	690	
		7			(1870) 1800	580	380	760	
		8			(1870) 1800	580	380	810	
		9	PK 型 3～7	40	(2250) 1800	580	380	850	
		10		50	(2250) 1800	610	395	940	
		11			(2250) 2200	610	395	1040	洛起、长起、永红
		12			(2250) 2200	610	395	1090	
		13			2200	650	420	1250	洛起、长起
		14			2200	650	420	1310	
	2	5	SDQ－3 型 3～10		(1870) 1800	720	400	700	洛起、长起、永红
		6			(1870) 1800	720	400	740	
		7			(1870) 1800	750	415	820	

续表 21-73

型号	起重量/t	跨度/m	起重高度/m	钢轨型号	大车宽度/mm	吊钩极限尺寸 吊钩至轨顶高/mm	吊钩极限尺寸 吊钩至钢轨中心线/mm	重量/kg	制造厂
	2	8			(1870) 1800	750	415	870	
		9		40	(2250) 1800	790	440	1000	
		10	PK型 3～7	50	(2250) 1800	790	440	1060	洛起、长起、永红
		11			(2250) 2200	790	440	1180	
		12			(2250) 2200	830	465	1320	
		13			2200	870	490	1480	洛起、长起
		14			2200	870	490	1550	
洛起、长起为SDQ-3、永红为PK-1至PK-5	3	5			(1870) 1800	900	460	810	
		6			(1870) 1800	900	460	870	
		7	SDQ－3型 3～10		(1870) 1800	940	485	980	
		8			(1870) 1800	940	485	1050	洛起、长起、永红
		9		40	(2250) 1800	940	485	1130	
		10	PK型 3～7	50	(2250) 1800	940	485	1200	
		11			(2250) 2200	980	510	1390	
		12			(2250) 2200	980	510	1460	
		13			2200	1030	540	1720	洛起、长起
		14			2200	1030	540	1800	
	5	5			(1870) 1800	1210	520	960	洛起、长起、永红
		6			(1870) 1800	1210	520	1030	

续表 21-73

型　号	起重量/t	跨度/m	起重高度/m	钢轨型号	大车宽度/mm	吊钩极限尺寸		重量/kg	制造厂
						吊钩至轨顶高/mm	吊钩至钢轨中心线/mm		
洛起、长起为SDQ-3、永红为PK-1至PK-5	5	7	SDQ-3 3~10		(1870) 1800	1250	560	1190	洛起、长起、永红
		8			(1870) 1800	1250	560	1280	
		9	PK型 3~7	40	(2250) 1800	1250	560	1360	
		10		50	(2250) 1800	1300	585	1600	
		11			(2250) 2200	1300	585	1730	
		12			(2250) 2200	1360	625	1980	
		13			2200	1360	625	2090	洛起、长起
		14			2200	1360	625	2210	
	10	5			(2470) 2600	1390	555	1420	洛起、长起、永红
		6			(2470) 2600	1390	555	1490	
		7	SDQ-3 3~10		(2470) 2600	1440	585	1680	
		8			(2470) 2600	1440	585	1770	
		9			(2470) 2600	1440	585	1870	
		10		40	(2470) 2600	1490	615	2090	
		11	PK型 3~7	50	(2470) 2600	1490	615	2250	
		12			(2470) 2600	1490	615	2380	
		13			2600	1550	650	2570	洛起、长起
		14			2600	1550	650	2830	

表 21-74(1) 电动单梁起重机

起重量	t	1				2			
跨 度	m	7.5～12	12.5～17	19.5	22.5	7.5～12	12.5～17	19.5	22.5
最大轮压	t	0.87～0.98	1.01～1.11	1.23	1.35	1.46～1.57	1.60～1.71	1.85	2.28
		1.17～1.28	1.28～1.41	1.53	1.65	1.75～1.87	1.90～2.01	2.15	2.58
总 重	t	1.34～1.88	1.95～2.36	2.80	3.17	1.60～2.05	2.16～2.61	3.14	4.88
		1.74～2.28	2.35～2.76	3.20	3.57	2.00～2.45	2.55～3.01	3.54	5.28
大车宽度	mm	2500	3000	3500		2500	3000	3500	
极限尺寸 吊钩至轨顶高度	mm	LK7.5～11m720;11.5～19.5m750;22.5m1070				LK7.5～19.5m930			
极限尺寸 吊钩至轨道中心线距离	mm	操纵室侧 796,非操纵室侧 1274				操纵室侧 871.5,非操纵室侧 1292.5			
工作制度 JC 配用电葫芦 电源		JC＝25% 型号 CD_1～CD_2 三相 380V 50Hz							
运行电机功率	kW	地面操纵 2×0.8; 操纵室操纵 2×1.5				地面操纵 2×0.8; 操纵室操纵 2×1.5			
运行速度	m/min	30、45、75							
制造厂		南京起重机厂、洛阳起重机厂、重庆起重机厂、天津起重机厂、宝鸡永红起重运输机械厂、大连起重机厂、武汉冶金设备制造厂							

注:1.最大轮压及总重栏中上格数字为地面操纵,下格为操纵室操纵。

2.起升高度为 6、9、12、18、24、30m 六种(起升高度 6m,不包括 10t 起重机)。

3.型号均为 LD 型,仅大连为 DDQ 型。

表 21-74(2) 电动单梁起重机

起重量	t	3				5				10
跨 度	m	7.5～12	12.5～17	19.5	22.5	7.5～12	12.5～17	19.5	22.5	5～17
最大轮压	t	1.99～2.11	2.13～2.29	2.44	2.82	3.05～3.28	3.30～3.46	3.78	4.07	
		2.29～2.41	2.43～2.58	2.74	3.12	3.39～3.58	3.60～3.76	4.08	4.37	
总 重	t	1.70～2.15	2.25～2.87	3.44	4.84	2.00～2.62	2.74～3.30	4.68	5.83	
		2.10～2.55	2.65～3.27	3.84	5.34	2.42～3.02	3.14～3.70	5.08	6.23	
大车宽度	mm	2500	3000	3500	2500	3000	3500			
极限尺寸 吊钩至轨顶高度	mm	LK7.5～13m1050; 14～19.5m1070;22.5m1122				LK7.5～17m1130;19.5m1205;22.5m1222				
极限尺寸 吊钩至轨道中心线距离	mm	操纵室侧 818.5 非操纵室侧 1291				操纵室侧 841.5;非操纵室侧 1310				
工作制度 JC 配用电葫芦 电 源	%	JC＝25% 型号 CD_3～CD_5 三相 380V 50Hz								JC25% CD10 380V
运行电机功率	kW	地面操纵 2×0.8,操纵室操纵 2×1.5								3.5
运行速度	m/min	30、45、75								
制造厂		南京起重机厂、洛阳起重机厂、重庆起重机厂、天津起重机厂、宝鸡永红起重运输机械厂、大连起重机厂、淄博生建机械厂、武汉冶金设备制造厂								淄博生建机械厂

表 21-75　手动单梁悬挂起重机

起重量 /t	跨度 /m	起重高度 /m	最大轮压 /kg	重量 /kg	起重量 /t	跨度 /m	起重高度 /m	最大轮压 /kg	重量 /kg
0.5	3	2.5～10	198	451	2	3	3～10	641	567
	3.5		200	466		3.5		644	586
	4		201	478		4		646	605
	4.5		202	490		4.5		648	622
	5		204	501		5		650	639
	5.5		220	602		5.5		679	858
	6		221	642		6		682	887
	7		226	678		7		690	943
	8		232	714		8		696	1000
	9		260	924		9		721	1186
	10		265	962		10		726	1250
	11		275	1068		11		386	1605
	12		280	1116		12		390	1674
1	3	2.5～10	346	474	3	3	3～10	492	849
	3.5		350	500		3.5		494	874
	4		352	514		4		496	896
	4.5		354	527		4.5		498	918
	5		355	541		5		500	944
	5.5		378	712		5.5		658	1244
	6		380	736		6		560	1279
	7		390	781		7		564	1347
	8		391	826		8		566	1416
	9		410	1066		9		623	1639
	10		428	1122		10		630	1712
	11		480	1393		11		642	1966
	12		490	1551		12		650	2047

注：1. 制造厂有洛阳起重机厂、长沙起重运输机械厂等。

2. 型号为 SDXQ－3 型。

表 21-76 电动单梁悬挂起重机

起重量/t	起升高度/m	跨度/m	大车运行速度/m·min⁻¹	大车宽度/mm	吊钩极限位置		重量(包括电葫芦)(按跨度列出)/kg
					距梁端/mm	距轨底/mm	
0.5	(2.5~5.5) 3~7.5	6~30	20;30	(1750) 1500	(285)	(789)	(850),(873),(893) 670~950 (920),(947),(967),(991)
	(6~7) 8~12			(2050) 2000			(1098),(1208) 1140~1410
	(8~10) 12.5~18			(2250) 2500			(1378),(1400),(1503) 1630~1910
1	(2.5~6) 3~7.5	6~30	20;30	(1750) 1500	(395)	(1083)	(1150),(1180),(1203),(1239) 750~1120 (1274),(1346),(1383),(1503)
	(7~10) 8~12			(2250) 2000			(1570),(1758),(1991),(2076) 1280~1580
	(11~13) 12.5~18			(2451) 2500			(2221),(2299),(2378) 1930~2210
2	(2.5~5) 3~7.5	6~30	20;30	(1751) 1500	(395)	(1181)	(1176),(1219),(1238) 920~1260 (1285),(1317),(1380)
	(5.5~9) 8~12			(2251) 2000			(1405),(1605) 1550~1870(1677),(2016),(2133)
	(10~13) 12.5~18			(2751) 2500			(2209),(2478),(2566),(2653) 2020~2300
3	3~7.5 8~12 12.5~18	6~30	20;30	1500 2000 2500			1040~1400 1650~2050 2140~2490
5	3~7.5 8~12 12.5~18	6~30	20;30	1500 2000 2500			1280~1640 1920~2320 2410~2760

注:1. 括号内为洛阳起重机厂、长沙起重运输机械厂数据。
2. 制造厂有重庆起重机厂(0.5~5 t),洛阳起重机厂(0.5~2 t),大连起重机厂、长沙起重运输机械厂(0.5~2 t)等。
3. 型号:重起 LX 型、洛起 DDXQ-3 型。
4. 跨度:洛阳起重机厂:2.5、3、3.5、4、4.5、5、5.5、6、7、8、9、10、11、12、13。
大连起重机厂:3~16 m,每隔 0.5 m 为一级。

表 21-77 电动单钩桥式起重机

起重量		t	5								5							
跨度		m	10.5	13.5	16.5	19.5	22.5	25.5	28.5	31.5	10.5	13.5	16.5	19.5	22.5	25.5	28.5	31.5
起升高度		m	16								16							
工作制度			中级(JC=25%)								重级(JC=40%)							
速度	起升	m/min	11.3								14.9							
	大车运行	m/min	90										116		115		116	
电动机功率	起升	kW	型号 JZR_222-6,功率 7.5 kW								型号 JZR_242-8,功率 13							
	大车运行	kW	JZR_221-6,功率 5×2 JZR_222-6,功率 7.5×2								JZR_222-6,功率 6.3×2 JZR_231-6,功率 8.8×2							

续表 21-77

起重量	t	5								5							
总重	t	10.6	12.3	14.4	16.7	19.2	23.6	26.8	29.7	11.2	12.9	15	17.3	19.8	24.2	27.4	30.3
最大轮压	t	6.2	6.8	7.4	7.9	8.5	9.8	10.5	11.3	6.5	7.0	7.6	8.2	8.9	9.8	11.0	11.8
荐用钢轨	kg/m	38								38							
电源		三相交流 380 V50 Hz								三相交流 380 V50 Hz							
起重机最大宽度	mm	4500　4600　6100								4500　4600　6100							
极限尺寸 吊钩至轨面	mm	44.5								44.5							
极限尺寸 吊钩至轨道中心线	mm	800								800							
制造厂		大连起重机厂、武汉冶金设备制造厂、上海起重运输机械厂、洛阳矿山机器厂、淄博生建机械厂、昆明重型机器厂								大连起重机厂、武汉冶金设备制造厂、上海起重运输机械厂、洛阳矿山机器厂、淄博生建机械厂、昆明重型机器厂							
起重量	t	10								10							
跨度	m	10.5	13.5	16.5	19.5	22.5	25.5	28.5	31.5	10.5	13.5	16.5	19.5	22.5	25.5	28.5	31.5
起重高度	m	16								16							
工作制度		中级(JC=25%)								重级(JC=40%)							
速度 起升	m/min	7.71								15.5							
速度 大车运行	m/min	90			83.5					116		115			111		
电动机功率 起升	kW	型号 $JZR_2$42-8　功率 16								型号 $JZR_2$52-8　功率 23.5							
电动机功率 大车运行	kW	$JZR_2$21-6 功率 5×2				$JZR_2$22-6 功率 7.5×2				$JZR_2$22-6 功率 6.3×2				$JZR_2$31-6 功率 8.8×2			
总重	t	12.9	14.7	16.8	19.3	21.9	26.4	29.7	32.8	13.1	15.0	17.1	19.5	22.1	26.7	30.0	38.0
最大轮压	t	10.1	10.5	11.0	11.8	12.7	13.7	14.8	16.0	10.3	10.9	11.2	12	13	14	15	16.2
荐用钢轨	kg/m	43								43							
电源		三相交流 380 V,50 Hz								三相交流 380 V,50 Hz							
起重机最大宽度	mm	5150			5290		6100			5150		5290			6100		
极限尺寸 吊钩至轨面	mm	544					494			544					494		
极限尺寸 吊钩至轨道中心	mm	1000								1000							
制造厂		大连起重机厂、武汉冶金设备制造厂、上海起重运输机械厂、洛阳矿山机器厂、淄博生建机械厂、昆明重型机器厂								大连起重机厂、武汉冶金设备制造厂、上海起重运输机械厂、洛阳矿山机器厂、淄博生建机械厂、昆明重型机器厂							

表 21-78　电动双钩桥式起重机

起重量	t	15/3								15/3							
跨度	m	10.5	13.5	16.5	19.3	22.5	25.5	28.5	31.6	10.5	13.5	16.5	19.5	22.5	25.5	28.5	31.5
起升高度	m	主钩 16　副钩 18								主钩 16　副钩 18							
工作制度		中级(JC=25%)								重级(JC=40%)							

续表 21-78

起重量			t	15/3								15/3							
速度	起升		m/min	主钩 8.05								主钩 20							
	大车运行		m/min	85.5				87.6				114.2				103			
电动机功率	起升		kW	主钩 22								主钩 48							
	大车		kW	5×2				7.5×2				6.3×2				8.8×2			
总重			t	17.7	19.2	21.4	25.2	27.7	32.2	35.5	38.7	19.6	21.3	23.7	27.9	30.6	34.7	38.4	41.8
最大轮压			t	13.2	14.1	14.9	16	16.8	18.1	19	19.9	14.2	15.1	15.8	17.1	18.2	19.4	20.6	21.6
荐用钢轨			kg/m	43								43							
起重机最大宽度			mm	5200			5400		6210			5600			6210				
极限尺寸	吊钩至轨面		mm	692			602					692	690			600	602		
	吊钩至轨道中心	操作室侧	mm	1888								1888							
		非操作室侧	mm	1500								1500							
制造厂				武汉冶金设备制造厂、大连起重机厂、上海起重机厂、洛阳矿山机器厂、淄博生建机械厂、昆明重型机器厂															

起重量			t	20/5								20/5							
跨度			m	0.5	13.5	16.5	19.5	22.5	25.5	28.5	31.5	10.5	13.5	16.5	19.5	22.5	25.5	28.5	31.5
起升高度			m	主钩 12 副钩 14								主钩 12 副钩 14							
工作制度				中级(JC=25%)								重级(JC=40%)							
速度	起升		m/min	主钩 7.3								主钩 15							
	大车运行		m/min	85.5			87.6					114.2			103				
电动机功率	起升		kW	主钩 22								主钩 48							
	大车		kW	5×2			7.5×2					6.3×2			8.8×2				
总重			t	17.7	19.2	21.4	25.2	27.7	32.2	35.5	38.7	19.6	21.3	23.7	27.9	30.6	34.7	38.4	41.8
最大轮压				13.2	14.1	14.9	16	16.8	18.1	19	19.9	14.2	15.1	15.8	17.1	18.2	19.4	20.6	21.6
荐用钢轨			kg/m	43								43							
起重机最大宽度			mm	5200			5400		6210			5600			6210				
极限尺寸	吊钩至轨面		mm	544			454					544	542		452				
	吊钩至轨道中心	操作室侧	mm	1900								1900							
		非操作室侧	mm	1450								1450							
制造厂				武汉冶金设备制造厂、大连起重机厂、上海起重机厂、洛阳矿山机器厂、淄博生建机械厂、昆明重型机器厂								武汉冶金设备制造厂、大连起重机厂、上海起重机厂、洛阳矿山机器厂、淄博生建机械厂、昆明重型机器厂							

续表 21-78

起重量		t	30/5								30/5							
跨度		m	10.5	13.5	16.5	19.5	22.5	25.5	28.5	31.5	10.5	13.5	16.5	19.5	22.5	25.5	28.5	31.5
起升高度		m	主钩 16　副钩 18								主钩 16　副钩 18							
工作制度			中级(JC=25%)								重级(JC=40%)							
速度	起升	m/min	主钩 7.58								主钩 13.2							
速度	大车运行	m/min	87.7			74.2		75			103			103		89		
电动机功率	起升	kW	45								63							
电动机功率	大车	kW	11×2				7.5×2				8.8×2							
总重		t	25.53	27.94	31.05	35.75	39.13	44.2	47.7	52	26.6	29.4	32.5	37.6	41.0	46.2	49.8	54.5
最大轮压		t	22.8	24.2	25.1	26.5	27.7	29	30.2	31.4	23	25	26	27.5	28.5	30	31	32.4
荐用钢轨		kg/m	□90×90 或 QU70								□100×100 或 QU80							
起重机最大宽度		mm	6080			6130		6430			6080			6130		6430		
极限尺寸	吊钩至轨面	mm	553	551		421					553	549			419			
极限尺寸 吊钩至轨道中心	操作室侧	mm	2050								2050							
极限尺寸 吊钩至轨道中心	非操作室侧	mm	1700								1700							
制造厂			武汉冶金设备制造厂、大连起重机厂、上海起重机厂、洛阳矿山机器厂、淄博生建机械厂、昆明重型机器厂								武汉冶金设备制造厂、大连起重机厂、上海起重机厂、洛阳矿山机器厂、淄博生建机械厂、昆明重型机器厂							

起重量		t	50/10								50/10							
跨度		m	10.5	13.5	16.5	19.5	22.5	25.5	28.5	31.5	10.5	13.5	16.5	19.5	22.5	25.5	28.5	31.5
起升高度		m	主钩 12　副钩 16								主钩 12　副钩 16							
工作制度			中级(JC=25%)								重级(JC=40%)							
速度	起升	m/min	主钩 7.53								主钩 7.53							
速度	大车运行	m/min	100			87.8		86.6			100			87.8		86.6		
电动机功率	起升	kW	60								63							
电动机功率	大车	kW	8.8×2		13×2						8.8×2		13×2					
总重		t	34.4	37.2	41.5	45.7	49.6	56.0	60.0	65.4	35.8	39.1	43.6	48.2	52.2	57.9	62.1	67.8
最大轮压		t	34.5	36.5	38.5	40.5	42	42.6	45	46.7	34.5	36.5	38.5	40.5	42	43.9	45	46.7
荐用钢轨		kg/m	□100×100 或 QU80								□100×100 或 QU80							
起重机最大宽度		mm	6080			6130		6430			6080			6130		6430		
极限尺寸	吊钩至轨面	mm	911			905					911			905				
极限尺寸 吊钩至轨道中心	操作室侧	mm	2200								2200							
极限尺寸 吊钩至轨道中心	非操作室侧	mm	2000								2000							
制造厂			武汉冶金设备制造厂、大连起重机厂、上海起重机厂、洛阳矿山机器厂、淄博生建机械厂、昆明重型机器厂								武汉冶金设备制造厂、大连起重机厂、上海起重机厂、洛阳矿山机器厂、淄博生建机械厂、昆明重型机器厂							

续表 21-78

起重量	t	75/20								75/20							
跨度	m	10.5	13.5	16.5	19.5	22.5	25.5	28.5	31.5	10.5	13.5	16.5	19.5	22.5	25.5	28.5	31.5
起升高度	m	主钩 22 副钩 20								主钩 22 副钩 20							
工作制度		中级 JC=15%(副钩 25%)								重级 JC=25%							
速度 起升	m/min	主钩 1.6								主钩 5.1							
速度 大车运行	m/min	33								80							
电动机功率 起升	kW	26.5								60							
电动机功率 大车运行	kW	13.2								22							
总重	t	52.36	58.37	62.71	66.38	69.59	75.9	81.27	86.47	56.8	59.8	65.2	70.0	74.5	82.7	87.9	94.2
最大轮压	t	23.9	24.9	26.2	27.6	28.3	29.1	30.24	31.1	25.0	26.4	27.8	29.1	30.1	31.5	32.4	33.8
荐用钢轨	kg/m	QU100								QU100							
电源																	
起重机最大宽度	mm	8700								8375							
极限尺寸 吊钩至轨面	mm																
极限尺寸 吊钩至轨道中心 操作室侧	mm																
极限尺寸 吊钩至轨道中心 非操作室侧	mm																
制造厂		洛阳矿山机器厂								洛阳矿山机器厂							

表 21-79 抓斗桥式起重机(室内用)

起重量	跨度	起升高度	速度 起升	速度 大车	最大轮压	重量	电动机功率 起升	电动机功率 大车	抓斗 容量	抓斗 容重	抓斗 自重	抓斗 宽度	起重机宽度	极限位置 轨面至抓斗顶面距离	极限位置 抓斗中心至轨道中心线 非操作室侧	极限位置 抓斗中心至轨道中心线 操作室侧	荐用钢轨	制造厂
t	m	m	m/min	m/min	t	t	kW	kW	m^3	t/m^3	kg	mm	mm	mm	mm	mm	kg/m	
5	10.5	16	40.8	116	7.5	17.5	17.5×2	6.3×2	轻级 3(2.5)	0.6~0.92	2419	1852	5570	471	1650	1650	43	武汉冶金设备制造厂、大连起重机器厂
	13.5				8.3	19												
	16.5				8.9	20.9			中级 1.5	1~1.9	2515	1452	5670	471				
	19.5				9.7	23.6												
	22.5				10.5	26.4												
	25.5			111	11.6	31.1		8.8×2	重级 1	2~3	2318	1152	6300	421				
	28.5				12.5	34.5												
	31.5				13.4	37.4												

续表 21-79

起重量	跨度	起升高度	速度		最大轮压	重量	电动机功率		抓斗				起重机宽度	极限位置			荐用钢轨	制造厂
			起升	大车			起升	大车	容量	容重	自重	宽度		轨面至抓斗顶面距离	抓斗中心至轨道中心线：非操作室侧	抓斗中心至轨道中心线：操作室侧		
t	m	m	m/min	m/min	t	t	kW	kW	m^3	t/m^3	kg	mm	mm	mm	mm	mm	kg/m	
10	10.5	16(22)	40.7	110.7	11.7	25.1	36×2	6.3×2	轻级 6	0.6～1	4243	2256	5600	553	1950	1650	43	武汉冶金设备制造厂、大连起重机器厂
	13.5				12.6	26.7												
	16.5				13.3	28.8			中级 3	1～2	4073	1960	5650	463			QU70	
	19.5				14.5	32.9												
	22.5				15.5	35.4												
	25.5			99.3	16.6	40.0		8.8×2										
	28.5				17.6	43.4			重级 2	2～3	3966	1460	6200	463				
	31.5				18.6	46.7												
15	16.5	16(22)	42.2	101	19.9	44	63×2	8.8×2	轻级 9	0.6～0.92	6322	2356	6230	1100	2050	2400	90×90 或 QU70	
	19.5				21	47.3												
	22.5				22.3	51.7			中级 4～5	1～1.7	7500	2070	6230					
	25.5				23.6	56.5												
	28.5			115.5	24.6	59.8		13×2	重级 3	1.8～2.5	7003	1678	6430					
	31.5				25.4	64.2												
20	16.5	16	48.5	115.5	23.5	51.9	80×2	13×2	轻级 12	0.6～0.97	8272	3070	6230	1160	2300	2600	90×90 或 QU70	
	19.5				24.7	55.1												
	22.5				25.9	58.2												
	25.5				27.2	63.1			重级 4	2～2.5	8462	1874	6430					
	28.5				28.2	66.6												
	31.5				30.2	71.5												

注：1. 括弧内数字为武汉冶金设备制造厂数字。

2. 电源：三相交流 380V、50Hz。

表 21-80　慢动卷扬机

技术条件	单位	型号				
		JJM_3	JJM_5	JJM_8	1012	1013
定额拉力	t	3	5	8	5	8
绳速(平均)	m/min	11.6	9.9	9	8.7	9.85
卷筒直径	mm	320	400	520		
容绳量	m	150	250	400	190	350
钢绳直径	mm	15	20	26		
电机功率	kW	7.5	11	16	11	22
外形尺寸：长	mm	1450	1640	2019	1825	2160
宽	mm	1250	1330	1808	1816	2170
高	mm	880	880	993	1020	1176
重量	kg	908	1380	2070	1700	3000
制造厂		宝鸡永红起重运输机械厂			昆明重型机器厂	

表 21-81 分离式油压千斤顶

型号	起重量/t	最低高度/mm	起重高度/mm	公称压力/Pa	配用电动油泵型号	底座面积/cm^2	千斤顶重/kg
FQ50－Y	50	300	180	6512×10^4	1FQ－01－BY	269	35
FQ100－Y	100	370	200	6512×10^4		434	70

注:1. 1FQ－01－BY 规格:额定压力 6865×10^4Pa,电机功率 1.5kW,外形尺寸 490mm×325mm×532mm,重量 88kg。

2. 制造厂为上海千斤顶厂。

表 21-82 YQ 型油压千斤顶

型号	起重量/t	起重高度/mm	调整高度/mm	最低高度/mm	外形尺寸(长×宽)/mm	需油量/kg	重量/kg
$YQ_1$10	10	160	100	245	135×125	0.28	7.5
$YQ_1$12.5	12.5	160	100	245	150×138	0.35	9.5
$YQ_1$16	16	160	100	250	160×152	0.4	11
$YQ_1$20	20	180		285	170×129	0.6	19.5
$YQ_1$32	32	180		290	200×160	0.9	27
$YQ_1$50	50	180		305	230×188	1.4	42

注:制造厂为沈阳工程液压件厂。

表 21-83 其它液压千斤顶

型号	起重量/t	公称压力/Pa	手压力/N	起重高度/mm	最低高度/mm	底座尺寸(长×宽)/mm	需油量/kg	重量/kg
100-180H	100	6855×10^4	441.3	180	360	480×308	3.4	135
GD50	50	7708×10^4	333.4	400	700	274×188	2.8	78

注:制造厂为沈阳工程液压件厂。

表 21-84 电动螺旋千斤顶

起重量/t	工作行程/mm	起升速度/mm·min^{-1}	最大起升高度/mm	螺杆转速/r·min^{-1}	重量(总)/kg	制造厂
100	100	24	150	1		长沙黑色冶金矿山设计研究院供图

表 21-85 载货电梯

型号	额定起重量 /kg	额定速度 /m·s^{-1}	井道尺寸(长×宽) /mm	门宽 /mm	原动机功率 /kW	轿厢尺寸(长×宽) /mm
JH系列	500	0.5	2300×1860	1250	7.5	1500×1500
	1000	0.5	2300×2360	1250	7.5	1500×2000
	1000	0.7	2900×2360	1650	10	2000×2000
	1500	0.5	2900×2360	1650	15	2000×2000
	1500	0.7	2900×2860	1650	15	2000×2500
	2000	0.5	2900×3360	1650	10	2000×3000
	2000	0.7	3400×2860	2000	15	2500×2500
	3000	0.5	2900×3360	1650	15	2500×3000
	3000	0.5	3400×2860及	2000	15	2500×2500
			3400×3860		15	2500×3500

注:制造厂为天津电梯公司。

21.10 除尘设备

除尘设备的有关技术参数列于表21-86至表21-90。

表 21-86 多管除尘器

管数	除尘风量 /m^3(工况)·h^{-1}	风压 /Pa	风温 /℃	入口含尘量 /g·m^{-3}	旋风子直径 /mm	总重 /kg	制造厂
18	6050～12250	7345～6913	300	1.5	250	7230	长沙黑色冶金矿山设计研究院供图
80	54000	9806～11768	<250			21026	
110	75000	9806～11768	<200			27291	
192					274	41825	
600	390000	13720			254		
900	720000		150		254	228750	

注:以上用于烧结机头及余热利用系统。

表 21-87 YA-1型沸腾颗粒层除尘器

沸腾反吹速度 /m·min^{-1}	过滤风速 /m·min^{-1}	耐温性能 /℃	过滤层厚 /mm	耗压缩空气量 /m^3·min^{-1}	压缩空气压力 /Pa	过滤面积 /m^2	层间距离 /mm
50～73	15～25	370	100～150	0.6	(34.3～58.8)×10^4	22	625

注:武汉安全技术研究所供图。

表 21-88 HSTD 型电除尘器(机头用)

技术性能	单位	HSTD20	HSTD40	HSTD60	HSTD80	HSTD100
除尘器有效面积	m^2	20.5	41.4	60.75	81	100.8
电场风速	m/s	1～1.2	1～1.2	1～1.2	1～1.2	1～1.2
烟气温度	℃	200	200	200	200	200
烟气量	m^3(工况)/h	73000～87500	149600～178800	218700～263000	291600～350000	362900～435000
电场数	个	3	3	3	3	3
阴阳极同极间距	mm	300	300	300	300	300
每个电场阳极板排数、块数	排数×块数	16×8	24×8	28×8	31×8	33×8
每个电场电晕线排数、根数	排数×根数	一、二电场 15×8	23×8	27×8	30×8	32×8
		三电场 15×16	23×16	27×16	30×16	32×16
阳极板总面积	m^2	1555.2	3179.52	4665.6	6324.48	7741.2
电晕线总长度	m	一、二电场 540	1104	1620	2160	2650
		三电场 1080	2208	3240	4320	5120
进口允许粉尘浓度	g/标 m^3	6	6	6	6	6
出口粉尘浓度	g/标 m^3	0.08	0.08	0.08	0.08	0.08
设计除尘效率	%	98.7	98.7	98.7	98.7	98.7
粉尘驱进速度	cm/s	5.66～6.79	5.66～6.79	5.66～6.79	5.66～6.79	5.66～6.79
阻损	Pa	≤294.2	≤294.2	≤294.2	≤294.2	≤294.2
制造厂		冶金工业环保技术联合服务公司				

技术性能	单位	HSTD120	HSTD140	HSTD160	HSTD180	HSTD200
除尘器有效面积	m^2	118.8	140.4	162	182.25	202.5
电场风速	m/s	1～1.2	1～1.2	1～1.2	1～1.2	1～1.2
烟气温度	℃	200	200	200	200	200
烟气量	m^3/h	427700～513000	505500～606500	583200～699800	656100～787300	729000～874800
电场数	个	3	3	3	3	3
阴阳极同极间距	mm	300	300	300	300	300
每个电场阴阳极排数、块数	排数×块数	34×8	40×8	46×8	46×8	51×8
每个电场电晕线排数、根数	排数×根数	33×8(一、二)	39×8	45×8	45×8	50×8
		33×16(三)	39×16	45×16	45×16	50×16
阳极板总面积	m^2	7123.84	10782.72	12441.6	13996.8	15552
电晕线总长度	m	3168(一、二)	3744	4320	4860	5400
		6336(三)	7488	8640	9720	10800
进口允许粉尘浓度	g/标 m^3	6	6	6	6	6
出口粉尘浓度	g/标 m^3	0.08	0.08	0.08	0.08	0.08
设计除尘效率	%	98.7	98.7	98.7	98.7	98.7
粉尘驱进速度	cm/s	5.66～7.69	5.66～7.69	5.66～7.69	5.66～7.69	5.66～7.69
阻损	Pa	294.2	294.2	294.2	294.2	294.2
制造厂		冶金工业环保技术联合服务公司				

注:冶金工业环保技术联合服务公司除供应上述机头电除尘器外,还有 29.7m^2,50.4m^2,72m^2,90m^2,112.5m^2,129.6m^2,151.2m^2,170.1m^2,189m^2 等 9 种,其规格性能从略。

表 21-89　XLP 型旋风除尘器

型　号	风量/m^3(工况)·h^{-1} 进口风速 12m/s	15m/s	17m/s	重量/kg X型	Y型	筒体直径/mm	筒体高度/mm
XLP/A－3.0	750	935	1060	51.64	41.12	300	1380
－4.2	1460	1820	2060	93.9	76.16	420	1880
－5.4	2280	2850	3230	150.88	121.76	540	2350
－7.0	4020	5020	5700	251.98	203.26	700	3040
－8.2	5500	6870	7790	346.1	278.66	820	3540
－9.4	7520	9400	10650	450.36	365.94	940	4055
－10.6	9520	11910	13500	600.73	460.05	1060	4545

型　号	风量/m^3(工况)·h^{-1} 进口风速 12m/s	16m/s	20m/s	重量/kg X型	Y型	筒体直径/mm	筒体高度/mm
XLP/B－3.0	630	840	1050	45.92	35.4	300	1360
－4.2	1280	1700	2130	83.16	65.42	420	1875
－5.4	2090	2780	3480	134.26	105.14	540	2395
－7.0	3650	4860	6080	221.96	173.24	700	3080
－8.2	5030	6710	8380	309.07	241.63	820	3600
－9.4	6550	8740	10920	396.56	312.14	940	4110
－10.6	8372	11170	13980	497.97	393.29	1060	4620

型　号	风量/m^3(工况)·h^{-1} 进口风速 12m/s	16m/s	18m/s	重量/kg X型	Y型	筒体直径/mm	筒体高度/mm
XLP/B－12.5	12150	15190	18230	1070.3	768.5	1250	5100
－15.0	17500	21870	26240	1488.7	1095.8	1500	6100
－17.5	23820	29770	35720	2503.1	1868	1750	7120
－20.0	31100	38880	46660	3205.3	2422.4	2000	8120
－22.5	39370	49210	59050	4798.5	3653.9	2250	9120
－25.0	48600	60750	72900	5856.1	4495.8	2500	10120
－27.5	58810	73510	88210	7124.8	5479.7	2750	11150
－30.0	69980	87480	104980	8401.3	6499.3	3000	12150

注:1. 制造厂为鞍山市通风除尘设备厂。

2. 无锡铸造机械厂、冶金工业环保技术联合服务公司等生产 CLP/A 型与 CLP/B 型,筒体直径 300～1060mm,性能参数与 XLP 型同设备直径相仿,此处从略。

表 21-90　脉冲袋式除尘器

技术条件	单　位	MC-36	MC-48	MC-60	MC-24
含尘浓度	g/m^3	15～3	15～3	15～3	15～3
过滤风速	m/min	2～4	2～4	2～4	2～4
风　量	m^3(工况)/h	3250～6480	4320～8630	5400～10800	2160～4300
阻　力	Pa	1177～1471	1177～1471	1177～1471	1177～1471

续表 21-90

技术条件	单 位	MC-36	MC-48	MC-60	MC-24
外形尺寸:长	mm	1420	1820	2220	1020
宽	mm	1780	1780	1780	1780
高	mm	3676	3676	3676	3676
滤袋数量	个	36	48	60	24
滤袋面积	m^2	27	36	45	18
喷吹空气量	m^3/min	0.1～0.5	0.2～0.7	0.2～0.8	0.1～0.3
脉冲周期	min	2～3	2～3	2～3	2～3
效 率	%	99～99.5	99～99.5	99～99.5	99～99.5
重 量	kg	1060	1334	1490	865

注:制造厂有鞍山通风除尘设备厂、冶金工业环保技术联合服务公司等。

21.11 生石灰破碎、输送设备

生石灰破碎、输送设备的有关技术参数列于表 21-91 至表 21-93。

表 21-91 仓 式 泵

名 称		单 位	型 号				
			CB2.5～1800	CB4.0～2000	CP2.0	CP3.0	CP4.5
缸(泵)体有效容积		m^3	2.5	4.0	1.98	3.0	4.5
缸(泵)体内径		mm	1800	2000	1400	1600	1800
工作压力		kg/cm²	8	8	5(<7)	5(<7)	5(<7)
生产能力(最高)		卸料次数	10～12	10～12	～10	～10	～10
适合输送物料			粉状	粉状	粉状	粉状	粉状
设备重量	单仓泵	kg	2912	3484	3103	4133	4880
	双仓泵		6370	7314			
制 造 厂		浙江省电力修造厂、北票建材机械厂					

表 21-92 风选锤式粉碎机技术性能表

产量 /t·h⁻¹	主轴转速 /r·min⁻¹	锤击转子规格 /mm	进料粒度 /mm	出料粒度 /mm	物料含水率 /%	送料高度 /m	分离器 规格 /mn	分离器 分离效率 /%	分离器 混合比	进口风速(含料气体) /m·s⁻¹	外形尺寸(主机部分)长×宽 /mm	设备总重 /kg	电机功率 /kW
8～10	1500	ϕ760×58	<60	<2	4～8	4～10	ϕ1000×3400	98	1.5～2	18	3023×1830	5280	55

注:四川彭山砖瓦机械制造厂生产,西北建筑设计院供图。

表 21-93　散装水泥车

主要参数	单位	型号			
		SH7A 型（原型号 SG-070）	SR7 型（原型号 SG-072）	SR10 型（原型号 SG-100）	SR15 型
外形尺寸(长×宽×高)	mm	7240×2400×3100	8200×2500×2920	9000×2500×3300	9348×2500×3300
水泥罐装载容积	m^3	6.4	6.4	10.0	14.5
输送距离:水平	m	5～10	5～10	5～10	5～10
垂直	m	15～25	15～25	15～25	15～25
卸料速度	t/min	0.5～1.0	0.5～1.0	1.15	0.5～1.0
满载重量	t	14.86	16	18.5	25
装载重量	t	7	7	10	15
最小转弯半径	m	8.25	8.7	9.2	10.5
剩灰率	≤%	0.5	0.5	0.5	0.5
载重汽车:型号		《黄河》JN151 型	《ROMAN》R10.215 F 型	《ROMAN》R12.215 DF 型	《ROMAN》R 19.215DF 型
额定功率	kW	117.68	158.13	158.13	158.13
空压机型号			BK200－SM 型	BK200－SM 型	BK200－2G 型
工作压力	Pa	19.6133×10^4	19.6133×10^4	19.6133×10^4	19.6133×10^4
排气量	m^3/min		4.8	4.8	7.2

注:本表所列散装水泥车,均为上海水工机械厂生产。

21.12　检验、取样、试验主要设备

烧结厂检验、取样及试验主要设备的有关技术参数列于表 21-94。

表 21-94　烧结厂检验、取样、试验主要设备

名称	规格及特性	重量/kg·台$^{-1}$	供图单位或制造厂
带式取样机 取样机	PZ5.5DB5.5kW	7000 7000	长沙黑色冶金矿山设计研究院供图
焦粉取样机	取料量 3～10 kg,取样间隔 1～8 h,速度 0.199～0.8 m/s,行程 1800 mm,旋转盘 ϕ1200 mm,2 r/min	4073	马鞍山钢铁设计研究院供图
返矿取样机	取料量 10～15 kg,取样间隔 1～8 h,移动速度 0.25～0.91 m/s,行程 1560 mm,旋转盘 ϕ1200 mm,2 r/min	3697	
混合料取样机	取料量 20～30 kg,取样间隔 1～8 h,速度 0.219～0.87 m/s,行程 2600 mm,取样口宽×长＝100 mm×750 mm	4347	
斗车 缩分机 缩分机 振动筛 试样旋转台 称量漏斗	移动底开门式 125 mm×250 mm 250 mm×250 mm 800×500 mm 上层开孔 12.5 mm,下层开孔 10 mm 配 JHO_2－11－4,电机 N＝0.6 kW 	～1000 ～500 ～500 ～1000 ～500 ～500	长沙黑色冶金矿山设计研究院供图
鼓前振动筛 鼓前振动筛 鼓后振动筛 单层振动筛 转鼓试验机	800 mm×500 mm 上层开孔 40 mm,下层开孔 25 mm 800 mm×500 mm 上层开孔 16 mm,下层开孔 10 mm 800 mm×500 mm 筛孔 6.3 mm 800 mm×500 mm 筛孔 16 mm ϕ1000×500,电机功率 N＝1 kW	～1000 ～1000 ～500 ～500 ～1200	冶金部烧结球团情报网

续表 21-94

名　称	规格及特性	重量/kg·台$^{-1}$	供图单位或制造厂
转鼓试验机	ϕ1000×250(带电机)	～1000	
落下式试验装置		1000	冶金部烧结球团情报网
烧结杯	ϕ200	100	
圆筒混合机	ϕ600×1200		
除尘器	№2 蜗旋除尘器　$D=500$,带蜗壳帽	16	
颚式破碎机	PEZ－150×200,电机功率 5.5 kW	900	
颚式破碎机	100×60,电机功率 1.5 kW	72(不包括电机)	贵阳探矿机械厂
颚式破碎机	XPC－100×125 mm,排料粒度 1～6 mm		湖北探矿机械厂
辊式破碎筛分机	XPS－ϕ250×150 mm		湖北探矿机械厂
辊式破碎机	400×250 mm,电机功率 11 kW	1300	上海重型机器厂
双辊破碎机	XPZ 型 ϕ200×125 mm,出料粒度约 4 mm,电机功率 3 kW	315	天津矿山仪器厂
管式电炉	BJK－Z－13 型,最高温度 1350℃(可变),配 5 kV·A 调压器	20	天津变压器电炉厂
电热恒温干燥箱	202－1 型,工作室 350 mm×450 mm×450 mm,控制温度 40～250℃	300	上海市实验试验厂
厢式电阻炉			
磅　秤	25～50 kg	25	
台　秤	0～5 kg	10	
普通天平	TG628A 型 200 g×1 mg	5	上海天平仪器厂
工业天平	TG71 型,1 kg×10 mg	10	上海第二天平仪器厂
手摇筛	筛孔:5、6、8、10、12、15、20、25 mm,500 mm×500 mm 共 8 个	100/套	自制
鼓风机	3 号叶氏风机 $Q=13\ m^3/min$, $H=19613.3$ Pa	750	重庆通风机械厂
真空泵	2X－2, $Q=2.0$ L/s, $1.33325\times10^{-1}\sim1.33325\times10^{-2}$Pa	58	上海真空泵厂
真空泵	2XZ 型直联旋片式, $Q=2.0$ L/s, $H=1.33325\sim1.33325\times10^{-2}$Pa	20	上海真空泵厂

21.13 压气设备

压气设备的有关技术参数见表 21-95 及表 21-96。

表 21-95　动力用空气压缩机

型号名称	型　式	冷却方式	排气量/m^3·min^{-1}	排气压力/Pa	配用电动机		外形尺寸(长×宽×高)/mm	重量/kg
					型　号	功率/kW		
L2-10/8 型空气压缩机	L 型	水冷	10	78.45×10^4	Y280M－6	55	1550×855×1300	1720(包括电机)
4L-20/8 型空气压缩机	L 型	水冷	20	78.45×10^4		130	2340×1165×1930	4020(包括电机)
4L-20/8 型空气压缩机	L 型固定式	水冷	20	78.45×10^4		135	2340×1165×1930	2400(不包括电机)
L5.5-40/8 型空气压缩机	L 型固定式	水冷	40	78.45×10^4	TDK99/27－10	250	2445×1505×1894	3900(不包括电机)
L5.5-20/25 型空气压缩机	L 型固定式	水冷	20	245.17×10^4	TDK99/27－10	250	2646×1505×2050	4200(不包括电机)

表 21-96　储　气　罐

型号名称	型式	容积 /m^3	额定排气压力 /Pa	直径 /mm	重量 /kg	制造厂
4L-20/B 型储气罐	L型	2.5	78.45×10^4	1000	870	四川自贡空气压缩机厂
L2-10/7 型	L型	1.5	78.45×10^4	1000	420	四川自贡空气压缩机厂

22 设计常用资料

22.1 气体的物理参数

气体的物理参数见表 22-1～表 22-8。

表 22-1 几种气体在不同温度范围内的平均比热

气体名称	温度范围	$c_{平}=f(t)$/kJ·(标 m³·℃)$^{-1}$
CO_2	0～600℃	$c_{平}=1.629+0.74\times10^{-3}t$
	600～1500℃	$c_{平}=1.873+0.33\times10^{-3}t$
H_2O(水蒸气)	0～1500℃	$c_{平}=1.473+0.25\times10^{-3}t$
O_2	0～1500℃	$c_{平}=1.314+0.16\times10^{-3}t$
N_2	0～1500℃	$c_{平}=1.280+0.11\times10^{-3}t$
空气(干)	0～1500℃	$c_{平}=1.287+0.12\times10^{-3}t$

表 22-2 某些气体和蒸汽的爆炸极限及空气中允许浓度

名称	爆炸浓度极限					空气中允许最大浓度/mg·L^{-1}
	按体积计/%		按重量计/mg·L^{-1}			
	下限	上限	下限	上限	下限时 CO 浓度	
高炉煤气	46	68	414	612	175	
焦炉煤气	6	30			2.28	
发生炉煤气	20.7	73.7			65	
混合煤气	40～50	60～70			88	
水煤气	6～9	55～70	30～45	275～350		
天然气	4.8	13.5	24.0	67.5		
氨气	16.0	27.0	111.2	187.7		0.03
氢气	4.1	75.0	3.4	61.5		
一氧化碳	12.8	75.0	146.5	585.0		0.03
二氧化碳						0.015
硫化氢	4.3	45.5	59.9	633.0		0.01
二氧化硫						0.02
乙炔	2.6	80.0	27.6	850.0		0.5
甲烷	5.0	15.0	32.7	98.0		

表 22-3 烟气的主要参数

温度/℃	平均比热($c_{平}$)/kJ·(标 m³·℃)$^{-1}$				热含量(I)/kJ·标 m^{-3}				导热系数(λ)/MJ·(m·h·℃)$^{-1}$	动力黏度系数(γ)/Mm²·s^{-1}	普朗特准数 Pr
	湿烟气	干烟气			湿烟气	干烟气					
		12%CO_2 8% O_2	14%CO_2 6% O_2	16%CO_2 4% O_2		12%CO_2 8% O_2	14%CO_2 6% O_2	16%CO_2 4% O_2			
0	1.424	1.3297	1.3364	1.3427	0	0	0	0	82.1	12.2	
100	1.424	1.3478	1.3557	1.3636	142.3	134.8	135.6	136.5	122.6	21.5	0.72
200	1.424	1.3628	1.3720	1.3812	284.7	272.6	274.2	276.3	144.4	32.8	0.69

续表 22-3

温度/℃	平均比热($c_{平}$)/kJ·(标 m^3·℃)$^{-1}$				热含量(I)/kJ·标 m^{-3}				导热系数(λ)/MJ·(m·h·℃)$^{-1}$	动力黏度系数(γ)/$Mm^2 \cdot s^{-1}$	普朗特准数 Pr
	湿烟气	干烟气			湿烟气	干烟气					
		12% CO_2 8% O_2	14% CO_2 6% O_2	16% CO_2 4% O_2		12% CO_2 8% O_2	14% CO_2 6% O_2	16% CO_2 4% O_2			
300	1.440	1.3787	1.3892	1.3992	432.1	414.1	416.6	419.9	174.2	45.8	0.67
400	1.457	1.3963	1.4076	1.4185	582.8	558.5	563.1	567.3	205.1	60.4	0.65
500	1.474	1.4143	1.4260	1.4382	736.9	707.1	713.0	719.3	236.1	76.3	0.64
600	1.491	1.4306	1.4436	1.4562	894.3	858.3	866.2	873.8	267.1	93.6	0.63
700	1.507	1.4499	1.4633	1.4913	1055.1	1014.9	1024.5	1033.3	297.7	112.1	0.62
800	1.520	1.4666	1.4805	1.4943	1215.8	1173.1	1184.4	1195.3	329.5	131.8	0.61
900	1.532	1.4830	1.4972	1.5114	1379.1	1334.7	1347.3	1360.3	347.5	152.5	0.60
1000	1.545	1.4976	1.5123	1.5269	1544.9	1497.6	1512.3	1526.9	372.6	174.2	0.59
1100	1.557	1.5119	1.5269	1.5420	1713.2	1663.0	1679.7	1696.1	397.7	197.1	0.58
1200	1.566	1.5261	1.5412	1.5567	2046.5	1831.3	1849.3	1868.1	454.3	221.0	0.57
1300	1.578	1.5386	1.5541	1.5696	2051.9	2000.4	2020.5	2040.6	485.7	245.0	0.56
1400	1.591	1.5500	1.5659	1.5818	2227.4	2170.0	2192.2	2214.4	519.2	272.0	0.54
1500	1.604	1.5613	1.5776	1.5935	2405.3	2340.4	2365.5	2390.7	552.6	297.0	0.53

注:表中 λ、γ、Pr 值系烟气平均成分为 11% H_2O、13% CO_2 时所求得之数值,当烟气平均成分不同时,表中数字不适用。

表 22-4 空气和蒸汽的常用物理参数

温度(t)/℃	重度(γ)/kg·m^{-3}	平均比热(c_p)/kJ·(标 m^3·℃)$^{-1}$	热含量(I)/kJ·标 m^{-3}	导热系数(λ)/MJ·(m·h·℃)$^{-1}$	导温系数(e)/$m^2 \cdot h^{-1}$	黏性系数(μ)/(Gg·s)·m^{-2}	动黏性系数(γ)/$Mm^2 \cdot s^{-1}$	普朗特准数 Pr
空气								
0	1.293	1.3021	0	85.4107	6.56	1.75	13.32	0.732
20	1.207			90.8536	7.47	1.85	15.02	0.724
100	0.947	1.3063	130.4607	110.5315	11.50	2.24	23.15	0.725
200	0.747	1.3105	260.7958	133.1402	17.28	2.66	34.93	0.728
300	0.616	1.3230	396.6574	154.4929	23.85	3.03	48.25	0.728
400	0.525	1.3356	533.8170	174.5896	30.90	3.38	62.00	0.722
500	0.457	1.3481	673.6556	194.2675	38.80	3.69	79.20	0.735
600	0.405	1.3649	818.5194	209.3400	46.30	3.99	96.60	0.751
700	0.363	1.3775	963.3827	224.8312	54.40	4.26	115.10	0.752
800	0.329	1.3900	1112.0141	240.7410	63.20	4.52	134.50	0.766
900	0.301	1.4026	1263.5762	257.0695	73.00	4.76	155.00	0.763
1000	0.278	1.4151	1416.3944	274.2354	83.20	5.00	176.50	0.763
1100	0.257	1.4277	1570.8874	289.3079	93.70	5.23	199.50	0.766
1200	0.240	1.4403	1727.0550	304.3804	104.90	5.44	222.00	0.762
蒸汽								
0	0.804	1.4989	0			0.83	10.15	
100	0.558	1.5072	152.2642	85.4107	6.92	1.23	20.5	1.06
200	0.464	1.5340	304.6734	120.5798	13.2	1.64	34.6	0.94
300	0.384	1.5407	462.6414	159.0984	20.6	2.04	52.4	0.91
400	0.326	1.5659	625.9266	201.3851	29.8	2.44	73.3	0.90
500	0.284	1.5910	795.0733	246.1838	40.6	2.83	97.7	0.90
600	0.252	1.6161	969.2442	294.3320	53.1	3.21	124.9	0.89
700	0.226	1.6412	1149.2766	344.1550	67.0	3.58	155.5	0.90
800	0.204	1.6663	1334.7518	384.3482	82.9	3.94	188.5	0.91

气体在各种温度(t,℃)下的物理参数可用标准状态下的物理参数求得,计算方法如下:

(1) 重度:$\gamma_t=\gamma_0\dfrac{273}{t}$

(2) 黏度系数:$\mu_t=\mu_0\dfrac{1+\dfrac{c}{273}}{1+\dfrac{c}{t}}\sqrt{\dfrac{t}{273}}$(式中 c 值见下表)

气体名称	空气	N_2	O_2	H_2	CO	CO_2	蒸汽	CH_4	H_2S	SO_2
换算系数 c	122	102	138	75	102	233	961	198	331	416

(3) 动黏度系数:$\gamma_t=\dfrac{\mu_t}{\rho_t}$

(4) 导热系数:$\lambda_t=\dfrac{\mu_t\cdot c_{pe}\cdot g}{Pr}$

单原子气体时 $Pr=0.67$;双原子气体 $Pr=0.72$;三原子气体 $Pr=0.8$;四原子和原子数目更多的气体 $Pr=1$。

(5) 导温系数:$a_t=\dfrac{\lambda_t}{c_{pt}\cdot\gamma_t}$

(6) 比热:气体在不同温度范围的平均比热按表 22-1 进行计算。

表 22-5 饱和状态下空气的含水量

温 度/℃	蒸汽压力/Pa	1 m^3 空气中含水量			
		含水重量(G)/$g\cdot m^{-3}$		体积百分数(V)/%	
		干空气	湿空气	干空气	湿空气
−30	27.458×10^{-1}	0.30	0.30	0.037	0.037
−25	46.090×10^{-1}	0.50	0.50	0.062	0.062
−20	75.705×10^{-1}	0.82	0.81	0.102	0.101
−15	12.140	1.32	1.31	0.164	0.163
−10	19.083	2.07	2.05	0.257	0.256
−8	22.761	2.46	2.45	0.306	0.305
−6	27.075	2.85	2.84	0.364	0.353
−5	29.517	3.19	3.18	0.397	0.395
−4	32.126	3.48	3.46	0.432	0.430
−3	34.970	3.79	3.77	0.471	0.459
−2	38.039	4.12	4.10	0.512	0.510
−1	41.344	4.49	4.46	0.558	0.555
0	44.903	4.87	4.84	0.605	0.602
1	48.296	5.24	5.21	0.652	0.648
2	51.915	5.64	5.60	0.701	0.697
3	55.749	6.05	6.01	0.753	0.748
4	59.827	6.51	6.46	0.810	0.804
5	64.143	6.97	6.91	0.868	0.860
6	68.772	7.48	7.42	0.930	0.922
7	73.675	8.02	7.94	0.998	0.988

续表 22-5

温　度/℃	蒸汽压力/Pa	1 m³ 空气中含水量			
		含水重量(G)/g·m⁻³		体积百分数(V)/%	
		干空气	湿空气	干空气	湿空气
8	78.892	8.59	8.52	1.070	1.060
9	84.423	9.17	9.10	1.140	1.130
10	90.307	9.81	9.73	1.220	1.210
11	96.534	10.50	10.40	1.310	1.290
12	103.153	11.20	11.10	1.40	1.38
13	110.126	12.10	11.90	1.50	1.48
14	117.578	12.90	12.70	1.60	1.58
15	125.424	13.70	13.50	1.71	1.68
16	133.661	14.60	14.40	1.82	1.79
17	142.487	15.70	15.50	1.95	1.93
18	151.803	16.70	16.40	2.08	2.04
19	161.609	17.80	17.40	2.22	2.17
20	172.004	19.00	18.50	2.36	2.30
22	194.460	21.50	21.00	2.68	2.61
24	219.467	24.40	23.60	3.04	2.94
26	247.219	27.60	26.70	3.43	3.32
28	278.011	31.20	30.00	3.88	3.73
30	312.039	35.10	33.70	4.37	4.19
32	349.695	39.60	37.70	4.93	4.69
34	391.274	44.5	42.2	5.54	5.25
36	436.972	50.1	47.1	6.23	5.86
38	487.279	55.3	52.7	7.00	6.55
40	542.489	63.1	58.5	7.85	7.27
45	704.882	84.0	76.0	10.43	9.46
50	907.188	111.4	97.9	13.85	12.18
55	1157.152	148.0	125.0	18.40	15.50
60	1465.072	196.0	158.0	24.50	19.70
65	1838.695	265.0	199.0	32.80	24.70
70	2291.750	361.0	249.0	44.90	31.60
75	2835.023	499.0	308.0	62.90	39.90
80	3482.244	715.0	379.0	89.10	47.10
85	4252.044	1061.0	463.0	135.80	57.00
90	5156.192	1870.0	563.0	233.00	70.00
95	6216.261	4040.0	679.0	545.00	84.50
100	7452.845		816.0		100.00

注：1. 饱和状态指气体与产生它的液体处于动态平衡时的状态，即在单位时间内，由液体变成气体的分子数等于从气体回到液体中的分子数。

2. 水分重量和容积百分数的比值约为 8.04。

3. 本表空气压力均为 101325 Pa。

表 22-6 蒸汽的物理参数

绝对压力 /×10^4 Pa	饱和蒸汽				过热蒸汽							
	温度/℃	比容 /$m^3 \cdot kg^{-1}$	热含量 /$kJ \cdot kg^{-1}$	汽化热 /$kJ \cdot kg^{-1}$	200℃ 比容 /$m^3 \cdot kg^{-1}$	200℃ 热含量 /$kJ \cdot kg^{-1}$	250℃ 比容 /$m^3 \cdot kg^{-1}$	250℃ 热含量 /$kJ \cdot kg^{-1}$	300℃ 比容 /$m^3 \cdot kg^{-1}$	300℃ 热含量 /$kJ \cdot kg^{-1}$	350℃ 比容 /$m^3 \cdot kg^{-1}$	350℃ 热含量 /$kJ \cdot kg^{-1}$
14.7	110.8	1.181	2692.53	2226.96	1.472	2872.14	1.632	2971.37	1.791	3071.86	1.950	3173.59
19.6	119.6	0.902	2705.93	2201.64	1.101	2869.63	1.221	2969.70	1.341	3070.60	1.461	3173.17
24.5	126.8	0.732	2715.98	2181.74	0.879	2867.12	0.976	2967.60	1.071	3068.92	1.168	3171.92
29.4	132.9	0.617	2724.35	2164.16	0.730	2864.61	0.812	2965.93	0.892	3067.67	0.972	3171.08
34.3	138.2	0.534	2731.47	2148.25	0.625	2862.10	0.695	2963.84	0.765	3066.41	0.833	3170.24
39.2	142.9	0.471	2737.75	2134.43	0.545	2859.58	0.607	2962.16	0.668	3065.16	0.728	3168.99
44.1	147.2	0.422	2743.19	2121.45	0.483	2857.07	0.539	2960.49	0.593	3063.90	0.647	3167.73
49.0	151.1	0.382	2747.80	2108.89	0.433	2854.14	0.484	2958.39	0.533	3062.23	0.581	3166.90
53.9	154.7	0.349	2751.98	2098.01	0.393	2851.63	0.439	2957.14	0.484	3060.55	0.528	3165.64
58.8	158.1	0.321	2756.17	2087.12	0.359	2849.54	0.402	2954.62	0.443	3059.29	0.484	3164.80
68.6	164.2	0.278	2762.87	2067.44	0.306	2844.51	0.343	2951.28	0.379	3056.78	0.414	3162.29
78.4	169.6	0.245	2768.31	2049.44	0.266	2839.49	0.299	2947.93	0.331	3053.85	0.361	3160.62
88.2	174.5	0.219	2772.92	2033.11	0.235	2833.63	0.265	2944.16	0.293	3050.92	0.321	3158.10
98.1	179.0	0.198	2777.10	2017.20	0.210	2827.76	0.237	2940.81	0.263	3047.99	0.288	3156.01
107.9	183.2	0.181	2780.45	2002.55	0.190	2822.32	0.215	2937.04	0.239	3045.06	0.261	3153.50
117.7	187.1	0.166	2783.80	1988.73	0.173	2817.30	0.196	2933.27	0.218	3042.55	0.239	3151.82
127.5	190.7	0.154	2786.73	1975.75	0.158	2811.44	0.180	2929.92	0.201	3039.62	0.220	3149.31
137.3	194.1	0.143	2789.25	1963.19	0.146	2805.16	0.167	2926.15	0.186	3035.85	0.204	3147.22
147.1	197.4	0.134	2791.34	1951.05	0.135	2798.46	0.155	2922.39	0.173	3034.17	0.190	3145.12

表 22-7　水的汽化热

温度/℃	0	10	20	30	40	50	60	70	80	90	100
汽化热/$kJ \cdot kg^{-1}$	2491.15	2466.03	2445.09	2424.16	2399.04	2378.10	2352.98	2332.05	2306.93	2281.81	2256.69
温度/℃	110	120	130	140	150	160	170	180	190	200	
汽化热/$kJ \cdot kg^{-1}$	2231.56	2206.44	2177.14	2147.83	2118.52	2089.21	2059.91	2026.41	1992.92	1959.42	

表 22-8　大气压与海拔高度的关系

海拔高度/m	0	200	400	600	800	1000	1200	1400
气压计压力/Pa	101324.72	98658.28	96658.45	94658.62	91992.18	89992.35	87325.91	85326.08
海拔高度/m	1600	1800	2000	2200	2400	2600	2800	3000
气压计压力/Pa	83326.25	81326.42	79326.59	77326.76	75326.93	73993.71	71993.88	69994.05

22.2　带式输送机有关资料

凹段几何尺寸计算，见图 22-1 及表 22-9。

输送量与带宽、带速的关系，见表 22-10。

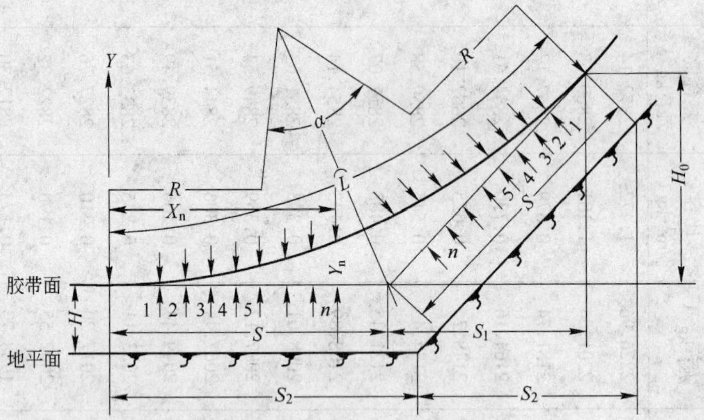

图 22-1　凹弧段几何尺寸示意图

$S = R\tan\frac{\alpha}{2}$，$S$ 值见表 22-9；

$S_1 = S\cos\alpha$，S_1 值见表 22-9；

$S_2 = (R + H)\tan\frac{\alpha}{2}$；

$S_1 = S_2\cos\alpha$；

$H_0 = S\sin\alpha$，H_0 值见表 22-9；

$\overset{\frown}{L} = 0.01745R\alpha$，$\overset{\frown}{L}$ 值见表 22-9；

$Y_n = R - \sqrt{R^2 - X_n^2}$

表 22-9 S、S_1、H_0 及 L 值,mm

名称	曲率半径/m	α 6°	9°	12°	15°	15°30′	16°	16°30′	17°	17°30′	18°	18°30′	19°	19°30′	20°
S	60	3145	4722	6306	7899	8165	8432	8699	8967	9235	9503	9772	10040	10310	10580
	70	3669	5509	7357	9216	9526	9838	10149	10462	10774	11087	11400	11714	12028	12343
	80	4193	6296	8408	10532	10887	11243	11599	11956	12313	12670	13029	13387	13746	14106
	90	4717	7083	9459	11849	12248	12649	13049	13451	13852	14254	14657	15061	15465	15870
	100	5241	7870	10510	13165	13609	14054	14499	14945	15391	15838	16286	16734	17183	17633
	120	6289	9444	12612	15798	16331	16865	17399	17934	18469	19006	19543	20081	20620	21160
	135	7075	10625	14189	17773	18372	18973	19574	20176	20778	21381	21986	22591	23197	23805
	150	7862	11805	15765	19748	20414	21081	21749	22418	23087	23757	24429	25101	25775	26450
S_1	60	3128	4664	6168	7630	7868	8105	8341	8575	8807	9037	9267	9493	9718	9941
	70	3649	5441	7296	8902	9179	9456	9731	10005	10275	10544	10811	11076	11338	11597
	80	4170	6219	8224	10174	10491	10807	11121	11434	11743	12049	12355	12657	12957	13254
	90	4690	6996	9252	11446	11802	12158	12511	12863	13211	13556	13899	14240	14577	14911
	100	5212	7773	10280	12717	13114	13509	13902	14292	14678	15062	15444	15822	16197	16568
	120	6254	9328	12336	15261	15737	16211	16682	17150	17614	18075	18533	18987	19436	19882
	135	7036	10494	13878	17169	17703	18237	18768	19294	19816	20333	20849	21360	21865	22367
	150	7819	11660	15420	19077	19671	20263	20853	21438	22018	22593	23166	23733	24296	24852
H_0	60	329	739	1311	2044	2182	2324	2471	2621	2777	2937	3101	3269	3441	3618
	70	384	862	1530	2385	2545	2711	2882	3058	3240	3426	3617	3814	4015	4221
	80	438	985	1748	2726	2909	3099	3294	3495	3703	3915	4134	4359	4588	4824
	90	493	1108	1967	3067	3273	3486	3706	3932	4165	4404	4651	4904	5162	5428
	100	548	1231	2185	3407	3636	3873	4118	4368	4628	4894	5168	5449	5736	6030
	120	657	1477	2622	4089	4364	4648	4941	5242	5554	5873	6201	6538	6883	7237
	135	740	1662	2950	4600	4900	5229	5559	5897	6248	6607	6976	7356	7743	8141
	150	822	1846	3278	5111	5455	5810	6177	6653	6942	7341	7751	8173	8604	9046
$\overset{\frown}{L}$	60	6282	9423	12564	15705	16228	16752	17275	17799	18322	18846	19369	19893	20416	20940
	70	7329	10993	14658	18322	18933	19544	20154	20765	21376	21987	22597	23208	23819	24430
	80	8376	12564	16752	20940	21638	22336	23034	23732	24430	25128	25826	26524	27222	27920
	90	9423	14135	18846	23558	24343	25128	25913	26699	27484	28269	29054	29840	32625	31410
	100	10470	15705	20940	26175	27047	27920	28792	29665	30537	31410	32282	33155	34027	34900
	120	12564	18846	25128	31410	32457	33504	34551	35598	36645	37692	38739	39786	40833	41880
	135	14135	21201	28269	35336	36514	37692	38870	40048	41226	42404	43581	44759	45937	47115
	150	15705	23557	31410	39262	40571	41880	43188	44497	45806	47115	48423	49732	51042	52350

表 22-10　输送量(t/h)与带宽，带速的关系

带速/m·s⁻¹			0.8	1.0	1.1	1.2	1.25	1.3	1.4	1.5	1.6	2.0	2.5
贫铁矿 $\gamma=2\ t/m^3$ $\rho=30°$	带宽/mm	500	156	195	214	234	244	253	273	292	312	390	487
		650	264	330	362	395	412	428	461	494	527	659	824
		800	445	557	612	668	696	724	780	835	891	1114	1392
		1000	696	870	957	1044	1087	1131	1218	1305	1392	1740	2175
		1200	1048	1310	1441	1572	1638	1704	1835	1966	2097	2621	3276
		1400	1427	1784	1962	2140	2229	2319	2497	2675	2854	3567	4459
富铁矿 $\gamma=2.5\ t/m^3$ $\rho=33°$	带宽/mm	500	204	255	280	306	319	331	357	382	408	510	637
		650	345	431	474	517	539	560	603	646	690	862	1077
		800	584	730	803	876	912	948	1021	1094	1167	1459	1824
		1000	912	1140	1254	1368	1425	1482	1596	1710	1824	2280	2850
		1200	1388	1735	1909	2082	2169	2256	2429	2603	2776	3470	4338
		1400	1889	2362	2598	2834	2952	3070	3306	3543	3779	4724	5904
铁精矿粉 $\gamma=2.2\ t/m^3$ $\rho=35°$	带宽/mm	500	185	231	254	277	289	300	323	346	370	462	577
		650	312	390	429	468	488	507	547	586	625	781	976
		800	529	662	728	794	827	860	926	993	1059	1324	1654
		1000	827	1034	1137	1241	1292	1344	1448	1551	1654	2068	2585
		1200	1267	1584	1742	1901	1980	2059	2218	2376	2534	3168	3960
		1400	1725	2156	2372	2587	2695	2803	3018	3234	3450	4312	5390
白云石:烧结混合料 $\gamma=1.6\ t/m^3$ $\rho=40°$	带宽/mm	500	142	178	196	214	222	231	249	267	285	356	445
		650	241	301	331	361	376	301	421	451	481	602	752
		800	410	512	563	614	640	666	717	768	819	1024	1280

续表 22-10

带速/m·s^{-1}			0.8	1.0	1.1	1.2	1.25	1.3	1.4	1.5	1.6	2.0	2.5
白云石:烧结混合料 $\gamma=1.6\ t/m^3$ $\rho=40°$	带宽/mm	1000	640	800	880	960	1000	1040	1120	1200	1280	1600	2000
		1200	986	1233	1356	1479	1541	1602	1726	1849	1972	2465	3082
		1400	1342	1678	1846	2013	2097	2181	2349	2517	2684	3355	4194
石灰石,白云石烧结混合料 $\gamma=1.6\ t/m^3$ $\rho=35°$	带宽/mm	500	134	168	185	202	210	218	235	252	269	336	420
		650	227	284	312	341	355	369	397	426	454	568	710
		800	385	481	529	578	602	626	674	722	770	963	1203
		1000	602	752	827	902	940	978	1053	1128	1203	1504	1880
		1200	922	1152	1267	1382	1440	1498	1613	1728	1843	2304	2880
		1400	1254	1568	1725	1882	1960	2038	2195	2352	2509	3136	3920
高炉灰 $\gamma=1.5\ t/m^3$ $\rho=25°$	带宽/mm	500	106	133	146	160	164	173	186	200	213	266	333
		650	180	225	247	270	281	294	315	337	360	450	562
		800	307	384	422	461	480	499	538	576	614	768	960
		1000	480	600	660	720	750	780	840	900	960	1200	1500
		1200	726	907	998	1089	1134	1179	1270	1361	1451	1814	2268
		1400	988	1235	1358	1482	1543	1605	1729	1852	1976	2470	3087
焦炭 $\gamma=0.7\ t/m^3$ $\rho=35°$	带宽/mm	500	59	73	81	88	92	96	103	110	118	147	184
		650	99	124	137	149	155	161	174	186	199	248	311
		800	168	211	232	253	263	274	295	316	337	421	526
		1000	263	329	362	395	411	428	461	493	526	658	822
		1200	403	504	554	605	630	655	706	756	806	1008	1260
		1400	549	686	755	823	857	892	960	1029	1098	1372	1715

续表 22-10

带速/m·s^{-1}			0.8	1.0	1.1	1.2	1.25	1.3	1.4	1.5	1.6	2.0	2.5
焦 炭 $\gamma=0.5\ t/m^3$ $\rho=35°$	带宽/mm	500	42	52	58	63	66	68	73	79	84	105	131
		650	71	89	98	106	111	115	124	133	142	177	222
		800	120	150	165	180	188	195	211	226	241	301	376
		1000	188	235	258	282	294	305	329	352	376	470	587
		1200	288	360	396	432	450	468	504	540	576	720	900
		1400	392	490	539	588	612	637	686	735	784	980	1225
生、消石灰粉 $\gamma=0.55\ t/m^3$ $\rho=25°$	带宽/mm	500	39	49	54	59	61	63	68	73	78	98	122
		650	66	82	91	99	103	107	115	124	132	165	206
		800	113	141	155	169	176	183	197	211	225	282	352
		1000	176	220	242	264	275	286	308	330	352	440	550
		1200	266	333	366	399	416	432	466	499	532	665	832
		1400	362	453	498	543	566	589	634	679	724	905	1132
煤、无烟煤 $\gamma=0.8\ t/m^3$ $\rho=30°$	带宽/mm	500	62	78	86	94	97	101	109	117	125	156	195
		650	105	132	145	158	165	171	185	198	211	264	330
		800	178	223	245	267	278	290	312	334	356	445	557
		1000	278	348	383	418	435	452	487	522	557	696	870
		1200	419	524	577	629	655	681	734	786	839	1048	1310
		1400	571	713	785	856	892	927	999	1070	1141	1427	1784

注:1. 本表输送量是按 TD75 水平的槽型(槽角 30°)带式输送机计算的(带式输送机倾角为零)。

2. 当带式输送机有倾角时,运输量等于倾角系数乘本表所列数值,即运输量相应减少。

倾角系数 c 值见下表:

β	≤6°	8°	10°	12°	14°	16°	18°	20°	22°	24°	25°
c	1.0	0.96	0.94	0.92	0.90	0.88	0.85	0.81	0.76	0.74	0.72

3. 对于平型托辊带式输送机运输量为表列值的一半。

4. 带式输送机的带速超过表列范围时,则运输量按下式计算:

$$Q=Q_{表}\frac{V}{V_{表}},\ t/h$$

式中 $Q_{表}$、$V_{表}$——表列运输量和带速;

Q、V——所求运输量及所定带速。

22.3 热工资料

(1) 燃料燃烧计算的经验公式见表 22-11。

(2) 燃料燃烧图解法见图 22-2～图 22-10(图中的气体单位均为标 m^3)。

(3) 燃料热值换算见表 22-12～图 22-14。

(4) 各种燃料折算标准煤的参考数据见表 22-15。

(5) 反应热效应:

1) 主要铁锰矿物的反应热效应见表 22-16。

2) 燃烧反应热效应见表 22-17。

表 22-11 燃料燃烧计算的经验公式

燃料种类		理论空气需要量 Q_0 /标 $m^3 \cdot kg^{-1}$(固,液) 标 m^3·标 m^{-3}(气)	燃烧生成物量 V_n /标 $m^3 \cdot kg^{-1}$(固,液) 标 m^3·标 m^{-3}(气)
液体燃料		$Q_0 = 0.85\dfrac{H_{低}}{4187} + 2.0$	$V_n = 1.11\dfrac{H_{低}}{4187} + (\alpha - 1)Q_0$
气体燃料	$H_{低} < 12560$ kJ/标 m^3	$Q_0 = 0.875\dfrac{H_{低}}{4187}$	$V_n = 0.725\dfrac{H_{低}}{4187} + 1.0 + (\alpha - 1)Q_0$
	$H_{低} > 12560$ kJ/标 m^3	$Q_0 = 1.09\dfrac{H_{低}}{4187} - 0.25$	$V_n = 1.14\dfrac{H_{低}}{4187} + 0.25 + (\alpha - 1)Q_0$
天然气	$H_{低} < 35797$ kJ/标 m^3	$Q_0 = 1.105\dfrac{H_{低}}{4187} + 0.05$	$V_n = 1.105\dfrac{H_{低}}{4187} + 1.05 + (\alpha - 1)Q_0$
	$H_{低} > 35797$ kJ/标 m^3	$Q_0 = 1.105\dfrac{H_{低}}{4187}$	$V_n = 1.18\dfrac{H_{低}}{4187} + 0.38 + (\alpha - 1)Q_0$
煤		$Q_0 = 1.01\dfrac{H_{低}}{4187} + 0.5$	$V_n = 0.89\dfrac{H_{低}}{4187} + 1.65 + (\alpha - 1)Q_0$
木 柴		$Q_0 = 4.66\left(1 - \dfrac{W_{用}}{4187}\right)$	$V_n = 5.3 - 4.055\dfrac{W_{用}}{4187} + (\alpha - 1)Q_0$

注:1. $W_{用}$ 为木柴在应用状态下的含水量,(重量)%。

2. $H_{低}$ 为应用状态下低发热值。

3. α 为空气过剩系数。

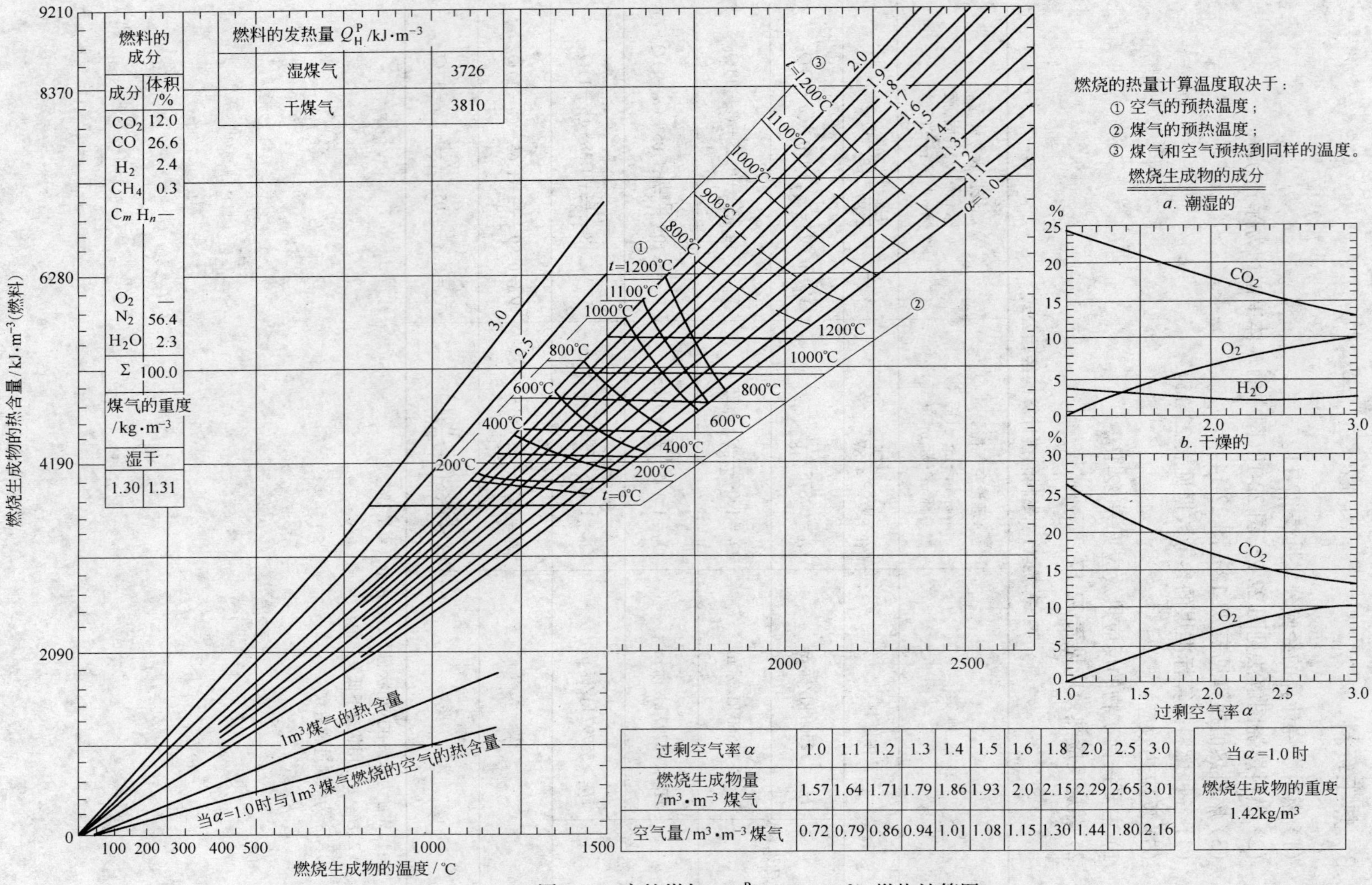

燃料的成分	
成分	体积/%
CO_2	12.0
CO	26.6
H_2	2.4
CH_4	0.3
C_mH_n	—
O_2	—
N_2	56.4
H_2O	2.3
Σ	100.0
煤气的重度/$kg\cdot m^{-3}$	
湿	干
1.30	1.31

燃料的发热量 Q_H^P/$kJ\cdot m^{-3}$	
湿煤气	3726
干煤气	3810

过剩空气率α	1.0	1.1	1.2	1.3	1.4	1.5	1.6	1.8	2.0	2.5	3.0
燃烧生成物量/$m^3\cdot m^{-3}$ 煤气	1.57	1.64	1.71	1.79	1.86	1.93	2.0	2.15	2.29	2.65	3.01
空气量/$m^3\cdot m^{-3}$ 煤气	0.72	0.79	0.86	0.94	1.01	1.08	1.15	1.30	1.44	1.80	2.16

当α=1.0时
燃烧生成物的重度
1.42kg/m³

图 22-2　高炉煤气（Q_H^P=3726kJ/m³）燃烧计算图

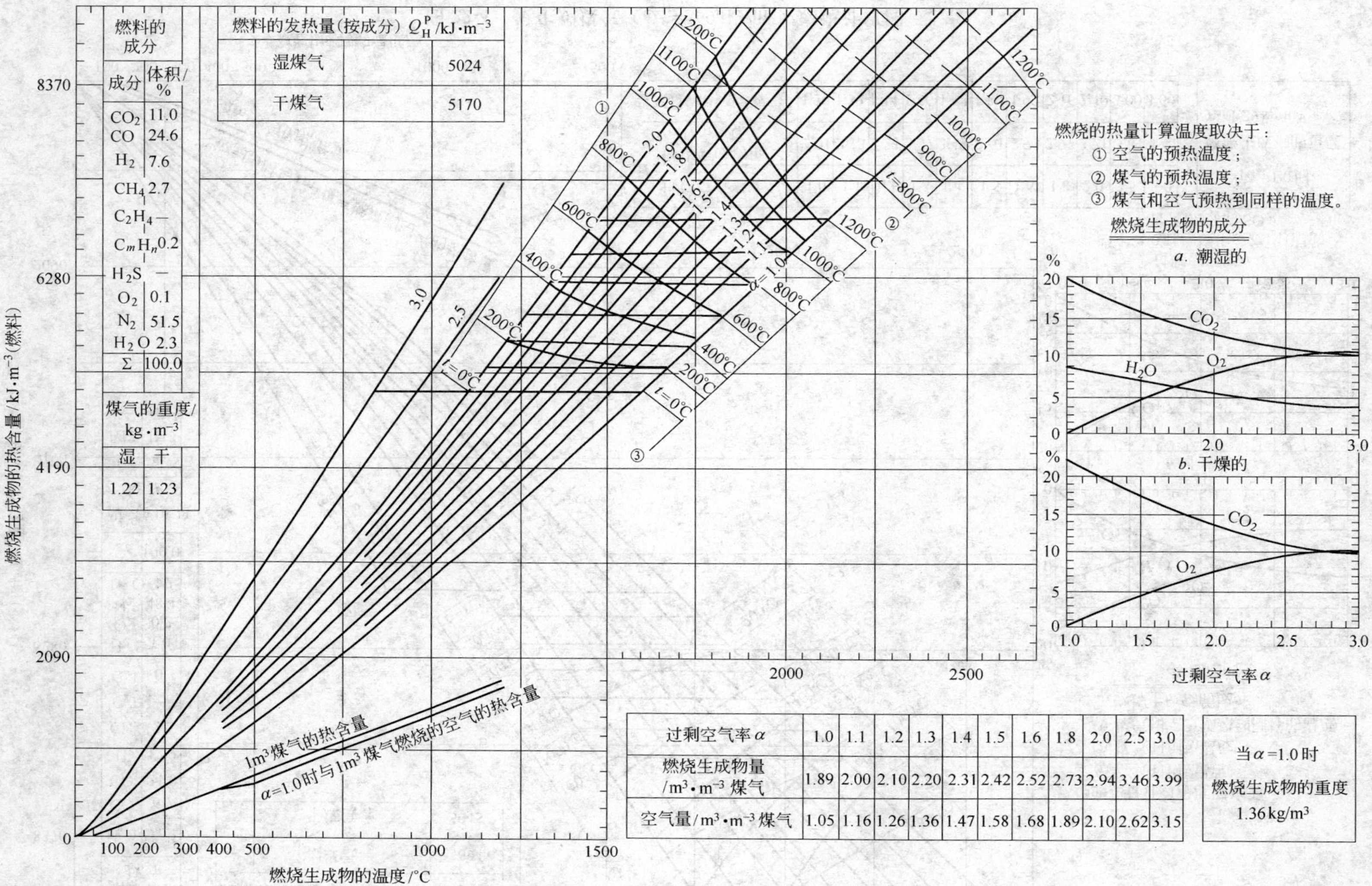

成分	体积/%
CO_2	11.0
CO	24.6
H_2	7.6
CH_4	2.7
C_2H_4	—
C_mH_n	0.2
H_2S	—
O_2	0.1
N_2	51.5
H_2O	2.3
Σ	100.0

煤气的重度/kg·m⁻³	
湿	干
1.22	1.23

燃料的发热量(按成分) Q_H^P/kJ·m⁻³	
湿煤气	5024
干煤气	5170

过剩空气率α	1.0	1.1	1.2	1.3	1.4	1.5	1.6	1.8	2.0	2.5	3.0
燃烧生成物量/m³·m⁻³煤气	1.89	2.00	2.10	2.20	2.31	2.42	2.52	2.73	2.94	3.46	3.99
空气量/m³·m⁻³煤气	1.05	1.16	1.26	1.36	1.47	1.58	1.68	1.89	2.10	2.62	3.15

当α=1.0时
燃烧生成物的重度
1.36kg/m³

图 22-3 混合煤气（高炉和焦炉）（Q_H^P=5024kJ/m³）燃烧计算图

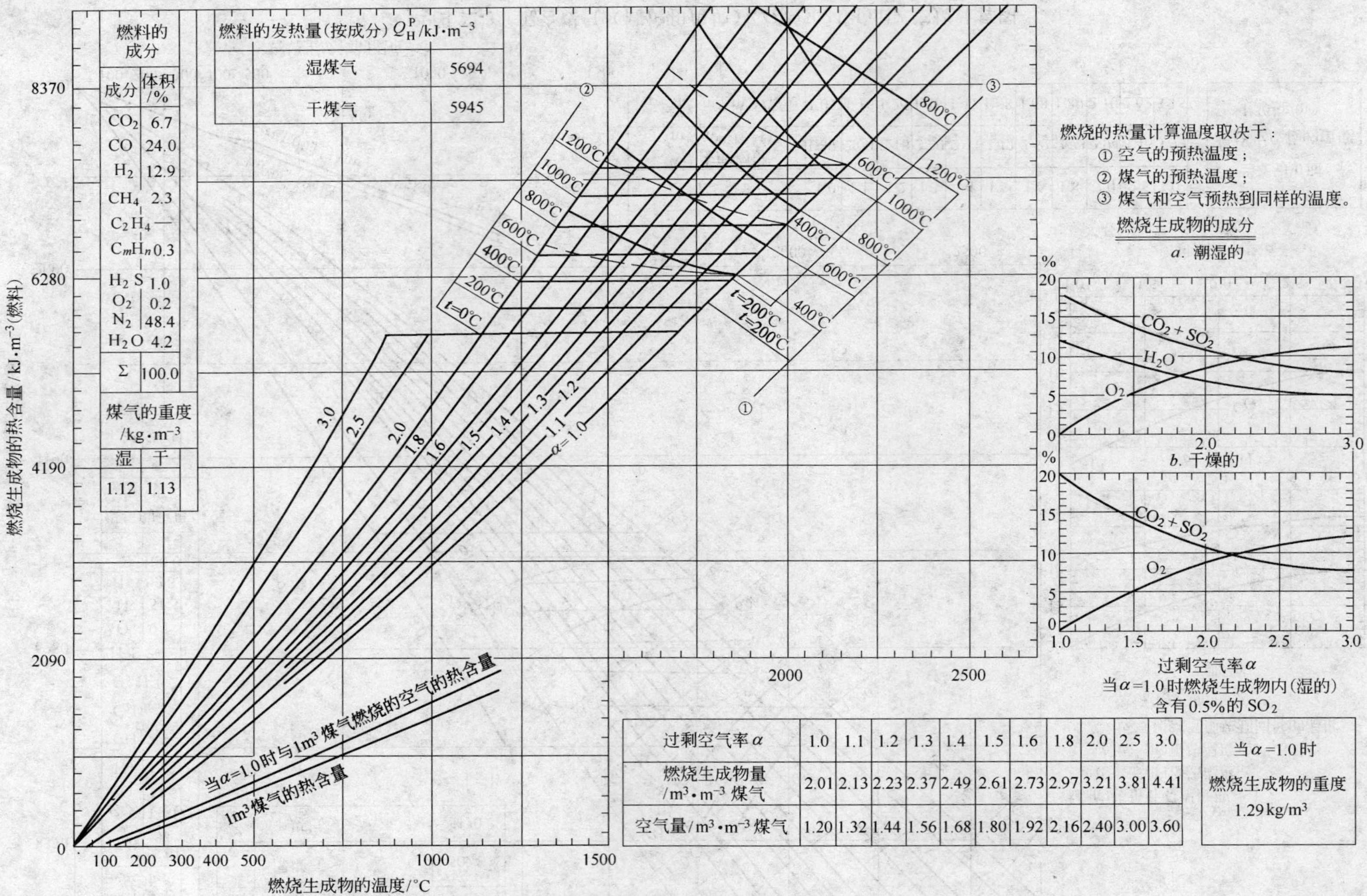

过剩空气率α	1.0	1.1	1.2	1.3	1.4	1.5	1.6	1.8	2.0	2.5	3.0
燃烧生成物量 /m³·m^{-3} 煤气	2.01	2.13	2.23	2.37	2.49	2.61	2.73	2.97	3.21	3.81	4.41
空气量/m³·m^{-3}煤气	1.20	1.32	1.44	1.56	1.68	1.80	1.92	2.16	2.40	3.00	3.60

图 22-4 发生炉煤气（Q_H^P=5694kJ/m³）燃烧计算图

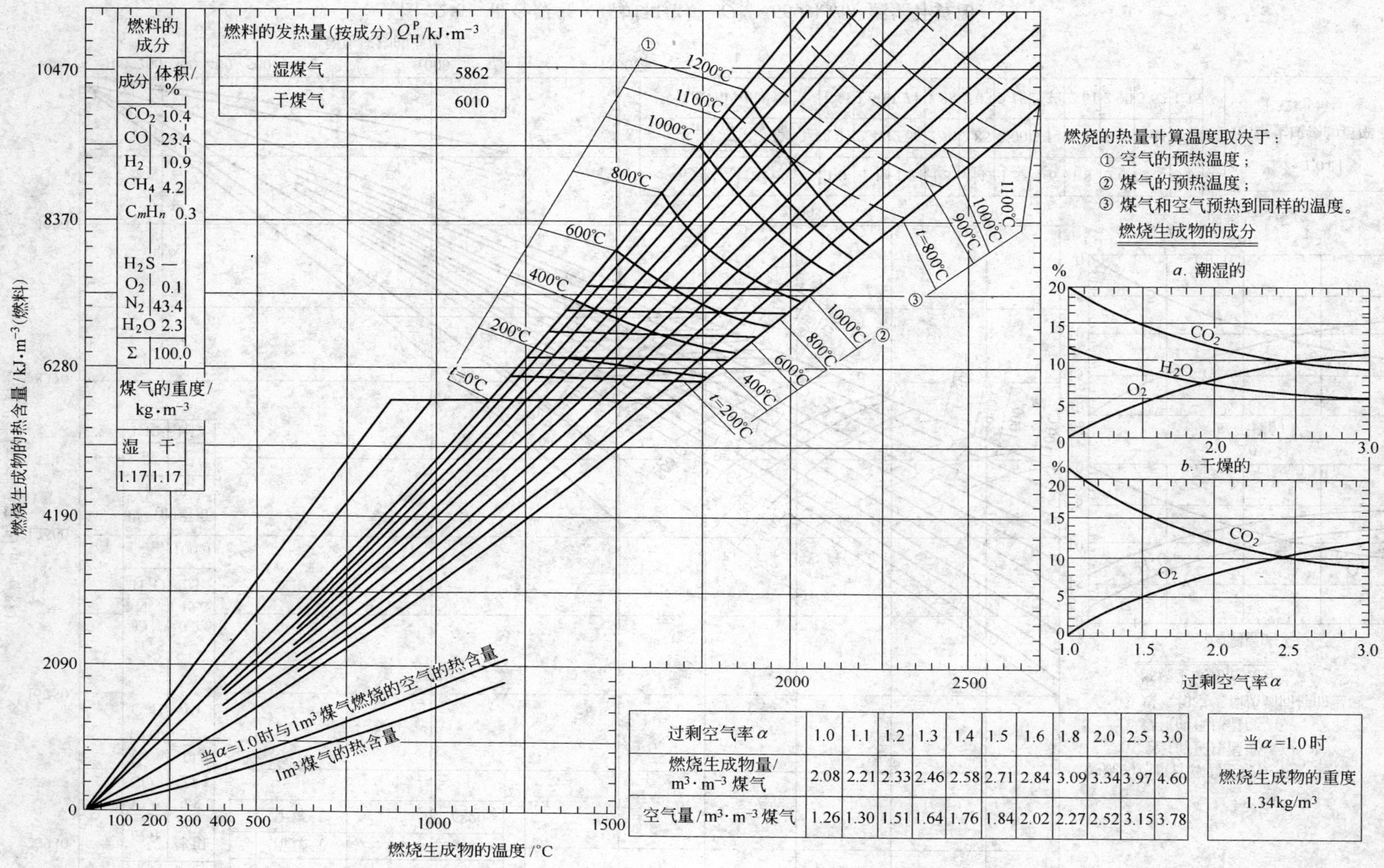

过剩空气率 α	1.0	1.1	1.2	1.3	1.4	1.5	1.6	1.8	2.0	2.5	3.0
燃烧生成物量/$m^3 \cdot m^{-3}$ 煤气	2.08	2.21	2.33	2.46	2.58	2.71	2.84	3.09	3.34	3.97	4.60
空气量/$m^3 \cdot m^{-3}$ 煤气	1.26	1.30	1.51	1.64	1.76	1.84	2.02	2.27	2.52	3.15	3.78

图 22-5 混合煤气（高炉煤气和焦炉煤气）（Q_H^P=5862kJ/m³）燃烧计算图

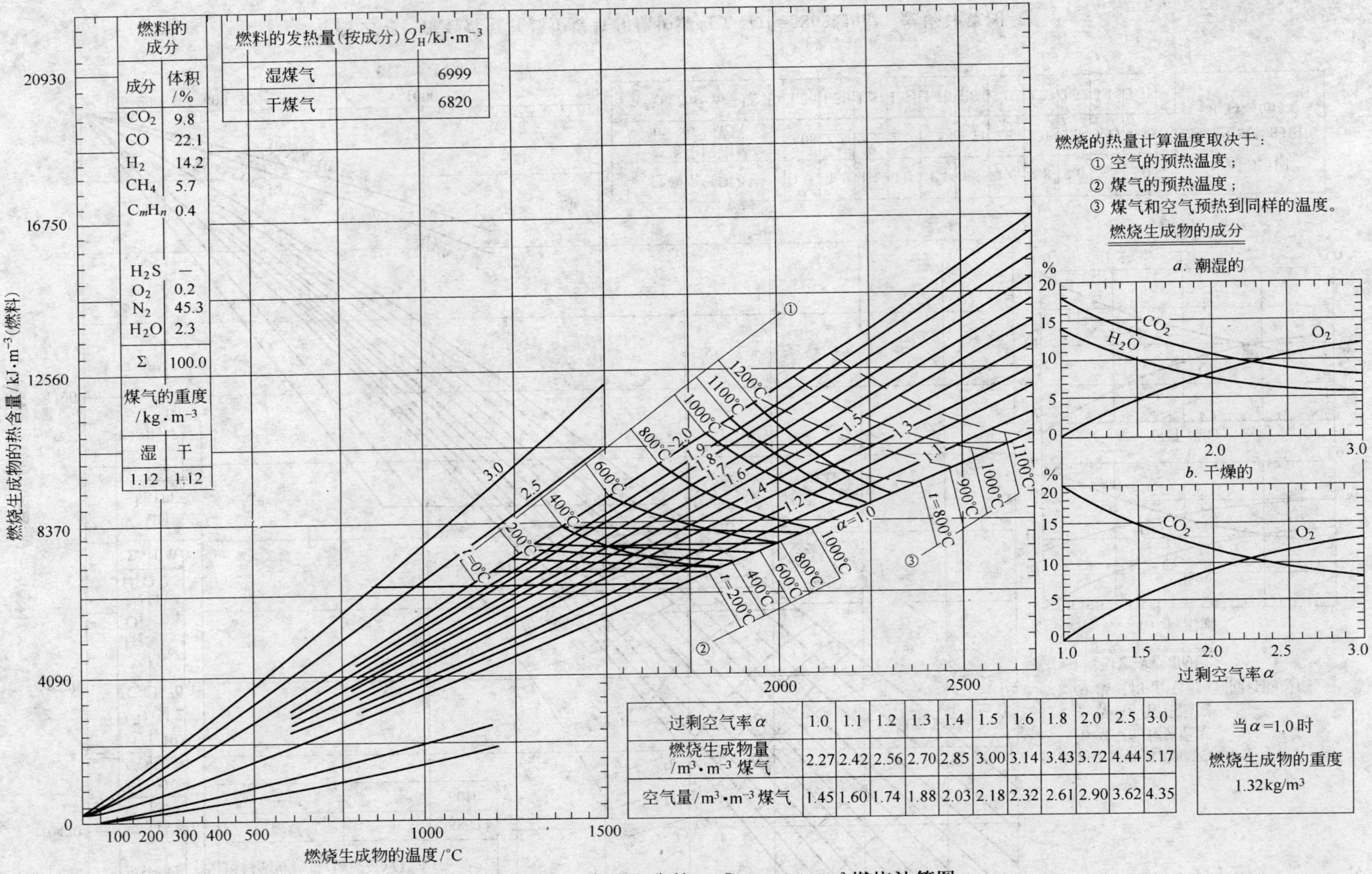

燃料的成分	
成分	体积/%
CO_2	9.8
CO	22.1
H_2	14.2
CH_4	5.7
C_mH_n	0.4
H_2S	—
O_2	0.2
N_2	45.3
H_2O	2.3
Σ	100.0
煤气的重度/kg·m⁻³	
湿	干
1.12	1.12

燃料的发热量(按成分) Q_H^P/kJ·m⁻³	
湿煤气	6999
干煤气	6820

过剩空气率 α	1.0	1.1	1.2	1.3	1.4	1.5	1.6	1.8	2.0	2.5	3.0
燃烧生成物量/m³·m⁻³ 煤气	2.27	2.42	2.56	2.70	2.85	3.00	3.14	3.43	3.72	4.44	5.17
空气量/m³·m⁻³ 煤气	1.45	1.60	1.74	1.88	2.03	2.18	2.32	2.61	2.90	3.62	4.35

当 α=1.0 时
燃烧生成物的重度
1.32kg/m³

图 22-6　混合煤气（高炉和焦炉）$Q_H^P \approx 6699$kJ/m³ 燃烧计算图

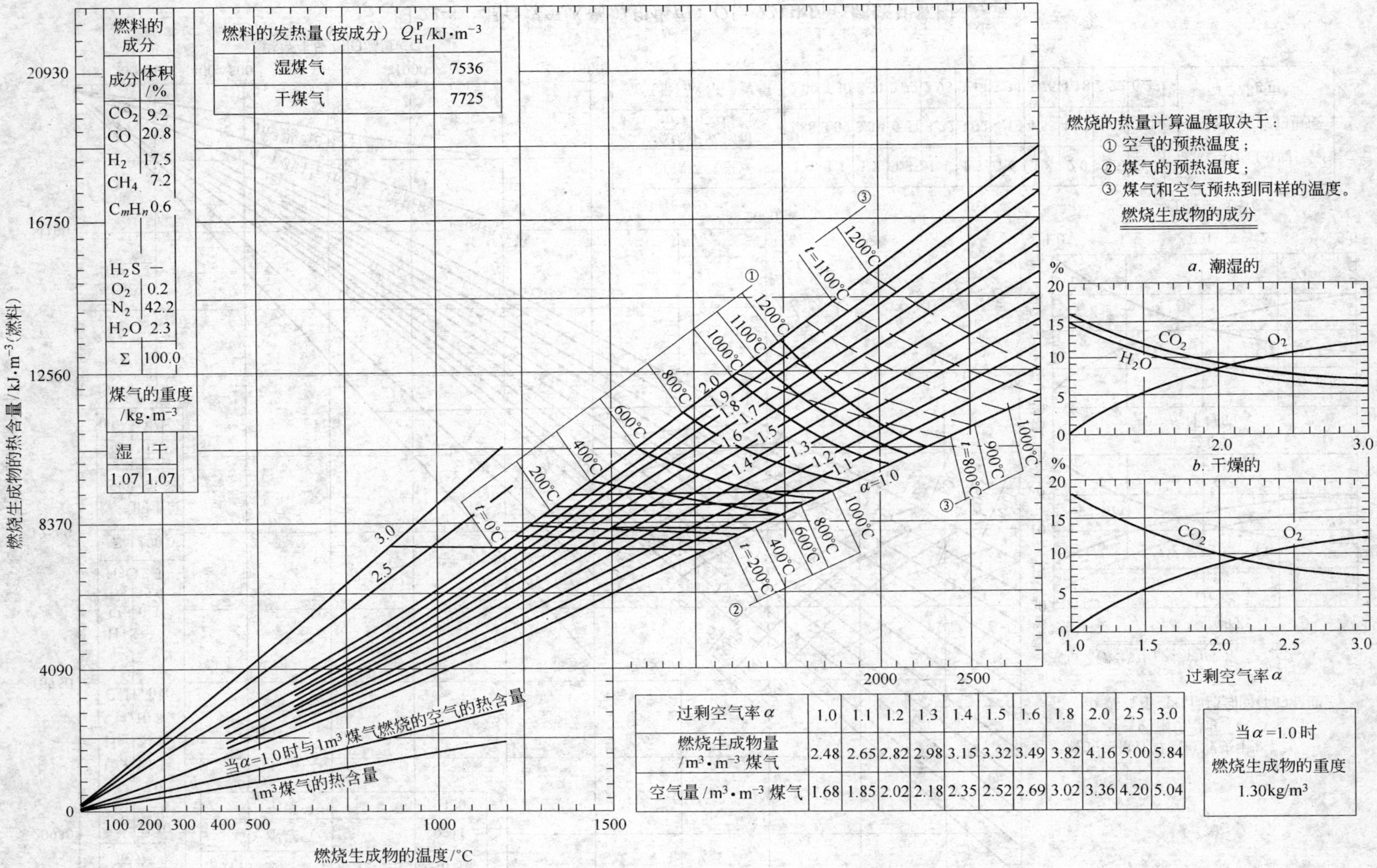

燃料的成分	
成分	体积/%
CO_2	9.2
CO	20.8
H_2	17.5
CH_4	7.2
C_mH_n	0.6
H_2S	—
O_2	0.2
N_2	42.2
H_2O	2.3
Σ	100.0
煤气的重度/kg·m^{-3}	
湿	干
1.07	1.07

燃料的发热量(按成分) Q_H^P/kJ·m^{-3}	
湿煤气	7536
干煤气	7725

过剩空气率 α	1.0	1.1	1.2	1.3	1.4	1.5	1.6	1.8	2.0	2.5	3.0
燃烧生成物量/m^3·m^{-3} 煤气	2.48	2.65	2.82	2.98	3.15	3.32	3.49	3.82	4.16	5.00	5.84
空气量/m^3·m^{-3} 煤气	1.68	1.85	2.02	2.18	2.35	2.52	2.69	3.02	3.36	4.20	5.04

当 α=1.0 时 燃烧生成物的重度 1.30kg/m^3

图 22-7 混合煤气（高炉和焦炉）Q_H^P=7536kJ/m^3 燃烧计算图

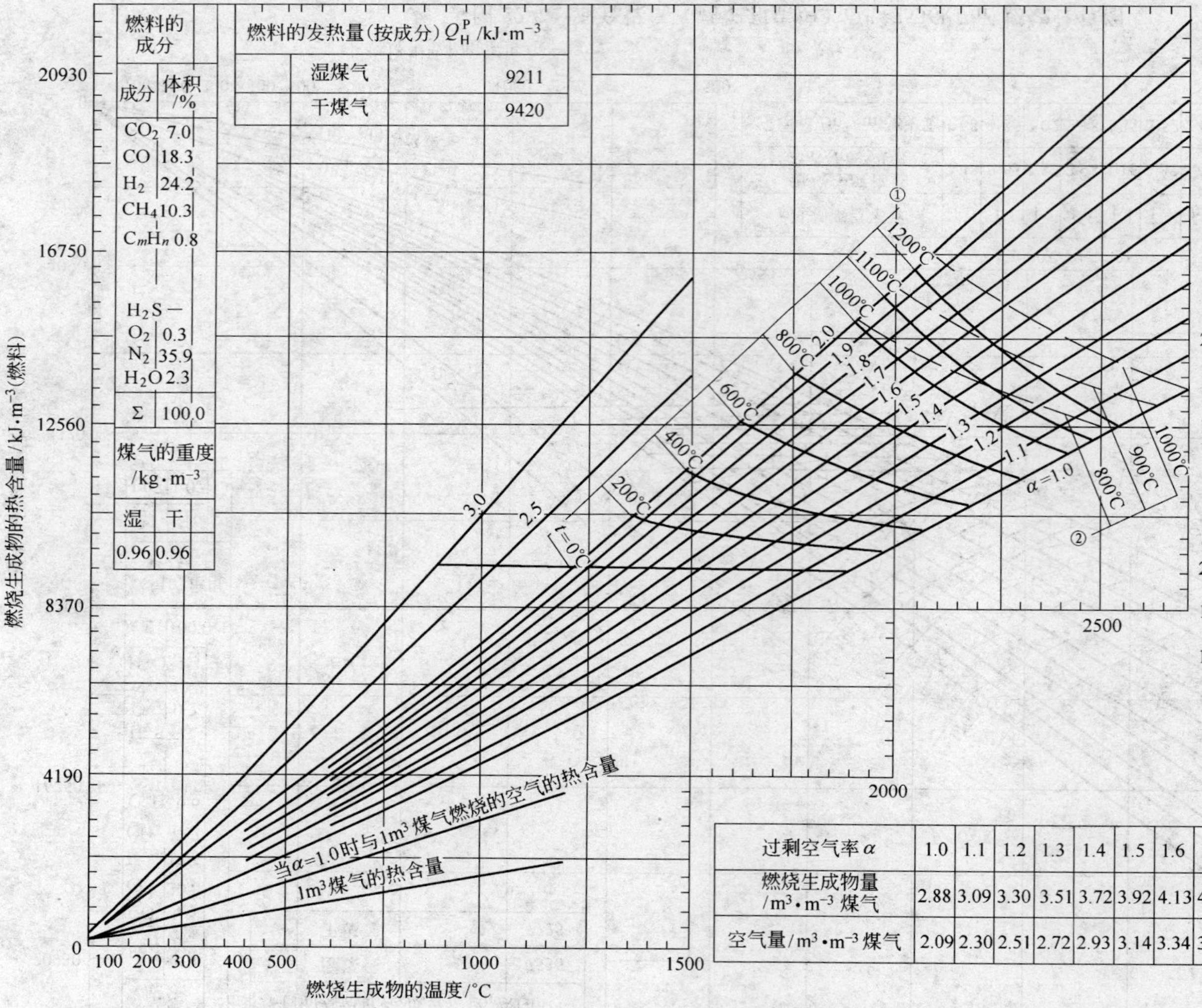

燃烧的热量计算温度取决于：
① 空气的预热温度；
② 煤气和空气预热到同样的温度。

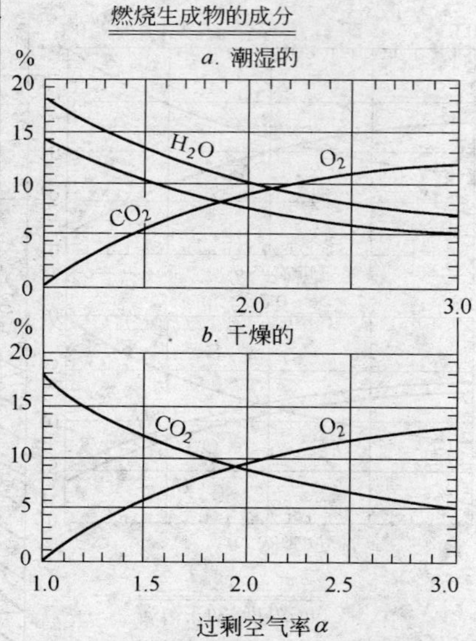

过剩空气率 α	1.0	1.1	1.2	1.3	1.4	1.5	1.6	1.8	2.0	2.5	3.0
燃烧生成物量 /$m^3 \cdot m^{-3}$ 煤气	2.88	3.09	3.30	3.51	3.72	3.92	4.13	4.55	4.97	6.02	7.06
空气量/$m^3 \cdot m^{-3}$ 煤气	2.09	2.30	2.51	2.72	2.93	3.14	3.34	3.76	4.18	5.22	6.27

当 α=1.0 时
燃烧生成物的重度
1.27kg/m^3

图 22-8　混合煤气（高炉和焦炉）Q_H^P=9211kJ/m^3 燃烧计算图

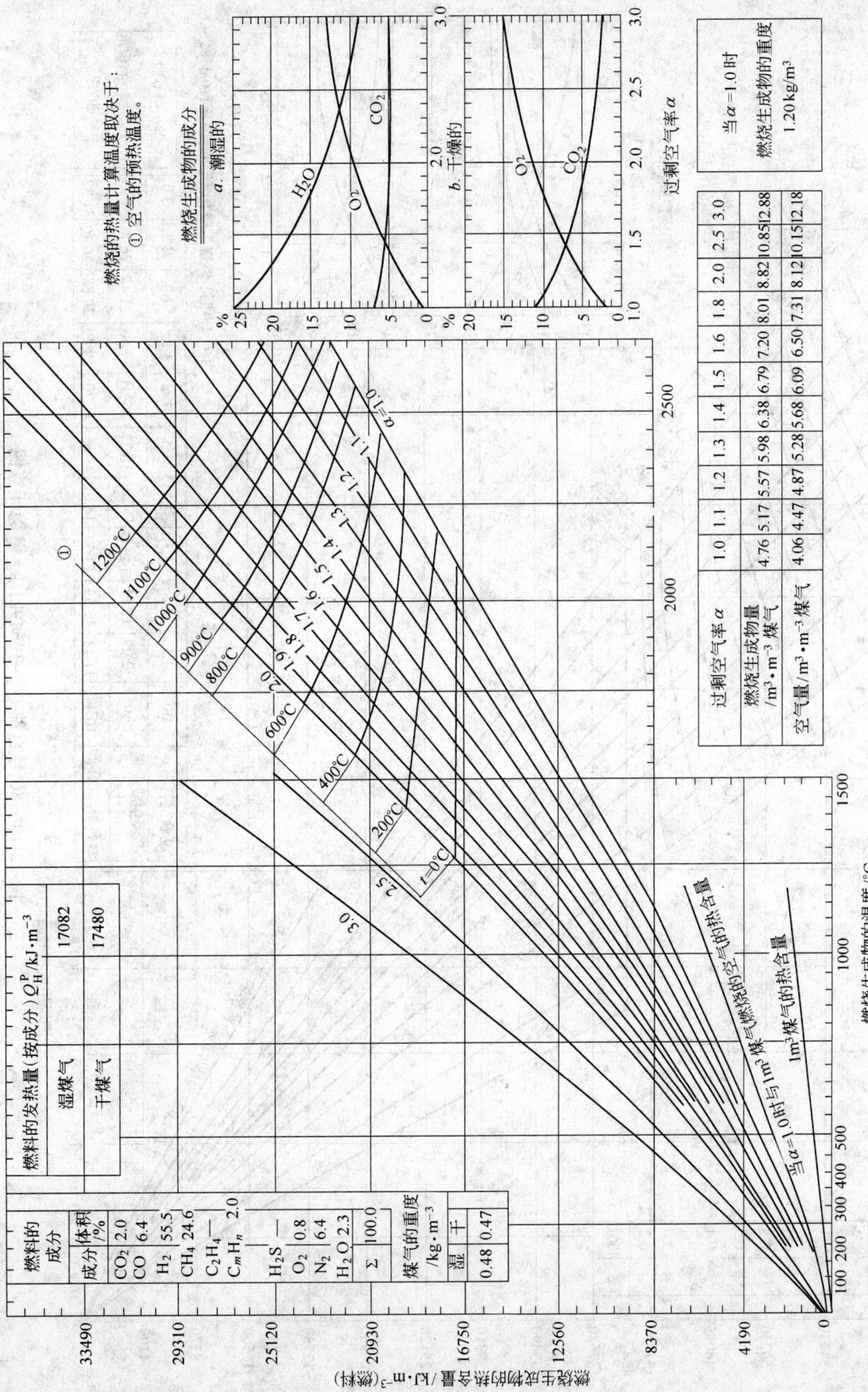

燃料的成分	体积/%
CO_2	2.0
CO	6.4
H_2	55.5
CH_4	24.6
C_2H_4	—
C_mH_n	2.0
H_2S	—
O_2	0.8
N_2	6.4
H_2O	2.3
Σ	100.0

煤气的重度/kg·m⁻³	
湿	干
0.48	0.47

燃料的发热量（按成分）Q_H^P/kJ·m⁻³	
湿煤气	17082
干煤气	17480

过剩空气率α	1.0	1.1	1.2	1.3	1.4	1.5	1.6	1.8	2.0	2.5	3.0
燃烧生成物量/m³·m⁻³煤气	4.76	5.17	5.57	5.98	6.38	6.79	7.20	8.01	8.82	10.85	12.88
空气量/m³·m⁻³煤气	4.06	4.47	4.87	5.28	5.68	6.09	6.50	7.31	8.12	10.15	12.18

当α=1.0时 燃烧生成物的重度 1.20kg/m³

图 22-9 焦炉煤气 Q_H^P=17062kJ/m³ 燃烧计算图

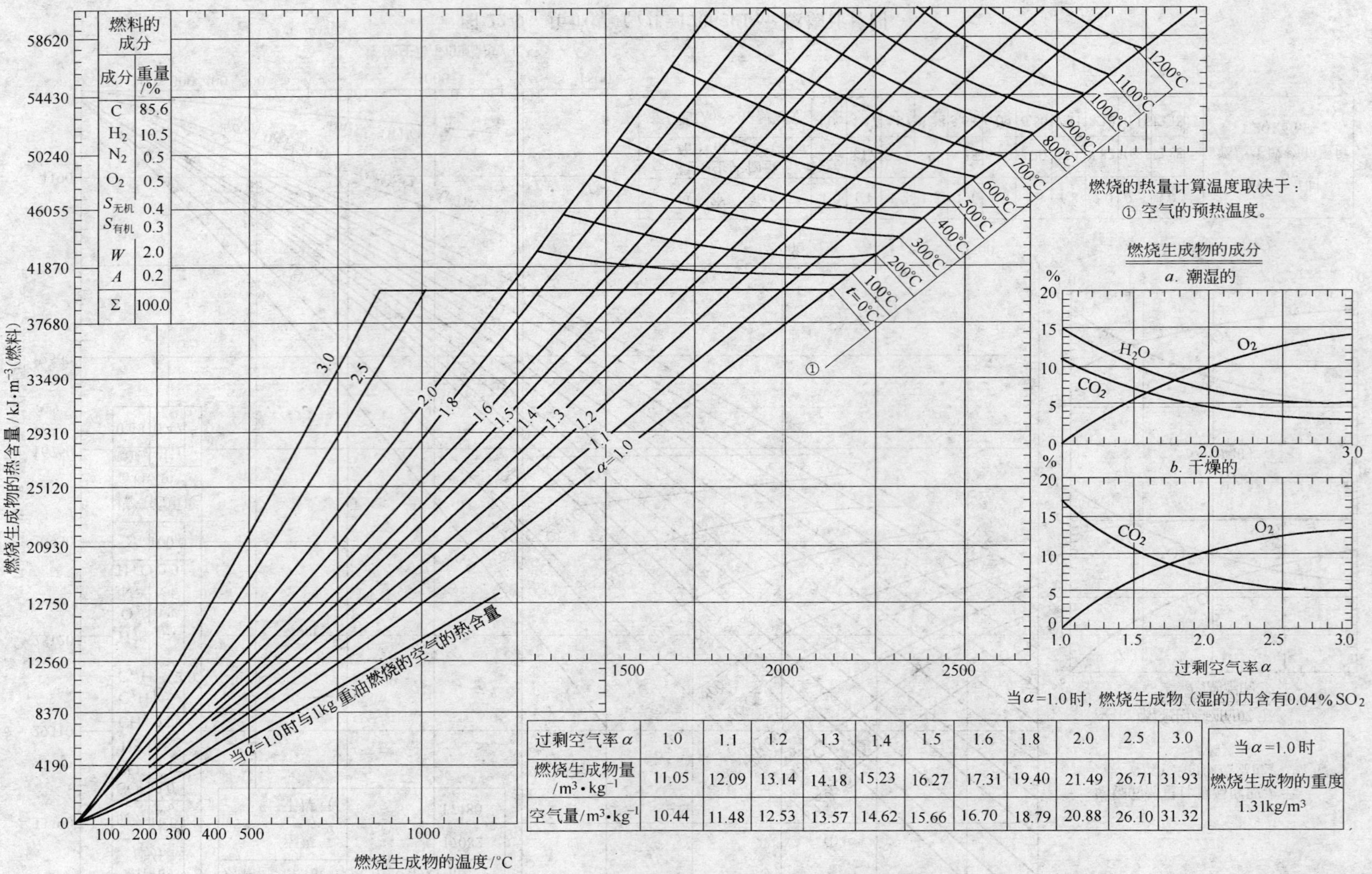

燃料的成分	
成分	重量/%
C	85.6
H_2	10.5
N_2	0.5
O_2	0.5
$S_{无机}$	0.4
$S_{有机}$	0.3
W	2.0
A	0.2
Σ	100.0

过剩空气率α	1.0	1.1	1.2	1.3	1.4	1.5	1.6	1.8	2.0	2.5	3.0
燃烧生成物量/$m^3\cdot kg^{-1}$	11.05	12.09	13.14	14.18	15.23	16.27	17.31	19.40	21.49	26.71	31.93
空气量/$m^3\cdot kg^{-1}$	10.44	11.48	12.53	13.57	14.62	15.66	16.70	18.79	20.88	26.10	31.32

当α=1.0时
燃烧生成物的重度
1.31kg/m^3

图 22-10　80 号重油 Q_H^P=39649kJ/kg 燃烧计算图

表 22-12 煤、焦炭热值及换算关系

矿名	煤种	工业分析			元素分析(可燃值)					热值		折标准煤	
		水/%	灰分/%	挥发物/%	C/%	H/%	N/%	O/%	S/%	理论/kJ·kg^{-1}	实际/kJ·kg^{-1}	理论/kg·kg^{-1}	实际/kg·kg^{-1}
阳泉	无烟煤	3.4	16.6	9.6	89.8	4.4	1.02	4.4	0.38	28830.30	27783.60	0.9837	0.9480
京西城子	无烟粉煤	2.5	15	7.2					0.26		26778.77		0.9137
焦作	无烟煤	5.8	20	5.6	92.3	2.9	1.1	3.3	0.38	26125.63	25116.61	0.8914	0.8570
	焦块	4.36	0.4	13.5	1.6	96.4	0.97		0.72		27842.22		0.95

注:标准煤热值为 29.3076 MJ/kg(即 7000 kcal/kg)。

表 22-13 油热值及换算关系

名称	燃料成分						发热量/kJ·kg^{-1}	折标准煤/kg·kg^{-1}
	H_2/%	C/%	S/%	H_2O/%	O_2/%	灰分/%		
低硫重油(10)	12.3	85.6	0.5	1	0.5	0.1	41700.53	1.4229
低硫重油(20)	11.5	85.3	0.6	2	0.5	0.1	40737.56	1.3900
低硫重油(40)	10.5	85	0.6	3	0.7	0.2	39648.99	1.3529
低硫重油(80)	10.2	84	0.7	4	0.8	0.3	39397.79	1.3443
含硫重油(10)	11.5	84.2	2.5	1	0.7	0.1	40486.36	1.3814
含硫重油(20)	11.3	83.1	2.9	2	0.5	0.2	40067.68	1.3671
含硫重油(40)	10.6	82.6	3.1	3	0.9	0.3	39230.32	1.3386

表 22-14 气体燃料热值及换算关系

种类	煤气平均成分							发热值/kJ·标 m^{-3}	折标准煤/kg·标 m^{-3}
	CO_2+H_2S/%	O_2/%	CO/%	H_2/%	CH_4/%	C_mH_n/%	N_2/%		
高发热值,煤气									
天然气	0.1~2			0~2	85~97	0.1~4	1.2~4	33494.4~38518.56	1.1429~1.3143
乙炔气	0.05~0.08			微量	微量	97~99		46054.8~58615.2	1.5714~2.0000
半焦化煤气	12~15	0.2~0.3	7~12	6~12	45~62	5~8	2~10	22190.04~29307.6	0.7571~1.0000
焦炉煤气	2~3	0.7~1.2	4~8	53~60	19~25	1.6~2.3	7~13	15491.16~16747.2	0.5286~0.5714
中发热值煤气									
双重水煤气	10~20	0.1~0.2	22~32	42~50	6~9	0.5~1	2~5	11304.34~11723.04	0.3857~0.4000
水煤气	5~7	0.1~0.2	35~40	47~52	0.3~0.6		2~6	10048.32~10476	0.3429~0.3574
混合煤气(高炉+焦炉)	7~8	0.3~0.4	17~19	21~27	9~12	0.7~1	33~39	8582.94~10299.53	0.2929~0.3514
蒸汽-富氧煤气	16~26	0.2~0.3	27~41	34~43	2~5		1~2	9210.96~10257.66	0.3143~0.3500
低热值煤气									
空气发生炉煤气	0.5~1.5		32~33	0.5~0.9			64~66	4144.93~4312.40	0.1414~0.1471
高炉煤气	9~15.5		25~31	2~3	0.3~0.5		55~58	3558.78~4605.48	0.1214~0.1571
地下气化煤气	16~22		5~10	17~25	0.8~11		47~53	3098.23~4103.06	0.1057~0.1400
一般发生炉煤气(炼钢用)	4.3~4.5	0.2~0.4	29~30	13~14	2~4	0.2~0.5	47~50	6070.86~6615.15	0.2071~0.2257

表 22-15　各种燃料折算标准煤的参考数据

名　称	单　位	换算为标准煤系数	名　称	单　位	换算为标准煤系数
干洗精煤	kg/kg	1.01	转炉煤气	kg/m^3	0.29
干焦煤	kg/kg	0.97	氧气	kg/m^3	0.36
无烟煤	kg/kg	0.9	压缩空气	kg/m^3	0.036
动力煤	kg/kg	0.71	鼓风	kg/10^3m^3	28
重油	kg/kg	1.4	水	kg/t	0.11
轻油	kg/kg	1.43	电	kg/kW·h	0.404
焦油	kg/kg	1.29	粗苯	kg/kg	1.43
蒸汽	kg/kg	0.12			
天然气	kg/标 m^3	1.36			
焦炉煤气	kg/标 m^3	0.6			
高炉煤气	kg/标 m^3	0.12			

注：本表摘自1985年12月《钢铁企业设计节能技术规定》。

表 22-16　主要铁、锰矿物及熔剂的反应热效应

反　应　式	开始反应温度/℃	热效应/J·$(g·mol)^{-1}$
铁矿物及锰矿物：		
$3Fe_2O_3+CO = 2Fe_3O_4+CO_2$	141	+37136.92
$3Fe_2O_3+H_2 = 2Fe_3O_4+H_2O$	286	+21813.23
$Fe_3O_4+4CO = 3Fe+4CO_2$	400～500	+17165.88
$Fe_3O_4+CO = 3FeO+CO_2$	240	−20892.13
$FeO+CO = Fe+CO_2$	300	+13607.10
$FeO+H_2 = Fe+H_2O$	300	−27716.62
$Fe_3O_4+C = 3FeO+CO$	750～800	−194393.12
$FeO+C = Fe+CO$	800～850	−158805.32
$FeCO_3 \xlongequal[分解]{} FeO+CO_2$	550	−87629.72
$3Fe_2O_3+C = 2Fe_3O_4+CO$	390	−110112.84
$MnO_2+CO = MnO+CO_2$	300～400	+146538
$MnO_2+H_2 = MnO+H_2O$	300～400	+104670
$2MnO_2+CO = Mn_2O_3+CO_2$		+207455.94
$3Mn_2O_3+CO = 2Mn_3O_4+CO_2$	535～940	+178148.34
$Mn_3O_4+CO = 3MnO+CO_2$	940～1567	+43752.06
$MnO+C = Mn+CO$	1750～1778	−272351.34
$MnCO_3 \xlongequal[分解]{} MnO+CO_2$	640	−100064.52
熔剂		
$CaCO_3 \xlongequal[分解]{} CaO+CO_2$	900	−1779　kJ/kg
$MgCO_3 \xlongequal[分解]{} MgO+CO_2$	545	−1298　kJ/kg

表 22-17 燃烧反应的热效应

序号	反应式	反应前状态	分子量	反应热量/kJ		
				反应前的物质		生成1标 m³燃烧生成物
				1kg	1标 m³	
1	$C+O_2 = CO_2$	固	12+32=44	34072		18250
2	$C+0.5O_2 = CO$	固	12+16=28	10459		5602
3	$CO+0.5O_2 = CO_2$	气	28+16=44	10119	12648	12648
4	$S+O_2 = SO_2$	固	32+32=64	9278		13255
5	$H_2+0.5O_2 = H_2O$(液)	气	2+16=18	143105	12778	
	$H_2+0.5O_2 = H_2O$(汽)			121019	11937	11937
6	H_2O(汽)$= H_2O$(液)	气	18	2453	1972	
7	$H_2S+1.5O_2 = SO_2+H_2O$(液)	气	34+48=64+18	16563	25142	
	$H_2S+1.5O_2 = SO_2+H_2O$(汽)			15265	23170	11585
8	$CH_4+2O_2 = CO_2+2H_2O$(液)	气	16+64=44+36	55869	39904	
	$CH_4+2O_2 = CO_2+2H_2O$(汽)			50346	35960	11987

22.4 材料性能

某些金属材料的有关性能见表 22-18,某些建筑材料的有关参数见表 22-19。

表 22-18 某些金属材料的有关性能

材料名称	堆积密度 /$kg\cdot m^{-3}$	比热 /$kJ\cdot(kg\cdot℃)^{-1}$	导热系数 /$kJ\cdot(m\cdot h\cdot℃)^{-1}$	线膨胀系数 /$\times10^{-6}m\cdot(m\cdot℃)^{-1}$
灰口铁	6600~7400	0.544	167.47~334.94	10.4
铸钢	7850	0.490	125.60	12
建筑钢	7850	0.481	209.34	
铸铁件	7200	0.481	180.03	10.4
青铜	8800	0.385	230.27	18.5
黄铜	8600	0.394	307.73	18.4
紫铜	8920	0.377	1381.64	16.4
铝	2670	0.904	732.69	24

表 22-19 某些建筑材料的有关参数

材料名称	堆积密度/$kg\cdot m^{-3}$	比热/$kJ\cdot(kg\cdot℃)^{-1}$	导热系数/$kJ\cdot(m\cdot h\cdot℃)^{-1}$
红砖	1700	0.92	1.88~2.72
钢筋混凝土	2400	0.84	5.57
碎石或卵石混凝土	2200	0.84	4.61
矿渣砖	1400	0.75	2.09
矿渣砖	1100	0.75	1.51
矿棉	176	0.75	0.20
矿棉	200	0.75	0.25
砖砌体($\gamma=1300$)多孔砖,民用	1350	0.88	2.09
水泥砂浆	1800	0.84	3.35
石灰砂浆	1600	0.84	2.93
自然干燥土壤	1800	0.84	4.19

续表 22-19

材料名称	堆积密度/$kg\cdot m^{-3}$	比热/$kJ\cdot(kg\cdot℃)^{-1}$	导热系数/$kJ\cdot(m\cdot h\cdot ℃)^{-1}$
黏土砖	1900～2100	$0.84+2.64\times10^{-4}T$①	$3.01+2.09\times10^{-3}T$①
硅藻土砖	1000		1.17
橡皮	2200	1.51	0.15
石棉水泥隔热板	500	0.84	0.46
石棉水泥隔热板	300	0.84	0.33
石棉水泥隔热板	250	0.84	0.25
重砂浆黏土砖砌体	1800	0.88	2.93
重砂浆硅酸盐砖砌体	1900	0.84	3.14

① T 为温度，℃。

22.5　烧结(球团)矿的有关参数

烧结矿(球团)的有关参数列于表 22-20。

表 22-20　全国主要烧结厂烧结矿(球团)的焓及比热

温度/℃	首钢烧结矿			武钢烧结矿		
	ΔH_0^T/$kJ\cdot kg^{-1}$	$\overline{c_p}$/$J\cdot(g\cdot℃)^{-1}$	c_p/$J\cdot(g\cdot℃)^{-1}$	ΔH_0^T/$kJ\cdot kg^{-1}$	$\overline{c_p}$/$J\cdot(g\cdot℃)^{-1}$	c_p/$J\cdot(g\cdot℃)^{-1}$
100	50.2	0.502	0.862	54.4	0.544	0.837
200	136.9	0.687	0.862	142.4	0.712	0.862
300	226.1	0.754	0.879	230.3	0.766	0.904
400	320.3	0.800	0.929	323.6	0.808	0.971
500	417.0	0.833	1.013	422.0	0.846	1.017
600	521.3	0.871	1.063	525.0	0.875	1.026
700	618.4	0.883	0.875	623.0	0.892	0.934
800	702.1	0.879	0.842	715.1	0.896	0.883
900	791.3	0.879	0.946	808.1	0.896	0.980
1000	895.1	0.896	1.083	919.8	0.921	1.248
1100	1015.3	0.921	1.227	1059.3	0.963	1.440
1200	1144.3	0.955	1.373	1210.0	1.009	1.566
1300	1287.4	0.992	1.524	1372.0	1.055	1.700

温度/℃	包钢烧结矿			酒钢烧结矿		
	ΔH_0^T/$kJ\cdot kg^{-1}$	$\overline{c_p}$/$J\cdot(g\cdot℃)^{-1}$	c_p/$J\cdot(g\cdot℃)^{-1}$	ΔH_0^T/$kJ\cdot kg^{-1}$	$\overline{c_p}$/$J\cdot(g\cdot℃)^{-1}$	c_p/$J\cdot(g\cdot℃)^{-1}$
100	71.2	0.712	0.745	71.2	0.712	0.816
200	144.4	0.724	0.745	149.1	0.745	0.837
300	224.4	0.749	0.837	235.7	0.787	0.875
400	311.1	0.779	0.946	324.9	0.812	0.934
500	409.5	0.821	1.055	423.7	0.846	0.996
600	516.7	0.862	1.084	525.4	0.875	1.047
700	618.4	0.883	0.971	633.0	0.904	1.076
800	714.3	0.892	0.959	739.0	0.925	1.105
900	813.9	0.904	1.030	849.5	0.942	1.139
1000	918.6	0.917	1.185	965.1	0.967	0.996
1100	1048.0	0.955	1.369	1086.1	0.988	1.269
1200	1194.9	0.996	1.570	1215.8	1.013	1.361
1300	1362.8	1.047	1.775	1365.7	1.051	1.457

续表 22-20

温度/℃	攀钢烧结矿			鞍钢烧结矿		
	ΔH_0^T/kJ·kg^{-1}	$\overline{c_p}$/J·(g·℃)$^{-1}$	c_p/J·(g·℃)$^{-1}$	ΔH_0^T/kJ·kg^{-1}	$\overline{c_p}$/J·(g·℃)$^{-1}$	c_p/J·(g·℃)$^{-1}$
100	62.8	0.628	0.829	71.2	0.712	0.787
200	148.6	0.745	0.837	150.7	0.754	0.791
300	233.6	0.779	0.867	230.3	0.766	0.800
400	321.1	0.804	0.925	309.8	0.775	0.858
500	418.7	0.837	1.009	397.7	0.795	0.896
600	520.4	0.867	1.093	521.7	0.850	0.854
700	623.8	0.892	0.934	628.0	0.896	0.913
800	713.8	0.892	0.946	720.1	0.900	0.921
900	809.3	0.900	1.005	814.3	0.904	0.971
1000	917.7	0.917	1.143	924.0	0.925	1.210
1100	1050.9	0.955	1.348	1074.3	0.976	1.495
1200	1205.8	1.005	1.574	1228.8	1.026	1.629
1300	1369.1	1.055	1.779	1391.3	1.072	1.717

温度/℃	水钢烧结矿(1号机)			水钢烧结矿(2号机)		
	ΔH_0^T/kJ·kg^{-1}	$\overline{c_p}$/J·(g·℃)$^{-1}$	c_p/J·(g·℃)$^{-1}$	ΔH_0^T/kJ·kg^{-1}	$\overline{c_p}$/J·(g·℃)$^{-1}$	c_p/J·(g·℃)$^{-1}$
100	54.4	0.544	0.854	58.6	0.586	0.879
200	138.2	0.691	0.879	145.7	0.729	0.879
300	230.3	0.766	0.938	234.5	0.783	0.888
400	325.3	0.812	0.976	325.7	0.816	0.938
500	427.1	0.854	1.030	422.9	0.846	0.980
600	528.4	0.879	0.963	521.3	0.871	0.971
700	619.6	0.883	0.909	615.0	0.879	0.929
800	713.0	0.892	0.984	710.5	0.888	0.967
900	814.3	0.904	1.114	812.2	0.904	1.076
1000	932.4	0.934	1.281	922.8	0.921	1.210
1100	1070.6	0.971	1.449	1051.7	0.955	1.331
1200	1231.8	1.026	1.591	1192.8	0.992	1.449
1300	1399.6	1.076	1.742	1341.0	1.030	1.566

温度/℃	承钢球团矿			马钢烧结矿(二烧)		
	ΔH_0^T/kJ·kg^{-1}	$\overline{c_p}$/J·(g·℃)$^{-1}$	c_p/J·(g·℃)$^{-1}$	ΔH_0^T/kJ·kg^{-1}	$\overline{c_p}$/J·(g·℃)$^{-1}$	c_p/J·(g·℃)$^{-1}$
100	62.8	0.628	0.775			
200	127.7	0.641	0.829	139.0	0.695	0.854
300	210.6	0.703	0.862	229.9	0.766	0.883
400	299.4	0.749	0.925	318.6	0.795	0.917
500	396.1	0.791	0.976	410.3	0.821	0.946
600	474.4	0.825	1.013	505.8	0.842	0.984
700	597.5	0.854	1.034	608.3	0.871	1.022
800	700.5	0.875	1.043	709.7	0.888	1.063
900	800.5	0.888	1.017	817.7	0.909	1.105
1000	898.1	0.900	1.009	931.6	0.934	1.130
1100	996.5	0.904	1.001	1043.8	0.950	1.130
1200	1097.8	0.917	0.992	1157.5	0.963	1.130
1300	1199.5	0.921	0.988			

续表 22-20

温度/℃	宝钢烧结矿			梅山烧结矿		
	ΔH_0^T/kJ·kg^{-1}	$\overline{c_p}$/J·(g·℃)$^{-1}$	c_p/J·(g·℃)$^{-1}$	ΔH_0^T/kJ·kg^{-1}	$\overline{c_p}$/J·(g·℃)$^{-1}$	c_p/J·(g·℃)$^{-1}$
100	62.8	0.628	0.875	72.0	0.720	0.938
200	144.4	0.724	0.904	151.1	0.758	0.976
300	236.6	0.787	0.934	251.2	0.837	1.001
400	328.7	0.821	0.955	348.8	0.879	1.005
500	424.5	0.850	0.959	448.8	0.896	0.984
600	520.0	0.867	0.959	544.7	0.909	0.938
700	615.9	0.879	0.963	638.5	0.913	0.896
800	710.9	0.888	0.980	728.1	0.909	0.900
900	813.1	0.904	1.034	819.8	0.904	0.955
1000	919.4	0.921	1.143	919.4	0.921	1.118
1100	1044.6	0.950	1.277	1037.9	0.942	1.239
1200	1181.1	0.984	1.424	1170.2	0.976	1.453
1300	1329.7	1.022	1.382	1328.5	0.938	1.754

注：资料来源于鞍山黑色冶金矿山设计研究院。

ΔH_0^T—焓；$\overline{c_p}$—平均比热；c_p—比热。

22.6　国外测定烧结矿质量的方法

国外测定铁矿石、球团矿和烧结矿转鼓强度的方法见表 22-21；国外测定烧结矿、球团矿还原度和还原粉化率的试验方法见表 22-22 和表 22-23。

表 22-21　测定铁矿石、球团矿和烧结矿转鼓强度的方法

试验方法	ISO 3271—1957(E)	美国标准，ASTM	英国(BISRA)钢铁研究协会	日本标准 JIS (M8712—1977)	苏联标准 ГОСТ (15137—77)
设备规格	内径 1000 mm，宽 500 mm，2 个 50×5 mm 扬料板	内径 914 mm，宽 457 mm，2 个 50.8×60.5 扬料板	内径 914 mm，宽 457 mm，2 个 50×6 mm 的扬料板	内径 914 mm，宽 457 mm，2 个 50×6 mm 的扬料板	内径 1000 mm，宽 500 mm，2 个 50 mm 的扬料板
转　鼓	25 r/min 共 200 转	24±1 r/min 共 200 转	24±1 r/min 共 200 转	25 r/min 共 200 转	25 r/min 共 200 转
试样种类	矿石、球团矿烧结矿	矿石、球团矿、烧结矿	矿石、球团矿	球团矿和烧结矿	烧结矿
物料重量(干)	15 kg	11.3 kg	11.3 kg	23±0.23 kg	15 kg
物料粒度	球团矿：6.3～40 mm 矿石和烧结矿：10～40 mm，通过 40/25、16/10 mm 的筛孔	球团矿：6.35～38.1 mm 矿石和烧结矿：9.52～50.8 mm，用 50.8/19.1、12.7 和 9.57 mm 筛子过筛	球团矿：6.35～38.1 mm，通过 38.1/25.4，19.1/12.7/9.52 和 6.35 mm 筛孔。 矿石：9.52～50.8 mm，用 50.8/38.1/25.4/19.1/12.1 和 9.52 mm 筛子过筛	球团矿：+5 mm 烧结矿：10～50 mm	烧结矿：-40～+5 mm

续表 22-21

试验方法	ISO 3271—1957(E)	美国标准 ASTM	英国(BISRA)钢铁研究协会	日本标准 JIS(M8712—1977)	苏联标准 ГОСТ(15137—77)
试验结果	转鼓指数用大于6.3 mm 的重量百分数表示；耐磨指数用小于0.5 mm 的重量百分数表示	转鼓指数用大于6.35 mm 的重量百分数表示；耐磨指数用小于0.595 mm 的重量百分数表示	转鼓指数用大于6.35 mm 的重量百分数表示；耐磨指数用小于0.5 mm 的重量百分数表示	转鼓强度：$S=\frac{A}{B}\times 100$ 含粉率：$F=\frac{B-C}{B}\times 100$ 式中： S——转鼓强度(球团矿大于5 mm 粒级含量，烧结矿大于10 mm 粒级含量)，%； A——过筛后大于5 mm 或大于10 mm 的试样重量，kg； B——试验前试样的重量，kg； F——含粉率(球团矿小于1 mm 或烧结矿小于5 mm 的含量)，%； C——筛分后大于1 mm 或大于5 mm 的试样重量，kg	转鼓指数用大于5 mm 的重量百分数表示；磨损指数用小于0.5 mm 的重量百分数表示

表 22-22 国外烧结矿、球团矿还原度试验方法

试验方法	西德钢铁协会参照 ISO 标准(1974)	瑞典参照 ISO 标准(1974)	日本 JIS 法
设备	热天平，双壁还原管 ϕ83 mm 试料吊篮 ϕ75 mm	热天平，双壁还原管高 640 mm，ϕ57 mm 球团矿放置在 3 个盘上	热天平，单壁还原管 ϕ75 mm
试样准备	在 105℃温度下干燥称重	在 110℃温度下干燥并称重	在 105℃温度下干燥 2 h
数量	500 g	18 个球 = 60 ± 1 g	~500 g
试样粒度	10～12.5 mm	10～12.5 mm	矿石、烧结矿 20 ± 1 mm 球团矿 12 ± 1 mm
加热速度	惰性气体流量为 25～50 L/min，加热至 950℃直到重量和温度恒定	大约在 15 min 内加热到 1000℃，惰性气体流量 20 L/min 直至重量和温度不变	在 60 min 内加热到 900℃，惰性气体，在 900℃保持 30 min
还原气体	CO：40% ± 0.5% N_2：60% ± 0.5% 低于 0.5% 的 H_2，用双壁罐预热	CO：40% N_2：60% 用双壁罐预热	CO：30% ± 1% N_2：70% ± 1%，干燥清洗 低于 1% 的 H_2，在罐下部预热
还原温度	950℃ ± 10℃	1000℃ ± 5℃	900℃ ± 10℃
还原时间	直到还原度 60%，最大 240 min	15 min、40 min、75 min 和 120 min	180 min

续表 22-22

试验方法	西德钢铁协会参照 ISO 标准(1974)	瑞典参照 ISO 标准(1974 年)	日本 JIS 法
冷　却	N_2 气	20 min,冷却带流量 4 L/min 的 N_2	N_2
还原过程测量	O_2 的失重,精度为 ±1 g	连续称出 O_2 的失重	带 0.5 g 准确度的衡器,每 10~15 min 一次
化学分析	TFe、Fe^{2+}、MFe,还原前和铁化合的 O_2	TFe、Fe^{2+}、Mn	TFe、Fe^{2+}
还原性表示法及试验结果和评价	1. O_2 的逸出时间曲线 式中: 2. $\frac{dR}{dt_{40}}$, %	1. 还原度:$\frac{W_0-W_t}{O_2}\times100$ 式中: W_0——还原前试样的重量; W_t——还原后试样重; O_2——和 Fe、Mn 化合的氧量 2. 膨胀率:$\Delta V=\frac{V_1-V_0}{V_0}\times100$ 式中: V_0——还原前最初试样总体积; V_1——试样还原后的总体积	$R=\frac{W_0-W_F}{W_1(0.43A-0.112B)}\times10^4$, % 式中 W_0——试样在试验前 900℃;时的重量,g; R——最终的还原度; W_1——还原前试样重,g; W_F——还原后试样重,g; A——试样中的全铁量,%; B——试样中的氧化亚铁,%

试验方法	比利时 CNRM 法	德国升温法	兰德尔法	苏联 ГОСТ17212—71 法
设　备	还原管 ϕ58 mm	还原反应管 ϕ50 mm	还原反应管 ϕ130 mm 长 200 mm,30 r/min	还原反应管 ϕ60 mm(吊篮 ϕ52 mm)
试样准备	煤气预热炉预热	氧化铝球(ϕ50 mm)加热		煤气预热炉
数　量	450 g		200 g(矿石),200 g(焦炭)	300 g
试样粒度	10~20 mm	10~15 mm	矿石 12.5~25 mm,焦炭 30~40 mm	10~15 mm
加热速度	20~1000℃ 还原性气体流量 15 L/min	20~930℃ 还原性气体流量 1.66 L/min	20~1000℃ 还原性气体流量 15 L/min	800±15℃ 还原性气体流量 6 L/min
还原气体	CO:40% N_2:60%	CO:35% N_2:65%	CO:30%~32.5%	H_2
还原温度	1000℃	20~930℃	20~1000℃	800±10℃
还原时间				
冷　却			N_2 气	
还原过程测量				
化学分析				
还原性表示法及试验结果和评价	R_{60}(还原度为 60%)	R_t	$R=100\left[1-\frac{(\%Fe^{2+})}{3(\%Fe^{3+})}-\frac{\%MFe}{TFe}\right]$	R_{60}(还原度为 60%)

表 22-23 矿石、烧结矿、球团矿还原粉化率测定方法

试验方法		静态法			动态法			
		日本钢铁厂（低温粉化）	西德钢铁厂（低温粉化）	日本钢铁厂（高温粉化）	法国钢铁研究所（升温）	西德奥特弗来森研究协会（低温粉化）	英国钢铁研究协会（低温粉化）	苏联（升温）
设备规格		立式还原反应管，ϕ75 mm	立式还原反应管 ϕ50 mm	立式还原反应管，ϕ75 mm	立式还原反应管 ϕ50 mm	卧式回转还原管，ϕ150×500 mm 4个挡板高 20 mm 10 r/min	卧式回转还原管，ϕ130×200 mm 4个挡板高 20 mm 10 r/min	卧式回转还原管，ϕ145×500 4个挡板、高 20 mm 10 r/min
试样重量、粒度		500 g 15～20 mm	500 g 10～12.5 mm	500 g，矿石、烧结矿 22 mm，球团矿 12 mm	500 g 20～80 mm	500 g 矿石、烧结矿 12.5～16 mm，球团矿 10～12.5 mm	500 g 10～12.5 mm	500 g 10～15 mm
还原条件	温度	500/550℃	500℃	900℃	20～950℃，30 min 950℃，15 min	500℃	500℃	20～600℃，30 min 600～800℃，140 min
	CO	30%/26%	20%	30%	30%	24%	20%	32%～34%
	CO_2	14%	20%		15%	16%	20%	3%～5%
	N_2	70%/60%	60%	70%	55%	60%	60%	62%～63%
	流量	15/20 L/min	20 L/min	15 L/min	50 L/min	20 L/min	20 L/min	15 L/min
	时间	30/60 min	60 min	180 min	30+15 min	60 min	60 min	30+140 min
还原后试样处理		在 ϕ130×200（或 ϕ130×100）mm 转鼓内（30 r/min）转 30 min，部分有两块挡板	在 ϕ130×200 mm 转鼓内（内有两块挡板高 20 mm）转 10 min，30 r/min	在 ϕ130×200 mm 转鼓内（30 r/min）转 30 min	还原产品中，－2 mm 为还原产物，＋2 mm 的在 150×250 mm 转鼓筛（间隔 2 mm）中转 500 s 再 1000 s	称重、筛分 12.5、10、6.3、3.15、0.5 mm	称重、筛分 12.5、10、6.3、3.15、0.5 mm	称重、筛分 10、5、3、1、0.5 mm
指标		还原粉化指标（RDI）（－3 mm），%	＋6.3 mm，% ＋3.15 mm，% －0.5 mm，%	－1 mm，%	－2 mm，%	＋6.3 mm，% ＋3.15 mm，% －0.5 mm，%	＋6.3 mm，% ＋3.15 mm，% －0.5 mm，%	＋10 mm 的为还原转鼓指标，%；－0.5 mm 的为磨损指标，%

22.7 其他

(1) 常见标准筛制。见表 22-24；

(2) 液体局部阻力系数。见表 22-25；

(3) 立体图形计算公式。见表 22-26；

(4) 磨矿细度换算。见表 22-27；

(5) 各种物料的堆积密度和安息角见表 22-28。

表 22-24 常见标准筛制

泰勒标准筛			日本 T15		美国标准筛			国际标准筛	苏联筛		英 NMM 筛系标准筛		德国标准筛 DIN-1171		
网目孔/in	孔/mm	丝径/mm	孔/mm	丝径/mm	筛号	孔/mm	丝径/mm	孔/mm	筛号	筛孔每边长/mm	网目孔/in	孔/mm	筛号孔/cm	孔/mm	丝径/mm
			9.52	2.3											
2.5	7.925	2.235	7.93	2	2.5	8	1.83	8							
3	6.68	1.778	6.73	1.8	3	6.73	1.65	6.3							
3.5	5.691	1.651	5.66	1.6	3.5	5.66	1.45								
4	4.699	1.651	4.76	1.29	4	4.76	1.27	5							
5	3.962	1.118	4	1.08	5	4	1.12	4							
6	3.327	0.914	3.36	0.87	6	3.36	1.02	3.35							
7	2.794	0.833	2.83	0.8	7	2.83	0.92	2.8			5	2.54			
8	2.361	0.813	2.38	0.8	8	2.38	0.84	2.3							
9	1.981	0.838	2	0.76	10	2	0.76	2	2000	2					
									1700	1.7					
10	1.651	0.889	1.68	0.74	12	1.63	0.69	1.6	1600	1.6	8	1.57	4	1.5	1
12	1.397	0.711	1.41	0.71	14	1.41	0.61	1.4	1400	1.4			5	1.2	0.8
									1250	1.25	10	1.27			
14	1.168	0.635	1.19	0.62	16	1.19	0.52	1.18	1180	1.18			6	1.02	0.65
16	0.991	0.597	1	0.59	18	1	0.48	1	1000	1	12	1.06			
									850	0.85					
20	0.833	0.437	0.84	0.43	20	0.84	0.42	0.8	800	0.8	16	0.79			
24	0.701	0.358	0.71	0.35	25	0.71	0.37	0.71	710	0.71			8	0.75	0.5
									630	0.63	20	0.64	10	0.6	0.4
28	0.589	0.318	0.59	0.32	30	0.59	0.33	0.6	600	0.6			11	0.54	0.37
32	0.495	0.398	0.5	0.29	35	0.5	0.29	0.5	500	0.5			12	0.49	0.34
									425	0.425					
35	0.417	0.31	0.42	0.29	40	0.42	0.25	0.4	400	0.4	30	0.42	14	0.43	0.28
42	0.351	0.254	0.35	0.26	45	0.35	0.22	0.355	355	0.355	40	0.32	16	0.385	0.24
									315	0.315					
48	0.295	0.234	0.297	0.232	50	0.297	0.188	0.3	300	0.3			20	0.3	0.2
60	0.246	0.178	0.25	0.212	60	0.25	0.162	0.25	250	0.25	50	0.25	24	0.25	0.17
									212	0.212					
65	0.208	0.183	0.21	0.181	70	0.21	0.14	0.2	200	0.2	60	0.21	30	0.2	0.13
80	0.175	0.162	0.177	0.141	80	0.177	0.119	0.18	180	0.18	70	0.18			
									160	0.16	80	0.16			
100	0.147	0.107	0.149	0.105	100	0.149	0.102	0.15	150	0.15	90	0.14	40	0.15	0.1
115	0.124	0.097	0.125	0.037	120	0.125	0.086	0.125	125	0.125	100	0.13	50	0.12	0.08

续表 22-24

泰勒标准筛			日本 T15		美国标准筛			国际标准筛	苏联筛		英 NMM 筛系标准筛		德国标准筛 DIN-1171		
网目孔/in	孔/mm	丝径/mm	孔/mm	丝径/mm	筛号	孔/mm	丝径/mm	孔/mm	筛号	筛孔每边长/mm	网目孔/in	孔/mm	筛号孔/cm	孔/mm	丝径/mm
									106	0.106					
150	0.104	0.066	0.105	0.07	140	0.105	0.074	0.1	100	0.1	120	0.11	60	0.1	0.065
170	0.088	0.061	0.088	0.061	170	0.088	0.063	0.09	90	0.09			70	0.088	0.055
									80	0.08	150	0.08			
200	0.074	0.053	0.074	0.053	200	0.074	0.053	0.075	75	0.075			80	0.075	0.06
230	0.062	0.041	0.062	0.048	230	0.062	0.046	0.063	63	0.063	200	0.06	100	0.06	0.04
270	0.053	0.041	0.053	0.038	270	0.052	0.041	0.05	50	0.05					
325	0.043	0.036	0.044	0.034	325	0.044	0.036	0.04	40	0.04					
400	0.038	0.025													

表 22-25 流体局部阻力系数

序号	名称及略图	局部阻力系数 K 值									备注
1	由喷口流出 $\varphi=7^\circ\sim15^\circ$ 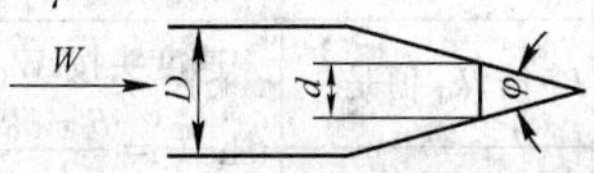	d/D	0.3	0.4	0.5	0.6	0.7	0.8	0.9	1.0	速度头按 W 计算 $K=1.05\left(\frac{D}{d}\right)^4$
		K	130	41	16.8	8.1	4.4	2.6	1.6	1.05	
2	通过栅板、孔板和旁侧进口流入流出 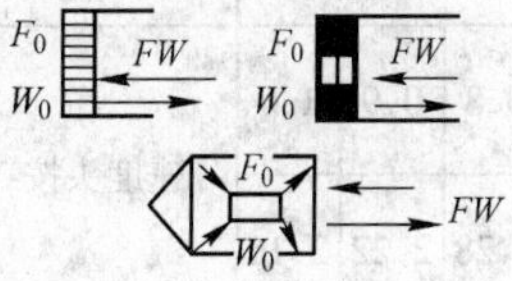	通过栅板、孔板和旁侧口流入时 K 值									速度头按 W 计算，通过栅板、孔板和旁侧口流入时 $K=\left(1.707\frac{F}{F_0}-1\right)^2$ 通过栅板，孔板流出时 $K=\left(\frac{F}{F_0}+0.707\times\frac{F}{F_0}\sqrt{1-\frac{F_0}{F}}\right)^2$
		F_0/F	0.05	0.10	0.20	0.30	0.40	0.50	0.75	1.0	
		K	1100	258	57	24	11	5.8	1.7	0.5	
		通过旁侧出口流出时 $K\approx2.5$									
3	流经孔板 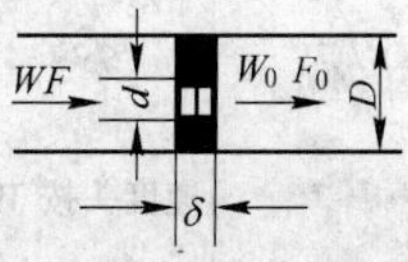 $Re>10^5$ $\delta=0\sim0.015$	F_0/F	0.02	0.05	0.1	0.2	0.3	0.4	0.5	0.6	速度头按 W 计算，当 $D/d>3$ 时 $K=\left[1.66\left(\frac{D}{d}\right)^2-1\right]^2$ 当 $D/d<3$ 时，$K=2\left[1.5\left(\frac{F_0}{F_1}\right)^2-2.1\frac{F_0}{F_1}+0.4+0.2\frac{F_1}{F_0}\right]^2$
		K	7000	1050	245	51.5	18.2	8.25	4.0	2.0	
		F_0/F	0.7	0.8	0.9	1.0					
		K	0.97	0.42	0.13	0					

续表 22-25

序号	名称及略图	局部阻力系数 K 值									备　注
4	经圆管道扩散段流出 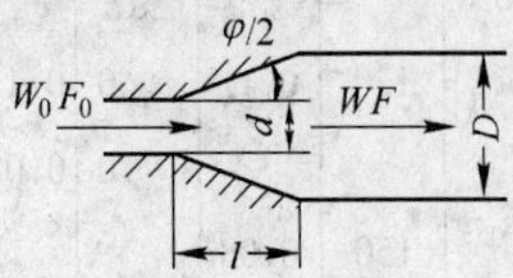	l/d \ φ_0	1	1.5	2	3	4	5	6	10	速度头按 W_0 计算
		5	0.78	0.7	0.62	0.58	0.38	0.34	0.25	0.18	
		10	0.55	0.45	0.35	0.25	0.22	0.20	0.17	0.16	
		20	0.38	0.33	0.30	0.26	0.26	0.28	0.32	0.36	
		25	0.37	0.37	0.36	0.36	0.38	0.40	0.44	0.48	
5	突然扩大,突然缩小 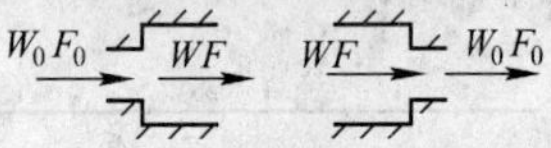	F_0/F	0	0.1	0.2	0.3	0.4	0.5	0.6	0.7	速度头按 W_0 计算 $K_扩=\left(1-\frac{F_0}{F}\right)^2$ $K_缩=0.7\left(1-\frac{F_0}{F}\right)-0.2\left(1-\frac{F_0}{F}\right)^3$
		$K_扩$	1.0	0.81	0.64	0.49	0.36	0.25	0.16	0.09	
		$K_缩$	0.5	0.47	0.42	0.38	0.34	0.29	0.24	0.18	
		F_0/F	0.7	0.8	0.9	1.0					
		$K_扩$	0.09	0.04	0.01	0					
		$K_缩$	0.18	0.13	0.07	0					
6	逐渐扩大 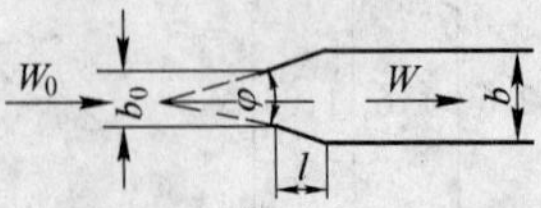 逐渐缩小 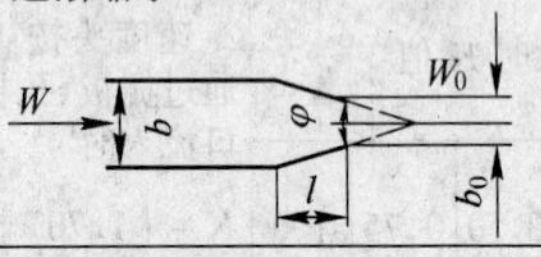	逐渐扩大 K 值为突然扩大 K 值的 k_1 倍,k_1 值是:									速度头按 W_0 计算 $\tan\frac{\varphi}{2}=\frac{b-b_0}{2l}$ 当通道截面为方形或矩形且两边同时展开时,以其对角线长度作为 b 值计算
		φ_0	5	10	15	20	25	30	35	≥40	
		k_1	0.082	0.167	0.275	0.425	0.625	0.80	0.93	1.0	
		逐渐缩小 K 值为突然缩小 K 值的 k_2 倍,k_2 值是: $\varphi=20°\sim40°$,$k_2=0.1$									
7	通过直角弯头后流出 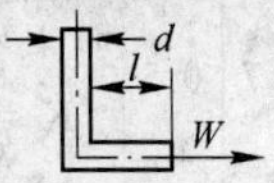	l/d	0.1	0.3	0.4	0.5	0.7	0.8	0.9	1.0	速度头按 W 计算
		K	2.57	2.5	2.47	2.43	2.34	2.28	2.22	2.16	
8	通过肘管弯头后流出 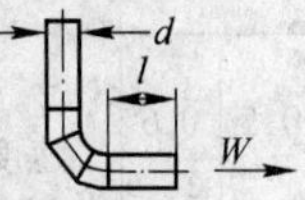	l/d	0.4	0.45	0.5	0.55	0.6	0.65	0.7	0.8	速度头按 W 计算
		K	1.52	1.49	1.48	1.46	1.44	1.43	1.42	1.38	
9	流入流出排烟罩 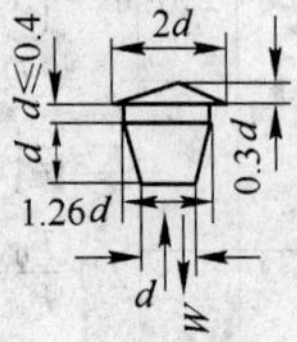	流出排烟罩　$K=0.65$ 流入排烟罩　$K=0.5$									速度头按 W 计算

续表 22-25

序号	名称及略图	局部阻力系数 K 值									备　注
10	风机后扩散管 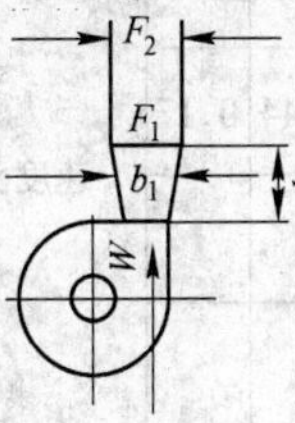	F_2/F_1 ╲ l/b_1	1.3	1.5	2.0	2.5	2.8	3.0	3.5	4.0	速度头按 W 计算
		1.0	0.10	0.20	0.47	0.60	0.66	0.70	—	—	
		2.0	0.02	0.02	0.25	0.4	0.48	0.54	0.62	0.65	
		3.0	0	0	0.12	0.22	0.28	0.35	0.48	0.57	
		4.0	0	0	0.10	0.16	0.21	0.24	0.34	0.42	
		5.0	0	0	0.10	0.12	0.16	0.18	0.25	0.34	
		6.0	0	0	0.10	0.11	0.13	0.14	0.20	0.26	
11	圆形和方形通道 90°弯头 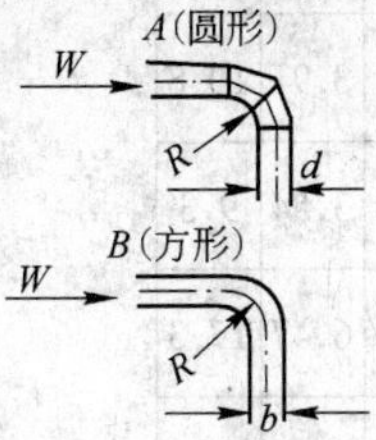	$R/d(b)$	0.5	0.6	0.8	1.0	2.0	3.0	4.0	5.0	速度头按 W 计算
		K_A	1.5	1.0	0.8	0.7	0.35	0.23	0.18	0.15	
		K_B	1.2	1.0	0.52	0.26	0.20	0.16	0.12	0.10	
12	α 角弯头 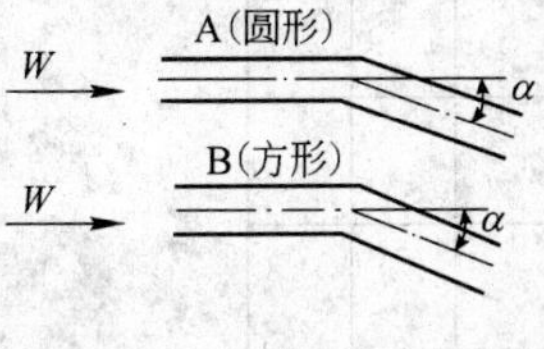	α 角度弯头 $K_A=k_2\times 90°$弯头 K_A 值；$K_B=k_3\times 90°$弯头 K_B 值。下面是 K_2，K_3 值									速度头按 W 计算
		$\alpha/(°)$	0	30	45	60	90	120	150	180	
		K_2	0.48	0.80	0.60	0.80	1.0	1.21	1.3	1.4	
		K_3	0.18	0.20	0.30	0.45	1.0	1.80	2.7	3.0	
13	两个 45°弯管组合弯头 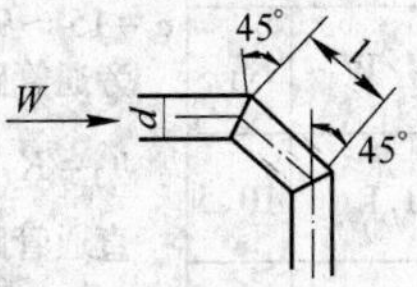	l/d	1	2	3	4	5	6			速度头按 W 计算
		K	0.37	0.28	0.35	0.38	0.40	0.42			
14	两个 30°弯管组合弯头 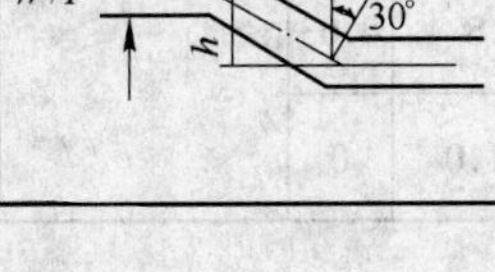	l/d	0	1	2	3	4	5	6		速度头按 W 计算
		K	0	0.15	0.15	0.16	0.16	0.16	0.16		

续表 22-25

序号	名称及略图	局部阻力系数 K 值									备　注
15	插板和闸阀  矩形插板 A 圆形插板 B	h/D	0.1	0.2	0.3	0.4	0.5	0.6	0.7	0.8	速度头按 W 计算
		K_A	193	44.5	17.8	8.12	4.0	2.1	1.0	0.4	
		K_B	97.8	35.0	10	4.6	2.06	0.98	0.44	0.17	
		h/D	0.9	1.0							
		K_A	0.09	0							
		K_B	0.06	0							
16	蝶阀和旋塞 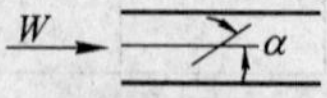 蝶阀：圆形断面 A 矩形断面 B 旋塞：圆形断面 C 矩形断面 D	旋转角	0°	5°	10°	15°	20°	25°	30°	40°	速度头按 W 计算
		K_A		0.24	0.52	0.90	1.54	2.51	3.91	10.8	
		K_B	接近于0	0.28	0.45	0.77	1.34	2.16	3.54	9.3	
		K_C		0.05	0.29	0.75	1.56	3.10	6.47	17.3	
		K_D		0.05	0.30	0.95	1.85	3.60	7.0	21.0	
		旋转角	50°	60°	65°	70°	90°				
		K_A	32.6	118.0	256	751	∞				
		K_B	24.9	77.4	158	368	∞				
		K_C	52.6	206	486	—	—				
		K_D	100	—	—	—	—				
17	不对称分流三通 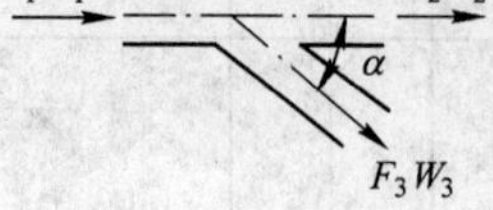		$K_{1,3}$					$K_{1,2}$			不对称分流三通管道： $\alpha=15°\sim90°$；$F_1=F_2$ 旁通管路压力损失： $h_3=K_{(1,3)}\frac{W_3^2}{2g}\cdot\gamma$ 直通管路压力损失： $h_2=K_{(1,2)}\frac{W_2^2}{2g}\gamma$
		α	W_3/W_1					W_2/W_1		$K_{1,2}$	
			0.4	0.5	1.0	1.5	2	0.1		10.5	
		15	2.1	1.0	0.06	0.1	0.25	0.2		5.0	
		30	3.0	1.4	0.21	0.23	0.36	0.3		2.0	
		45	3.8	2.25	0.50	0.44	0.47	0.5		0.36	
		60	5.2	2.75	0.90	0.69	0.65	0.8		0.03	
		90	7.8	4.0	1.31	0.72	0.53	>1.0		0	

续表 22-25

序号	名称及略图	局部阻力系数 K 值	备 注
18	不对称合流三通 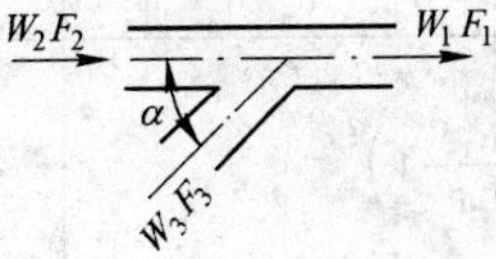	见下表	不对称合流三通管道：$F_1=F_2$；旁通管路压力损失：$h_{1,3}=K_{1,3}\cdot\frac{W_1^2}{2g}\gamma$；直通管路压力损失：$h_{1,2}=K_{1,2}\cdot\frac{W_1^2}{2g}\gamma$
19	对称合流三通 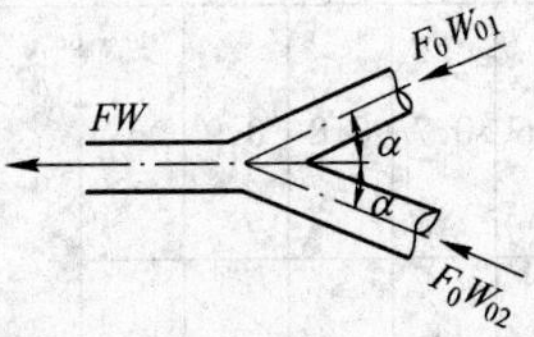	见下表	对称合流三通管道：$h_{01}=K_{01}\cdot\frac{W_{01}^2}{2g}\gamma$；$h_{02}=K_{02}\cdot\frac{W_{02}^2}{2g}\gamma$

序号 18：

α	Q_3/Q_1		F_3/F_1 0.1	0.2	0.3	0.4	0.5	0.6	0.8	1.0
⩽45°	0.2	$K_{1,3}$	2.4	0.5	0					
	0.4	$K_{1,3}$		2.9	1.2	0.7	0.5	0.32	0.2	0.08
	0.6	$K_{1,3}$			2.8	1.6	1.18	0.8	0.55	0.4
	0.8	$K_{1,3}$				2.6	1.7	1.2	0.8	0.5
	0.2～0.8	$K_{1,2}$	⩽0.40							
60°	0.2	$K_{1,3}$	2.2	0.6	0					
	0.4	$K_{1,3}$		3.4	1.5	0.8	0.6	0.4	0.3	0.16
	0.6	$K_{1,3}$			3.4	2.0	1.4	1.0	0.75	0.47
	0.8	$K_{1,3}$			5.5	3.3	2.1	1.6	1.0	0.65
	0.2～0.8	$K_{1,2}$	⩽0.40							
90°	0.2	$K_{1,3}$	3.0	0.8	0.2	0.15				
	0.4	$K_{1,3}$		4.4	2.0	1.2	1.0	0.62	0.58	0.25
	0.6	$K_{1,3}$			6.0	2.9	2.1	1.60	1.20	0.70
	0.8	$K_{1,3}$				5.5	3.5	2.60	1.90	1.10
	0.2～0.8	$K_{1,2}$	0.35～0.95							

序号 19：K_0

α	F_0/F	W_0/W 0.3	0.4	0.5	0.6	0.7	0.8	1.0	1.5	2.0
⩽45°	0.2								0	0.3
	0.6			−0.3	0.1	0.3	0.4	0.5	0.5	0.5
	1.0	−0.6	0.2	0.35	0.5	0.5	0.5	0.5	0.5	0.5
60°	0.2							0	0.5	0.7
	0.6		0	0.5	0.7	0.8	0.85	0.85	0.85	0.85
	1.0	0.5	0.8	0.85	0.85	0.85	0.85	0.85	0.85	0.85
90°	0.2							15.0	4.0	1.8
	0.6		15.0	9.0	6	3.5	2.7	5.6	1.7	1.0
	1.0	13.0	8.0	5.0	3.2	2.8	2.4	1.8	1.2	1.3

续表 22-25

<table>
<tr><th>序号</th><th>名称及略图</th><th colspan="13">局部阻力系数 K 值</th><th>备注</th></tr>
<tr><td rowspan="3">20</td><td rowspan="3">由钻孔板或金属条做的隔板
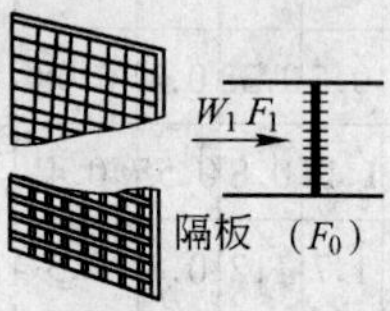
</td><td colspan="13">$K=\left(0.707\sqrt{1-\frac{F_0}{F_1}}+1-\frac{F_0}{F_1}\right)^2\left(\frac{F_1}{F_0}\right)$</td><td rowspan="3">速度头按 W_1 计算</td></tr>
<tr><td>$\frac{F_0}{F_1}$</td><td>0.05</td><td>0.1</td><td>0.15</td><td>0.2</td><td>0.3</td><td>0.4</td><td>0.5</td><td>0.6</td><td>0.7</td><td>0.8</td><td>0.9</td><td>1.0</td></tr>
<tr><td>K</td><td>1075</td><td>246</td><td>100</td><td>51</td><td>18</td><td>8.3</td><td>4.0</td><td>2.0</td><td>0.96</td><td>0.32</td><td>0.13</td><td>0</td></tr>
<tr><td rowspan="7">21</td><td rowspan="7">由圆截面金属丝做的隔网
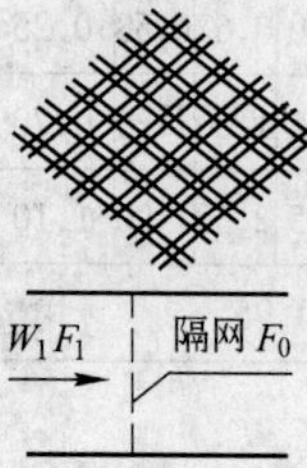
</td><td colspan="13">$K=1.3\left(1-\frac{F_0}{F_1}\right)+\left(\frac{F_1}{F_0}-1\right)^2$</td><td rowspan="7">速度头按 W_1 计算</td></tr>
<tr><td>$\frac{F_0}{F_1}$</td><td>0.05</td><td>0.10</td><td>0.15</td><td>0.2</td><td>0.25</td><td>0.3</td><td colspan="6"></td></tr>
<tr><td>K</td><td>363</td><td>82</td><td>33.2</td><td>17.0</td><td>10.0</td><td>6.4</td><td colspan="6"></td></tr>
<tr><td>$\frac{F_0}{F_1}$</td><td>0.35</td><td>0.4</td><td>0.45</td><td>0.5</td><td>0.55</td><td>0.6</td><td colspan="6"></td></tr>
<tr><td>K</td><td>4.3</td><td>3.0</td><td>2.2</td><td>1.65</td><td>1.26</td><td>0.97</td><td colspan="6"></td></tr>
<tr><td>$\frac{F_0}{F_1}$</td><td>0.65</td><td>0.7</td><td>0.75</td><td>0.8</td><td>0.9</td><td>1.0</td><td colspan="6"></td></tr>
<tr><td>K</td><td>0.75</td><td>0.58</td><td>0.44</td><td>0.32</td><td>0.14</td><td>0</td><td colspan="6"></td></tr>
<tr><td rowspan="3">22</td><td rowspan="3">45°叶片，固定百叶窗
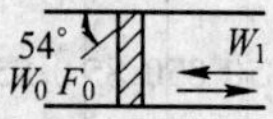
</td><td>$\frac{F_0}{F_1}$</td><td>0.2</td><td>0.3</td><td>0.4</td><td>0.5</td><td>0.6</td><td>0.7</td><td>0.8</td><td>0.9</td><td>1</td><td colspan="3"></td><td rowspan="3">速度头按 W_1 计算</td></tr>
<tr><td>进风</td><td>45</td><td>17</td><td>16.8</td><td>4</td><td>2.3</td><td>1.4</td><td>0.9</td><td>0.6</td><td>0.5</td><td colspan="3"></td></tr>
<tr><td>排风</td><td>58</td><td>24</td><td>13</td><td>8</td><td>5.3</td><td>3.7</td><td>2.7</td><td>2.0</td><td>1.5</td><td colspan="3"></td></tr>
</table>

表 22-26　立体图形计算公式

V——容积，体积；　　A_b——底面积；

S——表面积；　　x——重心离底面的距离。

A_s——侧面积；

	简　图	容积及有关数值
立方体	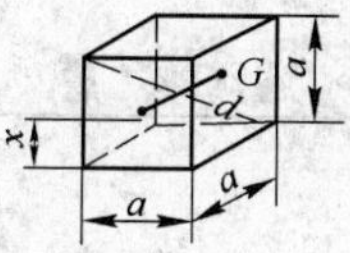	$V=a^3$ $A_s=4a^2$ $d=\sqrt{3}a$ $S=6a^2$ $x=\dfrac{a}{2}$
长方柱体	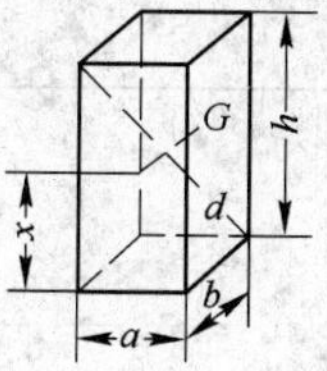	$V=abh$ $S=2(ab+ah+bh)$ $A_s=2h(a+b)$ $x=\dfrac{h}{2}\quad d=\sqrt{a^2+b^2+h^2}$
截头圆柱体	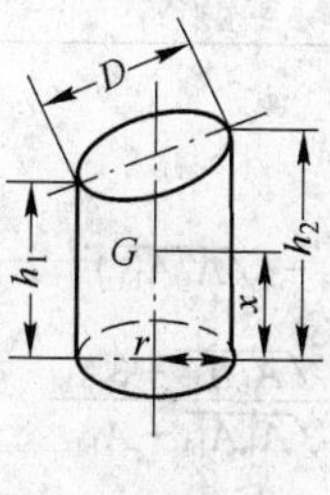	$V=\pi r^2\dfrac{h_1+h_2}{2}$ $A_s=\pi r(h_1+h_2)$ $D=\sqrt{4r^2+(h_2-h_1)^2}$ $x=\dfrac{h_1+h_2}{2}$
圆柱体中空圆柱体	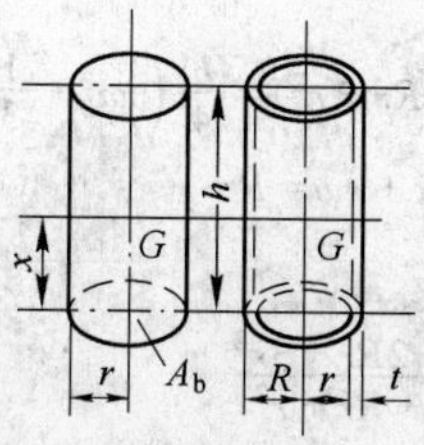	圆　柱　体 $V=\pi r^2h=A_bb$ $S=2\pi r(r+h)$ $A_s=2\pi rh$ $x=\dfrac{h}{2}$ 中空圆柱体 $V=\pi h(R^2-r^2)$ $=\pi ht(2R-t)$ $=\pi ht(2r+t)$ $x=\dfrac{h}{2}$

续表 22-26

简 图		容积及有关数值
正六角形柱体	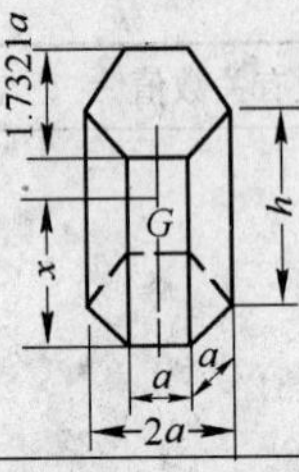	$V=2.5982a^2h$ $S=5.1963a^2+6ah$ $A_s=6ah$ $x=\frac{h}{2}$ $d=\sqrt{h^2+4a^2}$
圆锥体	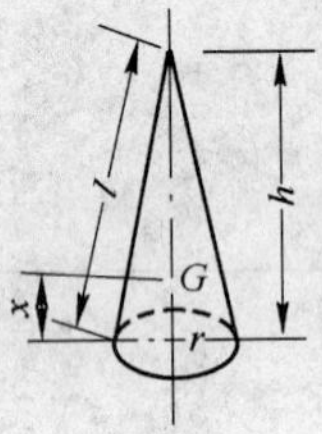	$V=\frac{\pi r^2}{3}h$ $A_s=\pi rl$ $l=\sqrt{r^2+h^2}$ $x=\frac{h}{4}$
六角锥体	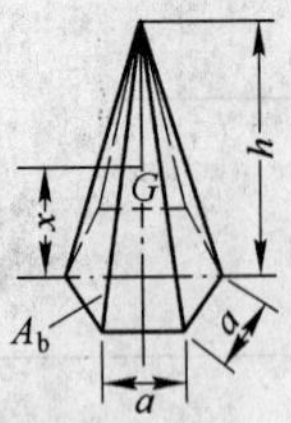	$V=\frac{A_b h}{3}$ $x=\frac{h}{4}$
六角截锥体	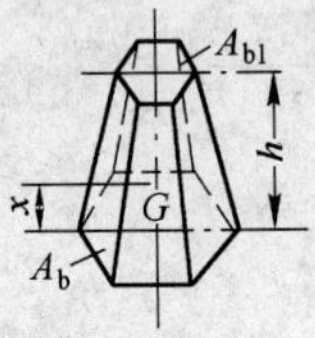	$V=\frac{h}{3}(A_b+A_{b1}+\sqrt{A_bA_{b1}})$ $x=\frac{h}{4}\times\frac{A_b+2\sqrt{A_bA_{b1}}+3A_{b1}}{A_b+\sqrt{A_bA_{b1}}+A_{b1}}$
截头圆锥体	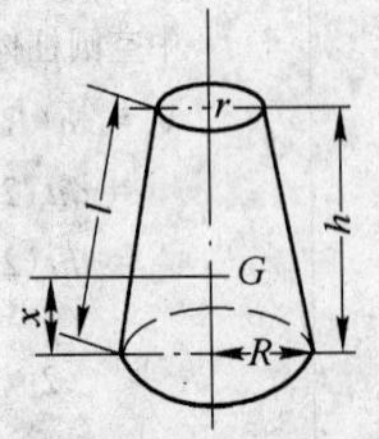	$V=\frac{\pi h}{3}(R^2+Rr+r^2)=\frac{h}{4}\left(\pi a^2+\frac{1}{3}\pi b^2\right)$ $A_s=\pi la\quad a=R+r\quad b=R-r$ $l=\sqrt{b^2+h^2}$ $x=\frac{h}{4}\times\frac{R^2+2Rr+3r^2}{R^2+Rr+r^2}$

续表 22-26

简　图		容积及有关数值
圆球体	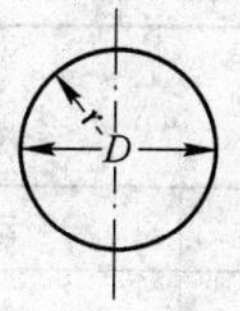	$V=\frac{4\pi r^3}{3}=\frac{\pi D^3}{6}$ $S=4\pi r^2=\pi D^2$
截头方锥体	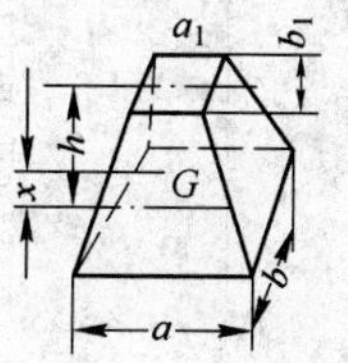	$V=\frac{h}{6}〔(2a+a_1)b+(2a_1+a)b_1〕$ $=\frac{h}{6}〔ab+(a+a_1)(b+b_1)+a_1b_1〕$ $x=\frac{h}{2}\times\frac{ab+ab_1+a_1b+3a_1b_1}{2ab+ab_1+a_1b+2a_1b_1}$
球状楔	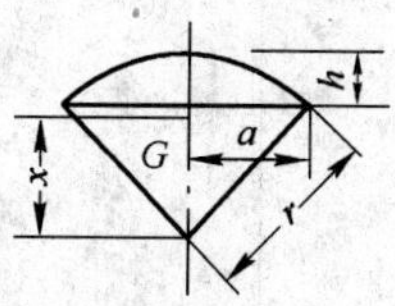	$V=\frac{2\pi r^2h}{3}$ $A_s=a\pi r$ $S=\pi r(2h+a)$ $x=\frac{3}{8}(2r-h)$
球带体	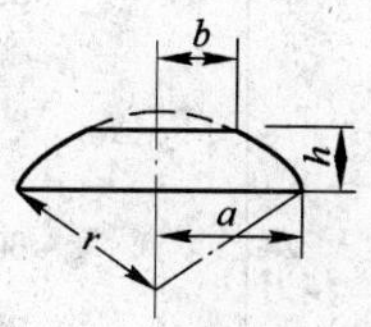	$V=\frac{\pi h}{6}(3a^2+3b^2+h^2)$ $A_s=2\pi rh$ $r^2=a^2+\left(\frac{a^2-b^2-h^2}{2h}\right)^2$
圆环体	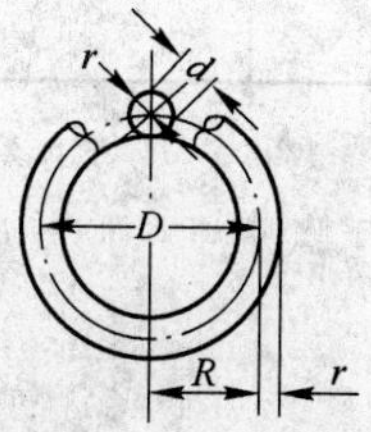	$V=2\pi^2Rr^2$ $=\frac{1}{4}\pi^2Dd^2$ $S=4\pi^2Rr$ $=\pi^2Dd$

表 22-27 磨矿细度换算

磨矿粒度/mm	0.5	0.4	0.3	0.2	0.15	0.1	0.074
网 目	32	35	48	65	100	150	200
-200 目含量/%		35～45	45～55	55～65	70～80	80～90	95

表 22-28 各种物料的堆积密度和动安息角

名 称	堆积密度/$t \cdot m^{-3}$	动安息角/(°)
铁矿石(Fe=60.4%)	2.85	30～35
铁矿石(Fe=53.0%)	2.44	30～35
铁矿石(Fe=43%)	2.20	30～35
铁矿石(Fe=33%)	2.10	30～35
钒钛铁矿石(Fe=40%～45%)	2.3	30～35
碳酸锰矿(Mn=22%)	2.2	37～38
氧化锰矿(Mn=35%)	2.1	37
堆积锰矿	1.4	32
次生氧化锰矿	1.65	
松软锰矿	1.10	29～35
铁精矿(Fe=60%左右)	1.6～2.5	33～35
烧结矿	1.7～2.0	35
黄铁矿球团矿	1.2～1.4	
高炉灰	1.4～1.5	25
轧钢皮	2～2.5	35
黄铁矿烧渣	1.7～1.8	
烧结矿返矿	1.4～1.6	35
烧结混合料	1.6	35～40
焦炭	0.5～0.7	35
无烟煤粉	0.6～0.85	30
石灰石(中块)	1.2～1.6	30～35
石灰石(小块)	1.2～1.6	30～35
生石灰(粉状)	0.55	25
熟石灰(粉状)	0.55	30～35
碎白云石	1.6	35